KB266545

최초의
이브들

인류의 진화를 이끈
첫 번째 여성들을 찾아서

캣 보해넌 지음
안은미 옮김

최초의 이브들

SIGONGSA

내 아이들, 릴라와 프라빈에게 ―

시간에 대한 나의 이해를 이토록 바꾸어 놓은 것은

너희가 매일 내쉬는, 작고도 아름다운 숨결 말고는 없었다.

일러두기

1 띄어쓰기, 외래어 표기는 국립국어원 용례를 따르되 고유명사, 일부 합성명사에 한
   해 예외를 따랐습니다.
2 단행본은 겹화살괄호(《 》), 정기간행물과 영상물, 논문, 보고서, 작품명은 홑화살
   괄호(〈 〉)로 표기했습니다.
3 인명은 원서의 표기 방식을 따랐습니다.

서문

우리가 이렇게 했다.[1]

어둠 속에서 서로를 상상하고, 서로를 품었으며,

내 기억에 그 어둠은 빛 속에 잠겼다.

나는 이것을 인생이라 부르고 싶다.

–에이드리언 리치, 〈의식의 기원과 역사〉

엘리자베스 쇼에게 문제가 생겼다. 리들리 스콧 감독 덕분에 커다랗고 사악한 외계 오징어의 새끼를 임신한 것이다. 우주선 프로메테우스호에 탑승한 채, 그녀는 과다 출혈로 사망하지 않으면서 불청객을 낙태할 방법을 찾아야 한다. 미래풍의 수술용 팔까지 어기적어기적 기어간 엘리자베스는 컴퓨터에 제왕절개수술을 요청한다. 컴퓨터가 말하기를.

"오류, 이 의료용 팔은 남성 환자에게 맞춰졌습니다."

내 뒤의 여성이 말했다. "개떡 같네, 누가 그런 짓을 해?"

레이저, 철사 침, 몸부림치는 촉수가 등장하는 소름끼치는 장면[2]이 이어진다. 2012년 뉴욕의 어두운 영화관에 앉아 에일리언의 프리퀄인 이 영화를 보면서 이런 생각이 들었다. 아니, 누가 이런 짓을 해? 수조짜리 탐험대를 우주로 보내면서 여성한테 장비가 작동하도록 설정하는 일을 잊는 사람이 어디 있어?

실제로, 현대 의학이 정확히 이렇게 한다. 항우울제의 영향이 성별에 따라 다를 수 있다[3]는 근거가 있어도 남성과 여성의 투여 용량은 동일하다. 진통제 처방도[4] 마찬가지로 여성에게 일부 진통제의 효과가 떨어진다는 일관된 증거가 있어도 성별과 무관하게 처방된다. 여성에게는 심근경색이 덜 생기지만 이로 인해 사망할 가능성은 더 높다.[5] 심근경색의 증상이 성별에 따라 달라 여성 자신도 의사도[6] 제때 진단을 내리지 못하기 때문이다. 수술용 마취제,[7] 알츠하이머병 치료,[8] 심지어 대중 교육과정[9]도 여성의 신체가 그저 부드러운 살집이 있고 아래쪽에 중요한 물건 몇 가지가 없는 것 외에는 남성의 몸과 동일한[10] 일반적 신체bodies in general라는 오해 때문에 어려움을 겪는다.

물론 이런 결과를 도출한 연구는 거의 모두 시스젠더cisgender(출생 시 성별과 현재 성별이 같음_옮긴이) 대상자만을 조사했다. 과학의 세계에 한쪽 성별로 태어났다가 성별이 달라진 사람의 몸에 무슨 일이 일어나는지 관심을 기울인 연구는 거의 없다. 부분적 이유는 수십억 년의 진화사를 통해 생긴 세포소기관부터 전신적 특성에 이르기까지 신체적 발달의 씨실과 날실에 깊이 얽인 생물학적 성별sex과, 유동적이고 뇌에 기반하며 이제 몇천 년 지난* 인간으로서의 젠더 정체성gender identity 사이에는 큰 차이가 있기

---

* 여전히 이 문제로 고민하는 사람이 많음을 알지만, 대부분의 과학 공동체는 생물학적 성별이 인간의 젠더 정체성과 근본적으로 별개의 사안이라는 생각에 동의한다. 어떤 사람의 몸에 나타난 성별에 따른 전형적 특성이 젠더 정체성과 행동을 결정한다는 믿음을 때로는 '생물학주의', 더 넓은 뜻에서 '젠더 본질주의'라고 부른다(Witt, 1995). 젠더 본질주의의 핵심은 성차별주의를 자연의 영역으로 확장하는 것이다. 이쪽 또는 저쪽 젠더가 '어때야 하는지'에 대한 문화적 신념을 깊이 만든 사회는 사람이 태어날 때의 모습에 따라, 둘 중 한 젠더에 속한다고 믿

때문이다.

그러나 이뿐만이 아니다. 사실 아주 최근까지 여성의 몸에 대한 연구는 남성의 몸에 대한 연구보다 멀리 뒷전으로 밀려나 있었다. 의사와 과학자들이 굳이 성별 특이적 자료를 수집하느라 수고하지 않았기 때문이 아니라, 정말 최근까지 그런 자료가 아예 존재하지 않았다. 1996년부터 2006년까지 과학 잡지 〈통증〉에 게재된 동물 연구의 79퍼센트 이상[11]이 오직 수컷만을 조사했다. 1990년대 이전의 통계는 더 치우쳤다. 이상한 일이 아니라 다수의 저명한 과학 잡지도 사정은 마찬가지였다. 기초 생물학이든 의학이든 여성의 몸에 대해 이렇게 맹점이 존재하는 이유는 단지 성차별주의 때문만이 아니다. 이는 사회적 문제가 돼 버린 지적 문제다. 오랫동안 우리는 성별이 구분된 몸sexed body이 무엇인지, 어떻게 연구해야 하는지 완전히 잘못된 방식으로 생각해 온 것이다.

생명과학 분야에는 '수컷 표준male norm' 같은 관행이 아직도 남아 있다.* 생쥐에서 인간에 이르기까지 실험실에서 연구하는 대상은[12] 수컷의 몸이다. 특별히 난소, 자궁, 에스트로겐, 유방에 대한 연구가 아닌 한, 소녀는 연구실에서 없는 존재다. 비만, 통증 내성, 기억, 노화, 여러분이 무엇을 새로 연구했든 가장 최근에 본 과학 논문을 한 가지 떠올려 보자. 연구 대상에 여성이 전혀 포함되지 않았을 가능성이 높다. 연구 대상이 쥐, 개, 돼지, 원숭이여도 마찬가지고 인간이라면 더욱 그렇다. 신약에 대한 임상 연구가 인간 대상 시험을 시작할 무렵에도, 암컷 동물을 대상으로 한 시험

는 경향이 있다. 이런 사회는 각 젠더에 적용되는 다양한 규칙을 통해 해당 신념을 강화한다. 여기에는 정교한 괴롭힘과 사회적 배제를 유발하는 집요한 '인지적 노력'에서부터 '규칙 파괴자'에게 가하는 믿기 어려울 정도의 폭력적인 처벌, 그리고 그 사이의 모든 수단이 포함된다.

* 과학 문헌에서는 '수컷 편향'이라 부르기도 한다.

은 전혀 시행되지 않았을 것이다. 그러므로 엘리자베스 쇼가 여성을 싫어하는 의료용 팔 앞에서 저지당해 소리 질렀을 때, 그저 두려움과 연민만을 느껴서는 안 된다. 우리는 인정recognition의 문제를 느껴야 한다.

왜 아직도 이런 일이 벌어질까? 과학은 객관적이어야 하지 않은가? 젠더 중립성을 지키기 위해? 실증적 방법에 얽매여서?

수컷 표준의 존재를 처음 알았을 때, 나는 깜짝 놀랐다. 내가 여성이어서가 아니라 컬럼비아대에서 내러티브와 인지의 진화, 쉽게 말해 뇌와 이야기의 30만 년 역사를 연구하는 박사과정 학생이었기 때문이다. 나는 세계 유수의 여러 연구 교육기관에서 배우고 연구했다. 그러면서 학계 내 여성의 지위를 꽤 잘 이해한다고 생각했다. 대략 살펴봤을 때, 개인적으로는 한 번도 실험실에서 성차별주의를 경험하지 않았다. 생명과학 분야의 많은 부분이 여전히 '수컷 표준'에 기초한다는 생각도 거의 하지 않았다. 내가 여성주의자이기도 하지만 내 연구는 실천적으로 더 여성주의적이었는데, 그저 정량 연구를 하는 여성이 되는being 일이 내게는 혁명적인 일이었다. 솔직히 함께 연구한 사람들부터 함께 술을 마신 사람들까지 내가 알고 지낸 생물학자, 신경과학자, 심리학자, 생물물리학자들은 가장 세계시민적이고, 진보적이며, 냉철하고, 지적인, 그러니까 내가 만난 사람 중 가장 선한 사람들이었다. 굳이 내기를 한다면 나는 그들이 모종의 체계적 부정의systemic injustice를 영속화하는 사람이라거나, 하물며 자신들이 몸담은 과학의 기반을 훼손하는 사람이라고는 절대 생각하지 않았을 것이다.

그러나 그들만의 잘못은 아니다. 실용적인 이유 때문에 기본적인 연구 대상을 수컷으로 제한하는 연구자가 많다. 암컷, 특히 포유류 암컷의 생식 주기가 미치는 영향을 통제하기가 어렵기 때문이다. 수컷의 성호르몬은 비교적 안정적으로 유지되지만 암컷의 몸에서는 복잡한 호르몬 용액이 주기적으로 범람한다. 좋은 실험은 최대한 교란 변수가 적고 단순simple해야 한다. 노벨상 수상자의 실험실에서 일하는 박사후 연구원의 말처럼, 수컷을 쓰면 "그냥 과학을 깔끔하게 실행하는 데 도움이 된"다. 다시 말해 변수를 통제하기가 더 쉬우므로, 적은 노력으로도 자료를 잘 설명할 수 있고 결과가 더 유의미해진다. 행동과 같은 복잡한 연구에서 특히 그렇지만, 대사와 같은 기초연구에서도 문제일 수 있다. 과학자는 암컷의 생식 주기를 통제하느라 시간을 보내는 일이 힘들고 비용이 드는 일이라 생각한다.[13] 난소 자체를 '교란 변수'로 여긴다. 그래서 과학자가 특별히 암컷에 관한 질문을 다루지 않는 한, 암컷이라는 성별은 방정식에 포함되지 않는다. 실험 진행이 빨라지고, 논문이 빨리 나오면, 연구자는 연구비를 확보하고 종신 재직권을 얻을 가능성이 높아진다.

그러나 연구를 '단순화'하도록 의사결정을 유도하는 (그리고 영속화하는) 훨씬 오래된 요인은 성별이 구분된 몸에 대한 이해다. 아직도 신이 아담의 옆구리에서 갈비뼈를 꺼냈을 때 여성이 생겼다고 생각하는 사람을 훌륭한 과학자라고 할 수 없다. 하지만 성별이 단순히 생식기관의 문제이며 여성이 되는 일이란 그저 플라토닉한 표현에 불과하다는 생각도 오래된 성서의 이야기와 닮았다. 그 이야기는 거짓말이다. 암컷의 몸은 그저 수컷의 몸에 지방, 유방, 자궁 같은 '여분의 부위extra stuff'가 달린 몸이 아니다. 고환과 난소는 바꿔 끼울 수 있는hot swappable 부위가 아니다. 성별 구분은 포유류 몸의 온갖 주요 특징과 그 안에서 사는 우리 삶에 배어 있으며, 이는 생쥐에게도 인간에게도 마찬가지다.[14] 과학자들이 수컷을 기준으로만 연구하면 우리는 복잡한 그림을 절반도 이해할 수 없다. 우리는 성별에 따른 차이에 대해 질문하지 않기에, 이 차이를 무시함으로써 무엇을 놓치는지조차 모르는 경우가 너무 많다.

수컷 표준이라는 팍팍한 현실에 충격을 받은 나는 연구자가 할 만한 일을 했다. 문제의 규모를 파악하기 위해 데이터베이스를 뒤졌다. 이거 참, 문제가 심각했다. 너무 심각해서 연구 대상에 수컷만 포함됐다는 사실을 언급조차 하지 않은 논문이 많았다. 저자에게 직접 이메일로 문의해야 하는 경우도 많았다.

"좋아, 그냥 쥐 연구니까 그렇겠지"라고 생각했다. 동물 연구만의 문제일지도 모른다.

슬프게도 그렇지 않다. 1970년대 확립된 규제 덕분에 미국 임상 연구는 연구 대상에 '가임기' 여성을 포함시켜선 안 된다는 '강력한 권고'를 받는다. 임신한 여성을 연구 대상자로 삼는 일은 거의 금지됐다. 아기에게 문제를 일으키고 싶은 사람은 아무도 없을 테니 보기에는 완벽히 합리적인 이야기 같지만, 이런 권고는 배를 몰고 안갯속으로 들어가라는 말이나 마찬가지다. 미국 국립보건원The National Institutes of Health, NIH은 1994년 겨우 일부 규제를 개정했지만 계속해서 허점이 악용됐다. 2000년에는 NIH 약물 시험[15] 5건 중 1건은 여전히 여성을 전혀 포함하지 않았으며, 그런 연구의 3분의 2는 성별에 따른 차이 때문에 자료 분석이 어려워지는 연구도 아니었다. 모두가 새 규칙을 따르더라도 약물이 임상 시험을 거쳐 시장에 나오는데[16] 보통 10년 이상 걸린다는 점을 생각하면, 2004년은 모든 신약이 유의미한 수의 여성을 대상으로 시험을 마쳐야 시판 허가를 받을 수 있는 첫해였다. 새로운 규제 발효 이전에 시판된 약의 경우 제품을 회수해 다시 임상 시험을 해야 할 의무는 전혀 없었다.*

---

* 캐나다, 영국, 프랑스 등 여러 산업화 국가의 법적 지침에도 비슷한 문제가 있다. 여성은 임산부와 미래의 자녀를 보호하겠다는 좋은 의도 때문에 오랫동안 의학 연구 밖으로 밀려났다. 미국의 경우 NIH 이외의 연구 기금을 받는 연구 중 임상 대상자에 여성이 없으면 그 이유를

그래서 동물 연구가 대부분 수컷을 대상으로 진행되듯, 임상 연구 대상자는 여전히 대부분 남성이다. 여성은 진통제와 향정신성 약물을 처방받을 가능성이 남성보다[17] 더 높은데도, 이 약들은 여성을 대상으로 충분히 검증된 적이 없다. 보통 체중과 나이에 따라 투여량이 결정되므로, 임상 연구에서 특별히 여성을 대상으로 한 용량 권고가 없으면 의사는 여성 환자의 처방을 '조정'해야[18] 할지 개인적으로 판단해 결정해야 한다.*

이는 진통제를 처방할 때 특히 문제가 된다. 최근 여성이 남성과 같은 진통 효과를 얻으려면 더 많은 용량이 필요하다는 연구가 발표됐지만 이런 지식은 지금도 용량 지침에 반영되지 않는다. 이유가 뭘까? 공식 지침의 근거는 일반적으로 약물의 임상 시험 결과다. 1996년 발매된[19] 옥시콘틴 OxyContin 등[20] 현재 시판되는 진통제는 임상 시험 당시 성별에 따른 차이를 엄밀히 시험할 의무가 없었기에 그렇게 하지 않은 경우가 많았다. 임상 시험을 NIH 규칙이 바뀌기 전 진행했기에 이런 시험을 하지 말라는 법적 권고가 적용됐다. 그 후 옥시콘틴은 자궁내막증이나 자궁 관련 통증[21]으

소명해야 하는 등, 최근 여러 국가에서 다양한 입법이 추진되고 있지만 체계적 허점이 많다 (Geller et al., 2018; Rechlin et al., 2021). 일부 학술지가 이런 책임을 받아들였는데 〈내분비학(Endocrinology)〉은 이제 동물 성별을 방법론 부분에 명시하도록 요구했다(Blausten, 2012). 그러나 동료 검토를 거치는 과학 학술지 대부분은 이런 규칙을 세우지 않는다.

* 때로는 규제 기관이 따라잡기도 하지만 시간이 걸린다. 예를 들어, 2013년 미식품의약국은 마침내 여성이 남성보다 혈류에서 약물을 더 느리게 배출하는 것으로 보인다는 이유로 의사들에게 졸피뎀(예: 스틸녹스)을 더 낮은 용량(기본적으로 절반)으로 처방하도록 지시하는 지침을 발표했다. 그 시점에 졸피뎀은 의료용으로 승인된 지 21년이 지난 상태였다. 최초 승인 서신에는 복용량을 '개별화'해야 한다고 명시되어 있었지만, 복용량의 성별 차이에 대해서는 언급하지 않은 채 '성인 권장 복용량은 취침 직전 10밀리그램'이라고 명시했다. 다만 '고령자, 쇠약한 환자, 간부전 환자'는 '초기 5밀리그램을 복용'해야 한다고 했다. 그렇다면 여성은 간 기능이 불충분한 것으로 간주되어야 했던 것일까?

로 힘들어하는 여성에게 자주 처방되는, 세계에서 가장 많이 남용되는 진통제가 됐다. 이런 약에 중독된 임신한 여성은 금단 증상의 스트레스 때문에 유산할 수 있으므로 너무 급작스럽게 복용을 중단하지 말라는 당부를 받는다(이런 여성들은 대개 메타돈을 복용한다[22]). 환자가 임신 중이라는 (또는 곧 임신한다는) 사실을 모르는 의사가 선의로 진통제를 처방한 덕에 임신 중에 중독되는 사람도 있다. 2012년 발표된 한 연구에 따르면 10년간 마약성 진통제에 중독된 아기의 수는 3배로 늘었다.[23] 일부는 옥시콘틴 같은 약에 중독된 엄마 때문이다. 그 수는 지금도 늘어나고 있다.[24]

미국 소아과 학회의 최근 보고서에 따르면 엄마는 이런 약이 아기에게 해를 끼칠 수 있다는 사실을 모르는 경우가 많았다.[25] 그저 통증이 있어서 의사에게 도움을 구했고, 의사는 처방했을 뿐이다. 그러나 기대만큼 진통 효과가 나타나지 않거나 효과가 너무 빨리 사라졌기에 남성 환자보다 약을 더 많이, 더 자주 먹었을 수 있다.

"잠깐 효과가 있었는데, 제기랄, 더 먹으면 좀 낫고, 으아, 그다음에는 전보다 더 안 듣고, 더 먹어야 좀 낫고…."

대부분의 임상 연구에서 여성의 약물 대사는 약의 유형을 불문하고 남성보다 빠르다.* 그런데도 진료 지침을 만들 때는 보통 이런 관찰 결과가 무시된다. 그리고 불행하게도 진통제 중독은 복용량이 많을수록, 복용이

---

* 사람들은 여성의 몸이 더 작다는 사실에 주목하지만, 약물 대사의 차이는 여성의 간과 관련 있을 것이다. 한 연구에서 남성과 여성 간 조직 생검 결과를 비교해 mRNA 발현이 성별에 따라 유의하게 달라지는 유전자를 1,300가지 제시했는데, 그중 75퍼센트는 여성에게 발현율이 높았다(Renaud et al., 2011). 이는 체중에 따라 약물이 얼마나 확산되는가의 문제가 아니라, 성별에 따라 간세포가 하루 동안 어떻게 활동하는가의 문제다. 여기서 '하루'도 중요하다. 간도 다른 부위와 마찬가지로 일주기에 따라 움직이는데, 암컷 포유류는 오랫동안 진화해 온 태양과의 관계에 특히 민감하다(Lu et al., 2013). 햇빛과 그 중요성에 대해서는 "인지" 장에서 더 다룬다.

지속적일수록 잘 생긴다. 즉, 옥시콘틴을 복용하는 여성은 중독을 유발하는 방식으로 행동할 가능성, 체내 약물 농도가 특정 수준에 도달할 때까지 한꺼번에 많은 양을 복용할 가능성이 더 크다.

임상 시험에서 여성을 대상으로 옥시콘틴 같은 약물의 효과를 적절히 시험했더라면 의사에게 더 효과적인 통증 관리 지침이 생겼을 것이고, 약물에 중독된 채 삶을 시작하는 신생아도 지금보다 적었을 것이다. '약drugs'이 약장에 넣어 두는 알약만 뜻하지 않는다는 사실을 기억할 필요가 있다. 이렇게 자문하자.

"1999년에는 전신 마취법의 성별에 따른 차이를 시험하기 귀찮아했다는 사실이 말이 되는가?"

여성은 연령, 체중, 투여 용량과 무관하게 남성보다 빨리 깨어났다.[26] (여러분은 어떤지 모르겠지만, 나는 수술 중에 깨어난다는 생각을 하기 싫다) 이 연구는 심지어 성별에 따른 차이를 발견하기 위해 시작한 연구도 아니었다. 그저 새로운 마취용 뇌파 감시 장치를 시험하는 연구였다. 연구진은 수술을 앞둔 환자를 조사했는데, 네 곳의 연구 병원이 참여해 이례적으로 수많은 여성과 남성이 모집됐다. 뇌파 감시 장치는 유용한 것으로 판명됐지만, 훨씬 흥미로운 점은 여성의 관찰 결과였다. 연구진은 그제야 원자료로 돌아가 성별에 따른 차이를 분석했던 것 같다. 다시 말해, 그들은 정말로 그 질문을 던지려던 게 아니었다. 사실이 드러난 후에야 그런 질문을 던졌어야 했다고 깨달은 것이다.

질문하지 않는 것은 위험한 일이다. 나도 단순한 실험 설계에 찬성하지만 제정신으로 그것을 '깔끔한 과학'이라 부를 사람이 누가 있을까?

수컷 표준 문제가 얼마나 심각한지 알아 가던 당시, 나는 거의 관심을 받지 못하던 여성의 신체에 대한 새로운 연구를 찾아보기 시작했다. 과학자는 자기 전문 분야 이외의 자료를 잘 읽지 않지만, 내 연구 분야에서는 적어도 인지심리학, 인지의 진화 이론, 컴퓨터 언어학, 이 세 가지 분야의 자료를 정기적으로 읽고 최신 학술 문헌을 파악해야 했다. 그러나 마취과학 잡지, 대사 연구, 고인류학 분야를 뒤지는 것은 내게도 아주 낯선 일이었다. 그러나 나는 질문했다.

"여성은?"

여러분이라면 이렇게 질문했을 테다.

"여성의 몸은 어떤 차이가 있을까?"

"우리가 무엇을 놓치고 있을까?"

예를 들어 (직설적으로 말하자면) 여성은 왜 남성보다 뚱뚱할까? 21세기 미국 여성인 나는 지방에 대해 고민하느라 너무 많은 시간을 썼다. 하지만, 사실은 이 지방조직이 간과 대부분의 면역계와 동일한 원시시대 장기에서[27] 진화했다는 사실은 고사하고 하나의 장기organ라는 실마리도 전혀 얻지 못했다.

실례를 살펴보자. 2011년 〈뉴욕 타임스〉에 지방 흡입술에 대한 기사[28]가 실렸다. 엉덩이와 넓적다리에 지방 흡입술을 받은 여성의 지방이 도로 자라는데 다른 부위에 자라는 것 같다는 내용이었다. 그러니까 넓적다리는 가늘지만 곧 위팔의 지방이 전보다 많아졌다는 것이다. 그러나 대부분의 성형외과 의사와 달리 나는 지방조직, 특히 여성 지방조직의 진화에 대한 최신 연구 결과를 접했다고 생각했다.

알다시피 여성의 지방은 남성의 지방과 다르다. 우리 몸 각 부위의 지방은 조금씩 다르지만,* 여성의 엉덩이와 넓적다리 위쪽 또는 '둔대퇴부

---

* 심장 주변에 축적된 지방은 턱 아래쪽 지방과 다른 작용을 하며, 구조도 조금 다르다.

gluteofemoral' 지방에는 긴 사슬 다중 불포화지방산long-chain polyunsaturated fatty acids 또는 LC-PUFAs라는 독특한 지질이 꽉 들어차[29] 있다. 오메가-3나 어유를 생각하면 된다. 이런 지방은 간에서 기존 재료를 이용해 만들기 어려우며, 대부분 음식을 통해[30] 얻어야 한다. 그리고 가임기의 몸에는 아기의 뇌와 망막을 만들 수 있는 이런 지질이 필요하다.

여성의 둔대퇴부 지방은[31] 잘 대사되지 않는다. 많은 여성이 알듯 이곳은 살이 가장 먼저 찌고 가장 늦게 빠지는 부위다.* 그러나 태아의 뇌 발달과 지방 축적이 가속화되는 임신 마지막 삼분기에 엄마의 몸은 이곳의 특별한 지질을 꺼내어 아기의 몸에 그대로 쏟아붓는다. 이렇게 특화된 방식으로 엄마의 둔대퇴부 저장 지방을 꺼내 쓰는 작업은 모유 수유를 하는 첫해, 아기의 뇌와 눈이 발달하는 가장 중요한 시기 내내 지속된다. 이제 일부 진화생물학자는 여성이 아기의 큰 뇌를 만드는 재료[32]를 공급하기 위해 풍만한 엉덩이를 갖도록 진화했다고 믿는다. 평소 식단에서는 이런 LC-PUFAs를 충분히 얻을 수 없기에 여성은 아동기부터 이런 지방을 저장하기 시작한다. 다른 영장류에는 이런 양상이 나타나지 않는 것 같다.

한편 불과 몇 년 전에서야 소녀의 엉덩이 지방이 초경 시점[33]을 가장 잘 예측한다는 사실을 알았다. 이번에도 마침내 누군가 질문을 던진 것이다. 뼈 성장, 키, 심지어 평소 식이도 아니고 둔대퇴부 지방이 얼마나 많은지가 중요했다. 이 사실은 생식에 있어 그 부위의 지방이 얼마나 중요한지

---

* 여성이 지방 흡입술을 많이 받는 부위이기도 하다. 배는 간발의 차이로 두 번째 순위다. 이른바 '브라질식 엉덩이 거상술(Brazilian butt lift)'은 보통 복부 지방을 엉덩이에 재주입하는 시술로, 이 둘을 함께 시행해 상황을 악화시킨다. 여성의 엉덩이에는 혈관이 풍부하므로 특히 위험하다. 당신이라면 혈류로 들어간 지방 조각이 심장, 폐, 뇌 등으로 이동해 혈관을 막아 버리는 지방색전증을 감수하면서까지 혈관에 지질을 듬뿍 주입하고 싶지는 않을 것이다.

보여 준다. 난소는 최소한의 지방을 저장할 때까지 활동을 시작하지 않는다. 체중이 너무 많이 줄면 생리도 멈춘다. 역시 또 다른 최근의 연구에 따르면, 건강 보조제를 복용하면 모유 수유 여성의 LC-PUFAs를 늘릴 수 있지만, 아기가 먹는 양의 대부분은 엄마의 저장 지방, 특히 살집이 많은 큰 엉덩이에서 나온다.* 대개 여성의 몸은 아동기부터 임신 준비를 시작한다. 엄마가 되는 일이 여성의 운명이어서가 아니라, 인간의 임신이 고달픈 일이고, 우리 몸은 그 과정에서 생존하는 방법을 진화시켰기 때문이다.

그러나 매년 미국에서만 거의 19만 명의 여성이 지방 흡입술을 받는다.[34] 2013년 이후 다양한 의학 잡지에 보고됐듯 지방 흡입술에서 일어나는 어떤 일 때문에 조직이 심하게 손상돼[35] 수술 부위의 지방이 복구되지 않는 듯하다.** 나는 지방 흡입술 이후 여성의 겨드랑이 아래팔에 새로 쌓이는 지방이 허벅지와 엉덩이에서 흡입한 지방과 다른 종류이지 않을까 생각한다. 그러므로 이렇게 질문해야 한다. 저장해 둔 LC-PUFAs가 심하게 손상되면 전에 하던 일을 상당 부분 못할 수도 있을 텐데, 이런 상태로

---

* 이런 현상은 모유 수유 중인 여성에게 동위원소를 표시한 보충제를 투여하는 방식으로 발견됐다. 연구자는 모유 표본을 수집해 어떤 지방산이 보충제에서 왔으며, 어떤 지방산이 다른 곳에서 왔는지 추적할 수 있었다. 다른 연구자는 임산부가 식단을 바꾸면, 혈류와 임신 후기 태반을 통해 전달된 성분이 반영되는 탯줄 혈액 내 LC-PUFAs를 일부 조정할 수 있다고 밝혔다. 어떤 성분이 전달되는지도 중요하다(Brenna et al., 2009).

** 찌르는 과정이 문제일 수 있다. 대부분 지방 흡입술을 할 때는 표적 부위에 어떤 용액을 넣어 지방조직을 느슨하게 만든 후, 속이 빈 바늘(캐뉼라)을 반복적으로 찔러 넣어 이 용액과 지방 세포와 결합 조직의 혼합물을 빨아낸다. 공식적으로는 대부분이 결과에 만족하며, 적절한 자격을 갖춘 기관에서 시술받으면 일부 안전할 것이다. 문제는 '절대 지방 흡입술을 받지 말아야 한다'는 게 아니라, 피하지방조직을 불필요한 조직으로 취급해도 되는지, 외과적으로 제거해도 아무런 영향을 미치지 않는지이다(특히 가임기 여성에게 말이다). 더 근본적인 문제는 여성의 신체에 영향을 미칠 수도 있는 일에 대해 생각할 때, 우리를 여기에 이르게 한 포유류 진화의 깊은 역사를 고려하는지다.

임신이 되면 어떤 일이 생길까?

내가 처음으로 이런 질문을 하는 사람이어서는 안 된다. 마치 머리카락을 자르듯 '미용적으로' 여성의 지방을 흡입한 수십 년 동안 어느 시점엔가 누군가는 이 질문을 던졌어야 한다. 누군가는 이미 연구했어야 한다. 아무도 〈뉴욕 타임스〉 기사를 읽은 후의 나처럼 무엇인가를 하려 하지 않았다.

그러나 그 당시의 나는 분석용 모유를 저장할 적당한 냉장고가 없는 부서의 대학원생이었다. 몇 년 전 지방 흡입술을 받고 현재 아기에게 젖을 먹이고 있는 맨해튼 여성에게서 모은* 모유였다. 그래서 나는 다른 실험실의 과학자에게 이메일을 보냈다. 모두 누군가가 그 연구를 해야 한다는 데 동의했다. 결국 누군가는 연구를 할 것이다. 그러나 지방 흡입술을 받는 여성은 계속 생기고, 오랫동안 진화한 저장 지방을 파괴해도 괜찮은지 희미한 단서라도 가진 사람은 아무도 없다. 기본적으로 현대 의학이 선뜻 베어 낸 자리를 보며, 여성 환자와 주치의는 손가락을 겹쳐 행운을 빌 뿐이다.

다 괜찮을까? 그럴 수도 있다. 모체의 회복 탄력성은 놀라울 정도여서 사방으로 두들겨 맞고, 그렇게 두들겨 맞도록 진화했으며, 어처구니없게 그래도 살아남았다. 나는 인간의 모유도 놀라울 정도로 적응력이 뛰어나다는 사실을 알았다. 포유류의 젖은 모두 마찬가지다. 우리 같은 방식으로 새끼를 기르는 일은 골치 아프고 위험한 일이다. 사실 엿 같은 일이다.** 그

---

* 인간 조직을 관리하는 방식에는 매우 중요한 규칙이 있다. 그러나 내가 살던 아파트의 냉동고에는 온도조절기가 없었다. 심지어 룸메이트까지 있었다.

** "엿 같다(suck)"라는 동사를 가장 잘 묘사하는 것은 여성 생식계의 모식도다. 더 자세한 내용은 "자궁" 장에서 다룬다.

러나 자, 이 일은 언제나 엿 같고, 그래서 상당한 안전장치가 구비됐다.

대다수의 과학자가 사실상 여전히 여성의 신체를 무시하지만, 여성성의 태동에 대한 과학 연구에 조용한 혁명이 일어나고 있다. 최근 15년간 온갖 분야의 연구자는 여성이 되는 일, 다시 말해 우리 같은 방식으로 우리의 몸 같은 모양으로 진화하는 일이 어떤 뜻이며, 이로 인해 우리 자신과 종 전체의 이해가 어떻게 달라지는지 흥미로운 사실을 찾았다. 그러나 대다수의 과학자는 이런 혁명적 변화를 모른다. 과학자가 자기 분야 이외의 문헌을 읽지 않으며, 그들의 연구 분야가 여전히 수컷 표준에 젖어서 이에 대해 모른다면, 그 누가 이 사실을 종합할까?

여러분도 반드시 해야 할 일이 있는데 자신이 바로 적임자라는 확신이 없을 때의 느낌을 알겠지만 빌어먹을, 누군가는 해야 한다고? 그 누군가는 사람이 꽉 들어찬 영화관에서 스콧 감독이 성차별적 의료용 팔을 이용해 자신의 '엄마 문제'를 떨쳐 내는 모습을 보는 나였다.* 내 뒷줄에 앉은 여성이 그렇게 느꼈다. 내가 그렇게 느꼈다. 그리고 그 극장에 있던 다른 여성도 모두 그랬을 것이다. 나는 조금 어지러웠다. 팔에 도로 살이 붙는다며 태평하게 여성을 놀리던 〈뉴욕 타임스〉의 지방 흡입술 기사를 읽을 때와 똑같은 느낌이었다. 해당 기자도 연구자도 시술받은 여성도 지방조직과 간과 면역계의 기원이 모두 '지방체fat body'라는 동일한 태곳적 기관이었다는 사실을 모르는 게 분명했다. 조직 재생, 호르몬 신호, 국소적 환경 변화에 대한 깊은 반응 등 세 가지 조직에 이리 공통점이 많은[36] 이유일 것이다. 간이 필요한 환자에게 간을 통째로 이식하지 않아도 되는 이유는 원시시대의 지방체 덕분이다. 작은 간엽만 이식해도 그곳에서 온전히 간이

---

* 참고로, 나는 그의 영화의 엄청난 팬이다.

자라난다. 지방조직도 재생이 잘되기로 유명하다. 그러나 간과 달리 우리 몸 각 부위에 있는 저장 지방의 역할은 각기 달라 소화계, 내분비계, 생식계와 복잡하게 연관된 듯하다. 그래서 지방조직을 연구하는 사람은 이를 가리켜 기관계organ system라 부른다. 여러분의 턱 아래 붙은 것은 살집이 아니라 작고 잘 보이지 않는 지방 기관fat organ의 일부다. 피하지방은 심장과 필수 장기 주변의 심부 저장 지방과 다른 역할을 담당한다. 미래에 태어날 자손에게는 여성의 팔 아래쪽 지방보다 엉덩이 지방이 더 중요하다.

대부분의 포유류에 있는 난소와 엉덩이 쪽의 특별한 저장 지방이 정확히 언제부터 생겼는지 알 수 없지만, 여전히 원시시대의 '지방체'를 가진 초파리에서 우리 조상이 언제 갈라져 나왔는지를 대강 짐작할 수는 있는데, 약 6억 년 전이다. 이렇게 긴 시간 단위를 너무 오래 생각하다 보면 여러분도 어지럽겠지만, 이런 방식은 더 유용하다. 이렇게 생각하면 지방을 '제거하기'가 그리도 어려운 이유를 알 수 있다. 지방조직이 6억 년 전까지 거슬러 올라가며, 재생되는 특징이 있는 전신의 기관계라면 한 곳의 지방 조각을 옮기는 일은 자연히 다른 곳의 지방을 효과적으로 '다시 길러 내는' 자기 보호 반응을 촉발할 것이다. 그리고 지독하게 오래된 다른 일과 마찬가지로 반드시 새로운 특징이 더해진다. 예를 들어, 다시 자라지 않는 특화된 부위가 생긴다. 잃어버리는 기능이 생긴다.

몸bodies은 기본적으로 시간의 단위다. 우리가 한 사람의 '몸'이라 부르는 것은 엔트로피가 충분히 높아지고 몸이 조금씩 흩날리지 않도록 잡아주는 힘이 사라질 때까지 자기 복제적 양상을 띠는 일련의 연속된 사건을 결합하는 방식이다. 어떤 면에서는 종species 역시 시간의 단위다. 그러나 이렇게 생각할 때, 우리 몸의 특이한 점은 기본적 소화계가 지극히 오래됐다는 점이다. 우리 뇌는 그렇지 않다. 방광은 수백만 개의 세포가 대사를 이어 가도 노폐물에 중독돼 죽지 않게 하는, 수억 년 동안 해 오던 똑같은 일을 열심히 반복하는 기계다. 그 위에 포유류의 자궁이 콰지모도처럼 쭈그리고 앉도록 진화한 것은 방광 탓이 아니다. 이런 일은 불과 약 4,000만 년 전에 일어났다. 사실 중력의 문제에 대한 이야기라면, 이는 불과 400만 년 전의 일이었다. 그 전의 우리 조상은 두 다리로 걷느라 (척추를 전반적으로 망가뜨리는 것은 말할 것도 없고) 오랫동안 진화한 장기를 모두 몸통 안에 층층이 쌓아 뭉개지 않을 정도로 합리적이었다.

2012년 영화관에서 집으로 돌아온 나는 암컷 포유류에 대해 일종의 매뉴얼이 필요하다는 사실을 깨달았다. 우리가 무엇인지 알려 주는, 이해할 수 있고 명쾌하며, 진지하게 연구를 거친 (그러나 쉽게 읽히는) 이야기. 우리 몸이 어떻게 진화했고, 어떻게 작동하며, 여성이 되는 게 어떤 뜻인지에 대한 설명. 여성 일반과 과학자의 관심을 모을 수 있는 뭔가. 수컷 표준을 허물고 더 나은 과학을 실행할 뭔가. 여성됨에 대한 이야기를 새로 쓸 뭔가. 성별에 따른 차이를 연구할 때 실험실에서 하는 일이 바로 이런 일이기 때문이다. 우리는 새로운 이야기를 엮어 간다. 더 나은 이야기, 더 진실한 이야기를.

이 책이 그 이야기다.*《최초의 이브들》은 젖꼭지에서 발끝까지, 그리고 그 진화가 어떻게 오늘날 우리 삶을 만들었는지 여성 신체의 진화를 추적한다. 나는 이 진화를 종합하고 최근의 발견과 연결해 여성의 몸에 대한 가장 기본적인 질문에 가장 최신의 대답을 제시하고 싶다. 앞으로 드러나듯이 기본적인 질문에서 진정 흥미로운 과학이 출발한다. 우리는 왜 생

---

* 적어도 거대한 도서관에 접속할 수 있고, 이해하지 못했던 것을 모두 기꺼이 설명해 준 고마울 정도로 인내심이 강한 몇몇 과학자와 학자에게 연락할 수 있는, 작은 책상에 앉아 내가 엮을 수 있었던 최선의 이야기다.

리를 할까? 여성은 왜 더 오래 살까? 우리는 왜 알츠하이머병이 더 잘 생길까? 왜 소녀는 사춘기 때까지 모든 과목에서 소년보다 더 좋은 점수를 받다가 갑자기 바닥으로 떨어질까? '여성형 뇌' 같은 게 정말 있을까? 그리고 왜, 도대체 왜 우리는 폐경이 닥치면 매일 밤 땀으로 이불을 흠뻑 적실까?

이런 종류의 질문에 대답하려면, 아주 단순한 전제를 하나 내세워야 한다. 우리가 바로 이런 몸이다. 고통스럽든 행복하든, 장애가 있든 없든, 병에 걸렸든 죽어 사라질 때까지 건강하든, 우리 몸과 그 안에 든 뇌가 그냥 우리다. 이런 살, 이런 뼈, 이런 물질의 짤막한 색인이 우리다. 손발톱을 기르는 방식에서부터 생각하는 방식까지, 인간이라 부르는 모든 게 근본적으로 몸이 진화한 방식에 의해 생겼다. 그리고 하나의 종으로서 성별이 구분된 몸을 가지기에, 호모사피엔스가 된다는 게 무슨 뜻인지 이야기할 때 빼놓을 수 없는 중요한 게 있다. 우리는 여성의 몸을 알아야 한다. 그렇지 않으면 여성주의만 위태로워지는 게 아니다. 인류의 절반이 유방을 가졌음을 무시하면 현대 의학, 신경생물학, 고인류학, 심지어 진화생물학이 모두 타격을 입는다.

이제 유방에 대한 이야기를 나눌 때가 됐다. 유방, 혈액, 지방, 질, 자궁, 이 모든 것을 이야기하자. 진실이 아무리 이상하고 우스꽝스러워도 이것이 어떻게 생겨났는지, 지금 우리가 어떻게 이것을 가지고 살아가는지 살펴보자. 이 책에서 여성 신체의 진화에 대해, 그리고 그 긴 역사가 어떻게 우리 삶을 만드는지에 대해 마침내 이해한 사실을 추적하려 한다. 지금은 어느 때보다 적절한 시기다. 전 세계의 실험실과 진료실에서 여성의 진화에 대해 더 좋은 이론, 더 나은 근거, 더 좋은 질문을 제시하고 있다. 최근 20년간 여성됨의 과학에 혁명이 일어났다. 마침내 우리는 우리가 무엇인지, 어떻게 우리가 됐는지 한 장 한 장 이야기를 다시 쓴다.

2억 년을 이해하기

모든 곳의, 모든 여성에 대한 지금까지의 모든 이야기를 도대체 어떻게 다시 써야 할까?

어지러움을 감수할 의향이 있다면 이야기는 아주 명료하다. 이는 여성의 진화가 어떻게 시작됐는지에 대한 이야기다. 대략 37억 년 전 노란 별 주위를 도는 작고 외로운 행성의 얇은 지각 위에 고립된 미생물이 있었다. 10억 년에서 20억 년 전 사이에 핵이 있는 단세포생물, 진핵생물이 등장했다(아메바를 생각하면 된다). 그리고 진화 계통수의 가지를 여러 단계 거슬러 올라가면 척추동물 아문이 나타난다. 최초의 척추동물 화석 기록은 5억 년 전으로 거슬러 올라간다. 아직 척추동물은 전체 생물의 1퍼센트에 불과하다.* 그래서 우리가 진화라고 부르는 현상(끊임없는 소송과 기명 논평과 멀리 떨어진 지역의 모순되는 교과서에서 끊임없이 논쟁을 불러일으키는 수많은 문제의 발단이 된 현상) 대부분은 지구에 생명체가 존재한 기간의 겨우 13퍼센트에 해당된다.

오랜 과거를 생각하다 보면 모든 몸이 생겨난 지 얼마 되지 않았으므로 인간의 몸도 얼마 되지 않았다는 사실을 금방 깨닫는다. 엄지발가락은 불과 얼마 전까지 엄지손가락 모양이었다. 그러니 여성 신체의 진화 방식이 오늘날 경험하는 삶의 모습을 만든다는 깨달음은 터무니없는 생각이 아니라 사실이다. 몸에 나타나는 각각의 특성에는 고유한 진화적 사연이 깃들었으며 우리는 여전히 그 한가운데 서 있다. 진화는 기존의 체계를 싼

---

* 지구상 모든 종의 22퍼센트는 알을 낳는 딱정벌레다. 정말이다. 지구 생명의 역사상 딱정벌레는 매우, 매우 잘 하고 있다.

값에 개선하는 방식으로 작동한다. 하나의 신체 특성이 등장하면, 새로운 몸이 환경과 상호작용하고, 이런 상호작용의 영향으로 다른 특성이 등장한다. 이렇게 등장한 특성이 더 많은 변화를 초래하고, 거꾸로 처음의 특성을 바꾼다. 젖 때문에 유두가, 그리고 수유를 비롯한 돌봄 습성은 태반 동물의 자궁이 출현하는 데 도움이 됐다. 그리고 태반 동물의 자궁이 우리의 대사와 자손의 필요에 영향을 미쳐 젖이 바뀌기 시작했다. 젖이 변하고, 산도는 새끼를 도와 달콤한 젖을 소화시킬 세균의 배양접시로 변한다. 실질적으로 새끼는 젖과 공진화한 유용한 벌레로 덮여 밖으로 나온다.

말하자면, 진화는 폴 토머스 앤더슨 감독의 영화 〈매그놀리아〉나 폴 해기스 감독의 〈크래쉬〉 또는 이냐리투 감독의 〈바벨〉과 닮은 점이 있다. 1명 이상의 주연 배우에게 관심을 기울이지 않으면 도저히 따라갈 수가 없다. 진화는 처음에는 중요하지 않을 것 같다가 결국 필수적인 요소로 드러나는 수많은 기발한 행동, 우연, 부위가 얽힌 복잡한 내러티브다. 진화는 성장소설이 아니다. 그러나 우리의 기원을 지나치게 단순화한 이야기와 달리 진실한 이야기다. 우리에게 있는 각각의 특성이 어떻게 등장했는지 밝히면 우리는 새롭고, 복잡하고, 매력적인, 어떤 종의 절반을 차지하는 여성이 무엇인지에 대해 더 나은 청사진을 얻게 된다.

창세기 같은 기원 설화의 진짜 문제가 이것이다. 우리 몸에 대한 설화는 하나가 아니다. 우리 모두의 엄마는 하나가 아니다. 우리 몸을 이루는 각 체계는 사실상 나이가 다르다. 세포 유형과 부위에(예를 들어 피부 세포는 뇌세포보다 훨씬 젊다) 따라 세포 교체율이 다르기 때문만이 아니다. 우리 종에게 고유한 부위가 상이한 시기, 상이한 곳에서 진화했기 때문이다. 우리의 엄마는 하나가 아니라 여럿이다. 그리고 각각의 이브에게는 고유한 에덴이 있다. 포유류가 젖을 생산하도록 진화했기에 우리에게 유방이 있다. 몸 안에서 알을 '부화'하도록 진화했기에 우리에게 자궁이 있다. 영장류가 숲에서 살도록 진화했기에 우리에게 지금과 같은 얼굴, 그리고 여기에 부합하는 감각 지각이 있다. 두 발로 걷는 다리, 도구를 쓰는 능력, 기름기 많은 뇌와 말 많은 입, 그리고 폐경을 맞은 할머니, 우리를 '인간'으로 만드는 이 모든 형질이 진화의 서로 다른 시점에 등장했다. 사실 우리에게는 수십억 개의 에덴이 있지만, 지금의 몸을 만든 장소와 시간은 몇 되지 않는다. 바로 그런 에덴에서 우리의 종이 분화해 다른 종과 더 이상 교배가 불가능한 방식으로 진화했다. 그리고 여성의 몸을 이해하려면 이런 이브와 그들의 에덴을 생각해야 한다.

각 장에서는 우리를 정의하는 특징에 한 가지씩 초점을 맞춰 기원을 거슬러 올라가며 그 특징의 이브를, 때로는 이브들을 찾아가고, 트라이아스기 후기의 축축한 습지부터 플라이스토세의 풀로 덮인 언덕까지 그들의 에덴을 둘러본다. 또한 각 내러티브와 관련된 과학적 설명을 고려하면서 이런 특징의 진화가 어떻게 오늘날 여성의 삶을 구성하는지 현재의 논란을 검토할 예정이다.

이 모든 내용을 망라하려면 시간을 앞뒤로 왔다 갔다 해야겠지만 이 책에서는 우리의 진화 계통에서 등장한 순서와 대략 같은 순서로 각각의 형질을 다룬다. 이렇듯 각 장은 우리 몸이 이전의 육신 위에 다음 모델을 만들었듯 시간과 결과를 따라가며 쌓이다가 마지막에 완성된다. 젖의 이브에게 있었던 털 난 유선 조각이 없었으면 풍만한 유방은 진화하지 않았을지 모른다. 산과술이라는 도구가 없었다면 인간의 거대한 뇌가 성장하는 동안 어린 시절을 뒷바라지할 수 있는 사회는 진화하지 않았을지 모른다. 부분적으로 산과술에 의해 가능해진, 노인을 뒷바라지할 크고 복잡한 사회집단이 없었으면 폐경을 맞도록 진화하지 못했을지 모른다. 진화에서 생긴 각각의 우연은 이전의 우연 위에 누적된다. 각각의 특성은 그 비용을 상쇄하고도 남을 만큼 유용하게 만드는 환경에 의해 새로운 특성으로 자리 잡는다.

일단 '설명서'의 순서를 정하고 나니 각 장에 담을 특성을 선정하는 일은 아주 간단했다. 나는 우리의 분류상 주소를 살폈다. 이는 생물학자가 어떤 유기체가 무엇인지 결정할 때 쓰는 구성 원리다. 분류학은 공통 특성에 근거해 우리와 지구상 나머지 생명의 관계를 개괄한다. 다른 모든 인간처럼 여성은 호모사피엔스다. 우리는 포유류이므로 젖을 생산한다. 우리는 태반 동물이므로 새끼를 낳는 자궁이 있다. 우리는 영장류이므로 색각을 갖춘 큰 눈과 넓은 음역대를 들을 수 있는 귀가 있다. 우리는 호미닌(현생인류와 침팬지의 공통 조상_옮긴이)이므로 두 발로 걷고 거대한 뇌를 가진다. 그리고 등등 진화의 나무를 거슬러 올라간다. 나는 우리의 역사에 등장하는 특징을 각각 검토하면서, 이것이 특별히 여성에게 해당되는 이야기인지 자문했다.

"이런 형질이 특히 우리에게 영향을 미치는 방식이 있을까? 이 형질에 대해, 그러므로 인간성의 모든 것에 대해 우리의 전제에 도전을 던지는 새로운 연구가 있을까?"

흔히 진화생물학자는 우리가 다른 종과 공유하는 어떤 형질의 최후의 공통 조상을 통해 형질의 작동 방식을 이해하려 한다. 그러므로 나는 각 형질의 이브를 찾거나 찾아내려 했다. 이족 보행의 이브는 2009년에야 발견된 아르디피테쿠스Ardipithecus였다. 젖의 이브는 공룡의 발 아래 살았던 족제비를 닮은 작고 이상한 동물이었다!* 이브들을 찾으면서 나는 고생물

---

* 깊고 어두운 땅은 비밀을 잘 숨겨 두는 것을 좋아하기에, 모든 것이 알려져 있거나 명백한 '이

학과 미생물학 분야에서 여성의 몸에 대한 전제에 더 많은 도전을 던지는 새로운 연구들을 발견했다.

이 모든 것에 더해, 나는 여러분의 몸이 어디에서 왔는지, 생물학적 성의 진화가 어떻게 우리의 모습을 만드는지, 그리고 이런 이야기가 인간의 일상에 어떻게 내재됐는지, 자기 자신에 대해 생각해 보기를 바란다. 수전 손택은 애니 리버비츠의 책《여성Women》에 실은 에세이에서[37] 이렇게 썼다.

"여성에 대해 방대한 규모의 사진을 찍는 일은 여성이 어떻게 표현되고, 자신을 어떻게 생각하도록 요구받는지에 관해 진행 중인 이야기의 일부다."

이처럼 "'남성에 대한 의문'과 같을 수 없는 여성에 대한 의문을 제기한다. 남성의 경우 여성과 달리 공사가 진행되지 않는다*not a work in progress*." 과학적 관점에서는 틀린 말이다. 진화는 정차하지 않는다. 종은 모두 계속 진화한다. 그러나 손택의 의도대로 남성은 의문을 품지 않지만 여성은 '여성에 대해 의문'을 품는다는 사실에 주목하면 그 말이 절대적으로 옳다.

여성의 진화가 지금까지 무시되지 않았더라면 왜 이런 이야기를 다루겠는가? 여성의 모습이 식상할 만큼 충분히 관심을 받았더라면 왜 여기에 초점을 맞추겠는가? 독자에게 모든 곳의 모든 여성에 대해, 지금까지의 모든 이야기를 생각하게 하는 일이야말로 여성의 '사진을 찍는' 무엇보다 근본적인 방법이다. 그리고 나는, 나는 정말로 우리 각 사람이 여성의 몸

브'가 존재하는 것은 아니다. 우리가 아직 그 화석들을 발견하지 못했거나, 해당 형질이 화석으로 남기에 적합하지 않거나, 혹은 이미 가지고 있는 화석을 해석하는 방법을 아직 완전히 터득하지 못한 것일 뿐이다. 하지만 어떤 경우든, 직계에 속하는 존재의 이름을 알 수 없을 때 나는 모델이 될 만한 종이나 속을 찾는다. 즉, 우리가 그 신체와 시대, 장소에 대해 상당 부분 알고 있으며, 그 역사를 통해 우리의 진정한 '이브'가 어떤 모습이었을지 무언가 가르쳐 줄 수 있는 생명체를 찾는 것이다.

을 들여다보고, 그리고 이 몸이 인간이 된다는 것의 의미를 어떻게 만드는 지 치열하게 생각하자고 요청한다.

이브들[38]

'모르기Morgie'-모르가누코돈Morganucodon. 2억 500만 년 전. 포유류 젖의 이브. 웨일스에서 처음 발견됐고 이후 중국에서까지 발견된, 널리 퍼진 고도로 성공한 생물이었다. 모르기는 족제비와 쥐의 잡종처럼 생겼다. 우리의 직계 조상은 아니라고 생각되지만 '전형'이 되는 속genus이다. 젖을 먹이는 우리의 진정한 이브는 아마 모르기와 많이 닮았을 것이다.

'돈나Donna'-프로툰굴라툼 돈나에Protungulatum donnae. 6,700~6,300만 년 전. (유대류가 아니고, 단공류가 아니며, 인간과 비슷한 자궁이 있는) 태반류 포유류의 이브. 소행성 충돌로 조류와 무관한 공룡이 전멸했던 대재앙기 즈음에 등장한 것 같지만, 돈나의 계통은 백악기까지 거슬러 올라갈 수도 있다. 이 이브는 폭넓은 화석 대조와 유전자 분석을 거쳐 아주 구체적이며 이름까지 붙여졌다. 돈나는 기본적으로 족제비-다람쥐다.

'푸르기Purgi'-푸르가토리우스Purgatorius. 6,600~6,300만 년 전. 영장류의, 넓게는 나무 위에서 태어난 영장류 감각계의 조상. 푸르기는 여성이 지금 같은 방식으로 세상을 감지하게 하는 영장류 지각의 이브다. 푸르기의 화석은 몬타나 동북부 불모지 깊은 곳의 포트 유니온 헬 크릭 지층Fort Union Formation of Hell Creek에서 발견됐다. 돈나와 아주 가까우며 기본적으로 비슷한 시기에 살았다. 원숭이-족제비-다람쥐다.

'아르디Ardi'-아르디피테쿠스 라미두스Ardipithecus ramidus. 440만 년 전. 최초의 이족 보행 호미닌이라 알려졌다. 아주 훌륭한 화석이 최근에야 발견됐다. 아르디는 이전의 다람쥐 같은 이브로부터 시간과 진화를 모두 훌쩍 건너뛴 존재다.

'하빌리스Habilis'-호모하빌리스Homo habilis. 280~150만 년 전. 하빌리스는 간단한 도구 그리고 지능적 사회성의 이브다. 도구를 많이 만들어 쓰는 하빌리스는 아프리카에서 호모에렉투스와 50만 년 간 공존했다. 하빌리스의 화석은 탄자니아의 올두바이 조지Olduvai Gorge에서 발견됐다.

'에렉투스Erectus'-호모에렉투스Homo erectus. 189~11만 년 전. 에렉투스는 도구를 더 잘 쓰고, 이동성이 높았으며, 두개골이 컸다. 더 복잡한 도구와 더 복잡한 지능적 사회성의 이브다. 이 이브에게서 더 인간과 닮은 뇌의 기원을(그리고 아마도 초기 발달 과정의 상당 부분을) 찾게 될 것이다.

'사피엔스Sapiens'-호모사피엔스Homo sapiens. 대략 30만 년 전부터 현재까지.* 인간의 언어, 인간의 폐경, 그리고 현대인의 사랑과 성차별주의의 이브.

---

* 우리 종의 정확한 출현 시기에 대해서는 논란이 뜨겁다. 인간의 언어, 현대와 같은 폐경, 섹스와 젠더를 둘러싼 현대적 사회 규칙이 최초의 호미닌에 있었으리라 생각하는 사람도 거의 없지만, 이런 형질이 우리 종의 출현보다 앞서 등장했다고 생각하는 사람도 적다. 고인류학계의 다른 일과 마찬가지로 인간의 오랜 과거에 대한 화석이 많아지면 대단히 큰 도움이 된다.

다른 플레이어들

'루시Lucy'-오스트랄로피테쿠스 아파렌시스Australopithecus afarensis. 385~295만 년 전. 여러 오스트랄로피테쿠스속이 도구를 썼으며, 모두는 아니더라도 대부분이 이런저런 모습으로 초기의 도구를 썼다는 게 일반적 견해다. 오늘날 침팬지가 도구를 쓴다고 알려졌으므로, 루시와 같은 원시대 조상이 이보다 지능적이지는 않았더라도 침팬지만큼은 도구를 썼을 것이라는 생각은 지나치지 않다. 오스트랄로피테쿠스는 (지금까지 300개 이상의 개체 화석이 발견된) 가장 잘 알려진 호미닌이자 가장 장수한 호미닌이다. 다시 말해 이들의 신체 설계와 생활 방식은 아주 오랫동안 잘 작동했다. 에티오피아와 탄자니아에서 발견됐다. 완전한 이족 보행으로 나무와 땅 위에서 살았다.

'아프리카누스Africanus'-오스트랄로피테쿠스 아프리카누스Australopithecus africanus. 330~210만 년 전. 아프리카에서 화석이 발견된다. 아프리카누스가 루시가 속한 종의 후손인지는 알 수 없다. 루시보다 두개골이 크고, 이가 작았으며, 이족 보행을 했지만 그 외에는 여전히 유인원과 매우 비슷했다.

'하이델베르겐시스Heidelbergensis'-호모하이델베르겐시스Homo heidelbergensis. 79~20만 년 전, 그러나 130만 년 전까지 거슬러 올라갈지도 모른다. 유전학 연구에 따르면 35만 년에서 40만 년 전쯤 갈라진 네안데르탈인, 데니소반, 호모사피엔스의 조상일 (아니면 적어도 공통 조상에서 나왔을) 가능성이 있다. 유럽에서 분기한 종이 네안데르탈인이다. 아프리카에서 분기한 종(호모로데시엔시스Homo rhodesiensis)은 호모사피엔스가 된다. 한편, 하이델베르겐시스는 계속 명맥을 유지하다 호모사피엔스의 공식적 등장 시기 직전에 죽어 없어진다. 이들은 최초로 나무와 바위를 이용해 간단한 주거지를 지은 종이다. 확실히 불을 다뤘고 나무 창으로 사냥했으며, (죽은 동물을 먹는 청소부가 아니라) 최초의 대형 동물 사냥꾼이었다. 또한 더 추운 곳에 살았고 그 문제에 적응했다는 증거가 남아 있다. 이름에서 알 수 있듯 하이델베르겐시스의 화석은 독일에서 처음 발견됐고 나중에 이스라엘과 프랑스에서 나왔다.

'네안데르탈Neanderthals'—호모네안데르탈렌시스Homo neanderthalensis. 40~4만 년 전. 네안데르탈인은 유럽으로 퍼지면서 호모사피엔스와 공존했으며 서로 교배가 일어났다.* 인류학자가 화석과 생활환경을 다수 발견했다는 사실을 보면 네안데르탈인은 성공한 종이었다. 네안데르탈인에 대한 이전의 가설들은 이제 뒤집혔다. 이들은 매장, 의복, 불, 도구, 장신구 제작을 포함해 복잡한 문화를 일궜다고 알려졌다. 심지어 언어도 구사했을지 모른다. 이들의 두개골은 호모사피엔스와 모양이 달랐지만 더 작았던 것 같지는 않으며, 사실 (커다랗고 튼튼한 체격에 걸맞게) 더 큰 경우도 있었다. 그러나 네안데르탈인은 우리보다 발달이 빨라 유년기가 더 짧았던 것 같다.

'데니소반Denisovans'—아직 공식적으로 기술되지 않았지만 호모데니소바Homo denisoava 또는 호모사피엔스 데니소바Homo sapiens denisova. 50~1만

---

* 최근 유럽인의 후손이 대부분 그렇듯 내 유전자 중에는 네안데르탈의 유전자가 상당히 많다.

5,000년 전. 이번 이브는 시베리아의 동굴에서 발견된 치아 3개, 새끼손가락뼈 1개, 아래턱, 그리고 DNA 서열 비교 분석을 통해 알려졌을 뿐이다. 데니소반은 최소한 12만 년 전에 살았다고 알려졌으며, 퇴적물 분석과 DNA 연구 결과에 따라 추론하면 더 오랜 기간에 걸쳐 살았을 것이다. 지금 티베트에 해당되는 고지대를 포함해 시베리아와 동아시아에 살았던 데니소반은 인구는 적었지만 이 지역의 고도에 성공하는 데 지속적으로 도움이 되는 유전자를 대물림했을 것이다. DNA 연구 결과 여러 현생인류, 특히 멜라네시아인과 호주 토착인은 데니소반과 5퍼센트의 유전자를 공유한다. 이는 네안데르탈의 경우처럼 원시인류와 데니소반 사이에 교배가 일어났다는 뜻이다. 이 모든 이종교배로 사실상 후기 호미닌 집단 사이에서는 '종'의 경계가 모호해진다.

Morganucodon

1장 젖

: 여성은 왜 수유를 하게 되었을까?

대홍수에 대한 기억이 가라앉자마자[1]

토끼 한 마리가 토끼풀과 흔들리는 초롱꽃 사이에 멈춰

거미줄 너머 무지개를 향해 기도를 올렸다.

신의 봉인으로 창문이 빛바랜

〈푸른 수염〉의 집에-도살장에-서커스에 피가 흘러들었다.

피와 젖이 함께 흘렀다.

-아르튀르 랭보, 〈대홍수 뒤에〉

우유 드셨어요?[2]

-1993년 캘리포니아 우유 가공자 위원회 광고

부드러운 풀 위로 습기를 머금은 밤기운이 밀려올 때, 그녀는 가만히 기다렸다. 인간의 엄지손가락보다 작고[3] 털이 난 몸에는 빗방울이 맺혔다. 그녀를 모르기Morgie라고 부르자.[4] 작은 사냥꾼. 최초의 이브 중 하나다. 모르기는 아직 하늘에 희미한 빛이 남은 것을 보고 기다렸다. 구름 밖으로 빛줄기가 새어 나와 그 너머의 하늘색이 더 짙어 보였다. 모르기는 세포가 지시하는 대로 기다렸다. 몸 안의 태엽을 이루는 작은 시계,[5] 눈, 허공에서 씰룩이는 수염, 흙의 온도를 느끼는 발바닥. 모르기가 기다리는 이유는 괴물이 바깥에서 똑같이 자신을 기다리기 때문이었다.

충분히 어두운 밤이 찾아오자 모르기는 모험을 시작했다. 먹을 만한 곤충을 찾아 재빨리 땅을 가로질렀다. 때로는 먹이가 자기만큼 컸다. 그녀는 높게 윙윙대는 날개 소리, 사사삭 기어가는 다리 소리를 곤충이 시야에 들어오기도 전에 알아들었다.[6] 그 순간 모르기는 날씬한 주둥이를 탁 닫았다. 키틴질로 둘러싸인 몸통을 오도독 깨무는 맛[7]과 흘러내리는 즙이 좋았다. 모르기는 턱에 묻은 즙을 핥고 사냥을 재개했다. 멈추면 위험하다. 턱, 이빨, 발톱, 온 사방에 위험이 도사렸다. 나무인가 했는데 다리일 수도, 양치식물에 부는 바람인가 했더니 뜨거운 숨결일 수도 있었다.

그래서 모르기는 습하고 무거운 대기를 가르며 달리고, 사냥하고, 달리고, 숨었다. 모르기는 메뚜기가 코끼리의 발가락을 뛰어넘듯 공룡의 발을 휙 뛰어넘었다. 공룡이 낮게 포효하면 그녀에게는 지진이 나는 것 같았다. 이것이 모르가누코돈Morganucodon의 생활이었다. 모르기는 매일 밤 거대한 동물의 발아래에서 이렇게 지냈다.

지친 모르기는 희미한 여명을 따돌리며 대기 장소로 돌아갔다. 좁고 어두운 보금자리 안으로 발을 넣어 몸을 끌어당기고, 친숙한 흙 위로 배를 끌며, 도마뱀처럼 터널을 기어 내려갔다.[8] 굴속은 뒤엉킨 새끼들의 체온 덕에 포근했다. 새끼의 숨결에서 아까 먹은 젖 냄새가 풍겼다. 가족을 위해 판 축축한 구멍 안에는 가죽 같은 알 조각이 살짝 곰팡이 핀 채 흙에 묻혔고, 대소변, 말라붙은 침 냄새가 뒤섞였다. 포효하는 괴물로부터 안전한, 충분히 안전한 장소였다.

모르기는 기진맥진한 몸으로 자리를 잡았다. 새끼가 깨어나 눈도 못 뜨고 낑낑대며 젖 방울이 맺히는 엄마의 배를 향해 서로의 몸을 헤치며 다가왔다. 저마다 가장 좋은 자리를 차지하려 다툰다. 엄마의 젖은 털을 쪽쪽 빨더니 얼굴이 곧 젖 범벅이 된다. 모르기는 몸을 옆으로 뻗고는 수염으로 가장 머리 쪽에 있는 새끼를 찾았다. 갓 펴진 귀, 아직 뜨지 못하는 눈꺼풀에 코를 비비며 느긋하게 아들 녀석을 뒤집어 눕힌다. 아직 혼자 변을 보지 못하는 이 녀석의 배변을 돕기 위해 까끌까끌한 혀로 아랫배를 핥아 내려갔다.

어둡고 작은 굴속의 젖, 배설물, 알 조각, 이런 게 유방breasts의 기원이 됐다. 모르기는 진정한 성모Madonna다. 모르기 같은 생물은 위험한 세상에서 아기를 먹이고 안전하게 지키며 보살폈다. 최대한 간단히 말해, 여성에게 유방이 있는 이유는 젖을 만들기 때문이다. 다른 포유류처럼 우리는 몸통의 특화된 샘gland에서 분비되는 질릴 만큼 달콤하고, 물기 많은 진액goo으로 아기를 기른다. 곧 왜 인간의 유방이 골반 근처가 아니라 가슴에 있는지, 왜 6개나 8개가 아니라 단 2개인지, 왜 일부 사람에게 성적 매력을 발휘하는 크고 작은 지방조직으로 둘러싸였는지와 같은 질문을 모두 다루겠다. 그러나 핵심은 젖을 만들기에 인간에게 유방이 있다는 것이다.

그리고 최근의 과학 연구 결과에 근거해 결론을 내리는 한, 우리는 과거에 알을 낳았기에, 그리고 이상하게도 수백만 마리의 세균과 장구한 연애 관계를 이어 왔기에 젖을 만든다. 둘 다 모르기까지 거슬러 올라가는 이야기다.

닭이 먼저냐 달걀이 먼저냐…

쥐라기의 야수[9]가 매일같이 모르기의 굴 위로 지나다녔다. 대형 트럭만한 육식동물이 스테로이드를 맞은 타조처럼 뛰어다녔다. 어떤 녀석은 실제로 스테로이드를 맞은 타조처럼 생겼다. 바다에는 네스호의 괴물을 닮은 수장룡류가 살았다. 다른 생물이 생태계의 주요 자리를 이미 차지했기에 우리의 초기 이브는 대부분 발밑에서 진화했다.[10] 2억 년 전 그곳은 지내고 싶을 만한 곳이 아니었다. 초대륙 판게아가 갈라지기 시작했으므로 땅조차 위험한 곳이었다. 지각 이동으로 모르기의 세상이 갈라졌다. 간격이 벌어진 곳에 물이 밀려 들어와 새로운 대양이 생겼고 쉭쉭거리는 용암 때문에 물이 끓어올랐다.

그래도 모르기는 믿기 힘들 만큼 성공한 종이었다. 사우스웨일스부터 중국에 이르기까지 어디에서나 화석이 발견된다.[11] 있을 법한 모든 곳에 모르기가 있었다. 모르기는 적응력이 뛰어났다. 수완이 좋았다. 새끼도 많이 낳았다. 존 버튼 샌더슨 폴데인은 신이 딱정벌레를 매우 좋아했다고[12] 표현하기를 즐겼는데,* 딱정벌레가 너무 많아졌으므로 모르기 같은 동물은 곤충을 먹이로 삼은 게 성공적인 전략이었다. 신이 딱정벌레를 이처럼 사랑하사, 이 벌레를 먹는 털이 나고, 몸이 따뜻하고, 심장이 뛰는 이브에게도 그리하셨다.

그러나 모르기가 이토록 성공한 이유는 그저 넘쳐 나는 딱정벌레 덕분

---

* '복제(clone)'라는 말을 들어 본 적이 있다면, 바로 홀데인과 관련된 단어다. 그는 최초로 전방 참호, 구체적으로는 제1차 세계대전 중 프랑스의 전장에서 과학 논문을 쓴 사람이기도 했다. 그는 공저자 중 하나가 전사하자, 더 이상 동료와 함께 연구할 수 없음에 미안한 듯 조기에 논문을 투고했다(Subramanian, 2020).

은 아니었다. 모르기는 이전의 이브와 달리 새끼에 젖을 먹였다.[13] 갓 태어난 새끼는 네 가지 중요한 위험과 마주친다. 바로 건조, 포식, 기아, 질병이다. 갈증으로 죽을 수 있다. 무엇인가에 잡아먹힐 수 있다. 굶주려 죽을 수 있다. 그럭저럭 이 모든 위험을 피하더라도 면역 체계를 제압하는 세균이나 기생충 때문에 죽을 수도 있다. 동물 세계의 모든 어미는 자기 후손을 보호하기 위해 전략을 진화시켜 왔지만, 모르기는 자기 몸에서 나오는 것으로 새끼를 감싸 가까스로 네 가지 모두와 싸웠다.

사람은 모유를 아기의 첫 번째 음식이라 말한다. 신생아에게는 지방과 혈액, 뼈와 조직을 새로 만들 연료가 필요하므로 어떻게 해서든 아기를 충분히 먹이려 한다. 그래서 사람들은 신생아가 젖을 달라고 운다 생각하지만, 이는 맞는 말이기도 틀린 말이기도 하다. 갓 태어난 아기에게 가장 필요하고 중요한 것은 물이다.

포유류든 아니든 살아 있는 생물은 모두 대부분 물로 구성됐다. 성인의 몸은 65퍼센트지만, 신생아의 경우 75퍼센트가 물이다.[14] 동물 대부분은 기본적으로 바다로 채워진 뭉글뭉글한 도넛과 같다. 지구상의 생명을 가장 단순하게 묘사하면 성분이 정밀하게 조절되는 물로 가득 찬 움직이는 물주머니라고 표현할 수 있을 것이다.

우리는 세포와 기관 사이로 분자를 운송하기 위해, 분자를 자르고 새 분자를 만들기 위해, 영양분과 노폐물을 정확한 방향으로 보내기 위해 물을 쓴다. DNA도 정교하게 배열된 물 분자[15]에 둘러싸여 제 모양을 유지한다. 인간 성인은 음식 없이 한 달까지 지낼 수 있지만, 물이 없으면 삼사일 만에 죽는다. 생물학자라면 누구나 생명의 이야기는 그야말로 물의 이야기라고 말할 것이다. 지구상의 세포는 얕은 바다에서 진화했으며, 결코 이 역사를 넘어서 본 적이 없다.

그래서 갓 태어난 육지 동물은 가능한 한 빨리 물이 필요하다. 물고기는 알에서 부화하는 순간부터 계속 물을 마신다. 육지에서는 갓 태어난 새끼의 갈증을 해결하기가 더 어렵다. 일부 파충류 새끼는 아주 작아서 물방울을 마시고 피부로 안개를 흡수할 수 있다. 어떤 새끼는 웅덩이나 개울을 찾는다. 갓 태어난 바다거북을 포함해 또 다른 녀석들은 곧장 넓은 바다로 향한다. 그러나 포유류는 어미의 배에서 바다를 찾는다. 인간의 모유는 90퍼센트가 물이다.[16]

오랜 시간에 걸쳐 모르기 같은 원시시대의 육지 포유류는 부화한 새끼의 갈증을 젖으로 해결하는 방식을 진화시켰다. 이런 적응 방식에는 여러 가지 장점이 있었다. 예를 들어, 물이 새끼에게 찾아오므로 갓 태어난 새끼는 이동하지 않아도 된다. 굴을 파는 동물의 새끼는 물가에 가야 하는 생물보다 훨씬 오래 작고 안전한 굴속에 머물 수 있다.

또 젖에는 물뿐 아니라 무기질과 다른 유용한 성분이 들었다. 아주 어린 포유류, 심지어 다 자란 인간이라도 아무것도 들지 않은 물을 한꺼번에 너무 많이 마시면 위험하다. 수분 중독이 되면 뇌부종, 섬망같이 온갖 끔찍한 부작용이 생기고 결국은 사망에 이른다. 인간의 아기는 심지어 6개월이 될 때까지 물을 마시게 해서는 안 된다. 아기가 목말라하면 젖이나 분유를 마시게 해야 한다.*

물을 어미젖으로 대체할 때의 장점은 이뿐만이 아니다. 물은 질병이 전파되기에 이상적인 매체다. 재채기를 할 때 입을 가려야 하는 이유가 이것인데, 바이러스나 세균이 가득 든 작은 침과 점액 방울이 시속 60킬로미터

---

* 심하게 아파 젖이나 분유를 토하는 아기에게는 소화력이 회복될 때까지 수분을 공급하기 위해 페디라(Pedialyte)같이 전해질, 무기질, 물을 조합한 음료를 먹이기도 한다.

의 속도로 입과 코에서 튀어 나가기 때문이다. 2020년 사람이 공공장소에서 마스크를 쓰기 시작한 이유도 마찬가지다. 공기 매개 질병은 대부분 에어로졸 상태의 작은 액체 방울에 담겨 숙주에서 숙주로 '날아간다.' 작은 비말을 들이쉬든 어딘가에 내려앉은 비말을 만지든 당신의 입, 코, 눈 표면의 습기는 병원체의 증식을 돕는다. 물이 많은 곳에는 거의 언제나 수백만 마리의 세균이 살며, 이 중 일부는 위험한 병원체다. 그러므로 물에 노출되는 기회를 통제하는 일, 식수를 깨끗하게 지킬 방법을 찾는 일, 이 두 가지는 어떤 동물에도 건강을 지키는 중요한 전략이다.

모르기의 몸이 쥐라기 최고의 정수 필터라고 생각하자. 갓 태어난 새끼는 몸도 작고 독자적인 면역계를 갖추는 중이므로 병원체에 특히 취약하다. 모르기의 몸에 있던 병원체가 젖에 섞여 들어갈 수는 있겠지만 새끼가 새로운 병원체를 먹을 일은 없을 것이다. 모르기의 면역계는 새끼가 자라 스스로 싸울 수 있을 때까지 병원체를 잘 물리칠 수 있다. 과학자는 젖이 면역 문제와 건조함을 한꺼번에 해결하도록 진화했다고 생각한다. 그러나 젖이 어떻게 시작됐는지, 첫 번째 젖 방울이 실제로 어떻게 생겼는지는 예상 밖의 이야기가 전개된다.

초기의 모든 포유형류mammaliaform(모르가누코돈, 할다노돈 등 고생대 초기에 살았던 포유류의 조상_옮긴이) 동물과 마찬가지로 모르기는 알을 낳았다.[17] 그리고 오늘날의 다른 파충류 알과 마찬가지로 모르기의 알은 가죽같이 부드러운 껍데기에[18] 싸였다. 달걀을 팬에 깨 넣을 때 사람은 실제로 공룡이 알 속에 든 액체의 증발을 막기 위해 진화시킨 딱딱한 껍데기 구조를 깨뜨리는 것이다.*

---

* 닭은 과학적으로 '조류와 무관한 공룡(non-avian danosaur)', 쥐라기 괴물의 직계 후손으로

무작위적 진화 과정을 거쳐 초기 포유류가 된 계통을 포함해 파충류, 곤충의 알껍데기는 대부분 부드럽다. 이런 전략에는 여러 가지 장점이 있다. 예를 들어, 딱딱한 알껍데기는 주로 칼슘으로 됐다. 늘 그렇듯 어미의 몸에서 아기가 자랄 때 필요한 칼슘은 모두 다른 어딘가에서 나온다. 모르기의 크기는 오늘날의 들쥐만 했다. 모르기가 달걀 같은 알을 낳으려 했다면 자신의 작은 뼈와 이빨에서 칼슘을 빼내야 했을 것이다.* 지금도 껍데기가 딱딱한 알을 낳는 동물은 번식 전에 칼슘이 풍부한 먹이[19]를 찾아다닌다고 알려졌다(공장식 양계장의 닭[20]은 골다공증으로 약해진 다리뼈가 체중을 견디지 못한 나머지 부러지기도 한다).

그러나 모르기의 알처럼 가죽 같은 껍데기에 싸인 작은 알은 새끼가 부화할 준비를 마치기 전에 말라 버릴 수 있다. 그래서 모르기는 알을 따뜻하게 할 뿐 아니라 축축하게 해야 한다. 해결 방법은 몇 가지 있다. 예를 들어 지금의 바다거북은 모래가 충분히 쌓인 곳을 찾아 파도가 닿지 않을 곳에 얕은 구덩이를 판 뒤 부드러운 알 하나하나를 찐득하고 투명한 점액으로 감싸 모래에 묻는다. 어미가 다소 세심하면, 자주 드나들며 주기적으로 알을 핥거나 진액을 더 분비해 알을 덮을 수도 있다. 오리너구리가 이렇게 한다. 지금도 알을 낳는 마지막 현생 포유류 오리너구리는 먼저 축축한 굴을 판 뒤 바닥에 젖은 풀을 깐다. 어미 오리너구리는 축축한 굴로 기어 들어

분류됐다. 딱딱한 껍데기에 싸인 알은 공룡 계통수에서 별개의 진화 단계를 세 차례 거쳐 등장했다고 여긴다(Norell et al, 2020).

* 현대 여성도 마찬가지로 임신 중 칼슘이 풍부한 음식을 먹으라는 권고를 받는다. 아기의 작은 뼈를 만들려면 칼슘이 더 많이 필요하다. 임산부의 뼈와 치아는 저장한 칼슘을 녹여 혈류로 내보낸다고 알려져 있다. 이런 현상은 아직 뼈가 자랄 나이인 10대 엄마에게 심각한 영향을 줄 수 있다. 엄마와 아기에게 필요한 칼슘이 충분히 공급되지 않으면 엄마는 나중에 치과 치료를 받거나 골다공증에 걸릴 가능성이 높아진다.

가서 알 무더기를 몸에 바짝 붙이고 꼬리를 말아 그 위를 덮는다. 어미는 몸을 둥글게 말고 알이 부화할 때까지 기다린다. 오리너구리 알에는 부화할 때까지 고농도의 항균물질[21]이 포함된 점액층이 한 꺼풀 더 덮여 있다.

모르기는 알을 축축하게 유지하는 동시에 알이 곯지 않도록 수인성 세균과 곰팡이로부터 지켜야 했다. 과학자 대부분은 바다거북과 오리너구리 어미의 점액이 지금까지 그렇듯이 모르기의 알을 덮은 점액에 여러 가지 진균과 세균을 억제하는 항균물질이 포함됐을 것으로 추정한다.

가죽 같은 껍데기로 된 알을 낳는 오늘날의 후손은 부화할 준비가 되면 특별히 진화된 도구(보통은 날카로운 '난치egg tooth'로 나중에 없어진다)를 이용해 껍데기에 구멍을 뚫는다. 그 다음 알을 감싼 진액을 핥기도 한다. 사실상 축축한 알껍데기에서 첫 먹을거리를 찾는 셈이다. 모르기의 할머니가 알의 습기를 유지하기 위해 골반 근처의 특화된 샘에서 분비했을 점액, 이것이 거의 틀림없는 최초의 젖이다. 깨어난 새끼 중 일부가 이 남은 물질을 조금 핥았고, 이런 행동은 중요한 진화적 자극[22]이 됐다.

모르기의 시대에 이르러 이 샘은 수분, 당, 지질이 더 풍부한 진액을 분비하는 방식으로 진화했다. 결국 이것은 특화된 털로 덮여 보채는 새끼의 입안으로 끈적끈적한 분비물이 들어가도록 유도하는 '유선 조각mammary patches'이 됐다. 지금도 오리너구리 새끼는 어미 배의 축축한 유선milk patches에서 젖을 핥아 먹는다. 오리너구리는 젖꼭지가 없다.

아마도 초기 포유류의 젖은 진하고 노르스름하며 끈적이듯 달콤한 액체로, 면역 성분과 단백질이 고농도로 함유된 현대 여성의 초유와 유사했을 것이다. 출산 후 며칠 동안 분비되는 젖은 믿기 어려울 정도로 특별한 면역 증강제다.

처음 엄마가 된 사람은 약간 고름 같기도 한 초유를 보고 걱정할 수도 있지만, 젖은 며칠 안에 모유라고 부르는 청백색 물질로 바뀐다. 대부분의 포유류에서 이렇게[23] 처음에는 초유가 나오다가 나중에는 더 묽고 지방이 풍부한 숙성된 젖으로 바뀌는 양상이 나타난다. 각각의 지방 방울[24]은 잔틴 산화환원효소xanthine oxidoreductase가 포함된 막에 둘러싸였다. 달갑지 않은 위험한 미생물을 가차 없이 죽이는 데 도움이 되는 효소다.

그러나 초유에는 특히 고농도의 면역 글로불린immunoglobulin[25]이 들었다. 어미의 몸이 위험하다고 인식한 병원체에 반응할 수 있도록 식별 부위가 달려 있는 항체다. 사실 페니실린이 발견되기 전에는, 흔히 소의 초유가 항생제로 쓰였다.* 이렇게 명백한 장점이 있어도 여성은 역사 내내 초유를 썩은 젖 또는 젖 앙금beestings이라[26] 오해했다. 심지어 아기에게 초유를 먹이지 않는 사람도 있었다. 15세기 바르톨로뮤 메틀링거Bartholomäus Metlinger는 유럽 최초의 소아과학 교과서[27]를 썼다. 유방이 없는 이 독일인 남성은 여성의 젖에 대해, 이 젖으로 무엇을 해야 할지에 대해 거침없이 훈계를 늘어놓았다. 첫 14일간은 아기 엄마의 젖이 건강하지 않으므로 다른 여성이 젖을 물리는 편이 나으며, 그동안 아기의 엄마는 어린 늑대에 젖을 물려야 한다.

초보 엄마가 어디에서 어린 늑대를 찾을 수 있다고 생각했는지는 알 수 없다. 그러나 아기에게 초유를 주지 말라는 권고는 한참 잘못된 말이다. 진하고 노르스름하며 단백질이 풍부한 초유에서 묽고 희고 지방이 풍부한 젖으로 바뀌는 포유류의 젖 분비 양상은 특히 새끼의 발달에 초점[28]이 맞춰졌다. 무엇보다 시점이 중요하다.

건조, 포식, 기아, 질병의 위험성은 시기마다 달라진다. 건조는 알이나

---

* 소의 초유는 유난히 달콤한 인도 치즈를 만드는 데 쓰인다.

갓 부화한 새끼가 굴속에서 마주치는 첫 번째 위험이다. 기아의 위험은 조금 늦게 찾아온다. 몸은 언제나 자신을 조금씩 소비하며 버틸 수 있기 때문이다.* 포식도 새끼가 당분간 땅속 요람을 떠나지 않아도 되는 경우라면 나중 문제다. 그러나 질병은 처음부터 중요한 문제다. 초유는 항체를 공급해 새끼의 면역력을 높일 뿐 아니라 효과적인 완하제[29]로서 면역계를 구축하는 데 중요한 역할을 담당한다.

초보 엄마라면 젖꼭지에서 진하고 노란 물질이 분비되는 동안 사랑하는 아기의 엉덩이에서 무엇인가가 나오는 모습을 보고 놀랄 수도 있다. 바로 진하고 끈적이며 이상한 암록색을 띤 최초의 대변, 처음 몇 번에 걸쳐 나오는 태변이다. 대부분 태아가 자궁 안에서 삼킨 혈액, 단백질, 양수가 소화된 것이어서 다행히 냄새는 별로 심하지 않다. 그러나 이런 물질은 신속하게 배출돼야 한다. 초유에는 완하제 같은 특성이 있어 이 과정을 촉진하고 초유를 마시는 아기의 장을 상대적으로 깨끗하게 청소한다. 바로 이런 일이 일어나야 한다. 아기는 음식을 소화해 에너지를 얻기 전에 소화를 도와줄 세균으로 장을 뒤덮어야 한다. 이런 일을 하려면 온 마을이 필요하므로, 포유류는 소화관 내 세균과 함께 공진화했다.

엄마의 젖, 질, 피부에 있는 유익균은 아기의 장속에 빠르게 자리 잡는다. 새로운 마을이 생긴다고 생각하면, 누구든 처음 이주한 집단이 그 공간의 진화 방식에 큰 영향을 미칠 것이다. 초기의 세균 군집은 경쟁이 상대적으로 적은 덕분에 장 내벽 전체를 타고 증식하며 번성한다. 초기에 자리 잡는 군집은 신생아의 장 세포와 소통하는 수단도 가진다.

---

* 보통 생후 첫 주에 신생아의 체중이 줄어드는 이유 중 하나다. 아기는 엄마 젖이 초유에서 숙성된 젖으로 바뀌고, 스스로 적절한 음식을 먹어 소화할 수 있을 때까지 자기 몸에 비축된 지방을 조금씩 소비한다.

톨 유사 수용체toll-like receptors[30]는 마을 방범대처럼 어떤 유형의 세균을 받아들여야 하는지 어떤 유형의 세균이 위험한지 학습한다. 최초에 정착한 군집은 이 수용체에 깊은 영향을 미친다. 이것이 병원에서 가능하면 모유와 농축된 초유를 기증받아 신생아 집중 치료실NICU의 미숙아[31]에게 먹이는 이유다. 미숙아의 면역계는 초유와 모유가 없으면 위험할 정도로 약해질 수 있다.

초유가 초기에 정착하는 세균에 길을 터 주기만 하는 것은 아니다. 초유에는 이 군집의 발판이 될 세균 성장인자도 들었다. 마을이 성장하려면 공공서비스와 소기업 대출이 필요한데, 장내세균에 있는 다량의 6′-시알릴락토오스6′-sialyllactose가 여기에 해당한다. 이는 올리고당으로 유방에서 아기를 위해 만드는 특별한 젖당이다. 신생아 장 속에 초기에 정착하는 비피더스균Bifidobacterium, 클로스트리듐Clostridium, (유익한) 대장균E. coli과 같은 세균에는 그야말로 신의 음료다. 이 인자는 소화관 내 세균의 성장과 번식을 도울 뿐 아니라 세균 군집이 떠다니지 않고 서로 연결된 채로 장 내벽에 달라붙어 복잡한 미생물막bofilm을 만들도록 돕는다. 일단 미생물막이 자리 잡으면 여기 있는 세균이 아기가 엄마의 젖을 소화하도록 돕는다. 더욱이 최근에는 올리고당 자체가 위험한 병원체가 장 내벽에 달라붙지 못하게 방해한다는[32] 사실이 밝혀졌다. 반갑지 않은 침입자는 경쟁이 적고 편안한 지점을 찾지 못한 채 장 속을 떠다니다 결국 대변으로 배설된다.

이는 모유에 관한 가장 놀라운 발견 중 하나다. 최근 10여 년간 과학자는 모유의 중요한 가치가 영양가가 아닐 수도 있다는 사실을 깨달았다. 젖은 그야말로 기반 시설과 관련됐다. 이는 경찰력, 폐기물 관리, 토목공학이 조합된 도시계획이다.

포유류의 젖이 주로 영양을 공급하기 위해 진화했다는 발상에 대해 짚고 넘어가야 할 반론이 한 가지 더 남았다. 젖의 상당 부분은 소화조차 되지 않는 것으로 밝혀졌다. 현대인의 젖은 대부분 물로 이뤄졌다. 단백질, 효소, 지질, 당류, 세균, 호르몬, 모체의 면역 세포, 무기물과 같이 물이 아닌 성분 중에는 눈에 띄는 성분이 한 가지 있다. 초유를 통해 신생아의 장으로 전달되는 올리고당은 6′-시알릴락토오스[33] 하나뿐이 아니다. 사실 올리고당은 젖에서 세 번째로 많은 고형 성분[34]이다. 이렇게 복잡한, 젖에만 있는 당류는 인체가 소화할 수도 없다digestible. 우리는 이것을 쓰지 않는다. 우리가 아니라 우리 몸 안의 세균을 위한 성분이다.

올리고당은 장내 유익균의 성장을 촉진하고 안녕을 보장하는 프리바이오틱스prebiotics다. 프리바이오틱스는 유익균의 특정 활동을 촉진하는데 유해균 섬멸이 그 예다. 소화기의 공생균commensal digestive bacteria은 소화계와 면역계에서 복잡하고 대체 불가능한 역할을 맡으며 우리는 그 내용을 막 이해하기 시작했을 뿐이다. 프리바이오틱스가 없으면 유익균은 곤경에 처한다(프리바이오틱스는 흔히 말하는 프로바이오틱스Probiotics, 예를 들어 인체에 자연적으로 든 락토바실러스 아시도필루스L. acidophilus 같은 세균과 다르다. 프로바이오틱스 자체를 한 움큼 먹는 일은 비료 없이 아니면 토양조차 없이 정원에 식물을 심는 것과 유사한 면이 있다. 시스템 전체를 가동하려면[35] 프리바이오틱스가 필요하다).

여성에게 대가를 후하게 지불하고 원료를 기증받아 실험실 처리를 하여 농축하거나 가루로 만든, 모유로 만든 이런 특별한 젖당은 미국에서 완전히 새로운 산업의 표적이 됐다. 비영리 모유 은행은 자신들이 의학적 이유로 모유가 필요한 환자에게 서비스를 제공한다고 여기기에 모유를 기증하는 엄마에게 대가를 지불하지 않는다. 반면 영리 목적의 회사는 엄마에게서 모유를 구입해 수분을 제거한 상품을 병원에 판매하면서, 미숙아의 어린 생명이 첫걸음을 내딛는 데 필요한 올리고당을 1회분씩 추가 제공하는 대가로 이윤을 얻으려 한다. 고작 몇 주라는 단기간에 1만 달러를 훌쩍 넘는 비용을 들여 농축 모유 제품의 일일 용량을 투여하면 이 작은 환자의 체중 증가와[36] 면역계의 빠른 성숙에 도움이 될 수 있다.*

모유가 없어도 되도록 인간형 올리고당을 독자적으로 개발하려 노력하는[37] 바이오 기업도 있다. 이런 당류를 처음부터 만드는 방식과 유료 기증자에게 원료를 얻는 방식 중 어느 편이 경제적으로 실행 가능할지, 심지어 인간의 아기 외에 이런 당류를 찾는 시장이 존재할는지는 확실치 않다.

과학자는 의학적 치료, 예를 들어 크론병, 과민성장증후군, 당뇨병, 비만 치료에 이런 당류를 활용할 수 있을지 알아내기 위해 열정적으로 노력한다.[38] 그러나 아기의 소화관 내 세균에 필요한 것과 동일한 프리바이오틱스가 성인의 마이크로바이옴에 도움이 될는지 그야말로 모른다. 엄밀히 따지자면 세균의 종류는 동일하다. 그러나 세균과 아기의 장 내벽 intestinal walls이 상호작용하는 방식, 발달의 결정적 시기에 장 내벽이 아기 면역계의 '학습'을 돕는 방식은 현재 최첨단 연구 분야에 속하는 지식이다. 우리는 포유류의 젖이 소화관gut과 공진화했다는 것을 안다. 우리는 세균이 우리의 안녕에 중요한 요소임을 안다. 그러나 도대체 어떻게, 왜, 언제 이럴까? 20년 후에 다시 물어보자.

자기 몸과 관련한 인간의 행동은 여전히 합리적이지 않다. 예를 들어,

---

* 이 여성에게 대가를 지불하는 방식에 제기된 윤리적 의혹은 다소 모호하다. 예를 들어, 메돌락(Medolac)이라는 회사는 디트로이트의 흑인계 미국인 여성을 옹호하는 단체, 특히 가난한 여성을 겨냥해 모유를 기증받는다는 비판을 받았다(Swanson, 2016). 해당 여성이 실제 '여분의(extra)' 양보다 더 많은 양을 기증하라는 압박을 느꼈다면 자신의 아기를 힘들게 했을 수도 있다.

인간의 모유는 우유보다 단백질 함량이 낮다.[39] 단백질이야말로 근육의 주성분임에도 불구하고 일부 보디빌더는 모유가 근육 형성에 도움이 된다는 잘못된 신념을 가지고 여전히 암시장에서 인간 모유를 구매한다.[40] 근육을 키우는 게 목표라면 우유를 1리터씩 사 마시는 편이 훨씬 값싸고 효과적이다.

영양 보충제 판매 코너는 말할 것도 없고, 유사 과학pseudoscience 따위가 존재하기 2억 년 전, 모르기는 작은 굴속에 웅크려 잠자는 새끼의 냄새에 반쯤 취해 뇌에 범람하는 쾌감에 휩싸였다. 언제나처럼 어두운 장속에서는 모르기의 세균 군집이 당을 발효하고, 무기질의 흡수를 돕고, 면역계를 공동 운영했다. 어쩌면 이 점이 핵심일지도 모른다. 젖의 원래 목적이 새끼를 먹이는 게 아니라 수분과 면역 문제를 해결하는 것이었고, 나중에 이런 영양적 특성이 진화한 것이라면 (마음에 들면 대단한 경품인 셈이다) 젖의 이야기the story of milk는 그저 우리에 관한 이야기가 아니라고 말하는 편이 안전하겠다. 젖의 이야기는 '우리'가 무엇을 뜻해야 하는지에 대한 이야기다.

결국 출산은 여러분you이 아기를 낳는 순간만을 뜻하지 않는다.[41] 출산은 여러분 몸 안과 밖의 세균에도 완전히 새로운 환경을 자신들의 생존에 적합하도록 조성하는 결정적인 순간이다. 그 과정에서 세균은 생물학자가 '서식 환경 조성niche construction'이라 부르는 범주에 포함되는 방식으로 기여할 수도 있다. 아주 쉽게 말해 서식 환경 조성이란 유기체가 자기와 그 자식에 적합하도록 환경을 바꾸는 방식이다. 예를 들어, 비버는 댐으로 물길을 막아 더 넓고 깊은 웅덩이를 만듦으로써 자신과 자손에게 더 적합한 형태로 생태계를 바꾼다. 이렇게 깊어진 물에는 다른 종류의 물고기와 물새, 심지어 다른 층위의 미생물이 서식한다. 비버가 댐을 지어 만든 깊은 물은 비버가 없는 하천과는 아주 다른 생태계다. 그래서 일부 과학자는 비버의 자손이 부모의 유전물질과 함께 바뀐 생태계까지 상속받는다고 주장한다.* 우리의 유전자와 이 유전자가 발현해 만든 바뀐 상속 생태계는 밀접한 양방향two-way 관계를 이룬다.

그러면 우리의 소화계와 소화관 내 세균의 관계는 비버와 댐의 관계와 얼마나 유사할까? 소화관이 몸이라는 유기체 도시를 입에서 항문으로 관통하는 주요 도로라고 생각하자. 세균과 장 기능은 아주 밀접하게 엮여 우리의 소화관digestive tract 안에, 엄밀히 말하면 몸 바깥에 무엇이 있는지, 어디까지가 장이고 어디부터 세균인지 알기 어렵다.

어떤 사람의 소화관 내 세균을 모두 죽이는 일은 그 사람에게 치명적이다. 병원에서 강력한 항생제를 쓴 환자는 클로스트리듐 디피실C. difficile 감염에 취약해지며,[42] 치료하기가 아주 까다롭다는 것은 잘 알려진 사실이다. 최근까지도 이런 환자는 기진맥진할 정도로 반복되는 설사에 시달리고 사망 위험까지 감수할 수밖에 없었다. 지난 10년간 알아낸 최선의 치료법은 건강한 사람의 대변에서 걸쭉한 갈색 액체를 뽑아 환자의 장에 넣는 방법이 있다. 어떤 사람은 며칠 안에 호전되기도 한다. 일주일 안에 완치되는 사람도 많다.**

---

* 비버의 유전자형(genotype)이 댐 건축이라는 특정 행동을 낳고, 이 유전자의 성공적 전파는 결정적으로 이 댐에 달렸다는 점을 들어 댐을 '확장된 표현형(extended phenotype)'으로 봐야 한다고까지 말하는 사람이 있다. 그러므로 신체적 특성이 유전자형의 '표현형'이듯, 비버의 댐은 이런 표현형이 유기체 외부에 작용해 생긴 확장형이다. 물론 유기체가 만드는 것을 모두 확장된 표현형이라 여길 수는 없으므로 이런 논증을 어디까지 적용할 수 있는지에 대해서는 주의해야 한다.

** 집에서 시도하지 말자. 현재 '대변 세균총 이식(fecal material transplant, FMT)'은 클로스트리듐 디피실 감염 치료 목적으로만 미식품의약국(FDA) 승인을 받았다. 비만과 과민성장증

그런데 문제가 하나 있다. 비버가 댐을 세운 강은 80년이 지나더라도 사라지거나 마르지 않는다. 하지만 인간의 장은 사라진다. 그러므로 우리 소화관의 세균이 자신들의 유전자를 전달하는 작업을 한다면, 숙주인 아기의 장에 자기 자손이 자리 잡는 데 도움이 되는 방식으로 진화할 것이다. 포유류의 경우에는 주요 방식 중 하나가 젖이다.

젖은 우리가 처한 환경, 먹는 음식의 종류에 따라 달라진다. 그도 그렇게 모유는 아기를 보호하는 첫 번째 방식이고 해당 지역의 자원과 위험 요소에 반응해야 하기 때문이다. 개별 종에서 이런 반응 사례를 볼 수 있다.[43] 예를 들어 침팬지의 모유는 (인간의 모유가 식이에 따라 달라지듯이) 야생에 있을 때와 동물원에 있을 때 뚜렷이 달라진다. 그러나 인간의 젖은 어디에 있든 무엇을 먹든, 이례적일 정도로 많은 올리고당 함량이 일정하게 유지된다. 사실, 인간의 젖에는 모든 영장류 사촌 가운데 가장 풍부하고[44] 가장 다양한 올리고당이 함유됐다. 아마도 현대인이 다른 유인원과 달리 도시 생활과 고속 여행을 감당해야 하기 때문일 것이다.

도시는 세균의 저수지다. 인간은 그저 사회적 영장류가 아니라 초super 사회적 영장류다. 인간의 몸은 밤낮으로 이렇게 가까운 관계 속에서 지내면서 외부 세균의 맹공격을 정기적으로 접한다. 병원체는 숙주에서 숙주로 쉽게 이동할 수 있으며 산불처럼 대규모 인구로 이동한다. 더욱이 육지와 바다를 누비며 우리 몸(과 그 안의 세균)을 아주 빠르게 실어 나르는 기술을 발명했기에, 새로운 기항지마다 거기 있던 사람은 온갖 세균 손님

후군에서부터 루푸스와 류머티즘성관절염에 이르기까지 다른 질병에 대해서는 모두 임상 연구 단계에 있다. 이들 치료법 중 어디에서 진전이 있을지는 누구도 예측할 수 없다. 그동안에는 이런 충고가 여전히 유효하다. 지금 무슨 일을 하려는지 정말, 정말로 알기 전에는 항문에 무엇인가를 넣지 말길.

을 맞이해야 한다.

일부 과학자는 인간의 젖당이 우리의 정신없는 생활 방식에 소화관 내 세균이 적응하도록 돕는 방식으로 진화했으므로 다른 영장류의 젖당과 아주 다르다고 생각한다. 우리의 젖당에는 조상이 과거에 겪던 특정 감염병에 대한 단서가 들었을 수도 있고, 유익한 세균에 먹이를 제공하는 한편 달갑지 않은 병원체에는 속임수를 써서 아기의 장 대신 여기에 결합하게 한 뒤 기저귀로 내보내 버릴 수도 있다.

소화관은 본질적으로 뇌 못지않게 사회적이고, 적어도 병에 걸리기 쉬운 우리의 사회적 본성의 영향을 받으며, 그 역사는 우리 젖까지도 바꿨다. 구석기 시대의 식단Paleo diet은 잊자. 현대 호모사피엔스는 도시화와 여기에 수반되는 세균의 공격에 이미 적응했다.

젖은 개인적이다

가축화된 고양이가 자기 주인/룸메이트/먹이 주는 집사에게 친하게 굴 때는 주인의 몸을 앞발로 누른다. 왼발, 오른발, 왼발, 오른발. 아기 고양이가 젖을 먹을 때도 젖꼭지 양쪽으로 어미 배를 누르고, 애타는 입안으로 젖을 짜 넣으면서 똑같이 행동한다. 동물 훈련사는 나이 든 고양이도 만족스러움과 유대감을 표현할 때 이렇게 행동하며, 이런 움직임은 날 때부터 몸에 배어서 고양이의 발은 심지어 젖꼭지 없이도 익숙한 보상 회로familiar pleasure circuit의 일부가 돼 작동한다고 말한다. 고양이는 기분이 좋을 때 이렇게 할 것이다. 기분 좋아지고 싶을 때 이렇게 할 것이다. 다른 존재와 유대감을 느낄 때 이렇게 할 것이다. 아마 심심할 때도 이럴 것이다.

인간의 아기는 고양이 같은 방식으로 젖꼭지에서 젖을 빨지 않는다. 아마도 아기는 그래서 꾹꾹이push-push를 하지 않을 것이다. 아기의 능력은 빨기suck다. 여성에게 젖꼭지가 있기에 가능한 일이다. 오리너구리와 바늘두더지를 제외한 모든 현생 포유류는 융기된, 다공성 구조의 작은 피부 덩어리인 젖꼭지를 가진다. 그 아래에는 고도로 진화한 유선이 있어 엄마가 아기에게 젖을 먹일 때가 되면 작동하기 시작한다. 유대목 동물과 태반 동물이 등장하기 전 어느 시점, 모르기가 살던 2억 년 전과 유대목 동물이 등장한 1억 년 전 사이에 젖꼭지를 단 이브the Eve of nipples가 태어났다. 그녀의 신성한 가슴에는 체액이 스며 나오는 털로 덮인 부위뿐 아니라 새끼가 매달리는 데 도움이 되는 두꺼워진 피부 혹이 있었다.

현대인의 젖꼭지는 여성의 흉부에 있는 유륜이라는 색이 어둡고 편평한 피부 조각에 둘러싸인 두꺼운 피부 덩어리다. 젖꼭지에는 평균 15개에서 20개의 작은 구멍이 있고, 이 구멍은 관을 통해 유선과 연결됐다. 암컷 포유류가 임신하면 유선이 생산 태세를 갖추면서, 젖꼭지 주변 조직이 혈액과 새로운 조직으로 차오른다. 피부색은 어둡고 붉어진다. 정맥이 부푼다. 신생 모세혈관이 자라나는 조직에 혈액을 공급한다. 여러 포유류에서 이 시기에 암컷의 배 아래로 젖꼭지가 부풀어 올라 겨드랑이부터 사타구니까지 길게 두 줄로 드러나면서 젖꼭지가 처음으로 털 밖으로 드러나 보인다. 젖꼭지가 털로 덮이지 않은 인간의 경우, 모양과 크기의 변화가 타인의 눈에 띄게 된다.

폐기물 관리의 관점에서 젖꼭지가 진화한 이유는 분명하다. 체액이 스며 나오는 모르기의 유선에는 젖이 새끼의 입으로 들어가도록 돕는 '젖 털mammary hairs'[45]이 있었지만, 이런 체계에서는 흘러내리는 젖이 많았다. 불가피하게 젖이 낭비됐다. 젖을 만드는 데는 에너지가 많이 들었으므로 유선에 더 특화된 접점을 확보하는 일은 개연성 높은 진화의 산물로 보인다. 흘러내리는 젖을 줄이는 일만이 젖꼭지의 유일한 폐기물 관리 방식은 아니다. 임신한 여성에게 회의 도중, 지하철 탑승 중, 파트너와 감정 싸움 중과 같이 부적절한 순간에 젖이 '새는' 경우가 생기듯 포유류의 몸은 평소에도 약간의 젖을 만들지만, 이는 젖 빨기suckling에 대한 반응으로 일어나는 젖 생산에 비하면 아무것도 아니다.

젖꼭지가 있는 포유류에서, 대부분의 젖은 '공동 생산된 생물학적 산물co-proudced biological product'46이다. 젖을 생산하는 것은 어미의 몸이지만, 어미의 몸에서 젖 생산을 촉발하는 것은 새끼의 입이다. 더욱이 새끼는 어미의 몸에서 생산되는 젖의 유형이 달라지는 데 중요한 역할을 담당한다. 몇 가지 기전이 관여하지만, 가장 중요한 기전은 사출 반사let-down reflex와 진공vacuum 두 가지다.

일반적 신념과 달리 젖을 먹이는 엄마의 유방에는 젖이 가득 차 있지 않다. 물론 때로는 살로 된 물풍선처럼 부풀지만, 유방은 혈액, 지방, 샘 조직으로 가득 차 있다. 유방 안에는 주머니 가득 젖이 한 컵씩 담겼다가 아기가 젖을 먹으면 비고 다음 수유를 위해 서서히 다시 차오르는 게 아니다. 심지어 젖소의 젖통도 여러분이 생각하는 젖 주머니가 아니다. 우리와 마찬가지로 소의 젖통은 젖꼭지가 몇 개 달린, 두드러지게 불거진 유선 조직 덩어리다.* 젖을 먹이는 인간의 유관은 한 번에 기껏해야 몇 숟가락의

---

* 우리와 마찬가지로 젖소는 대부분의 젖을 야간, 무엇보다 아침에 만드는 경향이 있다. 포유류의 젖 생산은 대부분 호르몬의 일주기와 결부된다. 젖짜기가 농부의 첫 일과인 이유다. 평소 암소를 굶기지 않으면 유방이 부푼 암소는 특히 짜증스러워진다. 그리고 유선염과 젖 분비 기능을 잃을 위험이 높아진다(나는 유선염을 두 번 겪었다. 소름끼치게 아팠다. 아기에게 젖을 먹일 때만큼 소에게 공감한 적이 없었다).

젖을 담아 둘 수 있을 뿐이다. 정상적으로 유방의 '사출 반사'를 유발하는 요인은 젖빨기로, 젖 생산을 개시하고 신선한 젖을 대문으로 내보내라는 신호가 유선에 폭포처럼 쏟아진다.

입에서 침이 분비되는 과정과 유사한 점이 많다. 사람이 일반적 식사를 하는 동안 약 반 컵의 침이 분비된다. 입안에 언제나 침 반 컵이 대기하지는 않는다. 뭔가 맛있는 냄새를 맡으면, 그리고 무엇보다 음식을 씹기 시작하면 침 생산량을 늘리라는 신호가 침샘에 전달된다.

새끼가 젖빨기를 시작하면 유방 신경은 포유류 어미의 뇌에 신호를 보낸다. 여기에 반응한 뇌는 뇌하수체에서 두 가지 특정 분자의 생산량을 늘린다. 프로락틴prolactin은 젖 생산을 자극한다.[47] 그리고 옥시토신oxytocin은 유선에서 젖을 짜내 아기가 젖을 빨면서 비워지는 유관으로 밀어내는 과정을 돕는다. 이 두 가지 분자는 젖의 진화에 뿌리를 둔다. 이런 뿌리는 모르기의 시대까지 거슬러 올라간다.

프로락틴은 물고기가 진화하던 시대에도 있었다. 물고기에서는 주로 염분 균형을 조절하는 일[48]과 관련 있어 보인다. 프로락틴은 진화의 사슬을 뻗어 나가면서 면역계에서 여러 가지 기능을 획득한다. 요즘은 성적 만족감과도 결부돼서, 성별이 무엇이든 성관계 후 몸 안에 프로락틴이 많을수록[49] 그 사람은 더 만족감을 느끼고 이완된다. 아마도 프로락틴이 성적 각성 시 잔뜩 생성되는 도파민의 영향을 상쇄하기 때문일 것이다. 같은 이유로 몸 안에 프로락틴이 너무 많으면 발기부전을 겪을 가능성이 커진다.*

* 여성과 남성 모두 그렇다. 젖을 먹이는 이는 수유 기간에 성적 욕구와 전반적인 성적 만족감이 뚝 떨어진다고 한다. 여러 이유가 있겠지만, 오로지 심리적 이유 때문만은 아니다. 프로락틴은 확실한 요인이다. 에스트로겐과 프로게스테론도 기여한다. 모유 수유 기간에 여성의 질은 더 건조하고 손상에 취약해지는 경향이 있다. 이 때문에 분만 당시의 손상이 회복될 만큼 시간이

옥시토신 역시 여러 가지 목적으로 진화했다. 이 작은 펩타이드는 정서적 유대와의 관련성 때문에 큰 관심을 모았다. 옥시토신을 둘러싼 과학 중 일부는 건전하지만, 일부는 "옥시토신은 아기를 사랑하게 한다."[50] "옥시토신은 당신의 남성을 사랑하게 한다."[51] "일부일처제 남성은 바람을 피우려는 남성보다 옥시토신이 많다."[52]와 같이 분홍색 튀튀를 입혀야 할 정도로 여성성의 전형에 오염됐다.

옥시토신은 여러 가지 포유류의 수많은 심리 상태와 관련이 있고, 옥시토신 농도가 높으면[53] 친사회성 행동이 더 많이 나타나지만, 이것이 유일한 원인이라 보기에는 다른 요인이 너무 많이 관여한다. 또한 인간에게 옥시토신을 투여하면 자기 집단 구성원에게 더 이타적으로 행동하지만, 집단 바깥의 사람에게는 더욱 방어적이고 공격적으로 행동하므로 천사 같은 본성을 이끌어 내는 물질은 아니다.[54] 그리고 옥시토신이 뇌에 미치는 영향에 대해 제대로 아는 사람은 아무도 없다. 옥시토신은 우리가 타인의 사회적 신호를 달리 해석하게 할까? 얼굴에 더 주의를 기울이게 할까? (아는 사람처럼) 우리가 이미 아는 대상을 (모르는 사람처럼) 모르는 대상보다 더 편안하게 느끼게 할까? 완전히 확신할 수 있는 점은 옥시토신이 어떤 종류의 조직을 수축한다는 것뿐이다.

옥시토신은 오르가슴을 느끼는 사람의 골반과 하복부 근육을 율동적으로 수축한다. 남성과 여성 모두 그렇다. 남성의 경우 이 수축은 요도 밖으로 정자를 분출하는 데 도움이 되며, 이때 엉덩이와 항문 근육이 고동치면서 방귀가 나오기도 한다. 여성이 오르가슴을 느끼는 중에는 자궁과 질 근육이 고동치며, 종종 항문과 엉덩이 그리고 허벅지 위쪽도 이 파도에 함께 올

흐른 뒤에도 산후 성관계 시 통증을 유발할 수 있다.

라탄다. 간혹 자궁 수축이 너무 강하면 오르가슴이 지난 후에도 완전히 이완되지 않아 약한 생리통 같은 통증이 여진처럼 남기도 한다(덧붙이자면, 생리통에도 옥시토신 기전이 개입해 자궁이 율동적으로, 때로는 고통스럽게 수축하면서 오래된 내벽을 벗겨 내도록 돕는다). 분만 진통 중에는 옥시토신의 역할이 아주 중요하다. 옥시토신은 아기를 낳을 때 그야말로 중요해서 세계보건기구WHO가 지정한 세계 '필수 의약품' 목록에 있다.

이와 유사하게, 아기가 젖을 빨고 뇌하수체에서 옥시토신이 분비될 때, 젖을 먹이는 엄마는[55] 만족감과 함께 아기와의 사회적 유대감을 깊이 경험한다. 정도는 다양하겠지만 오르가슴을 함께 느낀 남성과 여성도[56] 이런 감정을 느끼는 경향이 있다. 정확히 언제 옥시토신의 '수축' 기능이 포유류 뇌의 '사회적 유대'와 '기분이 좋다'는 신호와 결부됐는지는 알 수 없지만, 현재 이 신호는 함께 연결되어 있다.

인간의 아기는 젖을 빨 때 칠성장어의 입처럼 O자형으로 입술을 벌려 엄마의 유륜 전체를 감싼다. 젖꼭지는 아기의 접촉에 반응해 살로 된 피라미드 형태로 수축하면서 전방을 조준한다. 아기가 입술을 제대로 벌리면, 이가 없는 아랫잇몸에 피라미드의 기저부가 놓이고, 젖꼭지 전체가 들어간다. 그러면 아기의 뺨이 수축하면서 입안에 있던 공기를 모두 빨아내고 젖꼭지 주변을 진공상태로 만들어 옥시토신이 분비한 젖을 목구멍으로 들이마신다. 혀와 아래턱 근육이 앞뒤로 오가며 젖꼭지를 아래에서 위로 마사지해 진공상태에 고인 젖을 모두 짜낸다. 젖 일부가 아기의 비강 쪽으로 튀어 작은 콧구멍에서 거품처럼 삐져나올 수도 있지만, 대부분은 공기를 삼키는 사이사이에 식도로 내려간다. 젖빨기는 아주 힘든 일이다.

갓 태어난 포유류 새끼가 언제나 젖 빠는 방법을 아는 것은 아니다. 크고 따뜻하고 부드러운 물체의 표면이 가까이 있을 때 새끼가 젖꼭지를 찾아 고개를 돌리는 '젖 찾기rooting' 본능은 포유류에 보편적으로 나타나지만, 젖 물기는 훨씬 어려운 일이다. 어떤 아기는 피라미드 모양 젖꼭지의 끝부분에만 입술을 감아 진공상태를 만들지 못한다. 일부는 진공상태가 되게 젖을 물더라도 혀와 턱을 적절하게 움직이지 못한다. 일부는 흉내도 못 내고 좌절한 나머지 아기와 엄마가 지쳐서 함께 울기도 한다.

불쌍한 모르기의 딸도 젖 먹는 방법을 모르는 새끼가 잇몸으로 물고 빠는 바람에 젖꼭지가 말라 갈라지고 피가 나서 울었을지 모른다(내 첫 아이는 첫 24시간 동안 젖꼭지를 심하게 손상시켰다. 젖꼭지가 검푸르게 멍들며 부풀어 올라 경험이 풍부한 담당 간호사마저 놀라게 했다*). 사실 젖 물기는 이렇게 문제일 수 있어서, 병원마다 '수유 상담사'가 포진해 초보 엄마와 아기를 도와 이토록 이상하고 최근에 진화한 방법을 입으로 따라 할 수 있도록 가르친다. 아기는 대부분 이 방법을 깨우친다. 결국은. 그러나 진화론의 용어를 빌자면, 입이 젖 빠는 방법을 깨우치는 것보다 유방이 젖 먹이는 방법을 더 잘 깨우친다.

다행히도 젖꼭지는 학습 기간을 견디는 유용한 보완 수단을 진화시켰다. 젖꼭지 구멍 일부는 유선 대신 몽고메리 샘Montgomery's glands과 연결됐으며, 젖꼭지를 덮어 줄 기름진 물질을 만들어 내어 지속적으로 아기가 잇몸으로 물어도 피부가 완전히 망가지지 않게 도와준다. 임신한 여성은 몽고메리 샘이 부풀어 젖꼭지가 '울퉁불퉁'하다. 이런 작은 혹이 늘 보이는 사람도 있다. 아마도 몽고메리 샘은 유선과 마찬가지로 원래 피부에 있던 원시 기름샘에서 진화했을 것이다. 그러나 몽고메리 샘에서는 평범한

---

* 있어야 할 설소대가 없었다. 이 녀석은 젖을 빠는 대신 씹으려 했다. 젖꼭지가 회복되는 데는 몇 주가 걸렸다. 그동안 나는 유축기와 친해졌고, 아들은 실리콘 젖꼭지와 친해졌다. 처음 엄마가 된 사람에게 엄청 흔하게 일어나는 일이다.

피지 대신, 아기가 젖을 먹으면서 가하는 피부 마찰을 견딜 윤활제를 퍼 올린다.

그러나 정말로 유방 진화 게임의 판도를 바꾼 것은 엄마의 몸과 자식의 몸 사이에 놓인 일종의 접합부를 밀폐해 주는 진공이다.일단 진공이 진화하자, 젖은 엄마의 몸이 혼자 만든 게 아니라 엄마와 아기의 몸이 함께 만드는 물질이 됐다. 아기 혀와 턱이 율동적으로 오가며 진공의 중심부를 앞뒤로 움직이면, 유방과 입 사이에는 일종의 밀물과 썰물이 생긴다. 이렇게 움직이는 파도 안에서 젖이 흘러넘친다. 바다에서는 일종의 진화적 목적이 있는 역류를 통해 아기의 침이 엄마의 젖꼭지 안으로 빨려 들어간다. 수유 과학자는 이것을 '역흡입upsuck'이라 부른다.[57] 그리고 바로 이때 아주 흥미로운 일이 벌어진다.

젖꼭지 안에는 신경이 꽉 들어차 있어서 진공을 감지하고, 사출 반사를 유발하는 옥시토신 연쇄반응을 촉발한다. 예를 들어, 현대 여성이 유축기를 쓸 수 있는 이유가 이것 때문이다. 진공은 젖 생산을 유발한다. 그러나 유축기가 못하는 것은 젖꼭지 안으로 침을 역주입하는 일이다. 젖꼭지에서 유선에 이르는 엄마의 유관은 수많은 면역 물질로 덮였다. 그 날 아기의 침 속에 무엇이 들었는지에 따라, 엄마의 유방은 모유의 특정 조성을 바꾼다.

예를 들어, 아기가 감염과 싸우면 침 안에는 바이러스나 세균 같은 실제 감염 물질에서부터 스트레스 호르몬인 코르티솔 같은 더 미묘한 지표에 이르기까지 감염과 관련된 다양한 신호가 들었을 것이다. 이 침이 엄마의 유방 안으로 빨려 들어가면, 유선 조직이 여기에 반응하고 엄마의 면역계는 해당 병원체와 싸울 물질을 만든다.[58]

엄마의 젖은 아기의 면역계가 싸움에 필요한 것을 학습하도록 도울 지원군으로 아기의 입안에 면역 물질을 넣어 준다. 유선과 주변 조직은 코르티솔 상승에 반응해 면역 물질 함량이 높은 젖을 생산하고, 나중에 아기를 달랠 여러 가지 신호를 보내기도 한다. 이 중 일부는 호르몬 신호로 코르티솔의 염증 유발 작용에 직접적으로 대응한다. 다른 일부는 영양 nutritional 신호로 아기의 기분을 달래는 부가적 효과를 낸다.

예를 들어, 스트레스 받은 아기에게 젖을 먹이는[59] 유방에서는 당류와 지방 비율이 다른 젖이 생산돼 아기의 몸이 만약의 침입에 대항해 싸울 때 도움이 될 부가적 에너지를 공급한다. 이는 진통제로도 작용해[60] 아기의 통증 반응을 제어하고 휴식을 돕는다. 결국 아기가 편안하게 잠든 동안 치유가 진행된다. 이런 종류의 반응적 특성은 포유류 전체에서 나타나는 것 같다. 다른 종류의 몸에는 다른 종류의 유방에서 나온 닭고기 수프가 필요할 터이므로 구체적인 마법의 묘약은 종마다 다르겠지만, 전반적 원칙은 일관된다.

그 결과는 아주 강력한 효과를 발휘해서 아기의 뇌는 다 자란 뒤에도 여전히 젖과 관련된 신호를 치유나 위안과 결부한다. 스트레스를 받거나 외롭다고 느낄 때 인간이 고지방 또는 고탄수화물, 특히 단맛이 나는 음식을 먹는 경향은 여러 종류의 포유류에서 진통 효과를 발휘한다.[61] 쥐에게나 인간에게나, '위안용 음식'은 몸의 통증 반응을 제어해 주는 일종의 성체용 유방 대체품이다.*

---

* 불행하게도 달콤한 음식을 먹은 직후 그다지 위안이 되지 않는 '슈거 크래시(sugar crash)'(반응성 저혈당이라도 하며, 당분이 많은 음식을 섭취한 뒤 찾아오는 무력감과 피로감_옮긴이)가 밀려온다. 정서적 통증의 뇌 지도는 신체적 통증과 놀라울 정도로 유사해 아스피린(아세틸살리실산), 이부프로펜, 심지어 타이레놀(아세트아미노펜)까지도 정서적 고통에 상당히 효과적일 수 있다. 최근 몇 가지 연구에 따르면 부정적 사건을 맞이하기 전 일반의약품 진통제를 복용하면 정서적 고통에 상당히 영향을 미칠 수 있다(Mischkowski, Crocker, and Way,

젖꼭지의 진화로 포유류의 어미와 새끼 사이에는 진공 포장된 송수신 지점vacuum-sealed transmission point이 새로 생겼다. 이는 어미와 새끼가 함께 젖을 생산하고 서로 소통하는 방식이었다. 사실 소통은 그야말로 수유의 근간이 되는 특징으로 그저 젖꼭지만의 문제가 아니다. 어미가 새끼에 젖을 먹이는 방식과 시기는 우리가 '이야기'를 나누고 싶어하는 내용에 따라 달라진다. 어미 고양이는 가르랑거리거나 숨을 헐떡이고, 유인원은 울음소리를 내거나 입술을 쩝쩝거리는 경향이 있다.

인간 여성의 대다수는 왼쪽 가슴부터 아기를 안고 젖을 먹이는 것을 선호한다. 이렇게 하면 아기는 엄마의 표정이 더 풍부한 쪽에[62] 놓인다. 정말이다, 다른 영장류도 이렇게 한다.[63] 인간은 왼쪽 얼굴 근육이 사회적 신호를 발산하는 데 조금 더 능숙하고, 여성의 60~90퍼센트는 아기를 안을 때 몸통 중앙선의 왼쪽으로 안는 방식을 선호하며, 이때 아기에게는 엄마의 왼쪽 얼굴이 더 잘 보인다. 이런 선호는 생후 3개월간, 초보 엄마가 젖을 더 자주 먹이는 기간에 가장 뚜렷하게 나타난다. 이는 여러 문화권과[64] 시대에 걸쳐 보이는 현상이다.

한편, 인간의 사회적-정서적 신호 해석은 주로 뇌의 우반구에서[65] 담당하며, 주로 왼쪽 눈을 통해 이 신호를 수신한다. 그러므로 엄마가 왼쪽 눈으로 아기의 얼굴을 주의 깊게 바라보고 정서적 상태를 해석하는 동안, 아기는 엄마 얼굴의 표정이 가장 풍부한 면을 골똘히 바라보며 엄마의 감정

2016). 불행히도 사건 발생 후에는 도움이 되지 않는데, 기억에 수반되는 통증은 상당 부분 기억이 입력되던 당시의 정서적 상태와 관련 있기 때문이다. 혹시 곧 남자친구와 헤어질 것이라면 이부프로펜이나 타이레놀을 몇 알 복용하자. 30분이면 효과가 나타난다. 불행히도 이렇게 하면 남자친구의 고통에 대한 공감 능력까지 줄어들 수 있으므로 당신의 의지에 따라 행동하라(Mischkowski, Crocker, and Way, 2016).

과 반응을 읽는 법을 배운다. 인간은 어린 시절의 많은 부분을 이 방법을 배우는 데 쓴다.

젖은 사회적이다

매일 새벽 사냥에서 돌아오면 모르기는 스트레스를 받은 상태였다. 그도 그럴 것이, 모르기는 스트레스가 많은 세상에 살았다. 그러나 밤사이 평소보다 더 위험한 환경을 겪은 날이나 평소보다 더 배고픈 날에는 모르기의 몸에서는 코르티솔이 더 많이 분비됐을 것이다. 그리고 새끼에게 젖을 먹이려 몸을 구부리고 옆으로 누웠을 때 젖의 코르티솔 농도도 높아졌을 것이다.

(적어도 쥐와 생쥐, 그리고 일부 원숭이 종에서) 코르티솔 농도가 높은 젖을 먹은 새끼는 위험을 덜 감수하려는 성격이 되고, 이런 특징은 평생 지속되는 것 같다. 이런 개체는 환경을 덜 탐색한다. 자기 종의 다른 구성원에 덜 사회적으로 행동한다. 생소한 자극에 더 불안해한다. 안전하게 행동하는 것을 좋아한다.[66]

반면, 코르티솔 함량이 낮은 젖을 먹은 새끼는 더 많이 탐색한다. 더 사회적이다. 굴속의 친구와 노는 시간이 더 길다. 그리고 다 자란 뒤의 성격도 이와 유사한 특징을 보인다. 개체의 성격 형성에는 여러 요인이 작용하겠지만, 적어도 실험실에서 연구할 수 있는 종 가운데는 이들이 마시는 젖속의 성분이야말로 그 자체로 강력한 예측 요인이다.*

---

* 인간처럼 사회성이 강한 동물도 이와 같은지는 확실치 않으며, 유전적 요인도 작용할 것이다.

그러나 모든 사회불안을 엄마의 스트레스 탓으로 돌리기 전에 이런 양상이 나타난 진화적 이유를 생각하자. 사회성을 기르는 데는 에너지가 많이 든다. 아기가 마시는 음료의 전부인 젖에 당 함량이 낮거나 원하는 만큼 자주 먹을 수 없으면, 저장할 에너지가 줄어들 것이다. 그렇다면 어린 몸이 다 자랄 때까지 생존할 수 있도록 지금 가진 에너지를 보존하고 싶을 것이다. 이 에너지를 왁자지껄한 놀이나 시간과 에너지가 많이 드는 사회생활에 쓰는 일은 현명하지 못하다. 어미젖의 코르티솔 농도와 다른 성분을 통해 '학습'한 듯 아주 위험한 세계에 사는 사람에게는 약간 겁이 있는 편이 좋을지 모른다.

코르티솔 농도가 높은 젖은 단백질 함량도 높은 편이어서[67] 원칙적으로 죽을힘을 다해 안전한 곳으로 뛰어갈 때 필요한 근육을 기르는 데 도움이 된다. 반면 당분이 많은 젖은 지방조직을 늘리는 데, 위안이 될 완충용 에너지를 확보하는 데, 그리고 자라나는 뇌에 연료를 공급하는 데 도움이 된다. 뇌는 당분을 연료로 삼는 슈퍼컴퓨터다. 사회성을 기르는 일은 당분 에너지를 많이 소모한다. 심지어 지금도 저탄수화물 식이가 좋다고 확신하는 많은 호모사피엔스는 그 결과로 뇌에 안개가 낀 것 같고 움직임이 느려지는 느낌을 받는다.*

그러나 사람의 성격이 평생 종합적인 사건의 영향을 받으며 만들어지는 것이고 그리고 다른 포유류 모델에서 이미 젖의 영향력이 확인됐다면, 인간에게 젖이 미치는 영향을 무시하는 일은 어리석은 판단일 것이다. 오히려 젖, 구체적으로 코르티솔 같은 명백한 신호 요소는 엄마의 몸과 아기의 몸 사이에 생기는 여러 가지 초기 소통 경로 중 하나다.

* 여러 논문에서 저탄수화물 식이가 뇌에 미치는 득실에 대한 논란을 다룬다. 식이를 권고할 생각은 없지만 적어도 우리의 가장 가까운 사촌 침팬지나 보노보의 전형적 식이를 생각하면, 이들이 고기를 쌓아 놓고 먹지 않음은 분명하다. 이들은 기회주의적 잡식동물로 다양한 먹이를 먹는 데 능숙하지만, 매 끼니에는 다량의 과일과 채소에 약간의 고기와 벌레, 견과류를 곁들인

　그래도 코르티솔이 없는 젖이 최선의 시나리오라고 볼 수는 없다. 어미 젖에 든 낮고 일정한 농도의 코르티솔은 자손에게 도움이 된다. 어미 쥐가 마시는 물에[68] 저농도의 코르티솔을 섞으면, 새끼가 미로 테스트를 더 잘하고, 공간 인식이 좋아지며, 어려움에 부딪쳤을 때 코르티솔이 든 물을 마시지 않은 어미의 새끼보다 일반적으로 스트레스를 덜 받는 경향이 있다.

　수유 중인 인간 엄마의 코르티솔 수준과 아기 기질의 관계를 직접적으로 확인한 연구는 많지 않고, 아기의 기질은 시간이 지나면서 바뀌는 경우도 많다('미운 네 살'을 지난다). 그러나 한 연구에 따르면 수유 중인 엄마의 코르티솔 수준이 특정 역치 이상으로 높아지면 이 엄마는 자기 아이를 '겁이 많다'거나 소심하다고 평가하는 경향[69]이 있었다. 그러나 분유를 먹이는 여성은 코르티솔 농도가 높아도 자기 아기가 겁이 많다고 묘사하지 않았다.[70] 모유에 일어난 어떤 변화가 아기의 행동 변화를 유발했다고 생각된다.

　그러면 아기는 '스트레스 젖'을 먹기 원할까, 원하지 않을까? 원하는 대답은 그저 코르티솔과 다른 성분이 적시에, 필요한 만큼, 균형 있게 함유된 젖일 것이다. 쥐 이야기로 돌아가 보자. 약간의 코르티솔은 새끼 쥐의 학습에 도움이 된다. 과량의 코르티솔은 새끼 쥐를 겁에 질리게 한다. 수긍할 만한 현상이다. 연구자는 아이에게 일부 가벼운 도전을 제기하는 환경이[71] 어른이 됐을 때 스트레스에 대한 면역을 길러 준다고 생각한다. 그러므로 어미의 젖을 통해 적당히 역동적이고 도전적인 환경을 '시연demonstrate'하는 편이 더 좋을 수 있다. 그러나 어미가 항상 스트레스를 받

다. 인간의 소화관은 침팬지와 호미닌의 이브 이후 상당히 진화했지만, 우리 조상이 다른 기회주의적 잡식성 유인원과 아주 다른 끼니를 먹었으리라고 가정하기는 어렵다.

아 코르티솔 수준이 치솟으면, 새끼도 더 겁이 많아지고[72] 새로운 영역을 탐색하거나 새로 배우기를 주저할 수 있다. 즉, 우리의 몸은 새끼에게 환경을 능동적으로 보여 줄 뿐 아니라 입안에 뭔가를 넣어 주며 세상을 가르친다. 새끼를 돌보는 엄마는 자손이 활용 가능한 모든 경로의 장점을 취해 앞으로 닥칠 독립을 준비시키도록 오랫동안 진화했다. 우리는 포유류이므로 우리에게 젖꼭지는 최초의 통신선 중 하나다.

어미의 몸은 입과 유방 사이의 복잡한 소통 체계를 통해 새끼의 필요에 맞추어 젖 성분을 조정한다. 새끼의 성격은 젖의 특정 구성에 의해 형성되고, 그 안의 지방, 당분, 호르몬에 의해 위안을 얻으며, 새끼의 소화관에는 유익균이 추방됐다가 다시 서식한다. 젖은 우리의 분비물일 뿐 아니라 우리의 행위다. 젖은 사회적으로 작용하도록 진화했다.

엄밀히 말해 젖이 이 모든 일을 다 하는 것은 아니다. 예를 들어, 여러 문화권의 엄마는 아기의 뺨에 묻은 소량의 오물을 자기 침으로 닦아 낸다. 사실 이런 행동은 아주 흔해서 인간의 기본적 행동일 수도 있다.[73] 침이나 젖이든, 숨결이나 피부 접촉이든 더 견고한 엄마의 면역계에 지속적으로 노출되는 경험은 원칙적으로 아기의 면역계가 발달하고 환경에 반응하는 법을 배우는 데 분명 도움이 된다. 아빠의 침, 손위 형제의 침, 누구든 아기와 물리적으로 접촉하는 다른 성인의 침에 노출되는 경험도 마찬가지다. 아기가 정기적이고 능동적으로 모유를 섭취하므로 엄마의 몸이 가장 활발하게 아기와 분자적 '소통'을 주고받는다고 추정하는 편이 안전할 뿐이다.* 인간의 아기는 생후 일 년간 매일 약 세 컵씩 모유를 마신다. 이는 분

---

* 평균적으로 전 세계의 엄마는 아기와 신체를 접촉하는 시간이 더 길다. 그러나 호모사피엔스가 혈연관계가 없는 부모의 자손을 정기적으로 입양하는 유일한 종임을 생각하면, 아이와 돌보는 사람 사이에 이뤄지는 이런 신체적 신호 교환이 오직 유전적으로 연결된 관계에서만 일

명 다른 어떤 경로에도 비할 수 없는 절호의 생화학적 신호 교환 기회다.*

그러면 남성의 젖꼭지는 어떤가? 남성은 분명 이렇게 힘든 일을 하지 않는데 왜 아직도 젖꼭지를 가질까?

남성의 젖꼭지를 '흔적vestigial'이라 생각하는 경향이 있지만, 이는 그리 좋은 생각이 아니다. 첫째, '흔적'은 더 이상 아무 목적에도 쓸모가 없는 진화적 잔재를 뜻하는 용어다. 그러나 몸은 낭비를 싫어한다. 우리 몸에는 흔적이라 할 만한 특징이 거의 없다. 오랫동안 흔적기관이라 생각되던 충수 돌기조차 이제는 대장 내 마이크로바이옴을 건강하게[74] 유지하는 데 중요한 기능을 담당한다고 생각된다. 성인 남성의 젖꼭지는 적합한 환경이 되면 젖을 생산한다. 성인 여성의 젖꼭지에서 나오는 젖만큼 좋지는 않지만 젖을 생산할 수 있다. 정말이다. 비효율적이고 어렵겠지만 남성도 아기에게 젖을 먹일 수 있다.

콩고에는 아카Aka라는 부족이 있다.[75] 이 부족의 성 역할은 놀라울 정도로 유동적이다. 남성과 여성 모두 사냥을 한다. 남성과 여성 모두 아이를 돌본다. 그날의 필요에 따라 아빠가 사냥을 하면 엄마가 요리를 하고 아이를 돌본다. 창 대신 그물로 사냥을 한다면 아기를 함께 데려갈 수도 있다. 다른 날에는 여성이 사냥하고 남성이 아이를 돌본다. 아카 남성은 47퍼센트 이상의 시간 동안 아이를 팔에 안거나 팔이 닿는 곳에 둔다. 임신한다고 해서 이 비율이 달라지는 것 같지도 않다. 어떤 아카 여성은 임신 8개월째까지 사냥을 잘 했다고 알려졌다. 여성이 출산한 후에도 아빠

어난다고 생각해서는 안 된다.

* "아버지는 아주 좋은 분이지만, 제가 아버지의 체액을 두 컵씩 마셔 본 적이 없다는 사실에 우리 둘 다 안도하리라 생각해요. 괜찮아요. 우리는 다른 방식으로 소통하잖아요."

는 일반적 육아뿐 아니라 자기 유방을 아기에게 물리는 일까지 매일매일 책임을 교대했다.

대부분의 아카 남성은 아마도 젖을 분비하지 않을 것이다. 역사적으로 여러 다른 시스젠더 남성에게 이런 사례가 있었다고 알려졌지만[76] 아카 남성에게서 이런 사례를 봤다고 언급한 인류학 연구 보고는 없었다. 그러나 일부 남성이 젖을 분비한다 해도 여성만큼 많은 양이 분비되지는 않는게 사실이다. 중요한 것은 아기에게 젖을 물리는 일이 이들의 문화에서는 남성성을 무력화하는 일이 아니며 단지 오늘날의 특징으로 보인다는 점이다. 부모 대다수가 알듯이, 아기가 짜증을 낼 때 효과가 확실한 기술은 젖꼭지 물리기다. 미국 여성은 보통 자기 젖꼭지 대신 고무젖꼭지를 물린다. 아카 남성은 이미 자기 몸에 붙은 젖꼭지를 쓴다.

그러나 호모사피엔스의 타고난 젖 생산 능력에 대해 알고 싶으면 XY 성염색체를 가지고 태어났으나 여성의 정체성을 가진 트랜스 여성을 보면 된다. 자기 아기에게 모유 수유를 하고 싶은 트랜스 여성은[77] 일반적으로 아기를 입양했거나 대리모를 통해 아기를 얻은 XX형 사람과* 동일한 의학적 처치를 받는다. 가장 흔한 치료법에는 임신한 듯 몸을 속이기 위해 약 6개월간 고용량 호르몬 정제를 복용하는 과정이 있다. 그 후에는 출산

---

* 나는 시스(다양한 성 정체성을 존중하고자 '트랜스'의 상대어를 '일반' 또는 '정상'이 아닌 '시스'로 지칭하는 방식_옮긴이)라는 용어를 피하기 위해서가 아니라, X 염색체가 2개이고 자신을 트랜스로 규정하지 않지만 자기가 낳지 않은 아기에게 모유 수유를 하고 싶어하는 젠더 퀴어가 있으므로 'XX형 사람(XX people)'이라는 표현을 쓴다. 유전적 배경이 무엇이든 이들 역시 이런 호르몬 치료가 필요할 것이다. 이 책의 다른 곳에서 '분만 후 여성(post-birth women)'이라는 표현을 쓰는 이유는 일부 트랜스 남성이 출산을 선택하기도 하지만, 아기를 낳는 사람이 대부분 시스젠더 여성이고, 더 중요한 점은 이런 엄마에 대한 나의 주장을 뒷받침하는 연구가 시스젠더 여성을 대상으로 한 경우가 압도적으로 많기 때문이다.

후 몸의 변화를 흉내 내기 위해 약물 처방이 바뀐다.* 이들은 젖이 많지 않고, 모두는 아니지만 젖이 나오는 사람이 많다.

이 치료법으로 출산에서 일어나는 호르몬 변화(와 그 누적 효과)를 제대로 흉내 낼 수 있는지는 확실치 않다. 예를 들어, 임신한 여성이 진통을 겪을 때는 옥시토신 분비가 치솟으면서 자궁 수축을 촉발할 뿐 아니라 유선을 자극한다. 사실 태반 역시 초유 생산에 중요한 역할을 하는 인간 태반 락토겐human placental lactogen을 포함해 여러 가지 호르몬과 신경전달물질을 생산하거나 생산을 자극한다. 일반적으로 이런 치료 끝에 나오는 젖은 분만 약 10일 이후에 나오는 젖과 유사하다. 초유가 아니라 숙성된 젖이다.

호르몬 치료, 지속적인 젖꼭지 비틀기, 기계적 젖 빨기를 해도 젖이 나오지 않는 남성과 트랜스 여성도 많다. 이들보다 유선과 젖꼭지가 큰 여성도 누구나 산후에 젖이 나오지는 않는다. 일부 여성의 몸에서는 여러 가지 원인 때문에 젖이 분비되지 않는다. 그러므로 남성의 젖꼭지가 모유 수유 전문가의 도움을 기다리느라 남아 있지는 않았을 것이다. 오히려, 남성에게 젖꼭지가 있는 주된 이유는 여성에게 젖꼭지가 있기 때문이다.

남성의 젖꼭지를 제거하는 과정은 포유류의 기본적인 자궁 내 몸통 발생 프로그램을 효과적으로 수정해야 하는, 돌연변이 위험이 큰 값비싸고 위험한 과정인지도 모른다. 무엇 때문에 일을 그르치겠는가? 유선 조직과 젖꼭지는 호르몬에 반응하므로, 그 역할을 사춘기에 바꾸기는 상대적으로 쉬운 일이다. 그 결과 인간 태아에게는 대부분 젖꼭지가 생긴다.**

---

* 이들은 돔페리돈이라는 약도 먹는다. 이 약은 도파민 수용체를 차단하는데, 프로락틴 생산을 촉진하는 효과도 있다(Wamboldt, 2021).

** 3분의 1에서 4분의 1 또는 그 이상의 사람에게는 여분의 젖꼭지가 있다. 여분의 젖꼭지는 점만 하고, 전형적으로 사타구니와 겨드랑이 사이 V 모양의 '젖꼭지 선'을 따라 몸통 어딘가에

불분명한 점은 여성의 유방에 그리 많은 잉여 지방이 있는 이유다. 인간 유방의 모양은 주로 유선 조직 안팎으로 엮인 큰 저장 지방 덩어리에 의해 결정된다. 그러나 우리는 지방조직이 아마도 젖 성분의 구성(모유에는 지방 함량이 높다)과 조정(지방조직은 적어도 젖에 부어 넣을 면역 성분 생산을 일부 돕는다) 과정에 관여하는 한편, 인간 유방의 지방량과 모양이 아주 다양하다는 점도 안다. 연구 결과에 따르면 크고 지방이 많으며 늘어진 유방에서 '마른' 찻잔 모양의 유방보다 양질의 젖이 나오거나, 많은 젖이 나오지는 않는다. 유방의 지방량과 상관없이 수유 중인 엄마가 건강하고 잘 먹는 한, 젖에는 문제가 없을 가능성이 크다.

우리는 유방이 호르몬 자극에 반응해 발달하며, 전형적인 사춘기 여성의 몸뿐 아니라 호르몬 변동을 겪는 일반적 몸이 여기에 반응해 발달한다는 사실도 안다. 사춘기 초기에 유방이 조금 발달하다가 사춘기가 진행되면서 가슴이 넓어지고 지방 몽우리가 작아지는 소년이 많다. 이와 유사하게 비만한 남성에게도 지방과 유선 조직을 포함해 유방 조직이 더 생길 수 있다. 지방조직 자체가 인체의 에스트로겐 생성을 촉진하기 때문이다(이는 다른 포유류도 마찬가지다). 매일 에스트로겐을 고용량 투여하는 트랜스 여성에게[78] 지방 많은 여성형 유방이 생긴다는 사실도 알려졌다. 그러나 아기에게 젖을 물리는 데 유선 주변의 잉여 저장 지방이 필요한 것 같지는 않다.

그러면 여성의 유방에는 왜 이리 지방이 많을까? 무슨 이유로 지금 같은 모양이 됐을까? 남성 호모사피엔스가 유방에 지방이 많은 여성과 짝짓

튀어나온 경우가 대부분이다. 대략 인간 신생아의 5퍼센트에 그 젖꼭지가 있으며, 여성보다 남성에게 조금 더 흔하다. 남아에게 왜 이런 식의 '잔 고장'이 더 잦은지는 분명치 않다. 남성의 경우 몸통 왼쪽에 더 많이 생기는 경향이 있기도 하다.

기를 하는 경향이 있으므로 유방이 이런 방식으로 진화했다는 잘못된 생각을 하는 사람이 많다. 예를 들어, 남성이 큰 유방을 좋아하지 않았더라면 도대체 여성이 왜 가슴에 칼을 대려 하겠느냐며 유방 확대술[79]이 성행하는 모습을 보라는 것이다. 그러니 이것이 애초에 유방이 그리 커진 이유가 아니겠는가?

유방이 성선택의 결과가 아닐 수 있다는 첫 번째 분명한 신호는 완벽한 기능을 갖춘 유방의 크기와 모양이 찻잔 모양에서 수박 모양까지 아주 다양하다는 점이다. 전형적으로 유방은[80] 한쪽이 다른 쪽보다 작고 비대칭적인 위치에 달려 있다. 대부분은 차이가 크지 않지만 어떤 사람은 확연히 알아볼 수 있을 정도다.* 이 중 그 무엇도 젖 생산이나 수유 능력에 영향을 미치지 않는다. 그러나 우리와 침팬지가 갈라진 (500~700만 년 전 사이) 어디쯤에서부터 지금과의 사이에 호미닌의 신체 정면도에는 여성의 흉벽에 지방 덩어리가 추가됐다.

그 200만 년 사이에 언제 이런 일이 일어났는지는 알 수 없다.** 어떤 유전자가 유방 크기와 형태를 조절하는지 모르므로, 과학자는 유전자 변이

---

* 보통은 왼쪽 유방이 조금 더 크다. 인간과 인간 이외의 일부 영장류가 아기 혹은 새끼를 안을 때 (그리고 젖을 먹일 때) 왼쪽을 선호하는 경향이 있으므로 이는 기능적 현상일 수 있다. 유선 조직이 더 많으면 유방의 밀도와 젖 생산도 조금 더 많다는 뜻일 수 있고 또한 유용한 특징이기도 하다. 그러나 이와 비슷하게 얼굴 왼쪽이 약간 더 넓거나 뚜렷하다는 점, 그리고 영장류 수컷 대부분이 좌측 고환이 조금 더 크다는 점을 생각하면 신체의 비대칭성을 초래하는 더 근본적인 발달 양상이 있을 수도 있다. 사실이 먼저 존재하고 '특전'이 뒤따르는 셈이다. 특전이 있으면 대가도 있다. 왼쪽 유방에는 암도 더 잘 생긴다.

** 그래도 사람은 알려는 시도를 멈추지 않았다. 한 폴란드 그룹은 인간형 유방이 일반적으로 육식 및 피하지방 증가와 관련 있으며, 지방이 많은 유방이 먼저 있었고 부가적 혜택이 뒤따랐다고 확신했다. 이 가설에 따르면 지방이 많은 유방은 '호모에르가스테르' 시대 즈음에 진화했다.(Pawłowski and Żelaźniewicz, 2021).

율을 분석할 수가 없다. 다른 연부 조직처럼 유방은 화석 기록이 없다. 인간이 언제부터 지방이 많은 유방을 가졌는지에 대한 유일하게 믿을 만한 근거는 사실 빌렌도르프의 비너스the Venus of Willendorf[81]라고 불리는 예술 작품뿐이다. 돌로 된 이 작품은 배와 가슴이 풍만한 수많은 인간 여성을 묘사한다. 적어도 이 시점에는 유인원 사촌의 후들거리는 유방과 다른 인간형 유방이 진화했다.

이런 종류의 유방이 언제 진화했는지 전혀 알 수 없기 때문에, 언제부터 수컷에게 보내는 생식 신호로 등장했는지는 더 알기 어렵다. 오늘날의 호모사피엔스 가운데는 유방이 작은 여성이 꼬박꼬박[82] 완벽하게 건강한 아기를 낳고 충분히 젖을 물릴 수 있으며, 유방이 큰 여성이 아기를 더 많이 낳거나 (심지어 성관계를 더 많이 하거나) 젖이 더 많이 나온다는 근거가 없다고 알려졌다. 현대 이성애 남성의 욕구를 분석한 연구를 살펴보면, 남성의 호감을 더 잘 예측하는 요인은 유방 크기보다 골반-허리 비율이다.[83] 이런 현상은 다양한 문화권에서 일관되게 관찰됐다.*

그런데 한 가지 반론이 있다. 큰 유방은 생식능력을 나타내는 믿을 만한 신호가 아니라는 주장이다. 여성의 유방이 가장 큰 시기는 배란기가 아니라 생리, 임신, 수유 중일 때다. 이 시기에는 종종 유방이 아프고 접촉에 예민해져서 성적 접근을 받아 줄 가능성이 떨어질 뿐더러, 이런 여성을 동

---

* 이성애 정체성을 갖기도 하는 트랜스 남성을 대상으로 같은 내용을 재현하려 한 연구는 찾을 수 없었다. 트랜스 남성이 배타적으로 시스젠더 여성에게만 매력을 느끼고 성관계를 가진다는 오래된 생각은 이제 이 분야의 연구가 누적되면서 흐릿해졌지만(Sevelius, 2009; Bockting, Benner, and Coleman, 2009l Iantaffi and Bocking, 2011; Katz-Wise et al., 2016), 상대적으로 연구가 많은 퀴어 인구 집단에 대해서는, 여성 역할을 하는 여성에게 매력을 느끼는 퀴어가 골반-허리 비율이 낮은 체형과 같이 유사한 특징에 매력을 느끼는 경향이 잘 알려져 있다(Cohan and Tannenbaum, 2001).

경하는 남성은 자신의 씨를 뿌릴 기회를 얻을 수 없다. 대체로 크고 부푼 유방에 끌리는 성향은 즉각적인 진화적 보상을 받지 못한다. 그러나 큰 유방이 비교적 잘록한 허리와 만났을 때는 임신하기 좋은, 에스트로겐이 많은 표현형[84]을 과시할 수 있다. 여성의 통통한 체형과 마찬가지로 건강하고 음식을 잘 먹는다는 사실을 보여 주는 아주 좋은 표시다.

현대인 유방의 발달에 대해 더 인기 있는 이론은 물방울 모양에 약간 위로 향한 젖꼭지가 달린 지금의 형태가 얼굴이 납작한 인간 아기가 빨기 좋은[85] 모양이라는 것이다. 인간의 뇌가 커지고 코가 들어가면서 아기는 납작한 가슴에서 젖을 빨기가 어려워졌다. 작은 코가 눌려 숨쉬기가 힘들었을 것이다. 이론은 이런 식으로 전개된다. 그러나 이 문제를 해결하려면 고개를 많이도 아니고 조금 기울이기만 하면 된다.

이것이 두 다리와 관련된 문제[86]라고 생각하는 사람도 있다. 우리가 팔로 아기를 안고 걸어 다니기 시작하면서, 다양한 자세에서 아기의 입에 닿을 수 있는 유방이 필요해졌다. 이 발상은 몇 가지 이유에서 매력적인데, 특히 큰 유방은 브래지어를 하지 않을 때는 물방울처럼 생기지 않았기 때문이다. 브래지어를 해 본 적이 없고 아이에게 젖을 먹인 적 있는 큰 유방은 바람 빠진 기다란 풍선[87]처럼 생겼다. 중력이 잡아당기고 아기가 끊임없이 젖을 빤다고 생각하자. 성숙한 여성의 유방은 이런 모양으로 진화했다.

현대인의 유방이 오늘날에도 성적 과시용 형질이 아니라는 말이 아니라, 진화의 원동력이 성선택이 아닐 수 있다는 이야기다. 성선택의 대상이 되는 특징도 언제나 이로운 결과를 낳지는 않았다. 예를 들어, 호모사피엔스 남성의 생식기가 왜 이렇게 생겼는지 명쾌하게 설명할 수 있는 진화적 이유는 없다.

이렇게 생각해 보자. 질의 깊이는 평균 7~10센티미터에 불과하다.[88] 여성이 성적 자극을 받으면 호르몬 변화에 따라 자궁과 자궁 경부를 고정하는 인대가 팽팽해진다. 이로 인해 자궁과 자궁 경부가 질 개구부의 위쪽으로 끌려 올라가면서 질이 더 깊어진다. 그러나 15센티미터로 늘어난 질은 18센티미터로 발기한 음경을 담아낼 수 없다. 다시 말해 7~10센티미터로 제 역할을 할 수 있음에도 길게 진화한 인간의 음경은 유용한 적응 형질이 아니다. 진화적 용어를 빌리자면, 아마도 이것이 발기한 인간 음경의 평균[89] 길이가 여전히 13센티미터가 조금 넘는 이유다.* 그러나 여러 연구에서 이성애 여성은[90] 음경이 긴 남성의 사진이 더 매력적이라 평가했다. 다시 말해 인간 음경의 성적 과시 특성a sexual show과 기능성 사이에는 불일치가 존재한다.

털이 거의 없고 아무런 보호 장치도 없는 남성의 음낭도 문제다. 포유류의 고환이 정자를 식히기 위해 바깥에 달리도록 진화하지는 않았을 것이다. 고환을 복강 밖으로 늘어뜨린 이유는 오히려 달리기와 관련이 있다. 이는 운동과 관련된 문제였다. 모르기는 악어처럼 넓적하게 퍼진 골반에 다리가 옆으로 튀어나왔다. 그러나 그 자손의 골반은 개처럼 더 곤추섰다. 모르기의 손자가 대퇴골을 고관절에 수직으로 꽂아 넣고 뛰어다니려 했다면 하복부에 압력이 많이 쏠렸을 것이다.

음낭 진화에 대한 '달리기 이론galloping theory'[91]은 달리기와 뛰어오르기가 기본적으로 고환을 손상시킬 수 있기에 취약한 남성의 고환이 몸통 밖으로 밀려 나왔다고 간주한다.** 마찬가지로, 인간 유방은 아마도 일반

---

* 음경의 길이가 질의 평균 길이 이내라면 유용한 점이 있다. 자궁 경부에 부딪치지 않으므로 음경을 빼낼 때 정자 대부분이 밖으로 밀려 나오지 않고 '여분의 공간'에 남을 수 있다. 음경이 있는 다른 포유류가 이 사례에 해당하는 경우가 많다. 질에 대해서는 나중에 더 이야기하겠다.

** 남성의 이야기를 들으면 고환을 매달고 두 다리로 달리는 게 그다지 좋은 방식은 아니다. 아

적 기능과 관련해 진화했을 것이며, 과시용 특성show trait은 이차적인 결과였을 것이다.

그러나 이론가들은 여기에서 멈추지 않고 풍부한 상상력을 담은 이야기를 내놓았다. 그중에는 퇴보적인 이야기도 있다. 히포크라테스 덕분에 17세기까지도 유럽의 해부학자들은 여성의 몸에 자궁과 유방을 잇는 정맥이 있어서 '뜨거운' 생리혈을 '차갑고 순수한' 모유로 바꾼다고 확신했다. 주도면밀한 해부학자 레오나르도 다빈치[92]조차 모식도에 자궁과 유방을 잇는 정맥을 그려 넣었다. 해부학자들은 여러 구의 시신을 부검해 이런 정맥을 찾지 못했는데도 이 정맥의 존재를 믿었다. 정맥의 이름은 월경 혈관vasa menstrualis이었으며, 다른 말로는 아마도 '임금님의 새 옷the emperor's new clothes'이라 표현해야 할 것 같다.

그럼에도 월경 혈관이라는 발상[93]은 아마 주의 깊은 관찰을 통해 탄생했을 것이다. 어쨌든 여성은 임신 중에 생리를 하지 않으며, 모유 수유 중인 여성은 출산 후 한동안 생리를 하지 않는 경향이 있다. 그러니 몸의 한쪽에서 한 가지 액체가 더 이상 새어 나가지 않으면서 몸의 다른 쪽에서 다른 액체가 나오기 시작하는 셈이다. 합리적인 사람이라면 왜 이런 결론이 도출됐는지 이해할 만하다.

그러나 레오나르도가 당시의 타인들처럼 이 혈관이 분명 거기 있다고 굳게 믿은 나머지 보지도 못한 월경 혈관을 그려 넣었다는 사실은 나에게 밤잠이 달아날 만한 이야기다. 우리가 무엇으로 이뤄졌고, 어떻게 작동하는지, 더 큰 도식에 얼마나 잘 들어맞는지와 같은, 현실에 대한 인간의 이해가 송두리째 바뀔 수 있음을[94] 보여 주는 사례이기 때문이다. 때로는 이

마도 하복부의 압력 때문에 고환이 눌려야 하는 다른 대안보다 유리할 뿐이다.

런 변화가 아주 극적이고 광범위해서 이전의 방식으로는 세상을 이해하기가 거의 불가능해지기도 한다. 과학사에서는 질병의 세균 이론이 이런 패러다임을 전환한 사건이었다. 감염은 공기나 체액 불균형 또는 신의 처벌이 아니라, 세균과 바이러스가 원인으로 작용해 생긴 결과였다. 그러나 인간의 몸이 무엇으로 이뤄졌는지에 대한 이해[95]가 너무나 견고했던 나머지, 과학자들이 세균 이론을 발견한 이후에도 이 이론이 받아들여지기까지 오랜 시간이 걸렸다.

나는 지금 인간에 대한 우리의 생물학적 지식 중에 결국 중대한 오류로 밝혀질 내용이 있다는 사실을 안다. 물론 그것이 무엇인지는 알 수 없으니 '모르는 게 무엇인지 모르는unknown unknowns' 셈이다. 내기를 걸어야 한다면, 나는 인간의 마이크로바이옴과 최근 드러나는 복잡계complex systems[96]의 특성이 생물학 패러다임 전환의 토대가 될 것이라 말하겠다. 여러 분야의 연구에서 개별 유기체의 경계가 무엇인지를 이해하는 중이다. 그렇더라도 정의상 패러다임 전환이 일어나기 전, 심지어 일어나는 동안 살고 생각하고 일하는 사람들은 여전히 대체로 암흑 속에 있다.

그럼에도 내가 완전히 미쳐 버리지 않는 유일한 이유는 적어도 맹점의 일부를 식별할 수 있는 작은 묘책이 있기 때문이다.* 여기 좋은 출발점이 있다. 문화적이라 의심되는 과학적 전제, 다시 말해 숫자가 아니라 사물의 존재 방식에 대한 최근의 발상과 관련 있어 보이는 곳이 눈에 띄면, 조금

---

* 과장처럼 들리면 이렇게 생각하자. 연구자(a researcher)로서 내게는 알아야겠다는 끈질긴 필요가 있는 게 사실이지만, 이보다 더 중요하게 내가 생각하는 현실(reality)이 세계와 그 작동 방식을 실제로 적절하게 표상(suitable representation)한다고 생각하고 싶은 사람(a person)으로서, 지금은 알 수 없지만 누구나 어디에서나 현실에 대해 심각하게 그릇된 생각(feature)을 가졌으리라는 생각은 조금 골치 아픈 정도를 넘어선다.

깊이 들여다보면 된다.

예를 들어, 농경의 발견[97] 덕분에 도시가 등장했다는 오래된 가정을 살펴보자. 음식이 많아지자 인구가 늘었고, 늘어난 인구는 음식의 처리, 저장, 분배를 위해 그 자리에 머물렀다고 추정한다. 이어서 도시는 쉽게 전문화돼 어떤 계급의 사람은 식량을 기르고, 또 누군가는 식량을 저장했으며, 또 다른 사람은 거처를 짓고, 아픈 사람을 치유하고, 아마도 가장 인기 있는 직업을 가진 사람은 이런 일을 하지 않고 보이지 않는 신을 섬기거나 학문을 닦았을 것이다. 현대의 수렵 채집인이 자기 사회에서 전문화된 역할을 맡는다는 점을 생각할 때, 도시가 있어야 전문화가 가능하다는 생각은 사실이 아니다. 그러므로 고대 도시가 이런 기술을 취했고, 이를 활용해 운영됐다고 가정하자.

모두 완벽하게 말이 되는 이야기다. 그러나 우리는 인간의 생식이 실제로 얼마나 오류투성이인지 잊을 때가 많다. 이런 경향은 여성성에 대한 우리의 문화적 전제 때문이기도 하다. 대부분의 사람은 여성이 쉽게 아기를 낳을 수 있다고 생각한다. 그렇지 않다.

우리는 토끼와 다르다. 우리의 생식계는 다른 영장류에 비해서도 믿음직하지 않다. 모르기는 알을 낳고 털을 젖으로 적시면서 훨씬 수월한 시대를 살았다. 인구 급증에는 수많은 행동 요인이 작용했다는 뜻이다. 자, 도시가 등장하는 데 농경의 기여가 중요했다는 점은 인정하자. 그러나 이제 다른 질문을 함께 던져 보자. 이렇게 인구가 급증하는 동안 성인 말고도 아기들을 먹인 것은 누구였을까? 그리고 이 요인은 애초부터 인구 형성에 어떤 영향을 미쳤을까? 여성의 몸이야말로 도시인구를 만든 엔지니어였다.

농경은 도시의 빈자리를 모조리 이용해 수많은 사람이 함께 모이는 데 도움이 됐을지 모른다. 그러나 이런 밀접 접촉으로 새로운 문제가 발생했으리라는 점도 생각해야 한다. 일단 인간 모유의 올리고당에서 그 잔재를 확인할 수 있듯이 전염병이 널리 퍼졌을 것이다. 또한 문명의 태동기에 대한 기록에서 인간이 유모를 고용했다는 사실을 알 수 있다. 타인의 아기에게 젖을 먹이고 급여를 받거나 노예로 일했던, 이 여성들 덕분에 인구 폭발이 가능했다. 사실 모르기가 남긴 가장 위대한 유산은 인간의 도시일지 모른다. 유모가 없으면 도시 생활은 절대로 궤도에 오르지 못했을 것이다.

이런 주장은 주로 학술 잡지에 실려 소수의 학자와 과학자가 읽을 뿐이지만, 내가 처음 하는 주장이 아니다. 이야기는 이렇다. 농경 덕분에 사람이 더 많이 한곳에 모여 살았지만, 분명 인구밀도와 관련된 문제가 기하급수적 인구 증가를 억제했을 것이다. 4,000년에서 7,000년 전 사이 언제쯤 등장했을 첫 번째 인간 도시가 적게는 200명 또는 많게는 3,000명 규모로 소도시보다 별로 크지 않았을 것이라 추정되는 이유다.*

농경에는 넓은 땅이 필요해서, 아마도 이런 도시와 마을city-towns에 '교외suburbs' 지역이 존재했다. 대부분 계속해서 확장됐을 것이다. 더 붐비는 도심urban centers에 사는 사람들은 질병과 빈혈로 인한 사망률 증가와 생식능력 감소를 겪고, 이런 환경 속에서 재생산 기능의 절정기를 맞은 젊은 사람들은 사회적 마찰로 인한 폭력적 갈등의 틈바구니에서 죽었다. 도시가 커질수록 도시 생활의 압박도 커지면서 인구 성장이 둔화될[98] 수 있다.

하지만 큰 도시가 생겨났다.[99] 아주 초기의 문서에는 폭발적인 도시 성장 사례가 등장한다. 이렇게 팽창하는 도시 중 일부에서는 도시 여성들이 아기를 먹이기 위해 유모를 정기적으로 고용했다.

---

* 1만 1,000년 전 고대 여리고의 규모를 이 정도로 추정하는 사람도 있다. 지금의 기준과 비교하면 미국 인구조사국(U.S. Census Bureau)은 인구 5,000명 미만인 곳을 '작은 소도시'로 정의한다.

간단히 계산하자. 오늘날의 수렵 채집 부족인 아프리카의 줄 호안시 Ju/'hoansi족[100] 여성은 아기에게 3년간 젖을 먹이고 평균 4.1년의 출산 터울을 가진다. 이 여성은 평생 4명에서 5명의 아이를[101] 낳는다. 21세기 중반, 산아제한을 하지 않고 아기가 1살이 되기 전에 젖을 떼는 지역 종교집단인 북아메리카의 후터라이트Hutterites는 평균 2년 터울로 10명의 자녀를 출산한다.* 자기 자녀에게 전혀 젖을 먹이지 않는 여성, 예를 들어 모유 수유를 하지 않기로[102] 선택한 1970년대 영국 여성의 출산 터울은 평균 1.3년이었다.

달리 말하면 모유 수유는 매우 예측 가능한 가족계획 방법이다. (콘돔,

---

* 2010년 기준으로 후터라이트 여성이 출산하는 자녀 수는 극적으로 감소해 이제 약 5명밖에 되지 않는다. 모유 수유나 피임 때문일 수 있지만(White, 2002), 사회적 중재(social intervention)와도 관련이 있을 것이다. 후터라이트 여성은 20세 또는 21세경의 어린 나이에 결혼하곤 했지만, 이제는 20세 후반까지 결혼을 늦추는 사례가 흔하다(Ingoldsby, 2001). 이렇게 출산 가능 시기(birthing window)가 줄어들자 확실히 아기를 덜 낳았다. 이는 여러 산업화된 국가에서 여성이 아기를 덜 낳는 중요한 이유이기도 하다. 단지 피임 수단이 보급됐기[엄마가 되기를 미루기(waiting for motherhood)] 때문이 아니라 인구 전반적으로 대부분의 아기가 여전히 결혼한 부부에게서 태어났기[아내가 될 때까지 기다리기(waiting to be a wife)] 때문이다. 결혼 기간이 줄어들면 자연스럽게 태어나는 아기의 숫자도 줄어든다. 이런 기준은 시간이 지나면서 변했고, 잘 알려진 예외가 있다. 예를 들어, 1990년 미국 흑인 여성에게서 태어나는 아기의 64퍼센트는 결혼 관계를 벗어나 있었는데, 1965년에 그 비율은 24퍼센트에 불과했다(Akerlof, Yellne, and Katz, 1996). 우리는 복잡한 사회적 사안이 이런 차이를 불러온다고 추정해야 한다. 미국 흑인 남성이 대거 감금된 것도 큰 요인이다(Western and Wildeman, 2009). 또 다른 요인으로는 피임과 성교육에 대한 접근성이 떨어지는 것인데, 여기에는 운명론과 정부 주도의 의학적 권고에 대한 불신이 복합되어 있다(Rocca and Harper, 2012). 여러 가지 일이 결혼과 출산의 변화를 불러온다고 볼 수 있다. 충분히 다양한 사회집단을 살펴보면, 특히 전 세계 통계를 들여다보면, 여기에는 경향성이 있다. 결혼이 늦은 곳에서 아기를 적게 낳는다. 결혼이 충분히 늦춰지면 미혼 여성에게서 태어나는 아기의 비율이 높아지지만 여전히 총 출생아 수는 줄어든다. 여성이 아내가 되기를, 특히 엄마가 되기를 미루겠다고 선택할 것인지는 또 다른 문제다. 우리는 이 선택이 문화마다, 사람마다 다르다고 추정해야 한다. 여성의 결정은 복잡하다. 그러나 이보다 일정한 요인은 여성의 가임 기간이다.

호르몬, 자궁 내 구리 장치 같은) 현대적 방법보다 성공률이 훨씬 낮은 불완전한 방법이지만, 그래도 자연적 피임약Nature's Pill[103]이다. 모르기에게는 한 번에 한배 이상의 새끼를 돌볼 에너지가 없었다. 터울을 두지 않는 임신은 자살 행위였을 것이다. 이런 이유로 출산 간격을 지키는 유전적 변이가 유리해졌다. 일단 영장류가 한 번에 더 적은 수의 자손을[104] 갖도록 진화하자, 이 진화적 유산은 강력하게 유지됐다. 일반적으로, 유방이 작동하는 동안에는 난소가 잠잠해진다.

그러니 유모를 고용하는 엄마의 비율이 높아질 때 도시인구가 어떻게 변할지 상상해 보자. 원칙적으로 여성의 평균 출산 터울이 4.1년에서 1.3년까지 줄 것이다. 임신하면 약 9개월이 지나간다. 당신은 거의 언제나 임신해 있을 것이다.

한편, 유모는 자주 임신하지 않겠지만, 모유 수유가 불완전한 배란 억제 방법이므로 임신 가능성이 전혀 없지는 않을 것이다. 자기 자녀를 둔 사람도 많고, 일부는 당신의 아기가 태어나기 직전에 태어나고 일부는 당신의 아기가 아직 젖을 먹는 중에 태어날 것이다. 2명 이상의 아기에게 너끈히 젖을[105] 먹일 수 있는 여성들이 많이 있다. 이런 이른바 초 생산자super producer들은 영아 사망률을 크게 높이지 않으면서 3명 또는 4명의 아기에게 젖을 먹일 수 있다. 이런 유모들은 더 지속적으로 고용됐을 것이다. 이런 상황에서 어떻게 고대 도시의 인구가 폭발할지는 쉽게 상상할 수 있다.*

* 통계에 관심 있는 사람을 위해 대략 어림하면, 여성 인구의 10분의 1이 수유를 외주하면 도시가 2배로 성장하는 데 20년이 걸린다. 이런 경향이 지속되면 인구는 자연히 기하급수적으로 늘어난다. 여성 1명은 1명의 유모를 고용하며, 이 유모는 고용 중에 임신하지 않는다고 가정했다. 만일 여성 2명이 3명의 유모를 고용하는 경우가 있을 수 있다고 하더라도 도시인구는 불과 10년 만에 2배가 된다. 모유 수유하는 여성의 출산 지연 기간은 평균적으로 모유 수유를 하지 않는 여성의 2배가 넘으므로, 모든 고용주와 유모마다 2명의 아기가 더 생기는 것이다. 2명

아이를 많이 낳는 사람은 (기준을 무엇으로 삼든) 상류층과 중상층 여성이라는 점도 기억하자. 그 자녀들도 스스로 유모를 고용할 만큼 충분한 자원을 가지고 성장한다면(물론 유모의 아이는 그렇지 않을 테지만), 유모를 고용하는 도시인구 비율이 늘면서 인구 증가가 가속화될 것이다. 결국 도시에서는 주변의 시골로부터 유모를 더 많이 불러들이게 되거나 유모 고용에 저항하는 모종의 반란이 일어나 이상할 만큼 아이를 많이 낳는 지배 계급이 전복된다.

그렇다. 유모를 고용하는 일만이 도시인구에 영향을 미치는 이 상상 속의 세계에서는 함무라비의 손에 엄청나게 많은 아기가 맡겨졌던 모양이다. 함무라비 법전에 유모와 관련된 규제[106]가 포함된 것은 놀라운 일이 아니다.

물론 실제 세계에서는 기근, 질병, 홍수, 폭력과 같이 도시인구를 견제하는 다른 요소가 많다. 예를 들어, 부자뿐 아니라 중산층 사람도 시골의 유모를 많이 고용하던 18세기 프랑스에서는 시골로 보낸 아기가 사망[107]하는 경우가 많았다. 아마도 원인은 질병이나 방치였을 것이다. 이것이 문제가 돼 아기를 보호하고 엄마와 유모 모두의 이해를 돌보기 위해 유모국 Buraue de Nourrices이라 불리는 전국적 규제 기관이 탄생했다.

유모국은 1876년까지 운영됐으며 프랑스인들은 제1차 세계대전 동안에도 계속 유모를 고용했다.[108] 미국에서는 노예 시대와 재건 시대에, 일

의 여성이 자기 아이에게 젖을 먹이면 4.7년마다 2명씩 아기가 생긴다. 도시 여성과 이 여성에게 고용된 유모마다 평균 1.3년에 3명, 정확하게는 3과 3분의 1명이 태어난다. 유모가 취업 직후에 아기를 낳으면 심지어 4명의 아기가 생길 수도 있는데, 유모를 고용하지 않는 집단의 2배나 많은 아기다. 고용 중에 유모 10명 중 1명이 임신하는 경우를 생각하면 도시인구는 갑자기 8년 만에 2배가 된다.

부 사례에서는 20세기 중반까지도 아프리카계 미국인 여성[109]이 미국 남부 사람의 백인 아기에게 계속 젖을 먹였다(이는 노예제도의 수모이자 지속되는 여러 가지 인종적 착취 중 하나였으며, 당연히 이것을 관리하는 정부 기관은 없었다).

바빌론을 기억하는가? 고대 히브리인이 혐오하는 그 거대하고 끔찍한 도시를? 기원전 1000년 무렵 바빌론의 인구는 대략 6만 명이었다. 한편, (동시대) 다윗왕 치하의 황금 도시 예루살렘의 거류민은 고작 2,500명이었다.

일부 여성은 잘 알려졌듯이 타인의 아이에게 젖을 먹였지만, 히브리 엄마는 경전sacred text의 권고에 따라 자기 아이에게 젖을 먹이는 풍습을 지켰다.* 바빌론에는 유모가 있었다.[110] 그들이 섬기는 신은 더 도시적이었다. 유모를 고용하는 고대 도시에서는 성벽이 터질 만큼 인구가 팽창하는 사례가 번번이 되풀이됐다. 모헨조다로 5만 명,[111] 테베 6만 명, 니느베 20만 명. 고대 로마는 이런 관행을 규제하는 기구를 설립했다. 로마인 가족은 수유 기둥Columna Lactaria[112](여성이 가난한 가족에게 유모 서비스를 제공할 수

---

* 여기에 대해서는 경전 사이에도 상당한 불일치가 존재한다. 탈무드에는 모유 수유를 실잣기나 침대 정리와 마찬가지로 남편에 대한 서비스로 봤다. 그러나 여성이 결혼하면서 2명의 하녀를 데려오면, 다시 말해 돈이나 가축이나 다른 재산을 가져오듯이 2명의 노예를 데려올 수 있을 만큼 부유하면, 이 여성은 아기에게 유모를 붙이기로 선택할 수 있었다. 반면, 아기를 낳는 여성은 2년간 마이네켓(meineket), 말 그대로 '수유부(nursing woman)'로 간주되어 재혼할 수 없는 특별히 보호되는 부류의 여성이 됐을 뿐 아니라, 몸이 좋지 않다고 느끼면 금식 같은 의례에 참여할 필요도 없었다. 탈무드와 토라에는 모유 수유에 대한 예찬이 여러 번 등장하며 길게는 2년에서 4년까지 권고된다. 이는 종교적 전통과 문화적 지지 때문에 전 세계 여러 유대인 공동체에서 사소하지 않은 공통된 관행으로 이어졌다. 예언자 무함마드 본인도 아기였을 때 3명의 유모가 있었으며, 같은 젖을 먹고 자란 '젖형제(milk brothers)'를 각별히 배려했다. 당시 이런 공동체에서는 흔한 관행이었다. 사람에게는 유모가 같은 '형제(siblngs)'가 얼마든지 새로 생길 수 있었다.

있게 만든 장소로 로마제국 시대 일종의 복지 제도_옮긴이)에 있는 도시 광장에서 유모 서비스를 청했다.

그러므로 모르기의 유산은 호모사피엔스의 등장에 득이자 실이 됐다. 고대 도시는 심각한 인구과잉이 문제가 됐고, 이는 도시의 기원 설화에 스며들었다. 예를 들어, 노아와 방주 이야기는 원래 죄 많은 인간에 대한 설화가 아니라, 도시의 인구과잉과 출산 통제에 대한 설화였던 듯하다.

평생 이런 것을 연구해 온 학자는 히브리의 홍수신화가 고대 히브리인에게서 시작되지 않았다는 데 일반적으로 동의한다. 이런 신화는 수메르에서 가장 먼저 등장한다. 건조 지대를 흐르는 두 강 사이에 자리한 수메르의 도시는 관개수로와 정기적인 조수 간만의 차에 의지해 비옥한 땅에서 농작물을 재배했다. 그러나 가끔 감당할 수 없이 심한 범람이 일어나면 도시가 파괴될 수 있었다. 세계 다른 지역의 문화에도 홍수신화가 존재하지만, 수메르인의 신화는 노아와 방주 이야기의 확실한 전형이라 할 수 있을 만큼 공통점이 많다. 그리고 이 신화는 여성의 생식과 놀라울 만큼 관련이 깊다.

전해 내려오는 이야기에 따르면 수메르의 신은 게을렀다.[113] 이들은 먹을 것을 기르고 직접 옷을 만드는 온갖 고생스러운 일을 좋아하지 않았다. 그래서 인간에게 일을 줬다. 그러나 인간의 도시는 아주 빨리 커져 신을 자극했다. 실제 언덕과 교미해 계절을 낳는 것으로 유명한 엔릴Enlil(고대 메소포타미아의 바람과 폭풍의 신. 땅의 기를 조율하고 농업과 작물의 성장을 촉진하는 역할도 담당함_옮긴이)이라는 신은 주변 도시에 사람이 너무 늘고 시끄러워지면서 우당탕탕 와자지껄한 소리에 꿈에서 깼다.*

---

* 이야기의 다른 버전에서는 시끄러운 도시 사람은 서열이 더 낮은 신이었으며, 이들이 조용해

기분이 크게 상한 엔릴은 지상의 사람을 홍수로 쓸어 버리겠다고 결심했다. 또 다른 신의 개입이 없었다면 그랬을 것이다. 그러나 그 신은 우트나피쉬팀Utnapishtim이라는 수메르판 노아에게 귀띔하면서 배를 만들어 아내, 그리고 식물과 모든 동물을 종류대로 한 쌍씩 태우라고 말했다. 엔릴이 거대한 홍수를 일으켰을 때, 우트나피쉬팀과 그의 가족은 생존했다. 나중에 배에서 날려 보낸 까마귀가 돌아오지 않자, 이들은 물이 말랐다는 사실을 알았다.* 이들의 자손은 곧이어 도시를 건설했다.

그러나 공간은 곧 다시 과밀해졌다. 이때 엔릴과 나머지 신이 나서서 돕기 시작했다. 이들은 인간 문제에 상한선을 두기 위해 인간의 생명을 유한하게 만들었을 뿐 아니라 아기가 덜 태어나도록 산아제한과 성생활에 대한 칙령을 다수 제정했다. 여성은 약초와 산아제한에 대한 특별한 지식을 갖춘 성스러운 신전 창녀, 성관계와 생식이 허용되는 아내, 그리고 성관계가 금지된 '금지된 여성forbidden women'으로 나뉘었다. 다른 수메르의 설형문자 평판에는 생식에 도움이 되거나 방해가 되는 가장 좋은 약초나 방법에 대한 권고가 적혔다.

사람이 너무 많아 곤란한 상황에 몰린 고대 도시에서 시작해, 도시인구 과잉의 위험과 산아제한의 이점에 대해 말하는 게 분명한 이 설화는, 유모를 별로 고용하지 않고 대부분이 유목민이던 고대 셈족이 택했다. 그리고

진 후에야 인간이 창조됐다. 그러나 여기에도 인구과잉, 소음, 누적된 불만이 대규모 가혹한 학살로 이어진다는 발상이 담겨 있다.

* 비둘기가 아니다. 말이 되는 이야기인데, 영리한 까마귓과의 새는 도시인구와의 공생에 재빨리 적응했으며, 심지어 지금도 쥐와 뉴욕의 비둘기처럼 공생하는 종이기 때문이다. 중요한 점인지는 모르겠지만, 토라와 구약성서에서도 노아는 원래 큰 까마귀(raven)를 날려 보냈다. 비둘기는 나중에 등장한다. 쿠란은 새에는 전혀 관심이 없다. 아무런 언급도 없다.

셈족은 이것을 도시 사람의 행악에 대한 이야기(노아와 방주)로 바꾸었고, 그리하여 일반적으로 향후 3,000년간 여성을 옭아맸다.

그러나 이는 모두 아주 최근의 역사다. 호모사피엔스는 20만 년, 포유류는 2억 년간 존재했다. 우리는 쥐라기 초기 모르기처럼 굴 안팎을 종종걸음으로 다니면서 모르기에 사과를 요구할 수도 없고, 모르기가 그래야 할 이유도 없다. 전반적으로 나는 어디서든 엄마들이 우리에게 빚진 게 우리의 생각보다 훨씬 적다고 생각한다. 그리고 우리의 빚이 더 많다.

면역계의 전사들이 가득 든 엄마의 젖은 자기 몸의 보호 경계를 자녀에게까지 확장한다. 그러나 우리가 아기를 보호하기 위해 하는 여러 가지 다른 일과 마찬가지로 이런 것은 만드는 데도, 주는 데도 비용이 많이 든다. 유선 조직이 호르몬 변화에 강력하게 반응하도록 진화한 탓에 유방암이 흔하고 치명적인 문제가 됐다. 증식, 변화, 복구를 겪는 세포가 모인 곳에는 제멋대로 구는 세포가 생길 가능성이 크다. 우리만 그런 게 아니라 개, 고양이, 흰돌고래, 바다사자, 유선 조직이 있는 모든 동물에 유방암이 생긴다고 알려졌다.* 유방암의 1퍼센트가 남성에서 발생하는 반면, 여성에게는 모든 암의 30퍼센트를 차지한다.[114]

안타깝게도 유방암은 여성 암 사망의 두 번째 원인이기도 하다. 유선은

---

* 동물원에 사는 북미 재규어의 암 발병 양상은 BRCA1 유전자 돌연변이가 있는 여성과 놀라울 정도로 유사해 유방암과 난소암 발생 위험이 모두 높아진다(Munson and Moresco, 2007). 이들에서 BRCA 게놈 서열의 변화가 확인됐다. 연구자는 변화를 찾기 위해 재규어의 게놈 서열을 집고양이의 동일 서열과 비교했다. 그러나 인간 여성의 경우와 마찬가지로 이런 돌연변이가 몸에서 실제로 무슨 일을 하는지, 왜 여성 생식기관에 암 발생 위험을 높이는지 확실히 아는 사람은 아무도 없다. 대체로 세포 복구와 관련 있어 보인다. 이런 돌연변이를 보유한 남성도 정상 인구보다 암 발병 위험이 8배 높다(Mano et al., 2017). 여성만큼 유방암 발생 위험이 높아지는 것은 아니지만 전립선, 피부, 대장, 그리고 췌장암 발생 위험이 크게 높아진다.

몸통을 따라 피부에서 진화했고, 인간 유방은 심장과 폐 바로 위에 얹히면서 혈관과 림프 조직을 통해 작동하기에 눈치 채기도 전에 전이될 기회가 대단히 많다.* 유방암으로 인한 사망[115]이 줄어드는 이유는 주로 암이 유방 밖으로 나가는 길을 찾기 전에 대처하는 조기 발견과 조기 치료 기술이 나아졌기 때문이다. 그러나 유방암 발생률은 전혀 낮아지지 않았다. 나와 같은 미국 여성 8명 중 1명[116]은 일생 중 언젠가 유방암에 걸린다.** 유방을 보유하고 젖을 만드는 일은 단지 사회적으로 값비싼 일일뿐 아니라 그 자체로 위험한 일이다.

그러나 그것은 당신을 위한 엄마 역할이다. 당신이 엄마가 아니거나 절대 엄마가 되지 않을 여성이어도 마찬가지다. 여성의 몸에 남은 포유류 진화의 유산은 다양한 비용을 지불하며 우리에게 이런 솜씨를 준비시킨다. 면역계에서부터 장내세균총까지, 지방, 유선 조직, 생식기관에 이르기까지 포유류 암컷은 충격에 대비할 준비를 하고 태어난다. 젖을 만들 준비는 그 일부다. 자궁에서 아기를 기를 준비는 또 다른 일부다.

모르기는 그럴 필요가 없었다. 출산live birth은 나중에 등장했다. 오늘날

---

* 나는 지방 대 유선 조직 비가 커서 표준적 초음파로 적절한 영상을 얻기가 어렵다. 유방암 발병 위험도 높은 '치밀 유방(dense breasts)'을 가진 여성으로서, 자가 검진을 할 때 치밀 유방이 보통 울퉁불퉁하게 만져진다고 이야기할 수 있다. 친애하는 독자 여러분도 나와 같은 상황이라면 내가 들은 비유는 이렇다. 당신은 오트밀 속에 든 건포도를 찾는 셈이다. 그리고 만일 하나를 찾으면, 일반적으로 주변을 눌러 봤을 때 다른 울퉁불퉁한 부분과 달리 잘 움직이지 않을 것이다.

** 비만은 일부 알려진 유전적 돌연변이와 마찬가지로 유방암 위험을 높이는 강력한 요인이지만, 핵심 요인이 비만인지 구체적으로 복부 지방 과다인지는 아직 불분명하다(James et al., 2015). 유방암 위험을 낮추는 최선의 수단은 여전히 동일하다. 정기검진을 받고 자가 검진 방법을 배우는 것이다. 무엇보다 자기 몸에 귀를 기울여야 한다. 뭔가 잘못됐다고 걱정되면 의사에게 말해야 한다.

출산과 그 후의 회복이 이렇게 미련할 정도로 힘든 이유는 우리가 살아 있는 아기를 낳기 때문이다. 인간은 태반 동물placentals이다. 이것은 사실 '천재지변' 탓이었다. 젖이 공룡의 발아래서 시작됐다면, 출산은 대재앙 가운데 시작됐다.

Protungulatum donnae

2장 자궁

: 여성은 왜 아기를 몸 안에 품었을까?

둘째 천사[1]가 나팔을 부니,

불타는 큰 산과 같은 것이 바다에 던져졌고,

바다의 3분의 1이 피가 됐다.

-〈계시록〉 8:8

추웠다. 몇 년 동안 재가 눈처럼 내렸다.[2] 재로 된 눈이 멈췄을 때는 모든 게 죽어 있었다. 나무만 한 거대 짐승도, 갈고리 같은 이빨로 이들을 잡아 먹던 포식자도, 호수와 강의 생물도. 그러나 그녀는 생존했다. 충분히 작 았거나[3] 충분히 깊은 굴을 파고 숨은 다른 생물들처럼. 작고, 하찮고, 잊히 기 쉬운 소수의 존재였다.

죽은 것을 먹고 사는 생물들도[4] 해저로 떠내려 오는 거대한 시체를 먹 으며 잘 지냈다. 천만 마리의 리바이어던이 죽었다. 그들의 몸은 아래로, 아래로, 아래로 막대기 같은 몸에 빨판 입이 달린 생물의 식탁 위로 떨어 졌다. 그들은 왕이된 듯 연회를 즐겼으나 결국 그들 또한 조용해졌다. 그러나 곧 육상에는 하늘에서 떨어진 만나처럼[5] 부드러운 새싹과 곤충이 나타났다. 그제야 우리의 이브는 안도했다. 대재앙 시기의 족제비 쥐weasel-rat는 비록 반쯤 굶주렸지만, 이제 안도할 수 있었다.

혜성이었는지 소행성이었는지는 알 수 없다. 소행성으로 생각하는 사람이 대부분이다.[6] 충돌 위치는 꽤 확실하다. 지금 유카탄이라 부르는 곳의 해변에 반쯤 물에 잠긴 반경 177킬로미터, 깊이 19킬로미터의 분화구가 있다. 지름 약 10킬로미터의 소행성이 100테라톤의 티엔티TNT보다 강한 힘으로 지구를 타격했다. 히로시마 원자폭탄의 10억 배가 넘는[7] 충격이었다.

그래서 백악기Cretaceous와 신생대 3기Paleogene 사이에는 화석 기록이 이상하게 바뀌는 K-Pg 경계가 있다. 세계 아무 곳에서나 땅을 파보면 이때 만들어진, 지구 지각에는 거의 없지만 소행성과 혜성에는 흔한, 별에서 온 물질 이리듐이 듬뿍 든[8] 얇은 진흙층과 마주친다. 거대한 바윗덩이가 충돌하자, 그 충격으로 이리듐이 풍부한 파편과 먼지가 대기에 흩날렸고 구름에 실려 지구에 퍼졌다. 이 구름이 해를 가렸지만 지구가 곧바로 추워진 건 아니다. 세계는 먼저 화염에 휩싸였다.[9]

오직 충격의 에너지 때문에 녹은 파편, 뜨거운 재, 여타 산란물이 하늘로 날아올라 흩어졌고, 이것이 내려앉으면서 부싯깃을 잔뜩 댄 듯 지구에 불이 붙었다. 들불이 대륙을 가로지르며 타올랐고 여러 날 동안 열기를 내뿜었다.[10] 불에 탄 재가 거대한 화염 폭풍과 종횡무진하는 불기둥을 타고 용솟음치며 구름에 먼지를 공급했다. 하늘이 어두워졌다. 재가 떨어졌다. 그리고 마침내 불이 꺼지자 날이 추워졌다. 추위와 적막이 찾아왔다.

그 진흙층의 나이는 약 6,600만 년 전으로 거슬러 올라간다. 유카탄 분화구에 있는 바위도 마찬가지다. 그때까지 세계는 온갖 공룡으로 가득 찼다. 그 후에는 조류가 대부분이었다. 그리고 우리가, 아니 우리가 된 존재가 있었다. 도마뱀도 있었다. 양서류도. 개구리와 딱정벌레와 잠자리와 모기도. 우리는 생존한 존재, 여하튼 적응한 존재의 자손이다.

인류 역사상 그 어떤 대학살, 자연재해, 대형 테러도 칙술루브Chicxulub라는 대재앙에 비할 수 없다. 상상을 초월하는 사건이라 해야겠다. 우리가 아는 사실은 그때 재가 날렸다는 것, 여러 해 동안 매우 추워졌다는 것이다.

그리고 화산재 퇴적층 어딘가에 여성이 생리를 시작한 이유가 묻혀 있다. 생명에 최악의 재앙이 닥치면서 태반이 자리를 잡았다. 고대 포유류가 살아 있는 새끼를 낳았다.*

우리에게는 질이 더 많아야 한다는 사실

모르기의 시대 이래 포유류는 새끼에 젖을 먹였다. 어미의 자궁 밖으로 나온 새끼는 종에 따라 일정 기간 빨고 핥으며 초기 발달 과정을 이어 간다.

그러나 아득한 옛날, 젖의 여명기와 칙술루브 대재앙 사이 언제쯤, 포유류의 몸은 대로에서 이탈하기 시작했다. 몇몇 고대 생물은 알을 낳는 대

---

* 공식적으로 칙술루브는 지구상의 생명에 닥친 최악의 사건이 아니었다. 사망을 기준으로 했을 때 최악의 사건은 대멸종(Great Dying)이라 알려진 페름기 멸종(Permian extinction) 사건이다. 약 2억 5,000만 년 전 전체 종의 96퍼센트가 죽었다. 그 이유는 아무도 모른다. 가장 믿을 만한 이론은 시베리아 화산이 이산화탄소를 너무 많이 뿜으면서 기후변화가 촉발되어 산소가 부족해졌다는 설명이다. 그러나 모든 포유류의 진화에 결정적 영향을 미친 재앙적 사건에 초점을 맞추면 승자는 칙술루브다. 참새가 재잘거리는 소리 정도야 사소한 불평이라 치더라도, 공룡에게 칙술루브는 지금까지도 분통을 터뜨릴 만한 일이다.

신 몸 안에서 키우기 시작했다. 그중 일부는 유대류가 됐고 나머지는 우리와 같은 진수류, 태반 동물이 됐다.* 우리는 알을 몸 안에 따뜻하게 품기만 한 게 아니었다. 암컷의 몸 전체가 임신 기계a gestation engine가 됐다.

이것이 얼마나 미친 짓인지 충분히 설명할 수 있을지 모르겠다. 우리를 포함한 다세포 동물은 대부분 한배씩 알을 낳는다. 일부는 그저 해류에 알을 맡긴다. 일부는 끈끈한 점액 속에 알을 안전하게 숨긴다. 일부는 알이 부화할 때까지 곁을 지키며 머문다. 나머지는 알을 두고 떠난다. 요컨대 동물이 알을 대하는 방식은 저마다 크게 다르다. 그러나 알을 낳는 게 정상이다.

온갖 막대한 피해를 감수하면서 몸속에서inside your body 알을 품어 부화하는 일이 비정상이다. 태반을 만들어 태아가 자궁벽에 닻을 내리고 자라게 만드는, 어미의 몸을 H. R. 기거H. R. Giger가 그린 불안한 꿈속에 나오는 육가공 공장처럼 바꾸는 일이 비정상이다. 다시 말해 살아 있는 새끼를 낳는 일은 비정상이다.

그러나 바로 이것이 대부분의 포유류, 그리고 포유류와 무관한 극소수의 물고기나 도마뱀[11]이 하는 일이다. 세상을 모조리 태우고 얼려버린 칙술루브 덕분에, 자기 몸속에서 새끼를 임신하는 방식은 우리 이브의 주요 성공 요인이었던 것 같다. 여하튼 포유류는 조류와 무관한 공룡non-avian dinosaurs이 남긴 서식지를 일부 채울 수 있었다.** 우리는 널리 퍼졌다. 다

---

* 유대류와 태반 동물의 차이를 아주 쉽게 기억하려면 한쪽에는 주머니(pouch)가 있고 나머지 한쪽에는 없다고 생각하면 된다. 캥거루에는 주머니가 있다. 소, 고양이, 개, 쥐, 우리가 생각할 수 있는 모든 다른 포유류에는 주머니가 없다.

** 아무도 확실한 이유를 알지 못하지만, 여러 사람이 각자의 이론을 가진다. 우리 이브가 성장 속도가 빨랐을 수도, 어쩌면 굴을 더 잘 팠거나, 먹이가 더 다양했을 수도 있다. 아니면 아마

양해졌다. 생태계를 꽉 채우고 경쟁을 벌였다. 그리고 그 내내 분별 있는 생물들처럼 알을 낳는 대신, 몸 안에서 새끼를 임신했다. 이것이 여성의 몸이 오늘날처럼 생긴 이유다. 여성의 삶이 지금처럼 생리, 임신, 출산을 겪는 모습이 된 아주 중요한 이유다.

전반적인 상황은 아주 어수선했다. 임신도 출산도, 알을 낳는 생물이 부딪치는 그 어떤 일보다 부담스럽고 위험하다.* 이것을 끄집어내려면, 알을 만드는 장기와 알을 넣고 다닐 수 있게 튜브로 구성된 암컷의 생식계뿐 아니라, 면역계와 대사계의 상당 부분을 임시변통으로 뜯어고쳐야 한다. 간단한 수리가 아니다. 살아 있는 새끼를 낳는 일은 대단히 모험적인 거래다.

여느 모험적 거래와 마찬가지로 여기에는 장단점이 있다. 어떤 장점이 있을까? 둥지에 있는 알을 돌볼 걱정이 없는 것은 아주 좋은 일이다. 이는 더 넓은 지역에서 더 오랜 시간 먹이를 찾을 수 있다는 뜻이다.** 항온동물의 몸[12]이 이미 장기의 온도를 일정하게 유지하기에 알의 온도를 걱정하

도 몸 안에서 새끼를 임신하는 일과 관련된 무언가가 몸 밖으로 알을 낳는 생물보다 새끼를 더 잘 살렸는지도 모른다. 상당히 많은 고생물학자가 굴파기와 다양한 식이가 조합된 이론에 의지한다. 불과 추위를 피해 숨어 다녔고, 먹이가 많이 필요하지 않을 만큼 작았으며, 대재앙 이후 먹이라 할 만한 것은 무엇이든 먹을 수 있었기 때문이라는 이론이다.

* 규칙에는 언제나 예외가 있다. 여러 종의 연어가 산란 장소까지 강물을 거슬러 올라간 후 알을 낳자마자 죽고, 어미의 몸은 나중에 부화할 새끼를 위해 물을 비옥하게 한다. 어미 연어가 모두 상류에서 죽는 것은 아니지만 이렇게 죽는 어미가 많고, 거기까지 가는 도중에 죽는 어미가 더 많다. 그럼에도 이것은 산란보다는 집단 이주의 문제다. 알을 낳는 다른 종, 특히 곤충 중에는 생식 주기의 아주 짧은 기간만 살도록 진화한 종이 있다. 예를 들어, 일부 개똥벌레는 고치에서 나와 보니 입이 없다는(have no mouths) 것을 깨닫게 되고, 생식에 성공하든 못하든 곧 굶어 죽는다. 사실상 엄마 되기와 관련된 참상에는 끝이 없다.

** 대재앙 이후에 나타난 큰 뱀이 삼킬 수도 있지만, 적어도 도망갈 기회가 있다. 알은 달릴 수 없다. 이것은 어미가 집에 없는 동안 알을 보호하는 데 한계가 있다는 뜻이다.

지 않아도 된다.* 또한 습도와 알을 둘러싼 세균 환경, 그리고 몸에서 이미 하듯이 생명 유지와 관련된 모든 체내 환경을 조금 더 잘 조절할 수 있다.

그러나 새끼를 임신하기 위해 이 모든 일이 가능한 몸을 만드는 데도 일종의 큰 희생이 필요하다. 예를 들어, 오늘날 우리에게는 질이 하나뿐이다. 더 많으면 더 유용했을 것이다. 대부분의 유대류 동물에는 적어도 2개, 일부는 3개나 4개씩 질이 있다.

당신이 질을 가지지 않거나 친숙하지 않은 사람이라면, 실상은 이렇다. 다른 모든 태반 동물과 마찬가지로 인간 여성에게는 대부분 질이 1개다.** 질은 근육으로 된 미끌미끌한 튜브로 보통 길이가 7센티미터밖에 되지 않고,[13] 뭐랄까, 납작 눌려 있다. 생물학자는 이것을 '잠재적 공간potential space'이라 부른다. 삽입을 받아들이기 위해 넓어질 수 있지만 평소에는 열려 있지 않은 공간이다. 여성의 질은 대부분 자궁 경부라고 부르는, 평소에는 겨우 주먹만 하지만 임신하면 수박만 하게 커질 수 있는 짧은 자궁목에서 끝난다. 인간의 자궁은 서양 배를 뒤집어 세운 모양과 비슷하다. 양 옆에는 끝에 술이 달린 관이 한 쌍 달려 있고, 그 바로 옆에는 큰 포도알 크기의 난소가 있다. 이것은 알을 만드는 곳, 알이 이동하는 배관, 알껍데기

---

* 바늘두더지와 오리너구리는 유대류나 태반 동물보다 체온 변화가 더 크다. 하지만 이런 차이가 우리의 고대 이브가 가진 포유류로서의 기본 상태를 나타내는 특징인지는 아무도 알 수 없다. 새는 항온동물이고 아마도 새의 진화적 조상인 고대 공룡도 항온동물이었을 것이다. 심지어 종이 특히 새끼를 더 따뜻한 곳에서 임신(carry)하는 이익을 누리기 위해 자기 몸을 이용해 새끼를 낳도록 진화했을지도 모른다고 생각하는 사람도 있다. 초기 포유류만이 아니라 일부 상어와 같은 변온동물도 임신 중에는 더 따뜻한 수역으로 이동하는 것으로 보인다(Farmer, 2020).

** 소수의 사람은 중격이 있거나, 발달을 끝마치지 못한 작고 입구가 막힌 두 번째 질을 가지고 태어난다. 트랜스 여성은 보통 질이 없는 채로 태어난다.

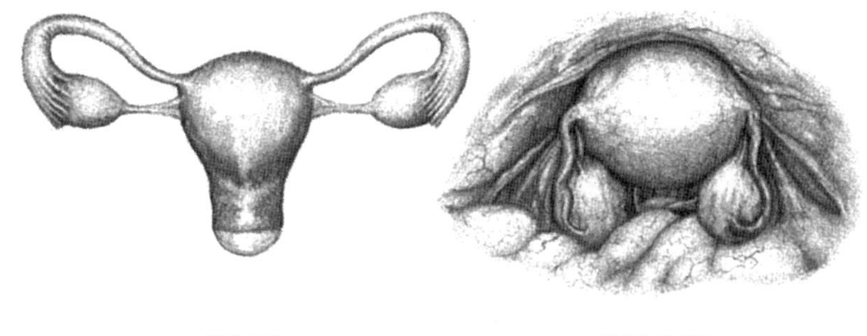

실제 모습   보통의 모식도

△ 여성 골반의 해부학적 구조: 장기가 꽉 끼었다.

를 만드는 물질을 분비하는 (자궁으로 변한) 주머니 모양 샘, 그리고 최종 생산물이 굴러 떨어지는 길이다. 과거 산란 체계의 잔재다.

여성 생식기관을 모식도로 나타내면 보통 양옆으로 난관이 펼쳐진 대문자 T 모양이 된다. 그러나 여성 하복부의 비좁고 꽉 들어찬 공간에서, 난소는 사실상 자궁 옆에 단단히 박혔고, 방광과 대장 가까이에 눌려 있기도 하며, 난관은 그다지 넓게 펼쳐 있지 않다. 그래서 이 부위에 초음파 검사를 받아본 사람이라면 검사자가 자궁이나 방광이나 대장 뒤에 숨은 난소를 찾지 못하는 모습을 봤을 수도 있다.* 여성의 하복부는 아주 밀집된

---

* 난소암이 그리 위험한 이유도 이것이다. 난소는 강력한 호르몬 변화와 세포 교체가 정기적으로 이뤄지는 곳이어서 암이 더 잘 발생할 뿐 아니라 크기가 작고 다른 장기에 끼어 있다. 난소암을 진단받을 때는 이미 하복부에 퍼져 종종 대장, 자궁, 방광, 신장, 간에서까지 종양이 발견된다. 난소는 정기적으로 통증을 초래하기도 하고, 양성 낭종이 있는 경우도 흔하며, 많은 여성은 하복부의 경미한 통증은 무시하는 법을 배운다. 난소암은 보통 폐경 이후에 생기는 병이지만, 난소가 있는 사람 78명 중 1명은 평생 한 번 난소암을 진단받는다(SEER, 2021). 그래도 너무 불안해하지 말고 이 사실을 머릿속 어딘가에 밀어 넣어 두자. 평소처럼 무엇인가 때문에 괴로우면, 의사와 상의하자.

공간이다.

모르기의 알을 낳는 골반도 꽉 찼을 것이다. 발달 과정에서 우리와 모르기의 가장 큰 차이는 암컷 태아에서 분리된 질, 요도, 직장이 형성되는 방식이다. 이런that 방식은 우리 같은 태반 동물이 등장한 가장 중요한 단계였을지 모른다. 유대류도 이 과정을 거쳐야 했지만, 이들이 아랫도리를 새로 구성한 방식은 우리 이브의 해법과 달랐기에 자신들의 선택지를 제한했을 지 모른다.

모르기로부터 살아 있는 진수류의 출산까지 이르는 길을 추적하는 한 가지 방법은 그저 시간 순서대로 짚어 가는 것이다. 약 2억 년 전[14] (다시 말해 모르기가 등장하기 얼마 전에) 포유류는 단공류, 유대류, 태반류 세 갈래로 나뉘었다. 단공류monotreme는 외부로 통하는 구멍이 하나라는 뜻으로, 몸 뒤편에 총배설강cloaca이라는 하나의 구멍이 있다. 단공류와 다른 동물의 가장 큰 차이점은 여전히 이 구멍을 통해 알을 낳는다는 사실이다.

유대류marsupial에는 일반적으로 '비뇨생식동urogenital sinus'과 직장, 이렇게 2개의 구멍이 있다. 이들은 거의 발달하지 않은 작은 젤리빈 만한 새끼를 낳으며, 새끼는 어미의 몸 밖에 있는 주머니까지 기어가 젖꼭지에서 젖을 빨며 밖으로 나올 준비가 될 때까지 지낸다.

우리가 속한 진수류eutherian는 골반에 구멍이 3개 있어서 다소 약한 살아 있는 새끼를 낳으며, 새끼는 보통 둥지, 아기방, 굴, 또는 어느 곳이든 관리할 수 있는 이런저런 안전한 곳에서 종에 따라 일정 기간 젖을 뺀다.

포유류는 새끼를 낳고 기르는 데 적합하도록 몸이 변한 방식에 따라서 이렇게 세 갈래로 나눌 수 있다. 모르기가 그랬듯 포유류의 후손은 모두 젖을 먹이지만, 젖을 먹기 시작하는 새끼의 발달단계는 종마다 다르다. 새끼가 얼마나 오래 젖을 먹는지, 언제 '독립적'인 개체가 되는지, 성숙할 때까지 얼마나 많은 일을 어미가 해야 하는지도 저마다 다르다.

대부분의 유대류 동물은 인간의 임신 7주경에 상응하는 시기에, 다시 말해 믿기 어려울 만큼 미숙한 상태로 태어난다(자궁에서 나와 주머니로 향한다). 새끼에게는 튼튼한 앞다리가 있어서 주머니까지 기어가는 데 도움이 되지만, 뒷다리는 싹이나 다름없는 경우가 많다. 연구자들은 초음파를 써 자궁 안에 있는 새끼 왈라비가 태어나기 며칠 전 클라이밍을 연습하는 모습을 관찰[15]할 수 있었다. 일단 주머니 안에 들어가면 대부분의 유대류 새끼는 기어코 작은 입을 젖꼭지에 결합하고, 자라는 동안 엄마 몸과 밀접한 연결 상태를 유지한다. 유대류의 젖꼭지가 탯줄에 준한다고 생각하자. 어미와 새끼 사이에는 여전히 양방향 연결(인간 아기의 '역흡입'이 기억나는가?)이 존재하지만, 주머니 안에 있는 새끼에게 엄마의 몸이 해야 할 일은 새끼가 자궁에 들었을 때보다 적다. 예를 들어, 캥거루 새끼가 죽기라도 하면 '탯줄 끊기'가 조금 더 쉬워진다.

생쥐의 새끼는 조금 더 발달한 채로 태어나지만, 분홍색에 털이 없기는 마찬가지고, 눈을 뜨지 못하며, 귀는 작은 두개골 방향으로 뒤로 말려 있다. 더 진화한 포유류는 저마다 독립 수준이 다양한 새끼를 낳는다. 개와 고양이는 쭈글쭈글하고 무능력한 상태로 태어나지만 젖을 빨다 자고, 빨다 자면서 빠르게 자란다. 기린은 엄마의 질에서 땅바닥까지 2미터나 되는 높이에서 떨어지면서 처음부터 세상을 살아갈 수 있는 상태로 태어난다. 이때의 충격은 새끼의 탯줄을 끊고 양막을 찢고 폐가 충격을 받아 땅에 떨어지자마자 숨을 들이쉬게 할 정도로 강하다. 이렇게 과격한 각성 후 약 1시간이 지나면 새끼는 보통 일어설 수 있다.

이런that 방식으로 세상에 당도할 준비가 된 몸을 갖추는 게 진수류 이야기의 핵심이다. 어미 기린의 임신 기간은 15개월로, 이런 임신은 아주 부담스러운 일이다. 한편 유대류는 주머니 안에서 대부분의 발달 과정이 진행되기에 임신 여부를 알아채기가 힘들다. 생쥐의 발달은 자궁에서 진행되는 부분이 조금 더 많지만, 둥지 안에서 이뤄지는 부분도 여전히 많다. 그러므로 어미의 관점에서 난생 동물egg layers에서 태생 동물baby havers로 변하는 일(다시 말해 단공류와 유사한 이브에서 후일 오늘날의 유대류나 태반 동물이 되는 생물로 갈라져 나오는 일)은 새끼에게 언제 얼마나 많은 노력을 투입할 것인지의 문제다.

태아기와 유년기의 발달(아이가 하는 일)과 암컷의 생식 계획(엄마가 하는 일)은 근본적으로 연결돼 있어 분리할 수가 없다. 이 둘은 나란히 진화한다. 생물학자는 이를 '모성 투자maternal investment'라고 부른다. 생식 측면에서 성공적인 자손을 만들기 위해 암컷이 해야 하는 모든 일과 여기에 따르는 대가를 가리키는 포괄적 용어다. 어느 시기에 얼마나 큰 비용이 드는지는 종에 따라, 환경에 따라 다양하다. 어미는 알을 낳는 데 (에너지, 자원, 시간을) 더 많이 '지출'할까?* 이 비용을 치르면서 얼마나 소진될까? 어미는 이 비용을 알이 부화할 환경을 조성하는 데 투자할까, 아니면 부화한 새끼가 자라는 환경에 투자할까? 이런 일로 어미가 더 큰 위험에 노출되지는 않을까?

---

* 다른 종도 인간처럼 모성 투자(maternal investment)에 '기회비용(opportunity cost)'을 지불한다. 어떤 사람이 저임금 업무를 하느라 바쁘고 새로운 직업을 찾을 시간이 없어 고임금 직업을 얻을 기회를 놓칠 수 있듯이, 둥지를 짓는 데 시간을 많이 들이는 동물은 자신의 먹이를 찾거나 새로운 짝을 찾는 데 또는 심지어 둥지를 짓기에 더 좋은 자리를 찾는 데 시간을 쓰지 못한다. 다시 말해 그 동물의 삶에서 둥지를 지어야 한다는 사실이 한 부분을 차지한다. 물론 이것은 알을 낳는 수많은 종 가운데 상당수가 수컷이 둥지를 짓거나 적어도 기여하게 하는 이유다. 심지어 수컷이 이 임무에 얼마나 잘 기여하는지에 따라 암컷이 낳는 알의 개수가 달라질 수도 있다(Gacia-Lopez de Hierro et al., 2013). 인간에게도 참새에도 시간은 공짜가 아니다.

모든 대답은 상황에 따라 달라지지만, 이 상황은 근본적으로 어미가 사는 환경과 어미가 속한 종의 신체 설계에 따라 조성된다. 그 어떤 해법에도 대가가 따른다. 모든 전략에는 위험이 수반된다. 그러나 이들이 진화의 격랑 속에서 생존했을 때는 이런 위험이 새끼를 더 많이 낳는, 번식의 보상으로 돌아오는 경향이 있다. 그래서 기린은 15개월 동안 임신한다. 어미는 마지막에 너무 탈진해 버리겠지만, 새끼는 걸을 수 있는 상태로 태어난다.

신체 설계를 수정하는 데도 비슷한 위험이 따른다. 젖의 진화는 주로 세균으로부터 새끼를 보호하는 일과 관련이 있었다. 구멍이 3개 있는 신체 설계가 발달하면서 우리의 고대 이브는 대변에 있는 세균으로부터 산도를 보호할 방법을 강구해야 했다.

모르기와 마찬가지로 오늘날의 단공류는 별도의 질 개구부가 없다. 조류와 파충류처럼 이들은 총배설강이라는, 골반에서 외부로 통하는 단일 출구로 알을 낳는다. 그러므로 오리너구리는 가죽 같은 껍데기에 싸인 알을 대소변과 같은 출구로 밀어낸다. 효율적인 체계다.

그러나 이들 역시 신체 노폐물 속의 세균으로부터 자손을 보호해야 한다. 난생 동물의 총배설강 안에는 대부분 요직장주름uroproctodeal fold이라는 조직이 있어서, 비뇨계와 산도가 대장 세균에 노출되지 않도록 이쪽저쪽으로 쉽게 길을 바꾸며 보호한다. 그러나 이것은 덮개일 뿐 완벽한 차폐 장치가 못된다. 그러니 알이 나오면서 조금씩 대변이 묻는다. 다시 말해 장내세균에 노출된다. 껍데기가 보호하는 공간에 깔끔하게 들어앉은 알 속 새끼에게는 크게 문제될 일이 아니다. 그러나 이런 체계에서 알껍데기가 사라지면 아직 면역계가 준비되지 않은 새끼에게 온갖 세균이 번식할 수 있다. 그러므로 만일 살아 있는 새끼를 낳는 방식이 먼저 진화했다면, 뒤이어 분변과 산도를 안정적으로 분리하는 방식도 신속하게 진화해야 했을 것이다. 대변 세례를 받았던 사촌과 달리, 이런 특성이 표준으로 자리 잡기까지 끔찍한 세균판에서 생존한 새끼가 그리 여러 세대 필요하지 않았다.* 그리고 실제로 유대류와 우리 같은 진수류 포유류는 직장과 비뇨생식동이 분리됐다. 살아 있는 자손을 낳는 포유류는 일반적으로 엉덩이에서 먼 곳에 새끼를 둔다.

태아의 발달 과정 전체를 진화의 지도상에 시간 순서로 배치할 수는 없지만, 자궁 속 포유류의 발생 과정을 살펴보면 진화 과정을 일부 들여다볼 수 있다.

먼저 진수류의 배아에 총배설강이 생기고, 그 안에 요관 배출구가 직접 열린 다음, 마찬가지로 방광목과 장 아랫부분 그리고 (각각 난소가 달린 양쪽) 난관 배출구가 직접 열린다. 그 후 장과 방광 사이에 살로 된 쐐기가 생기고 아래로 자라 마침내 질 후벽을 만든다.** 그 동안 요관이 상승하고 요도는 방광 아래로 길어지면서 (암컷에서) 이전의 비뇨생식동 앞까지 내려오거나, (수컷에서) 몸 밖으로 나와 정관과 만나면서 음경 끝까지 이

* 그 반대 방식으로 진행됐을 수도 있다. 예를 들어, 요관이 장내세균에 반복적으로 노출되면 방광염이 잘 생긴다. 파충류, 양서류와 조류에는 이것이 그리 큰 일일 것 같지 않다. 그러나 어떤 초기 포유류 이브가 지역적 장염이 유행할 때 유리한 이점이 있는 형질을 가졌다면, 예를 들어 대장의 노폐물이 나오는 곳과 요관 사이에 섬유조직으로 된 영구적인 격벽이 있는 경우라면, 이 형질이 어떻게 선택됐을지 어렵지 않게 상상할 수 있다. 그리고 일단 대변 배출구가 소변이나 알 배출구와 분리되면, 이 생식계에서는 새끼를 태어날 때까지 몸 안에 두는, 뭔가 바보 같은 일을 더 자유롭게 할 수 있었을 것이다.

** 최근의 연구에 따르면 이런 '하강(descent)'은 능동적이게 아래쪽으로 이동하는 게 아니라 총배설강 내 각 부위가 상이한 속도로 자라면서 발생하는 현상이다(Kruepunga et al., 2018). 그러나 이렇게 생겨난 분할선은 여전히 쐐기 모양이고, 시간이 흐르면서 이런 식으로 모양을 갖춘다. 단공류, 유대류 및 진수류 사이에 나타나는 후단(back ends) 발달의 차이를 여전히 들여다볼 수 있는 흥미로운 창이 된다.

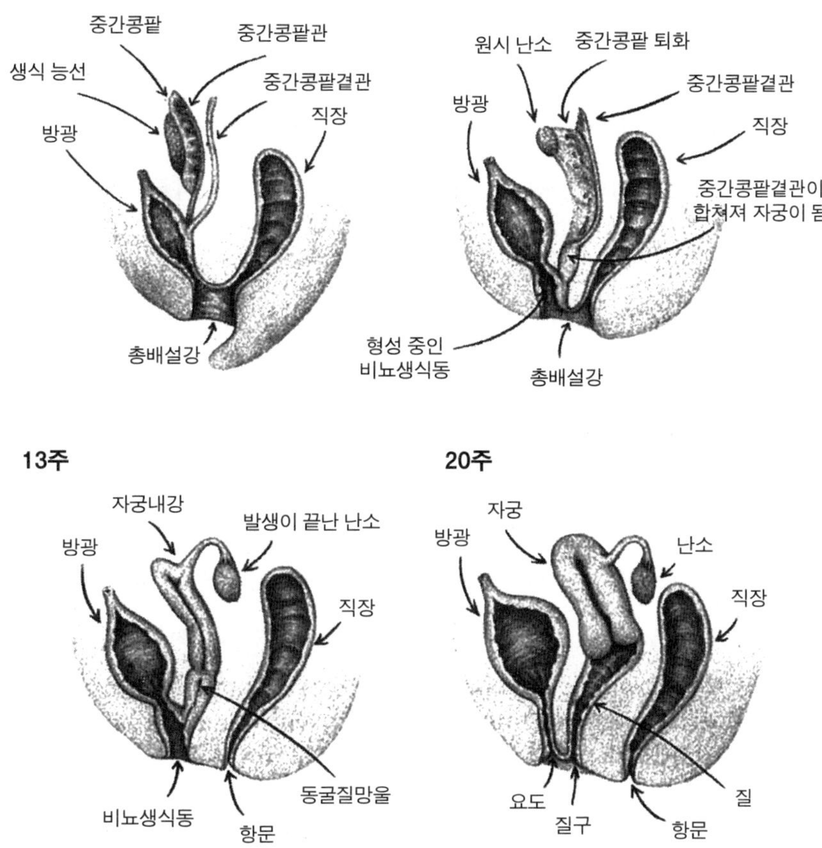

△ 포유류 자궁 안에서 총배설강이 질로 발달하는 과정

어져 소변과 정액의 배출로를 만든다. 인간 배아의 경우 재태 15주경에 총배설강이 나타나, 16~17주경 (비뇨생식 및 직장) 2개의 통로로 분리되며, 20주에는 3개의 통로가 거의 완성된다.

인간 배아의 비뇨생식기는 7주 정도까지 여러 면에서 '성 미분화 상태'

임을 기억하자. 그때까지는 음경과 고환, 그렇게 긴 남성 요도의 형성 과정이 시작되지 않으며, 음경 싹은 12주가 돼도 거의 알아볼 수 없다.

12주째에도 음경 구조물에는 아래쪽을 따라 구멍이 남아서, 여성 비뇨생식동의 발달 과정에서 남은 질 구열cleft과 기가 막힐 정도로 생김새가 비슷하다. 이 구멍이 완전히 닫히고 음경과 귀두가 제자리를 찾아가려면 20주는 돼야 한다. 이때는 여성의 음순 또는 남성의 음낭이 될 비뇨생식동 양쪽의 불룩한 부분이 제자리로 이동하고, 작은 생식기 싹이 앞으로 빠져나오면서 남성의 귀두 또는 여성의 음핵 바깥쪽 기저부를 만드는 시기이기도 하다. 많은 성인 남성에게 이 구열이 닫힌 자국이 남아 있다. 음경 아래쪽에, 때로는 피부 이랑처럼 생긴 선이 음낭 한가운데를 지나 회음부와 항문까지 이어진다. 고대 총배설강이 어떤 방식으로 봉합되면서 남성의 음경, 음낭, 항문을 만들었는지 시각적으로 이해시켜 주는 흔적이다.*

초기 태반 동물과 우리 사이에 등장했던 이브는 오래전 죽었지만, 단공류가 이들의 모습을 보여 주는 좋은 모델이 된다. 바늘두더지와 오리너구리에는 총배설강이 남아 있으며, 수컷의 고환은 몸통 밖 음낭에 매달리지 않고 몸통 안에 있다. 요관 배출구도 바로 총배설강으로 열려 있다.

현재의 태반 동물의 발달 과정은 마치 춤을 추듯 복잡하다. 비뇨생식기 발달 과정의 오류는 가장 흔한 선천적 결함 중 하나다. 드물지만 총배설강이 남은 아기도 있다. 우리의 진화 경로에서 지금의 모델에 가까워질수록

---

* 이것은 또한 젠더 본질론자(gender essentialist)가 그리도 본질적이라 생각하는 이쪽 또는 저쪽 성의 전형적 외부 생식기(sex-typical genitalia) 유무가 태아 발달에서 고작 몇 주 만에 생기고 없어지기도 하는 작은 차이임을 일깨우는 유용한 흔적이기도 하다. 우리가 지나온 진화의 경로에는 반짝이는 차이가 흩뿌려져 있으며 모든 인구 집단의 몸에도 마찬가지다. 지구상의 생명에 다양성은 특징이지 버그가 아니다.

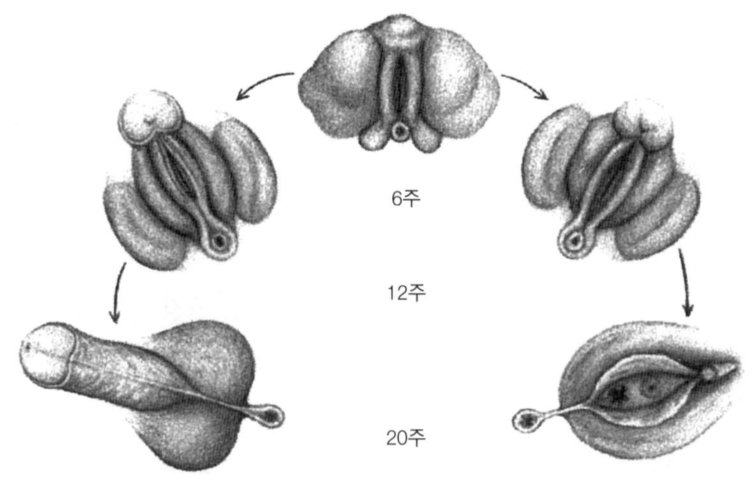

△ 배아의 구멍이 외부 생식기로 발달하는 과정

사소한 기형이 더 자주 눈에 띈다. 질구가 처녀막에 너무 많이 덮이기도, 요관이 꺾이거나 막히기도 한다.* 드물게는 이 기나긴 진화 경로를 무시하고 질이 양쪽으로 나뉘어 자궁이 2개, 자궁 경부가 2개, 산도가 2개인 경우도 있다. 음경도 때로는 요도가 막히거나, 갈라지거나, 일부분에 구멍이 뚫리는 문제가 생긴다. 고환에도 때로는 출생 후 고환이 복강에서 음낭으로 잘 하강하지 못하거나, 이 하강 경로가 제대로 닫히지 않아 장이 복강 밖으로 밀려 나오는 문제가 발생한다.

* 사람은 인간의 처녀막에 문화적 가치를 부여하지만, 처녀막은 그저 비뇨생식계 발달 과정의 이상한 잔재인 것 같다. 코끼리, 고래, 개 등 처녀막이 있는 포유류는 많다. '처녀성(virginal)' 확인과 관련된 모종의 선택 때문에 인간 처녀막이 계속 유지될 가능성이 모호하게 남지만, 처녀막은 삽입 성관계를 갖기 전에도 온갖 정상 생활에서 파열될 수 있으며, 태어날 때부터 처녀막이 없는 소녀도 많다. 과한 처녀막은 사실 소녀의 건강에 해롭다. 인간 여성에게 처녀막이 있는 더 그럴듯한 이유는 그저 우리 생식계에 버그가 있기 때문이다.

음순과 음핵도 다채로운 발달 과정을 거치는데,* 음핵이 자궁 안에서 안드로겐 신호에 더 강하게 반응해 미성숙 음경proto-penis으로 발달하기도 한다. 이 중에는 어린 나이에 수술을 받아야 하는 문제도 있다. 탈장 부위의 장 괴사로 아기가 죽기를 바라는 사람은 아무도 없을 것이다. 수술이 필요 없는 문제도 있다. 미성숙 음경에는 치명적인 문제가 생기지 않는다.[16]

현재의 태반 동물에 질이 생긴 사건은 임신부터 출산까지 태아를 기르는 방식이 달라지고 골반 하부 구조가 재배치된다는 것을 뜻했다. 우리는 지금도 대소변을 보고 새끼를 (또는 정자를) 몸 밖으로 밀어내야 한다. 여전히 대소변이 복강으로 새어 들어가지 않도록 단속해야 했으므로, 배관을 만들고 연부 조직을 활용해 제대로correctly 공간을 구획하는 일이 중요했다. 그리고 알껍데기가 없어진 이상, 살아 있는 새끼를 낳으려면 어떤 크기의 새끼를 밀어내더라도 물리적으로 통과시킬 수 있으며 새끼가 아직 감당할 수 없는 것으로부터 출산 경로를 보호해 줄 산도birth canal가 필요했다.

소행성 충돌이 있기 전부터 포유류는 이런 문제에 공을 들였다. 그러나 화석 기록으로 알 수 있는 사실은 충돌의 여파로 닥친 긴 겨울 동안 태반 동물의 조상보다 유대류의 조상이 더 많이 죽었다[17]는 것이다. 그렇지 않았더라면 우리 중 대다수에는 질이 2개나 3개씩 있었을지도 모른다.

앞서 언급했듯 유대류의 모든 종은 자궁마다 1개 이상씩 질이 이어져 있다. 이 질은 짧은 중앙 통로인 '비뇨생식동'으로 연결된다. 이 질을 통해 정자가 목적지로 들어간다. 유대류는 태아가 어미 몸 밖으로 기어 나갈 수

---

* 진화 과정도 다채롭다. 음경에 아무리 많은 관심이 쏠렸더라도 포유류 암컷의 외부 생식기는 수컷보다 훨씬 다채롭다(Pavlicev et al., 2022).

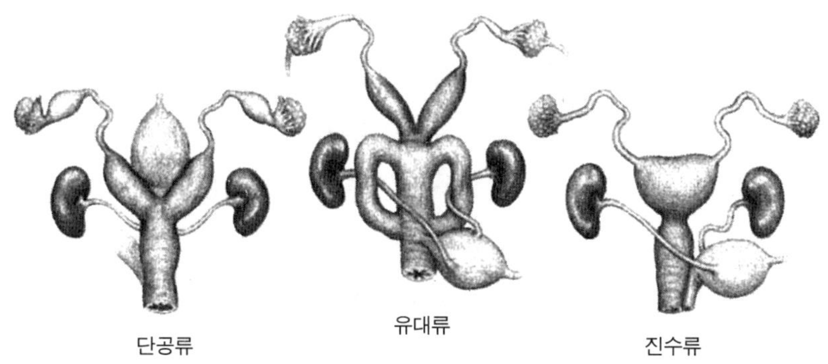

△ 포유류의 질 설계

있도록 여분의 산도가 한두 개 있는 경우도 많다. 이렇게 나온 태아는 복부 털을 따라 위로 올라가 주머니로 들어간다. 유대류의 음경은 언제나 그렇듯 ("사랑" 장에서 더 자세히 다룬다) 이 칼집에 맞춰 공진화했으므로, 주머니쥐와 캥거루의 음경은 자기 짝에게 있는 두 갈래의 질에 맞도록 갈라져 있다.*

그러니 질을 정자가 들어가고 새끼가 나오는, 유전자 전달에 특화된 체계라고 생각하자. 간단하다. 그러나 복강은 역시 비좁은 곳이다. 캥거루 같은 여러 유대류의 요관은 암컷의 3개의 질 사이를 지나 방광으로 연결된다. 즉, 암컷은 젤리빈보다 큰 새끼를 낳을 수 없다. 그렇지 않으면 요관이 찢어진다는 뜻이다. 어미는 내출혈로 죽거나, 정상적인 상황이었다면 신장과 방광으로 들어갔어야 할 질소 폐기물 중독으로 곧 죽을 것이다.

---

* 단공류인 바늘두더지는 총배설강이 있어서 배설강을 뒤집어야 음경을 밖으로 밀어낼 수 있는데도 머리가 네 갈래로 나뉜 음경을 진화시켜 왔다. 네 갈래 중 두 갈래는 발기 중 뒤로 물러나 있다가 천방지축인 총각이 이다음 마음에 드는 짝을 만났을 때 마치 두더지 잡기 게임처럼 다음 타자로 등판해 발기할 수 있다.

다시 말해 총배설강에서 질로 진화하는 경로 어딘가에서 유대류의 신체 설계는 스스로 한계를 설정했다. 우리 같은 태반 동물 이브에게 요관은 문제가 되지 않을 뿐더러 다행히 앞으로도 문제가 되지 않도록 진화했다. 더 큰 새끼를 낳더라도 배관이 찢어져 죽을 일이 없다는 뜻이다. 큰 새끼를 낳다가 다른other 일로 죽을 수도 있겠지만, 이 일로는 아니었다.

그러나 새로운 신체 설계에는 언제나 대가가 따른다. 원래 신체든 스마트폰이든 최신 기능일수록 실패할 가능성이 크다. 우리 같은 현생 태반 동물의 질 벽vaginal wall은 다소 새로운 시도인 탓에 '검증이 부족한 제품'인 셈이다. 만약 유대류가 단서라면, 자리를 옮긴 요도를 받쳐 주는 질 앞벽 바로 앞의 구조는 질 뒷벽과 직장을 구분하는 구조보다 더 최근에 진화했을 것이다.

인간 여성에게서 이 구조는 기대만큼 견고하지 않다. 질식 분만vaginal birth을 경험한 여성 10명 중 1명은 요실금을 겪는다.[18] 오늘날 인간의 아기는 크게 자란 상태로 태어나고 머리heads가 아주 커서 (머리가 산도로 내려오는) '머리출현crowning'단계에서 질벽과 주변의 조직 구조를 손상시킬 수 있다. 난산을 겪은 여성은 방광과 질 앞벽 사이 심부 조직이 약해져 방광 일부가 질강vaginal cavity 쪽으로 내려앉는 탈출증이 생기는 경우가 많다. 대부분 골반기저근을 강화하는 물리치료가 도움이 되는데, 아마도 배뇨 충동에 적절히 반응하도록 해당 부위 신경을 재훈련하고, 골반기저근을 두텁게 만들어 이 기저근 층에 얹힌 흐물흐물한 연부 조직을 받쳐 주기 때문일 것이다.

인간의 출산 및 방광과 관련된 나머지 하나의 진화적 문제는 똑바로 서고 앉는 일과 관련 있다. 질이 골반 내 장기 때문에 아래로 압력을 많이 받는다는 뜻이다. 우리 이브의 방광은 아마도 살로 된 둥우리 안에서 배쪽으로 기울어졌을 것이므로, 질도 출산 부상에서 회복되는 동안 중력 부담을 더 받지 않았을 것이다. 그러나 지금은 직립 자세 때문에 저절로 방광의 무게가 질 앞벽에 실린다. 출산으로 질 앞 벽이 약해지면 방광이 아래로 늘어지거나 밀려 나오기 쉽다. 당연한 물리학이다.

여성 방광탈출증의 가장 중요한 위험 요소는 질식 분만이다. 두 번째로 중요한 요소는 폐경으로, 호르몬 균형이 이동해 여성호르몬 농도가 낮아지면 자연히 질 조직과 주변의 골반기저근이 느슨해지기 때문이다. 많은 여성이 이 부위의 조직을 팽팽하게 당기고 탈출증을 교정하기 위해 수술을 받는다. 탈출증이 아주 심해 방광 일부가 질 밖까지 밀려 나오거나 자궁이 밀려 내려와 자궁 경부가 질 밖으로 빠져나오는 등의 경우, 이 장기를 골반 안에 가두어 두기 위해 외과적으로 질구를 닫기도[19] 한다. 이런 수술을 받는다는 것은 물론 질 삽입 성교를 하지 않겠다는 뜻임에도 불구하고, 노인 여성 중에는 기꺼이 이런 대가를 받아들이는 사람이 많다.

노인 여성이 성관계에 관심이 떨어진다는 통념을 강화한다고 나를 비난할는지 모르겠지만, 어느 연령대든 질 삽입 성교를 통해 오르가슴을 실제로 경험하는 여성은 25퍼센트에 불과하다.[20] 성관계 도중 발생하는 모종의 음핵 자극 여부를 통제하면 그 비율은 더 줄어든다. 질에는 아기가 나오는 터널이자 정자를 담는 용기라는 명백한 진화적 기능이 있지만, 노인이든 젊은이든 대부분의 여성에게 성적 만족감과 관련된 주요 부위는 분명 질이 아닌 음핵이다. 낙타 털 4번 붓으로[21] 암컷 쥐의 음핵을 자극하면, 쥐는 자극과 관련된 곳으로 기꺼이 거듭거듭 돌아온다. 이 쥐는 조용한 애인이 아니어서 저주파로 계속 찍찍대고, 뇌와 행동에서 보상 추구와 쾌락의 증거가 나타난다. 그리고 아몬드 향이 나는 패드 근처에서 암컷 쥐를 자극하면, 이후 아몬드 향이 나는 수컷에게 교미를 청한다. 음핵 자극을 경험한 암컷 쥐는 이런 종류의 자극을 받지 않은 쥐보다 스트레스 수준이 낮고 전반적 건강 상태가 양호하다. 즉, 음핵 자극은 인간 여성에게 유익하다고 생각하듯이[22] 실험 쥐의 건강에도 유익하다.

조류에는 딱하게도 음핵이 없다. 조류와 도마뱀의 총배설강은 대부분 우리처럼 신경이 예민하지 않다.* 솔직히 알을 밀어내는 통로 안에 민감한 신경 종말이 밀집해 있기를 바랄 동물은 없을 것이고, 실제로 오늘날의 질 벽도 이와 유사하게 둔감하다.

대부분의 조류 수컷에는 심지어 음경조차 없다.** 조류의 97퍼센트는 암컷이 총배설강을 밖으로 뒤집어 수컷의 총배설강 구멍에 맞추면 수컷이 힘을 줘 사정하면서 정액을 직접 넣는 '총배설강 키스cloacal kiss'[23] 방식으로 교미한다. 그러면 암컷은 깃털을 떨면서 배설강을 도로 뒤집어 넣는다. 현생 공룡이 치마를 매만지는 셈이다. 대부분의 조류는 교미를 짧게 끝내고, 교미 의식mating ritual에 그야말로 정성을 다한다.***

유린목(뱀과 도마뱀처럼 비늘이 있는 파충류)에는 반음경hemipenis이라고 불리는 Y자 모양의 음경이 있어서 수축 상태로 총배설강 안에 들었다가 교미가 필요할 때 뒤집혀 나온다. 사실 모든 양막류amniotes는[24] 발기

---

* 일부 암컷 새에서는 교미 중 쾌락의 증거를 찾아볼 수 없다. 불행하게도 암컷보다 자위하는 수컷에 대한 자료가 훨씬 많다. 음핵과 비슷한 부위를 가졌다고 알려진 수컷(male) 멋쟁이새에는 정자가 들어 있지 않은 가짜(fake) 음경이 하나 더 있다. 수컷 멋쟁이새가 경험하는 느낌이 인간 여성의 오르가슴과 비슷한지는 알 수 없지만, 외부 관찰자의 눈에는 비슷해 보인다 (Winterbottom et al., 2001). 이 수컷이 오르가슴을 가장할 이유는 분명 없을 것이다.

** 사실 수탉(cocks의 공식적 용법_옮긴이)에는 거시기(cocks의 구어적 용법_옮긴이)가 없다. 인간의 언어는 종종 현실을 왜곡한다.

*** 일부 앵무새에서 보이는 광범위한 몸단장과 부리 비비기 같은 짝짓기 의식(pair-bonding rituals)도 마찬가지다.

할 수 있는 음경을 가진 고대 아담의 후손이라 생각된다. 그러나 조류가 된 공룡은 배아의 음경을 발달시키는 유전자를 불활성화시켰다. 실제로 알에서 이런 현상을 관찰할 수 있는데, 조류의 태아가 자라면서 작은 살 돌기가 급격히 오그라든다.*

널리 인정되는 이론은 짝 선택 때문에 음경을 없애는 편이 유용해졌다는[25] 것이다. 암탉이 자신의 총배설강을 효과적으로 대기로 마음먹지 않으면 흥분한 수탉은 도무지 자기 정자를 전달할 방법이 없다. 다시 말해 남은 공룡은 암컷의 교미 의향willingness이 필요한 신체를 가졌고, 암컷이 원하는 것을 제공하는 편이 생존에 더 유리했기에 대부분 음경을 제거하는 방향으로 진화했다. 이론은 이렇게 전개된다.**

결국, 음경이 있는 종을 볼 때는 언제나 음경이 그 종의 질과 공진화coevolved했다는 사실을 이해해야 한다. 음경은 수컷이 암컷에 직접 정자를 전달하는 데 유용하므로 수컷의 유전자를 남길 가능성을 높일 뿐 아니라, 암컷 역시 이 일에 적합한 음경에 특히 관심이 많다. 조류의 음경이 암컷 선택의 긍정적 영향에 의해 사라졌을 가능성은 사례를 고려하면 음경이 없는 종에도 마찬가지다. 수컷이 강제로 교미를 시도하는 종이 여럿 있으므로, 질도 암컷의 임신 의향에 따라 여닫을 수 있는 작은 주름을 만들

---

* 또 다른 파충류 큰도마뱀(Tuatara)도 비슷한 방식으로 음경을 없앴다. 세상에는 다양한 음경이 존재하지만 모두 고대에 진화적 혁신을 일으키며 등장한 한가지 기본형이 수정된 것이다. 오늘날 음경이 없는 양막류는 이런저런 이유로 음경을 없앤 조상으로부터 진화했다.

** 음경 발달에서 오류가 생기기 쉬운 것도 사실이다. 오늘날 태어나는 남아 125명 중 1명에게 이런저런 음경 결손이 있으며, 가장 흔한 문제는 인간 음경의 진화사 자체를 저버릴 수 있는 요도의 위치 오류다(Paulozzi et al., 1997; Bouty et al., 2016; Gredler et al., 2014). 그러므로 공룡 진화 과정의 어느 지점에서는 잔뜩 결함이 있는 음경을 가지는 편보다 음경이 없는 편이 나았을 수도 있다.

면서 여러 가지 방식을 진화시켰다. '찌르기'를 시도하는 종일수록 암컷에 이런 경향이 있다. 오리의 질 주름은 악명이 높다("사랑" 장에서 더 자세히 다룬다).

태반 동물에 여러 개의 질이 남아 있었더라면 지금의 인간에 이르는 긴 진화 과정 동안 여기에 맞추어 성가실 정도로 복잡하게 진화한 남근까지 다뤄야 했을지 모른다. 인간 남성은 유일하게 음경 뼈(음경을 지지하는 작은 뼈[26])가 없는 음경을 가지며,* 고된 삽입 운동을 전적으로 팽창 조직에 의존한다. 그 결과 발기부전이라는 지극히 평범한 (그러나 진화적으로는 심각한) 문제는 차치하고, 수많은 음경 골절을 겪게 되었다.

그럼에도 인간의 비교적 단순한 이성애 기전은 다른 문제를 피하는 데 도움이 됐다. 예를 들어, 암컷 코뿔소의 질은 심한 나선형이므로 수컷 코뿔소는 여기에 맞도록 2.5피트 길이의 번개 모양 음경을 진화시켰다. 오래전 중국 사람은 코뿔소의 번개 모양 음경을 언뜻 보고 (아니면 이 몹쓸 음경으로 해야 하는 전형적인 2시간 반짜리 교미[27]를 목격했을 것이다) 코뿔소의 정력을 인간이 전해 받을 수 있다고 착각했다. 코뿔소의 뿔은 불법으로 밀렵되고, 건조되고, 가루가 돼 암시장의 밀렵꾼들에게 많은 돈을 벌어 준다. 지금 대부분의 코뿔소가 멸종 위기종이 된 이유다. 동물원에서는 이렇게 복잡한 질 때문에 코뿔소를 임신시키고 줄어드는 코뿔소 숫자를

---

* 인간 음경에는 부러질 음경 뼈가 없지만, 음경 발기 조직을 감싼 외막이 파열될 수 있다. 전형적인 음경 골절은 음경이 발기된 상태에서 너무 세게 부딪치거나 구부러질 때 발생하며, 소름 끼치게 아플 뿐 아니라 대부분 수술이 필요한 의학적 응급 상황이다. 주로 유난히 격렬한 성교 도중 미끄러져 나온 음경이 회음부에 부딪쳐 휘어지면서 발생한다. 그래서 출산의 진화는 항문과 분리된 질을 탄생시켰을 뿐 아니라 남성을 불임으로 만들 수 있는 흔한 손상 위험(hazard)을 초래하기도 했다. 다시 말해 유난히 격렬한 성관계는 남성의 정력이 아니라 무모함을 나타내는 징후다.

늘리는 데 애를 먹는다.[28]*

그래서 복잡한 질을 가진 코뿔소는 우리 손에 멸종되려 한다. 지금도 여러 개의 질을 가진 유대류는 대부분 호주에 고립됐다. 단순한 하나의 질을 가진 우리 같은 태반 동물은 온 세상으로 퍼졌다. 거기에서부터 현생 태반 동물의 자궁uterus, 아니 자궁들uteri이 생겨 났다.** 원래 우리의 이브에게는 오늘날의 유대류 그리고 대다수의 설치류처럼 자궁이 2개 있었다.

몸을 알껍데기로 만들기

2017년 미국의 연구팀이 아무도 가능하리라고 생각지 못한 일을 해냈다. 새끼 양을 만삭까지 키울 수 있는 기계 자궁mechanical uterus을 만든 것이다.[29] 연구팀은 여기에 '바이오백biobag'이라는 이름을 붙였다. 곧 세계의 뉴스 웹사이트들에 매트릭스Matrix 같은 기계의 동영상이 등장했다. 투명한 양수 주머니 안에 털도 별로 없는 양 태아가 들어 있고, 튜브를 통해 혈액과 노폐물이 몸 안팎으로 드나들며, 생경한 액체 안에서 작은 발굽이 조심조심 발길질하는 모습이었다. 이 동영상은 시청자에게 모종의 분명한 메시지를 던졌을 것이다. 임신은 끝났다, 기뻐하라!

* 이 뿔이 심지어 뿔이 아니라 칼슘이 풍부한 핵이 들어 있는 단단히 압축된 털이라거나, 코뿔소의 생식기관과 전혀 관련이 없는 부위라는 이야기는 말할 필요도 없다.

** 문법에 집착하는 모범생들을 위해서. 문어(octopus)는 그리스어에서 기원한 단어이므로 '문어들(octopodes)'이 되어야 하지만, 자궁은 라틴어에서 기원했으므로 정식으로 '자궁들(uteri)'이다. 미국 영어에서는 'uteri'와 'uteruses'가 모두 허용된다. 개인적으로는 공상 과학처럼 멋진 느낌이 나는 'uteri'를 선호한다.

사실 바이오백은 임신 제3삼분기의 일부 기간에만 쓸 수 있다. 다시 말해 양이 아닌 인간 아기에게 쓴다면, 엄마의 몸을 더 잘 모방한 방식으로 미숙아들을 돌봄으로써 신생아 집중 치료실의 효과를 개선할 것이다.* 이때까지 진정한 체외 자궁external uterus을 발명한 사람은 없었다. 그러려면 온전한 기계 어미an entire mechanical mother를 발명해야 하는데 우리 같은 태반 동물은 몸 전체를 알껍데기로 쓰기 때문이다.

진수류의 자궁은 '껍데기 샘shell gland'이라는, 알껍데기를 만드는 데 필요한 모든 물질을 분비하는 질퍽질퍽한 근육질 기관으로부터 진화했다. 알껍데기의 유형은 각 종의 새끼가 부화할 때까지 필요한 일에 부합하도록 진화했다. 그 과정은 아주 직관적이다. 난소에서 성숙된 알은 작은 관을 통과하고, 수정된 다음, 근육으로 된 주머니 안에서 분비되는 여러 가지 성분으로 껍데기를 갖추어 세상 밖으로 나갈 준비를 한다. 한편 자궁과 마찬가지로 특정 환경에서 진화한 어미의 뇌는 부화에 도움이 되는 다양한 행동을 촉발한다. 산란하는 대신 새끼를 출산하더라도 다른 필요가 없어지는 것은 아니어서 어미의 몸을 알껍데기이자 둥지로 바꿀 방법을 찾아야 한다.

까다로운 임무다. 아기를 호흡시킬 방법을 찾아야 할 뿐 아니라, 종의 자손이 '부화'해 독립적인 새끼가 되는데 얼마가 걸리든 임신 기간 내내 충분한 자원을 공급하면서도, 그 과정에서 자기 몸을 완전히 망가뜨리지

---

* 바이오백이 혁신적인 이유는 그 안에 든 액체 때문이 아니라 탯줄을 통해 미숙아의 혈류를 '연결(plug-in)'하는 기술 덕분에 폐가 공기를 호흡하지 않은 채 더 오래 발달을 이어 갈 수 있기 때문이다. 자궁 안의 태아가 임신 말기 내내 양수를 흡입하는 과정은 육상동물 태아의 폐 발달에 필수적인 부분이다. 신생아 집중 치료실에서는 너무 이른 미숙아의 폐에 억지로 산소를 공급한다. 산소가 없으면 죽지만, 이로 인해 폐 조직이 손상된다.

않는 균형점을 찾아야 한다.

어떤 뜻에서 모르기처럼 젖을 분비하는 종은 이미 한발 앞섰다. 이미 자기 몸에서 젖을 분비해 영양분, 수분, 면역 물질들을 공급하면서 부화한 새끼를 더 집중적으로 돌보는 데 익숙해졌으므로 생식과 관련된 행동이나 생리를 모두 바꿀 필요가 없었다. 애초에 알둥지를 몸 안으로 옮기고, 때가 찬 새끼를 자기 몸이 망가지지 않게 내보낼 경로를 고안하기만 하면 됐다. 이후의 엄마 노릇은 이전과 거의 같았다.

물론 야생의 어미와 새끼는 새끼가 젖을 떼고 스스로 먹이를 찾을 수 있게 될 때까지 지독하게 취약하고, 굶주리다시피 지낸다.* 그리고 어미는 막대한 양의 지방을 저장하거나 굴속에 상온 보관 가능한 먹이를 저장하지 않는 한, 먹이를 더 구하기 위해 둥지를 떠난다. 임신한 어미도 배가 고프지만, 젖을 먹이는 어미는 더 배고프다.

알을 낳는 전략이 왜 그리 오래도록 먹혔는지 쉽게 이해할 수 있다. 잠시 알을 혼자 둘 수 있다는 것은 일부 공룡을 포함해 알을 돌보는 어미들의 몸에 아주 다행스러운 일이었을 것이다.

그러면 우리는 어떻게 여기까지 왔을까? 진수류 포유류의 이브, 우리 공통 자궁our collective womb의 엄마는 누구였을까? 유방이나 자궁 같은 연

---

* 오늘날 가난하고 억압받는 사람들도 마찬가지다. 인구가 1억 3,000만 명 이상인 인도에서는 아빠, 아이, 대가족의 남성, 그리고 노인 여성 다음에 마지막으로 젊은 여성이 먹는 지역 전통 때문에 여성의 50퍼센트 이상이 지금도 빈혈과 영양실조를 겪음을 잊어서는 안 된다(Hathi et al., 2021; Coffee and Hathi, 2016). 여성이 임신하면 영양실조는 더 심해져 태아에게 해로운 영향을 끼치고, 세계에서 가장 중요한 경제단위이자 현재 세계에서 가장 큰 민주국가의 다음 세대에 여파를 미친다. 나는 앞으로도 계속 이런 이야기를 하겠다. 인간은 포유류다. 우리가 인간의 미래에 투자하고 싶으면 인간 엄마들을 먹여야 하고, 잘 먹여야 한다. 여성 학대와 살인을 중단하는 것도 좋은 일이지만, 음식부터 먹이자.

조직은 화석이 남지 않으므로, 젖의 이브 때와 마찬가지로 태반의 이브를 찾아내기란 쉽지 않다. 젖에 대해서는 유전적 단서가 있었다. 알을 낳고 젖을 만드는 데 필요한 단백질들이 특정 유전자에 부호화돼[30] 있었다. 이를 이용해 산란이 중단됐을 시기를 가늠하고, 젖의 기원도 찾을 수 있었다. 그러나 자궁과 태반에는 수많은 (대부분은 심지어 아직 분리해 본 적도 없는) 유전자가 관여하므로 우리가 언제 유대류의 신체 설계에서 갈라져 나와 태반 동물이 됐는지 범위를 좁히기가 상당히 어렵다. 대부분의 고생물학자는 현생 유대류와 태반 동물 뼈의 일반적 양상을 연구해 이론을 도출한다.

확실한 점이 몇 가지 있다. 유전적 연대측정법 덕분에 대부분의 연구는 고대 태반 동물의 진화[31]가 1,500만 년에서 2,000만 년 사이 언제쯤, 다시 말해 소행성이 충돌하기 오래전에 일어났을 것이라 추정한다. 태반은 배아가 어미의 면역계에 의해 파괴되지 않으면서 자궁에 붙어 있게 해 주는 장기로, 태생 동물의 매우 중요한 특징이다. 태반은 알에서 배아를 둘러싸는 얇은 막에서 유래했지만, 어미의 몸과 자라는 배아를 연결하는 크고 살집이 있는 외부 결합 기지docking station로 진화했다.*

모든 태생 동물에 우리 같은 태반이 있지는 않다. 현생 상어의 약 70퍼센트는 살아 있는 새끼를 낳는다(그리고 이렇게 한 지구상 최초의 생물 중 하나였다). 그러나 흉상어목the ground sharks 또는 Carcharhiniformes 한 갈래만이 태반을 이용하도록 진화했다. 이들의 태반은 깊이 파고드는 여러 진수류 포유류의 태반보다 얕다. 살아 있는 새끼를 낳으면서도 태반이 없는

---

* 인간의 태반을 본 적이 없으면 인터넷을 찾아보면 된다. 그러나 피투성이에다 거대한 그야말로(extremely) 공포스러운 모습일 것이라 경고하겠다.

상어들은 자궁 안에서 새끼를 먹이기 위해 다양한 전략을 활용한다. 자궁벽에서 새끼가 베어 먹을 수 있는 끈끈한 점액을 분비하거나, 수정되지 않은 알을 난관 밖으로 내버려[32] 굶주린 입에 넣어 주거나, 심지어 다소 폭력적인 가족 내 동종 포식in-family cannibalism[33]이라 할 수 있는 가장 먼저 부화한(그래서 가장 큰) 새끼에게 자궁 속에 있는 형제들을 먹이는 방법이 있다.*

황갈색의 상어 배아는 실제로도 먹이를 찾아 헤엄치며 어미의 두 자궁을 오가고,[34] 심지어 가끔 자궁 경부 밖으로 작은 머리를 내밀어 총배설강 밖을 둘러보기도 한다고 알려졌다. 자궁벽에 붙은 상태에서 다음 먹이가 다른 자궁에 있다면 누구라도 점심을 가지러 헤엄쳐 갈 것이다.

그러나 우리는 상어의 후손이 아니다. 2011년 우리의our 고대 이브의 등장 연대를 추정할 수 있는 화석이 하나 발견됐다. 주라마이아 시넨시스 Juramaia sinensis[35] 또는 '고대의 어미ancient mother'는 다람쥐와 닮은 동물로, 약 1억 6,000만 년 전 지금 중국 북동부가 된 지역에서 나무에 사는 벌레들을 먹고 살았다. 주라마이아Juramaia의 이빨은 유대류보다 우리와 더 닮았기에, 지금까지 가장 오래된 진수류 계통의 이브라는 의견이 중론이다.

1,600만 년 전부터 소행성이 충돌한 대재앙 시기 사이에도 많은 일이 일어났으며, 세상이 불탄 후에는 심지어 (다소 급격하게) 더 많은 일이 일어났다. 그동안 포유류의 태반에 어떤 일이 일어났는지, 또는 왜 고대 유

---

* 우리에게야 동종 포식이 끔찍한 일이지만, 어미 상어는 깊이 파고드는 침습적인 태반을 가진 우리보다 면역계를 속이거나 자신의 자원을 털어 낼 일이 훨씬 적다는 점을 생각하자. 그리고 자연 세계에서는 '적자생존(survival of the fittest)'이 계속 적용되는 경우가 많으므로, 이렇게 경쟁적인 상어 배아는 자궁 밖 생활의 적합성을 높여 주는 유전자를 가지고 있을지도 모른다.

대륙와 우리의 이브가 서로 다른 몸을 가졌어도 쥐라기의 막상막하 우세종이 됐는지는 알기 매우 어렵다. 우리는 주라마이아의 여러 후손 중 진화 경로의 막다른 골목에 들어선 종이 얼마나 많았는지 전혀 모른다. 대재앙에서 생존한 생물 가운데 주라마이아의 후손이 있었을까, 혹은 없었을까?

새로운 천년이 시작되고 얼마 되지 않아 각국의 고생물학자와 비교생물학자는 지금까지 알려진 모든 현생 또는 멸종 포유류의 형태학적 특징에 대해 방대한 자료를 모아들였다. 그리고 복잡한 계산을 통해 진화의 시간을 거슬러 올라가며 생각할 수 있는 모든 일을 추적했다. 바로 이 턱뼈가 시작된 곳, 호기심 많은 이 코가 시작된 곳, (우리의 목적과 관련해 중요한) 이런 종류의 골반 뼈가 시작된 곳으로 거슬러 올라갔다. 약 4,500개의 특징이 모두 설명됐다. 마침내 지금의 진수류 포유류의 이브가 나무 위에 살면서 곤충을 먹고 살던 지금의 다람쥐만 한 동물로, 거의 평생 나무를 오르내리고 높은 횃대에서 벌레를 낚아채며 지냈다는 사실을 알았다. 이 동물은 약 6,600만 년 전에 살았다. 우리에게는 다른 진짜 이브와 마찬가지로 확실히for sure 이 동물이라 할 만한 화석이 없다. 그러나 연구자가 프로툰굴라툼 돈나에Protungulatum donnae 36라고 부르는, 적절한 오차범위 내로 연대가 추정되고 적합한 형질을 모두 갖춘 생물이 하나 있다. 그녀를 돈나Donna라고 부르자.

의기양양해진 연구자는 논문에 실을 꽤 사랑스러운 돈나의 초상화를 의뢰하기까지 했다.

돈나의 영리하면서도 태평해 보이는 눈은 높은 나무 위에서 몸을 뻗어 곤충을 낚아채며 검게 반짝였다. 돈나는 코가 크고, 수염이 짧으며, 꼬리는 길고 끝이 덥수룩했다. 우리 자궁의 까마득한 조상 쥐, 그녀가 여기 있다.

△ 돈나Donna, 우리 자궁의 까마득한 조상 쥐

그래서 현생 진수류 자궁의 이브인 돈나는 적당한 자리를 찾았다.* 돈나는 섬세하고 좁은 주둥이를 따라 난 원뿔 모양의 뾰족뾰족한 이빨로 살아 있는 곤충을 잡아먹을 때의 달콤할 정도로 오도독한 식감을 좋아했다.

* 어떤 사람들은 여전히 주라마이아 또는 이와 비슷한 이브가 더 유력한 후보라고 생각한다. 주로 분자 연대측정에 근거한 방식을 선호하는 진영과 알려진 형태학에 근거하기를 선호하는 다른 진영, 다시 말해 DNA를 근거로 삼는 과학자 진영과 DNA가 만든 것(the Stuff DNA Makes, SDM)을 근거로 삼는 과학자 진영이 있기 때문이다. 양 진영 모두 문제가 있다. DNA 진영은 DNA에 돌연변이가 발생하고, 이 돌연변이가 집단 내에서 확산하는 데 시간이 얼마나 오래 걸리는지와 관련해 많은 가정을 내세운다. SDM 진영은 분류학적 계통수(taxonomic tree)의 가장 오래된 '가지(branches)'가 변화가 일어나기 전까지 얼마나 오래 지속되는지와 관련해 많은 가정을 내세운다. 기본적으로 돈나는 SDM 진영에서, 주라마이아(또는 일부 당대의 생물)는 DNA 진영에서 선호하는 후보다. 이 고대의 족제비 다람쥐들은 매우 유사한 생물이므로, 이 논란의 쟁점은 사실상 무엇인가(what)가 아니라 언제인가(when)인 셈이다. 여기에서 언제인지가 중요한 이유는 소행성 때문이다. 대부분의 고생물학자들은 고대 포유류가 번성하고 다양해지면서 결국 우리 행성의 상당 부분을 차지하기까지 대재앙이 큰 동력이 됐을 것이라 가정한다. 이 경우 대재앙기의 이브(Apcalypse Eve)는 돈나다.

돈나의 귀는 턱관절 가까이 붙었고, 몸의 나머지 부위처럼 털이 났다. 모르기와 달리 돈나의 다리는 도마뱀처럼 옆으로 벌어지는 대신 골반에서 지면을 향해 더 수직으로 뻗었다.

진수류의 골반 변형은 그야말로 불가피했다. 커진 자궁을 담아내려면 골반이 우묵한 그릇 모양이어야 한다. 우리는 악어처럼 배를 끌며 땅 위를 기어가는 대신 몸통을 자연스럽게 더 높이 들어 올려, 개량된 골반으로 임신한 태반 동물의 자궁을 지지하는 방식으로 진화했다.

자궁들uteri이 아니라 자궁uterus이다. 저자는 돈나에게 뿔 모양의 자궁이 1개 있었다고 전제했다. 그리고 다양한 송곳니, 골격, 그리고 납작한 올챙이처럼 생긴 파트너의 정자(그를 댄Dan이라 부르자)를 그린 삽화를 나란히 알아보기 쉽게 게재했다. 돈나는 댄과 짝짓기한 후, 하나로 융합된 자궁 안에서 태아가 털이 없고 눈을 뜨지 못한 갓 태어난 다람쥐 새끼처럼 자랄 때까지 충분히 오래 품었다. 새끼는 돈나의 (아마도 하나였을) 질을 통해 세상에 나왔다.

태반이 있는 비유대류 포유류가 모두 사랑스러운 숙녀 다람쥐 돈나에서 진화했으므로, 오늘날의modern 태반, 단일 자궁, 질과 관련해 돈나를 탓할 수 있을지 모르겠다. 그러나 돈나는 포유류 자궁의 유일한 모델이 아니다. 예를 들어, 생쥐와 쥐에는 여전히 각각 자궁 경부를 갖춘 2개의 독립된 자궁이 있다.* 코끼리와 돼지의 자궁은 (8,000만 년 전) 부분적으로 갈라

---

* 혼란스러우면 이 보고서에 등장하는 돈나의 모습이 대략 6,500만 년 전의 상태임을 기억하자. 우리의 이브는 6,700만 년 전 설치류 계통에서 갈라져 나왔다. 역사의 상이한 시점에 상이한 형질들이 몸에 등장했으며, 태반은 돈나가 부분적으로 융합된 자궁을 가지고 등장하기 한참 전 고대 자궁에서 등장했다. 결국 유대류까지도 태반이 있으며, 이 태반은 우리의 태반보다 작고 얇다. 말이 되는 것이, 이들은 주머니로 옮겨갈 때까지 젤리빈 크기의 태아만 길러 내면 되기 때문이다.

진 또는 '쌍각bicornuate' 자궁으로, 윗부분이 '뿔horns' 모양으로 갈라졌고 아래쪽 일부가 융합됐지만 자궁 경부는 하나다. 여우원숭이 같은 원시 영장류의 자궁도 이와 비슷하지만, 여기에서 파생된 영장류들의 자궁은 우리처럼 융합된 서양배 모양이다. 우리의 이브는 3,500만 년 전 여우원숭이에서 갈라져 나왔으므로, 우리 이브의 배에는 일부만 갈라진 자궁이 아주 오랫동안 들어 있었다는 뜻이다.

발달상의 후유증이 모두 진정한 격세유전atavism*을 따르는 것은 아니지만, 오늘날 여성의 자궁을 보면 이런 진화사가 어떻게 진행됐는지 추적해볼 수 있다. 대략 350명당 1명의 소녀가[37] 자궁과 자궁 경부를 2개씩, 그 끝에는 정상적으로 질을 1개씩 가지고 태어난다. 명백히 우리 진화의 과거를 상기하게 만드는 발달 프로그램 결함이다. 심지어 더 흔하게는 200명당 1명의 여성이 윗부분 절반이 둘로 갈라진 '하트 모양' 자궁을 갖고 태어난다.[38] 대략 45명당 1명의 소녀는 섬유조직으로 된 벽이 자궁 내강 위쪽과 아래쪽을 나누는 '중격이 있는septate' 자궁을,[39] 10명당 1명의 소녀는 꼭대기가 약간 '움푹 파인' 자궁을 갖고 태어난다.[40] 뭐랄까 현대인의 자궁 윤곽이 비틀어진 것이다.

이런 기형들 각각은 태아 시절 발달 과정의 착오와 결부됐으며, 아마도

---

* 원래 또는 조상과 같은 상태로 돌아가는 현상을 말한다. 뮐러 관(Müllerian duct, 태아에게 2개씩 있는 관으로 여성 생식기관으로 발달함) 발달에서 생기는 여러 이상한 일이 바로 몹쓸 격세유전이지만, 다모증[hypertrichosis, 다른 말로 얼굴과 몸 전체에 털이 길게 자라는 '늑대인간 증후군(werewolf syndrome)'] 같은 현상은 아무리 원시적인 것처럼 보여도 그럴 가능성이 낮다. 뮐러 관은 배아의 볼프 관(Wolffian duct)과 나란히 발달하며 상호작용하므로 자궁 기형은 종종 신장이 전혀 생기지 않는 드문 기형을 포함한 신장 문제와 관련된다. 자궁 기형이 발견되면 신장 문제도 선별검사하는 일이 더 흔해지며, 의학계 일부에서는 그 반대의 경우도 요구한다(van Dam et al., 2021).

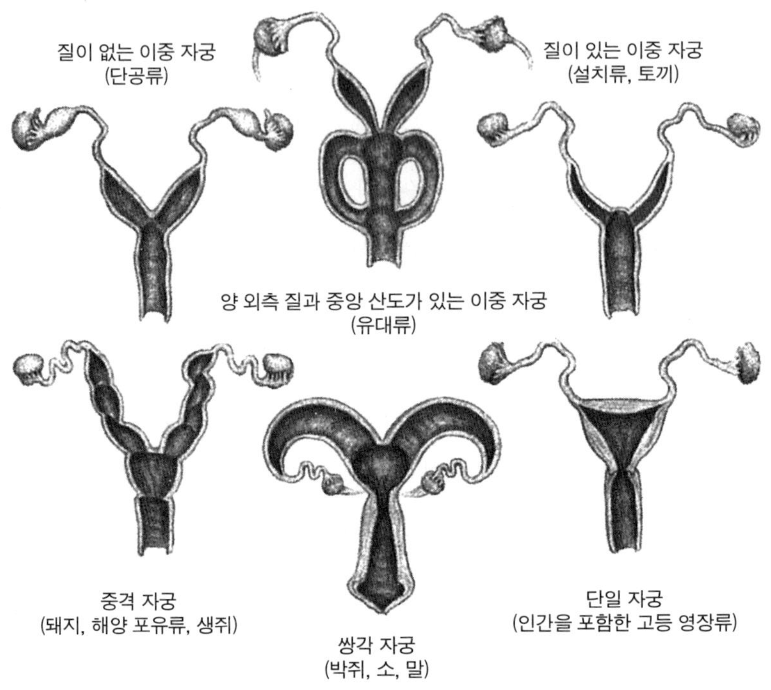

△ 포유류 자궁의 진화 순서

가장 흔한 결함은 더 최근에 진화한 발달 과정과 연관됐을 것이다. 예를 들어 우리 조상이 자궁을 2개 가진지는 아주 오래됐지만, 우리 자궁이 부분적으로 융합된 지는 그만큼 오래되지 않았다. 아마도 훨씬 최근까지 작은 섬유벽이 있었고, 마지막까지 윗부분의 '움푹 파임'이 남았을 것이다. 조금 움푹 파인 부분은 임신에 부정적인 영향을 미치는 것 같지 않으므로 이를 제거하려는 진화적 압력이 세지 않다고 말할 수 있다.

나는 매년 4,500명당 1명의 소녀[41]가 자궁이 없는without 채로 태어난다는 이야기를 이제야 꺼내려 한다. 남녀 출생비가 약 1.05대 1이고 연간 약 1억 3,300만 명의 아기가 태어나므로, 매년 1만 4,000명의 여아가 자궁이

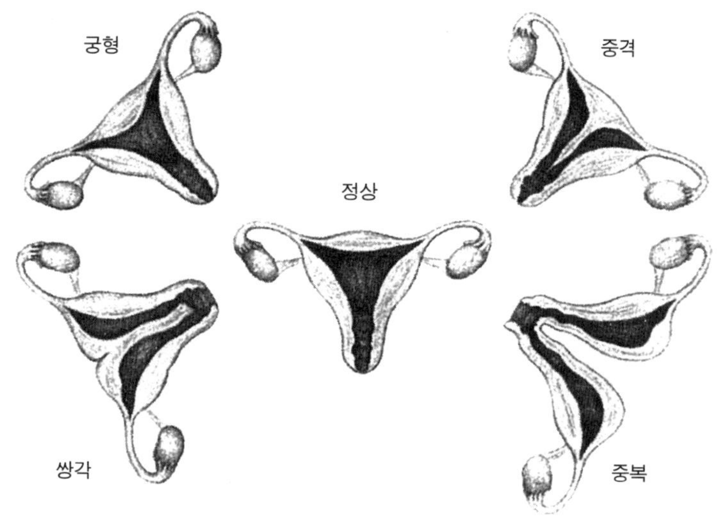

△ 오늘날 인간의 자궁들

없는 채로 태어난다는 뜻이다. 이 소녀들은 대부분 성전환자가 아니며, 성전환자가 아닌 소녀가 자궁 없이 태어나려면 우리의 유전적 또는 발달적 과거*를 크게 우회해야 한다. 예를 들어, 유전적으로 남성인 태아(XY 또는 XXY)가 자궁 내에서 안드로겐에 정상적으로 반응하지 않아 여아의 모습으로 태어나는 경우도 있다. 이런 사람은 보통 소녀로 자라다가, 나중에야 정상적으로 난소가 있어야 할 곳에 고환이 있다는 사실을 안다. 신기한 이야기지만 진화적으로는 막다른 길이다. 이런 형질을 자손에 물려줄

---

* 쉽게 말해 우리는 대부분의 트랜스 소녀가 자궁 없이 태어나는 이유를 안다. 이들은 대부분 Y 염색체에 잘 작동하는 SRY 유전자를 가지고 태어나, 다른 아기처럼 전형적인 남성 생식기관 발달을 이어 가기 때문이다. 반면, 이렇게 많은 시스젠더 소녀가 불안정한 생식기관을 가지고 태어나는 이유는 전혀 모르지만 [정확한 기전(mechanisms)을 모른다는 말이다] 우리의 진화사를 생각할 때 발달 과정에서 문제가 생길 수 있는 지점이 이토록 많은 이유는 분명하다.

수는 없기 때문이다.*

이런 돌연변이는 인간 생식 계획의 주요 부분이라 보기에는 너무 드문 일이므로, 인류의 잠재적 진사회성eusociality의 일부는 아닐 것이다. 생소할 사람을 위해 간단히 설명하자. 진사회성 동물의 경우 모든 개체에 생식기회가 주어지지는 않지만, 무성적 구성원asexual members 계급은 전형적으로 양육에 도움이 되므로 집단이 성공하는 데 유용하고 심지어 필수적인 존재다.

개미는 암컷이지만 새끼가 없는 일개미, 알을 낳는 거대한 여왕개미가 있는 가장 잘 알려진 진사회성 생물이다.** 벌도 진사회성 동물이다. 진사회성은 사회적 곤충에 더 흔하지만 포유류에도 나타난다. 가장 유명한 예는 벌거숭이두더지쥐다. 진사회성과 대단히 비슷한 협동 번식과 양육은 미어캣과 같은 여러 포유류에서 나타난다. 인간의 자녀 양육은 이미 고도로 협력적인 일이며, 사회적 압력이 없는 한 자신의 자녀를 낳지 않는 동성애는 아마도 인간의 진사회성을 보여 주는 강력한 사례일 것이다.

최근 통계에 따르면 인간의 20퍼센트가 동성애자[42]라고 추정하는데, 대부분의 과학자가 동성애가 선천적 형질[43]이라 생각한다는 점을 감안하면 이런 숫자는 그것이 무엇이든 동성애와 관련된 형질이 강력하게 도태될 수 없음을 시사한다. 우리처럼 고도로 사회화된 동물의 경우 자녀 양육

---

* 이런 환자들은 고환암 발생 위험이 커서 보통 진단 이후 고환 절제술을 받게 된다. 일단 사춘기를 끝마치게 하는 편이 여러모로 도움이 될 수 있지만, 무월경(생리를 하지 않음) 때문에 처음 병원을 찾게 되므로 보통 10대에 진단받는다(Baros et al., 2021). 시험관 시술의 진보 덕분에 이런 여성이 어떻게든 자기의 유전적 자손을 갖게 될 가능성이 있지만, 내가 아는 한 이런 일은 아직 없었다.

** 대부분의 개미 종에서 수컷은 주로 정자를 전달하기 위해 존재한다.

을 거드는 일손, 자기의 유전적 자녀를 돌보느라 바쁘지 않은 일손이 주는 혜택이 동성애에 불리한 진화적 압력을 넘어섰을 수 있다. 우리는 포유류든 조류든 수없이 많은 종에서 동성애를 관찰했다.[44]

여기에서 상황을 복잡하게 만드는 한 가지 요인은, 인간의 역사 내내 자주 등장하듯 '신god'의 방식을 들먹이는 사회적 압력이 이성과의 성관계를 좋아하지 않았을 사람에게 어떻게든 자신의 유전자를 남기도록 강요했다는 점이다.* 그래서 동성애는 고전적 진화론에서는 선택될 만한 형질이 아님에도 여러 가지 이유로 인구 집단 내에 흔해졌다. 그리고 세계 인구가 수십억 명에 달하는 상황을 보면 결국 종 전체의 재생산에 큰 영향을 미치는 것 같지도 않다. 더욱이 우리 종의 자녀 양육이 지역 공동체 전반의 지극히 협력적인 활동임을 생각하면, 이런저런 이유로 자기 자녀를 낳기 어려운 사람이 흔해지는 일은 고대에 자녀가 성인까지 생존할 가능성을 훨씬 더 높였을 수 있다.

만약 진화의 근간이 될 만한 것이 있다면 바로 성관계를 맺으려는 추동sex drive일 것이다. 대부분의 포유류에는 이쪽 또는 저쪽을 향한 성적 지향이 있다. 침팬지나 보노보와 마찬가지로 호모사피엔스는 유난히 문란한 종이다. 표적으로 삼는 성이 바뀐다? 그럴 수 있다. 아마도 진정한 무성애자asexual는 극히 드물 것이다.**

* 인간이 (읽을 수 있는) 기록을 남기기 시작하기 전부터 이런 일이 시작됐는지는 알 수 없지만, 우리가 서로 모질게 굴기 시작한 시기는 설형문자 시대가 아니었다고만 해 두자.

** 온갖 종류의 비전형적 성생활이 점점 사회적으로 용인되면서 공개적으로 무성애자라고 밝히는 사람도 늘겠지만, 다른 성적 지향을 가진 사람들보다 그 수가 훨씬 적으리라고 예상하는 편이 안전할 것이다. 이 주제를 다룬 최근의 연구에서는 여기에 여러 가지 상이한 기전이 작동할지 모른다고 신중하게 덧붙였다(Bogaert, 2015). 일반적으로 한 사람의 성적 욕구(desire)는 일생 동안 극적으로 변한다. 그러나 성적 지향은 욕구의 기복과 무관한 문제다.

은행나무 같은 고대 나무 위에서 다람쥐와 닮은 몸으로 살던 돈나는 무성애자는 아니었을 것이다. 뿔 모양으로 융합된 돈나의 자궁은 정기적으로 나무 위에서 새끼를 출산했을 것이며, 그렇지 않으면 우리 같은 후손이 나올 수 없었을 것이다. 그러나 돈나의 몸집은 비교적 작았기에, 자궁을 지금 여성처럼 서양배 모양으로 융합하려는 압력은 크지 않았다. 아마도 이런 일은 후손들의 몸집이 더 커질 때까지 일어나지 않았을 것이다.

현생 종에서도 이런 종류의 진화가 작동하는 모습을 관찰할 수 있다. 일반적으로 지구에서 가장 큰 포유류는 보통 단일, 융합 자궁이 하나의 경부와 하나의 질로 이어지는 구조를 갖추며, 마찬가지로 한 번에 한 마리 또는 두 마리의 새끼를 임신한다. 가장 작은 포유류는? 자궁이 2개, 자궁경부가 2개, 그리고 한 배씩 새끼를 낳는다. 가축화된 고양이과 동물에는 뚜렷한 Y자 모양의 양각(뿔이 2개인) 자궁이 있다.

벵골호랑이처럼 더 큰 고양이과 동물에도 양각 자궁이 있지만, 신기하게도 2개의 자궁 뿔이 궁정 광대의 모자처럼 자궁 몸통을 향해 늘어져curl 있고 자궁 아래쪽은 조금 더 융합됐다. 가축화된 고양이과 동물이 네 마리에서 여섯 마리씩 새끼를 낳는 반면, 큰 고양이과 동물은 한 마리에서 세 마리의 큰 새끼를 낳는다. 가장 큰 설치류인 남아프리카의 카피바라는 보통 네 마리까지 새끼를 낳지만, 소형 설치류들은 보통 여섯 마리 이상씩 새끼를 낳는다.*

시간이 지나면서 성적 지향의 생물학적 배경에 대한 우리의 이해가 깊어지면 이쪽 또는 저쪽의 성적 '지향을 가진다(oriented)'는 게 어떤 뜻인지 더 자세히 이해할 수 있을 것이다.

* 일부 가축화된 개과 동물들은 한 번에 열 마리까지 새끼를 낳지만 야생 늑대들은 네 마리 내지 여섯 마리의 새끼를 낳는다. 개과 동물들은 여러 가지 진화적 압력을 받았다. 첫째, 가축화된 개과 동물은 사육자의 선호에 부합하는 바람직한 형질의 유전자를 가지고 의도적인 품종 개량

몸이 커지는 방향으로 진화할수록 더 큰 새끼를 이에 따라 더 적게fewer 낳는 현상이 사실이라면 타당한 이야기다. 이것은 몸집이 큰 생물에 더 안전한 생식 전략인데, 새끼를 덜 낳을 정도로 몸집이 크다면 잡아먹히거나 밟혀 죽을 위험이 덜하기 때문이다. 한편 이것은 자기 건강을 지키려는 타당한 전략이 아니다. 새끼를 크게 길러 내는 일은 이에 따르는 위험을 감수하면서 더 오래longer 임신한다는 뜻이기 때문이다. 우리의 몸집이 커질수록 새끼가 커지고, 새끼를 덜 낳는다. 한 태아를 2년 동안 임신한다고 상상해 보자. 코끼리가 그렇다. 하나 이상의 태반을 품기는 정말 싫을 것이다(코끼리 쌍둥이는 극히 드물다).

그러므로 진정한 태반 동물의 이브, 돈나보다 앞선 이브에는 (시기를 모두 고려하면 어떤 식으로든 현재의 질과 자궁 경부가 있었을 것 같지만) 두 갈래로 뿔이 난 융합 자궁이 있는 경우도 그렇지 않은 경우도 있었을 것이다. 그러나 몸집이 더 큰 돈나의 자손들이 경험한 것처럼, 이들은 더 큰 새끼를 낳으면서 더 융합된 자궁이 필요해졌다. 태아가 커질수록 태반은 더 깊이 파고들었다. 더 큰 몸집을 만들려면 더 많은 에너지가 필요하고, 어미를 죽이지 않는 한은… 어미에게서 에너지를 더 많이 끌어올수록 좋다. 융합된 자궁과 탐욕스러운 태반으로 나아가는 각각의 진화적 단계는 일리가 있다. 이것은 어미의 몸에 필요한 것과 굶주린 새끼에 필요한

을 거쳤다. 암캐가 강아지를 많이 낳을수록 사육자의 지갑에는 좋은 일이다. 둘째, 야생 늑대는 1살이 될 때까지 30퍼센트만 생존한다. 심지어 한 배가 많을수록 죽을 가능성이 커진다. 한 배가 여덟 마리 내지 열두 마리 정도로 많아지면 여름까지 수가 줄어 겨울 무렵에는 대략 일정한 수(한 마리에서 네 마리)가 생존하는 경향이 있다. 아마도 젖을 뗀 새끼들은 어른 늑대들이 게워 낸 고기를 먹을 텐데, 주어진 환경에서 부모들이 얻을 수 있는 먹이는 그만큼이기 때문일 것이다. 그러므로 가축화된 개과 동물들이 강아지를 그렇게 많이 낳는 일 그리고 성견이 될 때까지 사는 일은, 개과 동물의 몸이 그렇게 진화했다기보다는 인간의 개입과 더 큰 관련이 있다.

것 사이에서 매번 타협점을 찾는, 한쪽 또는 양쪽 모두가 죽을 수도 있는 경계 위에서 이뤄지는 줄타기다.

이것은 적어도 부분적으로 우리의 이브가 땅 다람쥐보다 더 커졌기bigger 때문에 그런 방식으로 새끼를 낳았다는 뜻이다. 그리고 그들의 자궁과 태반은 새끼의 무게를 지탱하기 위해서뿐 아니라 어미가 더 부담스러운 임신을 견디는 데 도움이 되도록 여기에 맞게 적응했다.

한편 인공 자궁을 만들려는 시도가 한 번 더 있었다. 2021년 한 연구실에서 회전하는 유리병 안에 산소와 이산화탄소 교환이 정밀하게 통제되는 호박색 용액을 채우고 그 안에서 살아 있는 쥐 배아를 정상적으로 발달시켰다.[45] 여기에서 회전은 중요한 요소였는데, 배아가 발달하면서 어미의 자궁에 달라붙듯 유리병 벽에 달라붙지 못하게 해야 했기 때문이다. 그래서 배아들은 양막 낭에 부착된 채 산소가 풍부한 용액 안에 떠서 빙글빙글 돌아가는 작은 원반처럼 생긴 쥐 태반을 형성했다. 이들은 작은 심장이 스스로 잘 박동할 때까지, 사실상 혈액 공급 없이는 더 이상 생존할 수 없을 때까지 (호박색 용액은 거기까지만 도움이 됐다) 자랐다. 태반은 완벽하게 정상으로 보였지만looked, 정말로 정상일 수는 없었다. 정상적으로 자란 살아 있는 태반에는 어미의 몸과 새끼의 몸이 모두 들어 있다. 언제나 굶주려 있는 한 쪽과 이로부터 자신을 보호하려는 다른 한 쪽, 이렇게 양쪽의 판이 합쳐져 하나의 장기가 된다.

새끼가 당신을 죽이려 하면 어떻게 해야 하나

여성 호모사피엔스는 9~19세 사이 사춘기의 아주 다양한 시점에 초경을 맞이한다. 평균 3~7일간 자궁 혈액과 조직이 질 밖으로 새어 나가는 현상이 따르는 통과의례가 시작되는 것이다.* 소녀가 미국에 사는 호모사피엔스라면 근처 약국에서 탐폰이나 기저귀 두께의 패드를 구입하는 일과 관련된 거북한 대화를 나눈다. 소녀는 자궁이 수축하면서 쓰지 않는 내피를 벗겨낼 때 생기는 뼈를 깎는 듯한 심부 통증, 생리통, 두통, 감정 기복, 음식에 대한 갈망, 유방통, 여드름, 그밖에도 여러 가지 기이하고 새로운 일을 겪게 된다. 시간이 지나면서 소녀는 이런저런 힘든 일이 '생리전 증후군Premenstrual Syndrome, PMS' 때문이며, 자신이 여성이어서 남성에게 맡겨지는 삶의 도전들을 감당하기에는 너무 '감정적'이라는 이야기를 듣는 기쁨까지 누린다.

부모는 소녀에게 생리를 시작한 게 대단한 일이라는 이야기를 하지 않을 것이다. 이 사실을 아는 호모사피엔스는 비교적 드물기 때문이다. 지구상에 생리를 하는 종은 얼마 되지 않는다.⁴⁶ 우리처럼 저절로 자궁내막이 자라났다 없어지는 돈나의 후손들은 대부분 내막을 그대로 재흡수한다.

소녀는 아마 이 일이 대단하다고 생각하지 않을 것이다.

그러나 이것은 사실이다. 생리 물질을 벗겨 질 밖으로 내보내는 방식은

---

* 나도 9살은 어리다(young)는 것을 안다. 산업화 국가에서는 초경 연령이 낮아진다(Bellis, 2006; Winter, 2022). 음식과 환경 속의 호르몬 교란 물질 때문이라 두려워하는 사람들이 많지만, 소아 비만 증가가 관련 있다고 생각하는 사람들도 있다. 자기 나이에 비해 과체중이거나 비만한 소녀는 유의하게 생리를 일찍 시작하는 경향이 있다(Ghassabian et al., 2022; Diamanti-Kandaraski et al., 2009; Jacobson-Dickman and Lee, 2009; Freedman et al., 2002).

지극히 드물다. 그리고 우리는 그 이유를 설명하는 좋은 이론을 겨우 막 만났다.

인간의 자궁 안쪽 벽은 매달 두꺼워진다. 이것이 자궁내막이며, 수정란을 기르기 위해 혈관이 언덕처럼 차오른 조직이다. 갓 수정된 수정란이 난관을 지나 이 폭신한 침대 위로 사뿐히 굴러 떨어지면, 오랜 과거에 알껍데기를 만들던 조직에서 진화한 자궁내막은 태반이 될 혈관망을 만든다. 그리고 임신한 여성은 초콜릿 피클 아이스크림처럼 별난 음식을 먹으며 만족감에 얼굴이 환해지고, 세상 일 따위는 신경 쓰지 않을 것이다. 아니, 적어도 이것이 교실 한가운데 두꺼운 흰색 커튼을 쳐 놓고 한쪽에서는 소녀가 질에 대해, 다른 한쪽에서는 소년이 음경에 대해 배우던* 8학년 보건 시간에 내가 배운 내용이다.

내 기억에 해부학, 의학, 인간의 성에 대해 특별히 훈련받지 않은[47] 어떤 선생님이 가르치던 그 수업에서, 생리는 그저 내 몸에서 아기가 생길 때를 대비하는 방식이고, 자궁내막은 아기를 사랑으로 돌보기 위한 멋진 쿠션이며, 내가 생리통으로 고생하는 것은 자주 임신하지 않아 받는 벌이라 배웠다.

그러나 그 선생님을 탓할 일은 아니다. 인간 자궁에 대한 과학 문헌들에서 이런 관점이 여전히 유효하기 때문이다. 이 책에 쓸 자료를 조사하면서, 나는 내가 조상만큼 자주 임신하거나 모유 수유하지 않기에 생리를 너무 많이 하고[48](안 좋은 일이다), 충분히 자주 또는 일찍 임신하지 않아 특정 암 발생 위험이 커질 수 있으며,[49] 30대까지 임신을 미루면 아기에게 기

---

* 정말 그랬다. 미국인은 아이가 성에 대해 아는 것을 아주, 아주, 아주 불편해한다. 미국은 10대 임신과 성매개질환(STD, sexually transmitted disease) 발병 실태도 산업화 국가 중에서 가장 열악하다. 그렇다, 이 두 가지는 서로 관련된다.

형이 생길 수[50](또는 적어도 인지기능에 문제가 생길 수) 있는 데다, 이것도 모자라 20대에 임신하는 유럽 여성[51]은 더 늦게 임신하는 여성보다 덜 행복하지만, 엄마가 되면서 사람을 비참하게 만드는 신체적 후유증이 훨씬 덜 생긴다는 사실을 알았다. 모두 사실이라면 사람들이 생리를 저주라고 하는 것도 틀린 말이 아니다.

많은 미국인이 에이즈AIDS에 관심을 갖던 1990년대에 일부 연구자는 인간의 생리가 성관계를 통해 침입한 병원체에 감염된 조직을 폐기하기 위한 일종의 항병원체 기전anti-pathogen mechanism[52]일지 모른다고 생각했다. 이 발상은 생리 후 질에 있는 외부 균의 양이 특별히 더 적은less 것 같지 않아[53] 폐기됐다.

그리고 행동과학 진영behavioral camp이 있었다. 다수의 과학자가 여성의 생리가 사회적 신호로서 진화[54]했을지 모른다고 생각했다. 고대 호미닌 수컷이 암컷의 비가임기를 겉으로 알아볼 수 있으므로 성관계에 짧은 휴지기가 생기고, 암컷은 달에 한 번 다른 일을 할 수 있다는 가설이었다.

동료 영장류들과 마찬가지로, 명백하게 가임기를 벗어난 여성과 아무런 문제없이 성관계를 맺는 인간 남성이 많다는 사실은 전혀 상관할 필요가 없다. 임신한 여성, 수유 중인 여성, 명백히 생리 중인 여성, 폐경 여성, 심지어 뚜렷이 병든ill 여성 모두 이래저래 명백한 비가임기에 남성의 성적 접근을 겪는다. 또한 일부 여성은 생리 중 성욕이 강해지기도[55] 한다. 우리와 가장 가까운 두 종의 유인원, 공격적으로 흥분하는 침팬지와 사회적으로 흥분하는 보노보처럼 인간 유인원은 암컷의 가임 상태와 무관하게 일반적으로 출동할 준비가 되어 있다.

1980년대와 1990년대 인류학과 생물학 분야에 함께 사는 여성들은 왜 동시에 생리를 겪을까? 분명 진화적 장점이 있지 않을까? 궁금해하는 사람이 있었다. 한 야심찬 연구자[56]는 (1991년에 다름 아닌 예일대 출판물을 통해) 고대 여성이 생리 주기를 동기화함으로써 어떻게든 집단적 성관계 파업sex strikes에 돌입하도록 진화했으며, 남성이 (찔러 넣고 싶은 강력한 욕구에 주의를 덜 빼앗기면서) 사냥과 식량 찾기에 나서도록 격려했다고 해석했다. 저자의 이론에 따르면 이것이 모든 인간 문화의 뿌리였다. 그는 결국 여성들이 생리 때문에 매달 며칠씩 성관계를 맺지 않는 덕분에 인간이 피라미드와 로켓선 같은 멋진 물건을 만든다고 주장했다.*

인간 역사 내내 생리혈에는 온갖 문화적 뜻, 대부분 나쁜 뜻이 부여됐다. 그러나 그저 남성의 성적 흥분을 줄이기 위해 진화에서 생리같이 중요한 돌연변이가 생겨났다는 생각은, 아기를 기르기 위해 자궁이 실제로 하는 일을 오해하게 한다.

남성이 어떻게 생각하는지가 아니라 자궁이 무슨 일을 하는지, 이 단순한 사실에 주목하면 훨씬 유력한 이론에 도달할 수 있다.

자궁내막은 기저층basal layer과 기능층functional layer 두 부분으로 이뤄진다. 기저층은 자궁 근육의 안쪽에 붙어 있어 달마다 떨어져 나가지 않는다. 우리는 기저층에서 만드는 기능층만 벗겨낸다. 여성의 혈류 내 에스트로겐이 적정량 늘어나면 자궁내막 기저층 위에는 깊고 좁은 수로가 파이고 맨 위에는 파도치는 섬모가 달린, 점액성 조직과 구불구불한 혈관으로 된 해면 조직, 기능층이 생기기 시작한다.

---

* 연구 내용을 단순화했지만 정확하게 옮겼다. 특히 말리의 도곤족 여성에 대한 한 연구에서는 우리의 과도한 생리의 원인으로 지목되는 (현대적) 피임 수단, 인공조명, 또는 성관계에 대한 문화적 거부감이 전혀 없는 상황에서 여성의 생리 주기가 동기화된다는 근거를 찾지 못했다. 이들은 평생 8~9명의 자녀를 낳으며 대략 100회에서 130회 생리를 한다(Strassmann, 1997). 이에 비해 오늘날 평균적 미국 여성은 약 400회 생리를 한다(Ibid). 그러므로 사실 서양인은 생리 주기를 동기화하는 게 아니라 조상보다 약 4배 생리를 더 하는 것인지도 모른다.

　수정란이 자궁내막 기능층에 내려앉으면 자궁내막은 태반을 만들기 시작한다. 자궁의 기능층은 이때부터 탈락막decidua이라는, 엄마의 몸과 자라는 배아의 사이의 두꺼운 완충 조직으로 급격하게 바뀐다. 그동안 배아는 탈락막 속으로 파고들면서 자기 쪽 태반을 만들기 시작한다. 그렇다, 태반에는 실제로 배아 조직과 엄마의 조직이 모두both 들었다. 별개의 두 유기체로 만들어지는 동물 세계의 유일한 장기다. 한쪽 반은 배아의 유전적 정보에 들은 청사진대로 만들어진다. 다른 반쪽인 태반 '기저판basal plate'은 엄마의 탈락막에서 자라난다. 두 가지 살에서 하나의 장기가 태어나는 셈이다.

　수정란이 없으면 엄마의 난소는 배란 후 프로게스테론 농도를 높이고 자궁의 '기능층'을 허물어 내다 버린다. 자궁도 약하게 수축하며 배출을 돕는다. 이때 자궁이 심하게 수축하면 여성은 '생리통'을 겪는다. 나는 15살 때 배가 너무 아파 통증이 가시도록 주먹으로 치며 침대에 누워 있던 일을 또렷이 기억한다. 내 기억에는 효과가 있었다. 아니, 적어도 다른 종류의 통증을 느꼈다.*

　가장 흥미로운 지점은 생리 물질이 질 밖으로 나온다는 사실이 아니다. 문제는 자궁 내벽이 어떻게 수정란이 난관으로 굴러 내려온다는 소식을 알기도 전에 기능층을 만들기 시작하느냐는 것이다. 돈나의 후손들 가운데 이런 형질은 대단히 드물다.[57] 그러나 이것은 세 차례 독립적으로 진화했다. 고등 영장류에 한 번, 어떤 박쥐들에 한번, 코끼리 땃쥐elephant shrews에 한번.**

---

* 나는 이 방법을 피하라고 권하겠다.

** 땅돼지(aardvark), 뾰족뒤쥐(shrews), 황금두더지(golden moles), 클로아칼 텐렉(cloacal

왜 전혀 상관없는 종들에게 이 형질이 등장했을까? 어디에 도움이 되는 형질일까? 인간 여성이 매달 자궁의 존재를 상기시켜 주는 달갑지 않은 설정에 감사해야 할 구석이 있을까? 그럴 리가. 사실 포유류의 자궁은 멋진 쿠션이 아니라 전쟁터였다. 그것도 가장 치열한 격전지일지 모른다. 인간 여성은 흡혈귀 같은 태아로부터 생존하기 위한 방법으로 생리를 한다.

태아는 태반을 통해 막대한 양의 혈액과 여타 자원들을 빨아들이도록 오랫동안 진화했다. 그동안 어미의 몸은 더 오랫동안 진화하며… 생존했다. 우리 포유류는 연어와 달리 알을 낳자마자 죽지 않는다. 적어도 새끼에 젖을 먹일 수 있을 만큼 충분히 살아야 한다. 그리고 특히 우리처럼 평생 새끼와 지원 관계를 유지하는 사회적 포유류의 경우 부모의 생존이 새끼에 가져다주는 이익은 임신 기간보다 훨씬 오래 유지된다.

자궁과 이곳을 거쳐 가는 탑승자는 사실상 갈등 관계에 있다. 반¥원주민 침입자로부터 어미의 몸을 지키기 위해 진화하는 자궁, 그리고 자궁의 안전 대책을 우회하려는 태아와 태반. 어떤 유전자 돌연변이의 조합이 유전적으로 더 강한stronger 후손, 어미의 몸에서 나올 때 더 발달하고 영양 상태가 좋은 후손을 만들면 이런 유전자가 선택된다. 물론 이로 인해 어미가 죽으면 이 조합은 전쟁에서 진다. 이와 유사하게 어미의 자기방어 기전이 너무 강하면 새끼를 죽이고 자기 유전자를 남기지 못한다. 이해관계가 이토록 첨예한 가운데, '건강한 임신'은 잠정적인 긴장 완화 상태다. 우리

tenrecs)이 속한 비설치류의 기이한 계통 분기 아프리카호충류(Afroinsectiphilia) 가운데 생리를 하는 종은 코끼리땃쥐(elephant shrew)가 유일하다. 내가 아는 생물학자들 중 몇 명은 적어도 텐렉은 겉으로 생리를 하지 않는다는 이상한 확신을 갖고 있다. 이들을 어떻게 이해해야 할지 아는 사람은 아무도 없다. 이들은 고대 포유류와 많이 닮아 보인다. 야행성에, 체온이 낮은 데다, 곤충을 잡아먹고, 총배설강이 있지만, 알을 낳지는 않는다. 텐렉은 이빨도 특이하다.

의 경우 피비린내 나는 교착상태가 약 9개월간 지속된다.

고도로 침습적인 태반을 가진 여타 포유류처럼 영장류와 닮은 우리의 이브는 생존 전략을 진화시켰다. 폭탄이 떨어지기를 기다리는 대신 일찍부터 방어 체계를 구축했다. 끝없이 배고픈 태아로부터 엄마를 보호해 줄 내벽이 필요해지기 훨씬 전부터 우리는 정기적으로 자궁내막을 만들었다.

내가 인간의 모성을 공포 영화처럼 묘사한다고 생각한다면, 한참 잘못 짚었다. 나는 내 자녀를 사랑하고 세상과도 바꿀 수 없다. 그러나 아이를 가지는 여성이 모두 그렇듯, 일부 여성은 다른 사람들보다 더 그렇듯, 나는 이 아이를 얻기 위해 목숨을 걸었다. 우리는 임신하는 일이 본질적으로 좋은 일이라고, 태아가 우리를 '빛나게' 하고, 안정시키며, 임신이 건강한healthy 상태라고 가정하도록 내몰려 온 것 같다. 정말로 완벽하게 건강한 임신을 경험하는 여성도 있겠지만, 대부분의 여성에게 임신은 아주 불편한 일이기도 하다.

2014년 미용실에 앉은 어떤 미국 여성은[58] 등이 뻐근하게 아파 오기 시작했다. 이 여성은 임신 제3삼분기였으므로 이것이 방귀나 입덧처럼 임신과 관련된 이상한 증상이라 생각했다. 그러나 통증은 가슴으로 퍼졌고 여성은 병원에 연락했다. 앰뷸런스 문이 삐걱거리는 소리도, 병원으로 타고 간 일도, 수심이 가득한 외과 의사의 얼굴도, 그 후 자신에게 무슨 일이 일어났는지 기억하지 못하므로 잘된 일이었다. 이 여성은 응급 제왕절개수술, 곧바로 이어진 개흉 수술을 기억하지 못했다. 나중에야 임신 때문에 혈압이 급격히 치솟았고, 미용실에 앉아 있는 동안 사랑스런 태아가 전신에 가하는 부담 때문에 대동맥이 세로로 50센티미터 찢어졌으며, 그곳에 치명적인 출혈이 생겼다는 사실을 알았다. 의사는 여성이 어떻게 살아서 병원에 도착했는지 놀라워했다.

경이로운 현대 의학 덕분에 여성과 아기는 살았다. 나중에 이 여성은 (어쨌든 수술대 위에서 일어난 '기적 같은 분만miracle delivery'이라는 소문을 들은) 기자에게 이렇게 말했다.

"내가 살아 있고 딸이 살아 있는 게 그저 기뻤어요…. 아기가 제 생명을 구했다고 생각해요."

물론 이 여성을 죽일 뻔한 것은 아기였다. 그러나 이것은 모녀 관계의 시작이라 할 수 없다.

이 여성에게 나타난 전자간증은 미국 임산부 20명 중 1명 이상에게 나타나는 병으로, 혈압이 급상승해 엄마의 다른 장기 체계에 (예를 들어 신장에서 과량의 혈중 단백질을 걸러 내지 못하는 등) 연쇄반응을 일으킨다. 새로운 연구와 인식 개선 덕분에 자간증이 있는 임산부는 대부분 임신을 이어 가 건강한 아기를 출산한다. 물론 대동맥 박리가 발생하지 않을 때다.* 문제는 전자간증이 경증에서 중증으로 빠르게 진행될 수 있다는 점이며, 과학자들은 그 이유를 다 파악하지 못하고 있다.

여러 가지 위험 요인이 개입되는 것 같다. 예를 들어 심장 질환의 위험 요인[59]이기도 한 고혈압 그리고 당뇨병 과거력, 비만은 모두 전자간증 발생 위험을 크게 높인다. 그러나 더욱 임신 특이적인 위험 요인이 있는데, 30세 이후(특히 40세 이후) 엄마가 되는 일 또는 다태아의 엄마가 되는 일이다. 선진국에서 이런 문제로 사망하는 일은 드물지만, 미국에서 전자간

---

* 드문 일이지만, 대동맥 박리 위험은 임신 말기 가임 여성과 뚜렷하게 관련이 있다. 영국에서 온 다음 보고서에 자연스럽게 나타난다. "최후의 제왕절개수술은 임신 여성을 살리기 위한 중요한 수단이다. 구급대원들은 현장에서 소생술을 시행하느라 병원 이송을 늦춰선 안 된다 (MBRRACE-UK, 2016)." 다시 말해 임신한 여성이 쓰러져 심폐소생술이 필요하면, 가능한 한 빨리 아기를 꺼내는 일을 목표로 해야 한다. 임신 때문에 여성이 곧 죽을 수 있기 때문이다.

증 진단이 늘어나는 추세는 고령 산모의 시험관 시술IVF 증가와[60] 부분적으로 관련이 있다.

시험관 시술을 받는 엄마에게 배아를 1개 이상 착상시키는 일은 드물지 않다. 일부 불임 클리닉에서는 착상 성공률을 높이기 위해 한 번에 여러 개의 수정란을 이식했다가 여분의 수정란을 도태시키며, 유명한 옥토맘Octomom(시험관 시술로 여덟 쌍둥이를 낳아, 적절한 시험관 시술 범위에 대한 윤리적 논란을 일으킨 여성에게 언론이 붙인 별칭_옮긴이) 사례에서는 전부 다 남겨 두기도 했다. 한편 예비 엄마들은 임신 성공에 들뜬 나머지 쌍둥이나 세쌍둥이 임신의 결과를 제대로 생각하지 못할 수도 있다. 2명 이상의 태아를 임신하면 자연히 임신 합병증 발생 위험이 유의미하게 높아진다.

전자간증은 가장 흔한 합병증이다. 보통 외둥이 임산부의 5~8퍼센트가 전자간증을 겪지만, 한 번에 2명 이상의 태아를 임신한 여성은 3명 중 1명에게 전자간증이 생긴다.[61] 이런 경향은 하나의 큰 태반을 공유하는 일란성쌍둥이든, 시험관 시술 시 주로 발생하는 각자의 태반을 가진 이란성쌍둥이든 상관이 없어 보인다.

문제의 핵심은 분명 태반이다. 연구자들은 태반에서 전자간증 환자와 관련 있어 보이는 단백질 두 가지를 분리했다.[62] 정상적인 경우 이 단백질들은 태아에게 필요한 것을 공급하기 위해 엄마의 혈액이 태반으로 조금 더 많이, 조금 더 자주 전달될 정도로만 엄마의 혈압을 높인다. 그러나 어떤 농도에 이르면 혈관을 너무 많이 수축시켜 전자간증으로 이어지는 고혈압 폭풍을 촉발한다. 유전적 성향 때문이든, 자궁 환경에 대한 어떤 반응 때문이든, 또는 두 가지가 조합됐든, 이런 단백질이 너무 많이 생산되면 엄마는 위험에 빠진다.

그러나 세 번째 단백질 PP13placental protein13이야말로 모체-태아 갈등을 가장 잘 보여 주는 사례일 것이다. 최근까지 전자간증을 겪는 임산부에게 이 단백질의 양이 다소 적다는 것 말고는 역할이 확실히 알려지지 않았다.

착상이 되면 태반은 영양막세포trophoblast라는 세포를 자궁 내벽으로 방출한다. 이 영양막세포는 태아에게 필요한 영양분을 더 얻기 위해 모체의 자궁 동맥을 공격한다. 자연스럽게 모체의 면역계는 이 영양막세포를 죽이려 하고 종종 그렇게 한다.* 그러나 태반은 모체의 방어 체계를 우회할 수 있는 다소 교활한 방법을 진화시켰다.

2011년 이스라엘 하이파의 한 연구팀은[63] 정상 임신 14주 이내에 낙태된 태반들을 조사했다. 최전선에 있던 어린young 태반들이었다. 처음에는 그저 PP13의 농도 변이가 있는지 확인하고 싶을 뿐이었다. 그런데 이상한 점이 있었다. 모체의 자궁 내벽 정맥 전체에 괴사 조직, 다시 말해 죽었거나 죽어 가는 세포가 있었다. 동맥이 아니라 정맥임을 유념하자. 그것도 그저 조금이 아니라 아주 많았다.

정맥은 노폐물을 실어 나른다. 태반에서는 더 많은 영양소가 자기 쪽으로 toward 오기를 바라고, 이것은 동맥이 하는 일이다. 그런데 세상에 왜 동맥이 아닌 정맥을 둘러싸고 전쟁이 벌어진단 말인가?

간단하다. 교란작전이다.

호모사피엔스처럼 큰 동물의 면역계는 보통 전신global과 국소local 두 가

---

* 최근 한 논문을 통해 태반의 진화가 기존의 암 전이 방지 전략과 연관됐을 가능성이 제기됐다. 착상의 '창(window)'을 열어 주거나 침입에 저항하는 자궁 내벽의 유전자 발현 양상은 우리 몸이 못된 암이 새로운 부위에 자리 잡지 못하도록 할 때와 비슷하다(Mika et al., 2022). 인간 여성에게 자궁 외 임신이 흔한 이유도 마찬가지일 수 있다. 인간 태반과 같이 고도로 침습적인 태반이 (난관처럼) 저항하지도 성장을 통제하지도 않는 어떤 지점에 자리 잡으면, 배아는 그냥 그곳에 가게를 차리기 시작할 것이다(Ibid).

지 수준에서 작동하며, 국소면역이 더 중요하다. 전신 수준에서 면역 전쟁이 벌어질 때는 열이 난다. 세균은 대부분 일정한 온도 범위 내에서 기능하도록 진화했으며, 온도 조절 장치를 가동하는 것은 세균을 제거하는 아주 효과적인 방법이다.* 그러나 발열 같은 현상을 제외하면 건강한 면역계는 필요한 곳에 '집중하는' 방식으로 작동한다.**

일반적으로 염증은 조직이 공격받을 때 발생한다. 한 군데 염증이 많이 발생하면 면역계는 그곳을 지키는 데 노력을 집중한다. 이런 집중 현상은 다른 곳에 소홀해진다는 뜻이기도 하다. 이것이 바로 태아가 PP13을 이용해 모체의 면역계를 강탈할 때 벌어지는 일이다. 책임 연구자의 표현처럼 "우리가 은행 강도를 계획한다면,[64] 은행을 털기 전 경찰력을 분산시키기 위해 몇 구역 떨어진 식료품점을 폭파할 것"이다. 이들은 태반이 자궁 정맥 주변 조직에 염증을 유발해 동맥을 상대적 무방비 상태로 만들기 위해 PP13을 분비한다고 추정한다. 이런 방식으로 영양막세포는 제 역할을 하고, 태반은 모체의 면역계가 정맥 주위에서 벌어지는 산발적 전투를 치르느라 바쁜 동안 동맥으로부터 보급로를 확보할 수 있다.

건강한 정상 임신 기간에 PP13이 전쟁을 벌일 때[65] 이런 일이 벌어진다. 아마도 전자간증은 태반이 전쟁에 패배하기losing 시작하면서 핵무기

---

* 물론 우리의 세포를 죽이는 데도 아주 효과적인 방법이므로, 40도 이상 열이 오르면 의학적 도움을 받아야 한다. 체액(juice)이 너무 오래 가열되면 뇌가 손상될 수 있다.

** 그렇지 않으면 어떤 일이 벌어질지 우리는 알고 있다. 아나필락시스나 사이토카인 폭풍으로 죽을 수 있다. 땅콩 알러지가 심한 아이가 에피펜(EpiPens, 에피네프린 자가 주사_옮긴이)을 가지고 다니는 이유다. 1918년 독감 유행 기간에 그리 많은 사람이 죽은 이유도 몸에서 치명적인 면역반응이 일어났기 때문이며, 코로나19 유행 초기에 많은 사람이 죽은 이유도 이것 때문이라 의심하는 사람들이 많다. 2020년 코로나19 치료에 쓴 약물 중에는 몸의 면역반응을 누그러뜨리는 약이 여러 가지 있었다.

를 꺼내 들 때 벌어지는 일일 것이다.

발생 기전과 관련 있을지 모르는 전자간증의 가장 흔한 영향은 태반이 혈액을 충분히 얻지 못한다는 것이다. 비교적 경증인 사례는 저체중 출생과 관련이 있다. 태아가 필요한 것을 충분히 얻지 못하니 놀라운 일도 아니다. 엄마에게 전자간증이 있었던 아기는 자궁 내에서 잘 자라기 위해 고군분투한다. 다시 말해 전자간증은 태아와 모체 사이에서 벌어지는 통상적인 전투의 전세가 역전된 결과일지 모른다. 그러면 태반은 절박해지고, 모체로부터 더 격한 반응을 촉발하는 등등의 현상이 이어지다가 모든 상황이 걷잡을 수 없는 지경에 이른다. 태반은 고군분투하면서 혈압을 교란하는 단백질을 더 많이 내보낸다. 아마도 자궁 정맥 주위에 PP13 연막탄을 너무 많이 발사해 모체의 면역계가 폭주하게 만들고 염증을 악화시켜 모체의 혈압까지 밀어 올릴 것이다. 모든 진수류의 임신에 자연히 존재하는[66] 모체-태아 갈등의 불균형이 이런 문제로 이어질 수 있는 시나리오는 여러 가지다. 사례가 중증인 경우, 치료받지 않고 지내던 여성의 전자간증이 본격적인 자간증eclampsia으로 진행돼 발작을 일으키거나 신부전에 빠질 수 있다.

건강한 임산부라면 태아가 전쟁에서 이기기도 지기도 원하지 않을 것이다. 어떤 경우에도 엄마가 죽을 수 있기 때문이다. 우리가 정말 원하는 것은 9개월간의 불편한 교착상태다. 여성의 몸은 고된 임신에 특별히 적응했다. 그래서 그저 임신을 할 수 있는 게 아니라 그 과정에서 생존할 수 있었다.

이런 적응 전략 때문에 임신해 본 여성보다 임신한 적 없는 여성[67]의 질병 위험이 높아진다고 생각하는 사람도 있다. 그러나 이 이론은 최근 연구 때문에 근거가 약해졌다. 출산한 적이 없는 여성은 한 번 이상 출산한 여성보다 자가면역질환 발생 가능성이 희박하다. 한편 최근 몇 년간의 연구에서 20대에 임신과 출산을 겪은 여성은 한 번도 임신하지 않은 여성보다 특정 암종 발생 위험이 낮았다.[68]* 가능성이 있는 이유 한 가지는 임신 중에는 모체의 면역계가 하향 조정돼 애초에 더 공격적이던 면역계를 어떻게든 억누르기 때문이라는 것이다. 만성 염증은 여러 암종의 위험 요인으로 알려졌기에 이 이론은 설득력이 있으며 아마도 임신, 특히 두 번 이상의 임신은 '불을 줄이는' 좋은 방법인지도 모른다.**

그러나 이것을 임신하는 편이 모든 여성의 건강에 도움이 된다는 뜻으로 이해해선 안 된다. 임신은 원래 위험한 일이고 여성의 몸에 손상이 남는 장기적 부작용을 낳을 수 있다. 여성의 몸에 가장 안전한safest 방법[69]은 전혀 임신하지 않는 것이다. 그러나 아이를 갖겠다고 결정했다면, 진화는 적어도 임신 과정을 견딜 수 있는 도구들을 한 벌 남겨 주었다.

그리고 우리 대부분은 이를 견뎌 낼 것이다. 대부분의 여성은 대개 1명 이상의 자녀를 낳으며 이런 임신은 대개 복잡하지 않다. 임신 기간 중이나 이후에 거의 모든 여성이 근육 열상tears,[70] 면역학적 혼란, 여타 여러 가지 문제로 고생한다. 잠재적으로도 실제로도 장애나 사망으로 이어지는 문제도 많다. 역시 의학이 도움이 된다. 완치되지 않는 문제도 있지만, 대부분 감당할 만하다. 물론 고관절 불안정이나 요통은 질 벽이 찢어져 구멍이

---

* 그러나 한 번이라도 아기를 낳은 적이 있으면 아기를 낳은 적 없는 경우보다 유방암 진단 가능성이 조금 높아진다(Nichols et al., 2019). 최신 연구에서는 유방암 발생 위험이 출산 후 5년경에 정점을 찍고 20년 이상 지속되며, 모유 수유를 선택해도 나아지지 않았다.

** 이런 연구 결과들을 인과적 뜻으로만 해석하는 것도 문제가 있다. 예를 들어, 자가면역질환이 있는 여성에게는 불임 문제가 있는 경향이 있으므로, 자가면역 문제 때문에 임신이 어려워지는 것이고 그 반대가 아닐 수 있다. 암도 마찬가지여서, 이미 유전적으로 특정 암이 잘 발생하는 사람은 임신 초기에도 문제를 겪을 수 있다. 이 분야에 대해서는 지금 연구가 활발히 진행되고 있으므로 앞으로 10~20년간 더 나은 대답을 기대해도 된다.

뚫리는 것보다 낫지만, 끔찍할 정도로 흔한 이런 열상조차 복구가 가능하다. 더욱이 현대 산과학의 도움을 받는 여성은 더 이상 엄마가 되는 일로 보통은 죽지 않는다.

산업화된 국가에 사는 여성 대부분이 여기에 포함된다. 혹시 말라리아 유행 국가에 사는 여성이라면 위험성이 크게 달라진다. 말라리아에 걸린 상태로 임신한 여성은 최중증 경과를 거칠 가능성이 서너 배 높고, 그중 50퍼센트가 사망한다.[71] 질병관리본부Centers for Disease Control가 왜 애틀랜타에 있는지 궁금해한 적이 있는가? 말라리아 때문이다. 미국이 질병관리본부를 설립한 이유는 전적으로 미국 남부에 말라리아가 창궐했기 때문이다. 미국에서는 1951년에야 말라리아가 박멸됐다. 그리 오래된 일이 아니다.

어떤 사람은 말라리아 박멸이 미국 여성에게 보통 선거권보다 더 크게 도움이 됐다고 말한다. 어떤 사람은 로 대 웨이드Roe v. Wade 판결(임신 중단 권리를 사생활로 보장받을 헌법상의 기본권으로 인정한 1973년 미국 연방대법원의 판결이다. 2022년에 번복되었다._옮긴이)보다 더 큰 효과가 있었다고 말한다.

오늘날 미국에서는 10만 건의 정상 출산 가운데 26.4건이 사망에 이르는 반면,[72] 10만 건의 합법적 낙태 중 0.65건만이 사망에 이른다.[73] 로 대 웨이드 판결 이전에는 미국 내 전체 모성 사망의 17~18퍼센트가 불법 낙태 때문이었다. 1967년과 마찬가지로 이 통계는 1930년에도 사실이었다.[74] 그러나 오늘날 말라리아 유행 국가의 모성 사망 4건 중 1건[75]은 이 병과 직접 관련이 있다. 최악의 유행 기간에는 미국의 상황도 마찬가지였다.

여성이 이 두 가지 사망 원인이 모두 박멸된 곳에 살 수 있으면 더할 나위 없지 않을까? 임신 때문에 사망할 가능성이 유의하게 적은 곳에서 임신을 선택할 수 있으면 얼마나 좋을까?*

물론 돈나는 선택이라는 것을 해본 적이 없다. 무엇이든 의식적 선택 비슷한 일이 가능해지기까지, 우리의 이브는 먼 길을 가야 했다. 가장 먼저 더 큰 뇌가 필요했다. 그러려면 영장류가 돼야 했다.

---

* 불행히도, 최근 미국에서는 현재 전쟁 중에 있지 않은 다른 산업화된 국가와 판이하게도 모성 사망 위험이 높아졌다. 심지어 더 많은 임산부와 산모를 죽게 만든 코로나19 유행 전에도 그랬다(Hoyert, 2020). 이 이야기는 "사랑" 장에서 더 자세히 다룬다.

Purgatorius

3장 지각

: 여성의 감각은 무엇이 다를까?

필요가 있으면 새로운 지각기관이 생긴다.

그러니, 오 그대, 필요를 늘려라,

지각이 확장될 것이다.

—잘랄 앗 딘 알 루미, 13세기[1]

대학 시절 나는 인근 예술 학교의 모델로 일했다. 일주일에 몇 시간, 10대 학생들이 눈으로 본 것을 캔버스에 어색한 선으로 그리는 동안 단상 위에 나체로 서 있는 소녀였다. 정말이다. 나는 직업적 누드모델이었다. 쉽게 돈을 버는 방법이었다.*

* 나 같은 사람에게 쉬웠다는 말이다. 다시 말해, 주로 시스젠더에 장애가 없는 백인 여성이 인체 모델로 일한다. 몸을 파는 방법은 여러 가지인데, 보통은 타인이 하는 것을 보고 따라 한다. 오빠가 먼저 대학 시절 모델로 일한 덕에 이런 생각을 하게 됐는데도, 내가 아는 이 예술 학교의 남성 모델은 하나뿐이었다. 오빠는 돈을 위해 의학 연구에도 참여했다. 나도 따라 했지만 항상 오빠보다 빈털터리였고, 더 많이 일해야 했다. 이것은 그저 성별 차이 때문만은 아니었지만, 부적절한 이유가 없다고 할 수도 없었다. 더 자세한 내용은 "사랑" 장에서 다루겠다.

예전에는 고급 주거지역이었던 큰 창이 달리고 바람이 새는 낡은 건물 안에서 자세를 취했다. 그러나 이제 부자들은 모두 떠났다. 늘 그렇듯 교외로 빠져나갔다. 창밖에는 마차와 하인 대신 잡초와 쥐가 있었다. 그리고 예술가가 있었다. 예술가들은 이런 쇠락한 장소들을 사랑했다. 이런 곳들은 우선 값이 쌌다. 또 마치 과거가 언제나 그 자리에 있었던 듯, 언제든 고쳐 쓸 수 있는 듯 시간을 파악하기 어렵게 만들기도 했다. 페인트를 새로 칠하면 유령은 걱정하지 않아도 될 것처럼.

수업은 두세 시간 동안 이어졌고, 나는 발치에 놓인 작은 난방기가 고마웠다. 수업 중간쯤이면 학생이 모두 담배를 피우러 밖으로 나가고 나는 가운을 걸쳤다. 나는 그림 속의 내 몸을 살펴보며 이젤 사이를 걸어 다녔다. 여긴 다리, 저긴 토르소. 한 가지 양상은 언제나 변함이 없었는데, 학기 초 남학생들은, 오직 남학생들만 유방을 너무 크게 그렸다. 비율이 조금 왜곡된 정도가 아니라 거대했다는 말이다. 몇 주 후, 이 학생이 뇌 속에서 만든 만화가 아니라 눈으로 본 그대로 그리는 법을 배우면서 유방 크기가 줄어들기 시작한다. 매번 이런 일이 일어났다.

여기에서 의문이 생길 것이다.* 나도 그랬다. 남학생은 처음부터 여학생과 다른 방식으로 나를 봤을까? 남학생의 눈길은 모종의 뿌리 깊은 이성애 또는 지저분한 성적 관심 때문에 유방에 쏠렸을까? 아니면 여학생은 자기 몸에도 유방이 있으니 유방을 보는 데 익숙했던 걸까? 가운을 입고 맨발로 실내를 돌아다니면서 "남성은 정말로 나와 다르게 세상을 보는 걸

---

* 이 책의 내용에 관련된 의문을 말한다. 혹시 내가 나체로 있기 거북했는지가 궁금하다면 아마 조금은 그랬던 것 같다. 그러나 젊은 여성이 자기의 벗은 몸을 적극적으로 판단하는 일군의 젊은 남성을 내려다보면서 스스로 신경 쓰이지 않는다는 사실을 깨닫는 건 대단한 힘을 얻은 듯한 느낌이 들기도 했다. 악몽따위 꺼져 버려라.

까? 나는 주변의 남성과 다른 감각적 실재 안에 사는 걸까?" 궁금했던 기억이 난다.

답하기 어려운 질문이다. 지각은 뇌와 일련의 감각기관, 두 가지로 구성된다. 이 감각기관의 집합체를 얼굴이라 부른다. 얼굴은 포유류가 눈, 귀, 코, 입이라는 주요 감각 장치를 걸어 두는, 뼈와 살이 빼곡히 들어찬 곳이다. 인간의 지각을 이해하려면 얼굴이 생겨난 곳을 되짚어 봐야 한다. 원한다면 수컷의 시선이 탄생한 베들레헴, 고대의 숲이라는 구유로 돌아가 보자. 내 몸을 캔버스에 옮기려 애쓰던 학생들은 그저 포유류가 아니라 영장류이기 때문이다.

노란 숲속 갈림길

소행성이 충돌한 후. 대지가 불타고 재가 떨어지며 모든 게 얼어붙어 이브의 새끼가 밤새 떨며 굴속에 숨었을 때, 풍경이 변하기 시작했다. 가장 먼저 돌아온 식물은 양치류였다.[2] K-Pg 충격으로 흩날린 재가 쌓인 겨울 층 바로 위, 얇은 이판암에 섬세하게 드리운 양치류 화석을 보면 이 사실을 알 수 있다. 더 최근에 일어난 조금 비슷한 일을 보고도 이를 알 수 있다.

1980년 세인트헬레나산이 폭발하자 인근의 많은 지역이 파괴됐다. 낙석과 용암이 분출되는 곳도 있었고, 들끓는 강은 더 많은 수증기를 내뿜었고, 나무처럼 도망치지 못하는 생명체는 낙진 속에서 모두 타거나 질식해 버렸다. 그 후 비옥한 재로 된 두꺼운 퇴적층 아래서 무엇인가가 다시 자라기 시작했다. 가장 먼저 돌아오기 시작한 것은 양치류였다. 털 난 작은 머리가 죽음의 땅을 비집고 나오면서, 덥수룩한 태곳적 생명 다발이 먼지며 진흙과 엉켜 이류(화산 쇄설물의 홍수_옮긴이)를 식히고 사체를 분해하며 자라났다.

이끼류나 균류처럼, 양치류는 쓰러진 나무, 씻겨 내려온 재, 죽은 공룡 아래 젖은 먼지에서 기꺼이 싹을 틔웠다. 이들은 식물 세계의 유목민이다. 양치류에 이어 죽은 것의 경제에 힘입어 개미 군락이 광대한 지하 도시를 건설하며 등장한다. 개미들은 딱딱해진 토양을 부수고 땅에 공기를 불어 넣어 세균과 균류가 살 수 있게 한다. 균류, 양치류, 개미 다음에는 개미를 먹는 생물이, 개미를 먹는 생물을 먹이로 삼는 포식자가 등장한다. 관목이 무성해지고 호수에 부러진 나무들이 쌓인 것을 제외하면 세인트헬레나산이 폭발 전 모습을 되찾는 데는 그리 오랜 시간이 걸리지 않았다. 물론 산의 높이는 300미터가량 낮아졌다.

초기 포유류가 살던 고대 세계는 이전 상태로 돌아가지 않았다. 그럴 수 없었다. 세인트헬레나산 폭발은 하루 안에 끝났지만, 칙술루브는 대재앙이었다. 그밖에도 근본적인 차이가 있었다. 쥐라기의 에덴에서 새로운 종류의 생물이 조용히 진화했다. 꽃을 피우는 식물, 바로 속씨식물이었다. 그리고 세계를 점령할 준비를 했다.

소행성 충돌 이전, 우리 행성의 숲은 빽빽한 침엽수와 양치식물로 이뤄졌었다.* 그러나 재 속에서 고대의 숲 대신 유실수와 우거진 숲 천장[3]으로 구성된 완전히 새로운 생태계가 태어났다. 꽃을 피우는 나무들은 정기적으로 가지 끝에 엄청나게 풍부한 열매를 맺었다. 그야말로 달콤한 과육 덩어리였다. 열매. 벌레. 이끼. 이 열매와 벌레를 먹는 새로운 생물. 이 새로

---

* 대재앙 이전 천국의 정원에 사과와 조금이라도 비슷한 것은 전혀 없었다. 처음 열매를 맺은 식물은 바로 은행나무 종류였다(Zhou and Zheng, 2003). 그러나 겉씨식물은 이후 영장류의 지능 발달에 길을 터 주었으므로 여전히 지식의 나무라고 부를 수 있겠다.

운 생물을 먹는 새로운 생물.

인간 지각의 이브를 탄생시킨 것은 높은 숲 천장에서 익어가는 이 과일이었다. 세계 최초의 영장류로 알려진 **푸르가토리우스**purgatorius다.[4]

푸르기는 대략 6,600만 년 전, 속씨식물이 이전의 침엽수림이 사라진 빈 공간을 채우기 시작하던 바로 그때의 화석으로 등장한다. 과학자는 1960년대 몬태나주의 푸르가토리 언덕에서 푸르기의 작은 뼈를 발견했고, 포트 유니온층 전역에서 더 많은 자매들을 발견했다.[5] 부서진 턱뼈, 골절된 발목, 흩어진 이빨이 발견됐다. 화석의 모양으로 미루어 보아 푸르기는 지금의 쥐 만한 크기에 원숭이-다람쥐처럼 희한하게 생긴 동물이었다. 길고 숱이 많은 꼬리, 중간 길이의 코, 말똥말똥 빛나는 두 눈은 우리 이브의 평범한 모습이었다. 그러나 자궁의 이브 돈나와 달리 푸르기에게는 나무를 오르고 가지 위를 잽싸게 달리는데 특히 유용한 경첩처럼 돌아가는 발목이 있었다. 무엇보다 돈나와 달리 산딸기, 과일, 연한 잎, 벌레, 씨앗, 발에 닿는 것은 무엇이든 먹었다. 지금까지 살았다면 우리가 버리는 쓰레기도 먹었을 것이다. 우리는 푸르기가 새 모이를 모조리 훔쳐가고 쓰레기통에서 고개를 내밀며 다락방에 둥지를 튼다고 불평했을 것이다.

푸르기는 모르기와 돈나처럼 주로 곤충을 먹는 포유류에서 진화했다. 그러나 푸르기는 과일도 먹었다. 바삭한 키틴질 먹이(벌레들)와 부드러운 식물성 먹이 둘 다에 특화된 푸르기의 이빨[6]을 보면 알 수 있다. 발목을 보면[7] 푸르기가 나무에서 많은 시간을 보냈다는 사실도 알 수 있다. 푸르기는 고대 유실수로 이뤄진 새로운 숲 천장에 특화된 새로운 곤충들을 사냥했을 것이다. 벌레들이 나무의 꽃가루를 암꽃에 옮기며 자기 일을 하는 동안, 푸르기 같은 포식자는 이 벌레들을 잡아먹고 그러는 동안 과일도 조금 먹었을 것이다. 대부분의 영장류 후손들처럼 푸르기도 기회주의자였다. 특정 식품을 선호했겠지만 새로운 식품도 받아들였다. 그리고 이에 따라 푸르기의 이빨도 진화했다.

아직 고생물학의 먼지 밭에서 푸르기의 온전한 두개골을 찾아내지 못했다. 그러니 푸르기가 여러 현대 영장류들처럼 뒷발로 나뭇가지에 매달려 앞발로 먹이를 먹었는지는 확실히 알지 못한다. 일부 과학자는 심지어 영장류의 손이[8] 나무에 곧게 앉아 앞발로 섬세하게 먹이를 다루는 자세에서 진화했다고까지 생각한다. 주머니쥐에서 라쿤 그리고 다람쥐에 이르기까지 나무 위에 사는 다른 포유류에서 이런 행동을 관찰할 수 있다. 나무 위 생활은 포유류의 몸에 변화를 초래한다. 매달릴 줄 알아야 한다. 균형 감각과 거리 감각이 좋아야 한다. 그리고 곤충보다 복잡한 먹이를 씹어 먹으려면 앞발을 이용해야 한다.

푸르기는 돈나와 비슷한 시기에 살았다. 둘의 관계를 정확하게 알 수는 없다. 우리가 아는 것은 푸르기와 그 친척들이 후대의 영장류로 진화하기 얼마 전에 돈나와 태반 자궁이 나무 위에 있었다는 점이다. 나무에 사는 동물이 속씨식물의 진화에 영향을 미쳤듯, 속씨식물 숲의 출현은 나무에 사는 생물의 진화에 큰 영향을 미쳤다. 이들은 꽃을 수분시켰다. 과일을 먹었다. 씨를 배설했다. 그리고 한참 아래, 처녀림 바닥의 어슴푸레한 빛 속에서 이렇게 떨어진 씨앗들이 더 많은 유실수로 자랐다.

그리하여 신생대 3기의 여명기에는 유실수가 있었고, 나뭇잎 속에 푸르기가 있어 서로의 성공을 도왔다.[9] 푸르기는 새끼를 많이 낳았다. 푸르기의 친척 중 일부는 플레시아다피포름plesiadapiform[10]으로 이어졌다. 당대에는 번성했으나, 유전적 가지가 쇠퇴하고 가늘어지다 결국 멸종에 이른 고대 영장류다. 푸르기의 다른 친척은 큰 뇌와 납작한 얼굴을 가진 전형적인 현생 영장류가 됐고, 이들 대부분은 여전히 나무에서 산다.

지금 우리가 관심을 두는 부분은 이 얼굴이다. 우리도 영장류다. 나무 위, 무엇보다 특별히 가지 끝[11] 생활에 적응한 생물에서 진화했다는 뜻이다. 푸르기 같은 생물이 이곳에서 먹이를 찾으려면 곡예 재능과 함께 새로운 환경을 다룰 수 있는 감각 집합체가 필요했다. 과일이 익을 때를 알고, 잎사귀에 영양이 풍부하고 연할 때를 구분할 수 있는 눈이 필요했다. 높은 나무 위 시끄럽고 잎이 우거진 곳에서 새끼의 목소리를 들을 수 있는 귀가 필요했다. 달콤한 과일 향기가 항상 멀리 퍼지는 것은 아니어서 음식을 찾는 데 조상들만큼 코를 쓰지 않게 되었지만, 숲 천장에서 성생활을 다루려면 코가 필요했다. 이런 필요에 적응하면서 감각 집합체가 바뀌었다. 그러나 수컷과 암컷에서 그 결과가 달랐을까? 그리고 만약 그렇다면 오늘날 인간들에게도 여전히 차이가 존재할까?

귀

열대우림을 처음 방문한 사람은 놀라움에 사로잡힌다. 이 감정은 우림의 아름다움 때문도, 더위 때문도 아니다. 가장 충격적인 점은 지독하게 시끄럽다는 것이다. 어떤 날을 막론하고 리우 카니발 거리보다 시끄럽다. 곤충들이 날개와 다리를 비벼 부산하게 재즈를 연주하고, 고함치듯 쓰르르 윙윙거린다. 개구리들이 우렁차게 운다. 새들이 까악거린다. 그리고 원숭이, 짖는원숭이가 지옥의 나팔 소리처럼 밤낮 없이 울부짖는다.

이곳은 생명이 가득 차고 붐비다 못해 터지기 직전이다. 육상동물의 다양성이 지구상에서 가장 극대화된 곳이다.[12] 우림은 지극히 수직적인 공간이어서, 땅 위의 생명은 숲 천장까지 이어지는 소란의 시작일 뿐이다.

우림에는 먹이가 풍부하고, 포식자가 많으며, 치명적인 기생충들이 도사린다(당신 역시 먹이이기 때문이다). 이곳은 방콕, 홍콩, 뉴욕을 능가하는 잠들지 않는 도시다.

브라질의 우림에서는 흰방울새의 짧고 으스스한 경보음을 들을 수 있다. 이 몹쓸 소리는 125데시벨에 달하니[13] 당연히 못 들을 수가 없다. 가늠하자면, 뉴욕 지하철의 브레이크가 끼익 멈추는 소리도 이보다는 작다.* 짖는원숭이는[14] 한 마리당 140데시벨까지 소리를 낼 수 있다. 이들은 종종 합창하듯 울부짖는데, 울부짖는 야수는 이들뿐만이 아니다.

이런 류의 소음 속에서 소통하려면 감각기관 집합체의 귀 부분이 중요하지 않은 소음과 중요한 소음을 구분하는 데 능숙해진다. 우리의 이브는 열매를 맺는 나무 속으로 들어가면서 귀에 변화가 필요해졌다.

낮은음자리표의 기원

영장류들은 다른 포유류보다 훨씬 주파수가 낮은 소리를 들을 수 있다. 그리고 이런 능력이 가능해진 이유를 가장 잘 설명하는 것은 우리가 숲 천장으로 이주했기 때문[15]이라는 이론이다. 이것은 사실 물리적인 사안이다. 땅 위에 있을 때는 음파를 지면에 반사시켜 신호 강도를 배가시킬 수 있다. 나무 속에 있으면 지면이 너무 멀어 발성을 증폭하기 어렵다. 그러나 이브가 나무로 이주하면서 생긴 문제는 이것만이 아니었다.

---

* 유니언스퀘어 역의 소음 측정 결과는 106데시벨이었지만, 여기에는 여러 대의 기차가 내는 소리, 어이없을 정도로 소리를 반사하는 타일, 이동식 앰프를 들고 다니는 거리 악사 6명의 소리가 포함됐다(Gershon et al., 2006). 이보다 작은 역들은 보통 더 조용하다.

만일 내가 빈방에서 고함을 치면 건너편에 있는 사람은 아무 문제없이 알아들을 것이다. 그러나 그 방에 잡동사니가 가득 차면 알아듣기 어려울 것이다. 내 입과 상대방의 귀 사이의 경로에 방해물이 놓였을 뿐 아니라 이 물건들이 음파의 에너지를 상당 부분 흡수하기 때문이다. 이제 내 소리만큼 큰 수십 명의 고함 소리를 더하자. 자, 이것이 숲 천장이다. 당신과 당신의 소리가 도달해야 하는 귀 사이에는 나뭇잎, 과일, 나뭇가지, 이끼, 나무줄기가 있고, 여러 동물이 소리친다.

동물이 소리의 풍경에 적응하는 방식은 음높이를 조정하든지 음량을 키우든지 둘 중 하나다. 영장류들은 두 가지를 모두 했다.[16] 저음을 알아듣고 소리 내도록 진화했으며, 더 크게 소리 내는 방식을 찾아냈다. 음높이를 낮추자 저절로 서로 간의 거리를 확보할 수 있었다. 음높이가 낮아질수록 음파가 길어지고, 음파가 길수록 소리가 멀리 나가기 때문이다. 여러분도 이런 경험이 있을지 모르겠다. 예를 들어, 브루클린의 낡은 우리 집에서는 꽤 멀리 있는 자동차의 우퍼에서 울리는 쿵 소리가 자주 들린다. 날씨가 습해 창문을 열고 지내는 여름에는 베이스가 내 흉곽을 울리는 것 같기도 했다. 무슨 노래인지는 알기 어려웠다. 음악의 고음부는 나에게 오는 동안 빌딩과 물체들에 흡수돼 희미해졌기 때문이다. 그러나 베이스는? 쭉 전파됐다.

영장류의 진화도 이렇게 진행됐다. 생활 방식이 변하면서 나무에 사는 우리의 이브에게는 어수선한 소리들을 뚫고 나갈 저음이 필요했다.

어떤 뜻에서 우리의 감각기관 이야기는 영장류의 사회적 연결망의 진화에 대한 이야기다. 처음 우리에게 있던 것이라곤 영장류 방식의 '어이'뿐이었다. 짧고 특이한 '어이'를 숲 천장을 향해 발사할 수 있었고, 귀는 특별히 친구들의 목소리에 맞춰졌을 것이다. 이런 방식으로, 우리는 영역을 확보하고, 짝을 찾고, 새 친구도 만들었다. 나중에는 이 체계로 더 복잡한 메시지를 전달할 수 있었다.

"어이, 나 여기 있어!"

"어이, 너 어디 있니?"

"어이, 여기 무화과나무에 기막힌 뷔페가 열렸어!"

그리고 더 중요한 일은 이럴 것이다.

"어이, 당신 섹시해!"

"어이, 나 섹시하지?"

"어이, 조용, 호랑이야!"*

대형 영장류들은 가청 음역 윗부분을 일부 잃어버렸지만, 인간은 모두 잃어버리지 않았다. 인간의 가청 음역은 초당 2,000번 진동하는 약 20킬로헤르츠까지로, 우리와 몸집이 비슷한 다른 포유류와 비슷하다. 그러나 이 소리는 대부분의 사람이 불쾌해하고, 내용을 알아듣기 어려운 소리다. 반면 주로 육상 생활 포유류에서 진화한 개들은 우리보다 꽤 높은 소리를 들을 수 있다. 그래서 '무음' 개 호루라기는 인간이 듣지 못하는 50킬로헤르츠 근처의 소리를 발사한다. 만약 우리가 개에 들리지 않는 '영장류 호루라기'를 만들면 고래 방귀 같은 소리가 날 것이다.

높은 숲 천장에서 푸르기와 동료 이브의 귀는 특히 잎이 우거지고 붐비는 거리를 가장 잘 통과하는 음높이에 맞춰졌다. 현대인의 귀는 그 변화 결과들을 이어받았고, 현존하는 여러 영장류들도 이런 특성들을 가진다. 우리는 몸집이 비슷한 동물의 전형적 청력보다 더 큰 소리와 더 낮은 음을

* 숲 천장에서 오가는 호출음은 인간 언어의 뿌리에 자리 잡아서, 이후 영장류 두뇌 발달의 무대를 열었을지 모른다. 어떤 원숭이 종의 호출 소리는 심지어 원시적 문법을 갖춘 것 같기도 하다. "목소리" 장에서 자세히 다룬다.

소리 내고 들을 수 있다. 심지어 주로 숲 바닥에서 지내는 수컷 고릴라는 자기주장을 이해하게 만들고 싶을 때 낮게 우르릉거리는 멋진 소리를 낼 수 있다. 이 우르릉 소리는 정말로 마음을 움직이는 효과가 있다. 그러나 남아메리카 우림의 숲 천장에 사는 짖는원숭이 소리는 약 5킬로미터 밖까지 들린다.*

영장류 가운데 암컷과 수컷의 청력은 조금 다르다. 수컷은 암컷이 들어야 하는 것을 모두 들을 필요가 없기 때문일 수도 있다. 고선명 스테레오처럼 귀가 다르기 때문이 아니다. 장비는 대략 동일하다. 이보다는 장비의 조정 상태가 조금 다른데, 오늘날 남녀의 청력도 마찬가지다.

아기가 쿵쾅쿵쾅

분명히 말하는데, 아기는 자박자박 다니지 않는다. 아기는 쿵쾅쿵쾅 다닌다. 잠시 동안 나는 렉스라는 어린 아들을 둔 친구네 지하실에서 이 책을 썼다.

렉스는 2살이었다. 대부분의 또래 아이처럼 렉스는 들소가 우르르 몰려가듯 힘차게 우당탕탕 바닥을 가로질렀다. 말하자면, 경고도 없이 강렬한 공황 상태가 분출돼 바닥으로 쏟아지듯, 높은 사이렌 소리로 울부짖기까

---

* 일부 사바나 생물은 거리를 극대화하는 방식으로 진화한 게 사실이다. 예를 들어, 발정기 수컷 코끼리는 10킬로미터 떨어져 있는 암코끼리에게 들릴 정도로 낮은 소리를 낼 수 있다. 그러나 암컷은 귀만 쓰는 게 아니라 발로도 듣는다. 수컷이 20헤르츠의 낮은 소리로 내는 호출은 지면에 지진파 같은 파동을 유발한다(O'Connel-Rodwell, 2007). 사자가 으르렁거리는 소리도 아마 같은 이유에서 유사한 효과를 낸다(Pfefferle et al., 2007).

지 하는 들소였다. 렉스가 울면 나는 두려움에 사로잡혔다. 몸이 얼어붙었다. 심장이 쿵쾅거렸다. 귀를 쫑긋 세우지 않을 수 없었다. 때로는 땀까지 흘렸다.

내가 보통 사람보다 렉스를 더 의식한 것인지 덜 의식한 것인지는 잘 모르겠다. 나는 주위에 아이가 없는 곳에서 자랐고, 그 당시에는 걸음마를 하는 아이와 함께 지내본 적이 없었다. 정말로 함께 살면 아이가 얼마나 시끄럽게 굴든 익숙해질지도 모르겠다고 생각했던 기억이 난다.

그런데 몇 년이 지나 내 아들이 태어났을 때도, 내 몸은 똑같이 반응했다. 아니, 아들이 울 때마다 유방이 욱신대며 젖이 새어 나와 옷을 적신 것을 생각하면 더 격한 반응을 보였다. 아기가 울면 젖이 나오는 것은 모유 수유 중인 여성에게서 아주 흔한 현상이다.

이런 일이 아기가 내는 일반적 소음 때문이라고 생각하지 않는다. 울음소리 때문이었을 것이다. 생리학 연구 결과들에 따르면 남녀의 귀는 음높이에 따라 다르게 반응한다. 남녀는 특정 범위의 음높이에서 소음을 듣고 구분할 수 있다. 대부분의 사람은 바이올린 소리의 저음부와 고음부를 들을 수 있다. 그러나 일반적으로 남성의 귀는 저음에 주파수가 맞춰진 반면, 여성의 귀는 2킬로헤르츠 이상의 고음에 더 민감한 듯하다. 바로 아기 울음소리의 표준 음높이다.[17]

자, 여러분이 영장류 암컷이라면 이로 인해 자기 새끼의 소리를 잘 들을 수 있다는 진화적 이점이 명백하다. 그러므로 영장류 계통 전체가 숲 천장을 뚫고 지나가는 장거리 저음역 의사소통에 적합하도록 가청 영역 하한을 아래쪽으로 이동시켰더라도, 주 양육자인 암컷은 새끼의 높은 소리를 듣는 능력을 유지해야 했을 것이다. 암컷의 전형적인 청력은 우리가 여전히 알지 못하는 경로를 통해 이런 고음에 맞춰졌다.

대부분의 여성은 시끄러운 곳에서 남성보다 잘 들을 수 있다. 그리고 전형적으로 남성은 노화와 함께 고음역대 청력을 잃지만, 여성의 청력은 더 잘 유지된다.[18] 더욱이 인간 가청 음역의 가장 높은 소리를 더 잘 듣는 능력은 생래적 감정 반응과도 결부됐다. 아기의 울음소리는 남성보다 여성을 더 긴장시킨다.[19] 남성이 아이의 울음소리를 듣지 못하는 것은 아니지만, 성인 남성의 귀는 고음역대를 싹둑 잘라 버리는 경우가 많다.

성대에서 나는 소리는 한 가지 음이 아니다. 우리가 노래를 부를 때 성대는 현악기를 연주하듯 화음을 만든다.* 조금 더 조심스럽지만, 말할 때도 마찬가지다. 이런 고음역들을 배음overtones(바탕음의 정수배 진동수를 가지는 음_옮긴이)이라 한다. 여러분이 4.4킬로헤르츠의 라 음을 노래할 때 목에서는 8.8킬로헤르츠, 13.2킬로헤르츠, 17.6킬로헤르츠 등등의 배음이 나온다.** 그러나 음역대의 위로 갈수록 더 '날카로운' 혹은 거슬리는 소리가 난다. 그러므로 5킬로헤르츠로 된 아기의 외침은 남녀가 모두 듣겠지만, 10킬로헤르츠와 20킬로헤르츠의 더 높은 배음은 여성이 더 잘 듣고, 더 긴장할 것이다.

그런 긴장은 아주 유용하다. 최근 한 연구에서는 연구 대상자에게[20] 아기의 울음소리 또는 이보다 중립적인 소음을 녹음해 들려줬다. 그다음 두

---

* 성대는 현악기와 유사하다. 축음기, 클라리넷, 이상한 소리가 나는 백파이프 같은 부분도 조금씩 있다. 그러나 후두 자체는 축축한 줄이 달린 유연한 상자다.

** 현악기를 연주했으면 이 주법을 경험했을지 모르겠다. 기타를 예로 들면, 프렛 사이에서 줄을 누르면 표준음이 나오지만 정확한 간격을 두고 가볍게 때리면 화성(harmonic)이 나온다. 투바의 목구멍 가수는 후두로 내는 소리는 아닌데 두 음을 동시에 내는 것으로 유명하다. 이들은 목구멍 뒤편과 후두 위쪽을 움직여 성대에서 나오는 배음 일부에 힘을 실어 원음과 함께 배음이 더 잘 들리게 한다. 어려운 기술이다. 엄청난 집중력과 근육 제어 기술이 필요하기에 목구멍 가수는 노래를 부르며 땀을 흘리기도 한다.

더지 잡기 게임을 하게 했다. 아기 울음소리를 들은 사람은 더 빠르고 정확했다. 다시 말해 그 소리를 들은 후 더 기민해지고 집중력이 높아진 것이다. 이런 효과는 남성보다 여성에게서 더 안정적으로 나타났다.* 진화적 이점은 아주 분명하다. 아기가 우는 소리에 주파수를 맞추면 아기를 안고 도망치거나, 포식자와 싸우거나, 적당한 과일 조각이나 젖꼭지를 입에 물리는 등 울음을 멈추게 하는 행동을 더 잘할 수 있을 것이다.

이런 음역 지각의 차이는 실질적 여파를 낳는다. 아이와 관련된 문제만이 아니다. 남성은 고음을 듣는 능력이 먼저 사라지는 유형의 난청을 여성보다 훨씬 많이 겪는다.[21] 아마도 이렇게 파장이 짧은 음은 외이도에서 달팽이관에 이르는 시간 동안 훨씬 빨리 사그라들고, 이 소리를 잡아내려면 인간의 귀가 '더 열심히 일해야' 하기 때문일 것이다. 시끄러운 소리나 반복적 사용 때문에 달팽이관 속 세포가 손상되는 것도 유연하게 감지하고 반응하는 감각 장치의 전반적 능력이 감퇴하는 원인이다.

이런 유형의 난청은 갑자기 생길 수도 있지만, 일반적으로는 25세경 시작돼 높은 음부터 차례로 듣지 못하는 점진적 경과를 거친다. 사실 이것은 예측 가능한 현상이다. 25세 이상 남성은 대부분 27.4킬로헤르츠 위의 소음을 듣지 못한다.[22]

그래서 영국에서는 젊은이들을 대놓고 겨냥한 알람이 발명되기도 했다. 이름은 모스키토다. 모스키토는 정확하게 17.4킬로헤르츠의 소름 끼치는 끼익 소리를 요란하게 내고, 점포 주인이 어슬렁거리는 사람들을 흩어 버

---

* 실상, 이 연구는 여성이 이런 소리를 잘 듣고 나서 남성보다 덜 행복해졌는지는 평가하지 못했다. 나는 개인적으로 아기가 울 때 문제를 더 잘 해결한다는 진화적 경품에 만족하지만, 이 기술을 스트레스 덜 받기와 기꺼이 맞바꾸고 싶기도 하다. 그러나 이렇게 되면 내 아이의 생존은 나의 스트레스와 무관해진다. 아마 우리 조상의 생존도 마찬가지였을 것이다.

리고 싶으면 음량을 100데시벨까지 높일 수 있다. 25세 이상인 사람은 젊은 골칫덩어리들과 달리 이 소리를 들을 수 없을 테니 나가지 않을 것이라 가정한 것이다. 이 장비는 논란의 여지가 있지만 대체로 규제를 받지 않았다. 흥미롭게도 이 장비는 여성을 겨냥하기도 한다.

나는 30대이지만 17.4킬로헤르츠를 알아듣는 데 전혀 문제가 없다(이 주파수의 소리를 직접 들어 봤다. 끔찍했다). 성인 남성은 성 특이적 난청 덕분에 이런 고주파 알람으로부터 '보호받을' 가능성이 나의 2배에 달한다. 중년이나 노년 남성 역시[23] 소리가 어수선한 곳에서, 특히 고음의 쉭쉭 소리가 많이 섞였을 때 대화를 이어 가기 어려워한다. 남성이 나이 들면 고음인 여성의 목소리를 잘 들을 수 없지만, 남성의 목소리나 그 외 덜컹거리는 낮은 소리는 여전히 들을 수 있다는 뜻이기도 하다. 남성은 전형적으로 나이가 들면서 사회적 권력을 얻으므로, 권력을 가진 남성은 말 그대로 여성의 목소리를 들을 수 없다.

물론, 청력의 성차로 여성이 겪는 일상적 타격은 더 있다. 컴퓨터 모니터에서 나는 치직 소리가 거슬려 남편, 아빠, 다른 가까운 남성에게 호소해 봐도 도대체 무슨 말인지 알아듣지 못하던 경험이 있는가?

오늘날의 컴퓨터 모니터에서는 인간의 가청 음역을 훌쩍 뛰어넘는 30킬로헤르츠 이상의 고음이 난다. 그러나 뜨겁게 달아오른 프로세서를 식히는 컴퓨터 팬에서는 남성보다 여성의 귀를 더 괴롭히는 고음의 치직 소리가 난다. 이 문제는 컴퓨터 설계자와 검수자의 성별 탓이다. 과거 텔레비전과 컴퓨터 모니터에는 규칙적으로 불쾌한 15.73킬로헤르츠의 소리를 내는 음극선관이 쓰였다. 그러나 이 분야 종사자는 주로 남성이었기에 제품들을 매장에 내놓기 전까지 문제를 알아채지 못했다. 미친 모기처럼 윙윙거리는 이 소리는 기기 뒤편에 있는 변압기가 자기력에 저항하면서 내는 소리였다.*

　여성은 이런 종류의 괴로운 일을 계속 겪는다. 냉장고가 주기적으로 응웅거리는 소리, 제빙기에서 나는 배음, 진공청소기 필터가 가득 찼을 때 나는 작은 윙윙 소리. 기술적 사안만이 아니다. 우리에게는 벽 속에서 쥐가 집을 지으며 높게 찍찍거리는 소리도 더 잘 들린다. 우리가 미친 게 아니다. 정말로 이런 소리가 들리는 것이다.

　확실치 않은 점은 왜 여성이 나이가 들면서 남성보다 나은 청력을 유지하는지다. 과학자는 여성이 착암기로 콘크리트를 부수는 일 등 소음이 심하고 청력을 해치는 일을 덜하기 때문이라[24] 생각했다. 이것은 유의미한 요인이지만 청력 차이를 충분히 설명할 수 없다. 소음이 심한 환경에서 일하는 남녀 중에서 이후 난청 클리닉을 찾는 환자는 남성일 가능성이 더 높고, 방문 시기도 남성이 더 이르다. 남성의 의료 이용 양상과 반대되는 현상이다.

　그러면 남성의 청력 노화가 여성보다 더 빠른 걸까? 즉, 이것은 청력의 문제일까 전반적 복구 기능의 문제일까? 남녀는 양쪽 달팽이관에 각각 대략 이만 개의 유모세포hair cells를 가지고 태어난다. 기저막 파열을 제외하면 유모세포 파괴나 사멸은 난청의 가장 흔한 원인이다. 80세가 넘으면 남녀의 난청 유병률은 같아진다. 그러나 70세 이전까지 남성이 난청을 겪을 가능성은 여성의 2배다. 왜 그럴까? 여성 유모세포의 자가 복구 능력이 더 뛰어난 걸까? 여성에게 다른 보상 기전이 있는 걸까? 여성의 귀가 아기 울음소리에 더 민감하다 해도 괜찮고, 이에 대해서는 많은 진화적 논쟁이 있

---

*그런데 여러분의 컴퓨터에서 고음의 치직 소리가 나면 모니터의 새로 고침 빈도를 낮추기만 하면 된다. 제어판 설정을 바꾸면 된다. 화질이 유지되면서도 골치 아픈 치직 소리가 줄어들 것이다. 나는 이것이 '여성 친화적' 디스플레이 설정이라 생각하고 싶다.

다. 그러나 여성이 나이 들면서도 고음 청력을 유지하는 이유가 알고 싶어
진다. 일부 단서는 복구 모델에서 얻을 수 있다. "폐경" 장에서 논의하겠지
만, 여성 신체의 자가 수리 능력은 남성보다 조금 더 나은 것 같다. 그러나
아직 확실한 답을 가지지 못했다. 지금까지의 연구를 살펴보면, 10년, 20
년 뒤에는 지금보다 더 나은 답을 찾으리라 기대해도 좋다.

마침내 행동 이야기로 되돌아온다. 우선 똑같이 시끄러운 환경에 노출
되면 평균적으로 여성이 남성보다 더 괴로워할 것이다. 그리고 괴로운 나
머지 남성보다 더 빨리 소음에서 벗어나려 할 것이다. 결국, 이것은 단지
감각기관의 소행이 아니다. 감각기관이 드러내는 현상에 어떻게 반응하
는지의 문제이기도 하다.

증폭기

2015년 내 남자친구는 포스트 아포칼립스의 보스턴을 배경으로 하는 비
디오 게임 폴아웃 4[25]에 중독됐다. 보스턴은 최후의 날을 보내기에는 따분
한 곳일 것 같지만 거의 두 달 동안 우리 집에는 방사능에 오염된 좀비, 로
봇, 폭발음이 난무했다. 집에는 아주 좋은 스피커가 있었다. 고음도 멀리
까지 잘 들렸다. 우퍼는 정말 울부짖을 수 있었다. 집에는 전쟁이 벌어졌
다. 남자친구는 완전히 몰입하기 위해 소리를 키웠고 나는 제발 낮춰 달라
고 부탁했다. 마침내 우리는 무기 소리를 무음으로 하고 (20세기 중반 미
국 팝을 섞어 잘 만든) 사운드트랙을 켜 두기로 합의했다.*

* 왜 헤드폰을 쓰지 않았는지 궁금해하는 사람들이 있을 것 같다. 나도 그것이 궁금하다. 남자친

집에서, 실험실에서 남성은 시끄러운 환경에서 여성보다 행복하게 일할 수 있다. 그 이유는 여성형 귀로 들을 수 있는 배음의 범위와 관련이 있을지 모른다. 그러나 고선명 스테레오 시스템 비유를 되새겨 보면, 이런 차이는 증폭기와 관련이 있을 것이다.

귀는 수동적 수신 장치가 아니다. 고유의 소리를 만들기도 한다. 내이 속의 달팽이관 깊은 곳에서는 유모세포가 움찔대며 이음향방사otoacoustic emission, OAE라고 부르는 미세한 찰칵 소리를 낸다. 고막과 중이에서 소리의 물결이 전달될 때마다 달팽이관 유모세포는 파도처럼 흔들리고 움찔거리며 신호를 내보낸다.* 그 움직임의 속도와 크기가 밀물과 썰물처럼 늘어났다 줄어든다.

여성의 OAE는[26] 남성보다 강하고 빈번한 경향이 있어서 청각 연구자들은 이 차이를 가리켜 내이가 '남성화' 또는 '여성화'됐다고 표현한다. 일부 연구자는 여러 종의 영장류 암컷이 소음에 더 민감해 보이는 이유가 이런 경향과 관련 있다고 생각한다. 암컷의 달팽이관이 음향신호를 더 많이 증폭하면, 암컷은 원칙적으로 큰 소리를 더 크게 경험할 수도 있다. 그리고 인간만이 아니라[27] 마모셋원숭이에서도 여성형 OAE가 나타나는데, 대부분의 인간 소녀와 마찬가지로 오른쪽 귀에서 조금 더 두드러진다.

암컷의 우측이 특이한 경향은 귀에서만 보이는 일이 아니다. 예를 들

구는 몇 번 헤드폰을 썼지만, 매번 이상할 정도로 억울해했다. 사정을 봐주자면 나는 그 친구가 함께 살아 보는 첫 번째 여자친구였다. 어른이 되기란 힘든 일이다.

* 이 기전의 물리학은 복잡하고, 전 세계 청각 연구자들 가운데서 논쟁이 치열한 사안이다. 귀에서 왜, 심지어 정확히 어떻게 이런 일이 일어나는지 온전히 아는 사람은 아무도 없다. OAE는 달팽이관 외유모세포의 활동에 의해 유발된다고 알려져 있으며 OAE의 소실은 난청을 예측하는 지표다.

어, 대부분의 인간 소녀는 약지 대 검지 길이의 비율[28]이 대부분의 소년보다 낮고, 왼쪽보다 오른쪽에서 차이가 더 크다. 여타 영장류 암컷의 앞발에서도 유사한 차이가 나타난다. 그러나 이런 '소녀'형 형질의 원인은 복잡하다. 완전 안드로겐 불감성 증후군complete androgen insensitivity syndrome, CAIS이 있는 인간 여성, 다시 말해 XY 염색체를 갖고 태어났지만 몸이 안드로겐에 반응하지 않아 여성의 모습으로 자라난 소녀(선천적으로 염색체는 남성, 신체는 여성인 사람_옮긴이)의 경우 OAE와 오른쪽 손가락 비율은 여전히 남성형인 경향이 있다. 자궁 내 남성호르몬 노출 외에도 무엇인가 더 복잡한 기전이[29] 이런 차이를 만든다는 뜻이다.

신기하게도 XX 염색체를 가지고 태어나 게이나 양성애자가 됐다면 '남성형' OAE를 가질 가능성이 높다.[30] 그러나 XX 염색체를 가진 양성애자라면 여러분의 OAE는 대부분의 여성과 비슷할 것이다. 그런데 이것은 이분법적 성적 지향처럼 단순하지 않아서, XY 염색체를 가진 남성의 OAE는 성적 지향이 무엇이든 거의 언제나 남성형 곡선을 나타낸다.

이런 증거만으로 전형적인 여성 태아가 자궁 내에서 이례적으로 높은 수준의 안드로겐에 노출되면 레즈비언이나 XX형 양성애자가 된다고 추정하기는 힘들다. 그러나 이란성쌍둥이로 태어난[31] 여성은 자궁에서 남성과 함께 지내지 않은 여성보다 남성화된 OAE를 가진다. 양이나 다른 포유류에서도 마찬가지다. 다시 말해 자궁 안에서 귀가 생기는 방식에는 무엇인가 근본적인 성별 차이가 있어 보인다. 예를 들어, 여러분이 언젠가 양을 거세할 일이 생기더라도[32] 양의 OAE 성별 유형은 바뀌지 않는다.

인간 쌍둥이 소녀의 청각 기능이 남성형으로 변하는 이유는 소녀의 청각 발달에 영향을 미친 요인이 자궁 안에 있을 때 남자 형제에게서 나온 안드로겐이었다는 뜻이다. 그러나 CAIS 여성의 경우에는 OAE가 남성형이었으므로 귀의 발달에 영향을 미치는 또다른 경로가 존재할 수 있다.

　물론 이런 자료들은 여성이 동성애자가 되는 이유를 설명하는 데도, 인간 성생활의 심오한 복잡성을 이해하는 데도 별 도움이 되지 않는다.* 동성애 여성의 귀가 이성애 여성과 조금 다르게 작동한다는 점, 게이나 양성애 남성의 귀에서는 이와 유사한 차이가 보이지 않음을 알려줄 뿐이다.** 성과 관련된 일이 모두 그렇듯 이런 자료들을 결정적 증거로 활용하고 싶은 유혹은 강력하다. 많은 과학자가 남성 동성애의 생물학적 기원은 의심할 여지없이 다양하지만, 그중에는 시스템을 몰아가는 일종의 '과잉 남성성'[33]이 자리할 것이라 생각했다. 이 이론은 게이가 '계집애 같다'는 여전한 편견[34]과 달리, 이들이 남성에게 빠지는 근본적인 이유가 생리적으로 전형적인 이성애 남성보다 더 남성적이기 때문이라는 생각을 견지한다.

　이성애 여성의 귀는 남성과 달리 정기적으로 장비의 눈금을 조정하기

---

* 원래의 OAE 연구는 내가 아는 한, 그리고 아마 연구자들이 아는 한에서도, 성전환자를 연구하지도, 연구 대상자들이 동성 또는 이성 파트너에게 얼마나 끌리는지 복잡한 차등 척도로 평가하지도 않았다(McFadden and Pasanen, 1998). 참여자는 그저 연구가 이뤄진 1990년대 텍사스에서 통용되던 범주에 따라 이성애, 동성애, 양성애로 자기 정체성을 밝혔다. 이런 자료는 킨제이의 유명한 성적 공상 조사에서 빌려 온 몇 가지 추가 질문으로 뒷받침됐으며, 드물게 참여자가 자기 정체성을 확신하지 못하는 경우 연구자들이 성관계 이력을 물었다. 연구에 참여한 동성애자들 가운데는 지역 게이 단체와의 계약이나 게이 잡지 광고를 통해 모집된 사람이 많았으므로, 연구 참여자들이 대학에서 귀를 검사하기 훨씬 전부터 자기 정체성을 동성애자로 인식했다고 생각하는 편이 안전하겠다. 이성애로 분류된 연구 대상자들 가운데 대학 졸업 후 동성애자라는 사실을 밝힌 사람이 얼마나 있었는지는 나도 알 수 없다. 언제나 자료에는 조금씩 오류가 있다.

** 이런 자료들은 이미 사춘기가 지난 동성애 여성으로부터 도출됐지만, 일반적으로 포유류는 평생 이 양상을 유지하기에 레즈비언 여성의 OAE 양상이 아기 때와 다르게 '뒤집혔을' 것이라 생각할 만한 이유는 없다.

에, 도움을 기다리는 영장류 새끼의 세계와 더 잘 통하는 것인지도 모르겠다. 그리고 여성은 동성애자든 아니든 일반적으로 남성보다 예민하고, 시간이 지나도 민감성이 유지되는 장비를 가진다. 그러나 푸르기가 나무에서 생활하는 동안 가진 얼굴이 새끼의 상태를 탐지하고 서로 **소통**하기 위해 생겨난 감각 장치 모음이라 생각하면, 처음으로 돌아가 다시 생각해봐야 할지도 모른다. 아기의 상태를 파악할 때는 청력만 쓰는 게 아니다. 우는 소리로 아기가 살아 있다는 사실을 확인할 수 있겠지만, 포유류에는 새끼가 태어나면 하는 이보다 훨씬 오래된 행동이 있다. 우리는 냄새를 맡는다. 종을 불문하고 새끼 가까이 얼굴을 갖다 대고 숨을 들이마신다.

코

우리는 볼 수 있기 한참 전부터, 들을 수 있기 전부터, 느낄 수 있기 전부터 냄새 맡고 맛볼 줄 알았다. 바로 화학물질의 농도 차를 감지하는 능력, 후각이다. 아주 이른 생명의 여명기부터 단세포 동물은 주변 물속에 있는 화학물질의 종류를 분간하고 농도를 감지해야 했다. 우리가 먹이와 가까워지나? 저 독소가 멀어지나? 기동성이 커질수록 환경 속에 있는 다양한 화학물질들을 추적하는 능력이 중요해졌다.

　한편 우리의 단세포 조상에는 재생산을 담당하는 성별이 없었다. 우리에게는 성별이 있다. 일단 성별이 나뉘자 수컷과 암컷의 후각이 달라지기 시작했고, 각 종의 '코'(또는 종류가 무엇이든 후각기관)는 성별의 필요에 맞추어 조정됐다.

　수억 년 뒤 포유류 푸르기가 코를 내밀어 저녁 어스름의 차갑고, 메마른 공기를 들이마셨다. 푸르기는 나무껍질에 낀 이끼, 익어 가는 과일, 근처 나무에 있는 수컷의 사향 냄새를 맡았다. 푸르기의 몸도, 사회생활도 이전의 포유류보다 복잡해졌다. 그러나 가장 오래된 조상과 마찬가지로 푸르기는 기본적으로 냄새와 맛으로 음식, 이성, 위험을 알아봤다.

오늘날의 인간도 마찬가지다. 화학 감지기가 비강의 젖은 호흡관과 혀 표면의 작은 다공질 알갱이들을 덮고 있다는 것을 제외하면 우리도 기본적으로 같은 방식으로 행동한다. 그러나 코는 여기에서도 중요한 역할을 담당한다. 냄새를 맡지 못하면 미각이 크게 손상된다.

후각계가 머리의 3분의 1을 넉넉히 차지한다는 점을 생각하면 청각과 시각 감지기는 공간을 많이 차지하지 않는 셈이다. 후각은 빛이나 소리의 파장이 아니라 분자를 감지한다. 우리가 숨 쉬는 공기에는 수만 가지 분자가 들었으므로, 이 냄새들을 맡으려면 감지기로 덮인 축축하고 따뜻한 넓은 표면이 필요하다.

코로 주위의 화학적 세계를 파악할 수 있다는 것은 놀라운 일이다. 영어와 중국어의 차이를 생각하자. 알파벳은 겨우 26개의 문자를 조합해 일정한 범위의 소리를 낸다. 그러나 한자는 표음문자가 아니다. 모든 단어에 그에 상응하는 문자가 있어서 10만 6,230개의 한자가 있다고 한다.*

후각계의 알파벳을 세어 보자면, 인간의 코에서는 약 400개의 수용체가 발견됐고, 포유류의 후각 수용체와 관련된 유전자는 약 천 가지가 알려졌다. 다만 이 중 대부분은 인간의 몸에서 기능하지 않는다. 기능이 없는 유전자를 제외해도 포유류 유전자의 2퍼센트에 달하는 양이다.[35] 정말 엄청난 수다. 그러면 무엇을 만들기 위한 유전자일까? 후각 수용체는 포수

---

* 그래도 900개의 글자만 알면 중국어 신문의 90퍼센트를 읽을 수 있다.

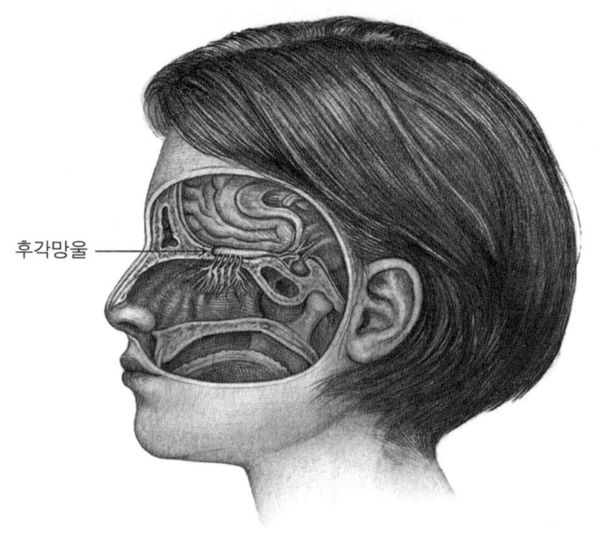

△ **인간의 후각계**

의 글러브처럼 그야말로 '냄새를 잡아낸다.' 그러나 후각 수용체 유전자는 각각 한 가지 종류의 글러브를 만들고, 각 글러브는 크기와 모양이 들어맞는 한 가지 분자하고만 결합한다. 공기는 우리가 하나하나 냄새를 감지해야 할 수많은 분자로 가득 차 있으므로, 유전자로 이런 정보를 감당하기가 얼마나 벅찰지 쉽게 알 수 있다.

그러나 고맙게도 냄새는 코에 있는 여러 가지 수용체를 활성화한다. 대부분의 냄새는 여러 가지 화학물질의 조합이기 때문이다. 그러므로 그렇게 많은 후각 유전자의 기능이 꺼졌어도, 개처럼 복잡한 냄새를 충분히 감지하지는 못해도 인간은 여전히 중요한 냄새들을 파악할 수 있다. 공기를 떠도는 복잡하고도 보이지 않는 세계에서 코는 여전히 오렌지 향과 포도향을 구분할 수 있다. 더 정확히 말하면 여성의 코에는 남성의 코에 부족한[36] 섬세한 능력이 있다. 여성과 남성 모두 400개의 수용체를 가졌지만, 여성은 더 특수한 후각의 세계를 산다.

남자의 향기

포유류의 삶에서 코의 중요성은 아무리 강조해도 지나치지 않다. 후각은 어디가 안전하고 안전하지 않은지, 무엇이 먹이이고 무엇이 독인지, 누가 좋은 성관계 상대이고 누가 오히려 나를 죽일 수도 있는지 알게 한다. 심지어 호랑이가 최근 나와 같은 종을 여러 마리 잡아먹었는지도 알 수 있다. 내가 식단에 포함될 처지라면 유용할 것이다. 이런 정보와 후각 기능은 자연스럽게 행동에 영향을 미친다. 예를 들어, 우리는 포식자를 피하기 위해 고의로 냄새를 숨길 수 있고, 포식자는 사냥에 도움이 되도록 냄새를 숨길 수 있다. 가장 많이 연구된 포유류인 생쥐와 쥐에게도 후각 작용이 아주 중요해서 연구자는 주변 환경의 냄새를 바꿔 이들의 행동을 급격히 바꿀 수 있다.

성 특이적인 냄새는 특히 중요하다. 설치류 수컷은 실제로 바나나 향이 나는 임신한 암컷의 소변 냄새에[37] 흥분하지만, 다른 수컷의 소변 냄새에는 상황에 따라 스트레스를 받기도 관심을 보이기도 한다. 설치류 암컷의 경우 수컷의 소변 냄새는[38] 호기심을 자극한다. 암컷 생쥐와 쥐들은 수컷의 소변이 묻은 침구를 사랑한다. 그곳을 찾아간다. 수컷 소변 냄새로 우리나 미로의 특정 지점을 선호하도록 암컷 설치류를 훈련할 수도 있다. 그곳에서 수컷 냄새가 사라져도 암컷은 수컷 구역으로 인식한 곳을 계속 배회

하는 경향이 있다.

이런 현상은 수컷의 페로몬 때문이다. 페로몬은 휘발성 화합물로, 수컷의 침에 풍부하고 엉덩이에 있는 작은 분비샘에서도 나와 소변에 섞여 들어간다. 대부분의 포유류에는 이처럼 향에 기반한 사회적 신호체계가 있다. 돼지도 침과 함께 페로몬을 분비한다. 개는 침, 소변, 엉덩이 땀에 들었다. 번식기가 되면 수컷 포유류는 온갖 곳에 엉덩이를 문지르고 소변을 누는 경향이 있다. 자기 영역을 표시하고 사회적 신호를 멀리 널리 퍼뜨리기 위해서다. 수컷 염소는 과시용으로 진하고 사향 냄새가 나는 소변을 배부터 턱까지 뿌리면서 자신에게 소변을 본다. 호미닌 역사에는 이런 일이 없었기를 바랄 뿐이다. 염소를 기르는 사람이라면 누구나, 이 냄새야말로 사람이 맡을 수 있는 냄새 중 가장 역겹고 바로 알아챌 수 있는 냄새라고 입을 모을 것이다. 여기에는 푸트레신과 카다베린이라는, 시체가 썩을 때 나오는 두 가지 유기화합물이 들었다. 암컷 염소는 역겹도록 달콤한 '죽음의 냄새'를 좋아한다고 생각할 수밖에 없다.

최근까지 과학자 공동체는 인간이 페로몬을 잃었다고 생각했다. 우리에게는 부수적 후각계가 별로 없기 때문이다. 대부분의 다른 포유류에는 입천장에서 시작해, 코를 지나, 보습코기관vomeronasal organ이라 부르는 이상하게 생긴 작은 살 다발에 도달한 후, 특화된 경로를 따라 성과 사회화를 관장하는 뇌 부분을 향해 위로 올라가는 감지기와 신경 다발이 있다. 설치류에는 이런 감각계가 있다. 원숭이에도 있다. 심지어 푸르기에도 있었을 것이다. 그러나 인간과 다른 영장류에는 없다.

우리가 이 감각계를 잃은 이유를 설명하는 이론은 푸르기와 다른 초기 영장류들이 더 시각적이고 덜 후각적인 존재로 천천히 진화했다는 것이다. 적어도 영장류의 경우 나무 위에서 생활하면서 땅에서 생활하는 생물에 비해 사회적 냄새를 퍼뜨리기 어려웠기 때문일 것이다. 이유가 무엇이든 영장류의 진화가 이어지면서[39] 얼굴이 편평해진다. 눈이 앞쪽으로 이동한다. 코는 들어간다. 심지어 인간의 유전자와 마찬가지로 후각 유전자를 다수 꺼버릴 수도 있다. 마침내 우리는 코로 냄새 맡기보다는 눈으로 보면서 세계를 이해하기 시작한다.

고대 속씨식물 숲에서 푸르기가 경험한 감각적 실재는 후손들이 경험한 세계와 차이가 있다. 단지 숲이 바뀌었기 때문만이 아니다. 열매가 열리는 이 숲에 적응하기 위해 영장류 이브의 감각 장치 모음, 그리고 함께 연결된 뇌 구조도 그만큼 바뀌었다. 이브의 자아가 세계와 맺는 관계는 근본적으로 달라졌다.* 고대 영장류가 유인원으로 진화한 후에는 후각계가 대폭 해체됐다.[40] 인간의 보습코기관은 부비동 바닥에서 막다른 관으로 끝나는 아주 작은 살덩어리에 불과하다. 태곳적 방식으로 아직도 우리의 내분비계와 연결됐을지도 모르지만, 명백한 신경조직이나[41] 다른 포유류에 있는 일반적 연결 구조가 전혀 없다.

냄새를 풍겨 성관계에 도움이 되는 방법이 하나 더 있다. 인간의 몸에

---

* 자아(Self)는 뇌에서 만드는 어떤 것이다. 뇌에, 그리고 뇌가 주변 환경을 감지하고 관계 맺는 방식에 근본적인 변화가 생기면 자아도 필연적으로 변한다. 푸르기에게 자아가 있었는지 없었는지 피터 싱어(Peter Singer, 즐거움과 고통을 느낄 줄 아는 동물의 권리에 관심을 기울인 공리주의 생명윤리학자_역주)에게 문의해 볼 수도 있겠지만, 여기에서 나는 자아란 잘 발달한 포유류 뇌의 기능적 특성으로 쉽고 단순하게 이해하려 한다. 물론 자아는 자기 몸(그리고 몸과 세계의 관계)에 대한 감각, 경험에 대한 기억, 그리고 뇌에서 이런 정보의 범주들을 끊임없이 분주하게 조화하는 전반적인 활동이 누적돼 생기는, 유용하고도 다소 미심쩍은 개념이다. 당연히 몸이 변하면 자아도 변한다. 우리의 몸과 뇌는 푸르기와 다르므로 푸르기 같은 생물의 삶이 어땠을지 이해할 수 없다. 한 가지 이유는 우리의 감각기관이 근본적으로 다르기 때문이고, 또 다른 이유는 우리의 뇌가 명백히 다르기 때문이다. 그러나 푸르기의 삶을 이해하려는 시행착오를 반복하다 보면 우리의 몸에 갇혀 얻은 경험을 둘러싼 장막을 조금씩 걷으며, 있는 그대로의 세계, 그리고 그 세계 안에 있는 우리 몸을 바라볼 수 있을 것이다.

서 가장 냄새나는 부분은 사타구니와 겨드랑이다. 연구 대상자에게 더러운 속옷을 달라고 부탁하기는 어려웠던지 냄새의 사회적 영향에 관한 연구는 대부분 겨드랑이를 중심으로 이뤄졌다. 건강한 사타구니보다 겨드랑이에서 나는 냄새가 더 강하다는 것도 이유일 수 있겠다.

나는 마르세유, 이스탄불, 카이로, 다렌, 나이로비의 (디오더런트 사용이 당연한 문화가 아닌 곳의) 택시와 버스에서 남성의 진한 겨드랑이 냄새로 오염된 공기miasma를 인상 깊게 겪은 경험이 있다. 그것을 냄새라고 불러서는 안 될 것 같았다. 모든 냄새가 덮여 버렸다. 숨이 막혔다. 그 냄새는 내 뇌의 기저부에 씨름을 벌였다. 달콤한, 날카로운, 톡 쏘는, 예리한, 오래된 치즈처럼 자극적인, 오랫동안 잊힌 동굴처럼 퀴퀴한, 의심할 여지 없는 수컷의 냄새였다. 나는 여성의 겨드랑이 냄새를 안다. 나는 묵은 생리혈의 쇠 냄새, 감지 않은 머리카락 냄새, 코를 마비시키는 과한 향수 냄새를 안다. 그러나 건강한 여성의 몸에서 나오는 냄새 가운데 성숙한 남성의 겨드랑이 냄새에 견줄 만한 냄새는 결코 없다.

아마도, 그저 아마도 이렇게 효과가 뚜렷했던 이유는 남성의 겨드랑이 냄새가 강해서만이 아니라 내가 수컷에 성적으로 끌리는 암컷이었기 때문일 것이다.

남성의 페로몬이라 연구해 온 인간의 호르몬이 있다. 바로 안드로스타디에논androstadienone, AND으로 거의 모든 남성의 겨드랑이에 있는 휘발성 스테로이드다.* 이 호르몬은 수컷 돼지의 침에 있는 페로몬, 말 그대로 암컷이 다리를 벌리고 수컷이 올라타기를 기다리게 만드는 향과 구조가

---

* 여성의 땀에도 있지만 농도가 훨씬 낮다. 안드로스타디에논이 테스토스테론에서 유도된 스테로이드 화합물이라 생각하면 이해가 된다. 성인 남성은 가임기 여성보다 혈액 내 테스토스테론 농도가 15배 높다.

비슷하다. 인간에게는 그다지 효과가 크지 않다. 그러나 얼마간 효과가 있다. 이성애 성향 여성의 윗입술에 AND를 바르면 특정 남성에게 성적 매력을 더 느끼고, 스피드 데이트 행사에서 남성에게 말 걸기를[42] 더 즐기며, 시상하부가 특히 활성화되고,[43] 침 속 코르티솔 농도가 높아지는[44] 경향이 있다.* 질식 초음파와 혈액검사 없이 배란 시기를 확실히 알기는 어렵지만, 여성의 배란기가 다가올 때 이런 경향이 더 일관되게 나타나므로 이런 민감성이 냄새로 좋은 짝을 찾는 능력과 관련 있음을 시사한다.**

남성의 겨드랑이 냄새는 성적 지향에도 영향을 미치는 것 같다. AND에 노출된 게이의 시상하부에서는[45] 이성애 성향 여성과 유사한 반응을 관찰할 수 있다. 레즈비언 여성에게서는 그런 반응이 나타나지 않는다. 다소 간접적인 시험에서 연구자는 게이, 이성애자 남성, 동성애자 여성의 코 밑에 티셔츠를 대고 (AND만이 아니라 온전한 겨드랑이) 냄새를 풍겼다. 나중에 드러나기로, 게이는 특히 이성애자 남성보다 다른 게이의 냄새를 더 좋아했으며, 여성은 이성애자 남성보다 게이의 겨드랑이 냄새를 선호했다.[46] 그리고 남성에서 여성이 된 성전환자의[47] 시상하부에서는 이성애자 여성과 유사한 반응이 나타났다.

여성의 냄새 선호에 대한 연구는 남성에 대한 연구보다 제법 많았다. 남성 과학자들이 여성들의 선호에 관심이 많기 때문인지는 나도 알 수

---

* 한 가지 짧게 언급할 점이 있다. 이런 결과가 AND 때문인지, 아니면 다른 화학물질, 또는 겨드랑이 분비액에 있는 다양한 성분의 상호작용 결과인지는 여전히 불분명하다. 과학 논문 출판은 긍정적인 발견에 편향되는 경향이 있으며, 성적 촉발 요인같이 인간 행동의 문화적 관념과 결부된 연구 주제들은 선정적인 연구 결과에 이끌리는 출판 편향에 유난히 취약하다.

** 대부분의 연구실에서는 연구 대상자의 피임약 복용 여부, 가장 최근의 생리 시작일, 평소 생리 주기를 묻는 정도로 만족한다. '주기법'에 의지하다 피임에 실패한 여성에게서 볼 수 있듯 아주 정확한 방법은 아니지만, 이런 연구 상황에서는 충분한 방법이다.

가 없다. 남성에 대한 연구 중에는 남성들이 배란기의 스트리퍼에게 팁을 더 많이 준다는[48] 이제는 꽤 유명해진 연구가 있다. 이런 효과는 줄어들 수 있어서 여성이 피임 중일 때는 사라지며, 냄새와 연관돼 있는지는 확실하지 않다. 남성은 배란기 여성의 냄새나는 티셔츠를[49] 선호하고, 면역력이 떨어지는 여성만큼이나 생리 중인 여성의 겨드랑이 냄새를 싫어하고,[50] 여성의 생식 주기와 무관하게 거의 보편적으로 여성의 눈물 냄새를 싫어한다.[51]

이런 연구들은 다른 과학자들이 보기에는 재미있는 내용이었지만 표본 크기가 너무 작거나 그 차이가 너무 미미해 거의 주목받지 못했다. 이런 경향은 상당수 인간 페로몬 연구에서 계속 문제가 된다. 그러나 관련 문헌이 쌓이고 더 많은 사람이 과학적으로 구체화된 겨드랑이 시나리오를 접하면서 페로몬에 대한 그림은 점점 설득력을 얻기 시작했다. 비록 우리가 다른 포유류만큼 페로몬의 영향을 받지는 않지만, 인간의 코는 우리의 성생활에서 중요한 역할을 담당할지 모른다.

자, 최근 사람들이 쓰기 시작한 디오더런트가 이런 영향을 지워 버리는지, 그저 조금 누그러뜨리는지, 아니면 신호를 바꾸는지는 불분명하다. 일부 과학자는 새로운 데이터에 고무된 나머지 디오더런트와 피임약이[52] 우리 몸에 내장된 궁합 냄새 탐지기compatibility sniffers를 망가뜨려 유전 질환에 취약한 자손이 태어나게 한다고 주장하는 데까지 나아갔다. 나는 확신이 서지 않는다. 인간의 짝짓기에 영향을 미치는 요인은 어떤 사람의 신체적 외형, 직업, 문화적 배경, 종교 등 그 외에도 많아서 냄새 검사의 영향은 미미해 보인다.

더욱이 우리 호미닌 조상의 짝짓기는 선택의 폭이 좁아서 오늘날의 데이팅 앱마다 있는 '수많은 가입자'가 아니라 그 지역에 있는 여남은 구혼자 가운데 선택해야 했을 것이다.* 대도시에 사는 건강한 현대 미국 여성인 내게는 잠재적 후손의 아빠로 선택할 수 있는 잠재적 남성이 실제로 백만 명이나 있다. 이들은 모두 자신들이 가진 취약한 유전자의 운명보다 훨씬 오래 살 수 있게 해 주는 현대 의학의 혜택을 누린다. 나는 배란기의 내가 남자 겨드랑이 냄새를 좋아하는지보다 이토록 다양한 정자가 혼기를 놓치고 있다는 사실이 내 후손에게 닥칠 유전적 비극에 더 크게 영향을 미친다고 생각한다.

그런데 아직! 오랫동안 진화한 암컷으로서 나의 후각 우위는 여전히 유효하며, 연구자는 잠재적 기전을 마침내 파악했다.

(여성의) 코가 아는 것

인간의 후각을 연구하는 사람이라면 누구나 여성의 후각이 남성보다 예민하다는 사실을 쉽게 받아들인다. 여성은 희미한 냄새를 감지하고, 서로 다른 냄새의 차이를 구분하며, 약간의 냄새만으로도 정확한 정체를 알아채는 데 더 뛰어나다.[53] 이런 차이는 갓 태어난 아기에게서도 나타나지만, 배란기나 임신 중인 성인 여성에서 특히 두드러지고 폐경 이후 여성에서 줄어든다. 그래서 대부분의 후각 연구자는 성호르몬이 여기에 작용한다고 생각한다. 이와 같은 암컷 우위는[54] 다른 종의 포유류에서도 나타나므

---

* 대부분의 온라인 데이트 플랫폼에서는 이성애자에 부합하는 여성 이용자가 (요청한 것과 요청하지 않은) 남성의 연락을 받는 일이 남성이 여성의 연락을 받는 경우보다 많다. 백인 여성에 한해서다. 백인이 아니면 후보자 범위가 유의하게 줄어들며, 데이트 앱에서 흑인이라 확인된 여성의 경우 정량적으로 최악이다(Rudder, 2014)

로 아마 푸르기도 그랬을 것이다. 정확한 이유는 모른다. 그러나 원래 후각이 성, 먹이, 위험을 감지할 수 있도록 진화했으므로 여성 코의 진화에 대한 이론들은 대부분 여전히 이 세 가지 범주에 속한다.

남성의 냄새를 맡는 능력은 그중 두 가지와 관련 있다. 남성은 성관계를 맺기에 유용하지만 동시에 위험한 존재다. 다른 종의 수컷들이 냄새로 사회적 신호를 많이 발산하는 반면, 많은 종의 암컷은 그 신호를 감지하는 능력이 조금 더 뛰어나다.* 생각해 보면 조금 이상한데, 사회적 포유류의 수컷이 항상 서로에게 냄새를 퍼뜨리기 때문만이 아니라, 대부분의 암컷 포유류는 항상 재생산에 임할 준비가 되어 있는 것이 아니기 때문이다. 교미 후 이에 대한 반응으로 배란이 일어나는 토끼를 제외하면 대부분의 암컷 포유류는 발정기에 접어들었을 때만 페로몬을 발산해 준비가 됐다고 알린다. 골목길에서 울부짖는 수고양이. 발굽으로 땅을 구르는 종마. 포유류 수컷은 대부분 암컷이 생식 가능 상태에 접어들었다는 사실을 냄새로 알아차릴 수 있다.

남녀는 각각 약 400개의 냄새 감지기를 가지므로, 원칙적으로 비강이 조금 더 큰 남성이 냄새를 더 잘 맡아야 한다. 소년은 사춘기가 되고 근육량이 늘면서 필요한 산소를 공급할 수 있도록 코가 커진다. 전형적인 10대 소년의 코는[55] 10대 소녀보다 10퍼센트 정도 크게 자란다. 이렇게 자란 성인 남성의 콧구멍은 더 많은 공기, 더 많은 냄새 분자를 비강으로 빨아들

---

* 인간 동네에는 여기저기 쌓인 개 소변으로 소셜 미디어 플랫폼이 생겨서 지나가는 강아지들은 주위에 누가 있는지, 누가 우세한지, 심지어 최근 저녁 식사는 어땠는지 알려준다. 개들이 산책할 때 온갖 냄새를 맡으며 버티는 주된 이유다. 우리가 달려가자고 목줄을 잡아당기면 이런 대화를 방해하는 셈이다. 산책 중인 개가 암컷이면 수캐가 자기나 다른 수캐들에게 '이야기한' 메시지를 냄새 맡았을 것이다. 그리고 암캐가 그 대화에 대고 소변을 누는 것은 그녀 역시 자신의 재생산 상태를 광고하기 위해서였는지도 모른다(Cafazzo et al., 2012).

인다. 그런데도 희미한 향을, 다시 말해 해당 지역의 대기 중에 향기 분자가 적을 때도 냄새를 더 잘 감지하는 것은 여전히 여성이다.

무엇인가가 여성의 냄새 수용체 기능을 향상시킨다. 그 이유를 밝히기 위해서는 비강 기저 조직의 성 차이에 주목해야 한다. 그리고 뇌로 이어지는 경로도 살펴봐야 한다. 냄새를 파악하는 일은 냄새 신호를 생성할 수 있을 만큼 충분히 잡아낸 다음, 그 내용을 이전의 지식과 비교하는, 감지와 추론이 모두 동원되는 활동이기 때문이다.

2017년 그 기전을 엿볼 수 있는 훌륭한 소규모 쥐 연구가[56] 발표됐다. 생쥐는 아직 보습코기관을 간직하면서 우리에게 있는 후각신경뉴런 olfactory sensory neurons, OSNs도 가진다. OSNs란 코에 있는 화학적 '함정'을 통해 냄새 입자와 물리적으로 접촉한 뒤 정보를 뇌의 후각망울로 보내는 뉴런이다. 무엇인가 냄새를 맡으면 암컷 생쥐의 OSNs는 수컷보다 더 폭넓게 반응하고 더 신속하게 뇌로 정보를 보낸다. 그러나 생쥐를 중성화하면 재미있는 일이 벌어진다. 암컷의 반응은 더 느리고 덜 섬세해지는 반면, 수컷의 반응은 더 섬세하고 빨라진다. 양쪽 성호르몬이 모두 생쥐의 코에 영향을 미친다는, 다시 말해 에스트로겐은 OSNs의 기능을 강화하고 안드로겐은 어떤 식으로든 후각을 억제하거나 방해한다는 뜻이다. 인간 OSNs의 구조는 다른 포유류와 유사하므로 우리의 코도 호르몬의 동일한 영향하에 있을 가능성이 높다.

이런 강점이 진화적 선택의 결과인지 다른 형질에 딸린 유용한 부산물인지는 알 수 없다. 예를 들어, 냄새에 둔감한 형질이 어디에 쓸모가 있는지는 짐작하기 어렵다. 그러나 인간의 경우, 여성의 후각은 배란기 즈음에 예민해진다는[57] 사실이 잘 알려졌으며, 이런 현상이 왜 적응에 도움이 되는지는 쉽게 짐작할 수 있다. 배란기는 암컷 포유류의 안목이 중요해지는 시기다. 인간은 다른 동물의 암컷보다 임신과 출산 비용이 높으므로, 어떤 수컷에 이 일을 맡길지 아주 신중하게 결정해야 한다.

그러나 코에서 뇌로 데이터를 더 잘 보내는 것으로는 부족하다. 이때 뇌의 능력이 진정한 차이를 만든다. 임산부라면 누구나 이렇게 말하겠지만, 임신 전부터 식당 테이블에 앉아 식당 화장실의 세정제 냄새에 괴로워하지는 않았을 것이다. 그저 지금, 신호와 반응이 강해져 그런 냄새를 맡으면 메스꺼움이 몰려오고 부정적인 감정이 솟아날 뿐이다. 화장실과 너무 가까운 테이블에 앉은 탓이 아니라는 뜻이다. 감사한 일이다.

임신이 여성의 후각을 바꾸는 이유는[58] 아마도 코의 혈류 변화 때문일 것이다. 그러나 동반한 남성은 아무렇지 않은데도 여성이 좌석을 바꿔야 했던 진짜 이유는 화장실 냄새를 맡는 기본적 능력이 출발 지점부터 달랐기 때문이다. 여성의 후각망울 구조는 그야말로 남성과 다르다.

대부분의 뇌 영역에서는 뉴런이 나뭇가지 모양으로 연결된다. 거미줄처럼 긴 팔이 뻗어 나가며 다른 뉴런들과 시냅스를 이루고 연쇄적인 신경 활동을 유발하는 모습이 전통적인 뉴런의 그림이었다. 그러나 후각망울에서는 신호의 분포가 퍼진다. 활성화된 세포는 주위 모든 방향으로 정보를 발산한다. 이런 뜻에서 후각망울의 연결은 연쇄적 사건을 촉발하기보다는 연못에 물결을 일으키는 방식에 가깝다.

2014년 여성과 남성의 후각망울에[59] 든 세포 수를 세어 보고자 한 연구실이 있었다.* 살펴볼 수 있는 시체 수에 한계가 있어 표본 크기는 상대적으로 작았지만 결과는 명확했다. 여성의 후각망울에는 뉴런과 교세포가

---

* 이들은 시체의 후각망울을 수거해 믹서에 넣었다. 그다음 기계를 이용해 세포의 종류와 숫자를 세었다. 프랑켄슈타인 소설에 나올 것 같은 이야기다.

남성보다 훨씬 많고, 크기 차이를 넘어설 정도였다. 50퍼센트 이상 더 많았다. 후각망울이 신호를 처리하는 방식을 생각하면, 밀도는 전반적 기능에 지대한 영향을 미칠 수 있다. 그 어떤 신호도 밀도가 높아지면 이에 따라 감도도 높아진다. 여성과 남성의 후각 수용체 수가 같다는 점을 생각할 때 여성 후각계의 차이를 만드는 지점은 주로 후각망울일 수 있다.

후각망울이 원시적인 기관임을 감안하면 이런 차이는 출생 시부터 존재했을 것이다. 지금은 확인할 방법이 없지만, 가까운 미래에 어떤 연구실에서 세포 수를 살펴보기 위해 새끼 생쥐의 뇌를 연구용 비타믹스(유명 믹서 상표_옮긴이)에 집어넣기로 했다는 이야기가 들려와도 별로 놀랍지 않을 것이다. 후각의 차이는 일상적이고 친숙한 경험이므로, 고대에 생긴 우리 포유류의 뇌 부위가 성 차이로 다르게 구성됐다는 발상은 언제나 흥미로울 것이다.

결코 잊지 못할 식사

임신한 여성, 생리 중인 여성, 배란기 여성이 느끼는 음식에 대해 갈망과 거부감은 잘 알려져 있다. 통념대로라면 이들은 기름진 음식, 짠 음식, 그리고 단 음식을 찾아다닌다. 미국에서는 초콜릿이 유명하다. 마카로니 치즈도 마찬가지다.

진화 과학자는[60] 음식에 대한 갈망이 영양 결핍과 관련 있다고 생각하는 경향이 있다. 우리의 몸은 배란, 생리, 임신 같은 독특한 스트레스 상황에서 무엇을 먹어야 할지 바로 '알고' 이런 음식을 찾도록 이끈다는 것이다.

이를 뒷받침하는 근거도 있다. 예를 들어, 임신한 여성은 이식증에 시달리기도 한다. 이식증은 흙, 모발, 연필 깎은 부스러기 따위를 먹고 싶은 충동이 일어나 통제하기 힘든 상태를 말한다. 태반은 임산부의 몸에서 철분을 다량 빨아들이고, 이식증이 있는 여성들은 철 결핍증을 함께 갖고 있는 경향이 있기도 한다. 아직 인과관계가 확인되지는 않았지만, 표토에는 철분이 풍부할 수도 있다. 물론 여러분에게 흙을 먹는 습관이 새로 생겨 장 폐색이 일어난다면 이것을 진화적 적합성이라 부를 수는 없을 것이다. 또한 우리의 갈망이 영양적 필요와 무관한 경우도 많다. 기름진 스테이크는 피를 많이 흘렸을 때 찾을 것 같은 철분 함량이 높은 음식이지만 생리 전 증후군 기간에 찾는 전형적인 음식은 아니다.

유사하게 아이스크림과 피클, 또는 다른 이상한 음식 조합에 대한 갈망은 임신한 여성에게 별 해가 없을지 모르겠지만 반드시 좋지만도 않다. 심지어 특정 음식들에 대한 욕구가 커지는 한편, 향과 맛에 대한 거부감도 심해진다. 임신한 여성에게 음식에 대한 거부감은 갈망보다 더 흔하며, 그래야만 한다. 먹어야 하지만, 또한 생존해야 하기 때문이다. 대부분의 사람은 절대 겪고 싶지 않겠지만, 메스꺼움은 우리 몸의 가장 중요한 감각 중 하나다. 통증 못지않게 중요하다. 우리 몸은 가치 있는 교훈을 배우도록 진화했다. 독성이 있는 무엇인가를 먹거나 마시고 고생 끝에 생존한 적이 있다면 몸은 그 몹쓸 것을 섭취하지 못하도록 무슨 짓이라도 하는 편이 합리적일 것이다.

입덧과 관련해 한 가지 흥미로운 점은 맛이나 냄새에 대한 선호가 크게 바뀔 수 있다는 사실이다. 입덧의 일부 원인은 호르몬 때문에 장운동이 느려지면서 생기는 기본적인 소화불량으로 설명할 수 있다. 혹 밀려드는 메스꺼움도 그저 체증이 심해진 탓일 수 있다. 그러나 체증만으로는 급격한 후각 변화를 충분히 설명할 수 없다. 전에 좋아하던 음식의 냄새가 아주 역겨워지거나, 전에는 아무렇지 않던 담배 냄새가 마치 누가 얼굴에 대고 방귀를 뀐 듯 느껴질 수도 있다.

다시 말해 입덧은 소화기관만의 문제가 아니라 후각과 밀접하게 결부됐다. 이런 여성은 정서적으로도 아주 예민해지곤 한다. 사르트르의 《구토》(존재의 무의미함을 직시할 때의 느낌_옮긴이)? 따분한 프랑스 남자의 부질없는 소리일 뿐이다. 여러분이 아침에 두 번 토하고 나와, 브루클린에서 맨해튼 시내로 들어가는 지하철에 앉아 샌드위치 비닐에 든 짭짤한 크래커를 꺼내 갉아먹는 임산부라고 생각해 보자. 여러분은 그 객차를 거쳐 간 죽은 것의 냄새를 하나하나 모두 맡을 수 있을 것이다.

그러나 먹어야 한다. 태아가 미친 다이슨 청소기처럼 영양소를 빨아 갈 때는 더욱 그렇다. 그러면 자극과 메스꺼움이 이렇게 새롭고 임의적인 관계로 엮이는 데 도대체 무슨 장점이 있을까? 메스꺼움을 유발하는 이 모든 후각적 혼란은 왜 임산부를 죽게 놔두지 않는 걸까?

정말로, 죽음을 모면하는 게 목표다. 모든 사람은 독소를 피하기 위해서라면 메스꺼움과 배고픔을 견딜 가치가 있다고 말할 것이다. 독소는 임신한 상태일 때 특히 위험하다. 예를 들어, 대부분의 인간은 쓴 맛을 좋아하지 않는다. 음식은 대체로 쓴맛이 난다. 청산가리는 쓴 아몬드 맛과 향이 나기로 유명하다. 사실 아몬드도 고대 농부들이 교배를 통해 청산가리를 제거하지 않았으면 여전히 위험했을 것이다.*

식물계에는 우리를 죽음에 이르게 할 수 있는 쓴맛, 금속 맛, 신맛이 강한 음식이 무한정으로 준비됐다. 초식 포유류의 미각은 여기에 맞추어 진

---

* 참나무에도 같은 일을 했지만, 참나무 독소는 아몬드보다 더 복잡하므로 도토리는 다람쥐를 위해 남기는 게 가장 좋겠다.

화했으며, 보통 암컷이 수컷보다 쓴맛에 민감하다. 결국 유전자를 대물림하는 일을 생각할 때 태반 동물 암컷은 언제나 두 마리 몫을 먹는 셈이다. 이들의 몸이 고된 재생산의 상당 부분을 담당하므로, 암컷의 죽음이 종의 존속에 미치는 영향은 언제나 수컷의 죽음보다 훨씬 크다. 그러므로 위험과 성적 파트너를 더 잘 감지하는 코가 있다는 것은 생존 게임에서 우위를 점했다는 뜻이고, 종 전체에 이익이 된다. 혹시 이런 형질 덕분에 맛있는 음식도 잘 찾을 수 있으면 여성에게는 그야말로 금상첨화일 것이다. 우리가 아기를 길러 낼 때에는 열량이 많이 필요하다.

가장 먼저 나무 위 생활을 시작한 동물인 푸르기는 암컷의 조밀한 후각 망울을 이용해 벌레와 잎 외에 과일까지 먹을 수 있었을 것이다. 열매는 잘 익었을 때 맛도 좋고 몸에도 좋다. 과일이 가까이 있으면 푸르기는 후각 덕분에 최상급 열매를 알아볼 수 있었을 것이다. 그러나 건너편 나무에 있는 과일을 알아보고 안전한 접근 경로를 계획하기 위해서는 눈이 필요했다.

눈

모델용 연단에 서 있으면 발치에 있는 낡은 전기난로 냄새, 멀리서 나는 희미한 테레빈유 냄새, 학생의 옷에서 나는 담배 냄새를 맡을 수 있었다. 나이프로 팔레트를 긁으며 물감을 섞는 소리, 붓으로 캔버스를 칠하는 소리도 들렸다. 그러나 남학생들은 나에게서 나는 냄새나 소리를 알아채지 못했다. 단지 남학생이기 때문은 아니었다. 영장류이기 때문이었을 것이다. 오늘날의 영장류에는 무엇보다 눈이 중요하다.

예술 학교 학생이 나를 바라보는 동안에는 수조의 수조만큼의 광자가 내 살에서 튕겨 나가 학생들의 얼굴에 도달했다. 학생의 홍채 근육이 수축하고 동공이 커지면서 더 많은 빛을 받아들였다. 광자가 안구 뒤쪽에 부딪치면 망막은 내 몸의 윤곽에 대한 정보를 시신경으로 보내고 시신경은 몰려드는 자료를 뇌의 시각중추로 전달했다.

다이얼을 돌려 접속하는 구식 모뎀과 지금 쓰는 고속 통신망을 비교하자. 음파를 통해 세상을 감지하는 것도 괜찮은 방식이지만, 반향정위 능력 echolocation이 없으면 그리 많은 사실을 알 수 없다.* 코로 근처 화학물질에 대한 정보를 알 수도 있지만, 숲 천장을 기어다니는 데는 도움이 되지 않을 것이다. 그러나 눈은! 눈으로는 초당 백만 조 기가바이트의 정보를 얻을 수 있다. 그것이 무엇인지, 어디에 있는지 기막힌 속도로 파악할 수 있다. 그 정도의 자료를 이해하는 처리 능력이 있으면, 여러분은 만반의 준비가 됐다.**

---

* 박쥐와 여타 반향정위 능력이 있는 동물들이 음파를 이용해 세계의 모습을 재구성할 수 있는 이유는 (능동적으로_옮긴이) 소리를 보내고 튕겨 돌아오는 '메아리'를 알아들을 수 있기 때문이다. 귀 그 자체는 다른 곳에서 전달돼 오는 소리에 의존하는 수동적인 기관이다.

** 좋은 게이머들은 시각 정보를 신속하게 처리할 수 있는 컴퓨터가 없으면 고사양 모니터도 쓸모가 없으며, 이 정보를 자세히 표현할 수 있는 모니터가 없으면 초강력 그래픽 카드도 무용지물이라 말할 것이다. 이와 관련해 포유류 뇌와 눈에 흥미로운 점이 하나 있다면, 선천적 시각장애인의 뇌는 '시각 피질'이었어야 하는 곳을 다른 용도로 전용하는 데 놀라울 정도로 뛰어나다는 것이다. 엔비디아는 하지 못하는 일이다. 뇌의 가소성에 대해서는 "뇌" 장에서 자세히 다룬다.

두 눈의 시차

영장류라고 하면 여러분은 원숭이와 유인원을 떠올릴 것이다. 그리고 원숭이라 하면 원숭이 얼굴이 생각날 것이다. 짧고 납작한 코, 얼굴 정면의 둥근 안와골에 둘러싸인, 입체시stereoscopic를 갖춘 거대한 두 눈(양안)binocular.* 우리 집 2살짜리 아기도 얼굴 옆에 귀가 달리고, 콧등이 짧고, 큰 눈이 앞을 향하도록 대충 그린 원숭이를 알아볼 수 있다. 영장류의 감각 장치 모음은 대체로 이렇게 진화했다. 영겁의 시간 동안 나무 위에서 생활하는 동안 코가 작아지고 눈은 앞으로 이동했으며, 뇌의 시각중추는 폭발적으로 성장했다. 두개골 화석을 연대순으로 늘어놓으면[61] 안와가 전면으로 이동하는 모습을 볼 수 있을 것이다. 이런 일이 일어나는 동안 뇌의 시각 처리 영역은 극적으로 확장됐다.

주변 환경과의 상호작용 방식을 최적화하기 위해서는 감지기의 위치가 중요해진다. 폐가 새로운 공기를 계속 들이마시므로, 후각 감지기의 최적의 장소는 냄새 입자가 포함된 기류가 지나가는 길목이다. 콧구멍과 후각망울이 얼굴 한가운데 박힌 이유를 이해할 수 있다. 한편 귀가 있어야 할 최적의 장소는 몸 양쪽으로 울려오는 소리를 들을 수 있는 머리 양옆이다. 소리가 얼마나 멀리서, 어느 방향에서 나는지 삼각측량하기에 좋은 위치다. 눈의 위치도 전략은 비슷하지만, 어떤 전략을 선택할지는 일반적으로 그 생물이 포식자인지 피식자인지에 따라 달라진다.

포유류의 눈 위치는 기본적으로 두 가지 전략을 따른다. 피식자가 되는

* 여우원숭이와 갈라고원숭이, 그리고 여타 괴짜들도 영장류에 속하지만, 영장류학자가 아니고서야 이런 얼굴이 먼저 떠오르지는 않을 것이다.

동물은 보통 머리 양쪽에 눈이 있다. 사슴, 토끼, 작은 새들을 떠올려 보자. 머리 양쪽에 눈이 있으므로 믿기지 않을 만큼 넓은 시야로 포식자를 감시할 수 있다. 피식자에는 눈앞에 있는 먹이보다 풀숲에 있는 사자를 알아채는 능력이 더 중요하다. 반면 개, 독수리, 뱀, 고양이 같은 포식자는 보통 머리 앞면에 눈이 있다. 이로 인해 좌우 뒤쪽 시야가 좁아지지만, 양쪽 시야가 중첩되는 면적이 크게 넓어진다. 이런 중첩 영역의 시차parallax(양 눈에 보이는 상의 위치 차이_옮긴이) 덕분에 응시하는 대상이 얼마나 멀리 떨어졌는지 훨씬 쉽게 알 수 있다. 시야 중첩 구간에 있는 형상을 훨씬 선명하게 인식할 수 있기도 하다. 시차가 커지면 우리는 더 멀리, 더 자세히 보고, 멀리 떨어진 대상과의 거리를 더 잘 판단할 수 있다.

영장류의 필요는 포식자와 피식자의 필요보다 복잡하다. 영장류 계통이 진화하면서 무엇을 먹는지와 언제 먹는지가 달라졌기 때문이다.

음식 메뉴부터 살펴보자. 돈나와 모르기처럼 가장 오래된 고대 영장류의 이브가 주로 벌레를 먹으면, 이들은 벌레만 잘 잡으면 됐을 것이다. 그런데 이 벌레들이 잘 숨는 법을 터득하면?

예를 들어, 나무에 사는 곤충들이 가만히 멈춰 얼룩덜룩한 녹색 나뭇잎이나 나무껍질의 어두운 줄무늬를 흉내 내는 위장법을 진화시키면 멀리 있는 포식자는 먹이를 찾기 어려워질 것이다. 그러나 포식자의 머리에 있는 양쪽 눈이 앞을 향하면 이야기가 달라진다. 입체시를 통해 선명한 3차원 영상을 얻을 수 있기 때문이다.[62] 눈이 앞을 향하면 다른 냄새들로 코가 혼란스럽거나 벌레가 꼼짝없이 가만히 있을 때에도 위장한 벌레를 알아볼 수 있다. 그뿐 아니라 숲 천장처럼 앞뒤, 이쪽저쪽, 위아래가 모두 중요한, 거대한 3차원 공간에서 날아 도망가는 벌레를 잡으려면 깊이와 방향을 판단하는 능력이 아주 중요해진다. 3차원 시각 자료를 처리하는 데는 막강

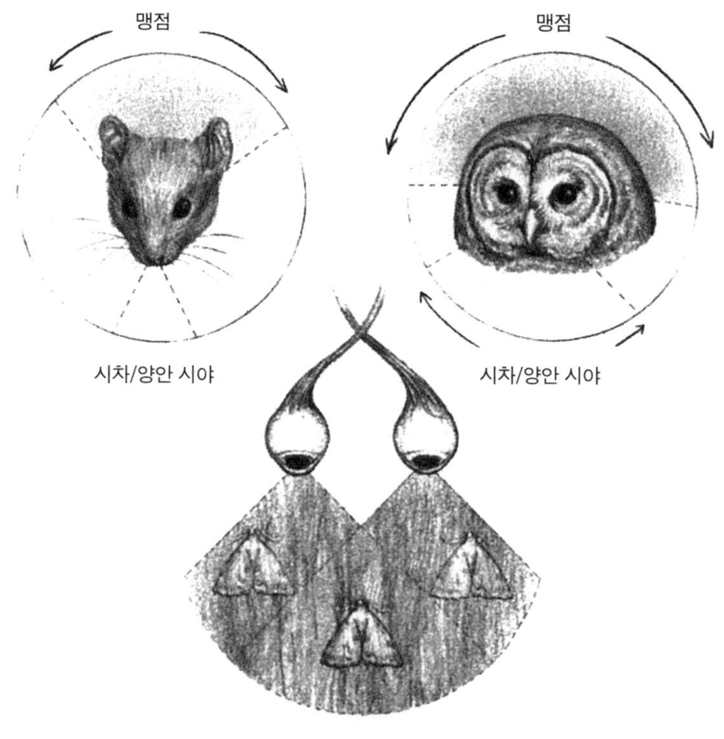

△ 시차와 입체시

한 계산 능력이 필요하므로 뇌도 커져야 했을 것이다. 고생물학자가 영장류 화석의 두개골을 측정했더니 정말로 눈의 위치가 입체시를 이룰수록[63] 두개골이 커졌다.

앞선 이브와 마찬가지로 푸르기의 눈은 설치류나 족제비처럼 머리 양쪽에 있었다. 곤충을 먹는 초기의 이브는 주로 뛰어난 청각과 후각을 이용해 먹이를 찾았다. 푸르기도 날개가 부딪칠 때 나는 고음의 미세한 탁탁 소리를 듣고, 곤충의 몸에서 나는 냄새를 맡으며 먹이를 찾았을 것이다. 그러나 푸르기와 영장류 친척들은 숲 천장에 자리를 잡으면서 양안시를 진화시켰다. 동시에, 이런 진화는 고대 영장류 계통의 상당수가 밤에 3차원 공간에서 먹이를 먹으려 했기에 일어났을 것이다.

양안 입체시는[64] 서로 다른 시기, 여러 번의 진화가 누적돼 나타난 형질이다. 올빼미와 박쥐는 둘 다 밤공기를 가르며 이동하는 포식자이고, 두 눈이 얼굴 앞면에 달려 있다. 육식성 조류나, 곤충을 먹는 포유류라고 해서 모두 양안시를 가지지는 않는다. 결정적으로 작용한 환경은 야간 사냥이다. 대상을 알아보기 힘들수록 양안시를 활용하는 능력이 중요해진다. 이렇게 생각하면 영장류의 눈은 밤에 나무 꼭대기에서 곤충을 잡기가 어려워 천천히 앞으로 이동했는지도 모른다.

그래서 이들은 수백 수천 년 동안 야간의 숲 천장에서 코를 씰룩거리고 날쌔게 달렸다. 벌레들의 은신 능력은 날로 발전했다. 우리 조상이 벌레를 찾는 능력도 좋아졌다. 포식자와 피식자의 신체 설계는 느린 진화의 춤을 추며 서로 경쟁했다. 시간이 지날수록 다른 먹이가 많아졌다. 특히 잎사귀와 과일을 먹었다. 그래서 처음에 우리의 양안시는 3차원 공간에서 곤충을 추적하기 위해 진화한 형질이었음에도, 포식자에 주는 이점이 덜 중요해졌다. 그러나 커진 두뇌는 그대로 남았다.

이렇게 커진 뇌와 앞을 향한 눈은 새로운 먹이를 찾는데도 유용했다. 넓은 시차 덕분에 앞발로 잎, 열매, 씨앗을 얼굴 가까이에 대고 훨씬 정확하고 섬세하게 다룰 수 있었다. 곤충만을 먹었다면, 먹이가 줄기에서 떨어지지 않도록 손바닥으로 살살 뒤집어 보며 잘 익었는지 (익지 않았으면 조금 기다리는 편이 나으므로) 확인할 필요가 없었을 것이다.

너구리를 생각해 보자. 영장류는 아니지만 비교적 영리하고 나무에서 생활하는, 인간을 닮은 기회주의적 식객이다. 너구리는 먹이를 조심스럽게 다룰 때 앞발을 쓴다. 사냥을 하지 않으므로 포식자는 아니다. 그러나

너구리의 눈은 확실히 앞을 향한다. 우리 태반의 이브와 마찬가지로 너구리는 보통 야행성이다. 그러나 낮에 먹이가 더 풍부할 때는 주행성으로 전환할 수 있다. 평범한 일은 아니지만, 너구리는 대부분의 기회주의적 식객들처럼 유연하게 대처한다.

그러나 야간 교대 근무자와 마찬가지로 너구리도 타고난 리듬을 바꾸는 데는 대가를 치러야 한다. 포유류의 거의 모든 체계는 일주기와 연관됐기 때문이다.[65] 주요 호르몬들은 저마다 시간에 맞추어 밀려들었다 빠진다. 음식을 소화하는 방식,[66] 상처를 치유하는 방식, 심지어 우세한 인지의 종류도 시간에 따라 달라진다. 이런 신호의 상당 부분은 신체 내부 작용과 연결되어 있고 유용할 정도로 유연하다. 예를 들어, 시차를 가로질러 여행할 때, 출발 전부터 새로운 시간표에 식사 시간을 맞추면 시차 적응이 빨라진다.*

그러나 어떤 것은 망막으로 들어오는 빛의 종류에 직접 반응하는 듯하다. 다시 말해 눈은 우리가 온몸으로 시간을 '이해'할 수 있도록, 그리고 여기에 맞춰 몸 안의 시계태엽이 작동할 수 있도록 돕는다. 영장류가 시각적인 생물로 진화하면서 더 그랬다. 우리 몸이 눈으로 받아들이는 신호는 아주 기본적인 일에 영향을 미친다. 예를 들어, 야간 교대 근무를 하는 여성은[67] 생식능력에 문제가 생긴다. 일반적 스트레스 때문만도, 저녁에 집에 없어 성생활을 조율하기 어렵기 때문만도 아니다. 복잡한 난소 주기가

---

* 정상적인 상황에서 식후에 상승해야 할 혈당과 코르티솔이 최고조에 이르는 시간을 옮김으로써 몸이 시간을 착각하도록 효과적으로 '속이는' 것이다. 식사는 근본적으로 리듬을 정상화하는 일이므로 정신적 효과도 기대할 수 있다. 저녁에 식사하는 사람이 저녁밥을 먹으면 저녁이 됐다고 느끼고, 저녁 식사 후 잠자리에 들기까지 일정한 시간이 지나면 잠잘 시간이 됐다고 느낀다.

일주기와 결부됐기 때문이다. 난자가 자라는 배란 주기의 첫 2주 동안 아침에는 프로게스테론 농도가, 밤에는 에스트라디올 농도가 정점에 이르고, 오후에는 황체 호르몬이 천천히 높아져 최고조에 달한다. 정상적으로 난자가 발달하고 배란이 이뤄지려면 이 호르몬들의 리듬과 상대적 균형이 모두 유지돼야 한다. 해가 뜨는 날의 정상적 리듬에서 벗어나는 일은 뇌, 난소, 자궁 사이에 지속적으로 이뤄지는 복잡한 대화에 방해가 될 수 있다.*

야간 교대 근무를 하는 남성도 여성과 유사한 대사 또는 면역 문제를 겪지만 생식능력에 큰 문제가 생기지는 않는다.[68] 테스토스테론은 평소 낮에 최고조에 달하지만, 남성의 몸은 시각적 빛 노출보다 수면의 영향을 더 많이 받는다. 테스토스테론 농도는 수면 중에 높아졌다 깨어나면 낮아진다. 그러므로 교대 근무를 하는 남성이 낮에 잠을 자면 테스토스테론 분비 주기도 여기 맞춰 변하고 고환의 정자 생산도 새로운 일상에 적응한다. 포유류는 꽤 값싸고 쉽게 정자를 생산하기에 남성이 올빼미족이 될 때는 문제가 덜 심각하다.

진화적 관점에서 낮에 돌아다니던 동물이 야행성으로 변하는 일은 태반 동물의 건강에 해롭다. 반대의 변화도 마찬가지다. 이런 변화는 단지 습관을 바꾸는 문제가 아니라 체계를 근본부터 뒤흔드는 일이다. 그러나 기회주의자인 우리는 그런 일을 한다. 자주는 아니고, 항상도 아니지만, 우리에게 이익이 되면 그렇게 한다. 옛날 옛적 우리의 이브 중 상당수는

---

* 모유 수유가 배란에 영향을 미치는 현상도 일부는 이런 이유 때문일 것이다. 모유 수유 여성은 생리 주기를 되찾은 여성과 호르몬 분비 양상이 다를 뿐 아니라, 아기가 태어난 후 적어도 첫 몇 달간은 밤에 오래 깨어 있어야 한다. 물론 이로 인한 스트레스도 배란을 적잖이 방해하겠지만, 동시에 몸의 일주기가 흐트러질 것이다. 내 경우 아들이 태어난 지 2개월 째에는 낮과 밤의 차이를 거의 느끼지 못했다.

이런 전환을 감행하는 기회주의자였다. 그리고 우리 몸도 많이 변했다. 그러나 무엇보다 명백하게 우리의 눈이 달라졌다.

총천연색

고생물학자 대부분은 포유류의 이브가 달빛의 안전한 그림자 안에서 잽싸게 움직이던 야행성 식충 동물이었을 것이라 생각한다. 숲 천장에 열매가 열리고, 이 열매를 곤충들이 이용하도록 진화하면서, 식충 동물도 자연스레 먹이를 따라 나무 위로 올라갔다. 처음에는 야행성 생활 방식을 바꿀 이유가 없었다. 무엇보다 벌레는 밤에 나왔다. 왜 위험하게 포식자가 있는 대낮에 나가겠는가? 왜 위험하게 눈에 띄겠는가? 정말로 타당한 이유가 있어야 새벽까지 깼을 것이다. 그런데 푸르기의 손녀 가운데 적어도 하나가 일찍, 더 일찍, 또 더 일찍 잠들기 시작했고 마침내 우리의 영장류 조상은 완전한 주행성 동물, 밤에 잠을 자는 주간 활동자가 됐다. 그 이유는 십중팔구 속씨식물 숲 천장에 있는 과일, 고맙게도 얼마나 익었는지 색으로 보여 주는 환상적인 식량 공급원 때문이었다.

대부분의 포유류는 색맹이라 적색과 녹색을 구분하지 못한다. 그들의 세상은 청회색 또는 적갈색에 가깝다. 시각의 작동 원리는 다음과 같다. 망막에 있는 옵신opsin이라는 특수 수용체가 서로 다른 빛의 파장에 반응한다. 짧은 파장은 청색에 가까워지고 긴 파장은 적색에 가까워진다. 망막은 여러 가지 색 파장을 흡수한 다음 '섞어서' 아래층에 있는 신경계로 보낸다. 어떤 수용체가 청색에, 다른 수용체가 적색에 활성화되면 이 두 가지 수용체가 모두 있는 사람의 뇌는 자주색을 감지한다. 이런 수용체가 없으면 다양한 청색을 본다. 대부분의 태반 포유류는 주로 청색과 녹색 두 가지의 색 수용체가 있는 이색형 색각dichromatic을 가진다. 적색에 반응하는 수용체가 없으면 당연히 적색과 녹색을 구분할 수 없다. 야행성일 때는 적색과 녹색을 많이 마주치지 않으므로 문제가 되지 않는다.

새들은 모두 적색을 볼 수 있다. 물고기도 대부분 그렇다. 그러나 고양이, 개, 소, 말, 설치류, 산토끼, 코끼리, 곰은 그렇지 않다. 이들의 세계에는 적색이 없다. 스페인 팜플로나의 황소는 투우사의 붉은 망토도, 흥분한 갱단처럼 거리를 몰려다니며 소를 자극하는 사람의 전통적인 붉은색 줄무늬와 겉옷도 정말로 보지 못한다. 황소들은 적색을 암갈색 아니면 심지어 흑색으로 인식할 뿐이다. 황소들이 흥분하는 이유는 적색 때문이 아니라 형편없는 대우를 받아서다. 적색은 우리에게만 뜻이 있다.

캥거루와 다른 유대류 동물이 삼색형 색각trichromatic을 가지므로, 우리는 이색형 색각으로의 변화가[69] 태반의 이브였던 돈나 시절에 일어났을 것이라 추정한다. 돈나 또는 그 딸 중 하나는 숲에서 어둡고 기나긴 밤을 지내는 동안 적색 수용체를 잃었다. 푸르기도 완전한 야행성 동물이었으므로 적색을 볼 수 없었을 것이다.

우리의 적록 색각을 담당하는 유전자는[70] 대략 4,000만 년 전, 고대 원숭이 무리가 자연 뗏목을 타고 대서양을 건너 북미 대륙에 새로운 원숭이 왕국을 만들던 바로 그 무렵에 유전자 복제를 통해 등장했다. 자연 뗏목이란 여러분의 상상대로 흙과 식물이 뒤엉켜 떠다니는 덩어리다. 당시에는 아프리카와 남아메리카 지각판이 더 가까웠고, 남극 빙하에 갇힌 바닷물의 양이 많았기에 지금보다 바다가 좁고 얕았다. 과학자들은 좋은 수원지 근처 나무에 살던 영장류들이 폭풍에 휩쓸렸고, 나무와 나무뿌리에 붙은 흙과 함께 아프리카 해안을 따라 이동하다가 먼바다로 떠밀려 나가 해류를 타고 바다를 건넜을 것이라 추정한다. 놀랍게도 많은 개체가 생존했다. 이렇게 폭풍에 휩쓸려 나온 생물에서 짖는원숭이, 거미원숭이, 흰목꼬리 감기원숭이가 유래했다. 꼬리로 나뭇가지를 감을 수 있는 유일한 부류, 신세계원숭이(광비원류, 꼬리가 길어 나뭇가지를 감을 수 있으며 좌우의 콧구멍이 넓게 벌어져 있고 앞을 향한 영장류 아목_편집자)다. 이들 대부분은 여전히 색맹이다.

그러나 아프리카에 있는 영장류는 과일을 먹으며 점점 나무 위 생활에 적응해, 곤충 대신 연한 어린잎과 익은 과일을 먹었다. 이런 영장류가 협비원류catamhini가 됐다. 이런 구세계 영장류 중 선별된 집단이 원숭이와 유인원으로, 그중 일부가 마침내 인류로 진화한다.* 이렇게 부드러운 잎과 잘 익은 붉은 열매들을 낮에 먹기 위해서는 적색 수용체를 갖춘 망막이 필요했다. 적색 수용체를 만드는 유전자는 우연히도 X 염색체에 자리했다.

대부분의 여성처럼 X 염색체가 2개 있으면 적록색맹이 될 가능성이 극히 낮지만, 남성은 거의 10퍼센트가 적록색맹이다. 분명 주행성 영장류를 위해 선택된 형질이라면 적록 색각은 왜 X 염색체에 자리한 걸까?

먼저 이런 유형의 색각이 영장류의 이브에게 더 유용했을 가능성이 있다. 아마도 달콤한 열매나 부드러운 어린잎같이 영양이 더 풍부한 먹이를 더 효과적으로 찾아내는 것이 임신과 수유에 실질적인 차이를 만들었을 것이다. 푸르기가 여러 현생 영장류와 마찬가지로 암컷이 본인과 어린 새끼를 위해 먹이를 찾는 성-특이적 양육 전략을 택했다면, 새끼의 생존은 수컷보다 암컷에 훨씬 더 의존할 것이다. 다시 말해 적색과 녹색을 알아봐야 한

---

* 여기에서 '구세계' 또는 '신세계'는 대체로 아프리카와 아시아 또는 아메리카에서 볼 수 있는 영장류의 분류군, 소위 광비원류와 협비원류를 뜻한다. 이런 용어들은 분명 식민주의적이고 고루하지만 여전히 유용하다. 예를 들어 우리는 '신세계' 영장류가 약 4,000만 년 전 아프리카에서 대서양을 건너 원래의 이브에게서 갈라져 나온 과정을 떠올릴 수 있다.

다는 압박은 수컷보다 새로 주행성 동물이 된 푸르기에 더 컸을 것이다.

두 번째로 오늘날의 신세계 원숭이가 하듯이 푸르기도 무리를 지어 먹이를 찾아다녔을 가능성이 있다. 이 경우 각각 삼색형 색각과 이색형 색각을 가진 개체들이 함께 다니는 편이 유리했을 것이다. 어둑한 새벽과 저녁에는 이색형 색각이 먹이를 찾는 데 더 유리하기 때문이다. 아니면 두 가지 가능성이 모두 맞았을 수도 있다. 우리의 이브가 적색과 녹색을 볼 줄 알아야 한다는 압박을 가장 크게 받았지만, 먹이를 상당 부분 공유하는 고도로 사회화된 종에게 일부는 이색형 색각을 유지하는 편이 유리했을지 모른다.

하루 종일 초록색 나무 사이에서 붉은 열매를 따먹으며 생존하지 않아도 되는 오늘날에는 색맹에 대단한 불이익이 따르지 않는다. 물론, 동료 영장류들이 하듯이 눈이 먹이를 알아보지 못할 때는 언제나 코가 단서를 제시한다. 우리가 식료품점에서 멜론 냄새를 맡듯이,[71] 거미원숭이는 과일이 익었는지 눈으로 알아볼 수 없을 때 냄새를 맡는다. 그러나 집단생활에서는 역시 집합적 전략이 선호된다. 오늘날 인간은 감각 장치 모음을 함께 동원한다. 이것이 우리의 진화적 과거와 더 닮은 방식일 수 있다. 일부는 녹색과 적색을 구분하도록 최근에 진화했고, 일부는 그렇지 않은 신세계 원숭이의 혼성 채집 집단은 사회적 종에 진화가 어떤 뜻을 가지는지 엿볼 수 있게 한다. 다양한 색각을 가진 구성원이 섞인 집단은[72] 무리 지어 먹이를 찾는 편이 조금 더 수월해 보인다. 인간도 다른 인간과 함께 살아가므로 인간의 몸도 사회적 영장류의 이브와 대체로 비슷하게 작동한다. 우리 몸에 유구한 세월을 거쳐 생긴 상이한 신체적 형질들이 담겼듯이 우리의 사회집단에도 일부는 먼, 일부는 가까운 과거의 형질들이 담겼다.

포토리얼리즘

지각도 마찬가지다. 머리에 감각기의 자리를 바꾸고 새로운 맥락에 맞도록 고쳐 쓸 수 있으며, 각 변화는 오랜 진화의 춤과 발맞춰 진행된다. 그 환경에서 생활하는 방식에 따라 여러 가지 환경 신호를 더 또는 덜 감지하도록 감각기 내부의 기전을 바꿀 수도 있다. 그러나 환경을 감지하고 상호작용하는 방식이 변하면 이 모든 정보를 처리하는 뇌에 불가피하게 변화가 일어나고, 이어서 우리 감각 장치 모음의 진화가 유도된다.

지각에 대해 이야기할 때는 뇌에 기반한 지각과 그렇지 않은 지각을 파악하는 일이 중요하다. 그러나 지각과 뇌의 관계는 거미줄처럼 아주 복잡하게 얽혀 있다. 지각이 관심에 영향을 미치듯 관심도 지각을 유도한다. 감각 장치 모음과 여기 상응하는 뇌 중추는 언제나 서로 소통하며 양방향으로 신호를 주고받는다. 시선은 한 지점에서 다른 지점으로 이동한다. 귀 역시 의식적으로 주변 소리를 듣지 않으려 할 때조차 여기저기 귀를 기울인다.

예를 들어, 시끄러운 곳에서 사람 목소리가 들리면 달팽이관은 증폭 작용을 억제해[73] 경쟁 신호를 줄인다. 사실상 식당에서 대화를 나눌 때는 조용한 곳에서보다 입술 읽기가 중요해진다. 눈도 필요할 때는 신호를 줄이도록 설계됐다. 색 수용체가 눈 중앙에 몰려 있어서 주변 시야와 뇌가 주목하는 부분이 현저히 다를 뿐 아니라,* 눈은 내면의 생각에도 반응한다. 시각이 있는 사람에게 어떤 선명한 장면을 상상하거나 기억하라고 하면,

---

* 원추세포는 망막 주변부로 갈수록 희박해지므로 주변 시야는 대개 작은 물체를 적록색맹처럼 인지한다(Hansen et al., 2009). 우리의 주변 시야는 색 차이보다 움직임을 감지하는 데 훨씬 더 뛰어나다(Ibid).

그 순간 외부 세계에 관심을 기울이지 않아도 동공이 확장된다.[74] 뇌에서 시각적 정보를 내부적으로 구성할 때는 동공의 수축과 확장을 조절하는 근육으로 이어진 신경 경로도 함께 개입한다. 눈 전체를 움직이는 작은 근육들도 마찬가지다. 이 근육들은 거의 쉬지 않고 움직인다.

여기에는 관심 있는 시각 정보에 대한 뇌의 지각 작용, 눈의 기계적 역학, 인간 뇌의 기억 생성 과정이 그야말로 복잡하게 상호작용한다. 솔직히 인지과학자는 이 모든 일이 어떻게 서로 맞물리는지 이해하는 작업을 막 시작했다. 하물며 성 차이가 어떻게 작용하는지에 대한 이해는 말할 것도 없다. 그러나 이런 경로들은 시각 의존적인 영장류이자 세상에 대한 풍부한 경험을 기억으로 간직하며 사는 생물인 호모사피엔스가 스스로를 이해하는 방식에도 깊이 뿌리내린다. 내 벗은 몸을 쳐다보는 10대들의 이야기로 다시 돌아가 보자. 남학생들이 내 유방을 실제보다 크게 그린 이유는 사회적 조건화 때문만이 아니다.* 이런저런 이유로 남학생의 눈은 여학생의 눈보다 말 그대로 내 유방에 고정됐다.

일반적으로 인간의 눈은 도약과 고정, 두 가지 일을 한다. 눈이 시야의 한 지점에서 다른 지점으로 휙 이동하는 것을 도약, 한 지점에 머무는 것을 고정이라 부른다. 인간이 얼굴을 주시하는 양상에 성차가 관여한다고 알려졌다.[75] 성인 여성은 얼굴과 눈의 여러 부분을 이동하는 도약을, 남성은 코 주위에 머무는 고정을 더 많이 이용하는 경향이 있다. 그 이유를 아는 사람은 없다. 그러나 여성이 남성보다 낯선 얼굴을 훨씬 더 잘 익히는 이유, 그리고 얼굴에 나타나는 표정을 더 정확하게 판단하는 이유 역시 이 덕

---

* 생각하면, 학기 초에 남학생들이 예술가만큼 경험을 갖추지 못했기 때문이기도 했을 것이다. 그러나 이 점은 여학생도 마찬가지였을 것이므로, 주요 요소로 다루지 않는 편이 안전하겠다.

분인지 모른다. 또한 우리는 인간의 얼굴에서 감정 표현이 더 풍부한 면인 왼쪽 눈 주변을 조금 더 주목하는 경향이 있다.*

이 모든 현상은 눈과 뇌가 실시간으로 들어오는 정보를 받아 눈을 움직이거나 머물게 하는 일과 관련이 있다. 그러나 시선이 머물 때는 실시간 지각뿐 아니라 이후의 기억에도 훨씬 깊은 인상을 남긴다. 우리는 실재를 구성하는 기본적인 구성 요소를 이야기하는 중이다. 여학생보다 남학생의 눈이 내 유방에 자주 고정되었다면 이들에게는 몸의 나머지 부분보다 유방이 더 크게 느껴졌을 것이다. 사회적 공간에서 '수컷의 시선'이 여성의 몸을 그리는 만화 같은 방식을 의도해서가 아니라, 문자 그대로 인지적 기전 때문에 생기는 일이다. 일례로 미숙한 화가가 인간의 얼굴을 그릴 때는 이마를 빠뜨리기도 한다.

인간은 눈, 코, 입, 다시 말해 이 사람이 누구인지 식별할 수 있는 곳, 그리고 이 사람이 무엇을 느끼고 무엇을 하려는지와 같은 사회적 신호가 표현되는 곳에 시선을 고정하는 경향이 있다. 그러므로 우리의 뇌는 인간의 실제 얼굴보다 이 부분을 더 두드러지게 지각한다. 그래서 미숙한 화가는 인간의 얼굴을 이마가 좁고, 눈, 코, 입이 큰 네안데르탈인처럼 그리는 경향이 있다. 화가가 모발선 아래 이마가 인간 얼굴의 3분의 1을 차지한다는 사실을 배우고, 자기 뇌가 통상적인 방식으로 해석한 시각 정보를 '수정' 하는 방법을 내면화하기 시작하면서, 캔버스에 나타나는 얼굴은 더 인간

* 이 책에 여러 번 등장하는 내용이다. 여성은 왼손잡이든 오른손잡이든 아기를 안을 때 왼쪽을 선호하는 경향이 있다. 엄마와 아기 모두 표정이 풍부한 쪽 얼굴을 마주할 수 있게 되므로 사회적 상호작용에 유용해 보이는 편향이다. 인구 집단 전체적으로 거의 모든 인간에게 왼쪽으로 아기를 안는 습관이 있지만, 이런 습관은 여성에게서 조금 더 두드러지며, 생후 3개월간 아기를 훨씬 더 많이 안아 주는 사람은 엄마들이다.

다워지기 시작한다.

시간이 흐르면서 남학생들은 내 유방을 더 잘 그릴 수 있을 뿐 아니라 내 이마도 그리기 시작했다. 내 전두엽 피질 대부분이 이마 뒤에 안전하게 자리하며, 나를 인간으로 만들어 주는 중요한 부분임을 생각하면 다행스러운 일이다. 솔직히 나를 그리는 경험을 통해 그들이 교실 밖에서 여성의 몸을 바라보는 방식이 달라졌는지는 모르겠다. 각 사람은 사회적으로 존재하고 상호작용하는 고유한 방식을 가지는데, 일련의 기술들이 언제나 하나의 시나리오에서 다른 시나리오로 깔끔하게 이전되지는 않는다. 미술 작업실에서 바라본 벗은 몸이 이 몸을 바라보는 마음속에 있는 몸을 '정상화'시켰는지 아니면 더 편향시켰는지 나도 모르겠다. 그러나 나는 그 작업실에 있던 여학생들의 눈에 대해서도 생각해 보지 않을 수 없다. 이들이 어쩌다 내 가슴을 조금 더 잘 그려서가 아니라 그 눈의 일부, 구체적으로 망막이 남학생의 망막과 많이 달랐을 수 있기 때문이다.

뇌가 지각에 미치는 영향은 소녀의 시각이 문화적인 방식으로, 알아채기조차 어려울 만큼 자연스럽게 제한되는 모습에서 찾아볼 수 있다. 여성은 보통 X 염색체를 2개 가지고 태어나므로 일부는 사실상 사색형 색각자 tetrachromats로 태어나 세 가지 색이 아니라 네 가지 색의 차원에서 세계를 본다.* 새와 마찬가지로 이런 여성은 적색, 녹색, 황색 파장 사이의 훨씬 미묘한 차이를 인식하므로, 1억 가지의 색을 볼 수 있는 잠재력을 가진다. 평균적 인간보다 9,900만 가지 이상 많은 수다.** 사색형 색각을 가진 여성

---

* 자외선에 대한 이야기가 아니다. 사색형 색각자를 검사하면 네 번째 유형의 망막 원추세포는 적색과 녹색 사이 중간 파장에 민감한 것 같다. 새의 네 번째 원추세포는 자외선 파장을 감지하는 데 특화됐다.

** 비슷한 파장 사이의 아주 미묘한 차이를 가리키는 것이므로 이 숫자는 확실치 않다. 그러나

의 눈앞에는 연못에 이는 물결에 빛이 비칠 때마다 반사되는 만화경 같은 색, 울새 날갯깃의 희미하게 반짝이는 떨림과 같이 미묘하고, 빛나는, 환각과도 같은 섬세한 세계가 펼쳐질 것이다.

혹은 그럴 수도 있다, 아무튼.

인간 세계는 삼색형 너머의 정교한 색각을 위해 설계되지 않을 뿐더러, 슬프게도 사색형 색각의 유전적 소인을 갖춘 여성은[76] 보통 이 모든 부가적 색상을 보지 못한다. 우리의 색 지각이 근본적으로 색 수용체에 의해 결정되지 않기 때문이다. 눈, 시신경, 뇌의 시각 영역을 오가는 정보의 흐름에는 방향성이 있다. 일부는 고리처럼 되먹임된다. 예를 들어, 눈에서 자동 도약 운동이 일어나면, 뇌는 어떻게 해서든 특정 지점에 초점을 맞추도록 감독한다. 뇌에서 무엇이 필요한지 결정하면 눈은 여기에 맞추어 움직인다. 여러분에게 어떤 색을 볼 필요가 있다면, 그리고 특히 평생 그 색을 보는 습관을 들였다면 망막에 색 수용체가 있는 한 여러분은 그것을 볼 수 있을 것이다. 그러나 그런 습관이 없으면? 그럴 필요가 없으면? 그러면 아마도 그 색이 보이지 않을 것이다. 솔직히 우리는 그 이유를 모른다.

인간 소녀의 무려 12퍼센트가[77] 사색형 색각자로 태어나는 듯하다. 이들은 어떤 남성도 볼 수 없는, 심지어 대부분의 여성도 볼 수 없는 세계를 볼 수 있는 잠재력을 지닌다. 그러나 이 능력을 전혀 요구하지 않는 환경에서 자라는 탓에 결코 자기의 능력을 깨닫지 못한다. 능력이 개발되지 않

천만 가지든 일억 가지든, 새의 시각은 이보다 더 민감하다. 새의 망막 원추세포에는 유색의 기름방울이 들어 있어서 여러 가지 색의 미묘한 차이를 감지하는 능력을 증폭하는 듯하다. 도마뱀도 이 기름방울이 있으며, 올빼미의 경우에는 낮에 활동하는 동료 조류들보다 양이 적다. 빛이 희미할 때는 색을 자세히 구분하는 것보다 원추세포에서 빛을 더 많이 흡수하는 편이 유리할 텐데, 고대 야행성 태반 동물의 삶이 그랬을 것이다. 유대류의 망막 원추세포에는 아직도 이런 기름방울이 남아 있고, 오리너구리도 마찬가지다.

는 것이다. 이들의 망막에 있는 이상한 여분의 원추세포가 휴면에 들어가기 때문일 수도, 아니면 시신경이 이들을 아예 무시하기 때문일 수도 있다. 우리는 이 세포에 정확히 무슨 일이 일어나는지 알지 못한다. 이 소녀들은 비밀의 슈퍼히어로로 같다. 마치 새와 같은 눈을 가졌다.

남녀는 여러 면에서 다른 감각계에 살면서도 사회적 맥락을 공유한다. 우리는 뿌리 깊은 사회적 영장류이므로 우리가 인지하는 세계의 사회적 맥락은 감각 장치 모음을 통해 입력되는 신호를 해석하고 그에 따라 행동하는 방식에 영향을 미친다. 맥락이 변하면 우리의 지각도 변할 가능성이 크다. 그래서 새의 시각을 가진 소녀는 초능력이 있어도 우리와 거의 동일한 세계를 경험하며, 색맹이 있는 남성은 사소한 결함을 안고 살아간다.

여성의 후각은 남성보다 더 정교하고 정확하지만 주로 배란기나 임신기가 돼서야, 또는 남성들이 우리가 맡은 냄새가 존재하지 않는다고 말할 때에야 이 사실을 깨닫는다. 오늘날 연애 장면의 공통된 사회적 맥락은 오랜 과거에 우리 조상이 남성의 냄새에 직감적으로 반응하며 누렸던 이점을 대부분 무효화한다. 그리고 여성이 남성에게 들리지 않는 소리를 들을 수 있다는 점을 기억하는 한, 우리는 더 많은 귀에 더욱 포용적인 청각 환경을 설계할 수 있을 것이다.

Ardipithecus ramidus

4장 다리

: 여성은 얼마나 멀리 걸었을까?

우리는 가장 짧은 지름길을, 어쩌면 절대 돌아오지 않을

불굴의 모험을 떠난다는 마음으로 나서야 한다.[1]

우리의 적막한 왕국에는 미라가 된 심장을

한낱 유물로 돌려보낼 준비를 하자.

아버지와 어머니, 형제와 자매, 아내와 아이들, 친구들을 떠나

다시는 보지 않을 준비가 되면,

빚을 갚고, 유언장을 작성하고, 신변을 정리해 자유인이 되면,

이제 산책할 준비가 된 것이다.

−헨리 데이비드 소로

(여성이 집 밖으로 걸어 나온다는 것의 뜻에 대한 일부 의견[2])

−질파 화이트, 추정

2015년 조지아주 덜라너가에서

군인들은 산을 기어올랐다. 폐가 화끈거렸다. 근육이 화끈거렸다. 눈도 그랬다. 고도가 높아지자 파랗게 언 손가락과 발가락을 제외한 모든 곳이 화끈거렸다. 오랫동안 진화한 배수진 전술이 가동되면서, 생명 유지 기관을 지키기 위해 팔다리의 혈관이 수축하고 몸통 쪽으로 혈액이 모여들었다. 전투조는 밤낮없이 이동하며 산비탈을 기어올랐다. 먹고, 자고, 말하느라 멈추는 일도 거의 없었다. 몸을 돌볼 여유 따위는 없었다. 그런데 이 점이 중요하다. 전쟁은 안부를 살피기 위해 멈추지 않는다.

그리스트 대위는 이동을 멈추고 30시간 만에 처음 지급받은, 보잘것없는 비상식량이 든 작은 갈색 봉지를 뜯었다. 대위의 군화는 산을 오르는 동안 흠뻑 젖었다. 뇌도 왠지 그랬다. 체력의 한계를 진작 넘어섰는데도 아직 할 일이 더 있다는 사실을 깨달을 때 이르는 상태였다. 군인들은 이럴 때 "엿 같다"고 말한다.[3]

생존은 사소한 일, 근육을 계속 움직이기 위해 생각 없이 하는 작은 일에 의해 결정된다. 봉지 뜯기, 젖은 양말 말리기. 제1차 세계대전의 참호에서 배운 교훈이다. 팔다리에 난 상처는 아물지만, 발에 문제가 생기면 끝이다.

이 산악 훈련은 미국 육군 레인저 스쿨 교육과정의 일부로, 전투에서 리더십을 발휘할 엘리트 군인을 선발하고 훈련하기 위해 주도면밀하게 계획된 시련의 세례다. 검증된 소수만이 입교할 수 있지만, 수료하는 사람은 훨씬 더 적다. 말이 필요 없이 끔찍한 62일 동안 군인들은 준저체온증, 열사병, 기아, 그리고 수면 부족으로 인한 섬망에 시달린다. 중도 탈락의 60퍼센트가[4] 첫 주에 발생한다. 이들은 산에 올라 보지도 못한다. 산악 훈련을 마치고 내려오더라도 독사가 도사리고 상처가 악화되는 더운 늪지대에서 모의 공습을 견뎌야 한다. 일부 군인은 참관 의료진들에 의해 강제 하차당한다. 이 엄청난 시련들은 합법적인 위험이다. 잠을 너무 못 자면 독성을 띤 세포 노폐물이 뇌에 쌓인다. 과정 끝 무렵에 환각이 발생하는 사례도 없지 않다.

해군의 네이비 실이나 해병대의 포스 리컨 훈련과 마찬가지로 육군 레인저 스쿨은 극강의 남성성을 시험하는 훈련으로 알려졌다. 훈련생은 90킬로그램짜리 부상자를 어깨에 짊어지고 진흙투성이 비탈을 오르며 이송할 수 있을 만큼 힘이 세야 하지만, 힘만 세서는 안 된다. 완전 군장 상태로 7분 안에 1.6킬로미터를 주파할 수 있어야 하지만, 빠르기만 해서는 안 된다. 전투에 임한 군인이 해야 하는 모든 일을 최악의 상황에서 거듭거듭 할 수 있어야 하며, 결코 자제력을 잃어서는 안 된다.

남성은 산악 환경을 견디고 고통을 참는 능력을 가장 잘 갖춰야 한다. 그들은 서로 지지하고, 리더십, 형제애, 기개를 보여 줄 수 있어야 한다. 두 성별 가운데 수컷의 몸은 더 강하고, 빠르고, 근성이 있어야 한다.

올림픽을 보라. 달리기가 가장 빠른 선수는 결코 여성이었던 적이 없다. 가장 무거운 무게를 든 선수, 가장 날렵한 수영 선수, 가장 높이 뛴 선수, 이런 몸의 성별은 언제나 남성이었다. 남성 선수의 우월한 몸으로 여성의 몸과 경쟁해 이기게 하는 일이 부당하다고 생각하기에 대부분의 프로스포츠에는 남녀 종목이 구분된다.

그러나 그리스트 대위는 여성이다.[5] 그러면 대위는 도대체 왜 산에 올라갔을까? 여성은 더 약한 성별이 아니던가?

다른 신체 조건과 마찬가지로 그 답은 우리의 진화 방식과 밀접하게 엮여 있다. 이것은 사실 현대인의 근골격계에 대한 질문이다. 500만 년 전 우리 조상의 올림픽 종목은 턱걸이, 팔로 나무에 매달려 왔다 갔다 하기, 오래 굶기, 포식자로부터 도망치기였을 것이다. 숲 천장에 살면서 달리기를 잘할 필요가 없었기에 육상 선수로는 형편없었다. 우리는 강한 어깨 덕분에 팔로 몸을 끌어올릴 수 있었으므로 공중으로 높이 뛰어오를 필요가 없었다. 우리는 오늘날의 인체와 반대로 강한 상체와 상대적으로 약한 하체를 가졌었다. 그러나 세계가 변했다. 살기 위해 소수의 영장류 무리가 두 다리로 걷기 시작했다.

440만 년 전 에티오피아

우리의 영장류 이브는 수천만 년 동안 과일과 벌레와 연한 잎을 먹으며, 성관계를 맺고 새끼를 낳고 싸움에 휘말리고 또 성관계를 맺고 또 새끼를 낳으며 숲 천장의 높은 정원에 살았다. 호사스럽게 사소한 다툼도 있었다. 먹이는 넉넉했다. 후손 중 일부는 계속 작았고, 일부는 커졌고, 또 다른 일부는 커졌다가 알 수 없는 이유로 다시 작아졌다. 공룡들이 활개쳤고 포유류는 세상을 정복했다. 나무 위 생활은 좋았다.[6]

그러나 지구는 결코 같은 상태를 오래 유지하지 않았다.

아프리카 대륙은 오랫동안 숲으로 덮였지만, 미오세Miocene(신생대 제3기를 다섯으로 나누었을 때 네 번째로 오래된 시기_편집자)에는 지구가 식기 시작했다. 영장류 이브가 열매 맺는 나무들 사이를 획획 스쳐 날며, 눈이 전면으로 이동하고 청각이 깊어지는 동안, 지구의 기후는 아주 따뜻하고 일정했다. 그러나 약 2,000만 년 전부터 지역마다 차이가 있었지만 지구가 추워지기 시작했다. 550만 년 전 플라이오세Pliocene(신생대 제3기의 마지막 시기_편집자)

무렵에는 지구 날씨가 변했다.[7]

그러나 변화는 여기서 그치지 않았다. 인류의 신성한 동산이었던 동아프리카에서 지각이 융기하며 대지구대the Great Rift Valley가 생겼다. 에티오피아 산악 지대가 해발 2,700킬로미터 이상까지 융기한 이유는 아프리카가 두 덩어리로 갈라지기 때문이다. 에티오피아 고원 아래에서 맨틀 덩어리가 이동하며 땅을 용암 마루 위로 밀어 올렸다. 이곳은 지금 아주 높고 넓어 아프리카의 지붕the Roof of Africa이라 불린다. 아프리카의 대분리는 수백만 년이 걸리겠지만 그 끝은 분명하다. 동아프리카가 저절로 떨어져 아라비아해를 향해 이동하는 것이다. 이미 벌어진 틈에 물이 차기 시작해 투르카나호Lake Turkana, 나이바샤호Lake Naivasha, 나쿠루Nakuru가 됐다. 결국에는 좁고 얕은 바다가 에티오피아, 케냐, 탄자니아를 가로지르며 뻗어 내려갈 것이다.

대륙이 갈라지면[8] 날씨에 큰 변화가 생긴다. 숲 천장에서는 영장류 이브가 유인원 같은 존재로 진화했다. 지구가 냉각되고 동아프리카 고원에 부는 바람의 방향이 바뀌면서, 대륙 중앙에 있던 우림이 우리 조상의 집이 되어 준 생태계와 분리됐다. 800만 년 전에는 예전만큼 비가 내리지 않았다.*

---

* 예전에는 250만 년 전의 일이라 생각했지만 최근 동아프리카 토양에 대한 동위원소 연구 덕분에 최소한 600만 년 전의 일로 앞당겨졌다(Wolde-Gabriel et al., 2001). 동아프리카 융기의 여파를 모형화하는 연구들도 우림에서 초원으로의 변화가 500만 년 전부터 800만 년 전 사이에 벌어진 일이라 추정한다(Sepulchre et al., 2006; Pik, 2011; Wichura et al., 2015). 그리고 500만 년 전부터 600만 년 전 사이에 좁은 지브롤터해협을 지나 대서양으로 이어지는 바다가 주기적으로 끊겼다가 이어지곤 하면서 지중해 전체가 반복적으로 범람했다가 건조되는 메시나절 염분 위기(Messinian salinity crisis)가 닥쳤다(Krijgsman et al., 1999). 지브롤터에서 벌어진 이 과정은 전통 염전에서 바닷물 웅덩이를 증발시켜 천일염을 수확하는 것과 비슷하지만 대규모로 일어나 전 세계 바다에 녹은 소금을 6퍼센트 감소시켰다. 이는 바다

우림이 줄어들면서 풀로 덮이고 탁 트인, 바다만큼 비옥하고도 변덕스러운 평원이 넓게 펼쳐졌다. 우리의 이브는 안전한 숲 천장에서 밖을 내다봤다. 대부분은 거기 머물렀고, 작아진 강변의 숲에서 얻을 수 있는 것으로 연명하며 그 수가 줄어들었다. 그러나 일부의 이브는 거대한 고양이, 맹금류, 뱀이 도사리는 광활한 초원에 대담하게 발을 들였다. 음식을 더 찾아야 했기 때문이다. 그리고는 그 지옥을 고향으로 삼았다.*

여기에서 핵심 단어는 '달리기'다. 현생 유인원 중 달리기를 하는 종은 우리뿐이다. 인간과 침팬지, 보노보는 거의 99퍼센트의 DNA를[9] 공유한다. 대부분의 과학자는 우리 종이 마이오세가 끝나고 플라이오세가 시작되던 500만 년에서 1,300만 년 전 사이에 갈라져 나왔을 것이라 추정한다. 그즈음 어디에선가 우리와 가장 가까운 사촌들은 점점 멀어지는 나무 사이의 땅을 두고 다투면서 주먹을 짚고 걷는 법을 익혔다. 그러나 우리의 조상은 뒷다리로 걷는 법을 익혔고, 마침내 달리기를 배웠다.** 사실은 이 과

의 알칼리도를 심각하게 낮춰 해양 생물에게 그리고 동아프리카의 강수량을 낮춰 영장류 조상에게 타격을 줬다(Bradshaw, 2021). 결국 바다의 염도는 지구 전체의 물 순환에 영향을 미친다. 그러니 지구 역사의 이 시기는 동아시아에 있는 우리의 이브에게 설상가상의 위기였다.

* 생각해 보면, 숲은 그리 안전한 고향이 아니었다. 350킬로그램짜리 재규어 마카이로두스 카비르(Machairodus kabir)를 보라. 나무 위에서 우리 위로 뛰어내려 짧고 굵은 송곳니로 목을 뚫은 다음, 우리가 피를 흘리며 죽어가는 동안 발을 핥으며 내려다보기를 즐겼다(Sardella and Werdelin, 2007). 고대 아프리카는 소풍 장소가 아니었다(Peigné et al., 2005). 그러나 영장류 이브는 숲에 사는 온갖 괴물로부터 도망 다니면서 이미 나무 생활에 적응한 상태였다. 줄어드는 숲에서 점점 배고파 하는 육식동물들을 상대하는 일도 어려웠겠지만, 미지의 사바나에 적응하는 일은 아마 더 어려웠을 것이다.

** 이것이 현재의 모형이다. 주먹 보행자들(kunckle walkers)이 두 다리로 걷는 법을 배운 게 아니라 고릴라, 침팬지, 보노보의 이브가 계속 주먹을 쓰는 동안 우리의 이브가 이족보행(bipedal)을 하게 됐다는 것이다.

정이 나무에서 시작됐다고 생각하는 과학자가 많다. 더 큰 가지를 따라 뒷다리로 걸으면서 손으로 높고 작은 가지에 있는 과일과 벌레를 딸 때, 특히 나무가 작아 나뭇가지에 앉는 것보다 매달리는 편이 더 안정적일 때[10]를 말한다. 이런 행동을 땅 위에서 직립보행하는 데 적용하기는 쉬웠을 것이다. 440만 년 전 우리는 자주 이런 일을 했다. 침팬지와 인간의 마지막 공통 조상이 살았던 300만 년에서 400만 년경 이후, 인간 이족보행의 이브 아르디피테쿠스 라미두스Ardipithecus ramidus가 땅 위를 걸었다.

과학자는 아르디의 골격을 1990년대 중반에 에티오피아 아라미스 부근에서 발견했다. 하지만 이 화석을 분석하면서 자신들이 찾은 게 최초의 이족보행 유인원, 여성의 다리, 엉덩이, 척추, 어깨의 이브였다는 사실을 깨닫는 데는 거의 10년이 걸렸다. 아르디는 남녀 근골격계 차이의 기원과 관련해 우리가 가진 가장 좋은 근거다.[11] 아르디는 스포츠 경기에서 남녀 부문이 나뉜 이유다. 여성이 형편없는 허리와 무릎을 가지게 된 이유다. 그리고 (여러분이 이런 일에 관심이 있으면) 좀비 대재앙에서 여성이 더 잘 생존할 수 있는 이유이기도 하다.

뼈

아르디는 키가 1미터쯤 되는, 털이 아주 많은 인간과 침팬지의 중간쯤에 있는 존재였다. 똑바로 걸으면서도 여전히 나무에서 많은 시간을 보냈다. 손은 침팬지보다 원시적이었지만, 골반, 다리, 발은 인간과 훨씬 더 닮았다. 아르디는 주먹 보행자가 아니었다. 현대 여성의 골격에서는 여전히 아르디의 모습을 많이 찾아볼 수 있다.

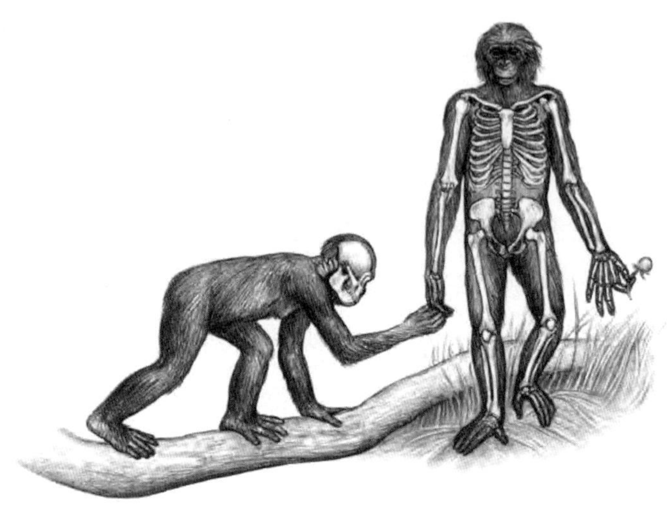

△ 아르디와 아르디의 뼈

　예를 들어, 현대 여성의 발과 무릎은 좀 허술하다. 다리와 발 관절은 몸을 움직일 때 저절로 체중의 압력을 흡수하는 곳이기에, 우리는 여기에 생기는 문제가 그저 체중 때문이라 생각한다. 그러나 여성은 남성보다 체중이 덜 나가는데도 발과 무릎 문제를 더 많이 겪는다. 오늘날의 신발과 관련된 문제도 일부 있지만 그것이 전부가 아니다. 발 전문의가 추천한 가장 편안한 신발을 신어도 여성의 발과 무릎은 여전히 불안정하다. 어떤 면에서 아르기와 손녀는 남성들보다 똑바로 서기가 더 힘들다.

　아르디의 발은 현대적인 형태는 아니었다. 엄지발가락과 나머지 발가락은 나무에 매달릴 때 나뭇가지를 잘 움켜쥘 수 있도록 벌어졌다. 그러나 발뼈는 직립보행 시 몸을 지탱하도록 배열됐다. 아르디의 발뼈는 나무 위에 사는 유인원의 발보다 뻣뻣했다. 이것은 인류에게 무지외반증, 다시 말해 시간이 지나면서 엄지발가락 시작마디 관절에 통증이 동반된 뼈 덩어리가 자라는 원인이다. 우리가 발을 내디디면 발등의 뻣뻣한 뼈가 발가락과 발목 사이에 실리는 힘을 안정시킨다. 우리는 기본적으로 체중을 앞쪽으로 이동한다. 발꿈치에서 시작해 발 위쪽, 중앙을 거쳐, 발가락으로, 한쪽 발 앞쪽에서 반대쪽 발꿈치로 체중이 옮겨간다. 우리는 원래 움켜쥐기 위해 진화한 발을 가지고, 걷는 동안 체중을 지탱할 경첩이 달린 지렛대로 만들었다. 우리의 엄지발가락은 원래 짧은 엄지손가락이다. 아르디의 발가락뼈는 엄지손가락처럼 마주보고 있어서 여전히 나뭇가지를 감아쥘 수 있었다. 아직 발꿈치에서 발가락까지 부드럽게 구르는 능력을 개발하지 못했으므로, 아르디에게 걷기란 눈신을 신고 걷는 일과 다소 비슷했을 것이다.

현대의 인간은 온갖 잘못된 설계에 기안한 문제들을 물려받았다. 생물학적으로 우리의 발은 정비소에 갈 돈이 없어 자동차 범퍼를 강력 테이프로 고정한 것과 비슷한 점이 많다. 그런데 여성의 사정은 더 심각하다. 걷기 위해 발 위쪽과 중앙부를 뻣뻣하게 만들면 발목에서 발 앞쪽으로 많은 힘이 전달된다. 그리고 시간이 지나면서 특히 엄지발가락 관절이 약해진다. 여기에 더해 여성의 몸처럼 넓은 골반, 독특한 무릎, 지방이 많은 엉덩이를 가지고 '흔들흔들' 걸으면 그 대가를 결국 치러야 한다. 아마 발에서 가장 유연한 부위이자 가장 압력을 많이 받는 엄지발가락 관절이 커질 것이다. 그것이 바로 무지외반증으로,[12] 움켜쥐는 손을 발로 전용하기가 얼마나 어려운지 물리적으로 상기시킨다.

아르디는 엄지발가락이 벌어졌으므로 무지외반증을 앓지 않았다. 우리처럼 굽 높은 신발을 신지도, 오랜 시간 똑바로 서서 걷지도 않았다. 아르기는 이후에 나타난 오스트랄로피테쿠스속의 루시와 달리 구부정하게 뒤뚱뒤뚱 걸었을 것이다.[13] 그러나 우리가 걷기에 더 적합하도록 진화하면서, 무지외반증도 특히 여성에게 더 자주 생겼다.

힘이 어디론가 전달된다는 것은 단순한 물리법칙이다. 우리가 걸을 때는 발 앞쪽으로 압력이 전달된다. 나머지 힘은 다리 뼈, 무릎, 엉덩이, 척추를 타고 위로 올라간다. 남성과 달리 여성의 대퇴골은 사선으로 무릎관절과 만난다. 아르디도 그랬지만 현대 여성에게 훨씬 더 확연하게 나타난다. 남성보다 골반이 넓은 탓에 여성의 무릎은 달라지는 무게중심 균형을 맞추기 위해 더 가까워졌다. 이런 성적 형태 이상 때문에 여성은 남성보다 무릎 인공관절 수술을 더 많이 받고[14] 정형외과 의사의 주머니를 채운다.

맨발로 걸을 때는 체중이 조금씩 늘 때마다 높아지는 압력의 절반이 무릎관절에 실린다. 뛰어오를 때는 그 압력이 4배로 늘어난다. 우리의 몸은 이 압력을 대부분 감당할 수 있도록 진화했다. 그러나 오늘날 여성의 신발은 이런 완충 효과를 상쇄한다. 하이힐을 신으면 무게중심이 앞으로 이동하고, 엉덩이와 허벅지 뒤쪽 근육 대신 허벅지 앞쪽의 대퇴사두근이 대부분의 압력을 처리하면서 무릎을 위로 잡아당기고 무릎관절을 혹사한다. 시간이 지나면 무릎인대가 손상되고 연골이 닳으면서 무릎이 전반적으로 심하게 손상된다. 이런 압력은 발가락 관절에도 부담이다. 하이힐을 신고 걸으면 정상적 보행의 '굴리기' 과정이 생략되는 대신, 발꿈치가 높아지는 만큼 온 체중과 운동량이 발 앞쪽에 반복적으로 충격을 준다. 주로 균형을 잡기 위해 하이힐에 굽이 달려 있고, 그 덕에 뾰족구두를 신을 수 있지만, 우리는 그저 당황한 발레리나처럼 까치발로 도시를 걸어 다니는 셈이다.

그러나 현대 여성의 발과 무릎 손상을 전적으로 하이힐 탓으로 돌릴 수는 없다. 무엇인가 더 미묘하게 작동하는 화학적인 요인이 있다. 아르디는 이 문제도 해결해야 했을 것이다.

생리가 시작되기 전 14일 동안 여성의 한쪽 난소에는 작은 낭포 같은 구조물이 생긴다.* 난자를 배란시킨 여포濾胞의 잔재, 황체다. 난자가 빠진 구멍이 닫히면 황체가 조금 부풀어 오르면서 특정 호르몬을 늘리고 다른 호르몬을 줄이라는 신호를 보낸다. 자궁내막의 변화와 함께 배가 더부룩해지고, 여드름이 나며, 예민해지는 등 일련의 달갑지 않은 생리 전 증후군 증상이 촉발되는 중요한 기전이다.

황체는 인대를 유연하게 만들어 뼈에 붙은 근육을 이완하는 호르몬인 릴랙신relaxin의 생산도 늘린다. 대부분의 과학자는 릴랙신 덕분에 자궁이 조금 더 커질 수 있는 공간이 생긴다고 추정한다. 정상적인 상황에서 자궁은 그물처럼 펼쳐진 인대와 근막에 아주 단단히 고정된다. 이 고정 장치가 느슨해지는 덕분에 임신 제1삼분기의 자궁에 볼록하게 혈액과 체액이 들어찰 수 있다. 릴랙신이 작용하면 좌골에서 천추(엉치척추뼈), 고관절에 이르는 골반 주위 뼈의 연결도 느슨해지고 골반 하부가 넓어져 임신 마지막 삼분기에 커진 자궁을 담을 수 있고, 나아가 아기를 낳을 수 있다. 릴랙신은 자궁이 커져야 하거나, 좁은 산도로 큰 아기를 밀어낼 준비를 해야 하는 배란기, 임신 제1삼분기, 제3삼분기에 가장 많이 분비된다.[15]

릴랙신은 모든 태반 포유류에게 있다.[16] 암컷의 체내에서 농도가 훨씬 높지만 암컷과 수컷에게 모두 존재한다. 그러나 최근에 직립보행을 시작한 생물의 체계에 위험을 감수하는 것보다는 네발짐승의 근골격계에 위험을 감수하는 편이 유리하다. 다른 말로 아르디는 만성 요통, 무릎 통증, 임신과 관련된 근골격계 문제를 겪은 우리의 첫 번째 이브였을 수 있다.

---

* 가끔은 생리 이후에도 재흡수되지 않고 남기도 한다. 여포가 너무 크게 자라거나 출혈이 발생해 복강으로 새어 나가면 심한 통증을 유발한다. 초음파 진단 기술이 좋아지기 전에는 외과 의사가 수술을 하기 전까지 낭종이 있는지 맹장 파열이 있는지 알 수 없었다. 수술대 위에서 알아낼 수밖에 없었다.

처음으로 전방십자인대 파열과 척추 추간판 탈출증을 겪은 암컷이었을 수도 있다.

루이비통 하이힐을 신고 버티는 일이라면, 분명 여성보다 여장 남자가 더 잘할 것이다. 여장 남자는 체중이 더 나가더라도 곧은 무릎관절, 강한 다리 근육, 낮은 릴랙신 농도 등 무릎과 허리를 손상으로부터 보호하는 남성의 신체적 형질 덕분에 하이힐을 신더라도 장기적인 손상을 덜 입는다.* 난소와 자궁이 없으니** 배란과 임신도 겪지 않으므로 릴랙신 농도가 계속 낮게 유지되면서 척추는 제자리를 유지하고 고관절도 아기의 머리와 어깨 넓이에 맞춰 벌어질 일이 없다.*** 임신한 여성처럼 릴랙신 때문에 발뼈를 결속하는 인대가 망가질 일도 없다.

그러나 릴랙신은 아르디의 직립 자세를 조금 더 요가 자세에 가깝게 만들었을 것이다. 수컷보다 하체 근육량이 적고 관절이 유연했으므로 아르디는 이상한 공간을 탐색할 때 몸을 더 많이 구부릴 수 있었다. 오늘날의

---

* 남성의 발, 엉덩이, 허리가 하이힐을 신어도 망가지지 않는다는 뜻은 아니지만 그리 심하게 손상되지는 않는다. 스티븐 타일러(Steven Tyler)와 프린스(Prince)를 보라. 나는 에디 이자드(Eddie Izzard)에게 잘 지내는지 물어볼 기회가 없었지만, 신발보다 그녀가 뛴 마라톤들이 무릎에 조금 더 많은 영향을 미쳤을 것이라 생각한다.

** 일부 트랜스 남성도 드물게 여장 남자 공연을 하지만 보통은 자신들을 전통적 여장 남자 범주에 포함하지 않는다. 성 역할은 복잡한 문제다. 나는 이런 남성이 신발과 관련된 관절 문제를 겪는지에 대한 연구 결과를 접해 본 적이 없다. 사춘기 성전환자들은 치료를 통해 성별을 확정할 수 있지만, 여전히 대부분은 성전환 전 전형적인 여성의 사춘기를 겪으므로, 나는 여장 남자 공연을 하는 트랜스 남성의 무릎과 허리가 호르몬 치료나 수술을 통해 난소 호르몬을 잠재운 뒤에도 여전히 문제가 될 것이라 생각한다.

*** 남성의 릴랙신은 전립선에서 분비되지만 대부분 혈류를 타고 순환하지 않고 정액으로 들어가 정자의 운동성을 늘린다(Ival et al., 2017). 그러나 릴랙신은 전신 혈관의 '이완'을 도와 혈압을 낮추므로 이것이 남성에게 그리 좋은 일은 아니다. 또한 릴랙신은 상처 회복을 촉진하는데 상처 부위 혈액 순환을 개선하기 때문이라 생각된다(Unemori et al., 2000).

여성과 마찬가지로 아르디는 민첩하게 움직이는 능력을 더 잘 갖췄을지도 모른다.

아르디의 척추는 인간처럼 완만한 S자 곡선으로 진화했다. 이런 S자 형태의 척추는 걸을 때마다 스프링처럼 일부 충격을 흡수한다. 발꿈치로 땅을 박찰 때마다 발목을 통해 무릎, 고관절, 척추로 힘이 전달된다. 무릎에서 많은 부분을 흡수한다. 고관절에서도 일부를 더 흡수한다. 곡선형 척추에서 나머지 충격을 대부분 흡수한다. 그 덕분에 우리는 걸음을 내디딜 때마다 머리 아래쪽에 삐걱거리는 충격을 느끼지 않을 수 있다. 그러나 작은 꼬리뼈, 융합된 천골(엉치뼈), 요추(허리뼈)를 포함한 우리의 척추 하부는 흉추(등뼈)와 경추(목뼈)보다 더 많은 충격을 흡수한다. 시간이 지나면서 이렇게 흡수된 충격들은 척추 사이 연골들을 압박하고, 뼈에 미세 골절을 유발하며, 신경을 압박하고, 근육을 약화한다. 요추 문제는 인간에게 가장 흔한 질병 중 하나여서, 30대 후반이 되면 많은 사람이 요통으로 병원을 찾는다.

그리고 이 문제는 여성에게 가장 심각하다. 여성이 임신하면 무게중심이 빠르게 이동한다. 그러나 여성의 척추는 침팬지와 다르게 진화해,[17] 허리를 더 휘게 만들면서 무게중심을 안정화하는 방식에 적응했다. 그래서 인간의 척추는 유난히 약해졌고, 이런 진화는 남성보다 여성에게 더 극적으로 진행됐다. 자궁이 커지고 체중이 늘어나면 요추를 앞으로 잡아당겨 등쪽 연골을 세게 압박한다. 그래서 여성은 임신 제3삼분기에 척추전만증(요추가 지나치게 앞으로 휘는 척추 변형 상태_옮긴이)이 생긴 것처럼 보인다. 자궁의 무게에 적응하기 위해 척추와 골반의 모양이 바뀐 것이다. 침팬지와 여타 네 발로 다니는 암컷은 이런 문제를 고민할 필요가 없다. 자궁이 커지면서 배가 중력 방향으로 커지기 때문이다. 이들의 요추는 우리의 요추처

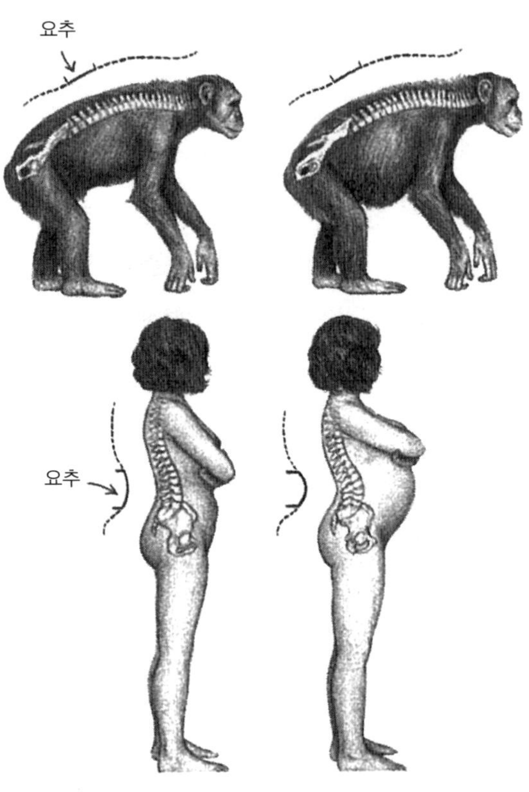

△ 침팬지 요추와 인간 요추의 무게 지탱

럼 뼈 사이 연골과 신경을 짓누르며 휘지 않아도 된다.

레인저 스쿨에서 그리스트 대위는 임신하지도 하이힐을 신지도 않았다. 그러나 실용적인 군용 장화를 신고, 건조하게 유지하도록 신경 쓰며 산을 오르는 동안에도 여성 특유의 골격 문제와 씨름해야 했다. 우리가 그렇게 다치기 쉬우면, 왜 남성이 더 강한 몸을 타고났다고 생각해선 안 되는 걸까?

근육의 역할

아르디의 키는 1미터에 불과했다. 그러나 과학자의 추정 체중이 50킬로그램인 점을 생각하면 아르디의 몸은 현대 여성보다 근육질이었을 것이다. 그에 비해 오늘날 미국 성인 여성의 평균 체격은 키 167센티미터, 체중 76킬로그램, 체지방은 족히 30퍼센트에 달한다.* 보디빌더들은 조금 더 무겁다. 예를 들어, 키 167센티미터의 보디빌딩 챔피언 헤더 포스터Heather Foster의 체중은 비시즌에 약 88킬로그램, 경기 중에는 약 68킬로그램이다. 아르디의 몸이 얼마나 근육질이었는지 가늠하려면 체중을 감량한 120센티미터가 채 못되는 키 작은 보디빌더를 떠올리면 된다. 이제 팔을 뻗고, 손과 발을 조금 과장한 다음, 온몸을 털로 덮으면 된다.

우리 몸에는 심근, 평활근, 횡문근 이렇게 세 가지 근육이 있다. 평활근은 장, 위, 폐처럼 대부분 복강에 있다. 심근은 짐작하듯이 심장에만 있다. 우리가 '근육'이라 생각하는 것은 대부분 평활근인 골격근으로, 뼈를 안정적으로 고정하고 움직이는 데 쓰인다. 횡문근은 다른 두 가지 근육과 달리 수의근(의지에 따라 움직일 수 있는 근육_편집자)이다. 그리고 우리가 누군가를 '강하다'고 표현할 때 떠올리는 근육이다.

'근골격'계라는 이름은 골격근과 뼈가 분가분의 관계라는 사실에서 비롯됐다. 사실 우리의 급속 성장기는 뼈가 자란다는 말만으로는 정확하게

---

* 영국 여성 평균은 키 162센티미터, 체중 69킬로그램, 캐나다는 162센티미터, 70킬로그램, 프랑스는 167센티미터, 63킬로그램이다(St.-Onge, 2010). 캄보디아로 가면 여성의 평균 체중이 51킬로그램으로 뚝 떨어지지만, 이들의 키는 152센티미터에 불과하다. 왜소증과 같이 드문 사례를 제외하면 현대인의 신체는 표준에 거의 맞아 들어간다. 우리 종에는 포메라니안이나 그레이트 데인(멧돼지 사냥에 동원되던 독일 대형견_옮긴이)이 적다. 엄마가 될 사람에게, 그리고 그 자녀에게 음식을 충분히 먹이면 대부분의 사람들은 체격이 비슷해질 것이다.

표현할 수 없다. 골격근과 인대도 부피와 길이가 늘어나고, 뼈 부착 부위에 장력을 가한다. 이 장력은 뼈의 칼슘 침착이나 성장과 밀접하게 연관되어 있다.[18] 성장이 진행되는 시기가 아동기든, 청소년기든, 또는 일부 사람이 경험하는 20대든 마찬가지다.* 노인 여성에게 중량을 추가한 운동을 권하는 이유도 이것이다. 근육 접합부에 장력을 가하면 이곳에 칼슘이 축적되고 뼈가 튼튼해진다. 폐경기 여성의 몸에서 칼슘이 너무 많이 빠져나가 뼈가 약해지는 위험한 골다공증에 맞서는 간단한 방법이다.

현대 여성의 골격근은 아르디의 신체 설계 이후 440만 년간 변했다. 근육 주위에 훨씬 더 많은 지방이 축적됐다. 팔과 손은 작아졌고 어깨도 좁아졌다. 땅으로 터전을 옮기면서 상체가 덜 중요해졌다. 그러나 모든 포유류, 특히 우리 같은 영장류에게는 근육의 작동 방식에 공통적으로 적용되는 기본 원칙들이 있다고 생각한다. 강함의 뜻을 어떻게 이해할 것인지에 대한 원칙이다.

여러분은 고등학교 물리 시간에 지렛대가 발휘하는 힘이 그 지렛대의 길이와 관련이 있다고 배웠을 것이다. 길이가 짧아지면 더 적은 힘을, 길이가 늘어나면 더 큰 힘을 쓸 수 있다. 그래서 타이어를 갈 때 자동차를 들어 올리려면 그만큼 리프트의 길이가 길어야 한다. 그렇다. 이제 다리뼈

---

* 나는 20세부터 27세 사이에 족히 2.5센티미터가 자랐다. 나중에 알게 돼 정확히 언제 이렇게 자랐는지는 알 수 없지만, 이상한 사춘기에 생긴 마지막 경사였다고 생각하는 편이 안전하겠다. 우리 엄마도 똑같은 일을 겪었다. 그 후로 노인이 대부분 그렇듯 키가 줄었다. 인간은 폭발적인 성장을 거친다. 이런 급속 성장기가 시작되는 온전한 기전은 아무도 모른다. 20대는 인체에 이상한 일이 생기는 시기다. 예를 들어, 전에 알러지가 전혀 없었던 사람들, 전형적으로 20대에 이전에는 꽃가루 등에 문제가 없었던 사람들에게 '성인형 알러지'가 생길 수 있다. 인간의 발달단계를 유아기, 아동기, 청소년기, 성인기, 노년기와 같이 몇 가지 시기로 나누긴 하지만 그 사이에는 경계가 흐릿한 기간이 많다.

를 살펴보자. 대퇴골은 무릎에서 접히는 지렛대다. 그러므로 여러분의 다리가 쓸 수 있는 힘은 뼈의 길이와 관계가 깊다. 몸의 다른 관절들도 마찬가지다. 근육은 골격을 지탱하고, 안정화하며, 당기기 위해 존재한다. 근육과 뼈, 근육과 근육을 연결하기 위해 인대와 근막이 있고 연골도 존재한다. 그러나 근골격계는 기본적으로 한 벌의 지렛대다. 주어진 임무에 따라 무엇인가를 잡아당겼다가 벌리는 수많은 지렛대들이다.

대퇴골과 고관절이 만나는 곳이나 위팔과 어깨가 만나는 곳 같은 몇몇 주요 지점은 절구관절ball-and-socket joints이 있어 운동 범위가 더 넓고 회전 운동이 가능하다. 옛날 옛적 우리가 몸을 흔들며 나무 사이에서 건너다닐 때 이 관절들의 운동 범위는 믿기 어려울 정도로 넓었다. 인간, 오랑우탄, 긴팔원숭이는 모두 팔로 매달리기brachiating를 할 수 있는, 팔과 팔을 옮겨 가며 나무 사이로 움직이는, 운동 범위가 넓은 어깨 관절을 가졌다. 아르디도 그랬다. 네발짐승은 대부분 어깨 운동 범위가 좁아 운동장의 철봉을 이용할 수 없다.

그리스트 대위가 체력 검사에서 가는 줄에 매달려 팔과 팔을 옮겨 가며 이동할 수 있었던 것도 매달리기가 가능한 어깨관절 덕분이었다. 대위는 주로 이 방법을 이용해 깎아지른 절벽을 올라갔다. 그리고 늪지 훈련에서도 이 방법을 썼다. 그러나 대부분의 현대 여성은 남성보다 상체 근육량이 적으므로 이 훈련은 대위에게 유독 힘든 일이었다. 사춘기의 어느 시점이 되면 남녀의 평균적 신체 설계가 달라지기 시작해서, 남성은 어깨와 가슴이 넓고 두꺼워지는 반면, 여성은 엉덩이가 커지고 유방이 발달한다.

이것은 여성이 남성보다 힘이 약한 이유를 설명하는 가장 인기 있는 주장이다. 여성은 체격이 더 작고 좁아서 몸에 있는 지렛대들이 발휘할 수 있는 힘이 약할 뿐더러, 상체 근육도 남성처럼 발달하지 않았다는 것이다.

트랜스 남성이 안드로겐과 테스토스테론 호르몬 치료를 받으면 상체의 힘과 근육이 발달한다. 골격근, 특히 상체 골격근의[19] 발달이 남성호르몬의 영향을 받기 때문이라 생각된다. 이것은 수컷에게 나타나는 수천 년에 걸친 연속성을 보여 주는 사례일 수 있다. 성인 남성의 근육은 우리 조상의 근육과 더 닮았다.

오늘날의 침팬지는 폭발적인 능력을 발휘하는 육상 선수다. 믿기 어려울 만큼 힘이 세고 날렵하다. 주먹을 짚고 달리는 데도 평지에서 시속 40킬로미터의 속도를 낼 수 있다. 현존하는 가장 빠른 인간 우사인 볼트Usain Bolt의 달리기도 시속 40킬로미터가 채 못된다. 그러나 침팬지는 장거리를 달리지 못한다. 우리가 육상이라 생각하는 일을 지치지 않고 할 수 없다. 침팬지의 대사와 근육조직은[20] 간간이 싸우기, 잠시 뭔가를 쫓기, 포식자가 쫓아올 때 안전한 나무 위로 도망치기와 같이 순간적인 힘을 발휘하는 데 적합하도록 설계됐다. 침팬지는 뼈가 무겁고 상체 근육이 아주 많아서, 이동하는 동안 무거운 체중을 대부분 지탱한다.

상체에 힘이 집중되는 이런 현상은 주먹 보행의 결과만이 아니다. 팔로 매달릴 수 있는 이들 영장류에게는 매일이 '팔의 날'이다. 다른 유인원들과 달리 여전히 주로 나무에서 생활하는 오랑우탄도 근육 분포가 비슷하다. 팔이 더 길어서 긴 팔을 움직이고 힘을 쓰기 위해 근육의 상체 집중 현상이 더 뚜렷할 뿐이다. 인간의 어깨와 손에도 회전운동이 가능한 유연한 어깨관절, 물건을 쥘 수 있는 손가락과 엄지손가락 등 팔로 매달리던 조상의 모습이 남았다.

이런 뜻에서 턱걸이, 팔굽혀펴기, 버피에 능한 남성의 근육질 상체는 나무에 살던 우리 조상과 더 닮았다고 볼 수 있다. 아동기에는 남아와 여아의 몸이 비슷하지만 성인 남성의 몸은 성인 여성보다 상체 근육이 더 많다. 반면 여성은 키와 체중을 감안하면 남성에 못지않게, 때로는 더 강한 하체를 가진다. 진화적 관점에서 현대인 여성의 근육 분포는 남성보다 더 많이 바뀌었다.

남성 육상 선수는 단거리달리기에, 여성 육상 선수는 장거리달리기에 강하다는 익숙한 고정관념이 있다. 여성 육상 선수 중에서도 폭발적인 힘을 발휘하는 선수들이 있지만, 단거리 경주에서 남성 선수의 속도에 도달하는 경우는 드물다. 힘 측면에서도 여성 선수는 남성 선수만큼 힘을 발휘하지 못한다. 남성은 체격이 더 크고 폐와 심장도 더 커서 근육에 산소를 더 많이 공급할 수 있다.

이 모든 조건이 불리한데도 지구력 종목에서는 여성이 종종 남성 못지않은 기량을 보여 준다. 초장거리 경기에서는[21] 남성을 이기기도 한다. 부분적인 이유는 여성이 조금 더 가볍고 작아서 같은 거리를 움직이더라도 열량 소모가 적기 때문이다. 그러나 다른 원인이 더 있는 것 같다. 포유류의 근육세포는 탄수화물을 이용하는 데 그치지 않고 지방과 아미노산을 연소하는 방식으로 에너지 생산방식을 전환하기도 한다. 이때의 전환은 장거리 육상 선수들이 말하는 '새로운 활력'과 유사하다. 피로를 느끼기 시작하다가 어떻게든 다시 에너지가 생기는 느낌이 든다는 것이다. 이것은 각 세포 안에 있는 발전소, 미토콘드리아의 작동 방식과 관련된 현상이다. 가임기 여성은 대사 전환에 더 능숙한 것 같다. 이들은 새로운 활력에 더 잘 도달할 뿐 아니라 한번 거기에 이르면 남성보다 더 오래 이어 간다. 그리고 이런 현상은 골격근 미토콘드리아의 대사 과정 가운데 여성호르몬에 의해 조절되는 부분이 있기 때문일 것이다.

1990년대 중반 정형외과 의사들이 환자의 골격근 표본을 비교하는 연구를 진행했다. 그들은 젊은 여성의 표본에서 '미토콘드리아 전자전달 복합체 III'라는 대사 경로가 젊은 남성에 비해 유의하게 활발하다는 사실을 발견했다.* 이 대사 경로는 지방을 이용해 근육세포에 에너지를 공급하는 일에 관여한다. 젊은 여성의 신체는 미토콘드리아를 이용해 작은 지방 분자를 분해하는 지질 베타 산화lipid beta-oxidation 능력이 매우 탁월하다. 모든 미토콘드리아가 이 일을 할 수 있지만, 여성의 신체 설계에는 여기에 특히 뛰어난 근육이 포함된 것 같다. 더 최근 연구에서는 이처럼 특정 종류의 지방 대사와 관련된 유전자가 남성보다 여성의 근육세포에서 더 많이 발현된다는[22] 사실을 보여 준다.

지구력 운동에 강한 선수가 되려면 이렇게 지질을 이차에너지원으로 활용해 새로운 활력을 불어넣는 능력이 말도 안 되게 중요해진다. 첫 번째 활력으로 단거리를 달릴 수 있다. 막대한 힘을 발휘할 수도 있다. 그러나 무슨 일이든 오래 하려면 새로운 활력을 불어넣을 대사 기전이 필요하다. 아르디 이전까지 우리는 어디에서도 오래 달리거나 걷지 않았다. 우리의 이브에게는 대단한 지구력이 필요하지 않았다.

여러 유명 과학 저술가가 인류는 달리기 선수가 되도록 진화했다고 말하지만, 사실 지구력을 발휘하며 조깅하고 걷도록 진화했다고 말하는 편이 가까울 것이다. 아르디의 시대에 시작돼 현생인류 시대까지 이어지는, 호미닌 진화 과정의 큰 변화 중 하나는 우리가 '가늘어'졌다는 것이다. 훗날 인류가 된 이브는 가벼운 뼈와 상이한 종류의 근육을 진화시켰다. 직립보행에 열량이 많이 필요하기 때문이라 일반적으로 추정한다. 우리는 직립보행 자세를 유지하기 위해 척추를 구부리고 엉덩이에 한 다발의 근육

---

* Boffoli et al., 1996. 이 대사 경로의 활성도는 폐경기가 지나야, 다시 말해 혈중 여성호르몬 농도가 감소해야 떨어지기 시작한다. 여성의 미토콘드리아가 경쟁에서 이기는 방식에 대해 조망한 더 최근의 자료를 보려면 Cardinale et al., 2018를 참조할 것.

을 갖다 붙였다. 그러나 동시에 전신의 무게를 덜고, 단기간에 폭발적인 힘을 발휘하는 대신 체력을 향상하는 방향으로 운동 방식을 바꿨다.

사건을 주도한 쪽은 암컷이었을 가능성이 높다. 단지 아르디와 딸이 대사 면에서 유리했기 때문이 아니라, 이들에게는 숲을 떠나 초원이라는 바다로 힘찬 발걸음을 내디뎌야 할 이유가 수컷보다 많았기 때문이다.

물가를 떠나며

한 가지 환경에 오래 적응하면 이유가 있어야 위험을 무릅쓰고 익숙하지 않은 환경에 발을 들여놓는다. 다윈이 《인간의 유래》라는 책을 쓴 뒤로 과학자들은 도대체 무엇이 우리를 나무 위에서 내려오게 했는지 논쟁을 벌였다. 오랫동안 대부분의 과학자는 그저 나무가 사라져 우리가 평지로 내려올 수밖에 없었다고 생각했다.

그러나 아르디가 발견되자 이야기에 미묘한 뜻이 더해진다. 아르디의 전문화된 골격이 일부는 나무에서 지내고 일부는 걸어 다녔다는 사실을 보여 준 것이다. 아르디 화석 주변의 식물상과 동물상을 분석한 결과 아르디는 숲이 있는 환경에서 살았다. 토양 동위원소와 꽃가루에 대한 추가 분석 결과에 따르면 아르디는 넓은 초원 한가운데의 강변 숲에 살았을 [23] 가능성이 높다. 잘 익은 열매와 연한 구근이 있는 나무가 물가를 따라 풍성하게 자라는데 아르디는 왜 나무를 떠나야 했을까? 대체 무슨 일이 있었던 걸까?

몇 가지 우세한 가설이 있다. 걷기는 사냥하기 위해 선택한 방법이었다는 발상이 오랫동안 믿기 어려울 정도로 인기를 끌었다. 우리는 정말 무기를 들고 다니기 위해 팔을 자유롭게 만든 걸까?[24] 우리는 매달리기를 하던 어깨를 이용해 사바나에 있는 모든 초식동물에게 창을 던질 수 있었을 것이다. 그러나 침팬지도 창을 이용해 갈라고원숭이를 사냥한다. 바로 지금. 나무에서도. 두 다리로 걷지 않고도.

그래 좋다. 우리가 아주 빠른 동물을 사냥하려 했고, 이들을 잡을 수 있는 유일한 방법이 두 다리로 달리는 것이어서, 걷는 게 아니라 달리기 위해 진화했다면 어떻게 될까? 안타깝게도 두 발로 이동하는 생물은 네 발 달린 생물보다 빠르지 않다. 치타들은 시속 97킬로미터로 달릴 수 있다. 말은 시속 89킬로미터로 질주할 수 있다. 그러나 이족 보행은 실제로 속도를 늦추는 것 같다. 가장 빠른 인간은 고작 시속 48킬로미터, 그것도 단 몇 초 동안만 그렇게 달릴 수 있다.

그러나 문제는 속도와 가속도가 아닐 수 있다. 이족 보행하는 인간의 흥미로운 특성은 속도를 오래 유지할 수 있는 체력이다. 말은 최고 속도로 달리면 급격히 지쳐서, 몇 킬로미터만 달려도 땀범벅이 되고 쉬어야 한다. 시간이 충분히 길면 인간은 실제로 말을 이길 수 있다. 대부분의 건강한 인간 성인은 속보로 달릴 수 있다. 말하자면 시속 8킬로미터로 한 번에 몇 시간을 이동할 수 있다. 울트라 마라톤 선수들은 수면 시간이 주어지면 며칠 동안 계속 달릴 수 있다. 말이 이렇게 하면? 죽는다.

결과적으로 지금 여러 고인류학자는 우리가 사슴, 말, 들소 같은 날렵한 유제류를 앞지르기 위해 진화했다고[25] 주장한다. 우리는 동물이 기진맥진해질 때까지 계속 천천히 달렸을 것이다. 그다음 매달리기를 하던 어깨로 창을 던지고, 그다음 팔로 고기를 전부 집으로 옮겼을 것이다.

호미닌 진화 경로의 어느 시점에는 사실이었을 수 있다. 그러나 아르디가 발견된 이상 인류의 이족 보행을 진화시킨 추동력은 이런 사냥 방식이 아니었던 것 같다. 아르디는 고기를 그리 많이 먹지 않았다. 치아 구조와 법랑질을 분석한 과학자는 아르디가 주로 식물을 먹었다고 결론지었다.

아르디는 우리보다는 침팬지와 인간의 마지막 공통 조상과 훨씬 더 가까우므로, 이 퍼즐을 풀려면 오늘날 침팬지의 행동을 살펴보는 편이 나을 수 있다. 영장류학자는 침팬지가 두 다리로 행동하는 시나리오를 몇 가지 발견했다. 남들에게 강한 인상을 주려 할 때, (보통은 먹이인) 무엇인가를 한 팔 또는 두 팔로 옮길 때, 두 팔을 쳐들고 허리 깊이의 물을 걸어서 건널 때다.

아르디가 정말로 강가 환경에서 살았다면 물 이론은 매력적인 가설이다. 아르디는 가재와 조개를 찾으러 물을 많이 건너다녔을지도 모른다. 물론 가능한 일이지만, 다시 한번 과학자가 치아 법랑질을 분석한 결과에 따르면 아르디는 조개를 많이 먹지 않았다. 아르디의 직립 골반이 진화한 방식을 더 잘 설명하는 모형은 오늘날 오랑우탄이 하듯 뒷다리로 서서 높은 가지에 달린 열매에 손을 뻗었다는 가설이다. 그러나 이 모형도 아르디가 자주 나무에서 내려와 직립보행한 이유를 설명하지는 못한다.

여기에서 이론가는 암수의 전쟁 이론을 제기한다. 앞서 언급했듯 오늘날 수컷 침팬지는 강한 인상을 주고 싶을 때 (잠시) 뒷다리로 일어선다. 때로는 앞다리로 나뭇가지에 매달린 채 몇몇 암컷 앞에서 발기된 작은 물건을 흔들면서 인상을 남기려 한다. 어떤 경우에는 상대를 겁주려 큰 송곳니를 드러내고 가슴을 부풀린다. 때로는 이런 과시 행동으로 땅에 주먹을 단단히 짚고 이두박근과 어깨 근육을 굽히며 몸을 앞으로 기울이기도 한다. (드물긴 하지만) 때로는 고릴라처럼 가슴을 치기도 한다. 그리고 때로는 이빨을 드러내고 크게 소리를 지르며 뒷다리로 일어섰다 주먹을 짚고 몸을 앞으로 숙이기를 반복한다. 이런 상남자가 없다.[26]

그래서 수컷이 암컷에게 잘 보이고 다른 수컷을 겁주려 했기에 아르디와 같은 초기 호미닌의 점점 복잡해지는 사회집단이 직립보행하도록 진화했다는 이런저런 논의가 있었다. 그러나 침팬지와 보노보와 고릴라는 가끔씩만 똑바로 선 모습을 보여 주면서 그럭저럭 지내는 것 같으므로 섹시해 보이기 위해 똑바로 걷는다는 가설은 그리 매력적이지 않다.

그런데 이 주장을 수정한 이론이 더 관심을 받았다. 이 이론을 주장하는 주요 과학자가 아르디에 대한 논문을 발표한 그 분야의 대가, 바로 오언 러브조이Owen Lovejoy 박사라는 점이 적잖은 이유였다. 그는 마이오세의 기후가 변하면서 강변에 살던 유인원 조상의 먹이가 줄어들었다는 이론을 제시했다. 그래서 수컷은 근처 초원으로 걸어가 먹이를 더 찾기 시작했고, 암컷에게 그 대가로 배타적인 성적 관심을 요구했다. 암컷은 아마 점점 손이 많이 가는 아기를 돌봤으므로 직접 걸어서 돌아다닐 수 없었고 그런 거래에 승부수를 띄웠을 것이다.[27]

고기를 얻기 위해 교미를 했다는 주장은 이족보행을 설명하는 좋은 가설이다(내 생각에 좋은 가설은 아주 좋은 구근을 얻기 위해 교미를 했다는 주장이다. 아르디는 고기를 많이 먹지 않았기 때문이다). 예를 들어, 우리는 정확히 언제부터 우리 이브의 아기가 엄마에게 매달릴 수 없을 정도로 손이 많이 가게 되었는지 알지 못한다. 우리의 몸은 새끼가 작은 주먹으로 매달릴 수 있도록 여전히 털로 덮여 있었다.[28] 그리고 엉덩이에 아기를 떠받치고 다닐 수 있을 만큼 똑바로 섰다 해도 먹이를 모으고 운반할 수 있는 자유로운 팔이 한쪽 더 있었다. 다른 현생 유인원 종들은 새끼를 위해 먹이를 모으는 일이 주로 엄마의 책임이다.

화석 기록에서 엿볼 수 있는 얼마 안 되는 정보에 따르면 호미닌의 새끼는 이전 이브의 새끼보다 손이 많이 갔다. 새끼의 필요가 정확히 언제부터 호미닌 사회에 변화를 불러왔는지는 알지 못한다.* 아직까지도 아주 의존적인 자손은 전반적으로 암컷에게 더 부담이 된다. 이들은 자기 자신과 손이 많이 가는 새끼를 살리느라 어쩔 수 없이 더 쉽게 배고프고, 피로하고, 시간에 쫓긴다.

오늘날 침팬지 사회에서조차 고기나 다른 좋은 먹이를 얻는 대가로 교미를 하는 암컷이 많다.[29] 그러나 침팬지는 일부일처제가 아니므로 교미와 간식을 교환하는 방식은 안전한 생존 전략이 아니다. 그래서 이런 주장이 제기된다. 아마도 아르디와 친족들은 이 거래에 호소력을 부여하기 위해 호미닌 일부일처제를 발명했다는 것이다. 이렇게 해서 수컷에게는 숲지붕 아래서 충직하게 기다리는 작은 숙녀를 위해 그 대가로 집에 베이컨을 가져와야겠다는 동기가 생긴다.

이것은 현재 성적 관습에 부합하는 발상이다. 그러나 배고픈 아이를 돌보는 방식은 여러 가지이므로, 난교에서 일부일처제식 매춘으로의 급속한 전환은 조금 억지스러워 보인다.** 아마도 아르디는 오늘날의 여러 영장류처럼 성적 보상을 제공하는 대가로 위험이 동반되는 식량을 얻었을 것이다. 그러나 그건 오늘날과 마찬가지로 가끔 벌어지는 일이었을 것이다. 내가 우연히 희귀하고 맛있는 먹이를 손에 넣었어. 자, 우리 성관계할까? 그러나 수컷이 좋은 음식을 구하러 꾸준히 통근하다 보면 집에서 몰래 이뤄지는 교미를 관리하기가 어려울 것이다. 암컷의 행동을 통제하는 모종의 엄격한 사회정책이 없으면, 도대체 어떻게 일부일처제가 작동할 수 있을까?

아르디가 대부분의 현생 영장류와 비슷하다면, 거의 언제나 새끼 곁에

* "도구" 장에서 더 자세히 다룬다.

** 고대 호미닌의 성관계는 "사랑" 장에서 더 자세히 다룬다.

있었을 것이다. 모유 수유부터 초기 유년기까지 새끼의 영양 공급을 책임
져야 했으므로, 아르디에게는 상대 수컷보다 먹이가 더 많이 필요하고 획
기적인 변화가 더 필요했다. 아르디가 수컷이 집으로 구근을 가져올 때까
지 나무 위 집에서 시간을 보내며 기다렸을 가능성은 거의 없다. 자기가
직접 먹이를 찾아 초원으로 나섰을 공산이 크다. 그리고 먹이를 찾으면 포
식자를 피하기 위해서뿐 아니라 아마 다른 집단 구성원이 **훔쳐가지** 못하
도록, 안전한 곳으로 옮겼을 것이다. 오늘날의 침팬지,[30] 특히 새끼를 돌보
는 암컷들은 소중한 음식이 생겼을 때 이렇게 한다.

어떤 형질의 진화에 대해 생각할 때는 누구에게 그런 적응이 가장 절실
했느냐는 질문이 유용하다. 영장류 수컷과 암컷 모두 음식이 필요했고, 필
요한 음식을 실제로 얻는 데 영향을 미치는 일이라면 그것이 무엇이든 큰
진화적 압력으로 작용했을 것임에는 의문의 여지가 없다. 그러나 임신과
양육 때문에 암컷에게 먹이가 더 많이 필요했다면 이런 부가적 필요가 진
화의 동인이 됐을 것이다. 여러 포유류에서 암컷의 몸은 수컷보다 작아짐
으로써 먹이 수요와 관련된 어려움에 적응하도록 진화했다. 그래서 임신
하지 않았을 때는 더 적은 열량만으로도 생존할 수 있다.

먹이의 변동이 심해지는 세계에서 아르디는 음식을 충분히 얻기 위해
더 멀리 다녀야 했다. 일단 먹이를 구하면 한가득 팔에 안고 걷는 능력이 아
주 유용했을 것이며, 새끼까지 데리고 다녔다면 더욱 그랬을 것이다. 아르
디 시대의 홀어머니가 하던 일은 직장에 다니며 아이를 돌보고, 뭐라도 하
며 근근이 살아가는 오늘날의 홀어머니와 많이 비슷했다. 나는 이 주장이
갑자기 노동의 성별 분업을 동반한 일부일처제 핵가족이 탄생했다는 주장
보다 이족 보행의 진화를 설명하는 더 유력한 가설이라 생각한다.

우리는 고대 수컷 사냥꾼들에 대한 윤색된 찬가 대신, 곧게 선 암컷 유

인원이 어떻게 생겼을지 물어야 한다. 다시 말해 암컷 신체의 불리한 점만이 아니라 유리한 점에도 초점을 맞춰야 한다. 자, 여기 유용한 사고실험이 있다. 암컷 호미닌이 이족 보행을 주도했다면, 우리 몸의 진화에서 직립 자세는 무엇을 뜻할까?

근거는 우리 주변에 널려 있다. 침팬지의 먹이 저장 행동, 폐경기가 지나면 사라지는 암컷 골격근의 대사적 우위, 그리고 유연성이다. 전형적으로 남성의 폭발적인 힘이 필요한 대부분의 올림픽 종목에서 여성은 그야말로 뒤처진다. 지상에서 조금 더 느리다. 물건을 드는 일에 조금 더 약하다. 우리의 상체에는 그만큼의 근육이 없다. 그러나 호미닌이 직립보행을 진화시킨 이유를 설명하는 가장 설득력 있는 주장들은 단기 성과가 아니라 지구력과 관련이 있다.[31] 판단 범위의 문제다.

여러분이 아르디 같은 고대 호미닌이라면 어떻게 활동 반경을 넓히겠는가? 어떻게 초원이라는 바다를 헤엄치겠는가? 물건을 나르려면 걸어야 한다, 맞다. 그러나 또한 지구력을 발휘해야 한다. 새로운 활력을 불어넣을 줄 알아야 한다. 벽을 밀치고 나가야 한다. 엿 같은 상황에서 생존해야 한다.

엿 같은 상황에서 우리를 살려 낸 것이 우리를 인간으로 만든 그것이다. 바로 우리의 혁신 역량뿐 아니라 최악의 상황을 견디는 지구력이다. 지쳐도 계속 나아가는 능력이다. 다시 말해 포기하지 않는 능력이다.

느린 수축, 빠른 수축

그리스트 대위는 사람들이 지켜본다는 것을 알았다. 대위은 2015년 레인저 스쿨에 입소한 첫 번째 혼성 기수의 훈련생이었다. 혼성 기수 선발은 일회성 시도였다. 전방 전투 진지에 여성을 배치하는 문제에 대한 미국 육군의 정책은 바뀌지 않았다. 그러나 고위 간부들은 여성의 신체 역량을 시험하겠다는 목적으로 육군 레인저 스쿨에 여성 입소를 허용하기로 했다. 입소 자격을 갖춘 후보생이 있으면 훈련을 통과하는지 흥미롭게 지켜볼 일이었다. 그리스트 대위는 아무것도 약속받지 못했다. 훈련을 통과한다 해도 전투부대 배치가 보장되지 않았다. 군복에 레인저 견장을 달 수 있을 뿐이었다.

이번 기수의 훈련 담당자는 15년 넘게 열 다섯 차례 훈련을 담당한 콜린 볼레이 원사로,[32] 사정을 전혀 봐주지 않는 사람이었고 레인저 스쿨에 여성이 들어온다는 생각을 반기지 않았다고 인정했다. 그러나 원사는 여성이 체력 평가를 통과하는 모습을 보고 싶었다. 여성의 출세를 위해서가 아니라, 뭐랄까 그러면 훈련 프로그램의 엄격한 기준에 해명을 내놓을 필요가 없어지기 때문이었다. 여성이 통과할 수 있는 요건이라면 남성은 당연히 받아들여야만 했다.*

혼성 기수 400명의 훈련생 가운데 19명만이 자격이 검증된 여성이었다. 그중 대부분은 훈련이 시작되면서 파리처럼 떨어져 나갔다. 그리스트 대위가 산비탈에 매달려 있을 무렵, 남은 여성은 단 3명이었다.

대위가 거기까지 갈 수 있었던 것은 증명할 게 많았기 때문이다. 대위는 남성의 몸에 맞추어 고안된 시험들을 통과해야 했다. 대위는 상체 힘을 무시무시하게 써야 했다. 많은 일을 아주 빠르게 해야 했다. 폭발적인 근

---

* 베트남전 이후 미국 육군은 완전 모병제로 전환했고 최근 병사 수를 유지하는 데 어려움을 겪고 있다. 2018년에는 모집 목표보다 7,000명이 미달됐으며 모집된 병사 중에는 기준을 완화해야 하는 사례가 많았다(Phillips, 2018). 특수 부대들은 기준 '완화' 논쟁을 두고 씨름했다. 이것은 현재 미국 육군 전체에 요구되는 사안이다.

력을 보여야 했다. 그러나 일단 산에 올라가자, 정말로 해야 할 일은 생존이었다.

대규모 지구력 시험에서는 성별 간 경쟁의 장이 공평해지는 듯하다. 사실 보통은 여성의 몸이 이긴다. 최장거리 울트라 마라톤에서는 여성 선수들이 더 좋은 기록을 내곤 한다.* 마틴 스트렐Martin Strel을 제외하면, 장거리 수영 대회의 세계 챔피언도 여성이었다.** 그 이유 중 상당 부분은 여성에게 피하지방이 더 많은 것과 관련이 있다. 지방조직은 근육조직보다 부력이 크고 단열에도 도움이 된다. 지방조직은 근육의 당 저장고가 바닥을 보일 때 아주 유용한 에너지 저장소다. 앞서 살펴봤듯이 여성의 몸은 남성보다 예비용 지방을 꺼내 쓰는 데 더 능숙하다. 그러나 지방이 다가 아니다. 여성의 몸은 장기적이고 혹독한 지구력 시험에 선천적으로 유리하다. 전반적인 근육량은 적어도 어떤 종류의 근육을 가지기 때문이다.

골격근은 큰 섬유조직 다발로 이뤄졌다. 수축하는 밧줄이 한 다발로 묶인 채 인대를 통해 뼈에 붙었다고 생각하자. 이 섬유들은 속근fast-twitch과 지근slow-twitch, 크게 두 가지로 나뉜다. 속근 섬유는 더 빠르게 수축하고 큰 힘을 내지만 쉽게 피로해진다. 지근 섬유는 더 느리게 수축하지만 유산소 운동 역량이 커지면서 훨씬 늦게 피로해진다. 단거리 육상 선수에게는 속근 섬유가 많다. 마라톤 선수에게는 지근 섬유가 많다.

---

* 사실 기록으로 남았다. 5킬로미터 경주에서는 남성이 여성보다 거의 18퍼센트 빠르지만, 마라톤에서는 단 11퍼센트, 80킬로미터 경주에서는 3.7퍼센트, 160킬로미터 경주에서는 거의 같아지다가, 314킬로미터 이상의 경주에서는 보통 여성이 남성을 앞지른다(Ronto, 2021).

** 스트렐이 1954년 슬로베니아에서 태어났다는 사실은 그 자체로 한 사람의 정신적 지구력을 북돋우기 충분했다고 생각한다. 스트렐은 1992년 크르카에서 첫 번째 강 수영을 했다. 강물은 남동쪽, 새로운 크로아티아의 국경까지 흘러갔다. 스트렐의 지방조직 역시 이런 일을 하는 데 유용했을 것이다.

척추 아래쪽에서부터 허리, 고관절, 엉덩이 위쪽에 붙는 근육들은 지근 섬유로 되어 있다. 이 근육들은 여러분이 땅에 엉덩방아를 찧고 쓰러지지 않도록 하루 종일 중력에 저항하면서 곧은 자세를 유지한다. 반면에 턱 근육은 우리 몸에서 가장 힘센 근육일 뿐더러 당연히 대부분 속근 섬유로 되어 있다. 우리는 계속 씹도록 진화하지는 않았다.

우리는 인간의 몸을 우주로 보내면서 속근과 지근 섬유에 대해 아주 많이 알게 되었다. 우주 비행사들의 근육은 지구 중력을 벗어나는 순간부터 위축되기 시작한다. 우주 비행사들이 국제 우주정거장에 머무는 동안 매일 우주 트레드밀에서 혹독하게 운동하는 이유다. 1990년대 후반과 21세기 초에 발표된 연구에 따르면 병원의 침상 안정 환자와 국제 우주정거장에서 귀환하는 우주 비행사들은 모두 유의한 근육 위축 소견을 보인다.[33] 그러나 우주 비행사들의 근육조직에서는 병원 환자와 달리 지근 섬유에서 속근 섬유로의 전환 현상이 보인다.[34]

지구 중력 안에서 걸어 다니며 지근 섬유가 일하듯이 근육 섬유가 계속 일하지 않으면, 근육은 속근 섬유에 최적화된다. 남녀 모두 마찬가지지만 성인 여성의 근육에는 지근 섬유가 더 많으므로 여성 우주 비행사들의 경우에는 출발선이 다르다. 오늘날 여성이 폭발적인 힘이 필요한 일을 시도하지 않기 때문인지, 아니면 여성의 몸이 시간과 노력이 많이 드는 일에 적합하게 타고났기 때문인지는 알 수 없다. 지금까지의 자료들은 이런 특성을 타고났을 가능성을 암시한다. 최근 한 연구에서 '훈련받지 않은', 다시 말해 중량 운동을 전혀 하지 않은 여성의 75퍼센트는 속근보다 지근이 유의하게 더 많았다. 훈련받지 않은 남성의 경우 두 가지 근육이 더 균형을 이뤘다.

아르디와 동료 수컷 중 누가 직립보행에 더 능숙했을지 생각할 때 이런 출발선이 왜 중요한지 알고 싶으면 그저 여러분의 고관절을 내려다보면 된다. 넓적다리 위를 지나가는 근육의 대부분은 무릎을 엉덩이 높이까지 들어 올려주는 2개의 길고 두툼한 밧줄, 대퇴사두근이다. 아주 가파른 언덕 위에 살지 않는 한, 이 근육은 햄스트링처럼 고관절을 펴는 넓적다리 뒤쪽 근육들만큼 자주 일하지 않는다. 그러나 햄스트링과 (엉덩이 근육) 대둔근은 여러분이 발을 내디딜 때마다 몸을 앞으로 밀어준다.

용도의 차이도 근육 구성에 영향을 미친다. 대퇴사두근에는 폭발적 운동에 적합한 속근 섬유가 더 많다. 햄스트링에는 훨씬 오랫동안 매끄럽게 움직이게 하는 지근 섬유가 많다.

운동장을 계속 조깅하다 공도 차고 질주도 하는 축구 선수는 폭발적인 운동을 많이 한다. 자연히 축구 선수의 다리는 통나무 같다. 이들은 다리는 앞뒤가 아주 고르게 발달한다. 반면 마라톤 선수는 엉덩이와 햄스트링이 도드라진 호리호리한 다리를 가진다. 단거리 선수 역시, 주로 다리 앞쪽의 속근 섬유들을 활용해 장애물을 뛰어넘으며 폭발적 운동을 하는 허들 선수와 마찬가지로 햄스트링과 대퇴사두근이 다른 달리기 선수들보다 더 발달했다.

대퇴사두근에 지구력 운동을 주문하기는 어렵다. 물론 오르막을 많이 오르는 것 같은 운동을 억지로 시킬 수는 있다.* 그러나 그렇게 해도 하체의 앞쪽보다는 뒤쪽 근육이 지구력 운동에 뛰어나다.

---

* 평균적으로 스위스나 샌프란시스코에 사는 사람들은 평지에 사는 사람들보다 대퇴사두근이 더 크다. 천천히 자주 언덕을 오르면 중량을 추가한 스쿼트 운동을 할 때보다 대퇴사두근의 지구력이 더 향상된다. 보스턴이나 뉴욕 같은 곳에서 이사해 오면서 운동이 도움이 되리라 생각하고 체육관에서 몸을 만드는 테크 브로(디지털 기술 산업에 종사하는 자신만만한 백인 남성_옮긴이)들에게는 억울할 일이다.

　물론 아르디의 다리 근육을 직접 가져다 비교할 수는 없지만, 우리의 근육을 생각하면 아르디도 속근과 지근 섬유의 비율이 비슷했을 것이다. 아니면 적어도 침팬지보다는 우리와 더 비슷했을 것이다. 아르디의 어깨는 현대 여성의 어깨보다 훨씬 강했다. 그리고 우리보다 나무에서 더 많은 시간을 보냈기에 허리에는 우리만큼 지근 섬유가 많지 않았다. 그러나 아르디의 다리 근육은 땅 위에서 계속 직립보행하며 움직이기 위해 이미 지구력을 길렀고, 암컷형 대사female-typical metabolism 덕분에 수컷 아르디피테쿠스보다 장거리 보행에 우세했을 것이다.

　그러니 이 시점에서 생각하면 여성의 운동 능력은 남성 못지않으며, 심지어 근육과 대사의 지구력은 더 뛰어나 보인다. 그리고 한 가지 더, 여성은 근육 손상을 복구하는 데 남성보다 뛰어나다. 여성은 운동 피로에서 남성보다 더 빨리 회복한다.

　근육은 새로운 운동을 할 때마다 조금씩 손상된다. 이것은 근육조직의 '부피가 늘어나는' 주된 방식이다. 근골격계에 부담이 실리면 뼈 접합부에 칼슘 침착이 늘어나고 근육 자체에 미세 파열이 생긴다. 이때 조직에는 빠르게 염증이 생기면서 혈액과 체액, 그리고 조직 손상을 복구하는 온갖 미세 '조력자'가 밀려든다. 근처 근육세포는 다음에 이런 일을 감당할 수 있도록 더 증식하라는 신호를 받는다. 회복된 근육은 더 강하고, 유능하며, 덜 지친다. 다시 말해 중량 운동은 조심스럽게 근육을 구타하는 방법이다. 물론 지나칠 때도 있어서 심각한 근육 파열, 골절 같은 일이 생기기도 한다. 분명 여러분도 이런 일이 생기기를 바라지는 않을 것이다. 그러나 현대 산업사회에서는 근골격계를 쓰지 않는 게 훨씬 큰 문제다.

　손상과 회복은 근육과 뼈가 일하는 방식이다. 남성이든 여성이든 마찬가지다. 그러나 여성의 근육이 작동하는 방식은 남성과 조금 다르다.

운동 직후, 여성은 해당 근육의 강도가 남성보다 더 많이 떨어진다. 필라테스를 했으면 운동을 마친 후 '다리가 후들거리는' 경험을 해 봤을 것이다. 그러나 여성은 남성보다 훨씬 빠르게 회복한다. 1999년과 2001년에 시행된 연구에서[35] 일부 남성은 팔꿈치 굽히기 운동 후 떨어진 근육 강도를 완전히 회복하는 데 2개월이 넘게 걸렸다. 그러나 연구 참여자는 이 사실을 몰랐으며, 아무렇지 않다고 보고했다. 진실을 확인하는 유일한 방법은 연구 참여자에게 똑같은 중량, 장력으로 똑같은 운동을 시키는 것뿐이었다. 그리고 그들은 이것을 하지 못했다. 여성은 근본적으로 운동 직후 근육 강도가 더 떨어지는 듯했지만 훨씬 더 빨리 회복했다. 이것은 강한지 약한지의 문제가 아니라 대사와 조직 복구의 문제다.

단기적으로 남성은 근육을 가지고 '힘쓰는 일'을 더 많이 할 수 있지만, 장기적으로 손상도 더 입는다. 여성은 남성보다 더 일찍 쉬어야 할지 모르지만,[36] 일단 한숨 돌리고 나면 비슷한 상황의 남성보다 일찍 그 일을 다시 할 수 있다.

다시 말해 코치들은 남성 선수들을 경기장에 내보낼 수 있지만 그러고 나서는 벤치에 앉혀 두어야 한다. 한편 여성은 잠시 벤치에 들러야 하지만 그러고 나면 경기장으로 다시 돌아갈 수 있다.

그리스트 대위가 거듭, 거듭, 또 거듭한 일이 바로 이것이다.

여성과 전쟁

그리스트 대위는 지쳐 있었다. 대위는 적의 포격을 피해 지근거리에 독사들이 도사리는 플로리다의 늪에 목까지 잠겼다. 훈련은 막바지에 이르렀다. 그러나 대위가 다른 동료들보다 지치는 이유가 더 있는데, '재생'됐기 때문이다. 레인저 스쿨에서는 훈련생에게 실패한 일부 시험에 재도전하게 하는 일을 이렇게 부른다. 동료들에게 긍정적인 평가를 받았을 때 얻을 수 있는 특권이다. 그러니 그리스트 대위는 동료들에게 존경을 받은 덕분에 체계적으로 몸을 혹사하는 전투 시나리오를 다시 겪으면서 적잖이 지쳐 있었다. 마침내 늪 속에 들어왔을 때는, 요컨대 끔찍한 상태였다.

훈련생을 '재생'시키는 관행은 2015년 레인저 스쿨의 첫 번째 혼성 기수 이전에도 있었다. 재생을 겪은 남성도 여럿 있었다. 그러나 대위가 경험한 일은 유난히 가혹했다. 그리스트 대위는 2015년 4월에 훈련을 시작해 8월에 마쳤으므로 통상적인 2개월이 아니라 4개월을 혹독한 시험, 수면 박탈, 심한 굶주림에 시달렸다.

통상적으로 레인저 스쿨에서는 한 기수 훈련생의 34퍼센트가[37] 한 가지 단계 이상에서 재생을 거쳐야 한다. 그러나 그리스트 대위는 최악의 사례를 만났다. 지휘관이 처음부터 다시 시작하겠느냐는 선택지를 제시했을 때는 그곳에서 이미 6주를 보낸 상태였다. 휴식을 취하거나 회복할 시간은 없었다. 대령은 체력 평가의 전 과정을 처음부터 다시 하던지, 아니면 훈련을 포기해야 했다.

육군이 자신이나 다른 여성에게 다시 기회를 주지 않으리라는 사실을 알았던 그리스트 대위는 도전을 받아들였다. 그리고 더 이상의 재도전 없이 훈련 전 과정을 완수했다. 심지어 전체 기수에서 2등으로 20킬로미터 완전 군장 행군을 마쳤다.

마침내 늪을 가로질러 걸어가던 무렵, 그리스트 대위는 여성 레인저의 탄생보다 더 많은 사안이 이 훈련에 걸려 있다는 사실을 깨달았다. 여성이 레인저가 된다는 것은 그 나름의 이점이 있어야 했다. 생사의 기로에서는 전투조의 온전성이 중요하다. 누군가가 쓰러지면 다른 누군가가 앞으로 나아가야 한다. 원칙적으로 구성원 누구나가 그 집단의 임무를 모두 할 수 있어야 한다. 그래서 전투부대에 여성을 포함시킬 것인지에 대한 질문은 단지 성차별주의와의 싸움이 아니다. 생명이 걸린 일이다. 그리스트 대위는 자신에게 닥친 위험을 피하기 위해서뿐 아니라 타인에게 도움이 되는 몸을 유지하기 위해서도 독사들을 경계해야 했다.

혼성 집단의 역량에는 측정하기 어려운 부분이 많다. 예를 들어, 집단의 '결속'은 생리적인 문제보다 문화적 사안에 훨씬 더 가깝다. 생사의 기로에서 집단 구성원이 서로 의지하게 하는 필수적이고 단기적인 사회적 결속 전투 집단의 '형제애brotherhood'에 대해서는 수많은 공치사가 쏟아졌다. 여성이 전방에 합류하면 이런 결속에 어떤 영향을 미칠지 염려하는 사람이 많았다.

그리스트 대위에 대한 동료 평가 결과는 대위가 팀에서 더없이 존경받았다는 사실을 보여 준다. 여러 동료들이 기꺼이 대위에게 자기 생명을 의탁하겠다고 말했다. 대위는 남성을 어깨에 짊어지고 험준한 지형을 통과했으면서도, 여성의 벗은 몸이 여전히 금기시된다는 사실을 눈치채고 남성과 분리된 막사에서 옷을 갈아입겠다고 주장했다. 이것은 혼성 시나리오에서 흔한 일이다.

전 기갑부대 소대장이자 26년차 베테랑 육군 장교인 내 사촌은 사생활이 보장되지 않을 때 여성 병사가 판초를 이용해 탈의와 배뇨를 해결하는 것을 본 적이 있다고 이야기했다. 사촌은 또한 원치 않게 벗은 몸을 드러내면 보통 사기가 떨어지는데, 혼성 그룹에서 특히 그럴 수 있다며 염려했다. 여성의 벗은 몸이 골칫거리라는 통념은 내 사촌의 머릿속에만 든 생각이 아니다. 그리스트 대위의 훈련 동기 중 하나는 동료 평가에서 대위의 전투준비 상태에 대해 열성을 다해 보고했다. 그는 그리스트 대위가 어디에서 어떻게 옷을 갈아입었는지도 굳이 언급했다.

그러나 이 남성은 결국 대위가 여성의 몸을 가졌다는 사실을 극복했다. 그들은 소변기 뒤로 나머지 2명의 여성이 지나다니는 것도 극복했다. 그들이 소변을 보고 있으면 여성 훈련생들은 무심하게 지나치며 칸막이 화장실로 직진했다. 형제애는 스트레스를 공유할 때도 피어나는 것 같다.

이제 이야기는 지금의 전투 환경에 필요한 게 무엇인지로 넘어간다. 최전선의 군인이 해야 할 일은 무엇일까? 내가 배운 것에 따르면 엉망이 된 수면 시간을 관리해야 한다. 일반적으로는 보급을 받을 수 있겠지만, 식량과 물 공급이 안정적이지 않을 때 대처할 수 있어야 한다. 험준한 지형에서도 한 지점에서 다른 지점으로 장비를 운반할 수 있어야 한다. 평상시보다 오랫동안 경계 태세를 유지할 수 있어야 한다. 심한 압박감 속에서도 신속하고 합리적인 결정을 내릴 수 있어야 한다.

이 중 일부 항목은 대사, 체격, 근골격계의 강인함과 관련이 있다. 나머지 항목은 심리적 대비와 관련 있다. 육군 레인저 졸업생들은 레인저 스쿨이 신체적 상태뿐 아니라 마음을 시험한다고 입을 모은다. 기개, 회복 탄력성, 정말로 지칠 때 명료하게 사고할 수 있는 능력 같은 것이다. 훈련 과정에 참여한 후보생들은 모두가 신체적 요건을 충족했다. 그러나 모두가 같은 정신력을 갖추지는 못했다. 예를 들어, 그리스트 대위와 동료들은 큰 기관총을 미끄러운 언덕 위로 날라야 했다. 기관총을 나르던 병사 하나가 뒤처지기 시작했다. 근육에 힘이 빠졌기 때문이다. 대위는 그를 대신해 기관총을 옮기겠다고 나섰다.[38]

이 일은 대위의 심리적 회복 탄력성과 일부 관련이 있다. 아마 나머지는 여성 훈련생이 얼마나 많은 일을 해야 하는지와 관련이 있을 것이다.

그러나 대위가 여성이었기에 남은 거리만큼 기관총을 나를 수 있었을 수도 있다. 추정컨대 대위는 심지어 미소 띤 얼굴로 총을 날랐을 것이다. 대위가 짐을 덜어 준 남성은 대위에 대해 평가를 기록하면서 (레인저 동료들은 모두가 이렇게 평가 기록을 작성해야 한다), 특히 그 순간 대위가 너무나 열성적인 것을 보고 충격을 받았다고 적었다. 그가 완전히 무너졌을 때,[39] 그리스트 대위는 실제로 기운이 넘쳤다.

여성의 전투 투입에 대한 군사적 논쟁에서 거의 고려되지 않는 점들이다. 여성의 몸은 전투 그룹에 중요한 이점을 더할 수도 있다. 키, 체중, 체지방률을 보정하고, 자발적 입대가 당연히 자기 선택이라는 단순한 사실을 고려하면, 남녀 군인의 일반적 강인함을 비교하는 일은 어느 쪽에도 이익이 되지 않을 것이다. 그런데 혼성 전투 그룹에서, 특히 폭발적 힘이 탁월한 몸과 특히 지구력이 탁월한 몸이 섞이면, 그 그룹은 남성으로만 구성된 그룹보다 전투준비가 더 잘됐을까?

대답은 그 그룹이 어떤 종류의 전투 시나리오를 만나는지에 따라 달라지며, 군사전략가가 나보다 더 잘 대답해 줄 수 있을 것이다. 그러나 나는 언론인인 오빠로부터 중동에 파병된 부대와 함께 지내던 당시 병사들이 이상할 정도로 지루해하더라는 이야기를 들었다. 현대의 전쟁은 많은 경우 단순히 불편한 자리를 지키는 일과 관련이 있다. 오늘날 대부분의 분쟁 사건에서는 실제로 무거운 짐을 짊어지는 장거리 행군이 필요하지 않다. 요즈음 최전선을 지키는 미군 병사는 대부분 어딘가로 이동해서 그 지역을 확보하고 거기 주둔하면서 깨어 있어야 한다. 병사는 수면 박탈, 단조로움, 근지구력, 그리고 장기간 위험한 환경에서 긴장할 때 생기는 신경학적 문제와 스트레스를 관리해야 한다.

여성의 몸은 이런 일에 아주 뛰어나다. 여성이 전투에서 남성의 역할을 대체해야 한다는 뜻이 아니다. 그보다는 여성의 몸이 더할 수 있는 이점을 취하지 않는 게 어리석다는 뜻이다. 모든 군사전략의 핵심은 가능한 한 최소한의 희생으로 이기는 것이다. 여성 병사가 전투 임무에 참여하면 일부 생리적 이점을 얻을 수 있을 것이다. 그 밖에 심리적 이점도 있다.

쿠르드 민병대 페시메르가가 시리아와 모술 사이의 주요 보급로 47번 도로를 차단하며 ISIS Islamic State of Iraq and the Levant 로부터 신자르를 재탈환했을 때, 승리를 거둔 부대에는 여성 병사들이 포함돼 있었다. 쿠르드어로 페시메르가 Peshmerga 는 '죽음에 맞서는 자'를 뜻한다. 남성보다는 적은 수였지만 쿠르드 여성들은 페시메르가에 가담할 수 있다. 그리고 싸워서 이겼다. 이들은 ISIS 전사가 여성의 손에 죽으면 천국에 갈 수 없기에 자신들의 손에 죽는 것을 두려워한다고 믿는다.

"이것은 우리의 무기입니다.[40] 그들은 우리 손에 죽고 싶지 않거든요." 한 여성 페시메르가 전사는 서양 언론인에게 이렇게 말했다.

이것은 사실이 아니다. ISIS는 남성의 손에 죽든, 여성의 손에 죽든, 아니면 자살 폭탄 미션으로 죽든, 모든 '순교자'가 천국에 간다고 믿는다. 그러나 페시메르가 대원들은 이런 생각을 굳게 믿으며, 이를 통해 남성도 여성도 모두 용기를 얻었다. 그들은 레하나라는, ISIS 남성의 낙원을 빼앗으며 '사냥'하러 나간 '암호랑이' 저격수 이야기를 전한다. 레하나가 100명을 사살했대. 응? 나는 200명이라 들었어. 눈이 커진다. ISIS는 레하나의 존재에 상당히 위협을 느꼈고, 2014년 레하나를 붙잡아 참수한 척하면서 멍청한 미소를 띤 먼지투성이 남자가 여성의 잘린 머리를 든 사진을 트위터(현재 X_편집자)에[41] 게재했다.

그러나 이것은 모두 사실이 아니다. 정말로 페시메르가에는 뛰어난 여성 저격수들이 있고, 정말로 ISIS같이 여성을 혐오하는 테러리스트 집단에게 참수당했다. 그러나 레하나의 이야기는 신화다. 이 이야기는 군복을 입은 매력적인 쿠르드 여성의 사진에서 시작됐다. 사진은 트위터를 통해 빠르게 퍼졌다. 그러나 이 여성은 저격수가 아니었으며, 이름도 레하나가 아니었다. 레하나는 흔한 쿠르드식 이름도 아니다. 이 사진이 촬영된 2014년 8월 22일, 어떤 스웨덴 기자가 이 여성을 만나 잠시 이야기를 나누었지만 끝내 이름을 알아내지 못했다. 그가 기억하는 내용은 다음과 같다. 여성의 눈동자, 머리카락 색상. 자신이 시리아와 터키 국경에 있는 코바니라는 도시의 평화를 지키는 데 힘을 보태려 거기 왔다는 이야기. ISIS가 이 도시를 1년 정도 포위했지만, 쿠르드인은 그 기간 동안 상황을 잘 통제했고, 2015년 1월에 포위가 풀렸다는 것. 기자는 이 여성이 알레포에서 법학을 공부하다가, 아버지가 ISIS의 손에 사망하자 자원입대했다는 사실도 알아냈다. 기자는 끝내 두 번째 인터뷰를 하지 못했고, 그 뒤로 무슨 일이 일어났는지 모른다. 지금 이 여성은 터키에서 난민 생활을 하고 있을지도 모른다. 여전히 싸우고 있을지도 모른다. 다른 사람들처럼 죽었을 수도 있다. 그렇지 않다면, 여성에게는 자기 운명에 대해 침묵을 지켜야 할 명백한 동기가 있다. 일단 ISIS가 참수한 척한 이상, 이 일을 마무리할 기회가 찾아온 것을 반길 사람이 많을 것이라 가정하는 편이 안전하다.

암호랑이 저격수 레하나 이야기는 여전히 힘을 발휘한다. 이 이야기는 신이 허락한 여성의 복종 신화에 저항하는 잔인한 동화 같은 이야기, 여성의 힘에 대한 여러 반反신화countermyth 중 하나다. 여성이 그곳에서 싸우지 않았다면 이 이야기는 군대가 더 열심히 싸울 수 있도록 영감을 불어넣고, 적의 심리적 에너지를 소진시키면서 전해 내려오지 않았을 것이다. 이 이야기는 여성에 대한 생각만으로 이뤄진 무기다.

결국 그것은 ISIS(그리고 특정 미국 군인)가 두려워하는 일일 것이다.

전장의 여성을 둘러싼 논란은 남녀의 신체적 능력 또는 한계에 대한 이야기가 아니라, 성별에 따라 편향된 근골격계, 대사, 심지어 심리적 기개와 관련된 이야기다. 아마도 이것은 여성이 무엇을 해야 하는지, 무엇을 하지 말아야 하는지, 그리고 어떻게 여성이 남자다움이라는 발상과 대조를 이뤘는지에 대한, 세상 속 여성의 몸에 대한 이야기로 이어질 것이다.

지옥 같았던 162일이 지나고, 그리스트 대위는 훈련을 마쳤다. 대위는 남성을 날랐다. 기관총도 날랐다. 산에 올랐다 내려왔다. 두 번씩. 대위는 물론 희열을 느꼈다. 아주아주 피곤하기도 했다. 그리고 아마 땀과 진흙을 씻어 낼 온수 샤워를 무엇보다도 고대했을 것이다. 그리고 잠을 잤다. 대위는 당연히 잠을 원했다.

여성이 이 시험을 통과한 것은 미군에게 중요한 순간이었다. 2015년 말,[42] 국방부 장관 애슈턴 B. 카터는 여성에게 모든 전투 병과를 똑같이 개방하라고 권고했다. 이 변화는 그리스트 대위가 레인저 시험에서 보여 준 성과에 적잖이 힘입었고 전반적으로 환영받았다.* 심지어 네이비 실도 자신들의 선발 기준을 통과할 수 있는 여성을 환영했다. 실 대원들은 레인저스와 달리 강인함과 유연성이 요구되는 어려운 신체적 기능을 발휘하면서도 물속에서 숨을 참을 수 있어야 하기에 실 선발은 레인저보다 훨씬 더 까다롭다는 게 중론이다. 그러나 여성 지원자가 생길 것이고, 일부는 선발될 것이며, 그러면 훈련도 통과할 것이다. 그리스트 대위 이야기로 돌아가

---

* 또 다른 여성 쉐이 하버(Shaye Haver) 대위는 동료들로부터 칭찬을 받으며 그리스트 대위와 나란히 훈련을 마쳤다. 몇 달 뒤에는 리사 재스터(Lisa Jaster) 육군 중령이 훈련을 마쳤다. 당시 재스터 중령은 37세였고 두 아이의 엄마였다. 세 여성 모두 아프가니스탄에서 복무했다. 하버 대위는 헬리콥터 조종사로 복무했고, 2020년 루스 베이더 긴즈버그(Ruth Bader Ginsburg) 대법관이 미국 국회의사당에 안치됐을 때 대법관의 관을 운구하는 군 의장대를 이끌었다. 2020년 4월에는 50명의 여성이 레인저 스쿨을 졸업했다.

면, 대위는 2016년 미국 육군의 첫 번째 여성 보병 장교가 됐다.

예견하다시피, 많은 여성이 공격 부대에 투입될 경우 군의 '사기 상실'을 초래할 수 있다는 흔한 우려가 여전히 있다. 그러나 최근 연구에서는 혼성 전투 그룹의 결속력과 충성도가 더 높았다. 이런 변화에 유난히 저항했던 미 해병대에서도 마찬가지였다. 사실상 혼성 그룹의 '소속'감은[43] 동성 그룹 못지않고, 때로는 더 높았다. 더욱이 혼성 그룹의 성폭력 발생률은 남성으로만 이뤄진 그룹보다 높지 않았다.*

마지막 이야기는 정말 좋은 소식이라 말하기 어렵다. 미군 전군은 성적 학대와 성폭력 문제를 겪으며,[44] 일부 그룹에서 혼성팀을 자주 접할 때에도 이런 문제가 고르게 분포한다는 것은 가슴 아픈 소식이다. 그러나 적어도 여성의 존재가 문제라고 비난할 사람은 없을 것이다.

그러니 몇 년 뒤, 엿같은 곳 한가운데서 기관총에 문제가 생기면 어떤 여성이 대신 집어들고 들어갈지도 모를 일이다.

---

* 군대에서는 동성 강간이 발생하고 다른 성폭력들과 마찬가지로 과소 신고된다. 사람들은 병사가 대부분 이성애자이므로 같은 전투 그룹 내에 이성 동료가 있으면 강간이 더 흔해질 것이라 염려한다. 그렇지 않다. 임상심리학자들이 오래 이야기해 왔듯이, 인간의 강간은 성관계의 문제라기보다 권력의 문제이기 때문이다. 혼성 전투 그룹 내에서 강간이 늘어나지 않는다는 사실은 질이 있다고 해서 저절로 음경을 가진 사람들을 끌어들이지 않는다는 이야기도 될 수 있다. 반대도 성립해서, 나는 음경 또는 질을 가진 대부분의 사람들에게 끌리지 않는다고 서슴없이 말할 수 있다. 내가 까다로운 게 아니다. 세계에는 80억 명의 사람이 있다. 내가 대부분의 사람들과 성관계를 맺고 싶어하면, 이런 일을 해낼 만큼 오래 살 수 없다는 문제를 차치하더라도, 정신질환을 얻을 것이다. 그러나 평생동안 실제로 만나거나, 심지어 보게 될 훨씬 더 적은 수의 사람들 역시 성적 매력이 느껴지지 않는 사람들이 대부분이다. 마음이 건강한 대부분의 사람들에게 성욕이란 본래 빈도가 낮고 그 대상이 제한된 일이다.

Homo habilis

5장 도구

: 여성은 왜 산과술을 쓰게 됐을까?

아이를 낳느니

차라리 전쟁에 세 번 나가겠다.[1]

-에우리피데스, 〈메데이아〉

차라투스트라는 이렇게 말했다

인류의 여명. 희미한 빛이 대지 위로 떠오른다. 스탠리 큐브릭 감독의 화면은 물웅덩이 주위로 모여드는 수컷 호미닌 무리를 클로즈업한다.* 호미닌의 몸에는 군살이 없다. 검은색의 긴 털이 났다. 여성도 없고, 아이도 없고, 아니면 적어도 눈에 잘 띄지 않는다. 이와 비슷하게 땅도 척박하다. 드

---

* 실제로 영국 무언극에서는 유인원 의상을 입었다. 이 영화는 2001년 작 〈스페이스 오디세이〉로, 비평가의 찬사를 가장 많이 받은 20세기 영화 중 하나다. 그리고 배경 음악은 니체에게서 영감을 받은 스트라우스의 곡으로, 우리 모두가 200년째 독일인 남성 몇 명과 함께 숲을 헤매는 듯한 느낌을 준다.

문드문 황갈색 바위가 튀어나온 자갈 비탈이 먼지 많은 사바나까지 이어진다. 수컷 호미닌은 신경질적으로 털을 긁으며 흙탕물을 마신다. 이웃 호미닌 무리가 산등성이에 나타난다. 그들은 꺅꺅거리며 서로를 부르더니 상대편을 쫓아낸다.

장면은 뼈다귀 근처에서 혼자 쭈그리고 앉은 젊은 수컷에게로 넘어간다. 이 수컷은 팔을 뻗어 뼈 무더기에서 큰 뼈를 들어 올린다. 잠시 이 뼈를 쳐다보더니 처음에는 느리게, 다음에는 맹렬하게 땅을 내려치기 시작한다. 고대 남성이 최초로 무기를 발명한 순간이다.

첫 번째 그룹은 물웅덩이로 돌아가 경쟁자를 쫓아낸다. 감히 웅덩이를 건너오며 저항하는 한 마리의 수컷만 제외하고. 호미닌 한 마리가 뼈를 휘둘러 도전자의 머리를 내리친다. 다른 녀석들이 가담해 쓰러진 몸뚱어리를 번갈아 내리친다. 무기가 없는 희생자의 동료들은 놀라 그를 남겨둔 채 달아난다. 원시 발명가는 뼈를 공중으로 던진다. 큐브릭은 날아오르는 뼈를 쫓고, 마침내 맑은 하늘을 배경으로 뼈가 정점에 도달했을 때 화면을 전환해 미래를 비춘다. 궤도에 떠 있는 우주선이 나타난다. 그리고 〈아름답고 푸른 도나우강〉이 연주된다.

이것이 도구 승리주의Tool Triumphalism의 이야기다. 남성이 무기를 발명했고 동료들과 나머지 동물의 왕국에 통치를 선언했으며, 우리의 모든 성취는 여기에서 발원한다. 곤봉으로 쓰인 뼈에서부터 우주선이 등장하기까지, 석기시대부터 지금까지, 이런 이야기를 하는 사람은 큐브릭만이 아니다. 언제나 수컷인 영리한 유인원은 주변에서 무엇인가를 집어 들어 사냥에, 살인에, 지구 지배에 활용한다.

아직도 우리는 이런 능력이 우리를 비로소 인간으로, 짐승과 타인으로 만든다고 말한다. 심지어 이렇게 특별한 영리함 덕분에 우리가 성공한 종이 됐다고, 물건을 제작할 수 있는 손과 물건을 설계할 수 있는 뇌를 이용해 황금 티켓을 제작했다고 되뇐다. 이것은 사실일지도 모른다. 그러나 여러분이 생각하는 방식으로도, 대부분의 사람이 중요하다 짐작하는 이유 때문도 아니다.

의기소침하고 겁 많은 손재주꾼

2001년 큐브릭 감독의 눈에 든, 도구를 발명하는 조상이 누구였는지 추측해 본다면 가장 안전한 답은 약 200만 년 전의 이브 호모하빌리스일 것이다. 얼굴은 하빌리스가 맞는 것 같다. 행동도 초기 호미닌이 맞는 것 같다. 그러나 도구는 인류 조상의 전유물이 아니었다. 처음으로 도구를 쓴 우리 조상은 아마 수컷이 아니었을 것이다. 그리고 가장 중요한 발명은 아마 무기가 아니었을 것이다.

도구 사용은 인간의 고유성을 나타내는 위대한 상징과 거리가 먼, 수렴적 형질이다. 지능을 활용해 문제를 해결하는 많은 동물이 도구를 쓴다. 심지어 포유류일 필요도 없다. 문어는 촉수로 도구를 활용하며[2] 조개껍데기를 자주 이용한다. 까마귀는 손 없이도 도구를 애용하는 동물이다.[3]

큐브릭 감독의 영화에 등장한 초기 호미닌은 주로 풀과 벌레[4] 그리고 과일과 구근을 먹었다. 오늘날 다른 영장류들과 마찬가지로 우리 조상이 이용한 최초의 '도구'는 견과류 껍데기를 깨는 바위, 일종의 고대 순무를 파내는[5] 날카로운 막대기였을 것이다. 그러나 큐브릭 감독 같은 도구 승리주의자는 '인류의 여명'이 우리가 동물을 사냥하고 서로 두들겨 패는 데 도구를 쓰기 시작한 순간이 되기를 바란다. 좋다, 한 가지만 더 짚고 넘어가자. 최초의 무기는 암컷이 발명했을지도 모른다.

바로 지금, 세네갈의 어딘가에서는 침팬지가 사냥을 한다.[6] 침팬지 암컷은 어린 나뭇가지를 꺾은 뒤, 시간을 들여 잎과 잔가지를 떼고, 강한 이빨로 끝을 뾰족하게 다듬은 뒤, 이 창을 손에 들고 다닌다. 새끼는 어미가 풀숲을 이동하는 동안 긴 털을 붙들고 등에 매달려 있는다. 새끼는 몇 달 동안 젖을 먹은 상태다. 굶주려 홀쭉해진 어미는 고기를 찾는다.

어미 침팬지는 갈라고원숭이가 낮 동안 나무 구멍 안에서 잠을 잔다는 사실을 안다. 갈라고원숭이는 왜소하고, 머리가 작으며, 눈이 큰 영장류다. 표적을 발견한 어미 침팬지는 들고 있던 막대기로 표적을 찌른다. 갈라고원숭이가 잠에서 깨어 울부짖고 할퀸다. 작고 얕은 상처라 치명적이지는 않지만, 표적은 확실히 상처를 입고 새끼라면 죽을 수도 있다. 안전 거리를 유지하려면 창을 쓰는 편이 낫다. 어미 침팬지는 갈라고원숭이를 다시 찌르고, 죽은 게 확실해지면 나무 밖으로 끄집어낸다.

수컷 침팬지도 때로는 창을 써 사냥하지만 암컷보다 크고 강한 몸 자체가 충분히 무기가 된다. 수컷이 사냥 중 부상을 당하더라도 이 일로 새끼가 굶지는 않는다. 수컷은 침팬지 사회에서 돌봄을 담당하지 않으므로, 진화적 관점에서 수컷의 부상은 그렇게 손실이 크지 않다. 대체로 혁신은 약한 개체들이 자기의 상대적인 약점을 극복하기 위해 도모하는 일이다. 몇 년 전 케냐의 어떤 영장류학자가 말했듯이 "여성은 영리해야만 해서 영리하게 행동한다." 이 학자는 자기가 관찰한 암컷 영장류들의 영리한 모습에 대해 이야기했지만, 당연히 인간 여성을 떠올리며 하는 이야기이기도 했다. 암컷은 대부분 수컷보다 작고 약하다.* 그 몸으로 새끼를 낳고 길러

---

* 여기에는 인간 이외의 영장류보다도 더 근본적인 차이가 있다. "사랑" 장에서 더 자세히 다룬다.

야 하므로, 먹이와 안전에 대한 필요도 수컷보다 절박하다. 단순한 도구들을 이용하면 이런 필요를 쉽게 충족할 수 있다. 문제의 암컷이 지금의 고등 영장류와 마찬가지로 문제 해결에 능숙했다면, 우리가 흔히 묘사하는 우리 조상의 모습과는 다르겠지만, 암컷이 발명가가 된 사정을 이해할 수 있다.

'남성 손재주꾼' 또는 이 경우 '여성 손재주꾼' 하빌리스는 280만 년에서 150만 년 전 사이 탄자니아의 푸른 고원에 살았다.[7] 이렇게 도구를 만드는 이브는 120센티미터를 조금 넘는 키에, 긴 팔과 강한 다리 그리고 우리의 절반만 한 뇌를 가졌다. 얼마나 털이 많았는지, 얼마나 유방이 통통했는지는 알 수 없다. 그러나 이들은 루시 같은 오스트랄로피테쿠스보다 똑똑했으며 전반적으로 현대인과 더 비슷했다. 우리처럼 온갖 먹이를 기꺼이 먹으며 기회주의적 섭식을 했다. 턱이 강하고 이빨도 법랑질이 두꺼웠지만, 이로 딱딱한 견과류를 깨거나 구근을 쪼개 먹는 습관은 없었다. 단단한 먹이를 부술 수 있는 편리한 석기 도구가 있는데 왜 그랬겠는가?

호모하빌리스의 화석이 발견되는 곳에서는 석기도 수백 개씩 발견된다. 탄자니아의 올두바이 협곡에서 고고학자들은 수많은 화석과 도구들을 발굴했고, 이곳의 이름을 따 올도완 도구 제작 기술이라 이름 붙였다. 올도완 석기는 하빌리스를 도구의 이브라고 봐야 할 좋은 이유가 된다. 침팬지도 도구를 쓰고 루시도 원시적 석기를 썼지만, 올도완 방식은 이후 오스트랄로피테쿠스들이 받아들이고 마침내 하빌리스와 호모에렉투스가 이어받은 최초의 진보한 도구 제작 기술이다. 우리의 이브는 도끼나 긁개나 송곳을 만들기 위해 큰 조약돌의 모양을 신중하게 다듬고, 주의 깊게 정확한 각도로 조금씩 돌 조각을 떼어 냈다. 처음에는 만들려는 도구와 모양이 비슷한 돌을 이용했다. 이미 물속에서 매끄럽게 다듬어진 조약돌을 썼다. 나중에는 수 킬로미터 떨어진 곳에 있는, 정확하게 때리기만 하면 조각이 떨어져 원하는 모양이 되는 바위를 썼다. 한 가지 도구로 구근을 캐고, 다른 도구로 섬유를 찧었으며, 또 다른 도구로 풀과 견과류를 잘게 썰었다.

하빌리스는 떨어진 돌조각도 활용했다. 더 길고 가늘고 때로는 약해 보이지만 못처럼 강한 조각들로 더 섬세한 일을 할 수 있었다. 힘줄에서 고기를 썰고, 지방에서 가죽을 벗기며, 식물의 쓴 부분을 섬세하게 제거해 좋은 부분만 얻을 수 있었다. 어떤 종류의 돌로는 즙이 많은 고기를 자르고, 다른 종류의 돌로는 뼈를 부수어 아직 동물의 온기가 남은 골수를 빨아먹었다.

아직 온기가 남은 동물에 접근할 수 있었을 때 이야기다. 하빌리스는 따뜻한 고깃덩이를 좋아했지만, 아마 큰 동물을 많이 사냥하지는 않았을 것이다. 하빌리스의 화석과 도구 주변에서 발견된 동물 뼈는 대부분 짐승의 팔다리뼈였다. 하빌리스는 개코원숭이나 하이에나 같은 도둑이었지만, 훨씬 덜 위험한 청소 동물이었을 것이다. 큰 포식자가 사냥감을 죽이면 일부를 훔치기 위해 달려들었을 것이다. 아마 돌도끼를 들고 가서 다리 일부를 잘라 낸 다음 고기를 들고 걸음아 날 살려라 하고 도망쳤을 것이다. 하빌리스는 먹이사슬 꼭대기에 있지 않았다. 다른 여러 호미닌과 마찬가지로 먹이가 되기도 했다.[8]

그러므로 석기는 하빌리스에게 대단한 승리를 안기지 않았다. 낯선 눈빛이 번뜩이지도 않았다. 사냥에 창을 이용하는 세네갈의 어미 침팬지처럼, 하빌리스는 생존을 위해 무엇이든 이용하는 아주 영리한 영장류였을 뿐이다. 하빌리스는 돌도끼와 훔친 고기를 움켜쥐고, 새끼의 손을 잡거나 때로는 팔에 안은 채, 두려움에 떨며 키 큰 풀숲을 걸어갔다.

도구 사용은 이 책에서 최초로 등장하는 행동으로만 이뤄진 형질이다. 장기와도, 복잡한 신경 연결과도 관련이 없다. 우리의 이브가 주위 세계와의 관계를 바꾸기 위해 인지 및 신체 능력을 써서 하는 일이다.* 이렇게 생각하자. 고생물학자는 돌에 관심 있는 게 아니다. 이들의 관심사는 이 돌을 쓰고 성형한 생물의 삶에 있다. 근처에 배고픈 사람이 없으면 포크는 뾰족한 부분이 있는 막대기에 지나지 않는다.

다시 말해 도구 사용은 그 물체와 지능이 있는 사용자, 그들이 놓인 세계의 관계와 관련된 현상이다. 고대 도구에 관한 연구는 언제나 고대의 행동에 대한 연구다.

진화생물학자가 호미닌의 도구 사용에 관심을 가지는 이유는, 고대 인류의 계보를 따라가면서 친사회적이고 문제를 해결할 줄 아는 호미닌 뇌에 생긴 습관과 역량의 변화를 추적하기 위해서다. 뇌는 화석으로 남지 않는다. 그러나 도구를 쓴 행동의 흔적은 화석으로 남을 수 있다. 이 도구들이 돌로 되어 있을 때, 고맙게도 제작자의 뼈 화석 주위에 있을 때, 심지어 도살된 게 명백한 뼈 주위에 있을 때에는 특히 그렇다. 즉, 우리가 올도완 도구들에 관심을 기울이는 이유는 우리 조상의 마음과 사회생활에 대해, 이들이 어떻게 물건을 만들었는지, 어떻게 협력했는지, 어떻게 역경을 극복했는지 알려주기 때문이다.

마지막 사안은 특히 중요하다. 모든 종이 역경을 헤쳐 나가지만, 도구 사용은 근본적으로 문제를 해결하기 위한 활동이다. 인류의 여명기, 건조

---

* 대부분의 사람들은 도구 사용이 모종의 '복잡한 신경 연결'을 뜻하며, 영장류 계통의 근간이 되는 형질이라 생각한다. 그러나 도구가 등장한 시기는 뇌 시각중추의 확장 시기와 달리 불분명하다.

한 사바나 한가운데서 하빌리스는 많은 문제에 부딪쳤다. 이들은 굶주렸다. 포식자를 만났다. 매일 아침 죽음의 천사와 질병과 절망과 씨름했다. 하빌리스는 이런 여러 가지 문제를 해결하기 위해 석기를 이용했다.

그러나 가장 큰 문제는 하빌리스가 어딘가로 돌을 던져 해결할 수 있는 게 아니었다. 이것은 없어서는 안될 자기 몸의 일부였다. 하빌리스의 허술한 손에 진화가 일어났다.

어려운 문제

수많은 저명한 진화 사상가도 호미닌이 성공할 수 있었던 이유를 제대로 설명하지 못한다. 호미닌의 성공은 있을 법하지 않은 이야기다. 석기, 사냥, 뇌의 급격한 크기 증가와 같은 유력한 가설들은 그렇다 쳐도, 취약한 아기가 가장 큰 문제다. 아기는 신생아 때뿐 아니라 이례적으로 오랜 기간 도움이 필요하다.

그러므로 호미닌이 번성하기 위해서는 육아와 관련된 일종의 문화 혁명이 일어났어야 했다. 그렇지 않으면 이렇게 손이 많이 가는 아기를 둔 종이 생존할 수 없었을 것이다. 침팬지 사회는 인간 영유아와 아이를 살리기 위해 필요한 반복되는 일상적 노동을 다룰 준비가 전혀 되지 않았다. 어미들은 굶주린다. 새끼는 더 빨리 굶어 죽는다. 그래서 일부 과학자는 일부일처제의 발명을 주장하지만, 이 역시 가능성이 희박하다. 다른 과학자는 우리가 친족 진사회성kinfolk eusociality, 다시 말해 털 난 '노처녀 이모'를 생각해 냈다고 말한다. 아마 지금 우리가 하듯이 혈연관계가 없는 사람이 타인의 아기를 함께 돌보는 공동 양육이 시작됐는지도 모른다. 변화의 실체가 무엇이었든 많은 사람이 이것을 인간 문화의 근간이라 주장한다. 우리는 육아와 관련해 침팬지나 보노보에 비해 뚜렷이 더 협력한다.[9] 우리는 가능한 경우 다양한 인간 문화 안에서 고도로 전문화된 역할을 하면서 공동체가 생존하고 번역하도록 협력한다는 점에서도 더 사회적이다.

정확히 어떤 일인지와 상관없이, 우리의 육아는 분명히 변했다. 이 논쟁에서 남은 문제는 손이 많이 가기로 유명한 우리의 아기가 등장하기 전[10] 무슨 일이 일어났느냐는 것이다.

사실 다른 종은 인간만큼 이 문제로 어려움을 겪지 않는다. 우리는 재생산에 아주아주 서툴다. 다른 여러 포유류보다 눈에 띄게 서툴다. 대부분의 다른 영장류보다 서툴다. 심지어 인간을 '제3의 침팬지'라고 부르게 만들 정도로 우리와 몸과 비슷한 나머지 동료 유인원들보다 서툴다. 인간 여성의 임신, 출산, 회복은 더 힘들고 긴 과정이며, 심각한 손상을 초래하는 합병증이 더 많이 생긴다. 이런 합병증 때문에 엄마, 아기, 또는 둘 다 사망하는 경우가 여전히 잦다. 그리고 이런 복잡한 재생산에서 산모가 사망하지 않더라도, 불임이 되거나 아이에게 기형이 생길 수도 있다. 인간의 재생산을 도박으로 만드는 대부분의 특징은[11] 아마도 하빌리스 당시 이미 나타났을 것이다. 그리고 후대에 더 심해졌다.

진화 과학에서는 개체의 유전자 전달 여부에 직접 영향을 미치는 요인을 '강력한 선택'이라 부른다. 우리는 한 발로도 절뚝거리며 돌아다닐 수 있다. 한 눈만으로도 볼 수 있다. 그러나 아기를 낳지 못하면[12] 우리의 혈통은 사라진다.

그런데 어찌 된 일인지 지금 이 행성에는 80억 명의 호모사피엔스가 산다. 이것은 그냥 대단한 일이 아니라 불가능했어야 하는 일이다.

재생산이 지독하게 힘든 종이 많이 있다. 흰코뿔소, 대왕판다, 북방털코웜뱃[13]* 등 아직 남은 다른 종은 좁고 부자연스러운 생태 구역에 격리됐거나 멸종을 향해 치닫는다. 다른 생물이 만든 동물원에서 호기심의 대상으로 전락하는 것, 이것이 호미닌의 운명이었어야 했다.

인류가 어떻게 생존하고 번영했는지 알고 싶으면, 아이를 키우는 데 무엇이 필요한지 이야기해야 한다. 하빌리스가 우리 재생산 과정의 일부만큼이라도 어려움을 겪었다면, 이것은 분명히 해결해야 할 가장 중요한 문제였을 것이다. 나는 이들이 가장 중요한 발명을 활용해 이 문제를 해결했다고 생각한다. 그것은 석기가 아니었다. 불이 아니었다.** 농경도, 바퀴도, 페니실린도 아니었다. 인간의 가장 중요한 발명, 우리 종이 성공을 거둔 그 이유는 바로 산과술이었다.

그리고 이 방법은 지금도 쓴다. 예외 없이 현재의 모든 문화권에서 쓴다. 기록들에 따르면 지금까지 알려진 과거 문화권들에서도 모두 썼다. 문서 자료에서부터 철로 만든 고대 질경에[14] 이르기까지 놀라울 정도로 많은 기록이 남았다. 방식과 배경 신념 체계는 다양했지만, 인간 산과술의 관행에는 언제나 기본적인 공통 사항이 있다. 사람은 엄마의 생명을, 그리고 가능하면 아기의 생명을 지키려 노력한다. 과도한 자궁 출혈을 예방하

---

* 이 종은 서식지 감소와 밀렵 때문에 위험에 처했다. 그러나 다른 종이 포획 번식 프로그램을 통해 잘 유지되는 반면, 이 녀석들은 도도새의 전철을 밟고 있다. 왜일까? 이들의 교미와 임신 과정이 고약하기로 악명 높기 때문이다. 여러 종의 코뿔소에게는 여러 가지 고약한 생식 문제가 있다(Pennington and Durrant, 2019). 문제의 웜뱃들은 정상적으로 2년에 한 마리씩만 새끼를 낳으며 주위에 누가 있으면 스트레스를 받는다(Horsup, 2005). 대왕판다는 교미를 어떻게 하는지 거의 잊은 것 같다. 동물원에서는 이들에게 판다 포르노를 보여 준다(Wildt et al., 2006). 이 방법도 일부만 효과가 있을 뿐이다.

** 불은 하빌리스가 석기를 만든 후 50만 년이 지나서야 널리 쓰이게 됐다.

고 치료하려 노력한다. 세균 감염을 예방하고 치료하려 노력한다.* 자궁 경부의 확장에 맞추어 산모에게 힘 줄 때를 알려 주려 한다. 그리고 마침내 과거와 현대 대부분의 문화권에서는 여성의 생식능력에 영향을 미치는 다양한 기법, 약물, 기구를 개발했다. 임신 합병증을 예방하는 데는 임신 자체를 예방하는 것만큼 믿을 만한 방법이 없기 때문이다.

나는 이렇게 진화를 이어온 의료 지식과 시술의 집합체를 두고 더 마땅한 표현을 찾지 못해 '산과술'이라 표현했다.** 산과술은 우리 종이 진화적 적합성을 갖추는 데 절대적으로 필요했다. 이것이 없었으면 지금까지 우리 종의 생존은 불확실했을 것이다.

받아들이기 어려운 이야기일지도 모르겠다. 어쨌든 여성의 임신과 출산은 매일 이어진다. 때로는 산모가 죽는다. 때로는 아기가 죽는다. 어떤 여성은 불임이 된다. 대부분의 여성은 이런 일을 겪지 않는다. 그런데 이게 뭐 그리 대수라고?

틀렸다. 산과술의 영향은 지대하다. 특히 원시시대에 만들어진 우리 같은 생식계를 가지고, 다른 환경에 적응할 때마다 굶주림의 시기를 반복적으로 견디면서, 거의 지구 전체에 성공적으로 이주할 정도의 인구를 만드는 일에 대해서라면 더욱 그렇다. 인류에게는 연이어 말도 안 되는 도전이

---

* 이 방법을 이용하는 사람들이 스스로 하는 일의 뜻을 깨닫지 못했더라도 그렇다. 미화하려는 의도는 조금도 없으며, 여러분의 세계관이 무엇이든 여기에서는 생물학적 결과가 중요하다. 예를 들어, 세균이 질병을 일으킨다는 이론을 모르더라도 구리로 된 도구를 선호할 수 있다. 분만실에서 구리를 쓰면 산모의 생존에 도움이 된다는 사실을 눈치 채기 위해 구리 표면이 세균에 친화적이지 않다는 사실을 알 필요는 없다. 임산부에게 잘 익힌 음식과 끓인 물을 주고, 병에 걸린 마을 주민과 격리하는 지역 전통도 마찬가지다.

** 개인적으로는 '완전히 엉망인 인간 생식계를 극복하여 생존하고 번영하는 종이 되는 방법에 대한 연구와 실천' 같은 표현을 쓰고 싶지만, 말이 너무 길다.

닥쳤기에, 우리의 이브는 생존 가능한 수준으로 다시 인구를 늘려야 했을 것이다. 이것은 이주와 적응과 관련된 일이다. 신체든 행동이든 혁신을 이어 가려면 후속 세대가 충분히 있어야 한다. 다시 말해 원시 호미닌이 살던 변화무쌍한 세계에서 일상과 같았던 무차별적인 죽음의 난장판을 무마하려면 아이가 충분히 있어야 한다.

그러나 위험하고 자주 망가지는 생식계를 타고나면 어떻게 해야 할까?

오늘날까지 하빌리스와 아주 유사한 몸을 가진 다른 영장류들은 하빌리스보다 훨씬 쉽게 새끼를 낳았다. 야생 상태의 침팬지 암컷은 임신 관련 합병증으로 사망할 가능성이 매우 낮다. 야생 침팬지의 모성 사망은 아주 드물기에 영장류학자는 현황 통계에 대해 의견을 모으지도 못했다. 아마도 아주 낮을 것이다.* 반면 인간 여성의 모성 사망률은[15] 1~2퍼센트 근처를 오간다. 이 수치가 낮아 보인다면 이것이 모성 사망률임을 기억하자. 짧은 기간 안에 임신과 출산 때문에 실제로 사망하는 여성의 백분율이다.

마찬가지로 유전 계통의 경로를 충분히 멈출 수 있는 문제인 인간 여성의 임신 출산 관련 합병증 발생률은 3분의 1까지 치솟는다. 미국 여성의 58퍼센트가 출산 후 6개월 이상 임신과 관련된 건강 문제를 계속 겪으며, 전 세계적인 수치는 더 높아진다. 나이로비에서는 모성 합병증이 아주 흔해서 일부 의원에서는 길 저쪽에서도 보이는 크고 뚜렷한 글씨체로 '누공'(한 장기에서 근처의 다른 장기 점막 또는 피부로 비정상적인 통로가 생긴 곳_옮긴이) 치료 광고를 내건다. 대부분 출산과 관련된 누공은 난산에서 아기의 몸이

---

* 침팬지가 위기종이 된 주된 이유는 인간과의 영역 다툼, 그리고 밀렵꾼들이 침팬지의 사체를 전리품이나 야생동물 고기로 팔아 돈을 벌기 때문이다. 이런 일은 아직도 합법이지만, 미국 영장류 센터는 침팬지를 성공적으로 번식시켰다. 문제는 침팬지의 신체 설계가 아니라 침팬지가 평소 살아가는 세상에 있다.

골반 조직에 지나친 압력을 가해 질과 방광 또는 직장 사이에 구멍이 생기면서 발생하며, 그 결과 여성은 실금을 겪는다.

인간의 재생산이 이리도 위험한 이유는 대략 두 가지다. 첫째, 내출혈 위험이다. 자궁벽을 깊이 파고드는 태반은 정맥과 동맥을 파열시킬 수도 있고(드물다), 때가 되기 전에 자궁벽에서 떨어질 수 있고(덜 드물다), 아니면 출산 도중이나 직후에 출혈을 일으킬 수 있다(역시 드물지만, 모성 사망의 주요 원인 중 하나다).

우리 생식계에 이처럼 문제가 많은 두 번째 이유는 이른바 산과적 딜레마obstetric dilemma 때문이다. 다른 유인원들과 비교했을 때, 인간 여성은 골반 출구가 아주 작고 아기는 머리가 아주 크다. 똑바로 서도록 진화하면서 골반 구조가 바뀌었고, 골반 출구와 산도가 작아지기 시작했다. 아르디에게는 출산이 그리 힘든 일이 아니었지만, 루시에게는 조금 더 벅찼고, 하빌리스와 동료 호미닌이 등장할 무렵에는 그야말로 문제가 됐다. 레몬만한 구멍으로[16] 수박을 꺼내기는 어려운 일이다.

출산은 점점 더 길어졌다. 오늘날 미국 여성의 진통 시간은 평균 6시간 30분이다. 침팬지의 진통은 약 40분이다.[17] 하빌리스 같은 이브의 진통 시간은 이 둘 사이 어디쯤 됐을 것이다. 침팬지의 자궁 경부는 3.3센티미터만 늘어나면 되지만, 우리의 자궁 경부는 10센티미터까지 늘어나야 한다. 그리고, 아오, 아프다. 말도 안 되게 위험한 일이기도 하다. 6시간의 진통을 견디는 심박수, 쏟아지는 아드레날린, 아래로 쏠리는 압력.* 태반이 때가 되기 전에 분리되거나, 골반 혈관이 압력을 받아 찢어지거나, 굶주린 포식자 무리가 공격해 오기에 충분한 시간이다.

---

* 초산이라면 12~18시간도 걸린다.

일단 자궁 경부가 확장되면 더 어이없는 일이 진행된다. 현대인의 산도는 어떤 지점은 넓고 어떤 지점은 좁아지는 약간의 꼬임이 있어서, 아기가 나올 때 질 중간에서 90도 회전이 일어난다. 이것은 인간 진화의 또 다른 선물이다. 머리가 크면 발달하는 목 근육을 지탱할 큰 어깨가 필요하다. 신생아의 머리는 유연한 두개골판 덕분에 조금 눌려도 괜찮다. 그러나 넓은 쇄골은 단단해서 머리가 나온 후 비스듬하게 한쪽씩 골반 출구를 통과해야 한다. 나오다가 몸을 돌려 다시 나온다.*

다른 영장류들의 산도는 결승선까지 곧게 뻗었다.** 그러니 놀라지 말자, 침팬지의 태아 만출은 자궁 경부를 여는 진통과 달리 고작 몇 분이면 끝난다. 인간의 태아 만출은 보통 1시간 정도 걸린다. 그리고 아기가 중간에 걸리기라도 하면….

호미닌 화석의 평균 두개골 크기, 신생아의 어깨 길이, 골반 출구의 지름을 살펴보면 우리의 아기는 루시 시대부터 고생스럽게 태어나기 시작한 것 같다. 하빌리스 시대에는 태아의 두개골과 어깨 크기가 관건이었을

---

* 산도의 이상한 모양도 진화의 선물이기는 마찬가지다. 직립보행 때문에 좁아졌을 뿐 아니라 골반의 모양 자체도 산도의 윗부분은 원형, 아랫부분은 타원형으로 이상하게 생겼다. 골반이 다른 모양이면 골반 기저부가 불안정해지고, 안정성을 유지하기 위해 척주만곡이 더 심해져야 했기 때문일 수도 있다(Stansfield et al., 2021).

** 예외도 몇 가지 있지만 아주 드물다. 다람쥐원숭이 역시 산과적 딜레마를 겪으며, 판다의 전철을 빠르게 밟는 중이다(Trevathan, 2015). 다람쥐원숭이의 임신은 거의 절반이 새끼의 사망으로 끝나며, 새끼를 한 번에 한 마리씩만 낳는다(ibid.) 그러나 특정 짧은꼬리원숭이의 경우 태아의 두개골판과 어미의 골반 모양의 관계가 우리와 비슷해서(머리가 큰 여성은 보통 머리가 큰 아기를 낳고, 또한 이런 아기에게 더 잘 맞는 골반을 가지는 경향이 있기도 하다), 영장류의 출산에는 일반적으로, 아니면 적어도 곡비원류(여우원숭이, 늘보원숭이 등 코가 동그랗게 말리고 촉촉한 영장류 아목_옮긴이)에서는 어미와 새끼가 출산을 위해 타협해 온 오랜 역사가 서려 있음을 암시한다(Kawada et al., 2020). 그러나 종류를 불문하고 짧은꼬리원숭이에게는 우리 같은 모성 사망이나 손상 문제가 없다.

것이다. 진통 시간도 태아가 나오는 시간도 오래 걸리고 아마 임신 기간도 점점 길어졌을 것이다. 현대인의 임신 기간은 우리와 체격이 비슷한 유인원들보다 37일 정도 더[18] 길다. 다시 말해 우리의 이브가 진화함에 따라 아기를 가지는 전 과정이 머리끝에서 발끝까지 더 위험하고 힘들어졌다.

다시 80억 명이라는 숫자를 살펴보자. 재생산의 기본 기전을 살펴보기만 해도 호미닌 계통이 이 숫자에 도달할 수 있으리라고는 결코 생각하기 어려울 것이다. 침팬지와 아누비스개코원숭이는 급격한 개체 증가에 더 적합한 몸을 가졌지만 전 세계 개체 수는 각각 30만 마리, 100만 마리가 못 된다. 그러나 우리는 수십억 명이나 된다.

정말로 필요는 발명의 어머니다. 하빌리스 어미들은 산과적 문제에 부딪쳤다. 그래서 아마도 매우 사회적이고, 매우 영리하며 문제를 해결할 줄 아는 도구 사용자만이 생각할 수 있는 해법이 필요했다. 산과술과 관련된 하빌리스의 잠재력을 보여 주는 가장 큰 단서는 그 유명한 올도완 석기들이다. 초기 호미닌이 어떻게 복잡한 사회적 지식을 공유했는지 추적하는 가장 좋은 방법은 이런 은닉처들이 얼마나 멀리 퍼져있는지, 얼마나 일관된 기술인지, 얼마나 자주 화석 옆에서 발견되는지 위치를 그려 보는 것이다.

올도완 도구 사용자는 함께 보내는 시간이 많았다. 돌을 쪼개는 일은 빨리 쉽게 할 수 있는 일이 아니다. 배워야 할 수 있는 일이다. 그러니 아마도 하빌리스는 무리를 이뤄 협력하며 살았을 것이다. 자신들을 잡아먹으려는 근육질의 이가 날카로운 동물들이 득실거리는 세상을 이해하고 넘어서기 위해 필사적으로 노력했을 것이다. 달리지 않을 때는 아프고 힘들게 새끼를 낳았을 것이다. 그리고 그들은 상당 부분 함께 일한다는, 석기를 탄생시킨 배경과 똑같은 행동 덕분에 생존을 이어 갔다.

자매의 출산 돕기

호미닌의 역사에서 산파의 등장은 그야말로 "이때 우리가 인간이 되기 시작했어"라고 말할 수 있는 순간 중 하나다. 그러나 산파 문화는 석기처럼 분명한 기록이 남지 않으므로 정확히 언제부터 시작됐는지 알기 어렵다. 다른 동료의 출산에 도움이 되려면, 이브는 침팬지와 더 달라져야 했다.

지구상의 다른 어떤 포유류도 일상적으로 동료의 출산을 돕는 모습을 보여 주지 않는다. 적어도 우리는 본 사람을 알지 못한다. 두 가지 종의 원숭이가 출산을 돕는 모습이 관찰됐지만, 두 사례 모두 믿기 어려울 만큼 드문 일로 보인다. 하나는 2013년 관찰된 검은들창코원숭이[19] 사례였는데, 보통은 밤에 출산하는 종이 낮에 출산한 경우여서 결론을 내리기 어려웠다. 다른 하나는 2014년에 기록된 랑구르원숭이 사례로, 기록이 없으면 아무도 믿지 않았을 일이다.

중국의 영장류학자는 랑구르원숭이 집단을 수년간 관찰하고 일반적으로 암컷이 혼자 새끼를 낳는다는 사실을 확인했다. 하지만 이번은 달랐다. 바위 위에서 나이 든 암컷 원숭이가 한창 진통 중인 젊은 어미 원숭이 주위를 맴돌았다. 새끼가 반쯤 나왔다. 나이 든 원숭이는 재빨리 어미의 질에서 새끼를 꺼내어 안고 잠시 핥은 다음 어미에게 건넸다. 인간 이외의 포유류가 적극적으로 출산을 보조하는 모습을 명백히 보여 주는 최초의 증거일[20] 수도 있었다.

일반적 진화에서 새로운 형질이 난데없이 등장하는 경우는 없다. 생리적 진화뿐 아니라 행동의 진화도 마찬가지고, 특히 언어 사용 이전의 일이라면 더욱 그렇다. 산파 문화가 하빌리스에게 유용한 일이면 이런 행동이 등장하기까지 토대가 되는 예비 단계가 몇 가지 있었을 것이다.

하지만 누군가에게 여러분의 출산을 돕게 하려면 그 사람을 얼마나 신뢰해야 할지 생각하자.* 우리의 이브에게는 도움이 되는 행동을 보상하는 사회구조가 필요했을 것이다. 물론 어미가 딸을 도울 수도 있겠지만 산파 문화가 널리 보급되려면 더 광범위한 집단 구성원 간의 협력도 중요했을 것이다.** 경쟁보다 협력이 필요한 일이다.

한때 원시 호미닌은 이런 식으로 밤에 잠을 잘 때뿐 아니라 낮에도 자주 모여 함께 먹기 시작했다. 우리 같은 영장류에게 음식을 공유하는 것은 대단한 일이다. 음식 공유는 침팬지에게도 사회적 유대의 중요한 요소다. 아무나 자기 바나나를 먹도록 놔두지 않는다. 이미 하빌리스의 뇌는 이전의 이브보다 훨씬 더 커졌다. 많은 사람은 하빌리스가 점점 더 복잡해지는 사회생활에 적응하기 위해 모든 여분의 지적 능력을 총동원했다고 생각한다.***

그러나 산과술이 탄생하려면 우리의 이브에게는 협력적인 암컷 사회가 필요했다. 암컷은 진통, 출산, 신생아 관리 등 결정적으로 취약한 순간에 함께 있을 만큼 서로 신뢰할 수 있어야 했다. 생각보다 힘든 일이었을지도 모른다.

---

* 아니, 도움이 절실할까?

** 많은 사람들은 이것이 최초의 호미닌 산파의 모습을 보여 주는 가장 그럴듯한 시나리오라고 생각한다. 어미는 딸의 출산을 도우면서 자신의 유전자가 자손에게 계속 전달되도록 도왔을 것이다. 따라서 이들이 어미와 딸이 함께 지내는 유인원 사회에서 살면, 이런 행동에는 명백한 유전적 보상이 따랐을 것이다. 그러나 암컷 침팬지는 나이가 차면 새로운 무리를 찾아 떠나는 경향이 있다. 이들이 출산할 때는 어미가 가까이 있지 않다. 이 규칙의 예외는 어미가 원래 무리에서 높은 지위에 있는 경우다. 권력이 강한 어미가 있다는 사회적 특권은 근친교배의 위험을 상쇄하는 것 같다.

*** 이에 대해서는 다음 장에서 자세히 다룬다.

호미닌 이브는 오늘날의 대형 유인원과 비슷했다. 현생인류는 침팬지나 보노보와 가장 가까우므로, 그들의 출산 행동을 비교해 보자. 현생 침팬지 사회에서 새끼를 집단에 소개하는 일은 다소 긴장되는 일이다. 새끼를 낳은 암컷은 이 중요한 순간에 무리에서 떨어져 새끼에게 젖을 먹이면서 조용히 기회를 기다린다.[21] 그다음 보통 측근들에게 먼저 새끼를 소개해 본다. 우두머리 암컷과 아주 가까운 사이가 아니라면, 어미는 새끼의 신고식을 가능한 한 오래 미룬다. 경쟁적인 암컷 무리에게 쫓기는 새끼를 필사적으로 보호하려는 어미 침팬지에 대한 기록이 많다.

그리고 당연히 그래야 한다. 우두머리 암컷 침팬지는[22] 지위가 낮은 암컷의 새끼를 죽인다고 알려졌다. 악의를 가지고 그럴 수도 있지만, 생물학자의 관점에서 보면 이런 행동이 자기의 사회적 지위를 유지하는 데 도움이 되기[23] 때문이다. 새끼를 죽이기만 하는 게 아니다. 심지어 우는 어미 앞에서 먹을 수도 있다.

이런 사회적 환경에서 인간의 산파 문화가 발전한다는 것은 상상조차 하기 어렵다. 하지만 더 쉬운 길이 있을 것도 같다. 이제 우리 영장류과의 히피족 보노보를 살펴보자.

침팬지 서식지의 강 바로 건너편, 쉽게 얻을 수 있는 먹이가 풍부한 지역에서 보노보가 하루를 보낸다. 우두머리 수컷이 늘 위협을 가하는 침팬지와 달리, 보노보는 모계적일 뿐 아니라 폭력적인 갈등을 매우 싫어한다. 보노보도 싸운다. 사실 항상 싸운다. 단지 그들은 짧은 교미로 이런 갈등을 해결한다.

그리고 그 모든 북새통 가운데는 보노보 사회의 엄격한 규칙이 한 가지 있는데, 누구도 새끼를 괴롭히지 않는 것이다. 무리의 일원이 새끼를 괴롭히거나 해치면 근처 어른들의 질책이 바로 날아든다. 그러니 갓 태어난 보노보를 집단에 소개하는 일은 당연히 침팬지만큼 대단한 사건이 아니다. 그런데 더 좋은 소식이 있다. 2014년에 콩고의 연구자는 마침내 보노보의 출산을 목격할 수 있었다.[24] 늦은 오전, 작은 나무 위 둥지에서 진통이 시작됐고, 그 나무에는 다른 암컷 두 마리가 함께 있었다.

둥지가 나무 높은 곳에 있었던 탓에 연구자는 탄생의 순간을 지켜볼 수 없었다. 그러나 암컷 한 마리는 산모가 진통을 겪는 동안 관심 있게 쳐다보며 보초를 서는 것 같았다. 그리고 어느 순간, 두 번째 암컷이 진통하는 보노보의 둥지로 다가왔다. 이 암컷이 분만을 도왔을까? 알 수 없다. 우리가 아는 것은 나중에 암컷 세 마리가 다 함께 태반 조각을 먹었다는 사실이다. 그 후, 어미는 새끼를 나머지 무리에게 소개할 때 스트레스를 받는 것 같지 않았다. 그런데 왜 그랬을까? 수십 년간 주의 깊은 현장 연구가 이어졌지만, 우두머리 보노보가 지위가 낮은 암컷의 새끼를 살해하거나 일종의 동종 포식을 저지르는 모습은 한 번도 보이지 않았다.*

그렇다고 그들이 이런 짓을 할 수 없다는 말은 아니다. 단지 보노보의 특수한 사회조직이 이런 일에 쉽게 힘을 실어 주지 않는 것 같다.**

그다음 2018년에 연구자는 보노보 산파 문화라고 부를 수 있는 세 가지

---

* 2010년에 2명의 독일 과학자가 보노보 암컷이 새끼를 먹는 모습을 목격했지만 그것은 이미 죽어 있는 새끼였다(Fowler and Hohmann, 2010). 우두머리 암컷이 지위가 낮은 어미에게서 죽은 새끼를 빼앗아 먹기 시작했고, 그다음 다른 암컷들과 나눠 먹었다. 다 먹고 나자 그들은 남은 것, 즉 너덜너덜한 피부에 달린 손과 발만 어미에게 돌려줬다. 어미는 그 이상한 죽음의 찌꺼기(memento mori)를 어깨에 걸치고 걸어가 버렸다.

** 마침 보노보의 출산이 진행되는 동안에는 암컷들이 서로 생식기를 마찰하는 일이 꽤 잦았고, 태반을 나눠 먹는 동안에는 더 잦았다. 보노보는 이런 행동을 많이 하는데, 특히 먹이가 관련됐을 때는 더욱 그렇다. 보호와 도움의 대가로 영양이 풍부한 태반을 조금 얻는 이런 종류의 협상은 호미닌 산파 문화가 시작된 부분적 계기일 수 있다.

사례를 더 관찰했다.[25] 이번에는 포획 상태여서 관찰하기가 더 쉬웠다(보노보는 인간이 주위에 있는 것에 익숙했고, 더 예측 가능하고 잘 보이는 장소에서 출산했다). 세 사례 모두, 다른 암컷이 진통 중인 보노보 주위에 모여 털을 손질하고 보초를 섰다. 심지어 두 사례에서는 어미에게서 나오는 새끼를 다른 암컷이 손으로 받아 내기도 했으며, 역시 모두가 보상으로 피 묻은 태반을 조금씩 나눠 먹었다. 연구자가 주목했듯이 이런 행동은 야생 상태이거나 사육 중인 침팬지의 행동과 전혀 다르다. 연구자는 그 이유가 침팬지 사회는 수컷이 지배하는 반면, 보노보 사회는 암컷이 지배하고 암컷의 결속이 강력하기 때문이라고 분명하게 언급했다.

그러므로 아마도 초기 호미닌 산과술의 진화 과정은 침팬지보다 보노보에 더 가까웠을 것이다. 아마도 하빌리스는 이렇게 암컷 중심의 사회구조를 가졌을 것이다. 증명할 수는 없다. 그러나 영장류학자들이 현존하는 유인원 공동체를 관찰한 내용에 따르면, 협력적인 암컷 중심의 환경은 하빌리스와 같은 생물이 산파 문화를 창안하고 널리 퍼뜨리는 데 비옥한 사회적 토대가 됐을 것이다.

그러나 우리의 이브가 시작한 일은 산파 문화만이 아니었다. 이들이 기댈 수 있는 더 넓은 토대가 또 있었다. 인간의 '산과술'에도 발전 단계마다 여러 가지 유형의 피임, 낙태, 기타 생식 중재가 포함됐다. 암컷은 고대부터 재생산과 관련된 선택권을 행사했다.

매우 성적인 군비경쟁

유전자가 스스로 영속화하려 노력하는 동안 암컷도 일반적으로 생존하려 노력한다. 재생산에 관한 한 그들은 선호하는 시간과 환경에서, 선호하는 파트너로부터, 최고의 정자를 얻기를 원한다. 수컷도 생존하려 노력하지만, 재생산 비용이 많이 들지 않기에 대부분은 가능하면 아무 암컷에게나 정자를 주려 한다. 이는 모든 면에서 수컷과 암컷의 신체가 수억 년 동안 전쟁을 벌여 왔다는 뜻이다.

오리를 살펴보자. 청둥오리는 끊임없이 서로를 강간한다.[26] 수컷 무리 전체가 암컷 한 마리를 가두고 집단 강간한다. 그 결과, 암컷 청둥오리는 수십만 년 동안 잔뜩 꼬이고 접히고 주머니가 들어간 이상한 모양의 '들창문' 질을 진화시켰다. 원하는 파트너와 교미할 때는 질이 펼쳐지면서 대기 중인 난소로 통하는 길이 열린다. 강간을 당할 때는 길고 구불구불한 질의 일부가 닫히고 원치 않는 정자를 측면 터널에 가둔다. 강간범이 달아나면 암컷은 가능한 한 그 정자를 제거한다. 때로는 하복부를 부리로 두드려 배설강에 있던 정자의 배출을 촉진한다. 수컷도 가만히 누워 이런 일을 받아들이고만 있지 않았다. 청둥오리의 음경도 암컷의 질에 맞추어 공진화해 지금은 일종의 코르크 마개 뽑개 같은 구조를 가졌는데, 아마도 들창문을 피해 가려는 시도였을 것이다.

질에 음경을 삽입해 번식하는 모든 동물에서 이런 종류의 공진화를 볼 수 있다.[27] 이들은 발맞추어 진화한다. 암컷의 몸은 일반적으로 암컷에게 이익이 되는 방식으로 진화하고 수컷의 몸은 이런 조치에 대응하는 방식으로 진화하는 경향이 있다. 따라서 강간하는 종의 생식기는 성적인 무기 경쟁을 벌이는 중이다. 수컷이 더 자주 교미를 강요할수록 암컷은 공격자의 씨에 의해 수정되지 않기 위해 다양한 방어 기전을 진화시킨다.

　개의 음경 끝에는 부풀어 오르는 매듭이 있어서 30분 동안 암컷을 제자리에 '묶어' 두므로, 암컷은 수컷이 사정하기 전에 도망가기가 어렵다. 수컷 고양이의 음경에는 돌출된 가시가 있어서 음경을 뒤로 빼낼 때마다 질벽을 긁어 댄다. 이런 갈퀴질은 배란을 유발하는 데 도움이 되는 듯하지만, 적어도 암컷에게는 매우 고통스러워 보인다(이런 일은 합의된 교미 중에 발생한다). 돌고래의 음경은 실제로 질에 걸려들기 전에 눈먼 촉수처럼 주변 환경을 느끼며 회전할 수 있다. 전체적인 사건은 다소 폭력적일 수 있다. 야생의 수컷 돌고래 패거리는[28] 표적으로 삼은 암컷이 숨을 쉬러 수면으로 떠오르는 것을 막아 힘을 빼고 질식시켜 항복시키며, 이빨로 암컷을 긁고, J자 모양의 성기를 가능한 모든 각도에서 교대로 밀어 넣는다.

　그리고 펭귄은, 음, 펭귄은 악명이 높다. 이 이야기는 여러분이 인터넷의 야생에서 더 알아볼 수 있도록 남겨 두겠다.

선택의 진화에 대하여

그래서 전쟁이 벌어진다. 교미 전쟁. 그중 일부는 외부 생식기에서 벌어진다. 그중 일부는 고의적인 행동으로 나타난다. 그러나 어두운 곳, 여성의 난소와 자궁이라는 조용하고도 폭력적인 내부에서는 더 많은 일이 벌어진다.

　임산부가 유산을 하면, 의사는 이를 자연적 낙태spontaneous abortion(일상적 표현은 '자연 유산'_옮긴이)라고 부른다. 낙태는 인간만 하는 일이 아니다. 포유류 전체에서 흔히 발생한다. 일부는 실제로 '자연적'이고 일부는 더 고의적이다.

임신한 쥐를 아빠가 아닌 수컷과 함께 우리에 넣어 두면 쥐는 유산한다 (이것을 브루스 효과Bruce effect라고 부른다*). 이런 능력은 수컷 생쥐가 일반적으로 자기 새끼라고 인식할 수 없는 새끼를 죽여서 잡아먹기에, 위협에 대응하기 위해 진화했다는 게 중론이다. 암컷의 몸의 관점에서 새로 나타난 녀석이 잡아먹을 새끼를 낳는 데 왜 에너지를 들이겠는가? 손실을 줄이고 낙태하면 된다. 1950년대 과학계에서 브루스 효과를 인정하자[29] 연구자들은 포유류 세계 전체에서 같은 현상을 발견하기 시작했다. 설치류가 그렇게 한다.[30] 말이 그렇게 한다.[31] 사자도 그러는 것 같다.[32] 심지어 영장류도 그렇다.[33]

그러나 인간은 그렇게 하지 않는다. 이것은 의미심장한 일이다.

암컷 포유류가 실제로 어떻게 브루스식 낙태를 했는지는 확실하지 않다. 하지만 몇 가지 단서가 있다. 생쥐의 경우 이런 현상은 상당히 자동적인 일로 보인다. 임신한 암컷이 낯선 수컷의 소변 냄새를 맡으면 낙태한다. 암컷이 수컷을 볼 필요도 없다.** 그러나 쥐의 임신 기간은 약 20일로

---

* 브루스의 영향이라는 뜻이 아니라 이것을 발견한 과학자의 이름을 따왔다.

** 특히, 암컷의 후각계에서 뇌에 신호를 보내 뇌하수체 활동을 바꾸고, 황체에 영향을 미친다. 황체가 위축되고 프로게스테론 농도가 낮아지면 자궁이 수축하고 내막이 분리되면서 배아가 빠져나온다. 그러나 여기에는 허점이 있다. 아빠(익숙한 수컷)에 대한 노출은 임신에 영향을 미치지 않고, 익숙하지 않은 수컷에 대한 노출(낙태!)은 낙태를 촉발하지만, 시간이 지나 노출 빈도가 늘어나면 그 효과가 약해지는 사례가 많았다(Yoles-Frenkel et al. al., 2022). 여기에는 후각 시스템을 통한 학습이 직접 관여하는 것으로 보이며, '어미가 스트레스를 받았다'는 것보다 더 직접적으로 원인과 결과를 설명한다. 브루스 효과는 그저 임신한 생쥐의 코르티솔 수치가 높아진다는 설명보다 더 믿을 만한 낙태 시나리오다(de Catanzaro et al ., 1991). 그러나 여기에 어미의 의식적인 선택이 관여한다고 말하는 사람은 아무도 없다. 어미는 여전히 쥐다.

그리 길지 않으며, 임신 10일을 넘어가면 브루스 효과가 나타나지 않는 것 같다. 일종의 전환점이 있다. 만약 암컷의 몸에서 이미 임신 기간 동안 일정량의 에너지를 투자했다면 새끼를 만삭까지 품을 것이다.

물론 적어도 설치류의 브루스 효과는 행동의 문제가 아니므로 우리가 낙태라고 부르는 일, 즉 인간 여성이 신중하게 의식적으로 선택한 행위와 견줄 수 없다고 주장할 수도 있겠다.

하지만 겔라다원숭이를 보자.[34] 영장류학자는 에티오피아의 푸른 고원에서 거의 10년간 겔라다원숭이 무리를 관찰했다. 이들은 개코원숭이와 매우 흡사해 크고, 털이 덥수룩하고, 영리하며, 사교성이 뛰어나다. 겔라다원숭이는 큰 사회를 이루고 하렘 형태의 재생산 그룹을 운영한다. 우두머리 수컷 한 마리가 다수의 암컷을 거느리고, 주위를 떠도는 수컷 무리가 정기적으로 우두머리 수컷에게 도전한다. 새로운 수컷이 왕위를 차지하면 이상한 일이 일어난다. 임신 중이던 암컷의 80퍼센트가 왕위 찬탈 몇 주 안에 태아를 낙태한다(왜 100퍼센트가 아닐까? 첫째, 항상 완전수를 의심하자. 생물학적 과정은 지저분하게 진행된다. 둘째, 생쥐와 마찬가지로 새로운 수컷이 우두머리가 됐을 때 임신 기간이 얼마나 지났는지에 따라서도 달라지는 것 같다).

수컷 겔라다원숭이는 수컷 생쥐와 마찬가지로 위험한 야수가 될 수 있다. 무리를 넘겨받은 새 수컷은 아직 젖먹이인 새끼를 죽일 수도 있고, 심지어 막 젖을 뗀 새끼도 죽일 수 있다. 아마 이렇게 하면 어미들이 새끼를 돌볼 때보다 더 빨리 가임 능력을 되찾기 때문일 것이다. 새로운 수컷은 암컷의 배란이 빨리 일어날수록 자기 유전자를 전달할 기회를 빨리 얻는다. 그리고 암컷에게도 생쥐와 마찬가지로 새끼의 죽음으로 끝날 임신을 유지하는 일은 일종의 좋지 않은 투자다. 실제로 겔라다원숭이 중 낙태한 암컷은 대개 몇 달 안에 다시 임신하면서 뚜렷한 재생산의 이익을 누린다.

그러나 우리의 예상에서 벗어나는 사실은 어떤 수컷도 우두머리 수컷의 현재 성적 파트너의 지원 없이는 이 수컷을 성공적으로 몰아낼 수 없다는 사실이다. 즉, 암컷이 새로운 수컷이 두려워 낙태하는 것이라고 간단하게 설명할 수 있는 상황이 아니다. 일부 과학자는 암컷이 새로운 수컷과 유대감을 더 잘 만들기 위해 낙태할 수도 있다는 설명을 내놓기도 했다.

이들은 진화적으로 유인원 다음가는 고등 영장류임을 기억하자. 수컷의 소변 냄새같이 단순한 생물학적 유발 요인 때문에 낙태하는 게 아니다. 이것은 직접 관찰된 사회 변화의 결과로 벌어지는 일이다.

그리고 말이 있다. 말은 진정한 행동 문제가 발생하는 동물이다. 가축화된 말은 야생 암말보다 유산할 가능성이 3분의 1 정도 더 높다. 연구자들은 그 이유를 알아내기 위해 수년간 노력했다. 먹이 종류 때문일까? 스트레스일까? 종마가 올라타는 방식 때문일까? 대답은 놀라울 정도로 단순했다. 이런 자발적 낙태를 피하려면 암말을 친숙한 수말과 교미시켜야 한다.[35]

겔라다원숭이와 마찬가지로, 무리를 찬탈한 야생 종마는 자신의 씨가 아니라고 의심되는 망아지를 죽일 수도 있다. 그래도 일부일처제는 이들의 규칙이 아니다. 야생마 무리를 대상으로 혈액검사를 실시한 결과, 망아지의 약 3분의 1은[36] 우두머리의 자식이 아니라는 사실이 확인됐다. 우두머리 종마에게 교미 우선권이 있어도, 암말들은 다른 수말들과 '은밀한' 교미를 한다. 그다음 바로 '위장cover-up' 교미를 하려 우두머리를 찾아온다. 위장 교미를 할 기회를 못 얻으면? 그때가 보통 낙태하는 경우다.*

* 겔라다원숭이도 은밀한 교미를 한다. 사실, 이들은 아주 은밀하게 행동한다. 우두머리 이외의

가축화된 암말은 계획되지 않은 임신을 막기 위해 정기적으로 종마와 격리돼 안정을 취한다. 그러나 사육자가 다른 곳에서 교미를 시키기 위해 암말을 '원 무리'에서 데리고 나오면, 암말은 자유를 얻자마자 교미를 하기 위해 그곳의 종마를 찾아다닌다. 만약 이 두 마리 사이를 울타리로 가로막으면, 암말은 정말 꼬리를 옆으로 민 채 울타리 너머로 엉덩이를 들이댄다. 가까스로 위장 교미에 성공하면 암말은 안정을 찾는다. 그렇지 않으면? 그렇다, 대부분의 경우 낙태한다.

따라서 하찮은 설치류든, 건장한 암말이든, 영리한 영장류든, 사회적 낙태, 다시 말해 배아 자체의 문제가 아니라 지역의 사회적 환경에 대한 반응으로 발생하는 '유산'이 포유류 생식 생물학의 일부분이라는 증거는 충분하다. 낙태는 암컷 포유류가 하는 일 중 하나일 뿐이다. 우리는 아직 그 자세한 기전을 모른다. 아마 종마다 기전이 다를 것이다. 그러나 설치류, 말류, 영장류가 모두 어떤 종류의 브루스 효과를 개발했다면, 우리는 더 이상 인간의 낙태가 독특한 일이라 생각할 수 없다. 산과술을 이용하는 인간의 낙태 방식은 다르지만, 사회적 스트레스에 대응해 문제가 있는 임신을 중단하는 것은 많은 포유류가 하는 일이다.

오히려 인간 여성에게 재생산 선택을 돕는 오랫동안 진화한 내부 메커니즘이 없다는 사실이 이례적이다. 연구에 따르면 강간으로 임신한 여성의 유산율은 파트너에 의해 임신한 여성보다 높지 않았다. 명백히 미국에서 벌어지는 강간의 0.5퍼센트가[37] 임신으로 이어진다. 다른 인간 공동체

수컷이 암컷과 교미할 때는 우두머리 수컷에게 보이지 않는 곳에서, 교미할 때 정상적으로 내는 소리를 억누르며 애정 행각을 벌인다. 우두머리 수컷이 속았다는 사실을 알아차리면 두 마리 모두에게 벌을 내린다(le Roux et al., 2013). 내가 아는 한, 암컷 원숭이가 '잘 넘어가지 못할 때' 암말과 같은 방식으로 낙태하는 경향이 있는 것인지에 대해서는 자료가 없다.

도 비율은[38] 비슷하다. 확률이 높아 보이지 않을 수 있지만, 임신 가능성이 가장 높은 날에 벼락치기 성관계로 임신할 가능성은 9퍼센트에 불과하며, 임신 가능성이 없는 날에는 거의 0으로 떨어진다.[39]

잠깐 동안은 인간 여성에게도 축소판 브루스 효과가 있는 것처럼 보였다. 한 남성과 정기적으로 성관계를 맺는 여성은[40] 배란기에 한두 번씩만 성관계를 맺는 여성보다 임신해서 만삭까지 이를 가능성이 더 높다. 처음에 연구자는 이것이 현지 남성 정자의 성공을 보장하고(결국 이런 남성이 자기 자손을 도울 가능성이 높지 않겠는가?) 뜨내기 남성의 아기를 만삭까지 임신할 가능성을 줄이는 방법일지 모른다고 생각했다. 그러나 추가 연구에 따르면, 결국 우리에게는 일부일처제를 촉진하는 기전이 내재되지 않은 것 같다. 여러 남성과 자주 성관계를 가지는 여성 역시 (성매개감염sexually transmitted infection, STI에 걸리지 않는다면) 만삭까지 임신을 유지할 가능성이 높다.* 그러므로 아마도 면역학적 기전이 관여하는 것 같다. 일부일처제 파트너든 여러 파트너든 정기적으로 정자에 노출되면, 알러지가 있는 사람이 꽃가루나 반려동물 비듬에 조금씩 익숙해지듯 여성의 신체가 침입한 정자를 '알아보고' 덜 공격하게 되는 것일 수 있다.

인간 여성이 수정란 착상 후 그렇게 많이 유산을 겪는 이유도 파트너와 거의 무관해 보인다. 유산은 대부분 임신 13주 안에 발생하며, 임신 8주 안

---

* 또한 일부일처제 커플로 지내면서 아기를 가지려 노력하는 것도 그리 좋은 경험은 아니다. 성관계를 많이 해야 한다는 말을 듣는 것만큼 분위기를 깨는 것도 없다. 아기를 갖기 위해 적극적으로 노력하는 커플은 이런 과정이 성욕을 극적으로 낮춘다고 보편적으로 보고한다. 배란 예측 키트는 미국에서 상당히 많이 팔린다. 한 달에 몇 번 원치 않는 성관계를 갖기 위해 매일 아침 작은 막대기에 소변을 보는 것과 이렇게 소변을 보지 않고 이틀에 한 번씩 원치 않는 성관계를 가지는 것 중 어느 편이 더 나쁜 일인지 잘 모르겠다. 후자에서 임신 기회가 아주 살짝 높아진다.

에 더 자주 발생한다. 그리고 이 중 대부분은 염색체 이상 때문이다. 다시 말해 둘 중 하나, 난자나 정자에 이미 유전적 문제가 있었거나 초기 세포 분열의 어느 시점에 문제가 발생했다는 뜻이다. 이것은 브루스 효과가 아니다. 단지 여성의 몸이 건강한 아기를 낳지 못할 임신을 끝낼 뿐이다.*

스트레스도 임신 초기에 영향을 미치는 듯해서, 스트레스를 많이 받는 인간 여성은 낙태 위험이 더 높지만, 이런 영향은 브루스 효과만큼 예측 가능하지 않다.[41] 난민 캠프에서도 매년 수천 명의 아기가 잉태되고 태어난다. 현 콩고민주공화국의 임산부에게 '스트레스'라는 단어가 무엇을 뜻하는지 나는 상상조차 할 수 없다. 태아의 아빠가 강간한 남성일 가능성이[42] 세계 어느 곳보다 높다. 그러나 그렇다 해도 일단 임신 제1삼분기를 넘기면 여성은 만삭에 도달할 것이다.

그러니, 자. 현대 인류에게는 브루스 효과 같은 게 없고, 아마 우리 조상에게도 없었을 것이다. 우리의 질에는 주름이 있지만 '들창문' 같은 기능은 없으므로, 우리의 진화 과정에는 집단 강간이 많지 않았을 가능성이 높다. 인간의 생식계가 경쟁적인 남성이 정기적으로 성폭력이나 영아 살해를 저질렀던 과거를 저버린 게 아니다. 원시 호미닌은 그다지 강간을 일삼지 않았다. 만약 그랬다면 여성에게 멋진 질이 생기고, 남성에게는 최첨단 음경이 생겼을 것이며, 여성은 강간과 남성의 위협에 더 확실한 유산 반응

---

* 내가 아는 한, 나는 네 번의 유산을 겪었지만 그중 적어도 두 번은 유전적 문제 때문이 아니었다. 네 번 다 내 몸은 태아를 배출하도록 도와주지 않았다. 한 번은 자궁 외 임신으로 내출혈이 생겨 입원해야 했다. 또 한 번은 진짜 배아가 없는 '빈 태낭'만 발달했다. 세 번째는 임신 제2삼분기에 태아의 심장박동이 멈추어 소파술을 받았고, 나중에는 응급 수술까지 받아야 했다. 네 번째 임신은 실제로 내 첫 임신이었고, 처음으로 인지한 임신이었다. 나는 어린 나이에 적지 않은 스트레스 속에서 낙태 수술을 겪었다. 그 주수에는 심장박동이 나타나야 했지만, 의료진은 심장박동을 찾지 못했다. 그래서 이 임신 역시 '유산'으로 끝난다.

을 보였을 것이다.*

그러나 이것이 우리의 이브가 재생산 선택권을 가지기 위해 최선을 다하지 않았다는 뜻은 아니다. 다른 포유류와 마찬가지로 그들은 파트너를 까다롭게 골랐다. 그리고 진화 경로의 어느 시점에서, 이브는 재생산을 통제하기 위해 식물 의약품을 적극적으로 활용했다.

식물은 기생충, 초식동물, 그리고 다른 식물들과 끊임없이 전쟁을 벌인다. 그 결과 수많은 식물이 생존과 번영 가능성을 높이는 화합물을 생산하도록 진화했다. 이 화합물은 식물을 먹는 생물의 건강에 직접적인 영향을 미친다. 이들 대부분은 독이 있는 식물을 피하는 법을 배울 것이다. 그리고 영장류를 포함한 많은 동물이[43] 건강에 도움이 되는 화합물이 든 식물을 찾는 것으로 보인다.

이것은 상당히 새로운 연구 분야지만 영장류학자들은 자가 투약에 대한 증거를 조금씩 찾아내고 있다. 한 사례에서는 베르노니아 아미그달리나 Vernonia amygdalina 새순의 쓴 속과 즙이 약으로 쓰였다. 장 기생충에 감염된 마할레침팬지는[44] 쓴 맛이 더 강한 속을 발라내기 위해 8분에 걸쳐 조심스럽게 나무껍질과 새순의 외피를 벗긴다. 그리고 속을 씹어 즙을 빨아먹는다. 이것은 맛이 없다. 아픈 데가 없는 성체 침팬지는 이런 것을 먹지 않는다. 영장류학자는 이렇게 식물의 속을 먹는 행동 전후의 대변을 수거해 비교했으며, 투약 후 대변에서 기생충 알이 줄어들었다는 사실을 발견했다. 마침 그 지역 주민들에게도 역시 이 쓴 식물 속을 이용해 장 기생충을 치료하는 전통이 생겼다. 인간처럼 침팬지도 이런 식의 자가 치료법을

* "사랑" 장에서 더 자세히 설명하겠지만, 진화적 역사에 강간이나 남성 지배가 흔하지 않았을 것 같은 데도 남녀는 여전히 포유류의 교미 전쟁에 적극적으로 참여했다는 점만 언급하겠다.

다른 침팬지로부터 배웠을 것이다.

유사한 종류의 자가 투약 행동은[45] 영장류 세계 전체에서 발견된다. 침팬지와 고릴라에서부터 개코원숭이와 짧은꼬리원숭이에 이르기까지 인간 이외의 영장류들에게는 몸에 도움이 되는 부수적 화합물이 든 식물을 찾아 먹는 습관이 있는 것으로 보인다.

또한 영장류들은 생식능력을 조절하는 데도 식물을 이용한다. 식물성 에스트로겐은 우리 같은 동물의 에스트로겐과 매우 유사하게 작용하는 식물 화합물이다. 식물성 에스트로겐을 많이 섭취하면 마치 생리 주기의 다른 단계에 접어든 것처럼 우리 몸을 '속일' 수 있다. 식물성 에스트로겐이 풍부한 대두를 과다 섭취한 여성은 실제로 가임 능력이 떨어질 수 있다. 현재 많은 난임 전문가는 임신에 어려움을 겪는 환자에게 콩을 피하라고 조언한다.* 이는 또한 일부 플라스틱에 포함된 에스트로겐 유사 화합물이 우리 몸의 자연스러운 에스트로겐 균형에 해를 끼치는지 여부를 두고 많은 사람이 논쟁하는 이유이기도 한다. 그런데 다른 영장류들도 재생산을 조절할 목적으로 이러한 식물을 찾아다닐까?

우간다의 붉은콜로부스원숭이 무리는[46] 계절에 맞춰 에스트로겐이 풍부한 식물의 잎을 먹는다. 특정 시기가 되면 이 식물이 해당 주간 식단의 3분의 1까지 차지하기도 한다. 그 결과 에스트라디올과 코르티솔 수치가 상승한다. 호르몬 균형이 이동하면서 원숭이의 행동도 바뀌어 수컷의 공격성, 짝짓기 빈도, 털 고르기에 소요되는 시간이 달라진다. 기본적으로 이 잎사귀를 많이 먹을 때는 교미를 더 많이 한다.

---

* 그러나 콩은 폐경기에 일부 불쾌한 증상을 완화하는 데 도움이 될 수 있다. 식물계에서 찾을 수 있는, 비슷한 약들보다 부작용이 적은 호르몬 치료법의 일종이라 생각하면 된다. 그러나 언제나 그렇듯 의사와 상담하자.

한편 수단의 침팬지는 **지지푸스**Ziziphus 및 **콤프레툼**Combretum 종의 잎을 먹는다. 침팬지는 항상 나뭇잎을 먹으므로, 같은 지역에 사는 인간들이 낙태를 유도하는 데 이 식물을 이용한다는 점을 제외하면 대수롭지 않아 보일 수 있다. 콤브레툼은 말리의 전통 의학에서도 쓴다. 무월경(생리를 하지 않음)이 생긴 여성은, 생리를 유발하기 위해 이 식물의 말린 꽃으로 만든 물약을 마신다. 이 잎을 골라 먹는 행동이 침팬지 개체 수에 해로운 영향을 미쳤다면, 침팬지는 다른 독성 식물을 피하듯 이 식물도 피할 것이다. 그러나 이 잎을 먹는 쪽은 수컷이 아니라 암컷이다. 이 식물에는 낙태 효과가 있다고 알려졌으므로 다소 아리송한 질문이 남는다. 이 침팬지는 생식능력을 제한하는 식물을 골라 먹으면서 출산 간격을 조절하는 걸까?

동물의 의도를 짐작하기란 항상 까다로운 일이다. 그러나 오늘날의 영장류들이 주위 식물에 대해 안전한 것과 안전하지 않은 것, 아플 때 도움이 되는 것 등 다양한 지식을 가진 점을 생각하면 초기 호미닌도 아마 그랬을 것이다. 하빌리스는 자신의 재생산을 조절하기 위해서라면 가능한 모든 수단을 활용했을 가능성이 높다.

하빌리스에게는 브루스 효과나 들창문이 달린 질처럼 믿을 만한 생리 기제가 없었기에 자신의 선택을 구현하기 위해 행동 차원의 적응 기제를 발달시켰을 것이다. 하빌리스는 사회를 이뤘다. 문제를 해결할 줄 알았다. 도구를 썼다. 자기 생식계의 결점에 직면했을 때, 하빌리스는 사회적인 방식으로, 영리하게, 자신이 발명할 수 있는 도구들을 총동원해 호미닌만이 할 수 있는 방식으로 문제를 해결했다.

영리한 사회적 영장류가 되는 일은 호미닌 이브에게 언제나 요긴한 일이었다. 그러나 우리가 더 똑똑해질수록, 사회가 더 복잡해질수록, 이처럼 토대가 되는 초기 산과적 지식을 습득하고 이를 토대로 새로운 지식을 쌓는 일이 더 쉬워졌을 것이다. 아마 하빌리스는 상당한 양의 작업을 함께 했겠지만, 이후의 이브는 이것들을 그야말로 통합적으로 이해하는 능력을 가졌다.

에덴을 떠나며

이브에게는 저마다의 에덴이 있다. 하빌리스는 한 번도 아프리카를 떠나지 않았다.* 지구상 대부분의 종과 마찬가지로 이들도 자신들이 살던 특정 세계에 몸과 행동을 적응시켰고, 그 세계가 변하면서 멸종했다. 이것을 우리엘(화염검으로 에덴의 입구를 지키는 천사_편집자)의 생태학적 검이라 부르자. 그러나 하빌리스의 증손녀 **호모에렉투스**Homo erectus는 전에 없이 가장 성공한 호미닌이었다.[47] 하빌리스가 시작한 일을 에렉투스가 물려받았다.** 에렉투스는 이것을 가지고 말 그대로 중국까지 달려갔다.

호모에렉투스 수컷의 키는 하빌리스보다 꽤 큰 177센티미터로 오늘날 미국 남성의 평균 키보다 2.5센티미터 더 크다. 에렉투스의 이브도 그리

---

* 적어도 대부분의 고생물학자들은 에렉투스가 아프리카를 떠난 적이 없다고 매우 확신한다. 호미닌 화석은 희귀하다.

** 과학자들은 에렉투스와 하빌리스가 공통 이브에서 갈라져 나왔는지, 한 쪽이 다른 쪽의 후손인지, 아니면 서로 혼종됐는지 아직 확신하지 못한다. 화석 기록은 그들이 아프리카에서 50만 년간 공존했으며 생활 영역이 중첩됐다고 전해 준다. 처음부터 두 종은 모두 올도완 도구를 썼으며 초기 오스트랄로피테쿠스로부터 이 기술을 물려받았다고 알려져 있다. 어떤 사람들은 하빌리스도 일종의 오스트랄로피테쿠스속이었으며 하빌리스의 석기는 다른 유인원들이 단단한 견과류를 깨기 위해 돌을 쓰던 게 자연스럽게 확장된 모습이라는 의견을 내놓기도 한다.

작지 않았다.* 에렉투스 이브의 팔다리는 우아하게 길었고, 얼굴은 하빌리스보다 납작해서 현대인의 얼굴과 좀 더 비슷했다. 에렉투스는 뇌도 하빌리스보다 컸다. 화석으로 남은 증거를 통해 하빌리스의 지적 능력을 추적할 수 있다. 에렉투스는 도구를 썼을 뿐 아니라 큰 사냥감을 쓰러뜨린 최초의 호미닌이자 불을 쓴 최초의 호미닌이었다. 우리는 100만 년 전 에렉투스의 뼈 근처 동굴에서 까맣게 탄 잔해를 발견했다.[48] 직접 불을 지폈는지 아니면 산불을 우연히 쓴 것인지는 확실하지 않다. 그러나 에렉투스는 익힌 저녁 식사를 그 동굴로 가져왔던 게 분명하다.

에렉투스는 하빌리스의 도구 기술을 개선했다. 길고 가늘고 우아한 주먹도끼와 찍개 등 아슐리안 석기Acheulean tools를 발명했다.[49] 이런 도구는 아무 돌로나 만들 수 없었고, 쓸 만한 돌을 찾아야 했다. 미리 계획을 세워 어떤 종류의 돌조각이 떨어지고 무엇이 될지 생각하면서 모양을 잡아야 했다. 올도완 도구를 만드는 데 시간이 좀 걸렸다면 아슐리안 석기를 만드는 데에는 시간이 훨씬 더 오래 걸렸으므로 이것은 아마도 가지고 다니고 싶은 귀중한 소지품이었을 것이다.

이 모든 것이 하빌리스가 똑똑하고 유능하며 사교적이었다면, 에렉투스는 모든 면에서 이를 능가했다는 것을 뜻한다. 우리는 하빌리스가 여행할 수 있었다는 사실을 안다. 이는 하빌리스가 적응력이 뛰어난 문제 해결사였고 새로운 도전에 응할 만큼 영리했다는 것을 뜻한다. 그러나 그녀의 골반 출구가 여전히 좁다는 점을 고려할 때, 그 여분의 뇌가 등장하는 데는 대가가 따랐다. 에렉투스는 머리와 어깨가 더 큰 아기를 낳았기에 아마

* 한 화석 현장에서는 에렉투스 수컷이 눈썹 뼈가 도드라지고 상당히 더 큰 것처럼 보였지만 이 점은 불분명하다. 호미닌의 진화에서는 일반적으로 성별에 따른 이형성이 점차 줄어든다. 호모사피엔스에 가까워질수록 양 성의 체격이 더 비슷해진다. 더 자세한 내용은 "사랑" 장에서 다룬다.

도 하빌리스보다 훨씬 더 힘든 임산과 출산을 겪었을 것이다. 에렉투스에게 산과술이 필요했다는 뜻이다. 호모사피엔스에게는 심지어 더 절실했을 것이다.

에렉투스는 아프리카에서 나와 화석과 석기 도구를 남기며 여러 곳을 점령했지만 시간이 지나면서 멸종했다. 에렉투스 같은 생물에서부터 고대의 호모사피엔스에 이르기까지 인류의 호미닌 이브는 에덴을 떠나려는 시도를 반복했다. 일부는 오래된 몸과 습관을 버리는 방식으로 진화해 새로운 생물로 분화했을 수도 있다. 그러나 죽거나 다른 종으로 분화하지 않은 호모사피엔스를 제외하면 다른 이브는 모두 사라졌다.

이는 놀라운 일이 아니다. 번식력이 왕성하지 않은 생물은 환경적 도전과 경쟁에 직면했을 때 적절한 해결 방법을 찾지 못하면 적응에 실패한다.

이주를 할 때 특히 그렇다. 어떤 종이 새로운 환경으로 이동하고 번성하려면 새로운 위치에 최소 생존 가능 개체 수minimum viable population, MVP를50 구축해야 한다. 이것은 생태학에서 쓰는 개념으로, 어떤 장소에서 집단의 생존을 이어 갈 수 있는 재생산 가능 개체 수의 하한을 말한다. 여러분의 집단이 그 지역의 환경에서 다양성을 유지하고, 전반적인 재생산을 보장할 수 있을 만큼 충분히 구성원을 보유했다면 여러분 앞에는 건강한 생존 기회가 열려 있을 것이다.

즉, 이주하는 이브가 해야 하는 일은 아기를 낳는 일이었다. 스스로 아기를 더 낳을 수 있을 때까지 오래 생존할, 흠이 없고 건강하며 생명력이 있는 아기가 필요했다.

이런 일은 호미닌의 강점이 아니었다. 에렉투스가 등장했을 때부터 이들의 태반은 탐욕스러웠고, 산도는 갑옷처럼 빠듯했으며, 아기는 일단 안전하게 태어나더라도 수년에 걸쳐 오랫동안 아주 의존적이었다. 아마도 이것이 바로 인간 임신의 50퍼센트만이[51] 실제 출산으로 이어지는 이유일 것이다. 어쩌면 이것이 건강한 여성이 배란일에 성관계를 맺더라도 임신할 확률이 9퍼센트에 불과한[52] 이유일 것이다.* 임신, 출산, 자녀 양육에 따르는 생물학적 비용이 이렇게 비싸다면, 이 모든 일을 감당해야 하는 몸은 가장 성공 가능성이 높은 임신만을 지속하는 방법을 진화시킬 것이라고 예상하게 된다.

이토록 비참한 성공률이 우리 호미닌 이브에게도 해당되는 이야기라면, 소수의 호미닌 종만이 아프리카 밖으로 이주할 수 있었던 이유가 바로 이것 때문이었을 것이다. 또한 한 종을 제외하고 모든 종이 멸종한 주된 이유도 이것 때문이라 가정하는 편이 안전할 것이다.

아르마딜로를 보자. 반갑옷을 입은 이 이상한 포유류가 여러 어려운 환경에서도 잘 생존하는 이유는 단순히 임신 시기를 통제할 수 있기 때문이다. 아홉띠아르마딜로의 배아는 아랫배 안에서 마치 기적처럼 발달을 멈출 수 있다. 수정된 배아는 뱃속을 떠다니다가 자궁에 착상할 때를 길게는 8개월까지 기다린다. 그래서 아르마딜로가 넓고 황량하게 펼쳐진 사막을 건널 때면, 배아는 그저… 느긋하게 기다린다. 먹이와 물이 더 많은 곳에 도착해 정착하면 다시 발달하기 시작한다.

초기의 호미닌 이브와 달리, 아르마딜로는 바로 이런 이유 덕분에 이주에 능숙하다. 아르마딜로는 주어진 환경에 따라 언제 얼마나 새끼를 낳을

---

* 이 시점에서 속으로 "그래, 하지만 내 사촌 아무개는 남자를 쳐다보기만 해도 임신이 되지"하는 생각이 들면, 틀린 생각이 아니다. 어떤 사람들은 유난히 임신이 잘 된다. 그러나 이런 통계는 평균에 대한 이야기다. 여러분 사촌의 아기 공장이 아니라 대부분 여성의 신체가 나타내는 경향성에 대한 이야기다. 대부분의 여성은 배란일에 성관계를 맺는다고 해도, 임신 가능 기간에 성관계를 맺지 않는 여성보다는 가능성이 높겠지만 바로 임신되지 않는다.

지 '출산 터울'을 신속하게 조절할 수 있다.* 인간 여성은 모두가 유산 가능성을 안고 산다. 이것은 그 자체로 위험한 일이어서, 임신 제2삼분기 또는 임신 제3삼분기에 유산하면 산모가 쉽게 사망하거나 불임이 될 수도 있다. 따라서 출산 터울을 조절할 수 있는 유일하게 믿을 만한 방법은 어느 쪽이 더 이익인지에 따라 여성의 가임 능력을 높이거나 낮추는 방법뿐이다. 그러니 오랫동안 아프리카 특정 환경에 적응한 몸으로 고대 레반트 지역까지 이동했을 때, 호미닌 이브는 가진 산과적 지식을 총동원해야 했을 것이다.

애초에 에렉투스가 집을 떠난 이유는 아무도 모른다. 지구의 습도가 상승하자 숲이 녹색 복도처럼 북쪽으로 길게 확장되면서 작은 주머니처럼 생긴 새로운 영토가 생겨났고, 에렉투스가 이주할 수 있었다는 '유인pull' 시나리오가 있다. 보다 최근의 호모사피엔스 일부가 남아프리카에서 이주해 나올 때 그런 일이 일어났다. 큰 호수가 북동쪽과 남서쪽으로 뻗은 광활한 습지로 변했다. 그런 일은 약 10만 년에서 13만 년 전에 일어났다. 이때 호미닌 집단은 약 7만 년 동안 호수 주변에서 꽤 잘 살았다.**

그러나 에렉투스가 아프리카에서 나와 새롭고 안락한 북쪽 지역으로 '끌려 올라'간 후, 그리 오래지 않아 이 새로운 영토에 기후변화가 찾아왔다. 에렉투스는 다시 한 번 적응 전략을 수정해야 했다. 그리고 만약 이동

---

* 또한 아르마딜로의 배아는 4개로 분할돼 하나의 태반에 연결된 네 마리의 쌍둥이가 태어난다. 이런 일은 포유류에서 매우 드물며, 아르마딜로가 이주에 능숙한 또 다른 이유다. 아르마딜로는 어떤 환경에서도 매우 빠르게 최소 생존 가능 개체 수에 도달할 수 있다. 이렇게 새끼를 쌍둥이로 낳는데도 근친교배와 관련된 문제가 생기지 않는 이유는 분명치 않다.

** 기후변화를 뜻하는 화석 기록과 꽃가루 증거, 그리고 인류의 집단적 기원을 추적할 수 있는 미토콘드리아 DNA 증거가 있다(Chan et al., 2019).

외에는 다른 선택의 여지가 없을 정도로 지역의 환경이 변해 '밀려나'는 시나리오라면,* 빠르게 적응하는 능력은 훨씬 더 중요했을 것이다.

에렉투스와 그 이후에 이주한 호미닌은 과일과 견과류 수확 또는 동물의 이동 시기와 출산 시기를 맞춤으로써 일부 환경 변화에 적응할 수 있었을 것이다. 어떤 환경은 황량하고 견디기 힘들어서, 출산 터울을 늘려 부담을 줄여야 했을 것이다. 일부 환경은 더 활발한 재생산을 할 수 있을 만큼 풍족해서, 잦은 임신과 수유를 버티고 생존하기 위해 산과술이 필요했을 것이다.

만약 충분히 느리게 이주했다면, 진화 과정이 이들의 적응을 도왔을지도 모른다. 그러나 재생산을 직접 제어하면 사정이 완전히 달라진다. 에렉투스는 문제투성이인 호미닌 자궁이 변화에 적응할 때까지 수백만 년을 기다리는 대신, 자기 생애 동안 재생산 결과에 직접 영향을 미칠 수 있었다. 호미닌이 아프리카 대륙 전체뿐 아니라,** 밖으로 나가 중동 전역으로, 위로 유럽을 거쳐 중앙아시아와 남아시아로, 그리고 아래로 환태평양 지역까지, 어지러울 정도로 다양한 생태계로 퍼져 나갔다는 점을 고려하면, 그랬다. 이들은 세상을 장악했다.

* 예를 들어, 해수면 상승으로 많은 사람들이 강제로 쫓겨나는 전 세계의 저지대 섬들에서 일어나는 일이다. 현재 속도대로면 몰디브는 30년 안에 완전히 물에 잠길 것이다(Storla zzi et al., 2018). 세계 최대의 삼각주, 인도의 순다르반스에서는 앞으로 100년 동안 400~500만 명의 난민이 발생할 것이다. 바닷물이 삼각주의 담수와 섞이면 이 지역에서는 농업을 이어 갈 수 없게 된다. 이미 많은 사람들이 그랬듯이 수백만 명의 사람들이 이주하도록 '밀려'날 것이다(Pakrashi, 2014). 그 전에 인도의 나머지 지역이 충분히 '유인'을 제공할지는 아직 알 수 없다. 일반적으로 말하면 앞으로 몇 년간 일어날 기후변화에 대한 대부분의 모델에서는 광범위한 인간 이주가 예상된다. 우리 중 많은 사람들이 지금 사는 곳에서 살 수 없을 것이다.

** 믿기 어려울 정도로 넓은 곳이지만, 호미닌은 이곳을 걸어서 건넜다.

한편, 아프리카에서는 또 다른 에렉투스 무리가 아슐리안 석기 도구를 발명했다. 화석을 이용하면 지도상에서 그 진화를 추적할 수 있다. 아프리카에서 나온 첫 번째 에렉투스 무리는 올도완 도구를 썼다. 그 화석은 러시아 남부, 인도, 중국, 자바에서 종종 올도완 석기와 함께 발견됐다. 그러나 그 후 아프리카의 에렉투스 화석은 더 발전된 아슐리안 석기와 함께 발견되기 시작한다. 도구를 개선한 에렉투스는 신기술을 들고 레반트 지역과 그 너머로 나아갔다.

이것은 호미닌의 성공담에 대한 최초의 기록으로, 우리의 이브가 다양한 새로운 환경에 적응했다는 사실을 보여 준다. 그들은 큰 두뇌를 이용했다. 석기를 썼다. 이 도구들을 개선하면서 관련 지식도 보존했다. 불과 조리한 음식에 대해서도 마찬가지였다.

그러나 산과술이 없으면 이 모든 일은 불가능했을 것이다. 새로운 곳에 도착할 때마다 우리는 MVP에 도달하기 어려웠을 것이다. 그 숫자에 도달하려면 반드시 원시적인 산과술이 필요했다. 최근 한 계산에 따르면 150년간 고립된, 재생산이 가능한 인간 집단의 MVP는[53] 1만 4,000명이고, 4만 명이 안전선이다. 그 4만 명 중 단지 약 2만 3,000명만이 '유효 인구effective population', 다시 말해 재생산이 가능한 남녀다. 나머지는 가임 연령을 벗어난 사람이다. 레반트 지역으로 처음 진출한 호모사피엔스 수는 얼마나 됐을까? 최신 추정치는 1,000명에서 2,500명 정도다. 그게 전부였다. 몇천 명의 인구가 가까스로 재생산을 이어 갔다.

다시 말하면, 오랫동안 그런 사건이 연쇄적으로 일어났다. 너무 작은 원시 호미닌 한 무리가 이주해서, 자신들 이외에는 누구와도 번식을 하지 못하다가, 생존하고 번성해 유전적 유사성이 훨씬 더 높은 자손을 가지기까지 할 수 있는 일을 모두 했다. 이것이 바로 지구상 어디에 살든 우리가 서로 밀접하게 연결된 이유다. 우리는 유전적으로 더 다양했어야 하지만 그렇지 않다.

그 이유는 어렵지 않게 상상할 수 있다. 더 현실적인 창세기를 살펴보자. 약 60~10만 년 전, 아프리카 남부의 원시 호모사피엔스가 마침내 임계 인구수에 도달했다. 그 가운데 작은 무리가 동부 아프리카로 이주했다. 약 1만 년 후, 마침내 또 한 무리가 고대 중동으로 이주할 수 있을 만큼 번성했다. 그곳에서 다음 무리가 유럽, 중앙 및 북부 아시아로 이동했고 불과 1만 5,000년 전 마침내 북미로 이동할 때까지, 약 5,000년이 걸렸다. 우리가 이 사실을 아는 이유는 이런 이주로 퍼져나간 후손들, 즉 대부분의 민족들이 매우 닮았기 때문이다.

한 무리가 성장하고 더 작은 무리가 떨어져 인근 지역에 정착할 수 있게 될 때마다 새로운 무리의 유전적 다양성은 감소했을 것이다. 새 집단은 각각의 새로운 장소에서 주로 자신들끼리 혈통을 이어 갔을 것이기 때문이다. 새 무리를 창시한 엄마founding mother가 남부 아프리카를 떠난 후, 후속 세대는 제한된 범위의 유전자 안에서 더 많은 자손을 생산했다. 그리고 그 제한된 범위의 유전자는 다시 다음 무리가 떠날 때 동일한 영향을 발휘해, 근친교배에 근친교배를 가중시키면서 자연스럽게 정상적으로 일어나는 유전적 부동genetic drift을 추월한다. 이것이 인류가 아프리카를 떠날 무렵 유전적 병목 현상을 겪은 이유를 가장 잘 설명하는 이론이다.* 창시자 효과founder effect라고 부르는 현상으로,[54] 어떤 종의 유전적 역사에서 이

---

* '병목 현상'은 어떤 종의 유전적 역사에 일종의 병목 구간이 생기고, 그 이후부터 어떤 식으로든 유전적 다양성이 급감하는 현상을 말한다. 한 가지 시나리오는 대규모 사망이다. 예를 들어 엄청난 화산 폭발에 이어 겨울이 찾아오고 짝짓기가 줄어들면, 당연히 유전자의 범위가 훨씬 줄어들기에 종의 유전적 다양성이 급감한다. 또 다른 가능성의 시나리오가 창시자 효과다.

주한 집단이 고립된 재생산 과정을 거친 후, 그 자손들의 유전적 다양성이 예상보다 낮을 때 쉽게 식별할 수 있는 현상이다.

호모사피엔스가 마침내 전 세계에 사는, 고인류학자가 '대팽창'이라 부르는 시대에 우리 종의 유전적 다양성은 감소했다. 근친교배로 멸종 위기에 처한 발가락이 11개 달린 돌연변이가 되지 않기 위해 각 이주 집단은 새로운 지역에서 MVP에 도달하고 유지해야 한다는 압력을 훨씬 더 많이 받았을 것이다.

이런 설명은 학문적으로 충분히 설득력이 있다. 우리가 겪은 유전적 병목 현상의 횟수와 시기도 파악할 수 있다. 이 모델은 우리 조상이 아프리카를 떠날 때 실제로 무슨 일이 일어났는지에 대해 과학 분야 전반에서 밝혀 낸 현재의 지식과도 잘 들어맞는다. 그러나 아이를 자궁에 품어 본 분들을 위해 좀 더 실감나게 설명하겠다. 각각의 고대 정착민 무리는 교체율 replacement rate 이상의 자손을 낳아야 했다.

MVP에 도달하고 유지하려면 각각의 번식 쌍은 최소한 2명의 자손을 더 낳아야 하고, 그 자손들도 충분히 자라 동일한 성과를 달성해야 한다. 원시시대의 아기는 많이 죽었다. 둘로는 대부분 부족하다. 그리고 우리 이브의 대다수는 가임기 이후는 고사하고 오래 사는 경우가 거의 없었다. 대부분의 호미닌, 그리고 최근까지 대부분의 인간은 운이 좋아야 35세까지 살았다. 그러니 우리의 이브는 유년기 이후까지 생존하더라도 기껏해야 10년 또는 20년간 출산하고, 젖을 먹이고, 모든 아이를 살리려 노력했을 것이다. 아니면 맙소사, 최소한 2명을 성인까지 키우려 노력하다 죽었을 것이다.*

---

* 즉, 토마스 홉스(Thomas Hobbes)의 말은 완전히 틀린 말은 아니었다. 우리 이브의 삶은 정

인간의 자손은 2세가 돼도 자립이 불가능하므로, 우리의 이브가 33세에 낳은 아이는 사춘기까지 도달하기가 아주 힘겨웠을 것이다. 재생산에 성공하는 가장 유망한 시나리오는 가임기가 시작되자마자 출산을 몰아쳐서 자손이 10대까지 생존하도록 도울 수 있는 시간을 확보하는 것이다.* 아니면 침팬지가 하듯이 그저 새끼를 한 마리 낳아 어느 정도 자립할 때까지 키울 수도 있다. 이 방식은 4~6년마다 새끼를 한 마리씩 낳는다는 뜻이다. 그러나 6살짜리 인간 아이는 어느 정도 지속적인 관심을 받지 않으면 생존하기 힘들다. 이것은 현대 유치원에서도 원시 세계의 야생에서와 마찬가지로 사실이다. 자녀를 10대 후반에 몰아서 낳든 20대와 30대 초반에 분산해서 낳든, 기대한 목적을 달성하려면 산과적 지식이 필요해진다. 일부는 조산사들의 기술이 필요했을 것이다. 그러나 약물 이용과 같이 생식 능력을 조절하는 사회적이고 의학적인 관행은 더 중요했을 것이다. 어떤 전략도 완벽하지는 않았겠지만, 지식과 육아 자원을 공유하지 않는 무한 경쟁이야 말로 최악의 전략이었을 게 분명하다.

말로 잔인하고 짧았다. 그러나 생존하기 위해서는, 특히 생애의 절반 동안 임신이나 수유 중인 경우에는 협력이 절대적으로 중요했기에 '인류의 자연 상태'는 홉스의 상상보다는 덜 끔찍했다.

* 고인류학계는 집중 출산(birth clustering)에 큰 관심을 기울여 왔고, 때로는 호미닌의 이주 성공 요인이라 생각하기도 했다. 재생산의 지렛대를 이용하면 기회가 훨씬 많아지는 것은 사실이지만, 여기에는 호모사피엔스가 단기간에 너무 여러 번 임신하면 (특히 만삭 임신이라면) 자손과 산모의 합병증 발생률과 사망 위험이 모두 유의미하게 높아진다는 언급이 빠져 있다 (Molitoris et al., 2019). 이런 현상은 임신 간격이 36개월 미만일 때, 즉 현존하는 대부분의 수렵 채집 사회의 평균 출산 간격보다 짧을 때 일어난다. 단순히 단기 출산율을 높이는 방식으로는 많은 여성을 희생시킬 뿐 생존 가능 인구를 안정적으로 생산할 수 없다는 뜻이다. 따라서 원시 이브 무리가 집중 출산 전략을 선택하면, 이 전략 때문에 우리와 우리의 자손 여럿이 죽을 수도 있다. 이 전략이 효과가 없다는 뜻은 아니다. 운에 따라, 무리의 규모에 따라 목적을 달성해 낼 수도 있을 것이다. 이브 중 일부는 효과를 거둔 게 분명하다. 그러나 아마도 그 과정에서 많은 자매, 딸, 엄마를 잃었을 것이다.

우리는 고대 인류가 이주하던 전환기마다 자신들을 대체할 만큼의 자손을 간신히 낳고, 근친교배에 내재된 문제를 해결할 방법을 찾아다니다, 기적적으로 생존하는 한 무리의 마르고 허약한 사람과 마주쳤다. 이들의 생존은 상당 부분 산과술과 직접적으로 연관됐을 것이다.

"그들은 거의 밤에 온다. 거의…"

암컷의 재생산 선택reproductive choice은 놀라운 생물학적 도구들의 집합이다. 그리고 일단 이 이 기술이 인간의 산과학만큼 효과적인 것으로 진화하자, 여성은 사실상 진화 도구machinary of evolution를 손에 넣었고, 자기 생애 동안 자기 종의 적합성을 직접적으로 향상시켰다.

거의 모든 환경에 맞추어 재생산 전략을 조작할 수 있다는 것은 마침내 자기 종의 운명을 책임진다는 뜻이다. 우리의 이브는 설계가 허술하고 못 미더운 생식계라는 가장 큰 도전을 극복하기 위해 산과적 도구들을 이용했다. 이것이 바로 여러분이 그 이야기를 다룬 책을 읽을 수 있게 된 이유다. 이런 전개는 우리의 진화 선상에 놓인 운명이 아니었다. 그러나 먼 옛날 우리의 이브가 생존하고 번성하기 위해 산과술을 이용했듯이, 오늘날 우리도 여전히 이것을 써서 우리 종에게 닥친 가장 큰 위협을 극복할 수 있다.

전염병이 좋은 예다. 대부분의 포유류에서 그렇듯 태반은 임신한 여성의 면역계를 조절한다. 그러나 초침습적 태반이 아주 열심히 일해야만 자리를 잡을 수 있는 우리 인체에서는 특히 그렇다. 산모와 태아가 대립하는 참호전에서는 가능한 한 빨리 적군의 주력 무기를 제거해야 하므로, 배아의 입장에서는 산모의 면역계가 다른 곳에 눈을 돌리는 방법을 진화시키는 일이 완벽하게 타당한 전략이다. 그러나 "자궁" 장에서 살펴봤듯이 면역계 기능을 하향 조절하면 산모의 몸까지 감염 위험에 노출된다. 이러한 감염은 효모 감염이나 단순한 감기처럼 평범한 골칫거리일 수도 있고, 독감, 장내기생충, 뎅기열이나 지카 바이러스 감염처럼 더 고약한 것일 수도 있다.

2016년 덥고 습한 곳에서 모기에 의해 전파되는 감염성 질환인 지카 바이러스가 전 세계 여성을 공포에 몰아넣었다. 지카 바이러스 감염은 대부분 증상이 경미하므로 세계 보건의 우선 과제가 아니었다. 브라질 여성이 소두증이 있는 아기를 출산하기 전까지는 그랬다. 소두증은 태아의 두개골과 뇌가 정상적으로 발달하지 못하는 드문 발달 질환으로 그 사람에게 평생 장애를 남길 수 있다. 소두증이 있는 사람은 대부분 어려서 사망한다. 2016년 이전에는 임신 중에 지카 바이러스를 옮기는 모기에 물리면 머리가 작은 아기가 태어난다는 사실을 아무도 깨닫지 못했다. 여성의 생리적 특성 때문에 여성의 지카 바이러스 감염은 전혀 다른 질병일 수 있다.[55]

말라리아도 그렇다. 임신한 여성은 임신하지 않은 여성에 비해 2배나 많은 말라리아모기를 유인하는 것으로 보인다.* 일단 모기에 물린 여성은 심각한 후유증을 겪는다. 말라리아 유행 지역에서는 전체 모성 사망의 25퍼센트가 말라리아와 직접적으로 관련됐다. 임신한 여성은 중증으로 발전한 가능성이 3배나 높고,[56] 그중 거의 50퍼센트가 사망한다. 죽지 않더라도 합병증이 계속 진행돼, 결굴 이로 인해 사망할 수도 있다.

---

* 호흡 증가 때문인지(임산부는 더 깊게 더 자주 호흡한다), 혈류 증가나 체온 상승 때문인지, 아니면 일부 임산부의 혈당 상승 때문인지 알지 못한다. 모기가 사냥할 때는 이 모든 것에 반응한다(Lindsay et al., 2000).

그러나 이는 엄마만의 문제가 아니다. 말라리아에 걸린 산모의 신생아는 미숙아나 저체중아로 태어날 가능성이 크다. 일부 이유는 말라리아와 싸우면서 산모에게 빈혈이 생기고, 말라리아 원충이 태반에 축적되기[57] 때문일 수 있다. 면역계가 미숙한 유아와 아이는 말라리아로 인한 합병증을 겪을 가능성이 매우 높으므로, 어디든 말라리아가 있는 곳에서는 엄청나게 많은 신생아, 유아, 아이가 사망한다.

아동 사망률은 여성의 임신 빈도와 직접적으로 결부된다. 이런 전 세계적 추세는 통계 자료를 통해 확인할 수 있다. 그 기전은 꽤 명확하다. 임신과 모유 수유 기간이 줄어들수록 배란이 더 자주 일어날 뿐 아니라, 아이가 사망한 후에는 문화적 요인 그리고 아마도 생물학적인 요인이 여성을 다시 임신하게 한다. 인간의 임신은 언제나 위험하고 불가피하게 그 지역 여성의 사회적 지위에 영향을 미치므로, 이로 인해 모성 사망률이 높아진다. 다시 말해 말라리아는 전 세계 여성의 인권 문제이며, 특히 여성의 신체에 영향을 미치는 문제다. 말라리아 연구와 치료의 꽤 많은 부분이 포괄적인 산부인과 분야에 속해야 한다.

그러나 일반적으로는 그렇지 않다. 왜냐면 많은 생물학자와 의료 전문가는 성별이 구분된 종에게 매우 다른 두 가지 유형의 신체가 발달한다는 사실을 받아들이기 힘들어하기 때문이다. 의료계에서 성별에 따라 치료 경과를 차별화해야 한다고 요구하는 목소리가 이제 막 들리기 시작했다. 말라리아가 진료실 밖에서까지 임산부에게 영향을 미치는 기전을 이해하는 일은 남성과 아이에게도 도움이 된다.

임신한 여성이 말라리아모기에 물릴 가능성이 높다는 점을 고려하면, 특별히 임신한 여성의 신체를 이용하는 일은 원생동물 생활사에서 큰 그림의 일부일 수 있다. 원충은 태반 조직에 축적된다. 인간 태반에 숨어 더 오랫동안 발각되지 않을 수 있으면 이것은 진화적으로 선택될 만큼 확실한 이점이다. HIV의 경우와 마찬가지로 이러한 '저장고'를 활용하면 몸의 다른 부분에서 감염이 제거되는 동안에도 원충에 감염된 혈액 세포를 보존할 수 있다.

태반이 얼마나 격렬하게 일상적인 감염과 싸우며 면역계가 미숙한 태아를 지키는지를 생각하면, 원충이 태반에 숨는 방법을 어떻게 '아는'지는 이해하기 힘든 일이다.* 그러나 그곳에 숨으면 혈액검사로도 발견되지 않을 수 있다. 감염된 임산부는 정기적으로 말라리아 음성으로 판정되기에 치료를 받지 않는다. 활동을 재개한 원충은 간으로 이동해 증식하고, 생활사를 처음부터 다시 시작한다.

지카 바이러스도 유산한 여성의 태반 조직에서 발견됐지만, 말라리아와 유사한 전략을 활용하는지는 아직 알 수 없다. 임신 제1삼분기의 지카 감염은 말라리아 감염과 유사하게 유산율 증가와 관련이 있어 보이며, 마찬가지로 다양한 종류의 태아 기형과도 관련이 있다. 이런 종류의 질문을 쫓는 일은 바로 미래의 산부인과뿐 아니라 전 세계 보건 의료 연구에서 해야 할 일이다. 이러한 질병과 싸울 수 있는 전략은 모기장과 살충제뿐만이 아니다. 여성과 아이뿐 아니라 전체 지역 주민을 보호하기 위해서도 피임은 방어의 최전선이 돼야 한다.

이렇게 생각하자. 미국은 20세기에 엄청난 수의 모기를 죽여 말라리아

---

* 모든 생물학적 사안이 그렇듯, 아마도 몇 가지 상이한 메커니즘이 작용할 것이다. 밝혀진 경로 중 하나는 감염된 세포에서 작은 단백질을 만들어 세포 표면에 붙인다는 것이다. 이 단백질 덕분에 세포는 비장으로 흘러 들어가 파괴되기 전에 작은 혈관 벽에 '걸려'든다. 말라리아가 신체 기관을 심하게 망가뜨리는 주된 이유는 섬세한 혈관에 이렇게 감염된 혈액 세포를 발라 버리기 때문이다. 태반에는 특히 작은 혈관이 풍부해서 원충이 그곳에 자리 잡는 것인지도 모른다.

를 퇴치했다. 이런 성과는 부분적으로 미국의 가정들 안팎에 막대한 양의 살충제를 뿌린 덕분이었다. 그러나 동시에 고인 물을 빼내고, 말라리아모기가 번식한다고 알려진 구역들을 집중 공략하는 등 환경을 통제한 덕분이기도 했다. 지금 우리에게는 당연해 보일 수 있지만, 이런 전략을 상상하기까지는 상당한 패러다임의 전환이 필요했다. 효과적인 공중 보건 활동은 단순히 환자를 격리하고 치료하는 게 아니라, 질병이 전파되는 더 넓은 환경을 이해하고 선제적으로 대처하는 것이다. 단순히 여성과 태아가 말라리아에 '취약'하다고 생각할 게 아니다. 인간의 임신이 더 큰 혼성 인구 집단 내의 말라리아 전파 과정에 중요하게 개입된다고 보고, 말라리아를 산부인과적 문제로 이해하는 일에도 비슷한 패러다임 전환이 필요하다. 이것은 인체 내부 공간을 환경으로 생각해야 한다는 뜻이다.

"자궁"장에서 논의했듯이, 산모와 태아의 경쟁은 자궁이라는 국소적 환경을 중심으로 벌어진다. 바로 이곳에 감염병에 동원될 수 있는 독특한 특징이 존재한다는 뜻이다. 말라리아처럼 어떤 질병이 모체의 면역계를 피해 숨기 위해 인간의 태반을 저장고로 이용한다면, 우리는 재생산이라는 여성의 운명 앞에 안전하고 건강한 선택지를 제공함으로써 무엇을 달성할 수 있을까? 이것은 현재와 미래에 수백만 명의 사람이 겪는 고통과 관련된 작지 않은 사안이다. 실제로 여성에게 단위 면적당 태반의 수를 줄일 수 있는 선택권과 도구를 준다면 어떤 일이 벌어질까?

자궁 승리주의

이제 우리에게는 들창문이 달린 구불구불한 질 대신, 피임약과 페서리가 있다. 브루스 효과 대신 메토트렉세이트와 미소프로스톨이 있다. 우리는 덜 위험한 산도가 진화하기를 기다리는 대신, 아기가 갑옷처럼 빠듯한 산도를 빠져 나오는 과정을 도와주는 조산사 그리고 기적 같은 현대적 제왕절개술을 가졌다.*

다른 종이 생리적 진화를 통해 암컷의 생식 선택권을 구현할 때, 호미닌은 행동 차원의 혁신을 이용했다. 그중 일부는 사회적 혁신이었고 나머지는 새로운 도구나 의약품과 관련된 혁신이었다. 우리는 진화적 적합성에 작용하는 가장 강력한 지렛대를 통제함으로써 지금의 위치에 섰다. 이로 인해 초기 인류는 마침내 폭발적 인구 증가를 이뤘고, 우리 조상이 우연히 만난 거의 모든 서식지로 퍼졌다. 또한 지나치게 좁은 골반과 탐욕스러운 태반을 견뎌야 하는 모든 임신한 여성의 생존율도 향상됐다.

우리를 여기까지 이끈 것은 도구 승리주의가 아니라 자궁 승리주의womb triumphalism다. 우리 종의 성공은 가임 인생 내내 어려운 결정을 한 여성의 허리와 진통하는 배에서 탄생했으며 지금도 그렇다. 산과술의 유구한 역사는 그저 여성의 고통을 더는 방법의 이야기가 아니라, 우리가 오늘날까지 살아 있는 바로 그 이유에 대한 이야기다.

그러므로 인류의 '승리'를 설명하기 위해서는 더 나은 내러티브가 필요하다. 우리의 이야기는 무기로 시작되지 않는다. 남성과 함께 시작되지 않

---

* 인간 출산의 '의료화'에 대해 이야기하는 사람들도 많지만, 나에게는 제왕절개가 없으면 죽었을지도 모르는 아이와 친구가 많이 있다. 그 엄마와 아이가 이제 우리 종의 역사 내내 전혀 보장되지 않았던 종류의 응급 수술에서 생존할 가능성이 높다는 사실은, 그렇다, 기적이다.

는다. 우리가 이룬 최고의 기술적 성취를 상징하는 것은 원자폭탄, 인터넷, 후버댐이 돼서는 안 된다. 대신 피임약, 질경, 페서리가 돼야 한다.

좋습니다, 큐브릭 감독님. 다시 촬영합시다.

차라투스트라는 이렇게 말했다

땅 위로 옅은 새벽이 밝아온다. 카메라가 화면을 끌어당긴다. 다 자란 수컷, 암컷, 새끼가 섞인 작은 호미닌 무리가 물웅덩이 주위로 모여든다. 그들의 몸에는 군살이 없다. 털은 길고 검은색이다. 그러나 사막에는 만나가 있다. 드문드문 튀어나온 황갈색 바위와 자갈 벌판 사이에 나무딸기와 구근, 그리고 비온 뒤 피어난 작은 꽃들이 있다.

암컷 한 마리는 임신해 몸이 무겁다. 암컷은 얼굴을 찡그리고 기다란 근육질 팔로 몸을 지탱하면서 물가에 웅크리고 앉는다. 수컷들은 대부분 이 모습을 지나쳐 먼 능선을 바라본다. 암컷은 몸을 기울여 물을 마시더니 뒤뚱뒤뚱 걸어간다. 나이 많은 암컷 하나가 관심을 보이며 임신한 암컷을 따라간다.

둘은 무리를 뒤에 남겨둔 채 언덕 위를 기어오른다. 다리털을 타고 양수가 흘러내려 황갈색 먼지 위에 고이자 임신한 암컷은 큰 바위 그늘 아래에서 멈춘다. 임신한 암컷은 진통을 겪느라 몸에 힘을 주며 버둥거리고, 나이 든 암컷은 가까이서 이 모습을 지켜본다. 임신한 암컷은 소리 죽여 숨을 몰아쉬며 나이 든 암컷을 쳐다본다. 나를 해치지 마. 떨리는 손을 내민다. 도와줘. 나이 든 암컷은 처음에 난처해하더니 가까이 다가가 손을 잡는다. 안전해. 그리고 임신한 암컷의 뒤로 가 앉아 털을 손질한다.

분만이 시작되자 나이 든 암컷은 산모의 다리 사이에 웅크리고 앉아 아기가 나오는 것을 돕는다. 새끼의 입과 눈에서 점액을 닦아낸 뒤 헐떡이는 어미의 가슴 위에 올려놓는다.

그다음 암컷의 재생산 선택에 대한 몽타주가 빠르게 지나간다. 호미닌이 교미를 하고, 이상한 식물을 먹고, 새끼를 낳고, 젖을 먹이고, 엉덩이에 새끼를 매단 채 능선을 넘어 초록의 지평선까지 걸어간다. 다음 장면에서는 두 암컷이 무리를 향해 함께 걸어가고, 어미의 가슴에서는 새끼가 젖을 빤다. 어미는 지친 나머지 물웅덩이 옆에 드러눕는다. 나이 든 암컷은 갓 태어난 새끼를 안아 머리 위로 들어 올린다. 푸른 하늘을 배경으로 새끼의 옆얼굴이 선명하게 부각되다가, 한 여성의 품에 안긴 인간 아기의 모습으로 변하고, 두 사람의 옆모습 뒤로는 우주선 창문이 보인다. 그 배경에는 행성의 얇고 밝은 원호, 즉 지구의 윤곽이 보인다. 카메라는 여성의 한 손에 들린 전단지를 확대한다. 〈가족계획: 저궤도 생활 최고의 건강관리〉. 그리고 〈아름답고 푸른 도나우강〉이 시작된다.

Homo erectus

6장 뇌

: 여성의 뇌는 얼마나 다를까?

어린 소녀는 의자에 뒤로 기대어[1] 시무룩한 표정으로 우유를 거부했다.

이 모습에 소녀의 아버지는 눈살을 찌푸렸고,

오빠는 낄낄거렸고, 어머니는 침착하게 말했다.

"자기 별 컵에 담아 달라는 거예요."

그렇지. 엘리너는 생각했다. 당연히 별 컵이지.

"자기 컵이 있거든요"

어머니는 이렇게 설명하면서

식당의 질 좋은 시골 우유를 마음에 들어하지 않는 소녀를 보고

당황한 여종업원에게 미안하다는 듯 미소를 지었다.

"바닥에 별이 있는데, 집에서는 항상 그 컵으로 우유를 마셔요.

우유를 마시면서 별을 볼 수 있어서 별 컵이라고 불러요."

여종업원은 마지못해 고개를 끄덕였고, 어머니는 어린 소녀에게 말했다.

"오늘 밤 집에 돌아가면 별 컵으로 우유를 마시게 해 줄게.

하지만 지금은 아주 착한 아이가 될 거니까, 이 잔으로 우유를 조금 마실까?"

엘리너가 소녀에게 말했다.

"그러지 마, 별 컵을 달라고 고집 부려.

다른 사람과 똑같이 행동하라는 족쇄를 차는 순간

다신 별 컵을 못 보게 될 거야. 하지 마.”

어린 소녀는 엘리너를 힐끗 보고 완전히 이해하겠다는 듯

보조개가 파이는 옅은 미소를 짓더니,

우유 잔 앞에서 단호하게 고개를 저었다.

엘리너는 생각했다.

‘용감한 소녀야. 현명하고 용감한 소녀.’

–셜리 잭슨,《힐 하우스의 유령》

200만 년 전 남아프리카

어미는 시신을 거의 1킬로미터 정도 끌고 다녔다. 많이 무겁지도 않았다. 이미 부드러운 배를 찢어서 간과 심장, 그리고 견과류와 과일로 가득 찬 위까지 먹었다. 발견했을 당시 이 먹이는 나무 아래 혼자 웅크리고 앉아 만찬을 즐기고 있었다. 어미는 스폰지처럼 공기가 들어찬 폐를 먹기 위해 흉곽도 부수었다.

어미는 안전하고 조용한 곳에서 남은 고기를 먹고 싶었지만, 굴에 가지고 들어가기가 쉽지 않았다. 자신의 몸은 날렵하고 길어 동굴로 들어가는 틈에 딱 맞았다. 어미는 너덜너덜해진 시체의 목을 잡고 끌어당겨 봤지만, 팔다리가 계속 뒤엉키고 걸렸다. 그러자 어미는 시체를 동굴 입구에 내려놓고 먼저 안으로 들어간 다음 되돌아서 앞발을 내밀었다. 잘 안 된다. 마침내 어미는 먼지 속에서 시체를 뒤집은 다음, 턱으로 어깨를 부러뜨리고,

관절에서 팔을 찢어, 축 늘어진 머리 쪽으로 접어 올렸다.

문제가 해결됐다.

어둡고 서늘한 동굴 안은 가냘픈 새끼의 울음소리로 가득 차 있었다. 만족스러운 그르렁 소리를 내며 어미는 큼직한 발로 그 생물의 머리를 붙잡고 밑부분을 씹기 시작했다. 이 맛있는 작은 유인원들은 두 다리로 세상을 어정어정 돌아다녔다. 가장 맛있는 부위인 뇌를 먹기 위해 밧줄 같은 목 근육을 끊어 내면 머리가 바로 떨어진다. 떨어져 나온 두개골에 코코넛을 두드리듯 앞니로 구멍을 뚫으면 짠맛, 수분, 단맛, 기름이 작은 시냇물처럼 입안으로 쏟아져 들어온다.

이제 한참 동안 와디(우기에만 물이 흐르는 계곡, 시내_옮긴이)가 마르고 고기도 부족해질 것이다. 어미는 그 전 일을 기억했다. 몸의 세포가 먹을 수 있는 동안 먹고, 먹고, 또 먹도록 설계됐기에 이 사실을 알았다. 이 어미의 어미도 그랬다. 그리고 전의 어미도 그랬다. 그래서 어미는 찢어진 경막 아래 지방이 풍부하고 주름진 뇌를 빨아들였다. 이 맛있는 소형 유인원의 후손들, 즉 가느다란 팔다리와 큰 뇌를 가진 우리가 언젠가 자기에게 고양이과Felidae라는 이름을 붙이고 사촌들을 반려동물로 키울 것이라고는 꿈에도 생각지 못했다. 또한 그 새끼가 축축한 젤리가 된 음식 찌꺼기와 함께 깡통에서 흘러나온 공장 폐기물을 구걸하면서 평생을 보낸다고도 상상하지 못했다.

어미의 배가 차고, 혀에 기름진 육즙 맛이 남았을 때, 새끼 고양이들이 젖을 먹으러 뒤뚱뒤뚱 다가왔다. 오늘은 젖이 풍족할 것이다. 성장하는 새끼들의 몸은 잠자는 동안 바쁘게 지질을 분배했다. 일부는 눈에, 일부는 근육에, 일부는 자라나는 자신의 뇌에[2] 쓰였다.

괜찮다면 당신의 임무는…

점점 더 인간처럼 변한 우리의 이브가 두 다리로 돌아다니고, 새로운 영토를 채우며, 생존을 위해 재생산 전략을 조종하면서, 뇌가 점점 커지기 시작했다. 이런 일이 한꺼번에 일어나지는 않았지만, 화석으로 남은 두개골을 보면 그토록 온순한 작은 유인원이 감당할 수 없을 정도로 뇌가 커졌다는 사실을 알 수 있다. 특히 전전두엽 피질이[3] 자라고 자라고 또 자랐다.

하빌리스와 에렉투스의 도구와 그 이후에 등장한 도구를 쓰는 여러 호미닌을 분석하면, 뇌가 커지면서 호미닌 진화 계통수의 여러 이브가 가능한 한 더 영리해지고 사회화됐다는 사실도 알 수 있다. 이런 변화는 산과적 도구들을 개선하는 데 도움이 됐을 것이다. 어느 시점에는 산파 문화가 표준이 되고, 또 어느 시점에서는 현지의 식물을 이용해 생식능력을 조절하는 지식이 일반화됐을 것이다. 호미닌의 뇌는 이런 일이 일어나기 훨씬 전부터 꽤 오랫동안 커졌고 마침내 인간의 언어가 탄생했을 것이다.

이렇게 뇌가 커지면 비용이 많이 든다. 뇌는 자라는 데도, 유지하는 데도 단위 무게당 대사 비용이 지독하게 비싼, 우리 몸에서 가장 굶주린 장기다.[4] 뇌에는 특수한 지질이 필요하다. 엄청난 양의 당이 필요하다. 그리고 호미닌이 오랫동안 포식자의 먹이였다는 역사를 고려하면, 이렇게 훌륭하고 큰 뇌는 아마도 포식자에게 부가적 보상이 되었을 것이다. 후식이라고 해도 좋겠다.

따라서 왜 아프리카의 호미닌이 길고 어두운 진화의 역사 내내 그런 형질에 거듭 투자하고 재투자하느라 애썼는지 명쾌한 대답을 찾을 수는 없다. 큰 뇌가 대단한 장점이라고 생각되면 주위를 둘러보자. 그렇게 문제 많고, 배고프고, 결점이 많은 신경조직 뭉치를 만드느라 애쓰는 좋은 거의 없

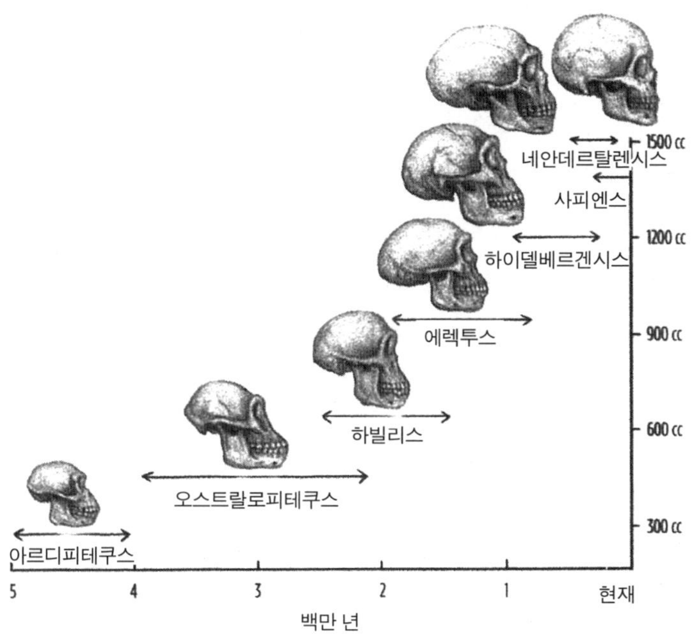

△ 뇌와 도구: 호미닌의 대뇌화 과정

다. 큰 뇌의 장점이 그리 확실하면 모든 생물이 뇌를 키우지 않았겠는가?

그러면 우리의 이브는 왜 이런 과정을 밟았을까? 뇌는 시간이 지남에 따라, 작고 급작스런 이상한 변화들이 터지면서 나머지 신체에 비해 점점 더 커졌다. 급기야 이 말도 안 되는 부위를 고정할 목 근육과 그 근육을 지탱할 강한 쇄골을 만들어야 했고, 이런 변화는 인간의 출산에 방해가 됐다.* 현대인의 아기가 몇 달씩이나 머리를 지탱할 수 없다는 사실은 말하

---

* 이전 장에서 언급했듯이, 큰 머리가 나오는 일은 가혹하지만 신생아의 유연한 두개골 판이 도움이 된다. 일단 머리가 산도를 통과하면, 그 다음 걸리는 곳은 넓은 어깨다.

지 않아도 알 것이다.

많은 과학자가 이 일련의 사건을 생각하는 데 그토록 많은 시간을 소비한 이유는, 바로 인간 뇌의 진화 이야기가 언제 그들이 우리가 됐는지, 언제 우리의 이브가 인간의 조상과 비슷한 존재가 됐는지에 대한 이야기이기 때문이다. 우리는 인간의 뇌에 지나치게 감탄한다. 나는 우리가 뇌와 사랑에 빠졌다고 주장하고 싶다. 즉, 인간의 뇌는 자기 자신과 사랑에 빠졌다. 대부분의 과학자가 인간과 다른 유인원들을 구분 짓는 신체적 특징이 단 하나 있다면, 그것은 바로 거대하고 뭉글뭉글하며 지나치게 총명한 뇌다.

그래서 나는 이 장을 쓰고 싶지 않았다.

우리는 뇌에 대해 매우 많은 것을 알아서 온갖 특별호 학술지에 새로운 내용들이 넘쳐 나고, 동시에 아는 게 거의 없다. 이 분야 전체가 매우 새롭고 본질적으로 흥미로워서 곰곰이 생각해 볼 거리가 풍부하다. 나는 그런 종류의 문헌을 좋아하고, 고인류학이라는 지뢰밭으로 걸어 들어가는 일이 두렵지 않다. 호미닌의 뇌가 어떻게 진화했는지, 무엇에 도움이 됐는지, 그리고 무엇보다도 왜 진화했는지, 전문가의 세계에서는 논쟁이 아주 치열하다. 화석이 거의 없기에 자료도 거의 없다. 아무것도 결론이 나지 않았다. 이것도 아주 흥미로운 일이라 생각한다.

나에게 닥친 문제는 이 책, 즉 성차의 진화를 다룬 책에 인간의 뇌에 관한 내용을 담는 일이다. 내 임무는 남녀 뇌에 기능적 차이가 있는지, 만약 있다면 이런 차이가 타고난 특성과 연관됐는지 묻고 씨름하는 것이다. 각 질문은 사회정치적 젠더 논쟁의 한가운데 자리해서 과학적 판단을 흐릴 수 있다. 그러나 이 문제를 성공적으로 해결할 방법은 없다.

호미닌의 뇌와 관련해서 주목할 만한 이브가 있다. 대부분의 과학자는 이들이 진정한 '인류'의 조상이라고 생각한다. 더욱이 지난 20년 동안에는 포유류 뇌의 성별 차이에 대한 연구가 홍수처럼 쏟아져 나왔다. 이 주제에 대해서는 사회적 행동과 같이 큰 사안에서부터 세포 구조와 같이 작은 사안에 이르기까지 수천 개의 과학 논문이 발표됐다. 우리가 분명 포유류임을 감안할 때, 그 연구가 우리에게 전혀 적용되지 않으리라고 생각하는 것은 지나치게 이상한 일이다.

사실 이 주제에 관한 문헌을 수십 년에 걸쳐 수십 개의 다른 각도에서 파헤쳐 본 후, 나는 여성의 뇌가 남성의 뇌와 기능적으로 크게 다르지 않은 게 우리 종의 가장 이상한 점이라는 결론에 도달했다. 성인 '여성'의 뇌는 세포 구조부터 세포 외부의 기능까지, 측정 가능한 거의 모든 면에서 놀라울 정도로 성인 '남성'의 뇌와 유사하다. 설치류는 그렇지 않다. 수컷은 분명한 설치류 수컷의 뇌를 가지고, 암컷은 명백히 암컷의 뇌를 가진다. 뇌의 크기는 체격을 감안하면 똑같지만 암컷 설치류의 뇌가 특정 페로몬과 같은 자극에 반응하는 방식은 수컷의 뇌와 크게 다르다. 그리고 이런 종류의 암수 뇌 차이는 포유류 왕국 전반에 걸쳐 나타난다. 암컷 포유류, 특히 태반류의* 몸이 위험하고 부담스러운 사건이 계속 생기는 어미 역할에 대비해야 한다는 점을 고려하면, 암컷의 뇌에서 이런 일을 준비하는 특징이 나타나는 것도 놀라운 일이 아니다.

예를 들어, 적어도 설치류에서는 불안(더 나아가 경계심 그리고 학습과의 관계)과 관련된 뇌 영역에[5] 상당한 성별 차이가 있어 보인다. 모든 포유류가 이런지는 알 수 없지만, 그 이유가 무엇인지 그리고 대부분의 종에서

---

* 말 그대로 새끼를 임신하고, 젖을 먹이고, 어린 새끼가 시베리아 호랑이나 천산갑이 되는 법을 배우는 동안 새끼를 돌보면서 자손에게 투자하는 쪽은 누구일까?

수컷이 암컷에 비해 위험을 감수하는 행동과 일반적 공격성을[6] 보일 가능성이 높은 이유가 무엇인지 생각해 보고 싶다는 유혹이 생긴다.

과학자는 보통 테스토스테론 급증으로 그 이유를 설명한다. 그러나 전형적인 수컷 포유류는 특정 뇌 부위에 암컷보다 많은 안드로겐 수용체가 있어서,[7] 신호 강도뿐 아니라 수신기의 감도도 더 높다. 이에 비해 수컷 쥐는 암컷 쥐만큼 미묘한 부정적 자극에 대응하는 법을 잘 학습하지 못한다.[8] 암컷 쥐는 편도체와 기억 중추를 포함한 뇌의 나머지 부분의 연결이 수컷과 다른 듯해서, 그다지 강한 전기 충격 없이도 전기가 통하는 철창을 피하는 법을 학습하지만, 수컷은 상당히 강한 전기 자극이 필요하다.*

이것이 포유류의 기본 특성인지, 예를 들어 인간 여성이 남성보다 불안장애로 진단받을 가능성이[9] 훨씬 더 높은 이유를 이해하는 데 도움이 될지는 아직 확실치 않다. 그러나 패턴의 짝을 찾는 능력, 복잡한 사회적 신호를 추적하는 능력, 또는 다른 수많은 능력을 포함해 포유류의 뇌에서 조금씩 나타나는 성차가 인간의 뇌에서는 나타나지 않는 경향이[10] 있다. 그러면 여성의 뇌 기능은 왜 남성과 더 차이나지 않는지가 가장 큰 질문으로 남는다.

어떤 사람은 상황이 이렇다는 사실을 깨닫지 못하는 게 분명하다. 사실 많은 사람이 여성은 선천적으로 덜 총명하고, 정서적으로 더 취약하며, 허약한 '여성의 뇌'로는 남성의 일을 할 능력이 전반적으로 부족하다는, 여

---

* 통증 내성에도 성별 차이가 알려져 있으므로 이런 차이는 여성이 남성보다 더 낮은 전압에서 통증을 느끼는 현상과 관련이 있을지도 모른다. 최근의 한 연구에서 통증 내성, 즉 발에 충격이 가해졌을 때 생쥐가 펄쩍 뛰는 역치는 수컷이 대략 0.11밀리암페어, 암컷이 대략 0.09밀리암페어였다(Yokota et al., 2017). 별것 아닌 차이처럼 들릴 수 있겠지만 생쥐의 발은 작고 예민하다는 사실을 기억하자. 생물학자와 행동학자들은 대부분 수컷을 연구했기에 비교적 최근까지 이 차이를 몰랐다.

성의 뇌에 대한 여러 가지 추악한 고정관념이 일부 진실이라고 믿는다. 길고 짧은 것은 대봐야 알지 않겠는가? 여성이 수학을 더 못하지 않는가? 방향 감각은? X 염색체가 2개인 노벨상 수상자는 왜 그리 적을까? 이 책을 읽는 우리도 질문해야 한다. 만약 인간의 뇌에 성차가 있으면, 이런 차이는 호미닌의 뇌가 크게 진화하는 데 어떻게 영향을 미쳤을까? 이브가 가혹한 출산으로 총기를 잃고 뒤처지는 동안 아담은 영리해진 걸까?

사전 경고! 이런 질문을 던지려면 저런 유명한 성차별적 발상들을 모두 진지하게 살펴봐야 한다. 결국, 자아의 자리the seat of the Self가 그저 젠더가 아니라 성별에 의해 정해진다는 명제를 증명하려면, 그러면 이를 뒷받침할 과학적 데이터가 있어야 한다.

총명하다는 것은 무슨 뜻일까?

원시시대의 안전한 굴속에서 우리의 이브를 먹은 거대 고양이는 영리했다. 오늘날 대부분의 큰 고양이과 동물이나 하이에나처럼 그 고양이도 인간과 유사한 생물 집단과 동시대에 살았다. 이 어미는 지능이 높은 먹이를 사냥했다. 그리고 비슷한 생물이 지금도 그렇듯 훌륭한 문제 해결사였다. 어깨를 찢어 틈 사이로 몸통을 집어넣으려면 공간 지능, 사전 검토, 자전적 기억, 상당한 창의성이 필요하다. 대부분의 대형 포유류 어미들처럼 이 어미도 자기 새끼를 알아보고 심지어 마음을 썼을 것이다. 그리고 미래의 안녕을 내다보고 결정을 내렸다. 어떤 사람은 이 어미에게 근본적인 뜻의 자아가 있다고까지 말할지 모른다.

즉, 인간의 뇌가 아니더라도 많은 일을 할 수 있다. 매우 총명하고 사교적이며, 복잡한 문제를 해결할 수 있다.

우리 조상은 큰 호미닌의 뇌를 가지고도 먹이 신세를 모면하지 못했다. 맛있는 뇌 때문에 오히려 표적이 됐을 수도 있다. 더욱이, 평균적인 성인의 대사량은[11] 침팬지보다 훨씬 많다. 일부 이유는 우리의 뇌가 기본적으로 지방과 당으로 작동하는 슈퍼컴퓨터이기 때문이다. 이런 장기에 영양을 공급하고 유지하는 일은 쉬운 일도 간단한 일도 아니다. 큰 뇌에 운명을 맡기는 일은 진화적 관점에서 안전한 도박이 아니다.

그러나 아르디와 해부학적 현대 인류 사이, 즉 오스트랄로피테쿠스 루시에서부터 하빌리스와 에렉투스 그리고 인류에 이르는 호미닌 전 계통의 어느 시점에, 우리의 이브는 포식자보다 머리가 잘 돌아가기 시작한 게 분명하다. 그리고 이전에 나타났던 이브보다도 더 잘 돌아갔다. 뇌는 아주 값비싼 조직이므로 대부분의 진화생물학자는 이유를 불문하고 그럴 필요가 있었기에 호미닌이 뇌의 크기를 늘려 갔다고 생각한다. 수학과 공학, 언어와 복잡한 사회적 관계 파악 등 인간이 하는 이 모든 일을 하는 능력은 전적으로 우리 조상이 수백만 년 전에 만들기 시작한 뇌에 달려 있다.

여성성이 뇌가 하는 일이라면, 뇌의 진화가 여성성을 만들었다고 생각하는 게 상식일 것이다. 사실상 이런 조사를 위한 최선의 전략은 현대 인간 뇌의 성차에 대해 우리가 아는 것에서부터 출발해 거꾸로 되짚어가며 그것이 어떤 과거를 말해 줄 수 있는지 살펴보는 것이다.

그러므로 내가 가장 좋아하지 않는 질문부터 시작하겠다. 다른 모든 사람의 시급한 관심사인[12] 것 같기 때문이다. 남성은 여성보다 더 총명하도록 진화했을까?

IQ

보통 어떤 사람이 총명하다는 말은, 그 사람이 특정 하위 분야의 두뇌 활동에 아주 능숙하다는 뜻이다. 올림픽 장대높이뛰기에도 뇌의 역할이 중요하지만, 그 육상 선수가 총명하다고 표현하지는 않는다. "육상에 재능을 타고났다"고 말한다.

운동보다 뇌의 기여가 더 중요한 예술적 재능에 대해서도 이와 유사하게 표현한다. 또한 주위 사람을 편안하게 하는 것과 같이 복잡한 사회적 과제를 아주 능숙하게 하는 사람을 총명하다고 말하지 않는다. 그들이 "호감을 준다"거나 "사람과 잘 어울린다"고 말한다. 심지어 그들이 출세하기 위해 이런 기술을 쓴다는 사실을 눈치 챌 때조차 "재능 있는 정치인"이라고 말한다.

우리는 일반적으로 문제 해결에 능숙한 사람을 위해 "총명하다"는 표현을 아껴 둔다. 총명한 뇌는 문제를 신속하게 이해하고 창의적인 해결책을 찾을 수 있는 뇌다. 총명한 뇌는 어떤 일을 기억하고 그 기억을 적절한 곳에 쓰는 데 능숙하다. 일련의 규칙을 학습하고, 상징을 이해하고, 패턴을 추적하는 데 능숙하다.

이러한 뇌의 능력을 검사하는 방법으로는 유아와 아이를 위한 표준 적성검사같이 몇 가지 방법이 있다. 이런 검사들은 아이가 특정 기준에 언제 어떻게 도달하는지를 측정한다. 즉, 친숙한 얼굴을 얼마나 빨리 추적하는지, 완전한 문장으로 말하는 법을 몇 살에 배우는지 등을 측정하는 식이다. 학령기 아이의 경우에는 해당 학년 수준에서 역사나 과학처럼 특정 과목이 아니라, 글의 복잡한 구절을 읽고 이해하는 능력, 기본적인 수학을 이용해 문제를 해결하는 능력과 같이 전반적인 영역에서 무엇을 알고 할 수 있는지 평가한다. 그리고 뇌 자체의 일반적 특징, 즉 뇌의 문제 해결 능력을 측정하는 검사들도 있다. 이것이 바로 IQ 검사의 목적이다. 이 검사는 지능 지수, 즉 뇌가 얼마나 잘, 빨리 새로운 것을 배우고 문제를 해결하는지를 평가하도록 설계됐다.

15세 이하에서는 소년과 소녀의 IQ 점수가 거의 동일하다. 그러나 사춘기가 되면 소년의 평균 IQ가 조금 더 높아지기 시작해,[13] 성인 남성이 여성보다 '더 총명한' 두뇌를 타고난 것처럼 보인다. 이것이 사실이라면, '여성의 뇌'가 실제로 존재하든지, 아니면 사춘기 무렵부터 모습을 드러내는 것일 수 있다.

이 이론을 검증하려면 검사 결과의 뜻을 이해해야 한다. IQ 검사는 이상한 검사다. 여러분이 미국인이거나 미국에서 대학을 다닌 사람이라면 SAT를 치렀을 것이다.* IQ 검사도 SAT처럼 짧은 게임이나 퍼즐로 구성되며 다음 단계로 넘어가기 전까지 제한된 시간 동안 문제를 풀 수 있다. 질문 I에는 이케아IKEA 조립 설명서 그림처럼, 제대로 접는 방법을 상상해야 하는 상자 도면 같은 그림이 나타난다. 정답을 맞히려면 머릿속에서 그 결과를 '볼' 수 있어야 한다. 아니면 문자나 숫자를 어떤 규칙에 따라 정렬하거나 암호 해독 같은 작업을 해야 할 수도 있다.

흥미로운 파티 게임처럼 보이지만, 사람들은 IQ 점수를 아주 중요하게 생각한다. 수많은 연구에서 IQ는 인생에서 무엇을 성취할 수 있는지와 밀접한 관련성을 보였다. 잠재적인 학업 성취, 소득 범위,[14] 자녀 수, 심지어 수명까지 예측한다. IQ 점수에는 유전의 영향이 커 보인다. 입양으로 헤

---

* 이 두 검사 결과에는 상관관계가 나타난다. 1980년대나 1990년대에 시험을 치렀다면 본인의 SAT 점수를 10으로 나눠 보자. 여러분의 예상 IQ 점수는 여기에서 10점 안팎이다.

어진 일란성쌍둥이는[15] IQ 점수가 비슷한 경향이 있지만, 이란성쌍둥이는 그렇지 않다. 직접적인 혈연관계는 없지만 매우 유사한 유전자를 가진 사람은 IQ도 비슷한 경향이 있다. 현재 대부분의 연구자는 IQ의 50~80퍼센트가 유전에 의해 결정된다고 생각하며, 최근에는 그 영향이 80퍼센트에 가깝다는 연구 결과들이[16] 등장했다.

모든 인간은 유전자에 내장된 잠재적 지능을 갖고 태어난다는 뜻이다.

그러나 IQ에 대한 이런 이해에는 논란의 여지가 있다. 우선 백인 미국인의 평균 IQ 점수는[17] 아프리카계 미국인보다 높은 경향이 있다. 그러나 가계 소득을 보정하면 이런 차이는 대부분 사라진다.* 미국 명문대 진학 여부를 결정하는 SAT와 같은 시험에서도 비슷한 문제가 나타난다. 가계 소득을 보정하면 성적의 차이도 거의 사라진다. 이는 시험의 질문 방식이 특정 배경을 가진 사람에게 선취점을 부여한다는 뜻이다. 또한 양육 방식이 아이의 인지 발달을 결정한다는 뜻이다. 가난하다는 것은 매우 스트레스를 주는 일이다. 소녀는 일반적 시험 환경에서 더 스트레스를 받을 수도 있다.**

* 모국어가 아닌 언어로 시험을 보면 거의 항상 점수가 낮아진다. 대부분의 미국인은 프랑스어로 된 IQ 시험을 제대로 치르지 못할 것이다. 한편, 2015년 한 연구에서는 SAT 점수를 견인하는 데 가족 소득과 부모 교육 수준보다 인종이 더 중요했다(Geiser, 2015). 그러나 이 연구의 데이터는 특별히 1994년부터 2011년까지 캘리포니아대 지원서에서 추출됐으며 인종의 영향력이 꾸준히 유지되는 게 아니라 높아지는 모습을 보여 준다(Ibid). 같은 기간에 미국의 고등학교는 인종 편향이 점점 심해져 백인이 아닌 학생의 99~100퍼센트가 14개교 중 1개 학교에 몰려 있었다(Ibid). 따라서 인종과 계급은 다시 교육 환경과 복잡하게 얽힌다. 백인이 아닌 SAT 응시자들이 가계 소득에 관계없이 더 많이 비백인 학교로만 진학하며 이러한 '미국식 아파르트헤이트' 학교는 재정도 서비스도 부족하기로 악명이 높다.

** IQ 검사는 일반적으로 청소년기 이후에 치르는 검사이며, 스트레스가 많고 빈곤한 성장 환경은 뇌를 포함한 신체에 영향을 미친다. 게다가 IQ 점수는 나이가 들면서 달라지는 경향이

그러나 충분히 큰 아프리카계 미국인 집단을 대상으로[18] IQ 검사를 시행하면 점수의 변이는 이 집단과 백인 미국인 또는 아시아계 미국인 집단 사이의 평균 차이보다 클 것이다. 즉, IQ 점수를 가지고 인종 집단의 '총명함'에 뜻 있는 결론을 도출하기란 불가능하다. 모든 인간 집단에서 IQ 검사 결과의 종형 곡선은 양방향으로 꼬리가 길게 늘어지는 경향이 있다. IQ와 인종의 관계에 뜻을 부여하기에는 변이와 중복이 너무 심하다.

남녀 IQ 차이도 마찬가지다. 평균적인 남녀는 모두 곡선의 큰 몸통 아래에 깔끔하게 들어갈 것이다. 차이가 가장 큰 곳은 곡선의 꼬리 부분이다.[19] 남성의 평균이 이동하는 이유는 변이가 더 크기 때문이지만, 이런 현상은 다른 일부 영역에서 더 두드러진다. 예를 들어, 우리가 수학적 능력이라고 부르는 영역을 따로 떼어 살펴보면 남성 응시자는 여성보다 변이가 훨씬 더 크다.[20] 한쪽 꼬리에는 남성 천재가 더 많고 반대쪽 꼬리에는 남성 둔재가 더 많다.

수학

그럼 수학 문제를 파헤쳐 보자. 인생의 어느 시기에는 수학 수업을 들어야 하는 때가 있다. 여러분이 이 수업을 즐겼을 수도, 아닐 수도 있겠다. 스스로 '수학을 잘하는 사람'이라고 생각했을 수도, 그렇지 않았을 수도 있다.

있어서, 5세 아이를 대상으로 설계된 검사에서는 11세 아이를 대상으로 설계된 검사에서보다 가난한 사람들과 부유한 사람들의 사이의 격차가 더 적었다(von Stumm and Plomin, 2015). 타고난 어리석음 때문에 '번성하지 못했다'고 생각하기보다, 나쁜 영향이 누적됐다는 증거일 수 있다고 생각하는 편이 나을 것이다.

하지만 분명히 여성이 남성만큼 수학을 잘하지 못한다는 이야기를 들어 봤을 것이다. 그래서 구글Google, 페이스북Facebook, 나사NASA 같은 과학 기술 분야에 남성이 더 많고, 그래서 영화에 등장하는 거의 모든 과학자가 깡마르고 햇볕을 쬐지 못한 안경잡이 남성이라는 이야기도 들었을 것이다.*

하지만 뇌에 숫자를 채워 넣고 태어나는 사람은 없다. 아기의 뇌에는 2+2가 입력된 생체 조직이 없다. 뇌는 슈퍼컴퓨터가 맞지만 여기에는 원본 부호만 가득 들었다. 나머지는 모두 학습이 필요하다. 소년, 소녀도 완벽하게 수학을 익힐 수는 있지만, 유전자형이 XY인 뇌를 더 유리하게 만들어 주는 성차가 있는지도 모른다.

그러므로 여기에서 '수학'의 뜻을 정리할 필요가 있다. 기본 수학에는 수 세기와 덧셈 같은 내용이 포함된다. 상징을 뇌가 처리할 수 있는 생각으로 변환하는 문제 해결 작업도 포함된다. 또 머릿속에서 '물건을 이리저리 옮기는' 공간 추론 작업도 필요하다. '수학을 실행'할 때 뇌에서는 여러 가지 인지 작업을 한다.

남성과 소년은 공간 추론과 관련된 시험에[21] 강한 경향이 있다. 소년, 소녀에게 가상의 3차원 형상을 머릿속에서 회전시켜 보라고 하면, 소녀보다 소년이 조금 낫다.** 이런 기본적 기술은 온갖 일상생활에 영향을 미칠

---

* 주로 남아시아나 동아시아 배우들이 자주 맡는 역할이기도 하다. 할리우드의 배역 선정의 실상이 성차별적이고 인종차별적이기 때문이다. 실제로 미국의 수학 관련 분야에는 라틴계나 아프리카계 미국인보다 남아시아나 동아시아 남성의 비율이 더 높다. 그러나 이런 경향은 다른 국가에까지 적용되지 않으며, 아시아 국가에서 수학 관련 지식이 주로 생산되는 것도 아니므로, 아마도 아시아 남성이 수학적 재능을 타고났다기보다는 지역적 문화(그리고 미국 이민 및 노동 정책의 역사)와 더 관련 있을 것이다.

** 그러나 응시자에게 답변 시간을 무제한 허용하면 남학생이나 여학생이나 모두 정답을 찾을

수 있다. 예를 들어, 성인 남녀는 공간 탐색 능력에 미묘한 차이가 있다. 남성은 경로를 추상적으로 기억하는 반면,[22] 여성은 경로를 기억하기 위해 주변의 시각적 지형지물을 이용하는 경향이 있다. 이런 경향은 구체적인 위치를 기억할 때 여성은 시각적 지형지물을 기억하고 이용하는 데, 남성은 가상의 3차원 공간을 탐색하는 데 더 뛰어나다는, 또 다른 성차와 일치하는 듯하다.

그러나 공간 지각 검사의 주요 특징을 일부 바꾸면 다른 결과가 나온다. 예를 들어, 인간을 닮은 모습이 포함된 문제에는 여성도 남성 못지않게 잘 답한다. 어떤 사람에게 경로가 표시된 작은 지도를 주고, 그 길을 걷는다고 상상하면서 우회전 또는 좌회전을 해야 할 때마다 R 또는 L을 표기하게 한다고 하자. 이런 일은 남성이 여성보다 조금 더 잘하는 경향이 있다. 그러나 모퉁이마다 작은 사람 그림을 넣으면[23] 여성도 남성만큼 잘할 수 있다. 결국 여성은 남성보다 다른 인간에게 더 관심을 기울이고 사회적인 사항을 더 자세히 기억하는 경향이 있다. 그러나 이런 차이는 5세 미만에서 덜 나타나고 사춘기 이후에는 더 나타나는데, 소년보다 소녀가 다른 인간에게 더 관심을 기울이도록 사회적으로 훈련받기 때문일 수도 있다.*

어느 쪽이든, 일부 IQ 검사 문항은 남성 뇌에 유리하게 설계된 듯하

수 있는 것 같다. 대개 남학생은 3차원 형태를 빠르게 회전시키는 문제에 강하고, 여기에는 시험 시나리오에 대한 자신감, 실제 수행 능력, 자기 지식에 대한 정확한 판단, 또는 그 밖의 요인이 영향을 미친다(Loring-Meier and Hal-pern, 1999; Robert and Chevrier, 2003; Peters, 2005; Voyer, 2011).

* 아니면 실험 자체가 매우 불안정하다는 뜻일 수도 있다. 실험 방법을 약간 바꿀 때 결과가 유의미하게 달라진다면 원래 결과도 의심해 봐야 할지 모른다. 뇌에서 가상의 경로를 탐색하는 실제 방식은 이런 실험으로 다루기에는 너무 복잡한 것일 수도 있다.

다.[24] 현재로서는 남성의 뇌가 IQ 검사 문항을 푸는 데 탁월하고 일반적 여성의 뇌는 도움이 필요하기 때문인지, 아니면 그저 검사가 잘못 설계됐기 때문인지 아는 사람이 아무도 없다.

변이 문제로 돌아가 보자. 여러 가지 정량화 능력과 시공간 능력 지표에서, 남성과 소년의 검사 결과는 더 넓게 분산됐다. 고득점자도 저득점자도 더 많다. 여성 응시자의 검사 결과는 평균을 중심으로 더 좁은 곳에 밀집했다.

한편, 언어와 관련된 여러 검사에서는[25] 여성과 소녀가 남성보다 안정적으로 더 나은 결과를 거두는 경우가 많다. 글쓰기가 포함된 검사에서[26] 특히 그렇다. 그리고 일반적으로 남성은 언어능력 점수가 조금 더 낮을 뿐 아니라, 저득점대와 고득점대의 꼬리가 두껍고, 종형 '정규'분포곡선의 변이도 훨씬 더 넓게 분산된다.

그러나 "여성은 말을 잘한다", "남자는 수학을 잘한다"고 결론짓기는 이르다. 문제는 수학을 잘하려면 우수한 언어능력이 필수적인 경우가 많다는 것이다. 과학자, 기술자, 수학자는 연구비를 확보하고 지원을 얻기 위해 해당 분야의 다른 구성원에게, 그리고 이상적으로는 해당 분야 바깥의 사람에게 자기가 하는 일을 적절히 전달할 수 있어야 한다. 또한 동료들의 연구 내용을 읽고 이해할 수 있어야 그 내용을 기반으로 다음 작업을 이어 가고, 자기 분야의 주요 논의에 참여할 수 있다.

중학교 수준의 수학만 돼도 답을 서술하는 문제가 많기에 상당한 수준의 언어능력이 필요하다. 전반적으로 남학생은 여학생보다 수학 영역의 SAT 단어 문항을 더 잘 풀지만, 서술형 문항의 성적이 조금 낮다.[27] 그리고 언제나 그렇듯이, 그 효과 크기는 상당히 작다.

즉, 사춘기 이후 '여성의 뇌'가 남성의 뇌보다 덜 총명하다는 증거는 의

혹이 제기될 때마다 허물어진다. IQ 검사로 일부 유의미한 차이를 알아낼 수도 있겠지만, 그 결과는 다른 연구에서 나타난 소녀와 소년의 인지적 재능과 약간의 상관관계를 나타낼 뿐이다. 지능의 성차에 대해서는 우리가 아는 내용과 모르는 내용이 어지럽게 섞였으며, 그중 가장 설득력 있는 부분은 공간 논리 영역의 차이다. 그렇다 해도 수학 실력은 전반적으로 언어와 복잡하게 얽혔다.

말하기, 읽기, 쓰기

그러니 수학 문제는 이만 옆으로 제쳐 두자. 여성의 뇌가 수학에 조금 덜 적합하다는 증거는 설득력 있으면서도 매우 불안정하다.* 이런 작은 차이 때문에 STEM 분야에 성차가 나타나는 것일 수도, 그렇지 않을 수도 있다. 지능 검사 결과의 차이는[28] 누가 그런 일자리를 얻는지의 차이보다 훨씬 작다.

그러나 언어 시험 결과는 상당히 안정적이다. 남아보다 여아의 언어 시험 성적이 좋고, 이러한 차이는 사춘기 이후까지 이어진다. 그러면 생물학적으로 남성보다 여성의 뇌가 말솜씨verbal를 타고난 걸까?

여러 문화권에서 사람은 남성보다 여성이 말이 많다고 생각하는 것 같

---

* 차이가 이렇게나 작은 데다, 우리가 '수학'이라고 부르는 광범위한 인지 활동의 좁은 영역에 국한되면, 남성이 확실히 '수학'을 잘한다는 두루뭉술한 주장을 뒷받침할 근거는 별로 없다. 공간 추론, 특히 가상의 회전 작업에는 성차가 존재하며, 광범위한 문제의 해결 전략에 성차가 있어 보인다. 그럼에도 대부분의 인간 뇌는 성염색체 구성과 무관하게 이런 작업을 놀라울 정도로 유사하게 해낸다.

다. 그러나 남녀가 하루 동안 쓰는 단어의 수를 과학적으로 측정한 연구는 거의 없다.[29] 더욱이 특정 상황에서 남녀가 얼마나 많은 단어를 쓰는지에 대한 연구가 수도 없이 많다 해도, 실험실에서 피험자에게 제시된 시나리오에는 실제 생활이 그대로 반영되지 않는다. 예를 들어, 여성은 남성이 참석하는 전문가 회의에서 덜 말하는 경향이 있다.[30]* 이 경향은 교실에서도 마찬가지다. 그러나 이런 장소에서 일어나는 발화는 교사의 호명과 같이 진행 형식의 제약을 받을 때가 많으므로 발화 빈도를 가장 잘 예측하는 변수는 호명 가능성이다. 일반적으로 여성과 소녀는 업무 회의나 교실에서 덜 호명되고[31] 그 결과 남성보다 말을 적게 한다.

그런데도 우리는 사실이 그 반대라고 믿는 것 같다. 이런 믿음은 너무 깊게 뿌리내려 현실을 역행한다. 우리는 동성 간의 녹음된 대화를 들을 때, 각 사람의 발화량을 잘 가늠한다. 그러나 남녀 사이의 대화를 들을 때는,[32] 이 여성이 다른 여성과 같은 수의 단어로 된 대본을 읽을 때조차 대개 실제보다 말이 많다고 생각한다.

그러니 성인 여성은 절대 멍청하지 않다. 그런데 이런 고정관념은 어린 소녀를 보면서 생겨났을 수도 있다. 언어는 타고나는 능력이 아니므로 우리의 전반적인 언어능력은 언어를 얼마나 빨리 배우느냐에 따라 예측되

---

* Tannen, 1990. 소그룹 활동을 다룬 소수의 연구에서 여성은 남성보다 조금 더 말을 많이 하며 타인의 말에 반응하는 데 시간을 더 들이는 반면, 남성은 활동 자체에 대해 말하는데 시간을 더 많이 쓴다(Ibid). 그러므로 여성은 "정말 좋은 생각이지만… 확신하시나요?"와 같은 말을 하면서 시간을 쓸 가능성이, 남성은 이런 사회적 발언을 건너뛰고 당면 과제에 대한 생각을 바로 말할 가능성이 더 높다. 대학생 이상의 사람들에 대해 이야기하므로, 이러한 차이는 선천적이기보다는 학습된 사회적 규범의 영향을 받았을 가능성이 높다. 이런 연구들이 권력 관계의 영향을 통제하지 못하는 것도 사실이다. 예를 들어, 슈워츠의 연구실에서는 의사소통 양상의 성차가 여성의 사회적 권력이 약한 집단뿐 아니라 권력이 약한 남성 집단에도, 심지어 친밀한 사적 관계에서도 나타난다는 사실을 발견했다(Steen and Schwartz, 1995).

는 경우가 많다. 이유가 무엇이든 소년보다 소녀가 더 어린 나이에 첫 단어와 첫 문장을 내뱉는다.[33] 이렇게 결정적으로 중요한 유아기에 여아는 같은 또래 남아보다 어휘와 문장 유형의 활용 범위가 더 넓다.* 그리고 이런 어린 시절의 강점은 결국 빛을 발한다. 최근 대규모 국제 평가에서[34] 소녀들의 언어 영역 점수가 지속적으로 더 높았다.

그러나 수학과 마찬가지로 모든 언어 시험이 동일하게 설계되는 것은 아니다. 예를 들어, SAT 언어 검사에는 한 단어가 다른 단어와 비슷한지를 묻는 언어의 유사성 질문이 많이 포함된다. 대부분의 언어 검사와 달리 응시자는 상이한 것의 관계에 대해 개념적 지도를 그려야 하는데, 이 검사에서는 남성의 점수가 여성보다 높았다.[35]

따라서 "소녀의 언어 수준이 더 높다"는 말은 사실 말하기 시험verbal test의 종류에 따라 소녀가 더 나은 점수를 받는다는 뜻이다.

여성은 일반적으로 읽기와 쓰기에 더 뛰어나다. 이 격차는 5세 이후 모든 연령에서 보이고, 사춘기까지 벌어지다가 그 후부터는 비교적 일정하게 유지된다. 미국 교육부의 대규모 자료들이[36] 이 사실을 뒷받침한다. 국제적으로도 이런 차이가 나타난다. 언어와 문화권을 막론하고 소녀의 읽기 능력은 어릴 때부터 소년을 능가하는 경향이 있으며 이런 경향은 평생에 걸쳐 지속된다. 소설을 사서 읽는 사람 중 남성은 20퍼센트에 불과하다.[37] 역사와 기타 논픽션 부문의 남성 독자는 이보다 많지만, 미국과 서유럽 전역의 출판사들은 주로 여성에게 책을 판다.

물론, 도서 판매량에는 여러 가지 문화적 요인이 영향을 미친다. 그러나

---

* 특히 처음 2년 동안의 어휘 습득에 이런 차이가 나타나며, 다른 연구들에서는 이런 언어 차이가 지속되는 것으로 나타났다. 약간의 과학적 논란이 있지만, 이런 경향은 1966년부터 2008년까지의 연구에서 일관적으로 나타났다(Lutchmaya et al., 2002; Halpern et al., 2007).

중요한 것은 읽기는 글로 된 언어를 해석하는 일이고, 쓰기는 글로 된 언어를 생산하는 아주 다른 인지적 작업이라는 점이다. 일반적으로 소년은 이 두 가지 모두 잘하지 못하며[38] 특히 읽기보다 쓰기 점수가 훨씬 낮다.

몇 가지 잠재적 이유를 생각해 볼 수 있다. 첫째, 읽기는 그 자체로 아주 독특한 활동이다. 인간의 뇌는 흰 바탕 위의 난해한 검은 표시에 시선을 집중하고 일정한 방향으로 따라가기 위해 오랫동안 외부 세계에서 유입되는 거의 모든 감각 정보를 무시해야 한다. 그리고 눈으로 이렇게 집중하는 동안, 머릿속에서 이런 표시를 언어로 인식하고, 얼굴 표정, 손짓, 억양 변화같이 화자가 제공하는 단서가 전혀 없더라도 즉시 해석할 수 있도록 귀는 주위의 소리를 모두 무시해야 한다. 읽기는 인간의 뇌가 학습하기 매우 어려운 일이다.

우리의 인지 기관은 세계를 주도면밀하게 추적한다는 명확한 목적에 맞도록 진화했다. 눈과 귀는 수백만 년의 진화를 거치며 주위에서 일어나는 일에 주의를 기울이도록 훈련됐다. 우리 이브의 생존은 여기에 크게 의존했다. 인간의 언어 역시 영장류의 감각기관과 함께 영장류의 뇌에서 진화했다. 뇌는 일상생활의 매 순간순간 감각 정보를 먼저 처리한다. 언어에 대해서도 마찬가지다.

그러니 우리 인류가 약 4,000년 전까지 글쓰기를 발명하지 못했던 것도, 대부분의 인간이 몇백 년 전까지 거의 문맹이었던 것도[39] 놀라운 일이 아니다. 오랫동안 조용히 책을 읽기 어려운 사람은 우리 종에서 예외가 아니라 평범한 존재여야 한다.

그리고 정말로 그럴 것이다. 읽기의 어려움을 솔직하게 인정하는 것이 사회적으로 용인되면서 이런저런 읽기 문제를 진단받는 아이의 수도 늘어났다. 모든 읽기 문제가 난독증으로 분류되지는 않지만, 난독증도 꽤 흔하다. 난독증을 겪는 사람의 머릿속에서는 글을 읽을 때 단어나 글자의 순서가 뒤바뀌기도, 때로는 위아래가 뒤섞이기도 한다. 이로 인해 난독증이 있는 사람은 타인만큼 빠르거나 정확하게 읽기가 어렵다. 아직 불분명한 이유로, 소년은 소녀보다 난독증을 겪을 가능성이 2배에서 3배 더 높다.[40] 게다가 학교가 이러한 문제를 잘 식별하지 못한다는 점을 감안하면, 소년은 교육과정에서 읽기 문제에 제대로 도움을 받지 못할 가능성이 크다. 2013년 기준으로 연구자가 읽기 장애를 찾은 학생 중 학교에서 '학습 장애'로 분류된 학생은 20퍼센트 미만이었다.[41]

그러면 학교에서 소년을 방치한다는 뜻일까? 불행히도 그런 것 같다. 수학과 마찬가지로, 읽기 능력의 격차는 소년의 나이가 많아질수록 더 벌어진다.[42] 그리고 수학과 달리 읽기 능력의 성차는 꽤 한결같은 현상이다. 유아기부터 소년은 소녀보다 언어 발달 지표를 늦게 달성한다. 그러므로 성차는 읽기라는 독특한 인지 영역에 국한되지 않고 전반적 언어 영역에 존재하는 것일 수 있다.

그리고 글쓰기가 있다. 글쓰기에는 수사법이 활용되는 경우가 많다. 또 주장을 성공적으로 제기하려면 독자의 필요를 고도로 예측해야 하는 경우가 많으므로 수준 높은 논리적 추론과 사회적 인식 능력이 필요하다. 우리는 마음속으로 빠르게 독자의 모습을 떠올리고, 우리의 말이 그 사람에게 미칠 영향을 예측해서 글의 방향을 잡아야 한다. 그러니까 여성의 뇌가 남성보다 시험 환경의 글쓰기 과제에 더 뛰어나다는 사실이 여성이 '말솜씨'를 타고났다는 뜻은 아닐 것이다. 여성이 글쓰기 과제에서 더 높은 점수를 받는 이유는, 여하간 여성의 뇌가 타인이 무엇을 원하지 잘 예측하기 때문일 수 있다.

이런 차이가 어디에서 비롯됐든, 어떤 방식으로 측정했든, 일반적 지능에서 나타나는 아주 적은 성차에 큰 뜻을 둘 수 없음은 분명해 보인다. 소년 시절에는 남성 뇌의 언어능력이 조금 뒤처지다가 이후에 잘 따라잡는다. 소녀 시절에는 여성의 뇌가 모든 종류의 검사에서 우세하고 청소년기가 되면 수학에서 조금 뒤처지는 현상이 두드러지다가, 가상의 3차원 회전과 그밖에 몇 가지 공간 지각 영역 외에는 통계적으로 유의한 차이가 남지 않는다. 그러나 사춘기에 벌어지는 일은 조금 뒤에 다루기로 하고, 먼저 인간 뇌에서 성차가 나타나는 또 다른 주요 범주인 정신 건강과 회복에 대해 살펴보자.

취약한 성

여성의 뇌가 취약하다는 생각은 수천 년 동안 이어졌다. 여성은 우울하고, 변덕스럽고, 히스테리적이며, 마음이 쉽게 무너진다는 것이다. '히스테리hysterical'라는 단어가 자궁을 뜻하는 그리스어에서 유래했다는 사실은 자주 언급되는 이야기다. 불과 100여 년 전까지만 해도 다른 면에서는 지적이던 유럽인들이 여성은 자궁 때문에 압도적이고 파괴적인 감정 폭발에 휘말린다고 믿었다. 원래 유럽인은 신경질적이고 화난 자궁이 실제로 이동할 수 있어서, 위와 횡경막을 지나 목구멍으로 들어가 여성의 뇌를 질식시킬 수 있다고 생각했다.*

---

* 자궁이 움직인다는 생각은 부정됐지만 '히스테리(hysteria)'는 여전히 남았다. 1920년대 후반까지 음핵 자극이 여성 히스테리의 적절한 치료법이라고 간주됐다. 보통은 남성인 의사가 진료실에서 울적한 여성이 오르가즘에 이를 때까지 자극해야 했다. 우습게도 대부분의 의사는 이 일이 재미없고 지루하다고 생각했던 듯하다. 이로 인해 19세기 후반 파리에서 전기 진동기

이제 우리는 자궁이 움직이지 않는다는 사실을 알지만, 이런 생각의 잔재는 여전히 남아 있다. 예를 들어, 사람은 여성이 생리 전후에 '더 울적해진다'고 생각한다. 사실일 수 있다. 실제로 생리전 증후군 같은 현상이 있어서, 흔히 기분 불안정이 나타나고 운이 나쁜 사람에게는 임상적으로 유의미한 수준의 우울증이 찾아온다. 모든 여성이 이 증후군을 겪지는 않으며, 매달 겪는 것도 아니고, 모든 여성이 뇌와 관련된 증상을 겪는 것도 아니다. 그러나 성호르몬 분비의 등락은 많은 여성의 뇌에 직접적인 영향을 미치는 듯하다. 삶에서 이런 일이 발생한다고 알려진 시기는 생리 전과 생리 중, 그리고 임신 중이다.

그러면 여성의 뇌가 남성의 뇌보다 더 불안정하고 취약하다는 뜻일까?

자세히 살펴보자. 가장 확실해 보이는 우울증부터 시작하자. 사춘기 이후에는 남성보다 여성이 주요 우울 장애를 진단받을[43] 가능성이 더 높다. 그중 일부는 진단 편향 때문일 수 있다. 아마도 여성은 심리 치료를 직접 찾거나 타인에게 권고받을 가능성이 높을 것이다. 또한 근본적 원인이 유사하더라도 남성보다 여성의 증상이 우울증과 더 유사해 '보일' 수도 있다. 예를 들어, 미국의 자료를 살펴보면[44] 소년과 남성은 심리적 고통을 겪을 때 행동으로 표출하는 경향이 있는 반면, 여성과 소녀는 안으로 움츠러드는 경향이 있다. 따라서 정신 건강 문제를 겪는 사람 가운데 남성은 벽을 치는 것과 같은 행동을 하지만, 여성은 전형적으로 자해, 심각한 식사 제한, 사회적 은둔 같은 행동을 보이는 경향이 있다.* 이런 경향이 뇌의 근

가 발명됐다. 이 진동기는 섹스토이가 아니라, '히스테리 발작(hysterical paroxysm)'을 유발함으로써, 히스테리에서부터 변비와 얼굴 주름을 포함해 여성이 겪을 수 있는 다양한 문제를 치료하기 위한 도구였다(Maines, 1999).

* 남성보다 여성에게 섭식 장애가 훨씬 많은 것은 사실이지만, 적어도 그중 일부는 여성의 체중

본적인 차이 때문인지 사회적 훈련 때문인지는 아무도 알지 못한다.

진단상의 문제를 피하기 위해, 여성의 삶에서 예측 가능한 성호르몬 분비의 기복과 흔한 정신질환 진단이 일치하는 시기를 잘 살펴보자. 여성은 호르몬 분비가 정상 범위에서 크게 벗어날 때 우울증이나 불안증을 더 많이 경험하는 걸까?

여성은 임신 초기에 평소보다 감정 기복이 크다고 보고하는 경향이 있다. 때로는 이런 증상이 임신 사실을 알기도 전에 나타나, 임신 테스트기를 구매하는 경우도 있다. 슬픈 영화를 보면서 울고, 별로 재미도 없는 일에 자지러지게 웃으며, 조금만 짜증 나는 일에도 평소보다 더 화를 내기도 한다. 그러나 전반적인 우울감이 더 심각한 상황으로 발전하는 사례도 있다. 보통은 잠시 슬프다 말 일을 겪었는데, 일상의 필요를 다뤄 내기에는 너무 슬픈 나머지 하루 종일 또는 며칠 동안 집 밖으로 나가지 못하는 경우도 있을 것이다. 모든 일이 아프게 다가온다. 모든 것의 색이 바래 보인다. 어떤 일에도 기분이 좋아지거나 행복해지거나 희망을 품을 수 없다. 뇌의 보상 중추가 떨어져 나간 것 같다.

이것이 임상적 우울증이다. 임신 중 모두가 우울증을 앓는 것은 아니지만, 특히 출산 직후에 위험이 높아진다. 전 세계 여성 8명 중 1명에게 산후 우울증postpartum depression, PPD이 닥친다. 이 병에 걸린 여성은 보통 몸이 바닥 아래로 가라앉는 느낌이 든다고 보고한다. 엄마는 아기와 유대감을 만드는 대신, 갑자기 회색으로 변한 세상에서 무심해지고 표류하며 자리 잡지 못하는 듯한 느낌을 받는다. 더 나쁜 일은 상당수가 이런 감정에

에 대한 사회적 압력 때문일 수 있다. 그러나 남성과 소년도 섭식 장애를 겪으며 최근 20년간 섭식 장애 진단이 많아졌다(Galmiche et al., 2019). 그중 상당수는 청소년의 자아상과 자존감을 크게 해칠 수 있는 소셜 미디어 활동에 시간을 많이 쏟았다(Gorrell and Murray, 2019).

죄책감을 느낀다는 점이다. 좋은 엄마가 아닌 것처럼. 좋은 여성이 아닌 것처럼. 그러나 이런 여성은 유난히 여자다워서womanly 고통을 겪는 것일 수도 있다. 산후 우울증은 단지 일부 여성의 뇌가 널뛰는 성호르몬에 반응하는 방식의 문제일지 모른다.

난소와 자궁이 임신 유지 활동을 시작하면 에스트라디올과 프로게스테론 분비가 급증하면서 몸 전체에 다양한 영향을 미친다. 이런 호르몬들의 분비량은 출산 직후, 일반적으로 첫 24시간 이내에 임신 전 수준으로 곤두박질친다. 이런 급락은 뇌에 치명적인 영향을 미칠 수 있다. 에스트라디올은 세로토닌의 작용에 직접 영향을 미쳐 혈관을 넓히는 효과가 있다. 그런데 이 호르몬은 뇌에서 행복감을 느끼고 유지하는 능력에도 크게 영향을 미치는 듯하다. 세계에서 가장 많이 쓰이는 항우울제는 세로토닌 경로에 직접 개입해 세로토닌의 작용을 증강한다. 뇌가 약 9개월 동안 혈중 세로토닌 농도가 높은 상태에 익숙해졌는데, 24시간 이내에 그 농도가 절반으로 곤두박질친다면 무슨 일이 일어날지 상상해 보자.

우울증을 앓는 여성은[45] 생리 즈음 에스트라디올과 프로게스테론 수치가 오락가락할 때, 그리고 임신기의 호르몬 분비 양상을 모방하도록 고안된 특정 종류의 피임약을 복용할 때, 경미하지만 비슷한 효과가 있다고 보고한다. 생리전 증후군은 일부 여성, 특히 이미 우울 성향이 있는 여성의 뇌를 평소보다 더 우울하게 만들 수 있다. 양극성 장애가 있는 여성도[46] 생리 기간에 조증과 울증을 더 오락가락한다고 보고하는 경우가 있다.

그런데 어린 소녀는 어린 소년보다 더 우울한 것 같지 않다.[47] 그리고 피임약, 임신, 또는 생리 즈음에 우울증을 겪곤 했던 여성은 폐경 후 생식기관이 잠잠해지고 나서 우울감에서 '해방'됐다고 말하기도 한다(그러나 이전에 우울증을 겪었던 여성은 갱년기와 폐경 전후에 우울증으로 진단받을 가능성이 6배 높기에, 40대와 50대 초반을 힘들게 보낸다*).

이 모든 사례가 여성 뇌의 취약성을 보여 주는 것 같다. 우리는 생리 주기를 겪고, 아기를 낳으면서 기운 빠지는 슬픔과 전반적 우울감을 남성보다 더 겪을 운명을 타고난 듯하다. 그뿐 아니라 여성은 양극성 기분 장애, 경조증, 극도의 감정 폭발 같은 극단적인 정서적 불안정에 더 취약해 보이기도 한다. 그러나 흥미롭게도 그렇지 않다. 정신질환으로 치료받을 가능성은 여성이 약 12퍼센트 높지만,[48] 정신질환 진단율은 남녀가 동등하다.

여성은 남성과 약간 다른 질환을 겪는 경향이 있다. 예를 들어, 우울증 진단을 받을 가능성이 2배다. 남성은 유전적 영향이 중요한 조현병 진단이 조금 더 많고,[49] 폭력이나 부적절한 사회적 돌발 행동이 주요 증상으로 나타나는 질환도 조금 더 많다. 또한 남성은 일종의 남성형 강박 성향과 관련성이 있는 약물 및 알코올의존증을 더 많이 겪는 반면,[50] 여성은 불안증이나 자해 문제를 겪을 가능성이 더 높다. 그러나 OCD obsessive-compulsive disorder(강박 장애_옮긴이) 진단 가능성은 남녀에서 동일하다.[51] 남녀의 정신질환 발생률은 벤다이어그램처럼 조금 어긋나기도 겹치기도 하지만, 전반적인 발생률은 거의 동일하다.

양극성 장애가 있는 사람 가운데 여성 환자는[52] 우울 삽화를 남성보다

---

* 이런 여성을 위한 표준 치료법으로는 호르몬 요법, SSRis(selective serotonin inhibitors, 선택적 세로토닌 억제제 계열의 항우울제들_옮긴이), 적절한 상담사와의 상담 치료 등이 있다. 물론 우울증 외에도 여러 가지 증상이 있는 여성에게는 호르몬 요법과 SSRis를 병용할 수 있으며, 호르몬 요법 자체가 이런 증상을 조절하는 데 유용하다는 증거가 있다(Clayton, 20m). 성전환자들의 몸에 대한 연구가 대부분 그렇듯 갱년기는 민감한 시기다. 의사도 과학자도 관심을 기울일 가치가 있는 시기지만, 난소가 남은 채로 폐경을 맞은 트랜스 남성과 논바이너리(nonbinary)(이분법적 성구분에 해당되지 않는 사람_옮긴이)에 대한 연구는 존재하지 않는다. 언제나 그렇듯, 연령에 관계없이 난소가 있는 사람이라면 자기 몸과 감정을 진지하게 들여다보고 문제가 생기면 의사와 상의하자.

더 겪는 듯하다. 이 경우 여성 뇌는 더 '가라앉아' 보이고 남성 뇌는 더 '떠' 보이지만, 전반적인 우울감은 양쪽 모두 같다. 사실 생리 주기에 따른 호르몬의 변동에도 남성보다 여성이 더 가벼운 증상을 경험하는 듯하다.*

분명히 하자. 세상 어떤 과학자나 의사도 뇌가 왜 우울증 같은 질병에 걸리는지 완전히 이해하지 못한다. 우리는 심부전의 특징을 거의 다 이해한다. 그러나 뇌가 어떻게 우울증에 빠지는지는 전혀 모른다. 어떤 사람에게는 우울증에 걸리기 쉬운 유전적 경향이 있다는 것, 호르몬도 영향을 미친다는 것, 그리고 환경적 스트레스 때문에 뇌가 더욱 취약해진다는 것을 안다. 예를 들어, 부모의 죽음을 맞이한 뇌에서 임상적으로 유의미한 우울증이 발생할 가능성은 슬픈 영화를 보는 뇌보다 훨씬 더 높다. 그러나 그 이유는 아무도 모른다. 그리고 여성 뇌가 남성 뇌보다 더 우울하다 해도, 그것 때문에 여성 뇌가 더 취약하다고 말할 수는 없다.

그러면 여기에서 취약성을 어떻게 이해해야 할까? 생물학자라면 이렇게 말할 것이다.

"자, 실제로는 무엇 때문에 죽나요?"

이와 관련된 자료가 있다. 인간의 뇌가 장기 부전organ failure을 겪는다는 사실을 알 수 있는 단 하나의 지표가 있다면, 다리에서 뛰어내리는 게 최선의 해결책이라고 스스로 확신할 정도로 병든 뇌일 것이다. 여성의 자살률은 남성의 약 3분의 1에 불과하다.[53] 이것은 엄청난 차이이다. 어떤 사

---

* 그러나 양극성 장애가 더 심각해지면 기분 변화 주기가 연 4회 이상으로 빨라지는 경향이 있으며, 이런 급속 주기 유형은 불행히도 약물 치료의 효과가 덜하다(Erol et al. , 2015). 이런 현상은 남성 양극성 장애가 여성과 근본적으로 다른 기전에 의해 유발된다는 뜻일 수 있다. 아니면 전형적인 여성 뇌에서 나타나는 호르몬 균형이 특정 약물 요법의 작용을 방해하기 때문일 수도 있다.

람은 이런 차이가 성공률과 관련 있다고 생각한다. 남성은 총기같이 뚜렷하게 폭력적인 방법을 쓰는 경향이 있어서 성공 빈도가 높은 반면, 여성은 약을 복용할 가능성이 커서 누군가가 제시간에 구하거나 실패할 가능성이 높다는 것이다.

자살 성공률의 차이는 그 이유를 부분적으로 설명할 수 있다. 여성 환자는 남성보다 자살 충동을 더 자주 보고하지만, 이런 차이는 자기 보고에 크게 의존한다. 아마도 남성은 자살 사고가 있어도 병원을 찾지 않거나, 찾더라도 덜 솔직할 수도 있다. 차이의 원인이 무엇이든 최종 결과는 분명하다. 여성보다 남성이 스스로 삶을 마감하는 경우가 더 많다. 이런 방식으로 성별 간의 싸움에서 이기고 싶지는 않지만, 이 사안에 대해서는 남성이 훨씬 앞서 있다.

자살률의 차이는 몇 가지 다른 방식으로도 해석할 수 있다. 남성보다 여성이 임상적으로 유의미한 우울증을 겪지만 대부분의 우울증 환자는 자살 충동을 겪지 않는다.* 오히려 자살 충동은 위험한 동반 질환이다. 우울증을 겪은 뒤 자살 충동을 느끼는 사람은 이 충동을 실행할 가능성이 더

---

* 정신의학계에서 밝히듯이, 우울해야 자살하는 게 아니라 그저 두 가지가 함께 나타나는 경향이 있을 뿐이다. 실제로 자살 사망자의 54퍼센트는 정신 장애로 진단할 만한 근거가 없었다. 이는 진단과 치료를 받지 못했기 때문일 수도, 아니면 발병이 너무 급작스럽거나 알아차리기 힘들었기 때문일 수도 있다(Stone et al. , 2015). 겉으로 잘 기능하듯이 보이는 뇌도 자살 충동을, 심지어 실행에 이를 정도의 충동을 느낄 수 있다. 다른 면에서 건강한 사람의 마음에서도 다른 전형적 증상 없이 갑자기 자살 충동이 고개를 들 수 있다. 최근에 잘 알려진 예는 드물게 또는 전혀 우울증 병력이 없는 사람들이 특정 약물에 대한 반응으로 자살을 시도하는 경우였다. 이런 문제가 있다고 알려진 약물 중 하나가 수면 보조제다. 양극성 장애가 있는 사람들은 정신과 전문의에게 더 까다로운 환자다. 일부 환자들은 치료 시작 후 약물 치료 전에는 전혀 없었던 자살 충동을 느낄 수도 있다. 삶을 끝내고 싶다는 생각과 세월이 흘러도 기쁨이나 보상이 부족하다는 느낌이 언제나 관련 있는 것은 아니다.

높다. 그래도 여성이 자살을 시도할 가능성은 남성보다 유의미하게 적다.

일반적으로 연구자는 이러한 불균형이 여성의 사회적 지지망이 더 견고한 덕분이라고[54] 생각한다. 타인과 믿을 만한 연결 '망'을 갖추면 이 '망'이 정신적 안전망이 될 수 있다. 때로는 이렇게 타인에게 의지할 수 있고, 타인이 의지해 올 수도 있는 안전망이 있다는 생각만으로도 충분할 수 있다. 그리고 거기에도 약간의 성차가 있을 수 있다. 여성이 평소에, 심지어 병든 뇌가 그러지 않으려 할 때조차 삶을 이어 가야 한다는 사회적 책임감을 더 많이 느끼면, 이런 책임감은 여성이 넘어지지 않도록 버팀목이 될 것이다. 여성만의 문제인 산후 우울증이 찾아와도, 엄마가 된 것 때문에 자살 충동을 훨씬 덜 느끼고, 충동이 생기더라도 실행할 가능성이 낮아진다.[55] 안타깝게도 아빠의 경우는 그렇지 않다. 이 설명 모형에서는 남성이 자녀에게 관심이 적기 때문이 아니라, 아이에게 아빠가 필요하다는 사실을 이해하기가 엄마보다 어렵기 때문일 것이다.*

그러나 모든 남성이 아빠인 것도 모든 여성이 엄마인 것도 아니므로, 성별 간 자살률의 큰 격차를 성차별적인 부모의 역할 규범 탓으로만 돌릴 수는 없다. 어떤 사회에서는 여성의 사회적 연결망이 남성보다 더 탄탄해 보이지만, 이런 문화권에서 남성에게 친밀한 관계가 없다는 것은 사실이 아니다. 친밀감이 겉으로 드러나는 모습은 성별에 따라 일부 달라 보일 수 있지만, '가깝다'고 느끼는 감정은[56] 특히 '가장 친한 친구'들 사이에서는 거의 동일한 것 같다. 그 친밀한 공간에서 어디까지, 예를 들어 자살 사고

---

* 이것이 사실이라면, 가장 뚜렷한 원인은 아빠 역할보다 엄마 역할을 더 직접적으로 '중요'시하고 여성의 가치를 자녀를 돌보는 능력과 결부하는 사회적 규범이다. 남성에게는 그다지 중요해 보이지 않는 아빠의 역할 모델이 주어질 뿐이다. 이것은 억압받는 사람과 억압하는 사람 모두를 괴롭히는 성차별적 사례다. 우리 모두가 아빠를 더 소중히 여기는 게 좋을 것이다.

를 인정하는 표현이 '허용'된다고 느끼는지는 젠더 규범이 강하게 작용할 수 있다. 그렇더라도 자살 문제를 남성에게 친밀한 관계가 부족하기 때문이라고 환원하기는 어렵다.

자. 그러므로 만일 여성 뇌라는 게 있으면, 이 뇌는 우울증, 불안, 특정 종류의 자해에 더 취약할 수 있지만 자살과 같은 참사에는 훨씬 덜 취약하다. 산후 우울증 같은 사례를 제외하면 여성 뇌가 더 취약하지는 않은 것 같다. 심지어 더 안정적인지도 모른다.

예를 들어, 심각한 외상성 뇌 손상으로[57] 응급실에 가게 될 가능성은 남성이 더 높지만, 뇌 손상에서 회복할 가능성은 여성이 더 높다. 남성 환자가 1년에 걸쳐 회복하는[58] 걷기, 말하기, 아침에 스스로 옷 입기 같은 기능을 여성은 6~7개월 만에 회복할 수 있다. 심지어 같은 부위에 같은 힘, 같은 종류의 충격으로 부상을 당해도 마찬가지다. 여성에게 타격을 받아 내는 요령이 있어서가 아니다. 여성의 뇌는 스스로 복구하는, 아니면 심지어 처음부터 특정 종류의 손상을 예방하는 능력이 더 뛰어난 듯하다.

머리를 세게 맞았을 때 생기는 심각한 문제는 뇌가 뭉개지거나 절단되는 게 아니라 염증 반응이 폭주하는 것이다. 뇌는 이런 식으로 어느 한 부분이라도 다치면 전체적으로 부어오른다. 뇌가 부어오를 공간을 만들지 않으면 뇌 조직은 두개골에 부딪쳐 뭉개질 것이다.

외상으로 뇌에 부상을 입었을 때 생기는 뇌 손상은 외력 때문이 아니라 세포 손상에 대한 주변 세포의 반응 때문에 발생한다. 마찬가지로, 뇌졸중이 발생했을 때도 혈전으로 막힌 혈관의 하류에 있는 조직만 산소를 공급받지 못해 죽는 게 아니다. 죽은 세포 주위를 둘러싸며 병변이 생길 수 있으며, 성인 뇌는 이 부위의 조직을 복구하기가 매우 어렵다. 손상 부위를 차단하고, 가능한 곳으로 신호 경로를 재개통하는 게 최선이다.

남성의 뇌에서는 부상 부위 주변에 여성보다 더 광범위한 염증과 병변이[59] 생기는 것 같다. 이런 차이는 고전적인 여성호르몬인 프로게스테론과 에스트로겐이 뇌 조직의 염증 반응을 누그러뜨리는 보호 효과를 내기 때문일 수 있다. 실험실에서 쥐의 뇌에 몹쓸 짓을 한 다음[60] 즉시 에스트로겐과 프로게스테론의 복잡제를 투여하면 암컷과 수컷 쥐 모두 뇌가 더 빠르고 온전하게 회복된다. 사실 이 글을 쓰는 지금, 여성호르몬 투여가 최근 외상성 뇌 손상을 입고 고통받는 사람의 안정과 회복에 도움이 되는지 검증하는 임상 시험이 진행되고 있다.[61] 이 임상 시험들이 잘 진행되면 미래의 응급실에서는 뇌 손상 환자의 치유를 돕기 위해 여성호르몬을 상비할 것이다.

이 호르몬들이 정확히 어떻게 작용하는지는 아직 불분명하다. 에스트로겐은 일단 혈뇌장벽을 안정시켜[62] 체액의 과다 유입을 막고 염증 반응의 폭주를 누그러뜨리는 듯하다. 프로게스테론 역시[63] 염증 반응을 억제할 뿐 아니라 세포가 활성산소와 산화 부산물들을 처리하는 과정에 도움이 되는 것 같다.

그러나 여성의 예후가 더 좋은 이유는 전형적인 여성의 뇌가 염증을 대단히 잘 조절하기 때문만은 아니다. 여성 환자는 부상이나 질병을 겪은 후 자기의 한계에 대한 자각이 더 높아 보이며,[64] 이로 인해 퇴원 후 불필요한 위험을 덜 감수하는 것 같다. 더욱이 드물게 있는 성차별의 유익한 반전 효과로, 친구와 가족들은 남성보다 약하다고 생각하는 여성 환자에게 기대 수준을 낮추는 듯하다. 그 결과 일상에서 여성이 책임지던 일을 분담하면서, 이전 생활로 성급하게 복귀하는 대신 더 오래 회복기를 갖고 천천히 나아가게 하는 것일 수도 있다.

그러나 여성 뇌의 세포에 무엇인가 도움이 되는 요인이 있을 수도 있다.

XY 뉴런과 XX 뉴런을 각각 배양하면 세포는 성호르몬에 노출되지 않아도 여전히 약간 다르게 행동한다. 주로 세포가 죽는 방식의 차이다.

뉴런이든 아니든 우리 몸의 모든 세포는 스트레스를 처리한다. 세포는 스트레스에서 회복하기도, 때로는 그 대신 죽음을 '선택'하기도 한다. 뉴런에 스트레스를 가하거나 심지어 뉴런을 죽인다고 알려진 물질을 양쪽 접시의 뉴런에 투여하면 XY 뉴런이 더 빨리 더 자주 죽는다.* 과학자가 설명할 수 있는 범위에서 주된 이유는 남성의 XY 세포가 산화 손상을 잘 처리하지 못한다는 것이다.**

파킨슨병을 생각하자.[65] 남성은 여성보다 이 질환으로 고통받을 가능성이 훨씬 더 높다. 여성이 이 병에 걸리면 증상이 다르게 나타나는 경향이 있다. 남성은 전형적인 경직 증상이, 여성은 우울증이 나타날 가능성이 높다. 또한 여성은 통제할 수 없는 움직임이 나타나는 운동이상증이 나타날 가능성도 높다. 신경계 질환은 이해하기 어렵고 파킨슨병도 예외는 아니다. 하지만 이 병이 남성에게 더 많이 발생하고, 여성 환자의 증상과 질병 진행 경과가 다르다는 사실은 여성 뇌의 일부가 남성과 다르게 연결됐을 가능성을 시사한다. 이러한 차이는 세포가 호르몬에 반응하는 방식에서 기인할 수도, 또는 세포 자체가 특정 종류의 스트레스를 처리하는 방식

* 더욱이 뉴런의 사멸 방식도 다르다. XY 세포는 일반적으로 세포 사멸 유도 인자에 반응하는 경로로 죽는다. 이 인자는 주변 환경이 세포 사멸을 '요구'할 때 세포에 전달되는 주요 신호다. 반면 XX 세포는 세포 사멸을 유도하거나 예방하는 데 쓸 수 있는 시토크롬 C에 의존하는 방식으로 죽는다. 여성의 세포들은 할복을 요구하는 신호에 반응하기보다는 세포 사멸을 막지 못해 죽는 것 같다(Lang and McCullough, 2008).

** 특히 XY 세포는 산화 손상으로부터 보호하는 세포 내 글루타치온 양을 조절하는 데 약간 서툴다(Tower et al., 2020). 따라서 남성형 뉴런 주변의 세포 다발이 사라지기 시작하면 아마 해당 뉴런도 죽을 것이다.

에서 기인할 수도 있다.

따라서 이런 기준에서 여성의 뇌는 남성의 뇌보다 더 취약한 게 아니라, 사안에 따라 남성의 뇌와 다른 면에서 취약하다. 이 중 일부는 성호르몬과 관련이 있고, 일부는 Y 염색체가 든 세포가 삶과 죽음을 관리하는 근본적인 방식의 차이와 관련이 있다.* 분명 어떤 성별도 이런 일에 특별히 서툴지 않다.

그렇지 않으면 남성이 인구의 약 50퍼센트를 차지하는 일은 없었을 것이다. 그러나 "도구" 장에서 언급했듯이, 우리가 영역을 확장하며 성공하는 방식에는 성별에 따라 뚜렷한 차이가 몇 가지 있다. 결국 현대인의 뇌가 성별이 달라도 기능적으로 매우 유사한 이유는 다음과 같을 수 있다. 호미닌 계통의 진화는 그저 하나의 장소에서 생존하기 위한 것만이 아니었기 때문이다. 호미닌의 진화는 여러 장소에서 작동할 수 있는 몸과 일련의 행동을 구축하는 것이었다.

문제 해결을 위한 문제 해결

세상이 변할 때마다 우리의 이브도 변했다. 이들은 운이 좋았기에 바뀌고, 적응하고, 생존할 수 있었다. 자녀와 손자는 이런 적응 방식을 활용해 천천히, 천천히, 사촌들보다 우위를 점했다. 우리에게 갑자기 젖이 나온 게 아니었다. 우리가 갑자기 걷기 시작한 것도 아니었다.

루시와 같은 오스트랄로피테쿠스들은 아르디 같은 종보다 걷기에 더

---

* 이에 대해서는 "폐경기" 장에서 더 자세히 다룬다.

적합했지만, 그들 역시 나무에서 많은 시간을 보냈다. 실제로 일부 고생물학자는 루시가 아주 높은 나무에서 9미터 이상 추락해 사망했다고 말한다. 그 이야기에 따르면, 루시는 어딘가를 붙잡으려 했지만 팔과 손목이 부러졌고, 땅에 부딪치면서 골반도 산산이 깨졌다. 추락의 충격으로 오른쪽 팔뼈가 어깨를 뚫고 나와 어깨뼈가 네 군데나 부러지기도 했다. 현대의 인간 외상외과 의사는 자동차 사고를 당한 환자가 대시보드에 팔을 짚어 몸을 지탱하려다 비슷한 부상을 당하는 모습을 접한다.*

우리의 이브는 소행성 충돌에서 생존했다. 지구가 여러 대륙으로 갈라지는 동안에도 생존했다. 숲 천장으로의 이주해야 했을 때도 생존했다. 동아프리카 고원이 융기하면서 이들이 살던 숲이 강과 초원, 작은 숲들로 모자이크처럼 흩어져 나무 위에서 내려와야 했을 때도 생존했다. 그때마다 몸은 새로운 환경에 맞추어 바뀌었고, 서서히 새로운 정상상태에 적응했다.

호미닌 계통의 가장 중요하고 특별한 점은 크고 정교한 두뇌가 아니다. 바로 우리가 어느 곳, 어떤 기온, 어떤 환경에서도(사막, 초원, 숲, 심지어는 북극에서도) 생존하기 위해 그 두뇌를 활용한다는 것이다. 호미닌 조상의 화석은 동아프리카, 중동, 지중해, 중앙아시아, 남아시아, 동아시아에 이르기까지 다양한 장소에서 발견된다. 우리의 두뇌는 이런 일을 가능하게 한 중요한 요인이다. 우리가 애초에 이런 두뇌를 가진 이유는 적응할 수 있어야 한다는 압박 때문이었을 수도 있다.

우리의 이브에게 갑자기 젖이 생겨 나지 않았듯이, 호미닌도 갑자기 큰 뇌를 가진 게 아니었다. 호미닌의 뇌는 수백만 년에 걸쳐 천천히 커졌다.

* 시간이 흐르면서 지각의 움직임 때문에 화석화된 뼈가 부러지는 경향이 있기에 루시의 뼈에 골절이 생겼을 수도 있다. 이런 일이 대부분 그렇듯, 확실히 알기 위해서는 타임머신이 필요하다.

그리고 약 150만 년에 걸쳐 다양한 호미닌의 뇌가 대단히 커지기 시작했다. 이때는 호미닌이 아프리카를 떠나 최초로 이주하기 시작한 시기이기도 했다. 당시 첫 번째 이주 노력이 실패한 뒤, 두 번째로 더 성공적인 이주가 이어졌다.

오늘날 많은 과학자의 이야기에 따르면, 우리의 이브가 이 기간 동안 더 영리해진 이유는 기후변화 때문이었다.

동물은 1년 중 일부는 춥고 나머지는 더운, 계절같이 짧은 기후변화를 일반적으로 잘 견딘다. 하지만 여러분의 종이 식량원으로 쓰는 호수가 1만 년 이내에 말라 버린다고 가정하자. 그리고 몇몇이 더 시원하고 건조한 환경에 적응했다고 하자. 그런데 호수가 다시 차오르고 모든 게 다시 뜨겁고 끈적이고 축축해진다. 이런 반전이 일어나면 몇 명이나 생존할 수 있을까?

그리 많지 않을 것이다. 그리고 생태적 서식지에 잘 적응할 가능성이 높은 종은 덜 구체적인 적응 전략을 갖춘 종이다.

옛날 옛적, 현대 하마의 이브[66] 중 하나는 강을 매우 좋아했다. 그 암컷은 서식지에 너무 잘 적응했기에 강과 호수가 마르자 죽어 버렸다. 한편, 현대의 하마는 조금 더 작고, 더 잡식성이며, 건조한 땅을 더 멀리 지나갈 수 있다. 이들은 강이 변하더라도 죽지 않을 것이다.

고대 개코원숭이도 마찬가지다. 아주 오랜 과거에 테로피테쿠스 오스왈디Theropithecus oswaldi[67]라는, 체중이 55킬로그램이 넘는 거대한 개코원숭이 같은 생물이 고대 초원을 돌아다녔다. 그들은 풀을 먹는 데 적합한 크고 말 같은 이빨을 가졌다. 그러다가 초원이 마르자 죽어 버렸다. 우리에게 있는 이들의 마지막 화석은 적어도 60만 년 전의 것이다. 현생 개코원숭이의 조상인 그들의 사촌은 좀 더 작고, 더 잡식성이었으며, 적응력도 더 뛰어났다. 그리고 현생 개코원숭이의 뇌 크기로 미뤄 볼 때 조금 더 총명하기도 했다. 이들은 생존했다.

사실 이 규칙은 모든 포유류에 적용된다. 역사적으로 잡식은 생존에 가장 유리한 방법이었다. 최근의 이빨 화석 연구에 따르면 3,000만 년 전 대규모 행성 멸종 사건에서 생존한 포유류는 더 다양한 먹이를 먹은 종이었다.* 먹이가 특화된 동물은 멸종했다. 거의 모든 포유류는 이렇게 할 수 있는 입과 소화관을 가진 운 좋은 이브로부터 진화했다.

호모사피엔스가 등장하려면 대략 40만 년이 더 지나야 했지만, 거대 개코원숭이가 살던 초원이 말라 버렸을 때 호미닌 계통은 그 시기에도 한창 활동하고 있었다. 이미 우리는 족히 500만 년 동안 동아프리카를 떠돌았다. 아르디가 등장했다 사라졌고, 루시도 마찬가지였다. 호모하빌리스, 호모에렉투스, 호모루돌펜시스같이 이름을 들어 본 모든 호미닌이 지구를 떠돌며 침팬지 같은 행동을 하고, 다양한 서식지에서 생존해 나갔다.

시간이 지나면서 이들의 서식지는 점점 더 다양해졌다. 과학자는 몇 가지 방법으로 이런 변화를 확인했다. 첫째, 화석화된 꽃가루와 식물 잔해를 찾아보면 식물들이 어떤 기후에서 자랐는지 알 수 있다. 이렇게 해서 아르디가 숲과 초원이 혼재된 지역에서 살고, 루시와 대부분의 오스트랄로피테쿠스도 그랬다는 사실을 알았다.

또 다른 방법은 바다에서 벌어지는 일을 살펴보는 것이다. 유공충이라는 작은 생물은 포유류나 공룡이 나타나기 훨씬 전부터 수백만 년 동안 해저에서 살았다. 유공충이 죽으면 미세한 껍데기가 쌓여 유용한 층을 남긴

---

* de Vries et al., 2021. 이 멸종 사건은 신생대 제3기의 에오세와 올리고세를 나누는 전 지구적 냉각 때문에 일어났다(Ibid). 아프리카의 상황이 특히 심각했는데, 이미 냉각이 시작된 지 약 300만 년 후 에티오피아에서 대규모 화산이 폭발했기 때문이다. 이 시기는 푸르기와 아르디 사이의 중간쯤에 해당하며, 이후 아르디가 발견된 지역에 정확하게 위치한다.

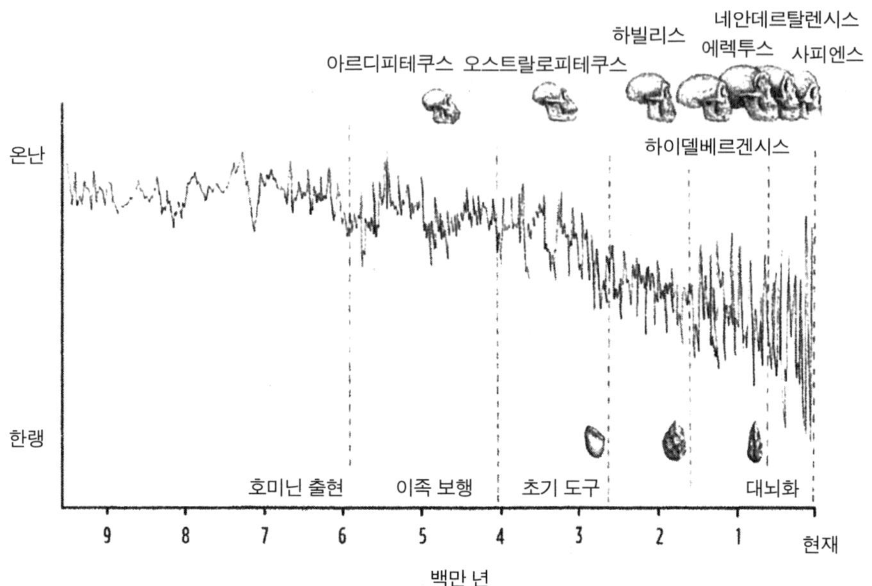

△ 변이성 선택 가설

다. 이 껍데기에는 안정된 산소의 흔적이 남는다. 지구가 따뜻할 때는 한 가지 유형이 더 흔하고, 추울 때는 다른 유형이 더 흔하다. 따라서 유공충 화석을 한 움큼 갈아서 분석하면, 꽤 좋은 고대 날씨 모델을 얻을 수 있다.

약 600~700만 년 전[68] 우리의 조상이 침팬지로부터 갈라져 나올 무렵, 기후변화가 가속화됐다. 날씨는 몇천 년 만에 습하고 시원한 날씨에서 건조하고 더운 날씨로 급변했다. 호수가 있다가 없어졌다. 숲이었던 곳 이 초원이 되고, 사막으로 변했다가 다시 숲으로 돌아갔다. 일반적으로 단순 돌연변이로는 천 세대마다 요동치는 세계의 변화 속도를 따라잡을 수 없었다.

그러나 일부 종은 특정 환경에 적응하는 대신, 다양한 환경에서 유용한 일련의 형질과 행동을 진화시켰다. 이런 방식을 '변이성variability' 선택이라고 부른다. 잡식성이 좋은 예로, 한 가지 먹이가 사라지더라도 죽지 않는다. 아니 잡식성에서 더 나아가, 거의 모든 것을 먹을 수 있는 다양한 방법을 찾으면 어떻게 될까? 이렇게 하면 어디에 가든 그곳의 먹이를 활용할 수 있다. 요리가 이런 일이다. 거친 식물을 돌로 찧는 일, 날카로운 도구로 뼈를 부수는 일도 마찬가지다. 물을 저장하고 운반하는 방법을 익히는 것도 도움이 된다. 이것은 행동의 변화, 하드웨어가 아닌 소프트웨어의 변화다.

그런데 이런 소프트웨어를 실행하려면 더 큰 컴퓨터가 필요하다. 더 강력한 프로세서, 더 많은 메모리, 더 민첩한 일련의 알고리즘이 필요하다. 어떤 환경에도 적응할 수 있도록 행동을 바꾸는 방법을 익히려면 슈퍼컴퓨터가 필요하다.

그것이 바로 인간의 뇌, 당분으로 작동하는 슈퍼컴퓨터다.

슈퍼컴퓨터 만들기

인간의 뇌 구조는 사촌인 유인원과 조금 다르다. 예를 들어, 전전두엽 피질이 아주 넓다. 그 덕분에 우리가 얼마나 '총명'해졌는지는 여전히 확실치 않지만, 이것이 가장 분명한 물리적 차이라는 점, 우리의 뇌가 침팬지보다 더 많은 일을 할 수 있다는 점, 그리고 이 부위가 손상됐을 때 발생하는 많은 문제를 생각하면 전전두엽은 우리를 차별화하는 데 매우 중요한 역할을 하는 게 분명하다.

그런데 흥미롭게도 갓 태어난 인간의[69] 뇌 크기는 대체로 갓 태어난 침팬지의 뇌와 거의 같다. 인간의 아기는 침팬지 새끼보다 훨씬 통통하고 자라면서 계속 더 살이 찌지만 뇌는 그리 다르지 않다. 반전은 출생 이후에 일어난다. 호미닌의 진화 과정에서 전두엽 피질이 강화되고 매우 긴 아동기를 거치게 되면서 고대 유인원의 뇌에 결정적인 변화가 일어났다.

침팬지는 인간 아기보다[70] 발달한 뇌를 가지고 태어나며, 뇌 크기가 성체의 약 40퍼센트에 달한다. 반면 인간 아기의 뇌 크기는 성인의 30퍼센트에 조금 못 미친다. 이런 차이는 우리가 다른 유인원에 비해 3개월 정도 미숙한 상태로 태어나는 것 같다는 사실로 부분적으로 설명될 수 있지만 이것으로는 충분치 않다.

인간의 아기는 전반적인 발달 속도도 더 느리다. 침팬지는 생후 4주가 되면 걸어 다닐 수 있다. 침팬지의 뇌는 수년간 계속 발달하지만, 인간 아기의 뇌보다 9개월 정도 유의미하게 앞선다. 인간의 아기는 적어도 6개월, 많은 경우 10개월이 돼야 길 수 있으며, 일반적으로 12~14개월이 돼야 직립보행의 첫걸음을 내딛는다. 2세가 돼도 아이의 뇌 크기는 성인의 약 80퍼센트에 불과하다.

이것 때문에 인간 신생아의 두개골은 기본적으로 부드러운 뼈판으로 구성된다. 그 사이에는 천문이라고 불리는 2개의 숨구멍이 있다. 겉보기에 이것은 형편없는 전략이다. 왜 뇌 뚜껑에 큰 숨구멍을 두 곳이나 열어둔 채 세상에 태어난다는 말인가? 한 대만 제대로 맞으면 끝장이다. 그러나 이것은 진화에서 등장한 발달 과정의 절충안일 뿐이다. 뇌가 그토록 크게 자라려면 단단한 뼈 안에 가둬서는 안 된다. 그렇다고 침팬지처럼 자궁 속에서 뇌의 크기를 성인의 40퍼센트까지 키울 수도 없다. 그렇게 하려 했다가는 난산 때문에, 또는 그 전에 대사적 참사 때문에 산모와 태아가 모두 죽고 말 것이다.

이것은 호미닌 계통의 오랜 과거, 루시와 호모사피엔스 사이 어느 시기에 호미닌의 유전체가 태아기와 초기 아동기 동안 두개골, 뇌, 지방의 세 가지를 건드리기 시작했다는 것을 뜻한다.

지방부터 살펴보자. 인간의 태아는 임신 제3삼분기에 지방을 축적하기 시작해 유아기와 초기 아동기에 걸쳐 체지방을 쌓는다. 그중 일부는 모유 공급이 줄어들 때를 대비한 것이지만, 그렇게 많은 지방을 쌓아 두어야 하는 이유는 뇌가 너무 탐욕스럽기 때문이다. 뇌 조직은 조성 비용이 가장 비싼 신체 조직이기에 아기는 가능한 한 모든 지방을 저장 공간에 쌓아 두도록 오랫동안 진화했다.

또한 영유아기는 대사가 가장 활발한 시기다. 신생아는 생후 6개월 동안 매일 자기 체중의 16퍼센트에 해당하는 양의 젖을 먹는다. 이에 비해, 체중이 약 70킬로그램인 성인 여성은 평균적으로 매일 자기 체중의 5퍼센트만 먹고 마시면 된다. 신생아에게 필요한 양의 3분의 1에 불과하다. 아기는 이 모든 에너지, 지방, 단백질의 상당 부분을 특대형 뇌를 만드는 데 쓴다.

2세쯤에 뇌가 성인의 80퍼센트 크기에 도달한 후, 나머지 20퍼센트를 만드는 데는 훨씬 더 오랜 시간이 걸린다. 뇌의 내부 조직화는 20대 초중반까지 완성되지 않는다.[71] 아마도 호미닌 계열이 찾은 가장 큰 혁신은 긴 아동기일 것이다. 이것이 바로 우리가 지금처럼 영리해진 이유다. 뇌의 크기가 아니라, 뭐랄까, 형성 방식 때문이다.

여기서 몸이 쓰는 두 가지 기본 전략은 가지 뻗기와 가지치기다. 첫째, 하드웨어가 있다. 생후 2년 동안 뇌가 커지는 동안 뉴런 줄기세포는 뇌의 이곳에서 저곳으로 이동하면서 전두엽 피질을 넓게 구축하고, 이 '고위' 뇌 영역과 운동 및 감각 정보를 통제하는 영역 사이에 고속도로를 놓는다.

이 과정에서 일부 성차가 나타나는 것 같다. 예를 들면, 앞서 언급했듯이 여아는 남아보다 조금 더 일찍 옹알이와 말하기를 시작한다. 여아는 눈맞춤을 유지하고 원하는 것을 가리킬 수 있으며, 일반적으로 자신을 돌봐주는 사람과 조금 더 일찍 소통한다. 심지어 소근육 운동도 남아보다 뛰어난 경향이 있어서 장난감을 다루는 일, 도구를 이용해 식사하는 일, (급기야) 더 분명하게 글을 쓰고 그림을 그리는 일에 더 능숙하다. 한편 남아는 여아보다 조금 더[72] 몸을 꿈지럭대고 발차기를 하는 경향이 있으며 대근육이 동원되는 신체적 발달 지표에 조금 더 일찍 도달한다. 그러나 소녀와 소년 모두 보통은 같은 나이에 걷기 시작하므로, 소년이 이런저런 움직임을 동원해 운동과 관련된 뇌 영역을 구축하는 동안, 소녀도 주요 이동 기능을 제때에 따라잡는다.

이러한 발달상의 차이가 왜 존재하는지 아는 사람은 아무도 없다. 한 가지 가능성은 남아는 엄마의 몸과 알 수 없는 면역학적 충돌을 겪기 때문인지 다른 이유 때문인지 조산 가능성이 높고,[73] 조금이라도 미숙아로 태어난 아기는 또래를 따라잡는 데 시간이 걸리기 때문일 수 있다. 그러나 자궁 내 성호르몬의 작용이 뇌 발달의 청사진에 영향을 미치기 때문일 수도 있다. 그리고 이것은 뇌가 가지 뻗기와 가지치기하는 방식과 관련이 있을지 모른다.

인간의 뇌에서는 뉴런과 다른 뉴런이 연결되는 시냅스 밀도가 2세쯤 최고조에 도달한다.* 그런 다음 뇌는 의욕이 지나친 정원사가 가지치기하듯 자기 시냅스들을 맹렬히 정리하기 시작한다. 교세포가 진입해 시냅스

---

* 이것은 유아들이 갑자기 훨씬 똑똑해 보이기 시작하는 이유다. 또한, 아이가 그렇게 많이 분노 발작을 일으키는 이유이기도 하다. 이 이론에 따르면 뇌의 감정 센터는 뇌의 모든 부분과 더 긴밀하게 연결되며, 일단 일종의 경험적 감정 '폭포'가 쏟아지기 시작하면 멈추기 어렵다.

를 삼켜 버린다. 억제 세포가 일부 경로의 신호를 억누르기 시작해, 교통의 흐름을 바꾸듯이 근처 경로를 지나가는 신호 강도를 효과적으로 증강한다. 평범한 유아의 뇌에서는 효과적인 배선 정리와 기존 구조의 극적인 재구성이 진행된다. 실제로 아동기 자폐증 발생에 대한 한 가지 이론은 이런 가지치기 과정과 관련이 있어서, 일부 과학자는 특정 종류의 자폐증 뇌에서는 일부 영역의 가지치기가 과도하거나 부족하다고[74] 생각한다.

이러한 현대적인 뇌 발달 패턴이 언제 진화했는지는 정확히 알 수 없다. 하지만 우리의 생활 양상이 침팬지나 보노보와 근본적으로 다르다는 점을 고려하면 고대 호모사피엔스는 이미 아동기를 연장하는 길에 접어들었다는 사실은 알 수 있다. 야생 침팬지는 7세쯤 사춘기에 접어들며, 암컷은 10세쯤 생식계가 완성돼 10세 반에서 15세 사이에 처음으로 새끼를 낳는다. 암컷 침팬지는 13세 정도까지 '준성체subadult'로 간주된다. 반면 수컷은 9세쯤 사정을 시작하지만 15세까지는 체중과 신체적 성숙이 완전한 성체에 도달하지 못한다. 수컷 침팬지가 아빠가 될 수 있는 가능성, 여기서는 번식력이 있는 암컷에 접근할 수 있는 가능성에는 사회적 요인이 큰 영향을 미치기에, 수컷 침팬지는 완전한 성체가 돼서야 유전자를 성공적으로 물려줄 가능성이 높다.

네안데르탈인은 에렉투스와 그 전의 모든 이브보다 훨씬 크고 심지어 현대인과 비슷할 정도로 큰 뇌를 가졌지만, 침팬지처럼 더 빨리 성숙하고 더 빨리 죽는 아동기 발달을[75] 거쳤는지는 확실치 않다. 그러나 호모사피엔스가 아동기를 최대한 활용했다면, 이는 네안데르탈인이 성공하지 못한 곳에서 우리가 성공할 수 있었던 이유를 일부 설명해 준다.

요즘 소년들은 취학 전 연령인 4~5세쯤에 대부분의 인지적 측면에서 소녀를 따라잡는 경향이 있지만, 모든 차이가 사라지는 것은 아니다. 앞서 언급했듯이 여학생은 사춘기 전까지 학교에서 모든 과목에 걸쳐 더 높은 성적을 받는 경향이 있다. 그다음 모든 게 엉망이 된다.

그러면 그전에는 또래 소년보다 뛰어난 성과를 보였던 10대 소녀가 왜 뒤처지기 시작할까?

이후의 가지 뻗기와 가지치기

여성의 뇌를 이해하려면 청소년기를 무시할 수가 없다. 이때는 대부분의 인체가 성적으로 성숙해지는 시기다. 소년의 몸 안에서는 테스토스테론이 엄청나게 분출되고, 10대 소녀의 몸 안에서는 에스트라디올과 그 밖의 에스트로겐이 마찬가지로 분출된다. 이 두 가지 호르몬의 분비 양상의 변화는 뇌 발달에 영향을 미친다고 알려졌다. 예상할 수 있듯이 10대들의 뇌는 상당한 변화를 겪는다. 뇌 발달 방향이 이쪽 또는 저쪽으로 기울어지면 그 기능에도 변화가 일어난다.

인간의 뇌가 성적으로 성숙한 몸에서 해야 할 가장 중요한 일은 그 지역의 사회적 환경에서 자신의 역할 변화를 주의 깊게 계획하는 것이다. 그저 성관계 욕구를 말하는 게 아니다. 대부분의 인간 사회에서는 아이가 성적으로 성숙해지면 책임이 바뀌며, 때로는 아주 급작스러운 변화를 겪기도 한다. 우리가 아는 모든 문화권의 인간은 부모에게 의존하는 상태를 벗어나 일상생활의 '독립'이 무엇을 뜻하는지 배워야 한다. 인간 사회는 보통 이러한 전환을 공식적인 '성인식'으로 표현한다. 15세에 치르는 멕시코의 킨세아녜라처럼 어떤 곳에서는 사회생활이 뚜렷이 변하기 전에 치르고, 21세가 되는 밤에 진탕 술에 취하는 미국의 전통처럼 어떤 곳에서는 초기 성인기가 돼서 의례를 치른다. 유대교의 바르 미츠바와 바트 미츠바, 가톨릭 교회의 견진성사같이 아동기를 졸업하는 종교 의식도 있다. 일부 의례에서는 실제로 새로운 정체성을 상징하기 위해 이름을 바꾸기도 한다.

그리고 많은 문화권에서 성인과 아이 사이의 마지막 경계를 뜻하는 게 바로 결혼이다.

여기에는 상당한 인지 작업이 필요하다. 그러나 우리 뇌의 발달 양상은 이를 처리하는 역량을 타고난 듯하다. 여기에 대해서는 연구가 아주 새롭고 활발하게 이뤄지지만, 여러 가지 상이한 기전이 작동한다. 뇌의 줄기세포는 성장과 재구성 과정을 거치는 동안 작은 다발 모양으로 피어나면서 대뇌피질(전두엽)을 향해 바깥쪽으로 이동하는 것으로 보인다. 청소년기의 '가지 뻗기'는 2세 때만큼[76] 활발하지는 않은 소규모 급성장이며, 장골(기다란 팔뼈와 다리뼈_옮긴이) 성장과 함께 진행된다. 따라서 젊은 남성이 인대와 뼈가 늘어나는 통증 때문에 밤새 끙끙대는 동안 뇌도 성장한다.

한편 뇌에서는 변화도 일어난다. 사춘기의 뇌에서는 유아기부터 10대 초반까지 생긴 시냅스 연결의 일부를 제거하는 대규모의 두 번째 '가지치기'가 진행된다. 또한, 특히 뇌량과 같은 부위에서는 핵심 경로의 신경 섬유를 지방으로 감싸 추가 수초화extra myelinate하는[77] 대규모 절연 작업이 진행된다.

소녀는 이 과정이 10세에서 12세 사이에 시작되고, 소년은 일반적으로 더 늦은 15세에서 20세 사이에 시작되는 경향이 있다. 여성과 남성의 뇌는 비슷한 규모의 가지치기를 거치지만, 남성의 경우 더 나중에 그리고 더 빠르게 가지치기가 일어난다.[78] 이것이 바로 조현병이 청소년기 중후반의 소년을 그리 강하고 예측 가능하게 타격하는 이유일 수 있다. 반면 여성의 조현병은 20대 중후반까지는 잘 발병하지 않는다. 이러한 변화는 우울증이나 병리적 불안과도 관련이 있다. '10대의 불안teenage angst'은 실제로 뇌에서 벌어지는 일이다. 대부분의 뇌는 가지치기와 수초 형성이 모두 정리되면서 잘 적응한다. 그러나 일부 사람의 뇌는 그렇지 않은데, 아마도 유전적 취약성이나 환경적 영향 때문인 듯하다.

변화가 일어나는 유아기, 힘겨운 사춘기, 또는 그 사이의 오랜 기간 동안 아이의 뇌가 가장 많이 하는 일은 사회적 학습이다. 타인이 무엇을 원하는지 매우 주의 깊게 관찰하고, 이들이 원하는 바를 예측하며, 마찬가지로 자기가 원하는 것을 타인에게 빠르고 간편하게 전달하는 방법을 알아내려 노력하는 일이다.

커피를 마시자. 걸음마쟁이는 엄마가 모닝커피를 마시기 전에 끊임없이 뭔가를 요구하며 괴롭히는 일이 나쁜 줄 모른다. 나이가 좀 더 많은 아이는 이 규칙, 그리고 이와 비슷한 다른 수천 가지의 사회적 규칙을 문제없이 배운다. 자기가 타인에게 미치는 영향을 더 '신경 쓰기' 때문이기보다는, 엄마의 인지 상태에 대처하는 일련의 요령을 터득했기 때문이다. 아기는 눈 맞춤과 신체 접촉을 통해 자기가 관심받는다는 사실을 깨달으며, 그렇지 못하면 울음을 터뜨릴 수 있다. 그러나 나이가 많은 아이는 "엄마, 이것 보세요"라고 한두 번 이상 말하지 않고도 엄마가 알아듣고 결국 쳐다볼 지를 알 수 있다. 더욱이, 계속 성가시게 굴면 엄마가 짜증 낼 수 있다는 것도 안다. 이것이 바로 마음 이론이다. 마음 이론은 타자의 내적 인지 상태를 그려 보고, 그 사람의 잠재적 욕구를 파악하며, 이에 따라 소통하는 일로, 인간이 특히 잘하는 일이다.

예를 들어, 유아는 테이블에 앉아서 원하는 것을 손으로 가리킬 수 있다. 그러나 침팬지는 일어나서 테이블 위로 올라가, 격한 몸짓을 하고, 자신이 원하는 것과 보호자를 계속 번갈아 쳐다봐야 한다고 생각하는 것 같다. 침팬지의 의사소통에는 격렬한 몸짓, 발성, 표정이 모두 동원된다. 대부분의 아이는 아무리 '과잉 행동' 성향이 있어도 그저 무엇인가를 가리키고, 타인이 그것을 보는지 확인하기만 하면, 그 사람에게 자기 의도를 전할 수 있다는 사실을 '이해'하는 듯하다. 아이는 공통적 사회적 이해를 구축하는 재능을 타고났다는 뜻이다.

이 중 일부는 우리 호미닌 계통의 뿌리 깊은 특징일 수 있다. 그러나 상당 부분은 엄마가 아이와 상호작용 하는 방식, 그리고 아이의 시각에서 본 나이 든 사람들의 상호작용 하는 방식과도 관련이 있다. 우선, 아이가 손으로 가리키는 법을 배우는 부분적인 이유는 그래야 하기 때문이다. 아이는 침팬지와 달리 최소한 생후 7~12개월이 될 때까지 스스로 움직일 수 없다. 인간 아기가 무엇인가를 원할 때는, 그것이 물건이든, 어디에 가는 일이든, 높은 의자에서 벗어나는 일이든 타인에게 도움을 요청해야 한다.

무엇인가를 도와달라고 부탁하지 않을 수 없게 만드는 이런 장애는[79] 아기의 뇌를 더욱 인간답게 만드는 방식의 일부일 수 있다. 아기는 의사소통, 특히 참조적 의사소통referential communication(어떤 대상에 대한 이야기를 주고받는 형식의 소통_옮긴이)을 더 잘하는 수밖에 없다. 침팬지는 인간 아기보다 일찍 독립적으로 움직이므로 오랫동안 이런 일을 할 필요가 없다.

이것은 닭이 먼저냐 달걀이 먼저냐 같은 문제다. 인간은 결핍에 대응할 수 있는 뇌를 키웠기에 생애 첫해에 더 큰 결핍을 겪도록 진화한 걸까? 아니면 할 수 있는 일이 별로 없는 아기가 부탁하는 법을 알아내기 위해 사회적 의사소통에 능숙한 뇌를 키웠던 걸까? 우리는 결코 알 수 없을 것이다. 둘 다 맞을 수도 있다.

우리가 어린 시절의 훈련을 통해 슈퍼컴퓨터를 만드는 것이라면, 태아기나 유년기의 발달에 영향을 미치는 지극히 사소한 유전체 변화도 우리 조상의 뇌에 변화를 줄 수 있었을 것이다. 그리고 어쩌면 호모하빌리스 시기쯤 지구의 기후가 매우 불안정해졌을 때, 어린 호미닌 뇌의 전반적 훈련 가능성은 이들의 번영에 큰 차이를 낳았을 것이다. 전반적 적응 능력은 이토록 중요한 목적에 부합했기에 남녀 모두에게 필요한 능력이었다. 즉, 인간 뇌의 기능에 성차가 거의 없는 이유는 포유류의 유산으로 받은 여러 가지 성차보다 적응성이 더 필요했기 때문이다.

우리 이브의 아이는 특정 문제뿐 아니라 주위에서 만나는 문제라면 무엇이든 해결하는 방법을 배워야 했다. 사회적 상호의존성social interdependence은 각자 떨어진 컴퓨터가 아닌 슈퍼컴퓨터가 모인, 이른바 서버 뱅크를 구축하므로 많은 문제를 해결하는 데 매우 유용하다. 그 방법을 배우려면 여러 해에 걸쳐 사회적 뇌를 세심하게 훈련해야 한다.

'여성의 뇌'에 관한 대부분의 질문 가운데 정말로 놓치지 말아야 하는 질문은 여성의 뇌가 무엇인지가 아니라, 어떻게 만들어지는가이다.

엄마의 뇌

우리의 뇌는 완성된 상태로 태어나지 않는다. 사실 우리가 첫 숨을 쉴 때 발달이 거의 완료된 신체 부위는 없다. 이것이 정상이다. 지구상의 생명체들에게는 거의 모두 정해진 생애 단계life phases가 있다. 동물의 경우 알, 배아와 태아, 신생아, 청소년, 생식이 가능한 성체 단계를 거치는 게 보통이다.

앞에서 논의했듯이, 생애 단계 사이의 전환은 종종 극적이고 온갖 신체의 재배치가 동반되는 과정이다. 나비 같은 경우 턱이 완전히 없어진다.

인간의 경우 겉으로 보이는 변화는 일반적으로 늘어나고 길어지고 두꺼워지는 것이며, 여성은 사춘기에 도달하면 뚜렷하게 유방이 발달한다. 그러나 인간 뇌의 깊은 곳에서는 특징적인 가지 뻗기와 가지치기 그리고 과감한 전체적 재배치가 일어난다. 이 과정은 거대한 인간 뇌가 완성돼 평생 작동하는 방식의 일부일 뿐이다.

그러므로 여성의 뇌를 이해하려면 인간의 아동기를 이야기해야 하지만, 그 전에 엄마에 대해 이야기해 보자. 왜냐면 자궁 안에서 태아의 뇌가 자라는 동안 그 자궁을 적극적으로 관리하고, 아기가 자궁 밖으로 나온 뒤에도 이 새로운 뇌를 계속 돕는 것이 엄마의 뇌이기 때문이다. 또한 여성의 뇌에는 우리가 아직 다루지 않은 부분이 하나 있다. 인간성의 특징이 우리의 뇌라면, 그리고 뇌의 가장 흥미롭고 독특한 점이 유아기에서 아동기, 아동기에서 청소년기, 청소년기에서 성인기와 같이 타고난 생애 주기마다 발현되는 정상적인 생리 변화를 이용하도록 진화한 것이라면, 우리는 여성이 계속 아기를 낳는다는 사실을 무시할 수 없다.

인간 뇌의 진화에서 엄마의 뇌가 중요한 이유는 임신과 수유 중인 여성의 뇌에서 우리 몸의 다른 주요 전환기에 나타나는 현상과 매우 유사한 일이 벌어지기 때문이다. 뇌에서는 맹렬한 재배치가 일어난다. 임신한 여성의 뇌는[80] 임신 제3삼분기에 부피가 5퍼센트 정도 확실히 줄어들고 출산 후 첫 몇 달 동안 꾸준히 재건된다.* 다른 포유류 어미에게도 비슷한 일이 일어나는 것 같지만[81] 인간의 뇌에서 일어나는 변화는 특히 극적이다.

임산부의 뇌 부피가 전체적으로 줄어드는 게 아니다. 부피 감소는[82] 정

---

* 내가 문헌에서 찾은 자료로는, 이러한 변화가 임신 제3삼분기와 산후 기간에 모두 발생하는지, 아니면 제3삼분기에만 발생하는지는 확실치 않다. 임신과 출산을 거친 시신과 MRI 자료가 부족해 이 질문에 대해 제대로 된 대답을 얻기가 어렵다.

서적 애착 형성, 일반적 학습이나 기억과 밀접하게 관련된 뇌 영역에서 가장 두드러진다. 임신 후기에는 뇌의 뉴런 수가 뚜렷이 적은 것이 아니라 전반적인 부피가 적은 것이므로 일부 연구자는 이런 차이가 대부분 체액 손실이 아닐까 의심했지만, 이제 많은 연구자는 뇌의 다양한 영역, 주로 회백질과 특정 뇌 영역들에서(여러 영역에서 상이한 측정 방법이 쓰이긴 했지만) 진행되는 광범위하고, 조용하며, 결국은 폭력적인 시냅스 절단과의 관련성을 의심한다.

따라서 인간 여성은 모든 인간이 아동기에 거치는 것과 유사한 뇌 발달의 추가 단계, 즉 본격적인 사회적 학습 기간을 앞두고 심층적 가지치기를 진행하도록 진화했을 수 있다. 남성의 신체는 이런 발달단계를 경험하지 않을 것이다.* 평생 아이를 가져 보지 않은 여성도 마찬가지다. 임신 제3삼분기에 도달했거나 출산을 겪은 임산부만이 이 단계를 거친다. 이것은 극도로 손이 많이 가는 신생아를 돌보고 그 아이를 아주 오랫동안 깊은 사회적 환경에서 키워야 하는 치열한 생애 단계를 앞두고 인간의 뇌가 적응을 준비하는 과정이다.

---

* 초보 아빠의 뇌 스캔에서 초보 엄마와 비슷한 부위의 구조 변화가 일부 보이기도 했지만(Diaz-Rojas et al., 2021), 남성은 임신 제3삼분기와 초기 수유기에 있는 엄마가 겪는 것과 같은 준비 과정을 거치지 않는다. 훌륭한 아빠를 수없이 만난 경험에 미뤄 볼 때, 이것을 남성에게 선천적으로 좋은 부모가 되기 위해 필요한 인지적 자질이 부족하다는 뜻으로 해석할 수는 없다. 대부분의 여성 신체는 새로 엄마가 될 준비를 하기 위해 유용한 인지적 방식들을 진화시켰으며, 이런 변화는 사춘기처럼 극적인 호르몬 변화에 의해 촉발된다는 뜻으로 이해하자. 초보 아빠의 뇌를 조사한 연구에서는 이 아빠들이 상당 기간 아빠가 되기를 고대했으며, 대부분 임신한 여성과 함께 살면서, 출산 초기에 양육에 깊이 관여했다고 결론 내렸다. 즉, 모든 아빠의 뇌에 적용되지는 않을 수 있지만, 생애사와 문화적 사안이 아빠 역할에 대한 남성 뇌의 반응을 강화할 수 있다. 인간 뇌와 관련된 일이 대부분 그렇듯, 사회적 영향은 인지적 차이를 낳는다.

그러나 청소년기와 마찬가지로, 이러한 변화에는 단기 기억, 감정 조절, 수면 조절 문제같이 단기적 대가가 수반된다. 그저 몸이 불편하기 때문만이 아니라 뇌 자체의 호르몬 변동 때문에 발생하는 일이다. 임신 제3삼분기의 뇌는 이런 문제로 어지러우며, 출산 초기의 뇌도 비슷한 일을 겪는다. 그러나 다행히 청소년기와 마찬가지로 생존해 있는 한 이 과정은 언젠가 끝나고, 새로 정돈된 뇌는 이후의 삶을 더 잘 감당할 수 있다.

나는 엄마야말로 여성이 '돼야 할 모습'이라는 이야기를 하려는 게 아니다. 그건 틀린 말이다. 한 번도 출산하지 않는 여성은 나머지 성인기를 충분히 기능적이고 생산적인 사회 구성원으로 살아갈 준비를 완벽히 갖추고 있다. 하지만 출산한 여성의 경우, 지치고 문제가 많아 제 역할을 하기 어려울 것만 같은 엄마의 뇌는 지극히 어려운 이 임무에 성공적으로 적응하기 위해 특별한 적응 과정을 거친다. 이것은 일상에 대처하던 기존의 방법을 많이 잊고 새로운 방식으로 일을 배워야 한다는 뜻이다.

우리는 아기와 사회적 유대감을 쌓아야 한다. 사실을 직시하자면, 그것이 우리가 아기를 죽이지 않게 해 줄 유일하게 믿을 만한 방법이기 때문이다.* 우리는 아기의 필요를 알아보고 채우려 노력해야 하며, 무엇보다도 수년간 말 못 하는 아기와 의사소통하는 법을 배워야 한다. 그러나 여성이 공동체 안에서 엄마라는 새로운 역할에 적응하면서 배워야 할 사회적 학습에 대해 연구한 과학자는 소수에 불과하다.

흔히 듣는 불만이 있다. 주위에 아기가 있으면 우리는 여성의 존재를 잊는 경향이 있다는 것이다. 거실에 모인 사람들의 사회적인 눈, 아기와

---

* 새벽 세 시에 작은 아기가 악을 쓰며 울면서 멈출 생각이 없어 보일 때, 아이를 사랑하는 마음은 엄청나게 도움이 된다.

여성 그리고 이들의 진화에 대해 궁금해하는 학구적인 눈, 모든 눈이 아기에게 집중된다. 그러나 창문에 흘날리는 반투명한 커튼처럼, 새로 태어난 자녀 앞에서 갑자기 투명인간이 된 자기 모습을 발견하는 엄마의 상황이 잘못되었듯이, 과학적으로 인간의 모성이 단지 엄마와 자손의 관계를 뜻한다는 생각도 이상한 생각이다.

심각하게 수면이 부족하고, 전반적인 건강이 좋지 않으며, 전형적인 골반 외상, 그리고 특히 처음 모유 수유를 할 때마다 생기는 부상에서 회복 중인 초보 엄마들은 사회적 관계망에 참여하는 법을 배워야 한다. 이들은 필요한 것을 부탁하는 법, 심지어 필요한 게 무엇인지 알아내는 법도 배워야 한다. 또 자기가 맺어 온 관계의 상당 부분을 새로운 생활환경에서 재평가해야 한다.

주변 사람 중에 누가 자녀 양육에 가장 도움이 되는 사람일까? 누구를 믿고 함께 아기를 돌볼 수 있을까? 엄마가 되어 새로 기대되는 일은 무엇이고 이전에 기대되던 일 중에서는 무엇이 달라질까? 이 모든 것을 뒷받침하는 사회적 규범이 있을까? 이러한 규범이 작동하지 않을 때는 다른 우회로가 있을까? 누구를 신뢰할까? 누구에게 의지할까? 고대의 인간 엄마들도 이런 적응 과정을 겪었을 것이다. 그리고 고대사회가 점점 더 상호의존적이 될수록 모성을 둘러싼 사회적 규칙도 필연적으로 복잡해졌을 것이다.

즉, 인간 여성의 뇌는 임신한 여성과 초보 엄마만을 위해 독특한 과정을 진화시킨 것 같다.* 여기에는 엄마 역할에 따라오는 아주 오래된, 까다로운 사회성에 적응하는 데 도움이 되는, 맹렬한 신경학적 변화가 동반된다.

---

* 포유류만의 고유한 현상은 아니지만, 아마도 고도로 사회적이고 지능적이며 인간다운 삶에 맞도록 용도가 변경됐을 것이다.

그런 뜻에서 모성은 결코 여성성의 완성이 아니다. 이것이 내가 마지막으로 하려는 이야기다. 그러나 모성은 오랫동안 인간 여성에게 유난히 까다로운 사회적 학습 기간을 요구해 왔으므로, 이렇게 중대한 도전을 앞둔 인간 여성의 뇌가 독특한 발달 단계를 거친다는 사실은 놀라운 일이 아니다.

사춘기와 마찬가지로 이 단계는 여성의 몸에서 자연스럽게 일어나는 일련의 호르몬 변화에 의해 촉발되는 것 같다. 이 경우 임신 제3삼분기에 들어 출산과 수유를 준비하면서 일어나는 호르몬 변화를 말한다. 그리고 아이를 키우고 많은 성장 단계를 거치는 동안 엄마의 뇌는 사회적 학습의 긴 여정을 이어 가겠지만, 가장 극적인 적응 기간은 아마도 많은 사람이 제4삼분기라고 부르는, 엄마로서의 역할이 자리 잡는 처음 몇 달일 것이다. 아이에게 특히 손이 많이 가고, 엄마로서의 경험이 처음이라면 더욱 새롭게 느껴지는 시기다.

그러니 인간 뇌 진화의 근본적인 특징이 어린 시절이라면, 즉 긴 사회적 학습 기간과 그동안 서로 깊게 얽힌 사회집단 속에서 살아가는 데에 필요한 능력을 준비하는 것이라면, 만만찮은 엄마 역할을 앞두고 엄마와 그 뇌에도 비슷한 과정이 작용하는 게 아닌지 질문해 보는 것은 유용한 일이다. 초보 엄마는 새로운 정보를 머릿속에 마구 집어넣기 위해 임신 제3삼분기에 유용한 공간을 마련하도록 진화한 것처럼 보인다.

그리고 이 모든 일은 시기가 중요하다. 명확하지 않은 점은 처음에 이 적응형 특징adaptive feature이 일반적인 청소년기의 뇌 발달과 유사한 방식으로 발생했는가이다. "자궁" 장에서 다뤘듯이, 오늘날 수렵 채집 사회의 여성은 대부분 10대 중반에서 후반까지 초경을 하지 않으며, 마찬가지로 그보다 조금 더 늦게까지 첫 아이를 갖지 않는다. 셰익스피어 시대의 귀족 결혼에 관해 들었을지 모르겠지만 초기 호미닌을 포함한 대부분의 인간 진화에서 어린 10대 소녀는 아기를 가질 준비가 되어 있지 않았다. 오늘날 수렵 채집 사회를 살펴보면 배란은 10대 후반에 시작되며, 이는 청소년기의 사회적 학습과 뇌 발달이 끝나가는 시점과 정확히 일치한다.* 호미닌 계통의 정확히 어느 시점에 이런 일이 발생했는지 알 수 없지만, 뇌 발달의 '청소년기'가 마무리될 때 가임기가 시작되는 것은 진화적으로 타당한 전략이다. 이런 전략이 적응에 얼마나 도움이 되는지 보여 주는 시나리오와, 당장 유익하지 않아도 기본적으로 무해할 수 있음을 보여 주는 시나리오가 있다.** 어느 쪽이 맞든 우리는 이 형질을 진전시켰다.

인류사의 대부분 시기에 인간 소녀들은 임신이 그다지 해가 되지 않도록 대퇴둔부 지방 축적과 뼈의 성장이 충분히 무르익었을 때(그리고 일상적 스트레스의 양이 적당히 낮을 때) 초경을 시작했다. 임신은 또한 산모의 뇌 변화가 초기 사춘기와 겹치지 않도록 인간의 전형적인 뇌 발달과 맞물려 진행됐다.*** 그리고 사회적 규범은 신체적 능력이 갖추어진 시기를

---

* 결국, 아직 한창 청소년기인데 도대체 왜 굳이 밖으로 나가 아기를 갖겠는가? 이런 어리석은 일을 하는 종은 거의 없다. 사실 대부분 사회적 종의 생애 주기에는 신체 발달, 그리고 개체가 각자의 사회에서 재생산을 이어 가는 성체로 기능하는 데 필요한 사회적 학습이 모두 반영된다.

** 즉, 뇌 발달 후반에 배란 개시를 맞추는 형질이 그 소녀의 아기가 유전자를 이어 갈 가능성에 크게 영향을 미치지 않으면, 고전적 뜻의 직접적 '선택'을 거치지 않더라도 전달될 수 있었을 것이다. 모든 돌연변이가 당장 유익하거나 해로운 것은 아니다. 일부 돌연변이는 본질적으로 재생산의 성공에 그다지 영향을 미치지 않기에 우연히 유전자 풀에 유입된다. 이런 형질들이 결국 해가 될지 도움이 될지는 또 다른 문제다.

*** 앞서 언급했듯이, 요즘 어떤 소녀는 8세의 어린 나이에 사춘기를 시작하기도 한다. 몸이나 뇌가 엄마가 될 준비를 갖추기에는 분명 이른 시기다! 그 이유는 아무도 모르지만, 연구자들은 비만의 증가, 유전적 소인, 호르몬들(에스트로겐을 모방해 난소에 거짓 자극 신호를 보내는 환경 내 분자들 또는 다른 새롭고 드문 요인)의 이상한 조합이 사춘기 시기를 앞당긴다고 의심한다(Winter, 2022). 이는 새롭게 나타나는 잠재적으로 위험한 문제이며, 근본적 원인을 찾기 위해서는 최첨단 과학뿐 아니라 공중 보건 기관과 민간 의사의 매우 긴밀한 협

더 적절한 시점으로 강화할 때가 많다.*

그럼에도 현대 사회규범은 실제로 여성 뇌에 대한 많은 고정관념의 가장 큰 동인일 수 있다. 결국 엄마 역할은 여성 뇌의 생애 주기에서 중요한 신경학적 변화를 일으키는 것 같지만, 이런 변화는 이미 뇌가 꽤 많은 일을 겪은 뒤에 일어나는 일이다. 예를 들어, 여성 뇌는 이미 우리가 '소녀 시절girlhood'이라고 부르는 시기를 겪었다. 그리고 세상이 더 나아질 때까지 그 딸의 뇌도 그럴 것이다.

소녀 시기

모든 소녀의 삶에는 자기가 구경당하고 있다는 사실을 깨닫는 순간이 있다. 자기의 몸은 구경거리seen고, 구경하는 사람은 남성이라는 깨달음이다.

'남성의 시선'이라는 용어에는 너무 많은 뜻이 담겨 유용하지 않다. 그러나 이 근본적인 경험, 어떤 소녀가 8세에서 14세 사이 어느 순간에 또는 간간이 여러 순간에 여성으로 보이는 일이 다른 시선을 받는 일임을 깨닫는다는 이야기는 내게 사실적 공감을 불러일으킨다. 내가 아는 여성들에게 그 순간을 기억하느냐고 물었더니 대다수는 그렇다고 대답했다. 누군가는 대개 보도에서 일어난 그 사건을 틀림없이 기억했고 또 누군가는 시

력이 필요하다. 한편, 소녀를 조발 사춘기로부터 보호하는 가장 좋은 방법은 건강한 식습관을 유지하고, 독성 화학물질 노출을 줄이며, 신체 변화에 대한 사회의 부정적인 반응으로부터 아이를 보호하는 것이다.

* 일부 문화권의 사회적 규범은 소녀가 준비되기 전에 임신하는 일을 허용한다. 이런 일이 잘될 리가 없지만, "사랑" 장에서 더 자세히 다루기로 하자.

간이 흐를수록 쌓이는 일종의 소름끼치는 느낌, 어린 마음의 날실과 씨실에 단단히 엮이며 커지는 피해망상을 다시 떠올렸다,

더 나이든 세대의 사람들은 대체로 특정 순간을 기억하지 못했지만, 일반적인 원칙에는 모두가 동의했다. 컬럼비아대의 내 지도교수 중 한 분은 역사상 거의 잊힐 뻔한 여성인 로절린드 프랭클린Rosalind Franklin에 대한 제임스 왓슨James Watson의 설명을 기억했다. 프랭클린은 DNA 이중나선 모델의 기초를 연구한 학자다. 그러나 왓슨이 회고록에 적은 주요 불만 사항은 '로지'가 연구실에서 전혀 꾸미지 않고 지냈다는 것이다. 왓슨은 로지가 외모를 가꾸기 위해 립스틱을 바르지 않았으며 "로지의 원피스는 누구나 떠올릴 법한 책벌레 소녀의 모습 그대로였다."[83]고 언급했다. 내 지도교수는 20년 넘게 과학적 성취를 이루면서 립스틱이 중요한 물건이라는 사실을 잊고 계셨다. 그러나 자신에게 노벨상을 안겨 준 여성에 대한 왓슨의 바보 같은 생각을 읽으면서 성차별의 현실을 다시 깨달았다.

나의 첫 번째 자각은 희미하지만 엄마의 빨간 하이힐 부츠를 빌려 신고 조지아의 보도를 걸어가던 8살 때였다. 다시 자각한 시기는 더 선명하게 기억난다. 박사과정 학생 때였다. 그때 나는 저명한 과학 집담회의 청중석에 앉아 내 멘토가 발표를 앞두고 프로젝터를 설치하는 모습을 지켜보고 있었다. 내 뒤에서 어떤 나이 많은 남자가 옆에 앉은 사람에게 이렇게 말했다.

"있잖아, 요즘 나이 든 여자가 저렇게 젊은 사람의 머리 스타일을 많이 하더군. 난 잘 모르겠어. 이상해 보여."

그는 내 멘토의 앞머리를 말하는 것 같았다. 그분은 뛰어난 과학자인데다 자기 분야에서 잘 알려진 여성이다. 작은 간이 의자에 앉은 내 머리에서 김이 났다. 뒤돌아서 똑바로 눈을 맞추고 그 사람의 머리 모양과 늘어

진 턱살을 헐뜯고 싶었다….

그 순간의 대가는 무엇일까? 개별적으로는 적었다. 말하지는 못했지만 무슨 말을 해야 할지 생각하느라 멘토의 발표에 제대로 집중하지 못했다. 누적되는 대가는, 다른 여성 연구자도 흔히 그렇듯 이런 사람이 포함된 과학 공동체의 구성원으로서 소속감을 느끼기 어려웠다. 그러나 여성으로서 성차별에 대응하는 데 드는 전반적인 대가는, 즉 한 사람의 일생 동안 이런 일이 뇌에 축적되는 방식은 일부 기본적 기능적인 특징으로까지 이어진다. 그리고 이를 통해 우리는 마침내 여성의 뇌에 대한 더 나은 정의를 도출할 수 있을 것이다.

도전과 위협을 처리하기 위해 뇌가 쓰는 네트워크는 기본적으로 두 가지다.[84] 첫 번째는 교감신경-부신수질축sympathetic-adrenal-medullary axis, SAM이다. 우리 몸은 일이 빠르게 진행되는 고전적 투쟁-도피 반응fight-or-flight의 순간에 주로 SAM을 쓴다. 쓰나미 경보를 듣고 달려야 한다는 사실을 깨달았다고 하자. 뇌는 부신수질에 신호를 보내 에피네프린을 온몸으로 펌프질해 보낸다. 응급실 의사가 심장마비 후 심장박동을 재개하기 위해 쓰는 약과 동일한 물질이다. 에피네프린은 쓰나미를 피해 산 위로 달려갈 수 있게 한다. 가젤이 사자에게서 도망칠 수 있게 한다.

스트레스에 대응하는 두 번째 네트워크는 시상하부-뇌하수체-부신축hypothalamic-pituitary-adrenal axis, HPA이다. HPA축은 고전적인 '스트레스 물질'인 코르티솔 분비를 유발한다. 우리 몸에는 언제나 약간의 코르티솔이 있다. 경계 상황에 놓였을 때 코르티솔은 우리가 그 상황에서 벗어나게 한다. 그러나 코르티솔 수치가 오랫동안 높으면 수면 주기에 문제가 생긴다. 소화를 방해하고, 단기 및 장기 기억을 불안정하게 한다. 면역계를 억제한다. 동맥을 긴장시킨다. 약간의 스트레스는 좋은 것이지만,[85] 과다한

스트레스는 나쁘다는 사실은 잘 알려졌다.

HPA축은 더 길게 지속되는 '일상적 스트레스'에 쓰이는 기제다. 아이가 몇 년간 학교 성적이 좋지 않았다고 하자. 회사가 문을 닫는다는 사실을 알았는데 그다음에 무슨 일을 해야 할지 모른다고 하자. 아니면 여러분이 NASA에서 일하는 흑인 엔지니어가 됐을 수도 있다. 아니, 성차별적 문화권에서 권력을 쥔 여성이라면?

'고정관념의 위협sterotype threat'은 실재한다. 이는 심리학 연구 결과에서 분명하게[86] 드러난다. 어떤 여성 피험자에게 소녀는 수학에 약하다고 말한 후 수학 시험을 치게 하면, 이런 위협에 노출되지 않은 여성만큼 시험을 잘 치지 못한다.[87] 그 효과는 놀라울 정도로 일관돼서 모든 연령대와 가능한 거의 모든 실험 시나리오에서 나타나며, 대상이 여성이 아닐 때도 마찬가지다. 남성 피험자에게 남자는 감정을 해석하는 데 서툴다고 말하면, 얼굴 표정의 뜻을 파악하는 시험에서 더 나쁜 성적을 받는다.[88] 흑인 피험자에게[89] 흑인은 공학을 잘하지 못한다고 말하면, 그들 역시 해당 과목 시험에서 낮은 점수를 받는다.

매일 위협에 직면하는 사람은[90] HPA축이 과잉 활성화된다. 그들은 이런 식의 스트레스를 받지 않는 사람보다 코르티솔 수치가 더 높은 상태로 깬다. 상당한 시간이 지나면 만성 스트레스는 신체의 여러 부위에 연쇄 효과를 일으킨다. 그러나 특히 뇌에서는 기억을 떠올리기 어렵고, 전반적인 처리 속도가 늦어지며, 주의가 산만해지는 고전적인 양상을 확인할 수 있다.

만성 통증이나 우울증으로 고통받는 사람,[91] 그리고 최근 분쟁 지역에서 탈출한 난민에게서도 비슷한 양상을 관찰할 수 있다. 아침마다 코르티솔 수치가 너무 높다. 에피네프린이 아무 때나 자주 터져 나온다. 너무 많이, 너무 자주 경계 태세에 들어간다.

그리고 나서 낮은 수준의 스트레스를 충분히 오랜 기간 경험하면 정서적, 지각적 분리detachment 현상이[92] 나타난다. 이러한 무감각은 기본적으로 뇌 자체가 자기 신호에 덜 반응하도록 적응할 때 발생하는 현상이다. 이제 코르티솔의 효과가 줄어들고, 뇌는 더 많은 에피네프린이 있어야 힘을 얻는다.

대학에서는 STEM(과학, 기술, 공학, 수학_옮긴이) 분야의 여성, 경제학을 전공한 아프리카계 미국인같이 많은 교수와 연구자가 전형적으로 '그들을 위한' 분야라고 여겨지지 않는 곳에서 일한다. 다양한 심리학 연구에서 이런 사람은 시간이 지나면서 자기 업무와 동료들의 사회적 상호작용에서 분리되는 느낌을 받고, 자신의 연구 분야에서 긍정적인 자극을 덜 느끼는 일종의 '심리적 유리disengagement'[93] 현상을 보이는 경우가 많았다.

인간의 뇌는 각 개인이 더 큰 집단에 어떻게 어울리는지 주의 깊게 추적하도록 오랫동안 진화했다. 우리에게는 각자 집단에서 특화된 역할이 있으며, 이 역할은 상황에 따라 바뀔 수 있다. 우리는 심오한 사회적 환경에서 성공적으로 살아가는 방법을 세심하게 배우는 데 여러 해를 보낸다. 사회적 학습 기간의 연장은 우리 종의 가장 뚜렷한 특징 중 하나다. 우리의 뇌는 사회적 학습을 위해 만들어졌다. 우리 종은 사회적 학습에 힘입어 살아간다.

사회적 규칙을 어기면 대개 고생스러운 결과를 맞는다. 그래서 우리는 자신에게 맞는 방식으로 규칙을 준수하는 방법과, 그러지 못할 때는 조금 가식을 떠는 방법을 배운다. 우리는 이러한 연극 행위를 대부분 의식하지 못한다. 그러려면 에너지가 너무 많이 소모된다. 우리는 타인이 미소 지을 때 함께 미소 지어야 한다는 규범을 안다. 이런 상식은 보통 생각이 필요 없다.

　그런데 항상 웃어야 한다는 규범을 배우면 어떻게 될까? 타인의 미소에 대한 직접적인 반응으로 나오는 적절한 감정 반응이 아닐 때에도 그래야 하면? 예를 들어, 우리가 뉴욕 거리를 걷는 여성인데 길옆에서 어떤 남자가 "이봐, 왜 웃지 않는 거야?"라고 소리치면 어떨까? 이런 일은 스트레스 요인으로 간주돼야 한다.* 그것은 질책이다. 아마도 그것은 의식적으로든 무의식적으로든 더 많이 웃도록 우리를 훈련시킬 것이다.

　하지만 사회적 감시도 순기능을 한다. 예를 들어, 친구, 가족, 동료 및 동료와의 사회적 결속을 강화할 기회를 정확하게 포착할 수 있으면 더욱 견고한 사회적 지지망을 만들 수 있을 것이다. 그리고 앞서 논의했듯이 여성은 남성보다 더 강력한 사회적 지지망을 가지는 경향이 있다.

　따라서 여성이 남성보다 사회적으로 더 잘 적응하는 건 아마도 여성과 소녀가 이런 기술을 학습했기 때문일 것이다. 이런 차이는 여성과 소녀가 이런 기술에 전념해야 한다 느끼고 노력하는 데 들인 시간의 문제일 뿐이다. 충분히 해본 일을 잘하는, 일종의 인지적 근육 기억muscle memory이다.

　아마도 10대 소녀는 소녀가 수학을 잘하거나 못한다는, 학교 성적이 좋거나 나쁘다는, 경쟁심과 야망이 강하거나 약하다는, 바람직한 사람이 되거나 그렇지 못하다는 생각을 둘러싼 일종의 사회적 위협에 맞춰졌을 것이다. 이러한 위협에 대처하는 한 가지 방법은 모호하게 행동하는 것이다. 멍청한 척하기. 성인 여성은 항상 이렇게 행동한다. 우리는 정말로 10대

---

* 이런 일을 가리키는 유행어는 '미세 공격(microaggression)'이지만, 깊은 곳까지 사회적인 인간 뇌에 나타나는 결과는 쉽게 이름 붙일 수 있다. 바로 스트레스다. 마치 고운 사포처럼, 사소한 사회적 스트레스는 시간이 지나면서 사람을 마모시킨다. 이런 손상이 누적된다. 누군가에게 스트레스를 주려는 의도가 없어도 그럴 수 있다. 사소한 행동일수록 그 사람은 아무 생각 없이 했을 가능성이 높다.

소녀가 이런 행동을 하지 않는다고 생각하는 걸까? 수학을 잘할 수 없다고 믿기 때문에 남학생보다 수학 숙제를 더 빨리 포기하는 일을? 소외와 조롱 대신 사회적 칭찬을 안겨 줄 과목에 더 많은 에너지를 쏟는 일을?

고정관념의 위협이 10대 소녀를 심리적으로 취약하게 한다고 소녀에게 '기개grit'가 부족하다고 말하는 것은 옳지 않다. 때로는 지뢰밭을 통과하는 시늉을 하는 게 기개일 수도 있다. 그러면 똑똑하다는 이유로 우리를 처벌하는 세상에서 우리가 실제보다 지능이 낮은 척한다면, 그것은 투지가 없기 때문일까? 아니면 우리의 마음이 재빨리, 조용히, 심지어 무의식적으로 생존 방식을 배우기 때문일까?

결국 여성의 뇌를 이해하려면 호르몬이나 해마를 살펴보는 것으로는 부족하다. 학교 성적은 증상이지 원인이 아니므로 여성의 뇌와 관계가 없다. 실제로 사춘기가 오기 전까지 소년으로 자라난 XY 뇌와 소녀로 자라난 XX 뇌의 차이를 구분할 수 있는 믿을 만한 방법은 없다. 젊은 성전환자의 뇌도 마찬가지다. 여러분이 편도체와 해마에서[94] 또한 후각망울을[95] 모두 갈아 컴퓨터로 세포 수를 조사하면 이 부위의 구조에서 약간의 차이를 발견할 수 있을 것이다. 대부분의 사람이 생각하는 '여성' 뇌 모형을 찾으려면, 수학 실력이 형편없고, 지나치게 사회적이고, 다소 변덕스럽고, 아주 감정적이고, 연약하고, 일반적으로 협소한 영역에서만 뛰어난 성인의 정신을 찾아야 할 것이다.

그런 뇌를 길러 내려면 소녀 시절 전체를 성차별적 환경에서 보내야 한다. 성차별적인 세상에 사는 여성으로서 사춘기를 겪었어야 한다. 남성의 시선이 달라지면서 길을 걷는다는 행동의 뜻이 변하는 그 순간을 느꼈어야 한다. 자기 인생의 가능성이 축소되고, 그것을 저지할 힘이 없다고 느끼는 순간이 온다. 현대인이 소년기를 겪으면서 이런 마음이 들기는 매우 어려울 것이다.*

'모호한 생식기ambiguous genitalia'[96] 때문에 신생아 시기에 성전환 수술을 받은 XY 아기는 어떨까? 이들은 사춘기가 될 때까지 사실상 '훈련된 여성 뇌Female Brain in Training'를 가졌다고 할 수 있다. 그들은 소녀 시절을 겪었으며, 소녀로 대우받고, 소녀가 되도록 길러졌다. 어떤 아이는 다른 소녀보다 더 '말괄량이'일 수도 있지만, XX 염색체를 가진 소녀 가운데도 말괄량이는 있다. XY 염색체를 가진 소녀는 아기 때 몸을 가만히 두지 않았거나 거친 몸 놀이를[97] 좋아했을 수도 있다. 하지만 XX 염색체를 가진 여아 중에도[98] 그런 아이가 있다.

그러면 트랜스 여성은 어떨까? 트랜스 여성이 여성이라는 것은 분명하다. 그들의 뇌는 자신의 방식대로 연결하고, 자신의 방식으로 발달 변화를 겪으면서 성 정체성을 만든다. 대부분의 인간 뇌는 자연스럽게 자신이 성별이 있는 존재라고 이해하는 듯이 보인다. 이것은 성욕만큼이나 본능적이고 자연스러운 현상일 수 있으며, 이 경우 인간 뇌의 다른 고차 기능들

* 이것이 "여성은 태어나는 게 아니라 만들어지는 것이다"라고 말했던 시몬 보부아르의 생각처럼 의심스럽게 들리면, 틀린 판단이 아니다(de Beauvoir, 1949/2011). 내가 우리의 모든 행동이 그런 행동을 낳는 타고난 생물학적 기전들로부터 자유로울 수 없다고 믿는 것을 보고, '생물학주의(biologism)'에 빠져 있다고 지적할 철학자들과 페미니스트 이론가가 많을 것이다. 나는 근본적으로 '육신이라는 공간(meat space)'이 인간의 마음(Mind)과 그 마음이 하게 되는 모든 일을 만든다고 생각한다. 복잡계는 원래 복잡하게 움직이기 마련이므로, 젠더퀴어가 되는 것은 시스젠더가 되는 것만큼이나 '자연스러운' 일이다. 그리고 지금 우리가 인간 뇌에 대해 아는 점을 감안할 때, 나에게는 '소녀 시절(즉, 여성 정체성을 가지고 성차별적 사회에 사는 동안 진행되는 어린 시절의 뇌 발달, 그리고 누적되며 영향을 미치고 기억으로 남는 그 시절과 연관된 경험)'이 많은 청소년기 소녀의 인지 검사 점수에 일어나는 조금 이상한 일의 주요 원인일 수 있다는 생각은 진실이면서도 나아가 해방적이다.

보다도 오래된 특징일 수 있다.* 성전환자가 자기 젠더를 특정하는 경험도 타인의 경험만큼이나 진정성이 있으며, 동일하게 유구한 생물학적 기전에 따라 진행된다. 뇌에 기반한 성 정체성이 그 신체가 속한 사회가 기대하는 바와 부합하지 않는다고 해서, 그 정체성이 '일치하는' 사람들의 것보다 덜 실제적인 정체성이 되지는 않는다. 쉽게 말해, 만약 여러분의 뇌가 여성으로서의 정체성을 느끼게 하는데 생식기에 음경을 가지고 있다면, 이것은 여러분의 여성으로서의 정체성이 타인의 정체성보다 덜 실제적이라는 뜻일까?

절대 그렇지 않다.

이런저런 형질을 추동하는 생리적 기전이 있어서 그 형질이 실재한다면, 뇌가 있어서 어떤 일을 하는 것도 간이나 폐가 어떤 일을 하는 것과 마찬가지로 분명히 실재적이다. 뇌의 어떤 기능적 특징 때문에 어떤 사람이 태어날 때 지정된 성별과 다른 젠더 정체성을 가지는지는 아무도 모른다. 그러나 뭐가 문제인가? 나 같은 여성이 무엇 때문에 여성이라는 정체성을 가지는지도 모르기는 마찬가지다.**

---

* 젠더에는 유동성(gender fluidity) 또는 복수성(plurality) 역시 존재하며, 마찬가지로 환영받아야 한다. 자아(Self)와 그 자아의 젠더 정체성을 구성하는 내면적 경험에 대한 최고의 권위는 분명히 바로 그 자아에게 있기 때문이다. 현재 자기의 젠더 정체성이 유동적이라는 대부분의 사람들은 젠더라는 사안에 대해 그다지 중립적이지 않다. 사실, 이런 사람들은 대개 이 문제에 대해 강한 감정이 일면서 처음으로 고민을 시작하게 된다. 우리는 호모사피엔스라는 성별이 있는 호미닌으로서, 밑바닥에서부터 사회적인 삶 속에서 어떤 종류의 젠더 정체성을 수립하려는 욕구를 타고난 게 아닐까. 그리고 우리는 말할 수 있는 유일한 영장류이기에, 우리의 경험에 깊고 미묘한 뜻을 담아 자가 보고할 수 있는 유일한 존재이지 않을까 생각한다.

** 젠더 정체성의 근본적 인과관계에 대한 단순한 이해만으로는 생물학적 복잡성의 미묘한 차이를 이해할 수 없다는 것은 매우 중요한 사실이다. 나는 과학적 세계관이 해방이라는 환원주의적 태도를 취한다고 생각한다. 그 자체로 신체의 산물인 마음을 포함해 신체가 하는 일

생물학적 성별의 상대어인 젠더가 근본적으로 어떤 사람의 자아와 몸이 사회적 환경에서 상호작용 하는 방식과 연관된 일련의 사회적 행동임을 고려할 때, 그런 기전에는 일반적 사회성과 교차한다고 알려진 인간 뇌의 일부 또는 전부가 개입될 가능성이 엄청나게 높다고 말할 수 있겠다. 즉, 사람의 DNA에는 드레스를 입게 하는 유전부호가 존재하지 않지만, 그 사람의 젠더 표현에 긍정적인 사회적 피드백을 반복적으로 유발하는 경향의 '부호code', 또는 그 사람의 내면적 젠더 정체성이 사회의 기대에 부합하지 않아 보이거나 부정적인 사회적 피드백을 인식했을 때 부정적 반응을 유발하는 경향의 '부호'는 존재할 수 있다.

그러나 나와 같은 많은 시스젠더(다시 말해, 출생 시 둘 중 하나의 성별로 지정돼 성차별적이고 퀴어 혐오적 사회에 사는 것에 대한 정상적 반응을 차단한 채, 일생 동안 그 성별에 대체로 만족하며 사는 사람을 지칭하는 오늘날의 용어) 사람이 자신들의 젠더화된 사회적 경험을 편안하게 받아들이는 범위가 다양하고, 이러한 반응을 자기 정체성에 지속적으로 통합하는 방법도 매우 다양하기에, 무엇이 개인의 유전적 소인과 관련이 있는지, 무엇이 사회적 환경과 관련이 있는지는 파악하기는 쉽지 않을 것이다. 이렇게 단정 짓기에는 인간의 뇌가 너무 사회적이고, 유연하며, 수정

은 비자연적일 수가 없기에, 모든 비정형적인 성적 취향과 성 정체성은 근본적으로 '자연적 (natural)'인 일이다. 뭔가가 '부도덕(immoral)'한지 여부는 완전히 별개의 문제이지만, 인본주의자로서 나는 동의하에 이뤄지는 두 성인 간의 무해한 성행위가 결코 부도덕하다고 생각하지 않을 것이며, 타인의 성 정체성에 대해 나 자신이 그 사람보다 더 권위자라고 생각하지도 않을 것이다. 뭐, 인간의 뇌가 정체성을 수립하는 데 이례적인 일을 했다고? 그것은 이상한 일이 아니다. 고슴도치붙이는 젖꼭지가 29개일 수 있다. 이것이 이상한 일이다. 트랜스 여성은 신체가 비정형적인 여성일 뿐이다. 텐렉의 사례는 포유류 버전의 "나 좀 봐봐"에 해당된다.

가능하기 때문이다.*

우리가 사는 세상에 성차별이 줄어듦에 따라, 성전환자가 되는 일은 이런 일을 경험하는 사람에게 덜 고통스러운 일이 된다. 모든 젠더의 사람이 자기가 좋아하는 방식으로 살고, 입고 싶은 옷을 입고, 말하고 싶은 방식으로 말하고, 성취감을 느끼는 일을 하고, 하고 싶은 수많은 일을 할 수 있다면, 전형적인 소년의 몸을 가지고 자기가 소녀로 살기에 더 적합하다고 생각하는 아이는 무엇이 달라질까? 그 아이가 항상 원하는 옷을 입을 수 있다면, 태어날 때 부모가 '그녀'를 알아보지 못했더라도, 다르게 입는 것에 왜 스트레스를 받겠는가? 그리고 만약 누구도 자기 몸을 부끄럽게 여기지 않고, 더 중요하게는 타인의 몸을 보더라도 그 사람과 성관계를 맺을 권리가 자동적으로 생긴다고 여기는 사람이 아무도 없다면, 어떤 화장실을 쓰는지가 도대체 왜 중요할까?

그런 젠더 평등 미래에서는, 정형화된 모습의 위협이 가하는 스트레스 요인이 감소할 것이라고 가정하는 게 안전하다. 최근 미국의 추세를 보며 무엇을 느끼든, 그 위협은 200년 동안 감소했다.** 그러므로 현재의 소녀

---

* 자기 젠더에 '만족'한다는 말에는 복잡한 뜻이 들어 있다. 나는 시스든, 트랜스든, 다른 형태든, 성차별 사회에서 여성이나 소녀로 살아가는 경험을 100퍼센트 즐기는 여성을 본 적이 없다…. 성차별은 모든 여성과 소녀가 겪는 현실이고, 끔찍한 일이며, 일상적 경험의 일부다. 따라서 비록 겉으로는 여성의 외모가 젠더에 대한 그 지역의 기대 범위 안에 완벽하게 포함되듯이 보이더라도, 여성으로 식별된 모든 사람들이 자신의 성별에 단순히 '만족'한다고 말할 수는 없다. 사람은 자신의 젠더 정체성을 편안하게 느끼면서도 그렇게 살아가는 일에 지칠 수 있다.

** 뭐랄까, 알샤바브(al-Shabaab, 소말리아 이슬람 무장 단체_옮긴이)나 ISIS(The Islamic Sta-te of Iraq and Syria, 이슬람 근본주의 무장 단체_옮긴이) 아래에서는 아니다. 아프가니스탄의 가스등 조명 아래 펼쳐진 지옥도에서도, 여성혐오적 종교의 숨겨진 공동체에서도 아니다. 워싱턴 D.C.의 대법원에서도, 미국의 여러 주 의회에서도 아니기는 마찬가지다. 하지만 우리 중 나머지에 대해서는, 지난 200년 동안의 데이터를 살펴보면 뚜렷한 추세가 이어진다.

시절이 달라졌기에, 평균적인 성인 여성의 뇌도 백 년 전과는 아마 달라졌을 것이다. 유전적 잠재력이 있다 해도 어린 시절 영양실조를 겪은 사람이 키가 180센티미터까지 자랄 것이라고 예상하기는 어렵다. 마찬가지로 유전적 잠재력이 있다 해도 실질적으로 영양실조를 겪은 뇌가 IQ 150에 도달할 것을 기대해서도 안 된다. 간혹 그런 일이 생길 수도 있다. 그러나 어렵다. 마리 퀴리가 당대에 발휘하던 존재감은 오늘날의 존재감보다 더 인상적이었다. 마리 퀴리가 타고난 잠재력을 발휘할 수 있도록 여성 몸에 든 뇌를 발달시키는 데는 훨씬 더 많은 노력이 필요했을 것이다. 이것은 지금 우리에게는 더 쉬운 일이다. 쉽지는 않지만, 상대적으로 쉬운 일이다. 그리고 이런 추세가 계속된다고 가정하면 앞으로는 더욱 쉬워질 것이다.

소녀 시절이 사라지기 때문이 아니다. 그저 덜 고약할 것이기 때문이다.

Homo sapiens

7장 목소리

: 여성은 목소리로 무엇을 했을까?

여기서의 역사는 구전으로 이어져,[1]

저녁 깊은 어둠 속 망고 나무 아래

여성과 아이가 넋을 잃고 조용히 경청하는 가운데,

나이 든 남성의 떨리는 목소리만 울려 퍼지는 곳에서,

전설들이 입에서 입으로 전해지며 끊임없이 창조되는 공동체의 신화다.

그래서 저녁 시간은 중요하다.

공동체가 자신이 무엇이며 어디에서 왔는지를 숙고하는 시간이기 때문이다.

−리샤르드 카푸시친스키,《태양의 그림자》

내가 맡은 순진한 처녀 역할에 몰입한 나머지,[2]

나는 그 가능성을 기꺼이 즐겼다….

이미 그는 의기양양하게 장광설을 풀어놓는 내게

너무 익숙한 남성의 태도로,

저 멀리 자신의 권위라는 흐릿한 지평선을 감상하며

그 책(솔닛의 전작_옮긴이)에 대해 이야기했다.

−리베카 솔닛,《남자들은 자꾸 나를 가르치려 든다》

21세기 버몬트

어떤 사람이 시골 길가에 웅크려 쓰러진 남자를 발견했다.[3] 남자의 오토바이는 멀리 떨어져 있다. 남자의 외상은 그 지역 병원에서 겪은 사상 최악의 손상이었다. 남자는 겨우 41세, 뼈와 살이 으깨진 얼굴 아래서 힘겹게 숨을 쉬었다. 간호사는 기관 삽입을 시도했지만, 코를 통한 삽관은 불가능했다. 목을 통해 기도로 튜브를 밀어 넣으려 했으나 부어 오른 조직에 부딪쳤다. 남자의 심장은 뛰었다. 폐와 간은 상태가 양호했다. 그러나 기도를 확보하지 못하면 남자는 죽을 것이었다.

크라이크crike라고 줄여 부르는 윤상갑상연골절개술cricothyrotomy이 필요했다. 부종을 우회하고 폐에 신선한 공기를 공급하기 위해 목에 구멍을 내는 시술이다. 간호사가 할 수 없는 일이라 당직 의사를 호출했다.

인간의 목을 절개해 들어가는 일은 화를 초래할 수 있다. 목에는 뇌로 들고 나는 혈관들이 지나다니고, 중요한 신경 얼개들이 얽혔다. 또한 혈관과 후두를 피해야 한다. 잘못된 부위를 절개하거나 잘못된 방식으로 접근하면 환자는 영구적으로 소리를 내지 못할 수 있다. 아니면 사망에 이를 수도 있다. 대부분의 호흡곤란 환자에게는 기관 삽관술을 적용할 수 있다. 그러나 대부분의 사람은 고속으로 질주하는 오토바이에서 날아올라 얼굴로 착지하지 않는다. 당직 외과 의사는 20년간 크라이크를 시행하지 않았다.

다행히도, 그 지역 병원은 버몬트주에서 시범 운영하는 원격의료 사업에 참여했다. 당직의는 멀리 있는 1급 외상 센터의 의사를 호출할 수 있었고, 비디오카메라를 켜서 환자의 참혹한 얼굴과 목 상태를 전문가 동료에게 생생하게 보여 줬다. 화면 속의 전문의는 당장 윤상갑상연골절개술을 시행해야 한다는 데 동의했다. 그리고 작은 마이크에 대고 천천히 명확한 목소리로 당직의에게 시술 과정을 안내했다.

먼저, 환자의 목에서 목젖을 찾으세요. 그다음, 약 3센티미터 아래에 있는 다음 돌기를 만져 보세요* 이 두 돌기 사이에 막이 있어요. 그곳이 절개 지점이에요.

환자가 쌕쌕거렸고, 입술 색이 파랗게 변했다. 시골 외과 의사는 마치 의과대로 돌아온 것처럼 외상외과 의사의 목소리에 집중했다. 왼손가락으로 절개 지점을 찾았다. 오른손으로는 메스를 들고, 죽어 가는 환자의 목 중앙에 날카로운 메스 끝을 조심스럽게 대었다.

세로 절개입니다. 1센티미터 깊이로요.

메스에 닿은 피부가 벌어지며 바로 아래에서 미끈한 섬유질 막이 드러났다.

이번에는 가로 절개입니다.

막이 질겨서 약간 힘을 줘야 했지만, 메스는 그 안으로 뚫고 들어갔다.

이제 메스를 거꾸로 잡으세요. 손잡이를 밀어 넣고 직각으로 비트세요.

막이 단춧구멍처럼 열렸다. 메스 손잡이 주위로 피가 배어 나와 남자의 목 옆으로 흘러내렸다. 간호사가 플라스틱 관을 내밀었고, 외과 의사는 메스를 빼내면서 그 관을 구멍 안으로 밀어 넣었다.

남자가 처음에는 거칠게, 그러고 나서 천천히 깊게 다시 숨을 쉬기 시작했다. 옆의 모니터에서 숫자가 올라가기 시작했다. 산소 60, 70, 80, 85퍼센트. 자축할 시간이 없었다. 이제 외과 의사는 부어오르는 뇌의 압력을 완화해야 했다. 드릴을 집어 들고 뼈에 구멍을 뚫었다. 효과가 있었다. 상태가 안정되자, 의료진은 그 주의 유일한 외상 센터가 있는 몇 시간 거리의 벌링턴으로 환자의 부서진 몸을 이송했다. 남자는 생존할 것이다.

* 목 아래쪽을 보호하는 윤상 연골이라는 결합조직이다.

평범한 마법

정말 마법 같은 기술이다. 우리의 뇌는 움직이지 않고, 만들지도 않고, 세포 말단에서 뻗어 나오는 작은 실을 따라 재빠르게 전기를 흘려보내는 것으로 목과 입으로 소리를 내라는 지시를 전달한다. 그저 몇 번의 공기 진동만으로 소리가 공간을 건너뛰어 타인의 귀에 도달하고, 천분의 몇 초 만에 거의 바로 생각이 상대의 뇌에 도착한다.

상대에게 아무것도 보여 줄 필요가 없다. 가로등에 소변을 보거나 손을 흔들 필요도 없다. 그런데도 우리는 밀도 높은 정보 뭉치를 자기 몸 안의 장기에서 타인의 몸 안으로 전달할 수 있다.

세계의 어떤 동물도 이런 일은 할 수 없다. 어떤 개도 마이크에 대고 짖어서 수백 킬로미터 떨어진 다른 개에게 크라이크 방법을 가르칠 수 없다. 침팬지도, 고래도 그럴 수 없다. 호모사피엔스는 역사상 이 놀라운 기술을 구현한 유일한 동물이다.

우리는 유일하게 말하는 유인원이다.

실제로 우리는 아주 언어적인 동물이어서, 아무런 소리 없이 언어를 창조하는 방법까지 알아냈다. 귀가 전혀 들리지 않거나 타인만큼 들리지 않는 사람은 손을 활용해 언어를 만든다. 불과 몇천 년 전에는 우리가 만든 단어들을 표시하는 방법까지 알아냈다. 이는 어떤 뇌의 발상을 다른 뇌, 심지어 만난 적도 없는 뇌로 기적처럼 다운로드 할 수 있다는 뜻이다.

이런 일로 호들갑 떠는 모습이 우스워 보일 수도 있다. 어쨌든 다른 인간과 말하는 일은 아주 평범하고 일상적인 일이다. 그러나 이것은 평범한 방식이 아니다. 지구에서는 소변을 갈기는 게 평범한 방식이다. 땀을 내는 게 평범한 방식이다. 몸을 움직여 같은 종의 다른 개체에게 무엇을 하는지 보여 주고 대충이라도 원하는 것을 이해시키는 게 꽤 평범한 방식이다. 거의 모든 동물의 발성도 마찬가지다. 그들은 노래하고, 꽥꽥대고, 짖고, 으르렁대고, 쉭쉭거리는 방식으로 다른 동물이 이해할 수 있도록 기본적인 '메시지'를 전달한다.

그러나 이 메시지는 보통 화재경보기처럼 단순하다. 그리고 태어날 때부터 내장됐던 단순한 자동 반응을 유발한다. 대부분의 동물은 서로 소통할 준비를 갖추고 세상에 나온다. 강아지는 앞다리를 구부려 '인사'하는 방식으로 놀고 싶다는 신호를 보낼 줄 안다. 아무도 가르쳐 주지 않아도 된다. 갑오징어는 몸 색깔을 바꾸어 화가 났다고 표시할 줄 알고, 방울뱀은 꼬리 흔드는 법을 알며, 꿀벌은 이상하게 몸을 흔들고 춤추며 꽃이 있는 곳을 벌집의 동료들에게 알리는 법을 안다.

다른 동물에게는 인간의 문법이 없다. 그들에게는 언어가 없다. 그들은 복잡한 아이디어를 떠올린 후 단지 몇 개의 소리를 질서 있게 교환하는 것으로 서로의 뇌에 쏟아부을 수 없다. 그들은 누군가에게 환자의 기도를 메스로 열고 작은 튜브를 삽입한 다음 두개골에 구멍을 뚫어 생명을 구하는 방법을 가르칠 수 없다.

누군가에게 말하는 것은 결코 평범한 일이 아니다.

우리 조상이 어떻게 또는 언제 이런 일을 했는지는 아주 불분명하다. 그러나 현대인의 문화는 모두 언어를 가진다. 우리가 말하기 시작한 때는[4] 무려 700만 년 전으로 거슬러 올라갈 수도 있고, 더 최근인 20만 년 전이었을 수도 있다. 단지 5만 년 전의 일이라고 생각하는 사람도 있는데,[5] 이 정도면 우리 진화사에서 어제나 다름없다.

확실히 알 방법은 없지만, 우리 조상의 몸과 행동에 시간이 지나면서 일어난 변화들이 언어의 등장 가능성을 높이거나 낮췄을 것이다. 호모하빌리스가 석기를 만들기 시작했을 때에는 아마도 언어가 없었을 것이다. 하빌리스의 목구멍, 입, 흉곽의 구조는 말하기가 매우 어려웠다. 하빌리스의 직계 후손들도 아마 말을 하지 않았을 것이다. 그들의 목구멍도, 입도 말하기에 적합하지 않았다. 그들의 두개골 역시 현대인의 뇌와 같이 언어 처리와 관련된 영역이 불룩하게 나온 전형적인 모양과는 차이가 있었다.

만약 이것이 맞다면, 정교한 석기들이나 초기 산과적 지식들은 직접적인 관찰과 매우 단순한 몸짓이나 소리를 통해 학습되고 전달됐을 것이다. 원숭이가 원숭이를 보고 따라 했다는 뜻이다. 어쩌면 기본적인 수화를 썼을 수도 있다. 우리는 오늘날처럼 발성 장치를 이용해 언어를 구사하기 훨씬 이전에 복잡한 손짓을 썼을 수도 있다. 우리의 친척들이 여전히 그렇게 한다. 침팬지는 부드러운 우우 소리를 내며 손바닥이 아래로 향하도록 손목을 늘어뜨리고 손을 내미는데, 이 몸짓은 대강 이렇게 번역된다.

"어이, 네가 대장이야, 나를 해치지 마, 난 위험하지 않아."

그러나 이런 행동은 의사에게 크라이크 수술을 가르치는 것에 견줄 만한 일이 아니다.

인류는 오랜 역사 동안 문화적 흔적을 거의 남기지 않았다. 그러므로 언어를 가졌다 해도 충분히 활용하지는 못했을 것이다. 목, 턱, 혀가 올바른 위치에 있는 현대적인 발성기관을 가진 가장 최근의 호미닌은[6] 고작 수십만 년 전에 등장했다. 그러므로 그때가 오늘날과 같이 복잡한 발성 언어를 낼 수 있었던 가장 이른 시기일 것이다. 네안데르탈인, 하이델베르크인, 호모사피엔스. 이 세 종뿐이었다.

언어는 매우 유용했기에 일단 생긴 뒤에는 전체 유전자 풀을 통해 빠르게 퍼졌을 것이다. 우리는 갑자기 많은 문제를 해결할 수 있었다. DNA에

본능적인 행동이 각인되기를 기다릴 필요가 없었다. 실시간으로 당면한 과제들을 해치울 수 있었다.

인류 역사에서 약 5만 년 전부터 3만 년 전 사이에 폭발적인 혁신이 일어난 시기가 있었다. 그전까지는 상대적으로 단순한 도구들과 매우 단순한 문화가 있었다. 그러나 그 후부터는 빠르게 기술이 다변화됐다. 더욱이, 우리에게는 동굴벽화, 상징적 조각, 장례 문화같이 상징적 문화가 있었다. 우리는 기존의 석기를 대폭 개량했다. 이런 혁신은 지중해를 거쳐 유럽으로, 과거에 떠난 아프리카로, 아시아와 멀리 태평양 지역으로 빠르게 확산됐다.

즉, 혁신은 대부분의 과학자가 언어가 필요했을 것이라고 생각할 만한 속도로 퍼져 나갔다.[7] 하지만 그 전까지 우리가 얼마나 오랫동안 언어를 보유했는지, 그리고 초보적인 언어의 복잡성이 어떻게 변했는지는 알 수 없다. 그런데 우리의 이브는 애초에 왜 언어를 발명했을까?

인간 언어의 기원에 관한 이야기는 대부분 상당히 남성 중심적이다. 희뿌옇게 선을 문질러 가며 야생 소, 사슴, 들소를 그린 라스코, 레반트, 북아프리카 전역의 벽화를 살펴보자. 인류의 초기 예술은 모두 무엇에 관한 것이었을까?[8] 바로 사냥이다. 이 그림들에는 인간의 성별 특징을 나타내는 세부사항이 생략됐지만, 대부분의 사람은 이 동굴 예술가가 묘사한 사냥꾼들이 남성이라고 가정한다.

인간 언어의 진화에 관한 과학적 이야기는 대부분 비슷한 흐름을 따라간다. 인간의 혁신은 각 단계마다 남성이 남성의 문제를 해결하면서 진행됐다는 이야기다. 인기 있는 한 이야기에서는 우리가 사냥꾼이 됐기 때문에 넓은 사바나에서 큰 (남성)무리를 만들고 서로에게 복잡한 지시를 외치면서 언어가 발생했다고 주장한다. 그러나 늑대도 집단으로 사냥하는 매우 훌륭한 사냥꾼이고, 구성원의 다양한 역할에 따라 놀라울 정도로 복잡한 사냥 계획을 세우지만, 언어는 전혀 쓰지 않는다.*

또한 인류의 조상은 대부분 그다지 능숙한 사냥꾼들이 아니었다. 오히려 우리는 시체를 먹는 청소부였고, 피식자였다. 큰 하이에나와 사자, 그리고 우리를 잡아먹을 수 있는 거의 모든 동물이 좋아하는 간식이었다. 많은 과학자는 원시 호미닌 중 대형 동물을 사냥했을 만한 가장 유력한 후보인 호모에렉투스조차[9] 여전히 시체 청소 활동에 더 많이 의존했다고 생각한다.

따라서 우리의 음성 언어는 생각보다 겁이 많은 조상 사이에서 진화했다는 주장이 더 설득력 있는 이론일지 모른다. 이들은 자기 영역에 나타난 포식자를 발견했을 때 서로에게 외쳐 댔을 것이다. 오늘날 캠벨원숭이가 그렇게 한다. 그들은 독수리나 대형 고양이과 동물에 관해 다른 경고음을 내며 심지어 위험이 접근해 오는 방향도 전달할 수 있다. 이 원숭이는 '큰 고양이과 동물'을 뜻하는 소리가 나면 나무 위로 흩어지고, 독수리를 뜻하는 소리가 나면 몸을 숙인다. 이들의 경고음은 매우 유연해서[10] '위쪽 서쪽에 독수리, 아래쪽 동쪽에 대형 고양이'와 같이 소리의 순서만 바꾸어도 일종의 원시 문법이 작동하는 듯하다.

---

* 사실 대규모 사냥에 참여한 사냥꾼들이 남성이었는지는 확실치 않다. 우리가 아는 수렵 채집인 집단들을 살펴보면 성 역할이 다양하지만, 남성은 주로 대형 사냥감을 잡는 일에 관여한다. 하지만 아메리카 대륙에서 발견되는 고대의 증거는 여성이 대형 사냥감을 잡는 일에 깊숙이 관여했을 가능성을 시사하며, 이런 일은 농경시대 이전의 이브에게 흔했을 수도 있다(Haas et al., 2020). 오늘날 더 잘 알려진 모델에서는 여성이 식물을 채집하고, 독이 있는 음식을 처리하며, 더 작고 덜 위험한 사냥감을 사냥하는 '전통적' 역할을 맡는 경우가 많았다. 그러나 집단의 총 단백질 섭취에 대한 성별 기여도에는 별 차이가 없다, 여성이 식물, 곤충, 작은 사냥감만을 채집한다 해도 집단의 총 단백질 섭취량에 기여하는 양은 남성과 맞먹는다.

아마도 연약한 암컷과 취약한 새끼를 보호하기 위해 부족들에게 이러한 위험을 경고하는 데에는 더 큰 근육질 몸과 강한 폐를 가진 수컷이 적합했을 수 있다. 그리고 일단 언어를 가지자, 수컷 집단은 훨씬 강력해졌을 것이다. 낑낑대는 소리나 몸짓은 더 이상 필요 없었다. 이제 이들은 경쟁하고, 생존하고, 번영하는 데 필요한 모든 복잡한 문제 해결과 사회적 상호작용에 참여할 수 있었다. 그러니 어쩌면 음성 언어를 주도한 쪽은 수컷이었고, 암컷은 수다스러운 뒷자리에 앉은 구경꾼, 다시 말해 언어 게임의 참여자지만 주도자는 아니었을지도 모른다.

많은 연구에서 사람이 여성보다 남성의 목소리를 더 선호한다고[11] 나타나는 이유도 이것 때문일 수 있다. 크고 힘이 넘쳐 넓은 공간에서도 잘 전달되는 목소리를 가진 남성이 정치 지도자가 되는 이유도 이 때문일 수 있다. 링컨, 만델라, 아타튀르크(터키의 건국자이자 초대 대통령_옮긴이), 처칠 등 역사상 위대한 연설가도 대부분 남성이었다. 이들은 키가 180센티미터가 넘는 데다, 목이 길고 남성적이었으며 가슴은 술통 같아서 목소리가 북처럼 울려 퍼지는 사람이었다.

가장 명확한 인간의 형질이 남성 덕분이었다고 인정하는 일이 나의 현대 여성주의적 입장과 잘 어울리지 않음을 인정한다. 그러나 인간의 역사는 친절하거나 평등하지 않다. 그러니 우리가 바라는 세상에 대한 생각은 잠시 미루고 이 생각을 진지하게 살펴보자.

두 클린턴 이야기

그러므로, 친구들이여, 겸손한 마음… 결의에 찬 마음으로…

그리고 미국의 장래에 대한 무한한 확신을 가지고….

2016년 필라델피아,[12] 힐러리 클린턴은 그 어떤 미국 여성도 하지 않았던
일을 했다. 브루탈리즘 집회와 아이 생일 파티 사이 어딘가에 해당될 것
같은 장면 속, 민주당 전당 대회장에는 수천 명의 사람이 환호하며 모여들
었고 접이식 의자와 천 깃발 사이로 몰려들며 플래카드를 흔들었다.

24년 전, 힐러리는 남편인 빌이 똑같이 미국 다수당의 대통령 후보로
지명받는 모습을 지켜봤다. 힐러리는 준비가 됐다. 잘 다듬어졌다. 미국
정치 역사상 다른 어떤 후보보다도 분명 잘 준비됐다. 그런데 문제가 하나
생겼다. 힐러리의 목소리가 상했다.

흥분과 쉴 새 없는 선거운동에 이은 수면 부족 때문만은 아니었다. 곧
69세를 앞두기 때문만도 아니었다. 오히려 수백만 년의 진화가 이 순간까
지 이어진 결과였다. 힐러리가 강단에 오르자, 모든 사람의 시선이 그곳으
로 집중됐다. 거기 힐러리가, 목소리를 이용해 같은 기량을 발휘해야 하는
두 번째 클린턴이 있었다. 그런데 힐러리의 목소리는 어느 시점부터 일련
의 불행한 사건을 거치며 빌의 목소리와 달라졌다. 힐러리가 여성이었기
때문이다.

압력

본질적으로, 음성 발화는 복잡한 방법으로 숨을 참는 기술에 지나지 않는다. 힐러리가 "나는 받아들이겠습니다….."라고 말하려면 그 직전에 공기를 한 모금 들이마시고 그 문장이 끝날 때까지 활용해야 했다. 그 문장이 끝날 때까지는 다시 숨을 들이쉴 수 없었다.

이것은 생각만큼 간단한 일이 아니다. 뇌와 횡격막은 어릴 때부터 숨을 이용해 단어에 힘을 싣는 방법을 학습한다. 아기는 이런 일을 할 수 없다. 유아들은 좀 낫지만 그래도 서툴다. 성인이 말을 할 때 매일 활용하는 성숙한 호흡 조절은 5세가 돼야 보이는 것 같다.*

나이가 어떻든 말하기는 힘든 일이다. 숨을 참으면 혈액으로 산소를 전달하는 과정이 방해를 받기 때문이다. 우리 몸의 나머지 부분은 여분의 산소를 빠르게 소모한다. 남성의 폐는 여성보다 더 커서, 말을 하는 동안에도 산소를 더 많이 순환시킬 수 있다. 남성 클린턴이 후보 수락 연설을 더 쉽게 전달할 수 있었던 이유가 이것이다. 그는 단지 따뜻한 공기를 더 많이 품고 있었을 뿐이다.

힐러리는 남편보다 전체적으로 몸이 더 작을 뿐 아니라, 폐도 비례해서 더 작다. 남성은 체중 당 절대 폐활량이 여성보다 10~12퍼센트 더 커서,[13] 더 많은 산소를 이용해 호랑이가 공격해 온다고 소리칠 수 있다. 그리고

---

* 이것이 모차르트같이 음악적으로 재능 있는 아이가 5세가 되기 전에 악기로 재능을 드러낼 수 있지만 노래와 관련된 재능은 더 늦게 보이는 이유다. 아이는 발성을 조절하기 어렵고 폐활량도 충분치 않다. 손과 눈의 협응력과 음정 인식은 아이가 제대로 노래를 부를 수 있기 훨씬 전부터 발달한다. 유아인 내 아들은 하루의 절반을 알파벳 노래를 부르며 지내지만, 음정과 호흡 조절은? 그다지 좋지 않다.

민주당 후보 지명에 대해 아주 긴 문장을 말하는 동안 현기증이 나지 않도록 더 많은 산소를 쓸 수 있다.

1946년 빌 클린턴이 태어났을 때, 그의 폐에서 공기 교환을 담당하는 폐포는 다음 해에 태어날 힐러리의 폐포보다 조금 더 빠르게 증식했다. 폐 성장의 격차는 성장하면서 계속 벌어지기만 한다. 1960년대 초, 사춘기가 된 빌의 가슴은 넓고 깊어졌으며, 어깨가 넓고 허리가 곧게 뻗은 전형적인 V 모양이 됐다. 목도 길고 두꺼워졌으며, 근육들이 넓은 턱을 받쳤다. 후두가 목 아래쪽으로 하강해 목젖이 됐고, 연골과 성대가 두꺼워졌다.

힐러리도 사춘기 시절 비슷한 변화를 겪었지만, 변화의 폭은 훨씬 적었다. 힐러리의 흉강도 커졌지만, 빌만큼 크지는 않았다. 힐러리의 후두도 하강하고 성대가 두꺼워졌지만, 빌만큼은 아니었다. 힐러리의 폐도 성장하는 몸에 산소를 공급하기 위해 커졌다. 그러나 갈비뼈에 가로막혀 팽창을 멈췄다. 여성의 갈비뼈 배열은 남성과 다르기 때문이다. 여성의 갈비뼈는 흉곽 하단에서 안쪽으로 약간 모여들며, 이것은 여성의 허리가 남성보다 잘록한 주된 이유다.

진화는 청소년기의 힐러리에게 좋은 의도로 여성형 흉곽을 선사했다. 나중에 첼시아Chelsea(클린턴 부부의 외동딸_옮긴이)가 자랄 공간이 필요했기 때문이다. 임신 제3삼분기에는 태아가 너무 커져 다른 장기들을 밀어낸다. 위와 장이 눌리고, 간도 밀린다. 곧 이 모든 장기들이 횡격막을 치받으면 충분히 숨쉬기가 힘들어진다. 임신이 진행되면서, 모여들었던 갈비뼈는 새로운 장기 배치를 받아들이기 위해 몸통 바깥쪽으로 벌어진다. 임신 말기 여성의 등이 더 넓어 보이는 이유는 이렇게 상대적으로 긴 갈비뼈가 자궁이 팽창하면서 밀려 올라온 모든 장기를 안정적으로 보호하는 데 최선을 다하기 때문이다.

좋은 방법이다. 그러나 임신기가 아닌, 폐 용적을 더 활용할 수 있는 평상시에는 그리 좋은 방법이 아니다. 예를 들어, 미국 정치사에서 가장 중요한 순간에 국민 앞에서 연설할 때다.

어려움은 이것만이 아니었다. 연설하는 동안 힐러리는 천천히 폐를 수축시키며 압력을 균등하게 유지해야 했다. 말을 오래 하면 풍선에서 바람이 빠지듯 압력이 상당히 낮아지므로 우리 폐가 이런 일을 할 수 있을 리가 없다. 그러나 음성 발화가 일어나는 동안에는 이것이 필요하므로, 성대와 폐가 압력을 효과적으로 주고받으며 미세하게 안배한다. 발화 중에는 호흡기의 내부 기압이 상당히 높으므로[14] 이렇게 이동하는 압력을 조심스럽게 조절하지 않으면 조직이 찢길 수 있다. 우리의 근육과 신경망이 놀라울 정도로 잘 작동하지 않는다면, 말할 때마다 성대가 문자 그대로 피투성이가 되거나 폐가 심각하게 손상됐을 것이다.

빌은 이 점에서도 유리했다. 그는 폐가 커서 깊게 숨 쉴 수 있었을 뿐 아니라, 폐 주변 근육도 많아서 시간에 따른 압력 변화를 더 잘 조절할 수 있었다. 최근의 연구가 이를 뒷받침한다. 말하는 동안 여성의 뇌는 횡격막과 '흡기inspiratory' 근육에 남성보다 더 자주 전기신호를 보낸다.[15] 간단히 말해 여성은 이 근육들에게 더 열심히, 더 자주 일을 시키는데, 그러기 위해서는 신경학적 조절 능력이 더 많이 필요하다. 이와 같은 조절 능력의 차이가 음성을 미세하게 조절하는 능력의 차이를 낳을 수 있다는 점에 대해서는 잠시 후 다시 다루겠지만, 압력 차이를 견디고 터지지 않도록 폐를 보호하는 데는 남성의 흉벽이 더 유리하다.

우리가 아는 한, 우리는 날숨의 길이를 늘이고 여러 번에 나눠 쉴 수 있는 유일한 포유류다. 다른 영장류들은 이렇게 하지 않는다. 심지어 시끄러운 종도 마찬가지다. 우리의 가장 시끄러운 사촌인 짖는원숭이의 으르렁 소리,

긴꼬리원숭이의 꺅꺅 소리는 강하고 반복적인 들숨으로 내는 소리다. 인간이 쓰는 문장의 중간 길이만큼이라도 소리를 낼 수 있는 원숭이는 없다.

돌고래와 고래는 오랫동안 숨을 참을 수 있고, 심지어 공기 방울을 흘려보낼 수도 있지만, 의사소통에는 주로 찰깍, 끼익, 고주파같이 폐와 별 관련이 없는 소리를 이용한다. 우리처럼 폐를 이용해 소리를 내는 유일한 육지 동물은 명금류(참새아목의 노래하는 조류_옮긴이)다.

하지만 새들은 우리 같은 방식으로 소리를 내지 않는다. 오늘날의 새들에게는 공룡과 비슷하게 울음주머니 역할을 하는 9개의 공기 주머니가 있다. 그래서 숨을 공기 주머니로 들이쉰 다음 폐를 통해 내보낸다. 이는 어떤 순간에도 포유류보다 산소를 많이 보유한다는 뜻이며, 그래서 비행과 같이 아주 많은 에너지가 필요한 일을 훨씬 쉽게 할 수 있다.* 그리고 하루 종일 노래를 부른다. 노래 부르기는 말하기와 마찬가지로, 여러 가지 복잡한 방법으로 숨을 참는 일이다.

이 중요한 문장을 말하는 동안 힐러리는 다섯 번 숨을 쉬었다.[16] "[들숨] 그러므로, 친구들이여, 겸손한 마음 [들숨], 결의에 찬 마음으로, [잠깐 멈춤] 그리고 미국의 장래에 대한 무한한 확신을 가지고 [들숨] 저는 여러분의 미국 대통령 후보 [들숨] 지명을 받아들이겠습니다!"

이 모든 호흡 덕분에 힐러리는 발화를 더 안정적이고 정교하게 관리할 수 있었다. 힐러리는 호흡을 이용해 감정을 고조시키고 기압을 확보해 성

---

* 박쥐는 새나 곤충보다 훨씬 더 효율적인 방식으로 비행한다. 박쥐는 날개막을 펼친 다음, 수많은 날개 관절을 이용해 미세하고도 효율적으로 날개 모양을 조절한다(Tian et al., 2006). 이것이 그들의 비행이 '헐렁'하고 불규칙해 보이는 이유지만, 날 수 있는 이유이기도 하다. 그렇지 않았더라면, 박쥐들은 땅 위에서 죽었거나, 날다람쥐처럼 단순한 활공에 의존해야 했거나, 어떻게든 폐를 훨씬 더 키워야 했을 것이다. 포유류는 벌새가 될 수 없다.

량을 높일 수 있었다. 대중 연설에는 '한 박자 쉬기'와 같이 음악적이고도 수사적인 뜻을 부여하는 방식이 이용된다. 그러나 힐러리의 목소리는 긴장됐다. 이것은 선거운동 기간에 가장 많이 제기된 비판 중 하나였다. "힐러리의 목소리는 항상 소리 지르는 것처럼 들린다."* 아마도 정말 그랬기 때문일 것이다.

성차별적인 면이 있지만, 힐러리의 목소리에 대한 2016년의 비판에 전혀 근거가 없지는 않았다. 우리는 진화에서 놀라운 호흡 기술을 익혔지만, 여성의 목소리는 실망스러울 때가 많다. 여성은 남성보다 성대를 더 많이 혹사시킨다. 교사, 전문 강사, 배우, 관광 가이드 등 말하고 노래하는 일을 직업으로 삼는 여성이 특히 그렇다. 직업적으로 목소리를 많이 쓰는 여성은[17] 같은 일을 하는 남성보다 성대에 무리가 생겨 의사를 방문할 가능성이 더 크다. 이때 이상한 점은 여성이 남성보다 약한 발성기관을 타고나지는 않았다는 사실이다. 심지어 여성에게는 몇 가지 기계적인 이점이 있다. 예를 들면, 더 섬세한 호흡 근육 조절, 뇌와 입 그리고 목 사이의 더 빠른 신경 반응 같은 것이다. 문제는 특히 공공, 정치, 비즈니스 분야에서 일하는 여성이 무의식적으로 남성의 목소리를 모방하도록 목소리를 훈련시키는 것일 수 있다.

연단에 오른 힐러리는 마이크가 있어도 목소리를 전달하는 데 에너지를 많이 썼다. 대부분의 강의실과 강당의 음향은 남성의 목소리에 아주 잘 맞춰졌다. 여러분이 소리를 '앞으로 발사'하기만 하면 뒷자리에 앉은 사람도 그 소리를 들을 수 있다("인지" 장에서 다뤘듯이 이것은 특히 20대 초

---

* 2016년 9월, 몇몇 공화당 평론가는 후보자의 자질을 헛기침의 양으로 평가할 수 있다는 듯이, 인터뷰 도중 힐러리가 자주 기침한다고 지적했다.

반부터 고음부 청력을 잃기 시작하는 남성 청중에게 유용하다. 뒷자리에 앉은 남성에게 소리를 전달하려면 크고 정확하게 말해야 한다). 하지만 힐러리처럼 자연스럽게 빌보다 더 높고 조용한 소리로 말하는 여성의 경우에는 '남성처럼 소리를 앞으로 발사하기'가 더 어렵다.

즉, 힐러리는 의도치 않게 소리를 질렀다. 대통령 후보 경선에 참여하기 전까지 수십 년 동안, 힐러리는 소음을 뚫고 자기 목소리를 전달하기 위해 남성의 목소리에 맞게 설계된 넓은 실내에 들어차도록 특정 음역대의 소리를 앞으로 발사하면서, 사실상 소리를 질렀다. 그리고 힐러리의 목은 소리 지르기에 적합하도록 만들어지지 않았다. 오히려 여성의 목은 정확한 근거리 음성 소통에 적합하게 만들어진 듯하다. 이런 뜻에서 빌의 목과 폐는 좀 더 오래된 영장류 모델에 가깝다. 아마도 인간 언어가 처음 진화했던 순간에 더 가까울 것이다.

멋진 울음주머니

우리가 소리를 더 크게 내려 하면 척추에서 나오는 미세하고 무의식적인 전기신호가 횡격막과 늑간근으로 전달된다. "지금 소리를 키워." 그러면 횡격막과 늑간근은 조금 더 높은 압력을 가하며 폐의 탄성으로 공기를 밀어내어 후두와 성대를 강타한다. 이런 움직임은 고대부터 있었다. 가장 초기의 이브는 소리를 키우기 위해 공기압을 조절하는 법을 익혔다. 하지만 우리는 울음주머니를 잃으면서[18] 과거보다 조용해졌다.

여러 영장류들과 마찬가지로 침팬지, 고릴라, 오랑우탄은 모두 울음주머니가 있다. 조금 더 구체적으로 후두 양쪽에 '후두게실'이라는 막다른 공간이 있어서 이곳을 공기로 채울 수 있다. 침팬지의 후두게실은 목 전체를 따라 가슴 위쪽까지 이어진다. 오랑우탄 수컷의 목과 가슴에는 후두게실이 피부 주름으로 연결돼 풍선처럼 거대하게 팽창할 수 있다. 수컷이 동료들을 부를 때는 이 풍선들이 공기로 가득 차 진동하면서, 허루우우움 하는 흥성이 숲에 울려 퍼진다. 이런 식으로 울음주머니는 가까이 다가오는 수컷 경쟁자에게 경고를 발사하는 데 도움이 된다. 또 수컷이 근처에 있다는 사실을 암컷에게 알려 주기도 한다.

호미닌의 목뼈 화석을 면밀하게 연구한 학자는 우리에게 최근까지 울음주머니가 있었다는[19] 의견을 내놓았다. 울음주머니는 루시와 오스트랄로피테쿠스에게도 있었다. 그리고 현대인의 후두 양쪽에 있는 깊은 주름도 쉽게 찾아볼 수 있는 울음주머니의 흔적이다. 만약 빌 클린턴이 오스트랄로피테쿠스였다면, 클린턴의 주름은 주머니처럼 늘어났을 것이다. 빌이 숨을 내쉴 때는, 그 주머니에 공기가 차올라 진동하면서 목소리를 더 크고 울리게 만들었을 것이다. 숨을 들이쉴 때는 새들이 하듯이 주머니를 채웠던 공기가 폐로 들어갔을 것이다.

암컷 영장류들도 울음주머니가 있기는 하지만 일반적으로 더 작다. 수컷의 울음주머니는 사춘기의 성적 발달에서 부풀어 오른다. 그러므로 우리 조상이 울음주머니를 잃었을 때는, 영토 주장, 경쟁자 퇴치, 원시시대의 힐러리를 향한 매력 발산 등 그 용도가 무엇이었든 간에 수컷의 손실이 더 컸을 것이다.

호미닌이 울음주머니를 잃지 않았을 때를 상상해 보자. 1990년대의 미국 상원을 그려보면, 젊은 시절의 빌 클린턴이 연례 연설을 하고, 극적인 순간마다 대부분 남성인 민주당 상원의원이 웅장하게 부푼 울음주머니를 울리며 승인을 표한다. 그리고 통로 건너편에서는 공화당 상원의원도 울음주머니를 부풀려 견제하는 소리를 낸다. 이 함성은 헌법대로Constitution Avenue를 따라 수 킬로미터는 족히 울려 퍼져 반사의 연못Reflecting Pool에 가벼운 물결을 일으키고 오벨리스크까지 이어진다. 내셔널 몰에서는 관광객들이 이 소리를 듣기 위해 늘어서고, 민주주의의 새벽을 알리는 합창이 깊게 우르릉대며 울려 퍼지는 가운데, 놀란 새들의 지저귐만이 섞여 들려온다.

그러나 거대한 울음주머니로는 큰 소리를 낼 수 있어도 정교한 소리를 낼 수는 없다. 이것은 성적 호출이나 경고음과 같이 한정된 의사소통에는 문제가 되지 않는다. 그러나 대화를 하려면 울음주머니를 통해 나오는 우렁찬 소리는 적합하지 않다.

음성 언어가 울음주머니 상실 이전에 등장했는지 이후에 등장했는지는 알 수 없다. 하지만 우리는 말을 하는 데 울음주머니가 없는 편이 낫다는[20] 사실을 알았다. 원시시대의 울음주머니가 여전히 남은 인간 목소리를 컴퓨터로 시뮬레이션한 연구 결과, 청취자는 발화자의 음성에서 미묘한 차이를 구별하기 힘들어 했다.*

짐작하건대 최소한 수컷에게는 이득이 손실보다 더 커야만 했을 것이다. 언어는 아주 큰, 아마도 가장 큰 이득이었을 것이다. 그러나 또 다른 변화의 동인이 있었을지 모른다. 바로 감염 위험을 낮추는 일이다.

울음주머니 감염은[21] 갇혀 지내는 영장류의 건강을 위협하는 중요한 위험 요인이다. 영장류 연구자는 짧은꼬리원숭이를 똑바로 앉은 자세로 의

---

* 안타깝게도 여전히 일부 인간들은 성대 혹사나 흡연 때문에 생긴 후두 주머니를 가진다. 이 사람들의 말소리는 장황하고 부정확하게 들리며, 대개 목이 아프고 목의 한쪽 또는 양쪽이 눈에 띄게 부어 있다. 이런 사례는 남성, 특히 색소폰 연주자들 사이에서 더 많다(다행히, 빌은 색소폰을 그리 자주 연주하지 않는다).

자에 묶는 경우가 많았는데, 원숭이는 이 자세 때문에 감염에 매우 취약해졌다. 정상적인 상황에서 일상을 보내는 원숭이의 머리는 앞으로 기울어졌거나 땅과 평행을 이루는 게 보통이다. 머리를 곧게 세우면, 부비동에서 나오는 분비물이 목에 있는 주머니로 들어가 감염을 일으킬 수 있다.

그러니 직립 자세로 생활한 우리 조상의 모습을 상상해 보자. 그들의 목은 부비동 뒷부분 바로 아래에 있었다. 울음주머니가 이런 위치에 있다는 사실은 두 발로 걷기 시작한 호미닌에 이전에 없던 약점이 됐을지 모른다. 특히 수컷에게 더욱 그랬을 것이다. 계속 가래를 뱉으면서 매력적이고 경쟁적인 울음소리를 제대로 내기는 어려웠을 것이다.

그럼에도 울음주머니가 주로 수컷의 특징이라는 사실은, 남성의 생리적 특징이 인간 언어의 진화에 가장 잘 부합했다는 생각과 모순된다. 언어를 발달시키기 위해 정확성과 이해 가능성이 필요했다면, 울음주머니를 통해 울려 퍼지는 소리는 여성 발성기관에서 나오는 더 작고 가까이에서 전달되는 소리만큼 유익하지 않았을 것이다.

음높이

힐러리 클린턴은 수컷의 울음주머니와 큰 폐가 없었으므로 주로 횡격막에 의존해 목소리를 키워야 했다. 폐에서 뿜은 공기가 성대를 울리고 후두벽에 부딪쳤다가 입을 떠난 뒤에는, 마이크를 거쳐 민주당 전당대회에 모인 1만 9,000명의 대의원에게 전달됐다. 이들은 힐러리의 말 한마디 한마디에 귀를 기울였다.

하지만 힐러리는 단순히 대통령 후보 지명을 수락하는 것 이상을 원했다. 지명을 수락하면서 강한 인상을 남기고 싶었다. 힐러리는 성량을 점증하기로 했다.

그러기 위해서는 오랫동안 진화한 또 다른 발성 형질을 동원해야 했다. 호모에렉투스 시대 즈음부터 호미닌의 후두는 지금 우리가 말할 때처럼 곡예를 하듯 복잡하고 구불구불하게 혀가 움직일 수 있는 공간을 확보하면서 목구멍 아래로 하강했다.[22] 후두가 내려가면서 말의 음높이를 더 잘 조절할 수 있었다. 이것이 현대인의 목소리에 나타나는 주요 특징이다.*

인간의 후두는 생후 3개월경 목 아래로 더 내려가고, 사춘기 때 다시 한 번 내려가며, 소년에게서 더 뚜렷이 하강한다(침팬지 새끼도 첫 번째 하강을 겪지만 두 번째 하강은 겪지 않는다). 테스토스테론 수치가 급등하면 소년의 목에서는 후두가 내려가고 성대가 길고 두꺼워지는데, 이런 일은 13세에서 16세 사이에 일어난다. 변화가 너무 극적이어서 종종 소년의 뇌는 새로운 악기에 적응하는 데 어려움을 겪는다. 10대 소년의 목소리가 이전의 높은 음역과 새로 낮아진 음역 사이를 널뛰며 그토록 "삑삑 끼익" 거리는 이유다. 소녀도 사춘기를 지나면서 목소리가 약간 낮아지지만, 남성의 목소리는 최대 한 옥타브까지 낮아질 수 있다. 힐러리의 목소리는? 아마 몇 음정도 낮아졌을 것이다. 다 괜찮지만, 남성에게 더 유리하게 작용하는 진화적 요인이 있다. 인간 남성은 자신들의 3배의 체격이 돼야 낼 수 있는 저음을 낼 수 있다.[23]

---

* 불행히도, 이 새로운 특징은 인간의 생리 구조 중 가장 치명적인 특징 중 하나다. 미국에서는 5일마다 1명의 아이가 질식으로 사망하며, 세계적인 상황도 이와 유사하다. 성인의 상황은 조금 더 낫지만, 생각만큼은 아니어서 여전히 '의도하지 않은 부상에 의한 사망', 다시 말해 자신이나 다른 누군가가 해를 입히려 한 게 아닌 부상으로 사망하는 네 번째 주요 원인이다. 다른 동물들은 우리와 목 구조가 다르므로 우리만큼 자주 질식하지 않는다.

후두를 목 아래로 내리면 더 깊은 소리가 나는 동물이 여러 종 있다. 예를 들어, 수컷 붉은사슴은 번식기가 되면 정말로 후두를 가슴뼈 쪽으로 움직여 낮은 음으로 목구멍을 울린다. 솔직히 무서운 소리로 울부짖는다(또 울부짖는 동안 생식기를 위아래로 펌프질한다.[24] 붉은사슴은 섬세한 성격이 아니다). 대형 동물일수록 성대가 길기에, 원래보다 목소리를 낮게 만들어 더 큰 동물의 소리를 흉내 내는 일은 몸집이 별로 위협적이지 않은 종이 흔히 나타내는 진화적 적응 현상이다. 이렇게 적응한 여러 포유류 가운데 낮은 목소리의 덕을 가장 많이 보는 쪽은 수컷이다.

오늘날의 남성에게는 낮은 목소리가 더 '지배형'이라는 느낌을 주는 반면, 조금 높은 목소리는 더 '호감형'이라는 느낌을 준다. 여성의 음조는 더 복잡한데, 주된 이유는 공적 영역에서 나타나는 여성의 목소리에 대한 문화적 인식 때문이다. 여성의 낮은 목소리는 '지배형'이라는 느낌보다는 호감을 갖기 어렵다는 느낌을 주는 경우가 많다. 높은 목소리가[25] 더 바람직하다고 여겨지고 호감을 준다.

예를 들어, 현대 일본의 젊은 여성은 남성에게 더 높은 음으로 말하고, 여성과 대화할 때는 '평소'의 낮은 목소리를 쓴다고 알려졌다. 하지만 미국 여성 대부분은 '성적 매력'을 표현할 때 가장 낮은 목소리를 쓴다(종종 '숨소리'도 과장한다). 인간 목소리에 남은 문화의 영향과 진화의 영향을 구분하기는 어려울 수 있지만, 낮은 목소리를 타고난 여성은[26] 에스트로겐 분비가 더 적은 경향이 있다. 따라서 높은 목소리가 바람직하다고 여기는 경향은 단지 생식능력에만 초점을 맞춘 판단일 수 있다.

생리 주기도 영향을 미친다. 배란 직후에는 프로게스테론 분비가 늘고 에스트로겐 분비가 준다. 그리고 생리 직전에는 프로게스테론이 급감하고 에스트로겐 농도가 최고조에 달하는데, 이렇게 급격한 변화는 여성의 목소리에 영향을 미칠 수 있다. 이런 일이 왜 일어나는지, 왜 일부 여성만 영향을 받는지는 아무도 확실히 알지 못한다. 여성이 겪는 다른 일과 마찬가지로 새로운 연구 분야다. 하지만 가장 유력한 해답은 호르몬이다. 여성의 후두 점막은 생리 주기에 맞추어 변하는 듯하다. 배란일이 다가올 때는 점막이 증식하고 촉촉한 점액이 성대를 매끄럽게 덮는다.

배란이 일어날 때 후두와 질의 점액 분비는 '최고조'에 도달한다. 자궁경부에서는 정자가 난자를 찾아 헤엄쳐 가는 데 도움이 되도록 점액 분비를 늘리고, 후두의 점막과 성대는 통통하고 건강하며 유연해진다. 여성은 전체 생리 주기 중[27] 배란기 근처의 자기 목소리를 가장 좋아한다. 가수들은 자기 음역대의 모든 소리를 가장 낮은 음에서부터 가장 높은 음까지 모두 문제없이 낼 수 있다. 전문 강사들은 목이 쉬거나 무리가 생기는 일이 가장 적다고 보고한다.

그리고 마치 배란 후 자궁내막이 변하면서 분해되는 것처럼 여성의 성대 상피도 변화한다. 점액이 더 농축되고, 끈적이고, 건조해지며 후두가 자극에 예민해진다. 전문 가수들은 고음을 내거나 크게 노래하기가 어렵다고 느끼는 경우가 많다. 어떤 가수들은 매달 이 주간에는 녹음이나 공연을 자제하기도 한다. 성대에 염증이 생길 수 있기 때문이다. 일부 전문 오페라 가수들은 임신 계획을 조절하기 위해서뿐 아니라, 경제적인 이유로 1년에 13주나 휴가를 내기가 어려우므로 의도적으로 피임약을 복용한다.

이런 변화는 생리전 증후군처럼 일부 여성에서 더 두드러진다. 생리전 증후군 증상이 심한 여성은[28] 생리 전후로 성대 상태가 더 눈에 띄게 변하는 경향이 있다.

대부분의 여성은 폐경기에도 목소리 변화를 느낀다.[29] 많은 여성이 50대와 60대에 목소리가 한 옥타브까지 낮아진다고 느낀다. 남성도 나이가 들면서 이런 증상을 겪는다. 젊은 시절 그렇게 유연했던 후두가 뻣뻣하게 굳는다. 성대도 두껍고 뻣뻣해진다. 하지만 여성에게는 더 극적인 변화가 나타난다. 폐경기에 에스트로겐이 감소함에 따라, 발성기관 전체가 제대로 돌아가지 않을 수 있다.

이제 다시 힐러리 클린턴을 떠올리자. 힐러리는 수십 년 동안 여성의 성대에서 나오는 목소리를 더 크고 낮게 만들어 청중이 가득 찬 공간을 채우려 노력했고, 이제 폐경기를 맞아 몸 안의 호르몬 균형이 변했다. 힐러리의 후두가 전형적인 폐경 여성의 후두와 같다면, 아마도 낮은 에스트로겐 환경에 새로 적응하느라 고군분투했을 것이다. 직업적으로 점점 더 자주, 더 크게, 더 넓은 공간에서 목소리를 '앞으로 발사'해야 하는 상황이 계속되면서 성대와 후두 벽에는 염증이 생겼을 것이다. 그러므로 목소리의 공명을 점증하려 하고, 그리고 결정적으로 그 와중에도 이해받으려 애쓰면서 어떻게 전당대회에서와 같이 조금 쉰, 저음의 목소리가 나왔는지는 어렵지 않게 짐작할 수 있다. 힐러리는 모호한 외침을 원하지 않았다.

정밀성

절대적 압력을 기준으로 인체에서 가장 강한 근육은 턱의 저작근이다. 수축력을 기준으로 인체에서 가장 강한 근육은 자궁 근육이다.[30] 그러나 힘과 유연성을 모두 갖춘 근육은 단연 혀가 승자다. 혀는 입안의 음식 덩어리를 이쪽저쪽으로 굴리고 밀면서 삼키기 전에 으깨지지 않은 부분을 마저 으깨야 하며, 그 와중에도 강력하게 자르고 씹는 이의 움직임을 피해야 한다. 혀나 볼을 우연히 깨물어 본 적이 있는 사람이라면 씹기가 간단하지 않다는 사실을 알 것이다. 강하고 유연한 혀가 반드시 필요하다.

하지만 침팬지의 예를 살펴보면, 우리의 혀는 조상보다 훨씬 유연하다. 침팬지는 공기를 입과 이빨 사이로 높은 압력으로 세게 내보내 에스 소리를 낼 수 없다. 특히 '쉿' 소리를 내지 않는다. 침팬지는 아와 우 소리를 잘 내고, 길고 날카로운 이 소리도 낼 수 있지만, 자음은 발음하지 못한다. 침팬지가 "그러므로, 친구들이여, 겸손한 마음으로"라고 말하고 싶더라도 아주 엉망인 소리가 나올 것이다. 침팬지는 대체로 모음, 끙끙 소리, 입맛을 다시는 소리, 가끔 알맞게 혀를 굴리는 소리를 내는 데 만족한다.

인간의 혀는 침팬지보다 목 아래쪽에 있는 설골에서 출발한다. 지렛대가 길어진 만큼 필요한 일을 하기가 더 수월하다. 또한 우리의 턱뼈에는 혀밑신경관이라는 큰 구멍이 있어서 뇌에서 우리의 목, 턱, 입으로 가는 두꺼운 신경 줄기가 통과한다. 이 신경들은 발화에 동원되는 후두, 목 근육, 턱, 혀의 움직임을 신중하게 제어한다.

오스트랄로피테쿠스의 설골은[31] 침팬지와 마찬가지로 입 바로 뒤, 혀의 기저부에 있었다. 화석화된 호미닌 두개골과 목뼈의 엑스레이 영상을 촬영하면 다양한 종류의 인대가 어디에 어떻게 붙어 있는지 볼 수 있으며, 이를 통해 발성기관의 구성을 짐작할 수 있다. 후두와 설골이 현대인만큼 목 아래쪽에 자리 잡은 시기는 호모사피엔스와 교잡이 일어났던 네안데르탈인과 하이델베르겐시스 시대였다. 설골이 아래에 있으면 혀 근육을 더 효과적으로 고정할 수 있고, 그러면 혀를 납작하게 펴거나 구부리는 것은 물론이고, 혀끝을 이 안쪽이나 이 사이에 갖다 대는 등 다양한 움직임이 가능해진다.

하지만 우리는 조금 앞서 나간다. 처음에 왜 혀가 목 아래로 이동했을까? 혀는 발화 체계의 일부이므로 음성 언어가 등장하기 전에 혀가 아래로 내려갔다는 생각은 논리적이지 않다. 혀의 위치 변화를 설명하는 가장 유력한 요인은 직립보행이다.[32] 직립보행으로 머리가 머리축에 가깝게 기울어지면서 턱이 목 쪽으로 들어가고 기도 위쪽의 수평 공간이 줄어들었다. 인간의 혀는 꽤 크다. 우리의 얼굴이 평평해지면서 혀는 극적으로 줄어들거나, 입 밖으로 삐져나오거나, 아니면 그 기저부를 목 아래쪽으로 밀어 넣어야 했다.* 정확히 어떻게 진행됐든, 아마도 이 변화는 우리가 제대로 말하기 전부터 시작됐을 것이다.

여기서 하나의 추세가 눈에 띄었다면, 여러분은 정확하게 알아본 것이다. 언어의 진화에 대한 최근 연구는 '인간은 그냥 특별하다'는 관점에서 벗어나 좀 더 단순하고 우연적인 현상에 초점을 맞추는 중이다. 원시 호미닌이 음성 언어를 발명할 수 있었던 중요한 이유는 부분적으로 우리의 이브가 직립보행을 하도록 진화했기 때문이다. 두개골을 직립한 척추 끝에 균형 있게 올려놓으면서 우리 구강의 구조도 시간이 지남에 따라 자연스레 변했다. 이러한 변화가 모두 유익했던 것은 아니다. 질식이 문제가 됐고, 울음주머니 감염도 마찬가지였다. 남성은 울음주머니가 사라지면서 이를 보상하기 위해 더 낮은 목소리를 발달시켰을 수도 있지만, 이것은 영웅 이야기가 아니며, 남성이 여성보다 더 나은 화자의 자질을 타고났다는 근거가 되기 어렵다.

남녀의 발성기관은 약간 다를 수 있지만, 어쩔 수 없는 기계적인 구조

---

* 만약 비슷한 사례, 특히 실제 실패 사례를 보고 싶다면 페키니즈 견종을 보면 된다. 두개골이 다른 신체 부위보다 더 빠른 속도로 기묘하게 진화하도록 육종된 소형견들은 혀가 입안에 들어가지 않아 밖으로 삐져나온 경우가 많다. 다행히 개의 몸은 직립하지 않으므로 이로 인해 기도 폐쇄에 취약해지지는 않지만, 원시 호미닌은 그렇지 않았을 것이다. 우리는 말하기 좋은 큰 혀를 유지하면서 후두 윗쪽에 고정시켰다.

의 차이는 없다. 여성은 조금 더 작은 구강에 조금 더 작은 혀를 가져서 자음과 소리가 전환되는 까다로운 발음을 더 쉽게 한다는 사소한 발화 능력의 장점이 있다. 소녀는 소년보다 혀 짧은 소리나 여타 기능적인 발화 문제를 덜 겪으며,[33] 여성의 목소리를 알아듣기 어려울 수 있는 노인 남성에게 말하지 않는 한, 작게 특히 빠르게 말하는 소리를 더 쉽게 이해한다. 그러나 이러한 발화의 정밀성이라는 이점도 힐러리 클린턴이 인생에서 가장 중요한 연설을 하는 데는 도움이 되지 않았다.

힐러리는 안정적으로 목소리를 높이기 시작했지만, 연설의 절정을 향해 목소리를 높고 크게 고조시키다가 결국 소리가 갈라지고 말았다. 힐러리는 프로답게 미소 지으며 상황을 넘겼고, 여성의 목소리로 채우려 했던 거대한 공간은 여전히 광란의 감정, 박수, 함성으로 끓어 올랐다. 임무 완수. 이 사건이 담긴 여러 동영상에서 모두가 방금 일어난 일을 무마하려 노력하는 모습을 볼 수 있다. 몇 년이 지난 지금 그 일은 아직도 조금 비현실적으로 느껴진다. 심지어 힐러리도 약 15초 동안 잠시 멈춰 있었다. 아마도 다시 말을 시작하기 전에 목을 쉬고 가다듬는 데 필요한 시간이었을 것이다. 그런데 이 장면에서 우리에게 다소 중요한 한 인물이 눈에 들어온다.

이 여성은 무대 뒤 약간 왼쪽에 붉은 체리색 원피스를 입고 서 있다. 여성의 이름은 첼시다. 힐러리가 대통령 선거에서 성공하거나 실패한 이유는 이 여성 때문이 아니었지만, 인간이 언어를 계속 발달시킨 이유는 분명히 이 여성 때문이었다.

3년 만에 영에서 천까지

인간의 아기는 아무도 말하는 능력을 갖고 태어나지 않지만, 대부분 언어를 배울 준비가 됐다. 인간의 독특한 유전자는 언어를 배우는 능력, 심지어 언어에 대한 갈망을 뇌에 미리 입력했다.[34] 하지만 말을 배우는 데는 많은 데이터가 필요하다. 많은 규칙이 필요하다. 아주 구체적이고 번개같이 빠른, 믿기 힘들 만큼 많은 문제 해결 작업이 필요하다. 이 중 어느 것도 DNA를 통해 전달되지 않는다.

말을 배우기 위해서는 어린 시절이 필요하다. 언어가 진화하고 유지되려면, 원시시대 아기는 뇌가 자라는 동안 다른 언어 사용자와 지속적으로 접촉해야 했다. 선사시대를 통틀어 언어가 시작된 시기로 거슬러 올라가면, 아기들은 주로 엄마와 상호작용하면서 말하는 방법을 배웠다.*

그러므로 인간 언어의 진화를 남성 중심적으로 서술하면 핵심을 놓친다. 언어는 맞서는 엄지(나머지 네 손가락과 맞서는 방향으로 접히는 엄지_옮긴이)나 평평한 얼굴과 같이 유전자를 통해 전해지는 특징이 아니다.

우리는 언어를 배우고 혁신하는 능력을 타고나지만, 시간이 흐르는 동안 세대 간의 의사소통을 이어 가려면 각 세대가 다음 세대에게 세심한 노력, 양방향 학습, 발달 지도를 통해 언어를 전수해야 한다.** 즉, 언어는 엄

---

* 걱정 말자, 아빠도 할 수 있다. 하지만 인류의 기나긴 역사 동안 아빠들은 이런 일을 하지 않았던 것 같다. 그리고 대부분의 아빠들은 여전히 하지 않는다. 성평등 사회는 믿기 어려울 만큼 드물다. 최소한 지난 20만 년, 아니면 2억 년 동안 자손의 주 양육자는 여성이었다. 엄마와 자녀의 관계(mother-child dyad)는 대부분의 포유류 종에서 가장 흔히, 가장 중요한 의사소통을 주고받는 관계이며, 대다수의 호모사피엔스도 마찬가지다.

** 아주 유창하게 소통하는 모자 관계를 경험하지 못한 아이가 완전히 새로운 언어를 발명할 수 있으면 멋진 일일 것이다. 그러나 이런 언어로 어떻게 이전 세대와 서로 소통할 수 있을까?

마와 아기가 함께 만드는 것이며, 생애 첫 3년에서 5년 사이의 관계에 달렸다. 의사소통을 시도하는 엄마와 자녀의 길고 끊김 없는 연쇄반응, 이것이 처음부터 언어라는 것을 지속시켰다.* 지금은 기억나지 않을지 모르지만 여러분도 이 언어 학습곡선을 경험했다.

신생아의 언어 학습과 활용 능력은 보잘것없다. 젖을 주는 거대한 짐승이 뭐라고 재잘거리는 내용을 어렴풋이 이해하는 데 약 6개월이 걸리고, 첫 단어를 말하려면 그 후로도 약 6개월이 더 걸린다. 그래도 아기의 뇌는 경이로운 속도로 발달한다. 아직 말하지 못하거나 제대로 이해하지 못해도 주로 울음을 이용해 그럭저럭 엄마와 소통한다.

생후 첫 3개월 동안 아기는 인간의 목소리와 그 외의 소리를 재빨리 구분한다. 그리고 인간의 소리에 관심을 더 많이 기울인다(부분적으로는 인간의 소리와 함께 음식이 제공되거나 엉덩이를 불편하게 만드는 축축한 게 사라지기 때문일 것이다). 아마 태아기부터 익숙해졌을, 주위에서 들리는 언어의 음악적인 특징도 모방하기 시작한다. 예를 들어, 프랑스 아기는 프랑스인이 단어나 구의 끝에서 음조를 조금 높이듯이 끝이 높아지는 멜로디로 운다.[35] 한편 독일 아기는 전형적인 독일어 발화 양상처럼 음높이를 내리면서 운다.

생후 첫 3개월이 끝날 무렵, 아기는 생존 가능성이 훨씬 높아진다. 시각과 청각이 완전히 자리 잡힌다. 또 다양한 울음을 활용해 소통할 수 있다.

나이 든 원숭이의 경험과 행동에 의지하지 않고 어떻게 지식이 유지될 수 있을까?

* 세상에는 젠더 정체성을 초월하며 생물학적 부모와 부모가 아닌 각종 양육자들을 포함해 다양한 육아 모델이 존재한다. 어떤 모델도 다른 모델에 비해 더 성공하거나 실패할 운명을 타고나지 않았다. 하지만 우리 종의 역사 내내 그랬듯 대부분의 사람들이 엄마와 자녀가 상호작용하는 맥락에서 언어를 처음 배우므로 여기에서는 이 모델을 이용한다.

일부는 "기저귀가 젖었다", 일부는 "배고프다", 일부는 "오-맙소사-나-너무-지루해"라는 뜻이 담겼다. 아기의 엄마는 이미 아기가 원할 때 필요한 것을 제공하는 방법을 대부분 터득했을 것이다.

엄마에게 무엇인가를 직접적으로 요구하지 않을 때는 하루에 몇 시간씩 음높이와 음절을 무작위로 실험하며 옹알거릴 것이다. 처음에는 퍼, 허, 커와 같이 혀를 쓰지 않는 단순한 소리들이 더 쉽게 난다. 때로는 주의를 끌기 위해 옹알거린다.* 때로는 주위 소리들을 모방하려 한다. 때로는 인간의 목소리가 듣기 좋아서 자기 목소리로 공간을 채운다. 아기는 기쁠 때 옹알거리고, 화가 날 때도 옹알거린다. 엄마가 미소를 지으면 아기도 미소를 지으며 엄마에게 옹알거린다. 엄마가 좋아하는 것 같다. 그리고 엄마가 행복해 보이면 아기도 행복해한다. 그리고 엄마의 젖 맛도 조금 더 달콤해진다.**

생후 6~7개월이 된 아기는 마침내 주변 사람이 내는 이상한 연속적 소리가 각각의 단어라는 사실을, 아니면 적어도 그중 일부는 그렇다는 사실을 이해하기 시작한다. 아무런 기준도 없이 백지상태에서 말을 배우기 시

---

* 옹알이는 인간 아기만 하는 일이 아니다. 명금류 새끼도 인간 아기처럼 무작위적이고 반복적으로 짹짹거리고 휘파람 소리를 낸다(Lipkind et al., 2013). 더욱이, 흰배굴뚝새 같은 명금류는 50개의 일정한 유전자 돌연변이를 인간과 공유한다(Pfenning et al., 2014). 대부분의 유전학 연구와 마찬가지로, 이 50개 유전자의 역할은 완전히 알려지지 않았지만, 발성 학습에 매우 중요한 역할을 하는 듯하다. 이 유전자들은 뇌의 언어 영역에서 더 활성화됐다. 더욱이, 복잡한 노래를 배울 필요가 없는 새에게는 이 유전자들이 없다. 그리고 여타 영장류도 마찬가지다. 적어도 발성 학습 측면에서, 인간은 다른 영장류보다 새와 더 비슷하다는 뜻일 수 있다. 그러면 인간을 말하는 원숭이 대신 노래하는 원숭이라고 부르는 편이 더 나을지도 모르겠다.

** "젖" 장의 내용을 되새겨보면, 엄마와 아기가 스트레스를 받을 때 모유에는 단백질과 코티졸이 더 많아지는 한편, '행복한' 모유에는 상대적으로 유당이 많아진다. 인간 아기의 입장에서 엄마를 행복하게 하면 보상이 돌아온다.

작하므로, 엄은 뜻이 없지만 '엄마'는 뜻이 있다는 사실을 깨닫는 데는 시간이 걸린다.

아기는 옹알이를 하면서 자신의 발성기관으로 어떤 소리를 낼 수 있는지 시험해 본다. 또 주위 사람이 어떤 소리에 더 반응하는지 살피면서 자기 뇌의 언어능력을 시험하기도 한다. 음악이 무엇인지도 모르는 상태에서 악기를 배운다고 상상하자. 한두 개의 음을 연주한 뒤 그 소리를 듣고, 이 소리가 자기 마음에 드는지 확인하고, 다른 청자도 좋아하는지 확인한 다음 연주를 이어 간다. 단, 그 악기가 아기의 가슴, 목, 머리 안에 있다는 점만 다를 뿐이다.

한편, 아기의 뇌는 주 양육자가 말하는 모습을 주의 깊게 관찰하면서 간단한 의사소통 규칙들을 재구성한다.* 첫 언어에 유창해지려면, 생후 6개월에서 7개월 사이에 이 언어에 노출돼야 한다. 이러한 노출을 경험하지 못한 아기는 이런저런 이유로 남은 생애 동안 통사론 같은 부분에서 어려움을 겪는다.** 이 시기는 정말 어린 나이다. 아직 기어 다니지도 못할 나이다. 아기의 뇌는 돌아다니기도 전부터 이미 언어의 구성 요소를 파악하는 셈이다.

그리고 만약 아기가 지난 20만 년 동안 살았던 대다수의 인간들과 유사

---

* 그리고 엄마가 아기와 같은 방에 있어야 한다. 교육용 동영상을 보는 아기는 사람이 직접 하는 말을 듣는 아기보다 말을 잘 배우지 못한다(Anderson and Pempek, 2005). 이상하게도 다른 아기가 방에 있을 때는 학습에 도움이 되는 것으로 보인다(Lytle et al., 2018). 인간 학습이 대부분 그렇듯 사회적 상호작용이 중요하다.

** 소리를 전혀 듣지 못하고 집에서 수화도 배우지 못한 아기 역시 언어 학습에 문제가 생긴다. 이것이 많은 의사가 청각장애 아기에게 결정적 시기가 지나기 전에 인공와우(달팽이관)를 맞추고, 동시에 인공와우의 효과가 기대에 못 미칠 때를 대비해 수화를 통해 언어 학습을 강화하라고 권고하는 이유다(Wolbers and Holcomb, 2020).

한 삶을 살았다면, 엄마의 목소리는 아기가 가장 많이 듣는 목소리일 것이다. 주로 보는 얼굴도 마찬가지일 것이다. 아기는 엄마 없이 생존할 수 없다. 아기의 사회생활에서도 엄마의 비중이 절대적으로 크다. 세상에 아기가 의사소통 방법을 알아내야 하는 사람이 있다면 바로 엄마일 것이다. 어쨌든 아기는 자궁 속에서 귀가 생기면서 줄곧 귀 기울여 왔던 엄마의 목소리를 인지하기도 전부터, 그리고 우선적으로 반응하기도 전부터 엄마와의 소통을 준비했다.*

아기가 양육자에게 자기의 필요를 전달하고, 첫 번째 생일까지 이 일을 해내면, 마침내 첫 번째 단어를 말할 수 있게 될 것이다. 일부 아기, 보통의 경우 남아는 시간이 조금 더 걸린다. 하지만 아기는 말을 하기 전에 이미 단어를 인식한다. 마음이 내킬 때는 "그만해" 또는 "이리 와" 같은 기본적인 요구에 반응하기까지 한다. 뇌의 언어 영역은 생후 3년째 되는 해에 밀도가 최고조에 이르며, 바로 그때 아기의 어휘가 폭발한다. 이전에는 몇십 개의 단어만 알았다면, 이제는 수백, 수천 개의 단어를 빠르게 배운다. 문법도 더 복잡해진다. 문장은 두세 단어에서 열 단어 이상으로 늘어난다.

서너 살이 되면, 주변 환경의 거의 모든 것에 해당하는 단어를 안다. 그리고 무엇인가의 이름을 모르면? 마치 에덴동산의 아담처럼 대담하게 걸어 다니며 직접 이름을 짓고는, 더 생각하지 않고 새로운 이름을 떠들어 댄

---

* 청력이 전혀 없는 상태로 태어난 아기는 이런 이점을 누리지 못하지만, 시각이 있는 대부분의 아기와 마찬가지로 출생 후 얼마 되지 않아 엄마의 얼굴에 우선적으로 반응한다고 알려져 있다(Field et al., 1984). 청력과 시력이 모두 없는 상태로 태어난 아기들은 사회적 유대를 만드는 두 가지 선천적 경로가 없으므로 그 자체만으로 초기 언어 습득에 어려움을 겪을 수 있다. 하지만 이러한 아이는 치료적 지원을 받아 보호자와 유대를 맺고 언어를 배우는 다른 방법을 찾아내며, 촉각언어(Protactile, 시청각장애인을 위한 수어의 변형)라는 새로운 언어가 시청각장애아의 가족들에게 특히 도움이 될 수 있다(Leland, 2022).

다. 무엇보다, 아기의 엄마는 그 말을 이해할 뿐 아니라 바로잡지 않는다.*

여기에는 양쪽 모두가 그럴 만한 이유가 있다. 무엇보다 아기는 원하는 것을 빨리 주지 않으면 화가 폭발할 것이다. 이 모든 촘촘한 시냅스 연결들은? 2세에서 4세 사이의 아기는 온갖 강한 감정들을 정리하기가 매우 어렵다. 하지만 유아의 감정적으로 불안정한 뇌가 언어 학습에 도움이 된다면, 그 이득은 분노발작의 부담을 넘어설 것이다. 아기의 성장하는 뇌는 아주 특별한 종류의 인지 발달에 몰두한다. 뇌가 아주 유연하게 연결을 생성할 수 있는, 기회의 창이 열려 있는 동안 의사소통 엔진을 구축하는 일이다.

인간의 뇌에는 이러한 연결이 불가능해지는 시기가 있는 듯하다. 사춘기 이후에 새로 배우는 언어는 진정 유창한 수준으로 익힐 수 없다. 일부까지는 가능하겠지만, 희귀한 경우가 아니라면 미국인이 아무리 프랑스어를 잘해도 파리지앵처럼 될 수는 없다.** 물론 새로운 문법 규칙을 암기하도록 나이 든 뇌를 혹사시킬 수도 있다. 하지만 어린 뇌가 언어를 배우는 방식 중에는 나이 든 뇌가 할 수 없는 방식이 있다. 제2언어를 유창하게 익힐 수 있는[36] 한계점은 대답하는 사람에 따라 10세에서 17세 사이라고 대답할 것이다.

그래서 다시 엄마 이야기로 돌아간다. 명금류의 진화는 이 결정적 기회

---

* 자주 바뀌고 논란이 일기도 하지만, 우리가 가진 가장 오래된 본문인 성경 창세기에 따르면 하나님(God)은 동물들을 만들고 아담에게 "데리고 오셔서, 아담이 그것을 무엇이라고 하는지 보셨다" 그리고 아담이 부르는 게 그대로 동물들의 이름이 됐다(창세기 2:19-20). 히브리 하나님의 모습에서 아이를 기쁘게 하기 위해 무슨 일이든 하는, 이 생물이 맞다고 주장하는 바보 같은 말도 마음껏 하게 놔두는 인내심 강한 부모의 모습이 보인다.

** 마르세유에서 잠깐 지낼 때, 나는 형편없는 프랑스어 실력 때문에 미국 사람이 아닌 스페인 사람으로 '용납'받았다. 하지만 그것은 혀 뒤쪽이 아니라 이 안쪽에서 'r'을 굴리는 나쁜 습관 때문이었다. 고등학교 때 나는 언제나 프랑스어를 가르치시는 수녀님의 기대를 저버렸다.

의 창을 이용하기 위해 오랫동안 부모와 자식 간의 상호작용을 최적화했다. 금화조 부모는[37] 기회의 창이 열려 있는 동안 새끼에게 노래하는 방법을 가르치면서 특히 효과적인 방법으로 소통한다. 기회의 창이 닫히면 부모는 새끼를 덜 돌보고, 새끼는 서서히 독립성을 키운다.

포유류는 아기를 낳고 키우면서 젖을 먹여야 하므로, 엄마가 아기와 밀접하게 상호작용해야 하는 기간을 이미 확보하고 있다. 포유류의 언어 학습에서 결정적 기회의 창이 열려야 한다면 모유 수유 시기와 들어맞도록 진화하는 편이 합리적일 것이다. 오늘날의 수렵 채집인 사이에서 대체로 아이는 3세 내지 5세가 되기 전까지 완전히 젖을 떼지 않는다. 이 시기는 아이 뇌의 시냅스 밀도가 최고 수준에 도달하고, 대부분의 아이에게서 어휘력과 문법적 복잡성이 폭발하는 시기와 일치한다.

이런 일을 우연이라고 부를 수도, 아니면 유용한 최적화라고 부를 수도 있겠다. 만약 인간에게 언어 학습을 위한 기회의 창이 열리는 시기가 있다면, 아이가 성인 언어 사용자와 필수적으로 정기적이고 밀접하게 상호작용하는 시기와 일치하는 편이 유리하다. 또 뇌 조직을 발달시키고 활용하는 데 비용이 많이 든다는 점을 고려하면, 아이의 식량이 규칙적으로 공급되고, 쉽게 보충되며, 당분과 뇌에 유익한 지방산을 풍부하게 함유한 시기와 일치하는 것도 유리할 것이다.

그러므로 인간 언어가 어떻게 세대에서 세대로 전달되며 진화했는지 생각해 볼 때, 이른바 기회의 창을 열어젖히는 가장 결정적인 사건이[38] 아이가 하루 중 일정한 시간 동안 엄마의 팔에 안겨 지낼 때 일어난다는 점을 기억할 필요가 있다. 인간의 육아에서는 침팬지나 고릴라보다 집단적 양육의 비중이 더 높지만, 대부분의 인간 영유아들은 여전히 엄마와 밀접하게 접촉하면서 대부분의 시간을 보낸다.

즉, 엄마라는 존재는 언어가 생겨 나는 방식의 절반을 차지한다. 그리고 엄마는 수동적이지 않다. 전혀 그렇지 않다. 인간의 엄마는 언어를 능수능란하게 쓰고 교육하는 언어 엔진으로 진화했다. 아이의 뇌에서 시냅스가 앞다투어 가지를 뻗는 시기에는 특히 그렇다. 한편, 엄마에게는 몸에 밴 말하기 방식이 있고, 이것은 명백히 보편적인 현상이어서 과학자는 여기에 이름까지 지어줬다.

엄마 말투

출산의 피로에서 회복한 엄마가 첫 번째로 하는 일은 말에 음악적 변화를 주는 일이다.*

엄마 말투motherese를 쓴 적이 없는 사람이라도 그것이 어떻게 들리는지는 알 것이다.** 한번 해 보자. 먼저, 친구나 동료에게 말하듯이 "누가 착한 아기지?"라고 말하자.

---

* 인간의 정상적인 음역대는 사람마다 다를 수 있지만, 그리 많이 차이가 나지는 않는다. 하지만 높낮이 없이 단조로운 소리로 말하는 사람은 거의 없다. 의사는 이런 말투를 외상, 질병 또는 조현병과 같은 일부 정신질환의 전형적인 징후로 간주하며, 응급실에 근무하는 의사는 환자를 진찰할 때 이를 주의 깊게 살피도록 훈련받는다. 하지만 음높이를 변화무쌍하게 바꾸어가며 말하는 것도 드문 일이다. 그런 말투를 쓰더라도 다른 성인에게 그렇게 말하지는 않는다.

** 청각장애가 있는 사람들도 마찬가지다. 자녀와 수어로 소통하는 부모들은 자신들만의 엄마 말투를 쓴다(Masatake, 1992). 수어는 음높이에 변화를 주는 대신 성인에게 이야기할 때보다 속도를 늦추고, 몸짓에 강약을 부여하며, 단순한 문법을 쓰고, 개별 단어를 더 강조하면서 단어와 단어 사이에 간격을 띄운다(Ibid).

이제 아기에게 말하듯이 해 보자. 자, 이것이 바로 엄마 말투다.* 음높이가 올라가고, 자음과 특히 '우' 같은 특정 모음의 발음이 과장되며, 이런 소리를 내기 위해 평소보다 입술을 더 오므리거나 입을 더 넓게 벌린다. 우리는 평소와 달리 음절의 발음 속도를 높이거나 낮추면서 '운율'을 준다. 문법을 단순화하고, 개별 음절에서부터 단어, 전체 문장까지 말을 더 많이 반복한다. 즉, 우리는 아이에게 성인에게 하듯이 말하지 않는다. 그리고 이런 차이는 아기가 어릴수록 더 두드러진다.**

대부분의 문화권에서는 특히 여성이 엄마 말투를 쓰는 경향이 있다.[39] 음높이를 과장하고 전체적인 음역을 올리는 경향도 뚜렷하다. 심지어 이렇게 하려 생각할 필요도 없다. 아랍어에서 영어, 한국어에서 마라티어(인도 마하라슈트라주의 공용어_옮긴이), 코사어에서 라트비아어에 이르기까지, 아기에게 말하는 엄마는 기본적으로 같은 방식의 말투를 쓴다. 만약 모르는 언어로 아기에게 말하고 있는 여성의 목소리를 녹음해 듣더라도, 우리는 이 여성이 아기에게 말한다는 사실을 알 수 있을 것이다.***

남성도 엄마 말투를 쓰지만 조금 덜 티나게, 조금 다르게 쓴다. 사실, 엄

---

* 과학 문헌에서는 이것을 아동지향어(child-directed speech), 아동지향소통(child-directed communication), 부모 말투(parentese), 대상이 반려동물일 때는 강아지말(doggerel)이라고도 부른다. 나는 초기 언어 학습에서 엄마와 아기의 상호작용이 압도적으로 중요하다는 사실을 인정하므로, 가장 단순하고 직관적인 명칭을 선택했다.

** 엄마 말투의 특징에는 발음을 길게 늘이고, 자음과 모음의 경계를 강조하며, 표정을 과장하는 현상도 포함된다. 이런 특징은 1980년대부터 영어뿐 아니라 다양한 언어의 엄마 말투에 대한 연구가 믿기 어려울 만큼 활발하게 이뤄지면서 알려졌다.

*** 이것은 여러 연구에서 일관되게 확인되는 사실이다. 엄마 말투에 대한 한, 대부분의 인간들은 누가가 무슨 이야기를 하는지 알지 못해도 그 사람이 아기에게 말한다는 사실을 알 수 있다. 우리는 이런 경향을 타고났을 수 있다. 아동지향어와 아기에게 불러주는 노래의 특징은 여러 문화권에 걸쳐 놀랍도록 유사하다(Hilton et al., 2022; Cox et al., 2022).

마 말투는 아주 널리 퍼져서 아기뿐 아니라 애완동물에게도 쓰이며, 유치하게 행동하는 성인을 놀릴 때도 쓰인다.* 이 모든 이유로 많은 과학자는 엄마 말투가 아기에게 제대로 된 인간이 되는 방법을 가르치기 위해, 아니면 적어도 특정 사회집단의 일원이 되는 방법을 가르치기 위해 진화했다고 생각한다. 엄마 말투는 인간 종에만 국한된 특징이 아닐 수 있기 때문이다.

히말라야원숭이 어미는 성체들끼리 있을 때보다 새끼 주변에서 더 음악적이고 높은 음조로 '이야기'한다. 이런 습관은 특히 새끼의 주의를 끄는 데 효과적인 듯하다.[40] 또한 다른 어미들과의 사회적 상호작용을 매끄럽게 하는 데도 유용하다. 다람쥐원숭이도[41] 다양한 음높이와 음량으로 새끼를 부른다. 심지어 돌고래 어미도[42] 무리의 다른 개체들을 대할 때와 다른 방식으로 새끼와 소통하며, 심지어 새끼에게 평생 '이름' 역할을 하는 휘파람 소리를 정한다.

그러면 엄마 말투는 그저 성공적으로 아기의 주의를 끌기 위한 방법일 뿐일까?** 아니면 인간의 경우 아기에게 말하는 법을 가르치기 위해 특별히 진화한 방식일까?

이렇게 생각하자. 여러분은 지금 엄마 무릎에 앉아 까르르 웃고 옹알이를 하며 엄마의 말에 귀 기울인다. 창밖에는 새 둥지가 있고, 그 안에는

---

* "누가 착한 아기지?" 대신에 "누가 착한 강아지지?"라고 말해 보자.

** 인간의 아기는 밝은 색상, 뚜렷하고 독특한 모양, 과장된 표정, 반복과 음정 변화가 많은 음악, 그리고 단순한 패턴과 같이 좀 더 '극적인' 자극을 좋아한다. 아기는 섬세한 것에는 관심이 없다. 그리고 주의력은 기억력과 강하게 연관되므로, 아기의 주의를 더 많이 끌면 가르치고 싶은 내용을 기억으로 남기는 데 확실히 도움이 된다. 이 경우 엄마 말투는 부분적으로 초기 언어 노출의 신호 강도를 증폭하기 위한 전략에 불과할 수도 있다. 그러나 엄마 말투를 연구하는 대부분의 과학자들은 그 이상의 역할이 있다고 생각한다.

명금류 새끼가 몇 마리 있다. 이 새들은 여러분과 아주 다른 생물이지만, 어미 새와 새끼 새가 하는 일은 인간의 아기와 엄마가 하는 일과 많이 닮았다.

명금류 새끼는 인간 아기처럼 다양한 음정과 음량으로 '옹알이'를 내뱉는다. 이들은 우리와 마찬가지로 엄마와 아빠와 함께 있을 때뿐 아니라 혼자서도 즐겁게 옹알이를 한다. 명금류 부모도 부화한 새끼에게 음정이 더 다양하고 과장된 노래를 들려준다. 부모의 노래를 전혀 듣지 못한 새끼 명금류는 성체가 돼 노래를 부를 때 큰 어려움을 겪는다. 반면 엄마 말투의 노래를 들은 새끼는[43] 성체들끼리 노래하는 소리만 들은 새들보다 유리한 듯하다. 엄마 말투로 노래하는 부모와 직접 소통한 새끼 새들이 가장 유리하다.* 하지만 직접적인 상호작용이 없더라도, 엄마 말투의 효과는 소리 자체만으로 여전히 유효하다.

관련 연구 결과들은 엄마가 엄마 말투를 쓰는 편이 아기의 언어 학습에 유리하다고 보고한다. 예를 들어, 미묘한 억양 변화가 중요한 중국어 사용자의 경우, 여타 엄마 말투의 공통된 특징과 마찬가지로[44] 엄마가 언어의 음조를 과장하고 음소를 뚜렷이 나눌 때 아이의 언어 시험 결과가 더 좋다. 엄마 말투가 아기가 잘 듣고 이해할 수 있는 높은 음높이를 쓰기 때문일 수 있다. 그러니 음역대를 조금 높이는 것도 아기에게 도움이 된다. 중국어를 쓰는 엄마처럼, 우리는 말의 최소 단위인 음소를 과장한다. 예를 들어 '멀다'의 'ㅁ'이나 힐러리 클린턴의 '수락'의 'ㅜ'와 같은 것을 더 구별

---

* 여기에서 연구한 명금류들 대부분이 특히 짝짓기 철에 수컷이 복잡한 노래를 부르는 종이고, 이 수컷이 부화한 새끼들을 돌보는 좋은 양육자임을 고려할 때, 명금류 부모의 노래는 '아빠 말투'라고 불러야 할 것이다. 포유류는 암컷에게서 젖이 나오므로 암컷의 돌봄 부담이 높지만, 포유류 이외의 동물들에게는 다양한 돌봄 모형이 존재한다.

하기 쉽게 한다.

모음을 더 강조하는 엄마의 아기는[45] 나중에 언어 과제를 더 잘하는 경향이 있다. 음소는 일련의 서로 다른 단어들을 구별하는 데 도움이 된다.[46] 또한 모국어를 배우는 데도 도움이 된다. 생후 1년까지 아기는 온갖 다양한 음소들을 구별할 수 있다. 하지만 1년이 지나면 부모의 모국어에 있는 음소만 구별할 수 있다. 예를 들어, 2살짜리 중국인 아이는 'l'과 'r'의 차이를 잘 구분하지 못한다. 중국어는 영어처럼 이 두 발음을 구분하지 않기 때문이다.*

결국, 이 분야를 연구하는 대부분의 전문가는 엄마 말투가 유용하다는 데 동의한다. 그런데 이것은 필수적일까? 그리고 더 중요한 점은, 엄마 말투의 독특한 특징이 유전자에 입력된 걸까? 이런 종류의 아동지향어를 만드는 본능이 존재하는 걸까?

확언하기는 어렵다. 대부분의 사람이 언어를 처음 배울 때 엄마 말투를 듣기에, 엄마 말투는 유전을 통해서가 아니라 단순히 아이와 소통하는 데 효과적인 전략이어서 인류 언어의 이브로부터 끊임없이 이어진 경향일 수 있다. 우리의 엄마가 그랬고 그것이 효과가 있었기에 우리도 그렇게 행동한다는 뜻이다.

엄마 말투의 전형적인 음역대는[47] 우연히도 아기가 들을 수 있는 특정 음역대와 밀접하게 연관됐다. 아기의 양육자로서는 아기가 인지하기 쉬운 방식으로 소통하는 게 항상 유익하다. 여러분과 여러분의 자녀가 사회

---

* 자라면서 중국어를 접하지 못한 영어권 성인도 중국어 단어 발음이 형편없기로 유명하다. 성조가 있는 언어에서는 음절이나 단어의 음높이를 조금만 바꾸어도 화자가 말하는 단어가 완전히 달라질 수 있다. 동아시아부터 아프리카, 심지어 남아메리카에 이르기까지 전 세계 언어의 약 70퍼센트가 성조 언어다. 유럽과 중앙아시아 언어에는 이러한 특징이 없다.

적 집단 안에 살면, 알아듣기 쉬운 방식으로 발성하는 것도 유용한 일이다. 여러분은 아이가 자신의 목소리를 가장 잘 알아듣길 원할 것이기 때문이다. 딸이 자라서 엄마가 하던 방식대로 자기 아이와 소통하는 것도 지극히 정상적인 현상이다. 우리는 부모를 모델로 삼으며 자란다. 인간도, 설치류도, 돌고래도, 명금류도 아마 그럴 것이다.

그런데 엄마 말투에서 하듯이 모음을 더 강조하는 엄마의 자녀는 다른 아이보다 언어 발달의 주요 단계에 더 빨리 도달한다. 그리고 언어 시험에서도 더 좋은 성적을 거둔다. 엄마 말투를 전혀 쓰지 않는 부모의 자녀는 뒤처진다. 성조 언어 사용자 중에서, 아이에게 말할 때 음소를 더 강조하는 엄마의 아이는 그렇지 않은 엄마의 아이보다 언어를 더 빠르고 정확하게 배운다. 그러므로 엄마 말투가 언어를 습득의 필수 요소는 아닐 수 있어도 아이를 유리한 위치로 올려놓는 경우가 많은 듯하다.

진화의 관점에서, 유리한 위치에 오르는 것은 무엇보다 중요한 일이다.

이야기에 대한 이야기

우리의 발성기관이 이상하고, 사용법을 익히기 어려우며, 수년 동안 무의미한 소리를 옹알거려도 유창해지기 어려운데도 인간이 말을 하지 않는 것은 매우 드문 일이다.

실제로 말하기는 보편적인 능력이며 일부 과학자는 우리가 일종의 '언어 본능', 다시 말해 이상하게 진화한 뇌의 독특한 특징 덕분에 가능해진 언어를 배우고 발전하려는 욕구를 가지고 태어난다고 생각한다. 예를 들어, 청각장애 학생은 집에서 수화를 배운 적이 없어도 사회적 그룹 내에서 스스로 수화를 개발한다고 알려졌다.* 그러나 이런 청각장애 학생은 초기 아동기의 중요한 시기에 보호자와 건강한 의사소통 관계를 맺고, 물, 우유, 음식, 화장실 등 원하는 것을 위한 가정 내 수화를 이미 개발한 상태였다. 이들은 유창한 화자를 통해 배울 수 있는 복잡한 문법을 배우지는 못했지만, 언어의 기본기를 가졌다. 예를 들어, 그들은 가정 수어를 개발하는 데서 암호를 해독하면서 단어가 무엇인지 이해했다.

언어와 격리된 아이의 발달은 그리 순조롭지 못하다. 진정한 유창성 수준에 이른 아이가 거의 없었다.** 영아기, 특히 유아기를 거쳐 어린 시절 내내 의사소통 상대와 중요한 관계를 만드는 과정에는 인간 언어를 유창한 수준까지 발전시키는 데 정말 중요한 무엇인가가 있어 보인다.

그러므로 언어에 대한 이야기는 인간 뇌의 진화 이야기와 많이 닮았다. 우리는 패턴, 규칙, 사회적 환경을 지도화하는 방법, 그리고 무엇보다 복잡한 의사소통 상대들의 욕구를 예측하는 능력을 원래 갖추고 있는 게 아니다. 또는 본능적으로 특정 유형의 학습을 추구하는 것도 아니고, 심지어 반드시 어린 시절이 있는 것도 아니다. 물론 이 모든 것은 중요한 요소지만, 많은 포유류, 특히 사회성이 높은 유인원들에게도 있는 특징이다.

오히려 우리의 특징은 이러한 욕구와 능력이 넘쳐 나는 긴 어린 시절이 있다는 점이다. 이 시기 뇌에서는 발달단계에 맞춰 광범위하고 유난히 폭발적인 발달이 일어난다. 그리고 고도로 사회화된 공동체 안에서 제 역할

---

* 언어심리학에서 꽤 유명한 사례로, 근본적으로 인지 발달의 기본 지식으로 간주된다.

** 슬프게도, 이런 아이의 사례는 심각한 학대와 방임, 고립이나 완전한 유기 상태와 같이 지극히 예외적인 상황에서 언어를 배우지 못한 경우였다. 그중 일부는 학대 외에도 학습 장애나 다른 인지적 문제가 있었다고 의심된다. 분명, 양육자와 아이의 관계는 인간의 어린 시절에서 결정적인 역할을 하며, 이 관계가 손상된 경우에는 거의 언제나 나쁜 일이 발생한다.

을 하는 데 필요한 정말로 어렵고 복잡한 일을 배운다.* 그러므로 언어에 대한 이야기의 본질은 뇌 가소성이 충분히 높은 기회의 창window of brain plasticity에 대한 이야기일지 모른다. 어린 시절은 그러한 주요 지침을 마음속에 새길 수 있는 시기이며, 우연히 엄마의 젖을 먹고 엄마 말투를 경험하는 시기와 완벽하게 맞아떨어진다. 그러나 중요한 것은 단어 자체가 아니다. 진정한 성취는 인간 사고의 가장 중요한 요소, 문법이다.

우리에게 문법은 너무 자연스러워서 우리는 이를 당연하게 받아들인다. 우리는 세상을 '행위actions' 그리고 이 행위를 할 수 있고, 이런 행위를 통해 예측 가능한 효과를 야기하는 '행위자agents'로 나누는 방법을 그냥 안다. 이것이 명사와 동사의 실제 뜻이다. 사자(행위자)가 풀밭에 숨었는데(행위) 염소(또 다른 행위자)가 지나가고 염소는 사자를 보지 못한다. 사자가 저녁 식사 거리를 잡는다. 대부분의 지능적인 포유류는 어떤 일이 발생하는 원인을 파악하고 이에 따라 자기 행동을 바꿀 수 있다.

---

* 우리의 독특한 능력을 만드는 기전을 아직도 정확하게 파악하지 못했다. 그러나 조금씩 지식을 넓혀 가고 있다. 예를 들어, '언어 유전자'라고 불리는 FOXP2 돌연변이는 언어 자체보다는 패턴의 복잡성이나 학습과 관련성이 더 높아 보인다(Schreiweis et al., 2014). 이 유전자의 유사체를 생쥐에 주입하면 이 생쥐는 더 복잡하게 찍찍거리지만, 더 흥미로운 일은 실험실에서 유년기와 나머지 일생을 보내는 동안 학습 속도도 더 빨라졌다는 점이다. 이 돌연변이가 있는 생쥐는 단계적 학습에서 반복적 학습으로 전환하는 데 능숙해진다(Ibid). 예를 들어, 미로에서 우회전을 했을 때 때 음식이 있는 곳에 도달하고, 이것이 충분히 자주 사실로 판명되면, 미로의 다른 모습이 변해도 생쥐는 여전히 오른쪽으로 간다. 이것은 아이가 언어를 배우는 방식과 유사하다. 충분한 노출이 이뤄진 후, 단계적 학습에서 규칙을 추출하는 단계로 넘어가고, 그 다음에는 이 기본적 논리에 창의적 혁신을 더한다. FOXP2 돌연변이에 차이가 있는 인간에게는 일련의 언어 및 인지 문제가 나타날 수 있다. FOXP2가 뇌에서 정확히 어떤 역할을 하는지는 아무도 모르지만, 이 유전자는 언어와 관련된 뇌 영역의 가소성과 관련성이 높아 보인다. 한편, FOXP2는 태아의 폐와 장에도 관여해 진화적 재창출과 다중 작업(evolutionary repurposing and multitasking)의 사례로 추정된다.

일련의 사건에 대해 이야기할 수 있게 되면, 우리가 내뱉는 언어 자체가 인지능력을 변화시킨다. 예를 들어, 시제를 바꾸는 것으로도[48] 우리는 시간과 그 안에서 자신의 위치를 이해한다. 과거에 일어난 일을 알고, 거의 무한한 과거가 있다는 사실을 이해하며, 이에 따라 온갖 종류의 일이 일어날 수 있는 미래가 있음을 안다. 우리는 일출이나 지진, 완벽하게 내린 커피, 〈스타 트렉Star Trek〉이나 처녀 파티, 암 완치 등 미래에 일어날 수 있는 일에 대해 이야기하고 생각할 수 있다.

언어는 대단히 유연한 인지 체계다. 그게 문법이 하는 일이다. 그것이 바로 엄마의 도움을 받으며 학습한 내용이다. 그렇다. 윌리엄 포크너William Faulkner(노벨상을 수상한 20세기 미국 작가_옮긴이)는 1,292개의 단어를 한 문장 안에 문법적으로 정확하게 담을 수 있지만, 그것은 단지 예술가의 놀이였다. 정말 중요한 것은 문법의 무한한 유연성 덕분에 유한한 어휘로 무한한 수의 아이디어를 표현할 수 있다는 점이다.* 문법이 있으면, 앞으로 보거나 듣거나 원하게 될 모든 것에 상응하는 단어가 없어도 된다. 문법이 없으면, 수백만 개의 고유한 단어가 필요할 것이다.

진화는 낭비를 좋아하지 않는다. 진화는 수십억 개의 단어 조합을 집어넣을 뇌 공간은 허용하지 않지만, 어떤 문제든 해결할 수 있는 유연한 규칙 세트를 배우고 창조하는 능력은 허용한다. 우리의 뇌는 문법을 배우고 창조하는 능력을 진화시켰다. 우리는 이런 일을 한 지구상의 유일한 종이다.**

---

* 공식적인 용어는 '재귀(recursive)'다.

** 우리 그리고 어쩌면 특정 원숭이들도 그렇다. 캠벨원숭이의 '언어'는 단 네 가지의 독특한 발성과 아주 간단한 문법으로 이뤄졌다(Ouattara et al., 2009). 언어학자들은 이 발견으로 크게 동요했다. 인간과 원숭이 사이를 구분하는 기준이 문법이라고 생각했고, 아무리 기본적이

인간의 문법은 무엇이든 행위자처럼 행동하게 만들 수 있다. 신발이 원할 수 있고, 속눈썹이 속삭일 수 있다. 마찬가지로 무엇이든 행위로 바꿀 수 있다. 의제를 상정할table 수 있고, 책임을 짊어질shoulder 수 있다. 생각을 절묘하게 조합해 더 섬세한 내용을 표현할 수 있다. '만약에'로 시작되는 시나리오도 만들 수 있다. 불가능한 일을 가능한 일처럼 취급할 수 있다.

정말 놀라운 일은 이제부터다. 앞에 적었듯이 늑대는 복잡한 사냥 무리를 조직할 수 있다. 언어가 전혀 없이도 사냥의 기본적인 '규칙'을 익히고 거기에 기반해 즉흥적으로 행동한다. 그러나 늑대들은 우리 같은 방식으로 사냥을 계획할 수 없다. 유니콘 같은 것을 상상할 수도 없다. 언어가 없는 정신에게 불가능한 일은 불가능한 일로 남는다. 늑대들은 자신들이 어디서 왔는지 생각하지도, 토끼가 죽는 것을 볼 때 어떤 감정이 들어야 하는지도 궁금해하지 않을 것이다. 결코 하늘을 올려다보며 별에 대한 이야기를 지어내거나, 로켓을 만들거나, 화성에 갈 계획을 세우지 않을 것이다.

인간이 관심을 기울이는 모든 일은 우리에게 언어가 있기에 가능하다. 인간의 정신은 그야말로 언어에 적합하게 만들어졌다. 그러나 언어로 이뤄졌기도 하다. 언어를 지배하고, 아는 것을 새로운 발상으로 조합하고, 타인의 이야기에서 생각과 욕구를 읽는 일과 동일한 논리 경로로 이야기를 써 내려가고, 뜻을 구축하고, 우주의 가장 아름답고 가장 이상한 특징을 탐구한다. 이것이 우리를 우리로 만든다.

이 때문에 문법은 엄마가 우리에게 전한 가장 중요한 가르침이다. 우리는 엄마 말투의 중요한 특징을 자연스레 습득했고, 아이가 생기면 거기에

더라도 다른 종이 문법을 가진다는 사실이 충격적이었기 때문이다. 침팬지와 고릴라는 일부 수어를 배울 수 있지만 그것은 어휘일 뿐이다. 거기에는 결코 문법이나 유창한 구문이 달라붙지 않는다.

담긴 음악적 특징을 모방할 것이며, 그렇게 아이의 언어 학습을 도울 것이다. 그러나 문법을 배운 순간 뇌에는 가장 인간적인 부분이 생겨 난다. 일단 문법을 익히고 나면, 누군가가 우리에게 응급 크라이크 시술 방법을 가르쳐 줄 수 있다. 우리가 크라이크를 창안하고 여러 세대에 시술 방법을 가르칠 수도 있다. 하지만 그야말로 가장 멋진 일은, 문명을 발명하는 일이다.

첫 번째 인간

잊은 것이 아니다. 아직 인간 목소리의 이브에 대해 이야기하지 않았다. 이 책에 등장하는 모든 이브 중에서 목소리의 이브를 추적하기가 가장 어렵기 때문이다. 목소리의 이브는 가장 중요한 인물이기도 하다. 목소리의 이브는 인간성의 이브나 다름없는 존재다.

시각의 이브나 재생산의 이브를 선택한 것처럼 의사소통의 이브를 지목할 수가 없다. 이것은 살아 있는 유기체의 근본적 특징이다. 하지만 우리는 진화 선상에서 다소 심오한 뜻으로 이전보다 더 인간적인 형질을 가장 잘 대표하는 이브를 찾을 수 있다. 인간 언어의 등장은 화석도, 날카롭게 다듬어 보관된 석기도 남기지 않았지만, 우리는 이 이브에게 네안데르탈인과 사피엔스 사이에 해당되는 완전히 현대적인 발성기관이 있었다고 짐작할 수 있다. 아마도 이 이브는 해부학적 현대인, 아주 최근의 조상이었을 것이다. 그리고 언어를 사용했다.

그런데 우리는 언어가 시작되는 순간부터 '인간'이었을까?

그렇지 않을 것이다. 나는 인간의 언어가 호미닌 뇌의 진화와 마찬가지로 매우 긴 시간 동안 등장과 쇠퇴를 반복하며 진화했을 것이라고[49] 강하게 확신한다. 의심할 여지없이 우리의 이브는 재귀적 문법을 갖추기 전부터 온갖 복잡한 사회적 의사소통을 했다. 그렇지 않고서야 이들이 어떻게 그렇게 오랫동안 생존했겠는가? 그렇지 않고서야 어떻게 유능한 산파가 될 수 있었겠는가?

하지만 그로는 충분하지 않았을 것이다. 문법을 가졌다 해도, 우리의 이브는 지금과 다른 방식으로 세상을 이해했을 것이므로 여러분이나 나 같은 인간이 아니었을 거다. 여기에는 무엇인가 더 심오한 요인이 작용한다. 그래서 나는 인간 언어의 진화에서 구분선이 되는 어떤 순간이 있었다고 생각한다. 그전까지 우리는 인간이 아니었지만, 그 후에는 인간이 됐다.

그 일은 아마 영웅적인 일도 거창한 일도 아닌 지극히 사소한 일이었을 것이다. 늦은 저녁, 차분하고 조용한 시간에 잠자리를 준비하며 누군가 최초로 이야기를 들려주기 시작한 친밀한 순간같이.

무리가 함께 모인 자리는 아니었을 것이다. 그보다는 졸음이 몰려와 잠투정하는 아이와 더 졸린 엄마처럼, 이미 대부분의 시간 동안 서로 이야기하려 노력하던 두 사람 사이에서 일어난 일이었을 것이다.

그러므로 언어가 있지만 한 번도 이야기를 들려주거나 들어 본 적이 없는 정신을 상상해 보자. 짧고 이기적인 거짓말, 있었다. 과장된 이야기, 당연히 있었다. 이런 현상들은 다른 동물에게서도 나타난다. 기만은 아득한 옛날부터 있었으니까.[50] 하지만 이야기는 없다. 종교도 없다. 도덕성에 대한 이야기도 없다. 내세도 없다. 신들도 없다. 우화도 없다. 전설도 없다. 기원 설화도 없다. 그냥 그렇다는 이야기도 없다. 이야기는 전혀 없다. 우리가 인간의 문화라고 간주하는 거의 모든 일이 시작되기 전에 등장한, 지적이고, 창의적이며, 완전히 깬 인간의 정신은 진정 생경한 정신이었다.

그래서 나는 그 여성을 선택했다. 인간 음성의 가장 중요한 특징을 등장시킨 이브는 현대인과 근본적으로 다른 정신을 가졌을 것이다. 그리고 그 정신에서 어떤 순간, 지극히 평범한 어떤 상황에서, 최초의 이야기가 탄생했을 것이다.

나는 이 여성에게 이름을 지어 주지 않으려 한다. 여성은 아마도 호모 사피엔스였겠지만, 해부학적으로는 틀림없는 호모네안데르탈렌시스였을 수도 있다. 둘 다 현대적 발성기관을 가졌고, 둘 다 머리 왼쪽에 언어능력을 나타낸다고 추정되는 특유의 부풀어 오른 부위가 있었고, 둘 다 넓은 설하신경관이 있었고, 둘 다 적절한 위치에 설골과 기도가 있었다.

하지만 시점을 생각하면 호모사피엔스가 더 유력하다. 3만에서 5만 년 전 사이 어느 시점부터 인간의 문화는 폭발적으로 성장했다. 우리는 비교적 간단하고 똑같은 도구를 쓰다가 문화적 혁명을 일으켰다. 도구를 발전시켰을 뿐 아니라 예술 작품, 장례 의례, 명백한 보석류의 양을 대폭 늘렸다. … 갑자기 모든 곳에서 상징이 나타났다. 이런 혁명이 일어나기 전에는 아주 오랫동안 변하지 않는 게 많았다. 그 후에는 아프리카, 중동, 남유럽, 중앙 및 남아시아, 중국… 어디를 봐도 인류가 있었다.

이 변화는 너무 빠르게 일어나 지나가던 외계인이 우리를 총명하게 만들었다는 음모론이 생길 정도였고, 큐브릭 감독을 바쁘게 만드는 그런 종류의 신속하고 설명할 수 없는 일이었다. 최대 1만 또는 2만 년이 지나더니, 펑 하고, 모든 인류가 복잡한 상징 문화symbolic culture를 택했다. 우리 모두가 어디에서나 그랬다. 대부분의 사람이 언어가 있어야만 가능하다고 생각되는 그런 속도였다. 유전적 변화가 느린 곳에서는 언어에 힘입은 행동 변화가 들불처럼 번질 수 있다. 나는 이미 언어를 구사할 수 있는 지능이 높은 종이 갑자기 상징적 내러티브를 획득했을 때 이런 일이 일어나지 않았을까 추측한다.

세상의 첫 번째 이야기의 주인공이 아이에게 이야기를 들려주는 엄마가 아니라면 누구겠는가? 남녀가 모두 언어를 능숙하게 쓰지만 가까운 거리에서 이뤄지는 섬세한 의사소통에는 여성의 몸이 조금 더 적합하다. 대부분의 성인이 아이의 언어 학습을 도울 때 엄마 말투의 음악적 요소와 특징을 활용하지만, 적어도 음높이 조절과 인간 유아의 독특한 감각기관에 맞추고 응답하는 면에서 여성은 엄마 말투를 더 많이 능숙하게 쓰는 경향이 있다. 하지만 내 생각에 더 좋은 이유는 두 사람 사이의 의사소통 사례에서 엄마와 아이의 연결이 가장 흔하기 때문일 것이다. 엄마는 아이의 생애 초기에 다른 누구보다도 아이와 더 많이 이야기한다. 여러 의사소통 시나리오 중 상당수는 아이가 칭얼댈 때, 엄마가 아이를 달래야 할 때, 달래지지 않으면 적어도 적절한 방안을 가르쳐 주고 희망을 갖도록 해야 하는 상황과 관련이 있었을 것이다.

이야기로 아이의 주의를 끌거나, 대처법을 가르쳐 주거나, 즐겁게 하는 일은 과거의 부모도 현재의 부모도 흔히 동원하는 방식이다.

하지만 그 첫 번째 이야기의 내용은 무엇이었을까? 이야기는 구조만큼이나 내용이 중요하다. 사건에 대해 말하는 일이 모두 '이야기'는 아니다. 내가 오늘 일어난 일을 말한다 해도, 그것은 그저 재미없는 사실의 나열에 불과할 것이다. 긴급함도 충분히 설명할 수 없다. 캠벨원숭이도 하늘에 독수리가 있다고 말할 수 있다. 하지만 어떤 원숭이도 톨킨의 독수리에 대해 말하지는 않을 것이다.

하지만 그것이 상상력을 동원해 세상의 어떤 특징을 해설하려는 그럴듯한 설명이었다고 생각해 보자. 왜 뱀에게는 다리가 없는지. 우리가 죽으면 무슨 일이 일어나는지.

이것이 전부는 아니었을 것이다. 오늘날의 그럴듯한 설명들은 대부분 어떤 도덕적 특성, 다시 말해 등장인물과 청중이 지켜야 하는, 그렇지 않으면 대가를 치러야 하는 일련의 사회적 규칙과 관련이 있다. 전형적으로 사랑이나 가족에 대한 헌신, 또는 사회적 위계에 대한 순응을 다룬다.

하지만 우리에게 익숙한 사회적 위계가 거의 존재하지 않았을 때니, 첫 번째 이야기의 주제는 결코 이런 내용이 아니었을 것이다. 지도자나 우두머리는 있었겠지만 군주나 왕 따위는 전혀 없었을 것이다. 마찬가지로, 사랑과 성관계는 많았겠지만 '결혼' 같은 관행은 없었을 것이다.

대신, 더 단순한 이야기가 아니었을까? 인류가 등장했을 때부터 변함없이 우리 곁에 남은 주제가 하나 있다. 바로 배고픔이다.

우리 조상의 이야기에 주제가 있다면, 그것은 생존이었을 것이다. 배고픔과 이주는 계속해서 멀리, 긴 회색 지평선 밖으로 우리를 밀어내는 수그러들 줄 모르는 죽음의 힘이다. 우리는 그곳에서 출발했다. 그것은 지금도 우리를 추동하고 있다.

Homo sapiens

8장 폐경

: 여성은 왜 오래 살까?

그럼에도, 그럼에도 불구하고[1]…

시간의 연속성을 부정하는 일, 자아를 부정하는 일,

광활한 우주를 부정하는 일은 겉으로는 절망 같지만,

사실은 비밀스러운 위로다.

스베덴보리의 지옥이나 티베트 신화의 지옥과 달리

우리의 운명은 비현실적이기에 끔찍한 것이 아니라,

돌이킬 수 없고 철저하기에 끔찍한 것이다.

시간은 나를 이루는 성분이다.

시간은 나를 휩쓰는 강이지만, 내가 그 강이다.

나를 잡아먹는 호랑이지만, 내가 그 호랑이다.

나를 태우는 불이지만, 내가 그 불이다.

–호르헤 루이스 보르헤스, 《미로Labyrinths》

이런, 내가 너무 나갔군![2]

–보르헤스의 어머니, 자신의 98번째 생일에

8,500년 전 여리고

새 날이 밝아 온다. 새소리가 들리고, 매트 위에 이른 아침의 가느다란 빛줄기가 드리우자 노파는 잠에서 깼다. 옆으로 돌아눕자 아직도 달콤한 잠에 취한 자매의 얼굴이 먼저 눈에 들어왔다. 그 다음 나지막한 손녀의 신음 소리가 들려왔다. 만삭이 가까운 손녀의 배가 잘 익은 무화과처럼 불룩하게 아래로 처졌다. 노파는 힘들게 몸을 일으켜 아침마다 쑤시는 고관절과 손의 통증을 무시하고 손녀의 매트로 걸어갔다. 늙은 몸뚱이의 아우성에 귀 기울일 여유가 없었다.[3] 노파는 손녀 옆에 쪼그리고 앉아 뺨에서 땀에 젖은 머리카락을 떼어 주고, 배에 손을 올리고는 강한 자궁 수축을 느꼈다. 손녀가 노파의 다른 손을 꼭 쥐었다.

분명 아기가 나온다. 지난해 홍수로 손녀의 어미가 세상을 떠났으므로,[4] 이 아기의 탄생을 돕는 일은 노파의 몫이었다. 살아서 네 번째 세대의 탄생을 보는 것은 드문 일이었다. 노파는 자매를 깨워 신선한 물을 가져오게 했다.

진통은 오전 내내 이어졌다. 손녀는 욕을 퍼부었다 울기를 반복하고, 노파와 자매는 통증을 달래기 위해 온갖 애를 썼다. 마을의 주술사가 불쑥 들어왔다가 문밖으로 쫓겨났다. 여기서 주문을 외우고 약초를 태우는 일은 도움이 되지 않는다. 아기의 아빠도 고개를 들이밀었지만, 노파는 물을 더 길어 오라며 내보냈다. 모두가 한몫 거들고 싶은 것 같았다.[5] 하지만 노파는 마을에서 가장 연장자였고, 사람들은 노파의 말대로 움직였다.

오두막 밖에서 해가 높이 뜨고 날이 뜨거워졌을 때, 노파는 뭔가 잘못됐다는 것을 알았다. 손녀의 무릎 사이에 쪼그리고 앉은 노파의 눈에 발가락을 오므린 채 막에 싸인 피투성이의 작은 발이 보였다. 아기가 세상에 잘못된 방향으로 나오려 했다.

노파는 이런 상황을 본 적이 두 번 있었다. 노파가 어릴 때 이모가 발끝부터 나오는 아기를 낳았다. 그리고 죽었다. 두 번째는, 어떤 여성이 그냥 자궁 안에 팔을 넣고 다른 손으로 배를 누르면서 아기를 돌렸다.[6] 그때 아기는 살았지만, 산모는 살지 못했다.

노파는 이를 악물고 숨을 들이쉬었다. 직접 아기를 낳은 지는 아주 오래됐지만, 노파는 출산에서 생존했고 타인의 출산을 여러 번 목격했다. 이번에는 모험을 감행해야 했다. 손녀의 허리를 편안하게 하고 두툼한 가죽 뭉치로 엉덩이를 받쳤다. 노파는 물통에서 양팔을 팔꿈치까지 씻은 뒤 깊은 숨을 들이쉬고 왼손을 손녀의 몸속으로 넣었다.

신비

보통 40대의 특정 시점이 되면 여성의 생리 주기가 이상해지기 시작한다. 처음에는 생리가 더 잦아지고 양이 많아진다. 밤이 되면 이상하게 몸이 더워진다. 두통, 울적함, 팽만감 같은 이전의 생리전 증후군 양상이 조금 변한다. 호르몬 분비량이 변하면서 관절염까지 올 수 있다. 이것을 폐경이행기perimenopause라고 부른다. 보통 몇 년, 길게는 10년 정도 지속된다.

그러고 나면 폐경기menopause에 진입한다. 이때부터 가장 힘든 증상이 나타난다. 에스트로겐과 프로게스테론 농도가 낮아지고 들쑥날쑥해지기에 두통, 감정 기복, 일과성 열감, 소화 장애, 질 건조증, 유방 통증, 구강 건조(또는 과도한 타액 분비), 체중 증가, 하체에서 복부로의 지방 재배치 등의 괴로운 증상을 겪는다. 팔다리, 윗입술, 턱, 유두 부위에 이상하게 털이 새로 자라기도 한다. 폐경기를 말로만 들었을 수 있다. 엄마나 이모가 땀을 흘리며 지내는 모습도 봤을 수 있다. 그러나 실제로 자기 몸에 나타나는 이런 변화를 받아들이기란 힘들고 괴로운 일이다.

내분비학자가 아닌 이상 난소가 내분비계의 중요한 부분이라는 사실을 모를 수 있다. 대부분 여성의 생식기관, 체지방, 뇌 기저부의 뇌하수체 사이에는 일종의 세 방향 핫라인이 있어서 성호르몬 균형을 지속적으로 조절한다. 이 호르몬들은 성이나 재생산과 관련된 일뿐 아니라, 소화기, 순환계, 신경계에서도 중요한 역할을 한다. 인체의 어느 부분도 성호르몬이 닿지 않는 곳이 없다. 서로 무관해 보이는 증상이 폐경기에 한꺼번에 나타나는 이유다.

일과성 열감을 살펴보자. 폐경기 여성의 60퍼센트 이상이 일과성 열감을 겪는다. 호르몬 변동 때문에 시상하부에서 실내 온도가 상승했다는 착각이 발생한다. 시상하부는 표층부 혈관을 확장하라는 신호를 보내고 뜨거운 혈액을 그곳으로 펌프질해 식히려 한다.* 얼굴과 목이 화끈거리고, 땀이 나고, 심박수가 올라가며, 특정 연령대의 여성이 입어야 한다고 권고받는 여러 겹의 옷을 벗고 싶을 수도 있다. 성호르몬 농도는 자연스러운 일주기 변동에 따라 저녁에 가장 낮아지기에, 폐경기에 접어든 여성은 낮아진 에스트로겐 농도에 신체가 적응할 때까지 주로 저녁에 일과성 열감을 겪는다.

다른 폐경기 증상도 비슷한 원리에 따라 발생한다. 에스트로겐 농도가

* 얼굴과 목, 손, 허리, 발, 겨드랑이, 가랑이 등 피부 가까이에 혈관이 많은 부위가 특히 그렇다. 배나 종아리 아래에는 표층부 혈관이 많지 않으므로 땀이 나지 않는다. 그러면 윗입술은? 이마는? 그곳에는 수많은 혈관과 땀샘이 있다. 긴장할 때 땀이 나는 곳이기도 하다. 유사한 기전이 작동한다.

낮아지면 질 벽이 얇아지고 건조해진다. 활발한 성생활을 유지하면 도움이 될 수 있지만, 폐경기에는 성욕도 까다로워진다. 일부는 성욕이 늘고 다른 일부는 떨어진다.

성호르몬은 뼈에 칼슘을 붙잡아 두는 데 도움이 된다. "자궁" 장에서 살펴봤듯이 탐욕스러운 태반이 뼈에서 몰래 칼슘을 빼가기 때문일 것이다. 에스트로겐과 프로게스테론은 이런 시도가 극심한 상황에서 여성의 뼈를 보호하는 듯하다. 그러나 폐경을 맞아 여성호르몬 농도가 낮아지면 몸에서 칼슘이 빠져나가기 시작한다. 그래서 노인 여성은 특히 골다공증이 생기기 쉽다.[7]

다행히 폐경은 영원히 지속되지 않는다. 몸의 각 기관계는 사춘기 이후 특정한 성호르몬 분비 양상에 반응하도록 길들여졌다. 따라서 기관계는 아주 다른 호르몬 분비 양상에 대응하는 방법을 다시 배워야 한다. 그것은 한때 생식능력이 있었던 대가로 치러야 하는 끝없는 고행이 아니라 전환이다. 이 전환이 끝났다는 신호는 쉽게 알아볼 수 있다. 즉, 생리가 끝난다. 자궁이 조용해진다. 난소도 조용해진다.

중년 여성이 12개월 이상 생리를 하지 않을 때를 가리켜 폐경기가 아닌 폐경후後라고 부른다. 여성이 남은 생애 동안 겪는 단계다. 오늘날 대부분의 여성은 인생의 3분의 1을 가임 능력이 없는 상태로 살아간다. 생리도 하지 않고 아기도 낳지 않는다. 이 관문을 통과한 많은 사람에게는 이것이 완벽하게 정상적인 상태이며, 피임이나 탐폰 또는 생리통을 더 이상 걱정할 필요가 없다는 점을 생각하면 심지어 안도하는 상태이기도 하다. 단지 골절이나 심장마비가 생길 가능성이 높아질 뿐이다.

하지만 진화를 연구하는 과학자에게[8] 이것은 정말 정말 이상한 일이다. 진화는 여러 세대에 걸쳐 유전자를 전달하면서 작동한다. 따라서 자손의 생식능력이 좋을수록 특정 유전자가 계속 생존할 가능성이 높아진다. 진화의 관점에서 유전자 전달 가능성을 낮추는 일은, 그 일이 무엇이든 엄청난 대가인 셈이다. 아기를 만드는 일이 최우선 순위가 돼야 하며, 어떤 종은 이미 생긴 아기에게 도움이 될 때만 희생을 감수한다. 대부분의 동물은 죽을 때까지 재생산을 이어 간다. 영장류도 그렇다. 새와 도마뱀, 물고기도 마찬가지다. 심지어 대부분의 곤충도 그렇다. 범고래를 제외하면 다른 어떤 종도 우리와 같은 일을 하지 않는다.

그렇기에 인간의 폐경은 우리가 죽는 이유와 함께 현대 생물학의 가장 큰 미스터리다. 우리는 몸이 거치는 일반적 경로를 안다. 어떻게 조직이 약해지는지, 어떻게 세포가 자살하는지와 같은 노화의 기전을 많이 알아냈지만 그 이유는 알지 못한다. 원칙적으로 모든 세포는 영원히 재생산을 이어 가야 한다. 올바른 환경, 충분한 음식, 충분한 산소, 대사 노폐물을 버릴 수 있는 장소가 허락되면 모든 세포주는 불멸이어야 한다. 하지만 그렇지 않다. 조직은 약해지고, 세포는 자살한다. 몇 해 동안 같은 일을 해 오던 신체 부위가 보이지 않는 선을 넘고 나면 이제 끝이라고 판단하는 것 같다. 정말 다행스러운 일이다.

그리고 어떤 이유에서든 여성의 난소는 몸의 나머지 부분보다 훨씬 일찍 멎는다. 우리는 더 이상 출산하지 않으면서도 계속 살아간다. 우리 몸의 일부가 나머지 부분보다 훨씬 빠르게 노화하는 셈이다. 그 이유를 알아내면 인간이 어떻게, 왜 죽는지, 그리고 왜 우리 중 일부는 타인보다 훨씬 빨리 죽는지에 대해 많은 사실을 알 수 있을 것이다.

할머니 가설

다른 곳이 모두 건강한 여성의 몸이 왜 아이를 더 가질 기회를 차단하겠는가?

아주 최근까지의 과학적 합의는 인간이 사회적 동물이기에 폐경기가 있다는 것이었다. 전반적으로는 아기를 만드는 일이 여전히 우선이지만, 형제나 조카 같은 친족을 보호하기 위해 이런 희생을 치른다는 이론이다. 이렇게 생각해 보자. 친척을 통해서라도 유전자를 전달할 가능성을 높인다면 진화는 그런 노력을 발현하는 신체 유형과 이를 뒷받침하는 유전적 토대를 더 선호할 것이다. 예를 들어, 이런 이론을 주장하는 과학자의 할머니가 이들을 돌보고, 부딪치거나 멍든 곳을 모두 살펴 주고, 엄마가 바쁠 때 저녁 식사를 요리했다고 하자. 유용한 형질이지 않은가? 이것이 할머니 가설grandmother hypothesis의 시작이었다.[9]

그렇게 고대 인류가 성공하기 위해 할머니의 생식능력을 중단시켰다면? 인간이 점점 더 사회화되고, 사회에서 전문적인 역할을 맡으면서, 손이 많이 가고 취약한 자녀를 돌보는 초보 엄마들에게 도움이 더 많이 필요해졌다면? 아이의 아빠나 할아버지가 도와줄 수 없거나 도우려 하지 않았다면, 아마 할머니가 도왔을 것이다. 자기 아기를 키우느라 바쁘지만 않으면.

과학자마다 조금씩 이야기가 다르지만, 일반적으로 할머니 가설은 인간이 일종의 스위치, 즉 난소 기능을 정지하는 기전을 진화시켜 할머니가 직접 아기를 낳는 일을 중단하고 그 대신 손자를 돌보게 했다고 주장한다. 과학자는 다른 동물에게서 이런 종류의 합의가 나타나는 모델을 찾아냈다. 예를 들어, 개미에게는 재생산을 하지 않는 무성의 일개미 계급이 있다. 일개미는 엄밀히 말하면 암컷이지만 생식능력이 사라지는 방식으로 발달한다. 일개미는 작고 튼튼한 반면 난소 기능이 저하되지만, 군체의 여왕개미는 거대하게 자라고 알을 낳을 수 있다.* 일개미는 군체에 도움이 되도록 자기의 재생산 욕구를 포기한다.

따라서 이론에 따르면 고대 인간 여성은 이런 종류의 사회를 지원하도록 진화했다. 남성은 무엇이든 하고, 젊은 엄마는 자녀를 돌보며, 상당히 규모가 큰 진사회적 '할머니' 계급이 자녀 양육을 돕는다. 이러한 합의가 손녀에게 이익이라면 '폐경기 유전자'**가 인구 전체에 빠르게 퍼질 것이다. 시간이 지나 모든 소녀가 50세에 난소 기능을 중단하는 유전적 부호를 가지고 태어나게 될 정도로 매우 유용할 것이다.

멋진 이야기다. 나도 우리 할머니에게 구체적이고 유익한 진화사가 있었으면 좋겠다. 나의 할머니는 사랑스러운 분들이셨다. 한 분은 자수에 심취해 계셨다. 다른 한 분은 내가 아주 어렸을 때 돌아가셨지만, 밀라노 쿠키로 가득 찬 사과 모양의 단지를 가지고 계시던 게 아직도 기억난다. 사과의 붉은색과 완만한 곡선을 기억한다. 뚜껑을 들어 올리던 할머니의 마르고 울퉁불퉁한 손을 기억한다. 나는 인간의 진화가 필연적으로 할머니의 쿠키 단지로 이어진다는 생각이 사실이기를 바란다. 그러나 할머니 가설에는 문제가 있다. '스위치를 끈다'는 생각이 가장 문제다.

---

* 수컷은 수명이 짧고, 여왕을 간단히 수정시키며, 필요한 경우 군체를 방어한다. 그러나 수컷 개미는 그야말로 정자 전달 체계다.

** 아니면 일련의 돌연변이였을 것이다. 단일 유전자가 그렇게 복잡한 현상을 유도한다고 생각할 사람은 아무도 없을 것이다.

그 스위치는 도대체 어디에?

여기 현대적인 사랑 이야기가 있다. 최근 친구가 내게 난자를 기증할 의향이 있는지 물었다. 둘 다 하버드 교수인 내 친구와 그의 아내는 아이를 갖고 싶어 했다. 하지만 힘들게 성공적인 경력을 쌓은 다른 여성처럼, 내 친구의 아내도 임신을 진지하게 생각하기도 전에 이미 40대 초반이 됐고, 이제 건강한 난자가 남지 않았다. 내가 생각하는 한 이것은 누군가에게서 들을 수 있는 가장 설레는 질문이다.

"우리에게 난자를 줄 수 있겠어? 우리 아이가 조금이라도 너처럼 될 가능성이 있으면 좋겠어."

나는 그러겠다고 대답했다.

그러려면 넘어야 할 난관들이 있었다. 여기에는 내 가계에 흐를지 모르는 모든 유전적 문제 등을 묻는 다소 광범위한 건강 설문도 포함된다. 나는 뉴욕에 사는 아일랜드계 가톨릭 신자이고, 어머니는 8명의 형제자매를 두었으며, 그분들은 대부분 여러 자손을 뒀으므로 조사 범위는 정말로 넓었다. 나는 이미 30대 초반이었기에 내 난자 보유고가 여전히 탄탄하다는 사실도 증명해야 했다. 다행히도 내 보유고는 탄탄했지만, 그렇지 않았을 수도 있다는 사실은 할머니 가설이 틀릴 수도 있는 주된 이유 중 하나다.

특정 날짜에 폐경기를 유발하는 스위치 따위는 없다고 밝혀졌기에, 시험관 시술 진료소에서는 내 난자 보유량을 확인해야 했다. 오히려 난소에서는 천천히 난자가 고갈된다. 우리는 사실 태어나기도 전부터 난포를 잃기 시작한다. 난포는 난자가 적절하게 발달할 때까지 품어 주는, 액체가 든 작은 주머니다. 만약 난소의 유통기한이 정해지면 그 날짜는 우리가 자궁 안에 있을 때 정해질 수밖에 없다.

이것을 '빈 바구니' 이론이라고 부르자. 남성은 죽을 때까지 계속 새로운 정자를 만드는 반면, 여성은 앞으로 자신이 쓸 모든 난자를 가지고 태어난다. 아니면 모든 난포를 가지고 태어난다고 하자.* 매달 배란 주기가 반복되면서 뇌하수체에서는 난포 자극 호르몬이 분비된다. 여기에 반응해 난소에서는 몇 개의 난포를 '성숙'시킨다. 일반적으로 그중 하나만이 완전히 성숙해 나팔관 안으로 난자를 배출한다. 일종의 내부 경쟁을 거치는 셈이다. 최고의 난자만이 생존한다.

아마도 내 친구의 아내에게 이런 일이 일어났던 것 같다. 세상의 다른 모든 여성과 마찬가지로 친구의 아내도 약 백만 개의 미성숙 난포를 가지고 태어났다. 그러나 그 후 매년 수천 개의 난포가 죽어서 몸에 재흡수됐다. 10대가 됐을 때는 약 3~4만 개의 난포만 남았다. 그 후부터는 매달 약 천개씩 난포가 없어졌다. 13세에 배란을 시작하면 40대 초반에 난자가 고갈될 운명이었다. 이때는 대부분의 여성이 의학의 도움 없이는 임신할 수 없는 시점이다. 내 친구는 수년 동안 피임약을 복용했으므로, 그 덕분에 난자를 일부 지킬 수 있었을 것이라고 생각했을 수도 있다. 그러나 피임약을 복용하며 배란을 지연시킨다고 해서 난자를 지킬 수는 없다. 실제로는 고용량 호르몬 피임약을 1년 복용할 때마다[10] 폐경기가 한 달 정도 앞당겨지는 것으로 보인다.** 그 이유는 난포 손실이 배란에 의해 유발되지 않

---

* 최근 연구에서는 정말로 난소에 미성숙 난자를 재생하는 줄기 세포가 있을 수 있다고 하지만 여기에는 논란의 여지가 있다(Grieve et al., 2015). 그리고 시간이 지나면서 꾸준히 난자가 소실된다는 것은 여전히 사실이다.

** 다행히도, 오늘날 표준적으로 사용되는 저용량 피임약은 폐경을 앞당기지 않는다. 또한 심혈관 문제를 일으킬 가능성도 훨씬 낮다. 몸에 대해서는 늘 그렇듯, 개입이 덜할수록 부작용도 적게 발생한다.

기 때문이다. 오히려 배란은 한 달에 약 20개의 난포를 조기 사망으로부터 구하고, 그중 오직 하나만 성숙한 난자가 돼 나팔관 안에서 여정을 시작한다. 그러나 이렇게 20개를 구하는 동안 980개의 난포는 죽어 없어진다.

사람에 따라 매달 평균보다 난포가 더 많이 없어지기도, 덜 없어지기도 한다. 그리고 무슨 이유인지 30대와 40대 여성 중 일부는 더 질 좋은 난자를 가지는 반면, 어떤 여성은 염색체 이상이 더 많은 난자, 미토콘드리아에 문제가 있는 난자, 더 이상 제 역할을 하지 못하는 난자 등 더 '불량한' 난자를 가진 듯하다. 그러나 애초에 우리 몸이 왜 그렇게 많은 난자를 폐기하도록 진화했는지에 대한 단서는 아직 발견되지 않았다.

나는 난자를 기증하면 나중에 내 아기를 가질 가능성이 낮아지지 않을까 걱정했다. 성숙한 난자를 추출하기 위해 쓰는 시술 방식이 침습적이기는 하지만,* 다행히 난자 기증자의 임신 가능성이 줄어들지는 않는 듯하다. 그러나 난자 기능 때문에 내가 더 일찍 폐경을 맞게 될런지는 아무도 모른다. 데이터에 따르면 그렇지는 않은 것 같다.[11] 그러니까 도대체 왜 매달 그리 많은 난포를 없애 버리는 걸까? 1,000개가 아니라 100개씩만 없애면 안 될까? 몸은 어떤 난자를 남길지 어떻게 판단할까? 좋은 난자가 시간이 지나면서 손상되는 걸까, 아니면 태어날 때부터 수백만 개의 난포 중 좋은 난포가 400여 개뿐이었을까?

다시 말해서, 여성의 난자 대부분이 불량품일까?

거의 반세기 동안 과학계는 포유류의 난자에 유통기한이 있다고[12] 생각했다. 만약 그러면 유전 질환을 예방하는 데 도움이 되므로 인간의 폐경

---

* 초음파 유도하에 긴 바늘로 질 벽을 뚫고 들어가, 각각의 얇은 난포 벽에 구멍을 뚫고 성숙한 난자를 빨아들인다.

을 조금이라도 설명할 수 있을 것이다. 내 친구의 몸에서는 난자의 유전적 청사진에 DNA '이중 가닥 절단'과 같은 중대 결함이 있다는 이유로 40대가 되기 전에 아주 많은 난포가 폐기됐을 수도 있다. 대부분의 여성에게서 매달 없어지는 수천 개의 난자에는 문제가 있을 수도 있는데, 난자는 정자보다 훨씬 더 만들기가 어려우므로 문제가 생길 가능성이 더 많아지는지도 모른다.

우리 DNA의 절반은 아빠로부터 절반은 엄마로부터 왔지만, 미토콘드리아와 세포질은 대부분 엄마에게서 물려받았다.* 정자는 기본적으로 아빠의 DNA를 난자에 던져 넣는 정보 전달 시스템인 반면, 난자는 배아를 만드는 데 필요한 재료를 모두 제공해야 한다. 이것이 바로 난자가 정자보다 4,000배나 큰 이유다. 난자에는 단지 청사진의 절반이 아니라, 청사진의 절반과 공장 전체가 들었다.

정자를 만드는 데는 그다지 많은 재료가 필요하지 않으므로, 고환은 생식 세포를 만들기 위해 그렇게 힘을 들이거나 오래 일할 필요가 없다.** 반면 난소는 성숙한 난자를 만들기 위해 훨씬 오랜 시간에 걸쳐 더 많은 노력을 기울여야 한다. 인간 태아는 자궁에 있을 때부터 난포를 만든다는 점을 기억하자.

세포의 수명이 길수록 노폐물이나 자유라디칼이 축적되면서 세포가

---

* 미토콘드리아와 세포질을 전부 엄마로부터 물려받는다고 생각했지만, 최근 연구에 따르면 때로는 정자의 물질이 난자 안에 유입되기도 한다(Luo, 2013). 그러나 이것은 일종의 돌파 과정으로 보이며, 정자의 미토콘드리아 DNA 대부분은 수정 후 난자의 세포에 의해 먹히거나, 버려지거나, 쏠려 나가는 것으로 보인다(Al Rawi et al., 2011; Luo, 2013).

** 계산하면 약 2개월 반이다. 그러나 만약 여러분이 정자가 있는 사람이고, 정말로 당신이 동원할 수 있는 최고의 정자로 (기꺼이 바라는) 여성 파트너를 임신시키고 싶다면, 이런 일이 생기기 수년 전부터 건강한 생활 습관을 유지하는 편이 좋다.

손상될 가능성이 커진다. 손상을 복구하는 기전들이 있지만 시간이 지나면 이것도 덜 미더워진다. 또한 오래된 난자에 다운증후군을 야기하는 유전적 문제가 있을 가능성이 높은 것도 사실이다.*

같은 이유로 나이 든 여성은 조기 유산을 더 많이 겪는다. 따라서 인간과 유사한 고대의 신체는 어떻게든 이런 문제를 예상하고 장애가 있는 아기를 낳지 않기 위해 이렇게 많은 난포를 폐기했을 수도 있다.

대부분의 포유류는 우리만큼 오래 살지 않으므로 나이 든 난자의 유전적 손상에 대비할 필요가 없을 수도 있다. 하지만 이 이론에는 몇 가지 이상치와 관련된 약점이 있다. 코끼리는 60대까지 새끼를 낳는데도 유전적 문제가 늘지 않는다. 일부 고래도 그렇다. 드물게 사육 상태에서 일어나는 일이지만 침팬지는 심지어 60대에도 새끼를 낳을 수 있다.[13] 야생 침팬지는 대부분 35세 이전에 죽는다. 우리만큼 오래 사는 몇 안 되는 포유류들의 암컷은 대개 늦은 나이까지 재생산을 이어 간다.** 일반적으로 고령 산모는 모두 완벽하게 건강한 새끼를 낳는다. 포유류 난자의 노화가 인간이

---

* 40세 산모의 경우 75분의 1의 확률로 위험성이 여전히 낮기는 하다(Cuckle et al., 1987). 이는 20대 시절의 1,400분의 1보다 높은 수준이지만 여전히 가능성이 낮다(ibid.). 아빠 나이도 문제다. 아빠 나이가 많을수록 염색체 기능 이상이 나타날 위험이 높아지지만, 최근까지 이런 요소를 고려한 연구는 거의 없었다. 현재까지 알려진 내용에 따르면, 40세 이상의 남성과 아기를 갖게 되면 자녀의 자폐증, 조현병, 다운증후군 위험이 높아진다(Callaway, 2012). 매년, 이런 문제가 모두 엄마만의 잘못이 아니라는 사실을 인정하는 연구들이 새로 발표된다. 그러므로 정자가 노화될 때도 문제가 발생한다고 생각하는 편이 나을 것이다. 그러나 난자는 훨씬 더 많은 물질로 만들어지기에 난자에 생길 수 있는 문제가 더 많다.

** Ellis et al., 2018. 우리가 연구할 수 있는 포유류 가운데 북극고래는 200년 이상 사는 것으로 보이지만, 이들의 성생활은 나이 많은 암컷이 흔히 200세에도 출산하는지 판단할 수 있을 만큼 충분히 알려지지 않았다. 우리는 수염고래의 옆구리에서 19세기 작살을 발견하고서야 이들이 그렇게 오래 산다는 사실을 알게 됐다. 깊고 차가운 물에 사는 고래의 수명을 연구하기는 매우 어렵다. 대부분 과학자들의 활동 기간이 40여년인 경우에는 특히 그렇다.

폐경기를 맞는 유일한 이유일 리 없다는 뜻이다. 다른 포유류는 늦은 나이까지 출산할 수 있는데 우리는 왜 그럴 수 없을까?

답은 근원적인 유전정보에 있을지 모른다. 영장류의 난소 기능이 '프로그램'된 방식은 우리의 전반적인 신체 계획의 근간을 이루는 일이어서, 변경하기에는 비용이 너무 많이 들 수 있다. 그러나 다른 포유류가 그렇게 늦은 나이까지 문제없이 출산할 수 있는 이유를 정확히 알지 못하므로, 확실한 것은 우리가 포유류라는 점이 나이 든 엄마를 배제하는 일과 아무 관련이 없다는 사실뿐이다. 그러면 인간의 폐경은 영장류 재생산의 근원적 유전정보에 생긴 그야말로 놀라운 변화이거나, 아니면 우리 이브의 지난한 진화에서 제대로 수정하기 어려웠던 기존 유전정보의 완전히 정상적인 부작용이라는 뜻이다.

이제는 우리가 코끼리나 고래와 가까운 사촌 관계였던 시절로부터 오랜 시간이 흘렀다. 지금 그들은 우리만큼 오래 살지 않으므로, 우리와 가계도가 가까운 다른 대형 유인원의 난소가 어떻게 노화하는지 들여다보는 게 좋겠다.

섹시한 할머니

옛날 옛적에 유인원과 닮은 우리의 이브는 거대한 음순을 가졌다. 배란기가 되면 이 음순은 혈액과 다른 체액들이 차오르면서 거대한 쿠션처럼 부풀어 올라 임신이 가능하다는 사실을 온 사방에 광고했다. 침팬지와 보노보에는 아직도 이런 음순이 있다. 우리의 더 먼 사촌인 오랑우탄과 고릴라 그리고 다른 영장류들도 그렇다. 종에 따라 더 극적이기도 덜 눈에 띄기도 하지만, 암컷이 가임기에 접어들면 생식기 주변에 피가 차올라 따뜻하고 붉게 부풀어 오르고, 수컷에게 엄청난 매력을 발휘하는 현상은 영장류의 매우 일반적 특성이다.

과학자들은 호미닌이 두 다리로 걷기 시작하자 똑바로 일어선 골반에 거대한 생식기를 전시할 자리가 없어졌다고 생각한다.* 이 살덩어리는 오그라들었지만 지금도 여성의 음순은 배란기가 되면 조금 부풀어 오른다. 음핵 주위에 자리 잡은 아주 얇은 살덩어리인 소음순은 성적으로 흥분할 때 혈액이 쏠려 조금 더 어두운 색으로 변하고, 배란기에는 이런 변화가 더 뚜렷하게 나타난다. 나이가 들면서 여성의 소음순은 어두운 색을 유지하는 경향이 있는데, 이는 평생 생식 주기가 반복되면서 남은 흔적이다.** 폐경기를 거치면서 소음순의 크기는 그대로이거나 조금 더 길어지기도 하지만, 대음순은 폐경기의 지방 재배치 현상에 따라 조금 작아진다.

이런 현상은 침팬지에게도 나타나며, 침팬지의 폐경 여부를 식별할 수 있는 중요한 기준이다.

---

* 어떤 사람은 영장류 생식기 팽창이 아빠의 돌봄을 장려하는 데 도움이 된다고 생각한다 (Nunn, 1999; Alberts and Fitzpatrick, 2012). 또 어떤 사람은 임신 가능성을 '숨기는 것' 자체가 여성의 성적 선택 측면에서 유리할 수 있다고 생각한다. 예를 들어, 수컷이 가임기를 구분하지 못하면 언제 성관계를 맺어야 아기를 가질 지 알 수 없다. 이렇게 되면 진짜 가임기에 접어든 여성은 압박을 덜 느끼고 소수의 남성만 막아 내면 자신이 선호하는 남성을 선택할 수 있게 된다. 숨기기 전략은 친부 불확실성(paternal uncertainty)과 관련해서도 여성에게 도움이 될 수 있는데, 영장류의 생식기 팽창은 친부 불확실성에 영향을 미치는 다른 조치들과 일치하기 때문이다(Nunn, 1999). 다만 의식적 조치들을 활용하려면 초기 호미닌보다 많은 두뇌 능력이 필요했을 것이다. 나와 성관계를 했을 때 루시의 음순이 커졌던가 아니던가? 어디 보자, 몇 달이 지났나… 아 맞다, 나는 오스트랄로피테쿠스지. 수학을 못하네.

** 또한 배란기에는 피부의 멜라닌 생성이 활발해질 수도 있다. 피부는 나이가 들면서 조금씩 색이 변하며, 생식기도 예외가 아니다.

우리와 마찬가지로 대부분의 침팬지도 50세 전후에 배란을 멈추는[14] 듯하다. 다시 말해 침팬지의 생식계는 '노화한다.' 난소도, 생식기 팽창 현상도 늙는다. 그러나 우리와 달리 50세의 침팬지는 매우 늙은 상태다. 이빨과 털이 빠지기 시작한다. 관절이 삐걱거리고 불안정해진다. 근육은 힘이 없어진다. 야생에서보다 수명이 긴 사육 상태에서도 침팬지는 보통 50~60대에 죽는다. 즉, 침팬지는 너무 일찍 죽기에 우리와 같은 방식으로 폐경기를 겪지 않는다.

그러나 인간의 문화적 규범과 달리 소년 침팬지는 나이 든 침팬지에게 더 매력을 느낀다. 그 동네에서 가장 섹시한 암컷은 할머니 침팬지다. 때로는 심지어 증조할머니일 수도 있다. 할머니 침팬지는 털이 회색이다. 한쪽 또는 양쪽 눈에 백내장이 있을 수도 있다. 그러나 수컷은 할머니 침팬지에게 질리지 않으며, 젊은 암컷은 기회를 얻지 못한다. 영장류학자는 왜 이런 현상이 나타나는지 정확히 알지 못하지만 일반적으로 침팬지 할머니가 매우 섹시하다는[15] 점에는 동의한다.

인간 여성이 나이 들어 보인다는 것은 생식능력이 떨어진다는 뜻일 때가 많다. 따라서 진화론적으로 남성이 이들에게 성적 매력을 덜 느끼는 것은 일리가 있다.* 그러나 침팬지의 경우 인간보다 더 이른 생식 연령부터 노화의 징후가 나타나기에 털이 회색으로 변한다고 해서 난소가 더 이상 작동하지 않음을 뜻하지 않는다. 사실 암컷 침팬지의 경우 나이가 많아 보인다는 것은 양질의 DNA를 보유한다는 신호일 수 있다. 또한 사회적 낙

---

* 아니면 적어도 남성은 매력을 덜 느낀다고 말한다. 인터넷에서 'MILF(섹시한 중년 여성, 'Mom I'd Like to Fuck'의 약자_옮긴이)'와 '할머니' 포르노가 확산되는 현상은 실상이 다르다는 것을 뜻할 수도 있다. 침팬지나 보노보처럼 인간의 성생활도 재생산만을 위해 이뤄지지는 않는다.

오자는 오래 살기가 어려우므로 할머니는 지역 사회에서 꽤 좋은 지위까지 확보했을 것이다. 둘을 합치면 아주 매력적인 조합이 된다.

하지만 다시 50세라는 숫자로 돌아가 보자. 침팬지도 그렇게 오래 살면 대부분 우리처럼 배란을 멈춘다. 다른 영장류들도 비슷한 양상을 띤다. 영장류의 생식 계획을 살펴보면 영장류들의 난소는 비슷한 속도로 노화되는[16] 듯하다. 그것이 사실이라면, 개코원숭이에서 긴팔원숭이, 침팬지에서 인간에 이르기까지 각 종은 매 주기마다 거의 같은 비율의 난포가 없어질 것이고, 시간이 지나면서 재생산 곡선도 비슷한 기울기로 떨어질 것이다.* 영장류 난소의 기본 수명은 약 50년에 맞춰져 있을 수 있다. 우리는 더 오래 살 수 있지만, 아기를 잘 낳지 못할 것이고, 몸의 나머지 부분도 작동을 멈출 것이다. 그러면 우리 이브의 몸에 변화가 일어난 곳은 난소가 아니었을 수 있다. 여성은 난소 대신 나머지 신체 부위의 노화를 어떻게든 지연시켰고 인간의 난소는 아직 이런 변화를 따라잡지 못했다.

그러나 이것도 더 근본적인 질문인 "왜?"에 답이 되지 못한다. 애초에 왜 나이 든 여성이 많이 필요했을까? 단지 아기를 낳지 않고 살아가는 것 외에, 늙는다는 것은 어떤 쓸모가 있을까?

---

* 물론 50세 이후에 출산하는 침팬지 같은 이상치도 존재하지만 이것은 인간에게도 해당된다. 대부분의 침팬지는 50대와 60대에 이르면 성공적으로 출산하기가 어렵다. 시험관 시술, 난소 조직 이식, 자궁 전체 이식과 같은 중재를 금지하는 경우 대다수의 여성도 마찬가지다. "도구" 장에서 살펴봤듯이, 우리 종은 아기를 낳는 능력에 기술적으로 개입한다. 이런 개입은 인류의 특징일 수 있고, 우리의 성공을 이끈 근본적 기전일 수 있지만, 그렇다고 해서 오랜 진화를 거치는 동안 우리 몸에 이런 기전이 반영된 것은 아니다 분명, 재생산에서 생존하는 여성이 많을수록 노년까지 생존하는 여성도 많아지겠지만, 이로 인해 폐경이 등장할 수는 없다. 즉, 우리의 산과술이 자연스레 확장되면서 시험관 시술이 등장했다 해도, 사회적 환경이 나이 든 임산부를 지원할 수 있게 됐다고 해서 인간의 난소에 들어 있는 영장류의 기본적 청사진이 갑자기 바뀌지는 않을 것이다. 늘 그렇듯이, 문화 혁신은 유전적 돌연변이를 훨씬 앞선다.

다시 여리고로

소녀의 자궁이 움찔하더니 단단해졌다. 노파는 조심해야 했다. 어딘가가 찢어지면 손녀는 출혈로 죽을 것이다. 그리고 아마 아기도 죽을 것이다. 자궁 경부는 넓었다. 다행이었다. 이어서 양쪽에서 고관절이 느슨하게 만져졌다. 발이 만져졌지만, 한 발뿐이었다. 다리 하나만 확인하면….

시간이 쏜살같이 흐르고 소녀의 생명이 위태로워지자, 노파는 처음에 생각한대로 아기의 발을 다시 자궁 안으로 밀어 넣었다. 아기는 가슴께로 무릎을 접었다. 노파는 손녀를 진정시키기 위해 부드럽게 말을 건네며 두 손가락으로 아기의 미끄러운 엉덩이를 만졌다. 손녀는 통증 때문에 정신이 혼미했다.

노파는 가능한 한 빨리 소녀의 벌어진 다리를 세게 밀어 올렸고, 한쪽 대퇴골이 고관절에서 빠져나가며 크게 뚝 소리가 났다. 아기는 엉덩이부터 빠르게 나왔고, 두 팔은 가슴에 단단히 붙었다. 장난감 같은 남자아이였다. 노파는 아기를 엄마 배 위에 올려놓고 등을 문질러 줬다. 아기의 안색은 파랗지 않았다. 울지는 않았지만 숨을 쉬는 모습이 보였다. 아기는 살 것이다.

손녀가 살 수 있을지 확신이 없었다. 손녀는 창백하고 땀에 젖었으며, 다리는 피로 물들었다. 노파의 자매가 탯줄을 잡아당기려 손을 뻗었지만 노파는 그 손을 치웠다. 태반이 저절로 나오도록 두는 편이 나았다. 예전에 출산한 이모의 탯줄을 잡아당겼을 때 피가 엄청나게 쏟아졌었다.

앞으로 한두 시간이 매우 중요했다. 손녀가 생존하면 다친 고관절을 치료할 셈이었다. 노파는 구경꾼들을 오두막에 들이지 말라고 자매에게 일렀다. 지금은 할 일이 없었다. 기다려야 했다.

현명한 할머니

내가 상상한 여리고의 노파는 인간 폐경의 이브와 노인의 이브를 합친 모습으로, 주위의 다른 여성들과 함께 노년을 맞이한 최초의 여성이었다.

대부분의 인류 역사에서 노인은 유니콘 같은 존재였다. 아마도 여러분은 그중 1명, 많아야 2명을 알았을 것이다. 어쩌면 멀리서 노인 여성의 새하얀 머리카락만 봤을 수도 있다. 아니면 그 여성이 여러분의 할머니였을 수도 있다. 아마도 할머니가 여러분에게 고기를 조금 먹여 줬을 것이다. 할머니는 여러분의 엄마와 음식을 나눠 먹었을 것이다. 그러나 대부분의 사람은 진정한 노인이 될 때까지 오래 생존하지 못했다.

1만 년 전 농경이 그야말로 번성했을 때, 우리 조상은 여성의 생존을 돕기 위해 협력적인 생활 방식, 의술, 100만 년에 걸친 산과적 관습을 가졌다. 폐경의 이브는 동시에 노인의 이브였어야 했다. 난소 기능이 정지된 뒤에도 인생의 3분의 1을 더 산 희귀한 여성이 아니라, 그렇게 산 여러 여성 가운데서 함께 살았던 여성이다. 즉, 폐경의 기전은 생리학적 사안이지만, '폐경을 맞는' 종이라는 것은 대부분의 여성이 가임기가 지나고도 인생의 3분의 1을 더 살면서 60세 이상까지 생존하는 근본적으로 사회적인 현상일 수 있다. 진화를 통해 종의 신체 설계 변화가 표준화되는 데는 엄청나게 오랜 시간이 걸리기에, 이런 일은 일회성일 수 없다. 문화는 빠르게 변한다. 생리학은 원칙적으로 그렇지 않다.

현대의 수렵 채집인 집단은 여러 가지 면에서 우리와 마찬가지로 '현대적'인 삶을 살지만, 이들에서 몇 가지 단서를 찾을 수 있다. 현대의 수렵 채집인 산San족 사회에서는 전체 아이의 50퍼센트가 15세 이전에 사망하고, 평균 기대 수명이 48세다. 산족의 10퍼센트만이 60세까지 살며, 대다수는 여성이다. 어느 곳에서나 여성이 남성보다 오래 살지만, 산족 사회에서는 그 격차가 더 뚜렷하다. 그러면 산족에게는 폐경기가 있을까? 이렇게 사망률이 높아도 대답은 '그렇다'이다.

그러나 우리의 고대 조상의 신체 설계는 아마도 폐경기에 대비되지 않았을 것이다. 지금까지 발견된 화석 가운데 호미닌이 30대 이후까지 생존한 예는 오랫동안 극히 드물었다. 해부학적 현대인인 호모사피엔스조차 처음에는 그렇지 않았던 것으로 보인다. 이 글에서 여리고에 사는 여성을 이브로 선택한 이유는 많은 고인류학자가 농경이 시작되기 전에 인간이 60세까지 사는 일이 드물었다고 생각하기 때문이다. 불과 12,000년 전의 일이다. 여성의 신체가 그 전에도 폐경을 맞도록 설계됐는지는 모르지만, 어쩌면 우리의 생활 방식이 그 잠재력을 나중까지도 뒷받침하지 못했을 수도 있다. 노화의 유전적 토대를 더 많이 알아낼 때까지는 그 시기를 정확하게 특정할 수 없으며, 고대의 뼈에서 찾은 증거에 계속 의존해야 한다.

그러나 인간의 폐경이 시작된 시기를 노인 사회가 생겼을 때로 한정하면 1만 2,000년 전도 너무 이를 수 있다. 인구밀도가 높은 농촌 마을이 등장하기 전에는 폐경기를 맞은 할머니 계급이 일상적으로 생기고 유지되기가[17] 불가능했을 것이다. 그리고 할머니, 더 정확히는 여성이 대부분인 노인은 농경문화 사회의 등장에 특히 도움이 됐을 것이다.

범고래를 살펴보자. 범고래 무리는[18] 인간 이외에 폐경 여부를 확인할 수 있는 유일한 사회적 포유류다. 물론 이들은 고래이고 바다는 광활하기에 연구하기가 어렵다. 하지만 확인한 사항에 따르면, 범고래 암컷은 인간 여성과 마찬가지로 출산을 멈춘 후 성체 수명의 3분의 1을 더 산다. 범고래 사회는 모계사회다. 아들은 평생 어미와 함께 지낸다. 어미가 죽으면 생존한 아들도 잘 지내지 못한다. 그들은 새끼를 많이 갖지 못한다. 무리

내에서 지위를 유지하지 못한다. 즉, 그들의 성공은 어미에게 달렸다. 아들은 어미의 사회적 지위를 물려받으며 먹이에 대한 권리에서부터 어떤 암컷과 언제, 그리고 얼마나 자주 교미할 수 있는지까지 매일의 특전이 달라진다.

그러나 범고래 할머니의 의무 가운데 손주를 돌보는 일은 그리 비중이 높지 않다. 범고래의 생활이 할머니 가설과 들어맞지 않다는 뜻이다. 연구 결과들에 따르면, 폐경기가 지난 범고래는 단산 이후에도 손주나 다른 어린 개체들을 돌보는 데 시간을 더 들이지 않는다.[19] 외부 위협으로부터 새끼를 보호하는 일에도, 가족을 위해 먹이를 모으는 일에도 시간을 더 쓰지 않는다. 자기 새끼를 낳지 않는 게 고래 방식의 무료 보육 서비스를 뜻하지는 않는 듯하다.

할머니가 책임지는 일은[20] 위기의 순간에 무리를 가르치는 일이다. 먹이가 부족할 때, 좋은 음식이 있을 가능성이 높은 곳을 향해 할머니가 앞장선다. 무리가 그곳에 도착해 어떤 어려움에 부딪쳤을 때 먹이를 구하는 방법을 보여 주는 것도 할머니일 가능성이 높다. 예를 들어, 선수파를 만들어 유빙에서 물개를 떨어뜨리거나 물고기를 모으는 방법을 보여 주는 식이다.

할머니가 하는 일은 기억하기다.

사회적 포유류가 오래 살면 두 가지 좋은 점이 있다. 성체가 된 새끼의 사회적 지위를 강화하는 일과, 시간이 지나며 변하는 세상에서 생존하는 방법을 기억함으로써 위기가 닥쳤을 때 집단 전체의 안녕을 보장하는 일이다.*

---

* 분명히 하자면, 젊은 사람들에게 없는 기억을 간직할 정도로 나이가 들었다고 해서 항상 올바

아마도 할머니 가설 대신에 두 가지를 생각해 봐야 한다. 폐경을 맞은 할머니는 자녀의 사회적 지위와 자원을 유지하는 데 도움이 된다. 이를 엄마 가설mother hypothesis이라고 부른다. 그리고 할머니의 기억력이 뛰어난 점도 도움이 된다. 노인은 현명하기에 귀중한 존재다.

쿠키 단지를 좋아하는 우리 할머니의 취향을 거슬러 올라가, 이 장의 이브인 여리고의 노파에게 필요한 지혜와 같이, 우리는 고대 인류가 정말로 노인에게 기대했던 필요가 무엇이었는지 생각해 봐야 한다.

오늘날 할머니에게서 여리고의 노파에 견줄 만한 사람을 찾기는 어렵지 않다. 예를 들어, 아베도Abedo라는 아프가니스탄 여성을[21] 보자. 그곳에 사는 많은 여성처럼 아베도도 남편이 전사해 과부가 됐다. 오빠가 그곳에서 기자로 일한 후, 나는 젊은 종군기자가 쓴 짧은 기사를 통해 그녀에 대한 이야기를 처음 읽었는데 시간이 지나면서 더 빠져들었다. 아베도는 1970년대 아프가니스탄 무자헤딘(아프가니스탄 반군 게릴라 단체_옮긴이) 단원의 아내였다. 이는 그다지 독특한 사례가 아니었다. 그러나 남편이 집으로 돌아오지 못하리라는 사실을 알았을 때, 아베도는 다른 난민처럼 아이를 데리고 도망치는 대신 싸우기로 결심했다. 아베도는 신의 뜻이라고 믿는

른 결정을 내린다는 뜻은 아니다. 예를 들어, 작고 더럽고 어두운 오두막에서 진통 중인 여성의 자궁 안으로 아기의 발을 밀어 넣는 건 끔찍한 생각이다. 절대 하지 말기를! 그런데 아기가 나온 직후 탯줄을 잡아당기지 않는 일은? 잘 하는 일이다. 그리고 산도를 넓히기 위해 관절 탈구 위험이 따르는 곡예에 가까운 방식을 시도했던 의사에 대한 이야기가 있다(산모는 릴랙신을 총동원한 상태라 지나치게 유연할 수 있다는 점을 기억하자). 고관절 탈구는 권장되는 방식도 아니고 당연히 표준 치료도 아니지만, 적절한 상황에서는, 특히 제왕절개술을 안전하게 할 수 있는 도구가 없는 상황이라면 누가 알겠는가? 도움이 될 수도 있다. 이것이 아마도 고대에 노인이 주변에 있어서 가능했던 이점을 더 잘 이해할 수 있는 방법일 것이다. 그들은 초인적으로 현명한 노인이 아니라 이전 경험을 바탕으로 때로는 좋은 결정을 때로는 나쁜 결정을 내리면서, 그 결과 전반적으로 방해보다는 도움이 됐던 보통 사람들이다.

일을 하기 위한 유일한 방법으로 남장을 시작했고, 소련과의 전쟁 중에 많은 무자헤딘을 이끌었다.

1989년, 마침내 러시아군은 빙하처럼 철수했다. 전쟁의 소용돌이가 휩쓸고 간 땅이 남았다. 한동안 아베도는 자기 마을에 돌아가 더 '정상적인' 생활에 적응했다. 심지어 상점을 열어 전에 싸우던 사람들에게 물건을 팔기도 했다. 아베도의 아이가 자랐다. 아프가니스탄 여성이 이런 방식으로 사는 일은 물론 평범하지 않았지만, 아베도는 독립성을 유지했고 이웃들로부터 큰 존경을 받았다. 20년이 흘렀다. 아베도의 아이에게 아이가 생겼다. 강이 흐르는 계곡에는 분홍색과 흰색의 양귀비가 피었다.

그러나 또 다른 전쟁이 도시의 절반을 불태웠다. 탈레반이 아베도의 사업을 방해하기 시작했다. 그들은 미국의 지원을 받는 아프가니스탄 정부에 물건을 팔지 말라고 했다. 한편 정부는 아베도에게 탈레반에 물건을 팔지 말라고 말했다. 그녀는 어느 한쪽 편을 들기를 거부했다. 탈레반이 가게에 불을 지르지 않았더라면 아베도는 아마도 여전히 마을에서 평범하게 생활했을 것이다.

그 후, 아베도는 미국의 지원을 받는 정부의 승인 하에 10명의 청년을 모집하고 자신의 준準군대를 창설했다. 내가 이 장의 내용을 조사하기 시작했을 때, 아베도는 기름칠이 잘 된 총을 들고 자기 마을의 일상과 안녕을 지키는 쪼글쪼글한 할머니와 사령관이 섞인 모습으로 생존해 있었다. 미국의 지원을 받는 정부는 전사이자 군사령관으로 지낸 폭넓은 경험이 있는 아베도에게 그 지역의 보안 정보와 전략에 대해 자문을 구했다. 아베도는 기자에게 이렇게 말했다.

"경찰과 군대에 있는 요즈음 젊은이들은[22] 경험이 없어요. 그리고 싸우는 방법을 몰라 전투에서 죽기 쉽습니다."

나와 연락이 닿는 어느 누구도 아베도가 2021년 8월의 처참한 아프가니스탄 미군 철군 이후 생존했는지, 심지어 그녀가 그때까지 살아서 그 사건을 볼 수 있었는지 알지 못했다. 새로운 탈레반 정부가 아베도를 같은 편으로 보지는 않을 것이라고 생각하는 사람도 있었다. 그러나 적어도 우리는 아베도가 싸우는 방법을 알았기에 놀라울 정도로 오랫동안 생존했다는 사실을 안다. 일반적으로 인간 여성이 남성보다 오래 살기 때문이기도 했다. 그리고 많은 노인 여성처럼 아베도에게는 기지機智가 있었고, 이런 기지는 아베도의 지휘하에 싸우는 남성의 생존에도 도움이 됐다. 아베도는 강이 흐르는 계곡에서 전쟁이 진행되던 방식을 기억했으므로 부하들을 가르칠 수 있었다. 싸우는 방법을 알았기에 부하들을 이끌었고, 부하들은 아베도의 경험을 믿었기에 그 가르침을 따랐다.

물론 현대 아프가니스탄이 고대 여리고와 같지 않다는 점을 생각하면, 아베도는 폐경의 진화를 설명하기에는 특이한 모델일 수도 있다. 하지만 그녀는 어려운 환경 속에서도 충분히 오래 생존해 사회집단에서 중요한 지식과 리더십을 발휘한 여성이다.

폐경기가 육아를 위해 진화했다고 생각하기보다는, 자녀도 손자도 경험하지 못한 사건을 기억할 정도로 나이가 든다는 게 어떤 뜻인지를 생각해 봐야 한다. 여리고의 노파와 같은 사람이 20년 동안 한 번도 없었던 홍수로 농작물이 파괴되는 모습을 봤다고 상상하자. 노파의 자녀는 무엇을 해야 할지, 어떻게 생존해야 할지 몰랐을 것이다. 하지만 노파는 알 수 있었다.

다시 말해, 스스로 기른 곡물을 먹고 살아가는 방법을 알아내고, 이전에 어떤 인간도 하지 않은 규모의 식량을 공유하고 저장할 정도로 어려운 일을 하는 복잡한 사회집단이 있다면, 그 일을 하기 위해 노인이 필요하다. 이것이 사실이라면 농경이 발명된 후 이 두 가지가 서로 이익이 되는 일종의 노화-농경 피드백 고리가[23] 있었던 게 분명하다.

농경은 험난한 여정을 거치며 시작됐다는 점을 기억하자. 정착 생활은 계절성 기근, 폐기물로 인한 질병, 다양성이 부족한 식단으로 인한 영양 결핍 같은 문제를 불러일으켰다. 그리고 모든 음식이, 심지어 재배한 음식도 쉽게 먹을 수 있는 것은 아니었다. 곡물과 구근을 먹는 일은 나무에서 무화과를 따 먹는 것과 다르다. 이 음식을 먹고 죽지 않도록 요리하는 법을 알아야 한다. 오늘날 재배되는 식품 중 상당수는 야생 상태에서 사람을 심각하게 아프게 만드는 식물의 개량종이다.

예를 들어, 오늘날 남아메리카와 아프리카 요리에 널리 쓰는 마니옥 뿌리는 생구근에서 독성 알칼로이드를 제거하기 위해 물에 담그고 끓이고 두드려야 한다. 하찮은 감자에도 특별한 지식이 필요하다. 감자가 빛에 오래 노출되면 녹색으로 변하고, 녹색 감자를 많이 먹으면 심하게 아프다. 녹색 감자에는 기본적으로 세포가 스스로 죽도록 유도하는 화학물질인 솔라닌이 들었다. 메스꺼움, 설사, 구토는 가벼운 부작용에 속한다. 이 정도 악몽에는 생존할 수 있다. 환각, 마비, 저체온증, 죽음같이 더 힘든 일을 겪을 수도 있다. 녹색 감자를 너무 많이 먹어서 더운 오후에 얼어 죽는 날에는 농경을 도입하기 어려울 것이다. 그리고 만약 잎, 줄기, 싹을 먹었다면 하늘이 돕기를 바란다.

제대로 요리하지 않았을 때 많은 농작물이 위험한 부작용을 나타내는 이유는 식물들도 동물과 마찬가지로 화학물질을 이용해 자신을 방어하기 때문이다. 이미 특정 살충제나 기타 자기방어 수단을 진화시킨 식물들은 고대의 정원에 심기 적합했을 것이다. 고맙게도 이런 식물들은 인간에게 기회가 돌아가기도 전에 자신들을 먹어치우는 딱정벌레나 다른 벌레들에게 저항했을 것이다. 즉, 고기를 먹을 때보다 식물을 먹을 때 중독될 가능성이 더 높다.*

수렵 채집인 사회에서 공유되는 지식은 우리 조상이 고기를 먹는 식생활과 위험한 독이 넘쳐 나는 식물 세계를 탐색하는 데 도움이 됐다. 그러나 농경을 위해서는 어떤 식물을 먹고 어떤 식물을 피해야 하는지 뿐 아니라 올바른 식물을 심고 재배하는 방법, 시간이 지나도 독성이 생기지 않도록 식물을 저장하고 가공하는 방법, 그리고 물론 이것저것을 얼마나 먹어도 괜찮고, 언제부터 더 이상 괜찮지 않은지를 알아야 했다.

그러기 위해서는 이전의 생활 방식보다 훨씬 더 많은 사회적 지식이 필요하다. 많은 협력이 필요하다. 문자 언어가 출현하기 전에는 우리 이브와 같은 노인 인구가 일정 비율 필요했다. 많은 것을 경험하고 배운 사람이 필요했다.

고대 여리고에서는 잘못된 음식을 먹고 더운 오후에 오한으로 죽은 오빠를 기억해 줄 노파같은 사람이 필요하다. 렌즈콩과 완두콩, 에머밀을 뿌리는 방법, 쓴 살갈퀴를 끓여서 고약한 성분을 제거하는 방법, 해충을 쫓고 토양을 비옥하게 하기 위해 특정 종류의 씨앗을 가까이 심는 방법을 공동체에게 가르칠 사람이 필요하다.

농경이 인간 문화에 뿌리를 내리자 주변에 노인이 있는 편이 여러모로 유리했다. 그러나 유전학을 제외하면 수명 연장에는 본질적으로 오늘날

---

* 육식을 통해서도 감염될 수 있으며, 만약 그 동물에게 사람까지 감염시킬 수 있는 병원체가 있으면 이 경우도 물론 치명적이다. 그러나 썩은 고기를 먹지 않는 한, 요리와 소금을 이용하면 그런 시나리오를 피할 수 있다. 오래된 고기가 위험한 가장 큰 이유는 박테리아가 상한 조직을 갉아먹으며 번식할 시간이 많을 뿐 아니라, 단순히 고기를 씻고 요리하는 것으로는 해결할 수 없는 위험한 독소를 배출할 시간이 많기 때문이기도 하다.

과 동일한 조건들이 필요하다. 음식, 의술, 사회적 안정, 적절한 위기 계획 등이다. 농경 사회는 처음 세 가지 조건을 제공했다. 그리고 노인은 네 번째 조건을 갖추는 데 도움이 됐다. 홍수로 농작물이 휩쓸려 갔을 때, 비가 충분히 내리지 않을 때, 이웃 집단과 갈등이 생겼을 때, 집단 내부에 갈등이 생겨 공동체 전체의 복지를 위협할 때 어떻게 해야 하는지 계획할 수 있었다. 이들은 원로였다.

기록을 남길 수 있기 전에는 집단에 과거의 위기를 기억하는 사람이 있는 게 특히 중요했다. 10년 전에 있었던 일을 기억하는 사람을 찾기는 어렵지 않다. 그러나 40년 전에 있었던 일을 기억하거나, 공동체가 어떻게 다른 해결책을 찾아냈는지 정확하게 기억하는 사람을 찾는 일은 훨씬 어렵다. 구전되는 역사는 이야기꾼이 세상을 떠난 후에도 많은 것을 전하지만 한계가 있다. 드문 위기가 다시 찾아오는 것을 볼 수 있을 만큼 오래 사는 일은 어떤 지식이 집단 전체가 배울 만한 지식인지 가장 확실히 판단할 수 있는 방법이다.

현대 수렵 채집인의 폐경 양상은 도시인과 다르지 않으므로, 농경의 발명이 우리의 유전자를 급격하게 바꾸었다고 볼 수는 없다. 그리고 사실 우리의 수명을 연장하는 데 도움이 되는 유전적 변화가 있으면, 이 변화는 아마도 노파의 이브보다 훨씬 전에 일어났을 것이다.* 폐경기를 이해하는 데 농경이 중요한 이유는 그것이 인류 역사에서 매우 중요한 순간이었기

---

* 인간과 네안데르탈인의 화석에 대한 어떤 연구 결과에 따르면 이 시기가 3만 년 전까지 앞당겨질 가능성도 있다(Trinkaus, 2011). 그러나 이 연구 결과는 논란의 여지가 있으며, 어떤 사회집단에서도 한두 명 이상의 여성이 장수하는 일은 여전히 드물었을 것이다. 3만 년 전 호미닌 유전체에 여성이 더 오래 살게 하는 돌연변이가 생겼을 수도 있겠지만, 대규모 폐경 여성 사회가 안정적으로 등장하는 데는 농경의 부상 같은 일이 필요했을 수 있다.

때문이다. 우리는 뭔가를 하려 정말 열심히 노력했다. 그러느라 자주 아팠다. 완전히 새로운 생활 방식이 필요했다. 무엇이 효과가 있었고 무엇이 효과가 없었는지 기억하는 원로들은 아주 유용한 존재였다. 그런 노인은 수렵 채집 사회에서도 도움이 됐겠지만, 아마도 노인 사회는 지속 가능한 농경시대가 열리면서 더 일반화됐을 것이다.

나는 이것이 폐경기 미스터리에 대한 더 간단한 대답이라고 생각한다. 할머니 가설은 우리의 유전적 설계와 사회생활 모두에 급진적인 변화가 필요한 복잡한 진사회성 모델을 상정하므로 그 대신 다른 설명을 고려하자. 우리는 폐경을 겪도록 진화하지 않았을 수도 있다. 폐경이라는 형질은 선택되지 않았을 수도 있다.

어쩌면 폐경은 수명 연장에 따라온 자연스러운 부작용이었는지도 모른다. 원칙적으로 신체는 죽음을 피하기 위해서 가능한 모든 일을 한다. 그러면 무덤을 피하는 데 도움이 되는 형질을 선호하는 진화적 선택을 상상하기는 어렵지 않다. 사회적 종의 경우 노인을 근처에 두는 것 또한 유용할 수 있다. 이것은 수명을 연장하고 여성이 폐경기를 맞게 하는 유전자를 선택하는 방향으로 진화적 압력에 힘을 실었을 수 있다.

그런 뜻에서 이번 장의 이브를 선정하는 일은 좋은 활용 사례를 찾는 일이었다. 새로운 농경 공동체에는 노인의 기억이 필요했다. 적어도 초창기에는 농경 덕분에 할머니를 더 잘 부양할 수 있었던 게 아니라, 그 어느 때보다 할머니가 **필요했다**. 폐경기의 진정한 시작은 소녀가 언젠가 자기도 할머니가 될 것이라고 기대할 수 있을 만큼 충분한 수의 여성이 노년기까지 생존한 시기였다. 그러므로 인간 폐경기의 이브는 다른 노인 여성 사이에서 살았던 최초의 여성이다. 우리가 찾는 것은 최초의 고대 뜨개질 동호회지만, 그들이 뜨개질을 많이 하지는 않았을 것이다. 그들은 아마도 지도자의 모임, 원로회였을 것이다. 우리 이브는 반드시 도움이 되는 할머니는 아니었다. 현명한 할머니였을 뿐이다.

따라서 폐경의 핵심은 배란이 멈춘다는 사실이 아니다. 우리가 예측했던, 생물학적으로 설정된 유효기간 너머까지 계속 산다는 사실이다. 우리는 늙는 게 평범한 일이 되게 만들었다. 즉, 폐경기의 흥미로운 점은 폐경 자체가 아니라, 인간이 어떻게 죽음을 피할 수 있었느냐는 점이다. 그리고 이 인간은, 여성을 뜻한다.

세계 어느 곳에서든 여성은 죽음을 피하는 능력이 남성보다 뛰어나다. 생식계가 쫓아오는 터무니없는 죽음의 질주에서 생존하기만 하면, 여성은 대개 남성보다 더 오래 건강하게 산다. 이런 근본적인 차이는 나이가 들수록 더욱 분명해진다. 평균적으로 미국 여성은 남성보다 겨우 5~7년 정도 더 산다. 그러나 이것은 전체 인구의 평균을 말한다. 연령 집단을 통제하면 격차가 극적으로 벌어진다. 10세 구간을 지날 때마다 각 집단에 속한 남성이 점점 더 많이 사망하는 반면, 여성의 사망률은 이보다 낮다.

백세인은 유니콘같은 존재였다.[24] 그러나 이제 미국에는 5만 3,000명이 넘는 백세인이 산다. 캐나다에는 거의 1만 1,000명이 있다. 일본은 8만 명이 넘는다. 이탈리아는 1만 9,000명, 영국은 1만 5,000명이 조금 넘는다. 그리고 대체로 이들은 남성이 아니다.

오늘날 백세인은 80퍼센트 이상이[25] 여성이다.

슈퍼 할머니

오늘날 115세까지 살아 있다고 검증된 세 사람은 모두 여성이다.[26] 세계에서 가장 오래 산 프랑스 여성 잔느Jeanne는 122세 164일을 살다가 1997년 조용히 세상을 떠났다. 최장수 남성은 일본인이었으며 2013년 116세로 사망했다. 그러나 남성의 신체는 여성보다 빨리 늙고 문제가 많이 생기므로 100세를 넘는 남성은 극소수다. 믿을 수 없을 만큼 늙은 이 사람들의 공통점은 기본적으로 사망 직전까지 노인 질환을 겪지 않는다는 점이다. 암도, 심장 질환도, 뇌에 구멍이 뚫리는 치매도, 당뇨병도, 장 문제도 없고, 폐도 깨끗하다. 즉, 이들의 주목할 만한 점은 그저 생존 연수가 아니라 해로운 노화 상태를 겪은 기간이 아주 짧다는 사실이다.

우리는 여성의 신체가 어떻게 이런 일을 하는지 잘 모른다. 수십 년 동안 과학자는 수명의 차이를 생활 방식의 문제로 간주했다. 남성은 폭력, 사고, 외상에 더 취약하다는 이야기였다. 집 밖에서 하루 종일 일해야 하기에 남성의 몸이 스트레스에 더 많이 노출된다고 말하는 사람도 있다. 어쩌면 남성은 더 힘들고 위험하며 가슴 뛰는 일을 더 많이 하면서 더 빠르게 몸을 소진하기 때문일 수도 있다.* 어쩌면 붉은 고기 때문일 수도, 통근 때문일 수도, 담배와 과음 때문일 수도 있다.

그러나 완벽하게 건강한 남성과 여성이 비슷한 양의 스트레스, 비슷한

---

* 실제로는 엇갈린 연구 결과들이 보고된다. 육체적으로 힘든 직업에 종사하는 남성은 평균적인 남성보다 일찍 사망할 가능성이 18퍼센트 더 높다(Coenen et al., 2018). 그러나 다른 연구에서는 육체 노동이 사무직보다 수명을 연장시킨다고 나타났으며(Dalene et al., 2021), 대부분의 사람들은 앉아서 일하기보다는 움직이는 편이 건강에 유리하다고 믿는다. 그저 정원에서 빈둥거리는 일이라도 노년기에 신체활동을 지속하면 더 오래 사는 경향이 있는 게 사실이다.

유형의 영양 섭취, 비슷한 종류의 직업과 습관을 가진다 해도 여성이 남성보다 오래 살 가능성이 높다. 그런 일이 어떻게, 왜 일어나는지는 수수께끼지만 사실 자체에는 더 이상 논란의 여지가 없다. 그리고 이것은 유인원 사촌들에서도 마찬가지다.[27] 야생이거나 사육 상태인 침팬지, 고릴라, 오랑우탄, 심지어 긴팔원숭이도 대개 암컷이 수컷보다 오래 산다.

그러므로 유전적 관점에서 인간의 폐경이 생식능력이 없는 노인 여성을 선택한 진화의 결과라고 생각해서는 안 된다. 이보다는 여성의 신체가 계속 생존하는 데 도움이 되는 형질들이 남성의 신체에는 덜 유용했으며, 더 많은 남성을 잃더라도 영장류 사회가 치르는 비용은 그다지 크지 않았기 때문일 수 있다. 잔인한 말로 들릴지 모르지만 사실이다. 과학적 관점에서 종이 영속하기 위해서는 수컷이 암컷만큼 오래 살 필요가 없다. 포유류의 경우에는 특히 그렇다. 생물학자가 즐겨 말하듯, 수컷 포유류는 '값이 싸다.' 쉽게 대체될 수 있다는 뜻이다.

남성이 성인기에 도달하면 유전자를 성공적으로 전달하는 데는 2~3개월밖에 걸리지 않으며, 그 시간은 대부분 고환에서 새로운 정자를 만드는 데 쓴다. 일단 정자가 만들어지면 사정하는 데는 60초밖에 걸리지 않는다. 한편 여성이 유전자를 전달하려면 난포가 완전히 성숙하는 데 12개월, 아기를 임신하는 데 9개월, 합쳐서 최소 21개월이 필요하다. 그 다음에는 모유 수유가 기다린다. 재생산과 초기 양육의 힘든 과정은 대부분 여성의 몸에서 이뤄진다. 일반적으로 암컷을 잃는 일이 종의 진화적 적합성에 큰 손실이 되는 이유는 이 때문이다. 수컷을 잃는 일은? 글쎄, 이 수컷이 있던 곳에는 다른 수컷도 많이 있다.

포유류 유전체에 암컷의 생명을 보존하려는 압력이 더 많이 가해지기에, 시간이 지나면서 노화에서 생기는 나쁜 물질들로부터 암컷의 신체를 보호하는 기전들이 진화했을 수도 있다. 다시 말하지만, 남성보다 오래 사는 것은 죽지 않는 일과 관련이 있다. 모든 포유류에게는 체지방 변화, 관절염, 근육 손실같이 나이가 들면서 변하는 연령 관련 지표들이 있다. 피부에도 변화가 일어나므로, 여성 잡지에서는 너무 쉽게 값비싼 세럼을 추천한다. 하지만 우리는 무릎 피부가 처져도 아주 오래 살 수 있다. 눈 밑 주름 때문에 죽지도 않을 것이다. 생존은 실제 경기다. 그러면 우리가 실제로 무엇 때문에 죽을 수 있는지 이야기하자.

무엇보다, 우리는 뇌가 죽으면 사망한다. 일반적으로 뇌는 심장, 폐, 신장, 간과 같은 장기 부전의 연쇄반응으로 죽는다. 뇌에 공급되는 혈액이 제대로 걸러지지 않는다. 산소가 부족하고, 이산화탄소가 많고, 독소가 너무 많아진다. 아니면 뇌에 도달하는 혈류가 부족해질 수도 있다. 어쩌면 혈전이 혈액 공급을 막아 뇌세포가 죽기 시작할 수도 있다. 우리는 이런 일이 일어나기 전에 대개 의식을 잃는다. 끝내, 전기가 나간다.

수렵 채집 사회의 아이들과 달리, 오늘날의 산업화 사회에 사는 인간들은 대부분 아동기까지 생존한다. 예방 가능한 감염, 폭력이나 사고같이 어리석은 일로 죽지 않는 한 대개 늙어서 죽는다. 우리가 죽는 이유는 '나이가 들기' 때문이 아니다. 암, 심혈관 질환, 폐질환이라는 주요 3대 요인 때문이다. 이것이야 말로 우리를 쫓는 살인자다. 그리고 나이가 들수록 여성의 신체는 이런 문제를 초월하는 데 남성보다 능숙해진다.

이 경주에서 남성 신체의 편이 되어 주는 것은 사회적 요인뿐인 듯하다. 역사적으로 우리는 남성의 신체가 어떻게 성장하고, 어떻게 죽는지에 더 많은 관심을 기울였다. 따라서 현대 의학과 대중적 지식은 남성을 도왔다. 심혈관 질환은 남성에게 더 일찍 닥치는 사망 원인이다. 여성의 심장마비는 약간 다른 증상으로 찾아온다. 하지만 오늘날 산업화 국가의 사람

대부분은[28] 심장이 멎을 때 남성의 신체에서 나타나는[29] 가슴을 움켜쥐거나, 팔과 턱으로 타는 듯한 통증이 뻗치고, 몸이 으스러지듯 눌리는 느낌이 드는 등의 반응을 주의 깊게 살핀다. 반면 여성은 이상하게 위산 역류가 심하고, 때로는 불안감이나 어지럼증이 동반된다고 말할 때가 많다. 가슴이 눌리는 듯한 전형적인 증상을 겪는 사람도 있지만, 그렇지 않은 경우가 많다. 그 결과 필요 이상으로 많은 여성이 심장마비로 사망한다. 심장마비가 더 많이 생기기 때문이 아니라, 심장마비 증상을 충분히 심각하게 받아들이지 않거나 무엇을 주의 깊게 살펴야 하는지 모르기 때문이다. 미국과 서유럽에서는 이런 문제에 대한 사회적 인식을 개선하기 위해 많은 캠페인이 진행되므로, 이로 인해 통계 현황이 다소 변할 수도 있다. 그러면 기존의 추세가 더욱 강화될 것이다. 여성이 더 일찍 자신의 증상을 인지해 더 빨리 병원에 갈 수 있고, 병원에서는 의사가 적절하게 주의를 기울이며 치료할 수 있게 된다. 즉, 심장 문제로 사망하는 여성이 지금보다 더 줄어들 것이다. 여성과 남성의 수명 격차는 더욱 벌어질 것이다.

확실한 점은 남성의 심혈관계가[30] 여성보다 빨리 노화한다는 사실이다. 동맥벽이 더 단단해진다. 혈관 벽에 콜레스테롤이 더 많이 쌓인다. 이는 염증 반응이 더 활발하다는 뜻일 수 있다. 그리고 이러한 변화는 아주 아주 어린 시절부터, 아마도 자궁에서부터 시작된다. 남성의 심혈관계는 어릴 때부터 혈압이 높은 경향이 있다. 2021년 코로나19 백신을 접종한 일부 젊은 남성에게서 심장 근육이나 심장을 둘러싼 주머니에 염증이 생기는 심근염이나 심낭염 발생 위험이 높았던 이유도 이 때문일 수 있다. 물론, 코로나19에 걸린 남성과 소년[31] 역시 이와 같은 심혈관 문제를 겪을 가능성이 높았으며, 마찬가지로 대유행 기간 동안 사망할 위험이 여성보다 유의하게 높았다. 대부분의 사람이 코로나19를 폐 질환으로 봤지만, 수천 개의 작은 혈전들로 폐혈관이 막히고, 각각의 폐색 부위에서 국소 염증과 세포 사멸 반응이 증폭돼 끔찍한 폐부전으로 이어지므로, 이제는 심혈관 질환으로 이해하는 편이 낫다고[32] 보는 사람이 많아졌다.

폐질환 역시 여성보다 남성의 사망률이 높은 3대 사망 원인 중 하나다.[33] 폐는 뇌와 마찬가지로 믿기 힘들 정도로 심하게 주름져서 표면적이 농구장 면적의 절반에 달한다. 그리고 몸과 세계 사이의 모든 상호작용을 조절하는 면역계는 성별의 영향을 크게 받는다. 시시각각 신호에 반응하는 사춘기 이후의 성호르몬 균형을 통해서든, 개별 세포의 염색체 구성과 관련된 근본적 조절 기전을 통해서든, 성은 면역계에 영향을 미치며[34] 폐도 예외가 아니다. 따라서 코로나19로 인한 폐 손상은 혈전 때문일 가능성이 높지만, 불행히도 남성형 면역계는 바이러스에 감염되어 폐에서 아무런 저지 없이 증폭되는 면역반응 때문에 고통받은 모든 가련한 남성에게 도움이 되지 못했다. 여성은 폐가 작아 폐 손상에 더 취약해도 감염을 더 잘 버텼다.

임신하지 않는 한 그랬다. 임산부들은 떼 지어 이 병에 걸렸다. 처음에는 확실치 않았다. 대유행 초기에는 자료가 여기저기 흩어졌고, 여성이 항상 임신 중인 것도 아니었기에 자연히 임신 여성의 자료가 적었다. 그러나 시간이 지남에 따라 중증 코로나19에는 비슷한 연령의 타인보다 임신한 여성이 더 취약하다는[35] 사실이 점점 분명해졌다. 그리고 여기에는 두 가지 이유가 있을 수 있다. 첫째, 독감에 걸렸을 때와 마찬가지로 임산부의 나사 풀린 면역계는 초기 감염에는 과소반응을, 이후의 감염에는 과민반응을 보인다. 그래서 독감에 걸릴 가능성이 더 높을 뿐 아니라 독감이 폐에 침입하여 면역계가 가동될 때 치명적인 염증 반응을 증폭시킬 가능성이 더 높다. 둘째, 임산부의 폐는 임신 제3삼분기가 되면 다소 약해지므로, 독감이나 코로나19 같은 질병이 매우 치명적인 결과를 초래할 수 있다.

그리고 여기에 놀라운 점이 있다. 여성이 폐 때문에 죽는 경우는 보통 인생의 두 가지 시기 중 하나다. 임신 중에 자궁이 부풀어 올라 폐가 눌리면서 자궁과 태반을 지탱하기 위해 폐에 막대한 부담이 가해질 때, 아니면 폐경을 맞아 호르몬 분비 양상이 변했을 때다. 그다지 좋은 일은 아니지만, 할머니가 독감에 걸리더라도 심각한 폐 감염으로 진행될 가능성은 낮으며 아마 전반적인 예후도 할아버지보다는 나을 것이다. 폐가 나이 들 때에도 여성인 경우가 낫다.* 진짜 문제는 폐 질환을 진단받은 여성은[36] 남성에 비해 적극적인 치료를 받을 가능성이 낮아 병에서 회복할 기회가 적다는 점이다. 여성의 폐질환을 남성과 동일하게 치료하면 통계는 지금보다 여성에게 훨씬 더 유리한 방향으로 편향될 수 있다.

암의 경우, 유전 외에도 다양한 생활 습관이 전반적인 발병 위험에 영향을 미친다. 기름지고 탄 음식이나 설탕 섭취, 독성 화학물질 노출, 알코올, 운동 부족, 스트레스… 하루에 알코올 음료 한 잔을[37] 마시는 것만으로도 미국 여성의 유방암 발생 위험이 14퍼센트 높아진다. 그러나 일반적으로 남성이 젊은 나이에 더 많이 암에 걸리고[38] 사망할 가능성도 더 높다. 전 세계 남성 2명 중 1명은 죽기 전에 어떤 종류든 암에 걸린다. 여성의 경우에는 3명 중 1명꼴이다. 나이가 들면서 세포 분열을 조절하는 다양한 기전이 불안정해지기에 노화 자체가 암 발생의 위험 요인임을 고려하면 이 차이는 특히 의미심장하다.

젊을 때는 삐죽삐죽 기형적인 유전정보 조각이나 자가 조절에 실패해

---

* 흡연자가 아닌 한에서다. 여성의 폐는 특히 담배 연기에 심각하게 반응하는 듯하다(Langhammer et al., 2003).

제멋대로 폭주하는 세포를 몇 개씩 능숙하게 솎아 낼 수 있지만 면역계가 나이 들수록 이런 능력이 떨어진다. 청소년기에 발생하는 암은 Y 염색체와 밀접한 관련이 있으며, 노년기에 발생하는 암은 Y 염색체의 중요성이 약간 줄어든다. 전 세계적으로 어느 해에나 14세 미만 소년 4명당 소녀 3명만이 암 진단을 받지만,* 70대까지 생존한 남성은 동년배 여성보다 암 진단을 받을 가능성이 미미하게 더 높다.

대부분의 연구자가 수긍하는 한 가지 중요한 이유는 Y 염색체가 X 염색체에 비해 작다는 점이다. X 염색체에는 약 800개의 유전자가 들은 반면, Y 염색체에는 약 100~200개만 들었으므로 남성 세포의 X 염색체 유전자는 대부분 짝이 없다.** 물론 중요한 이유는 아마도 자궁 안에서 여성 배아가 2개의 X 염색체 중 하나의 전원을 *끄거나* '비활성화'해 유전부호 중복으로 일을 그르치지 않도록 정리하기 때문일 것이다. 그러므로 전형적인 여성 신체의 세포주에는 X 염색체가 2개씩 들었지만, 일반적으로 둘 중 하나의 염색체에서만 유전자가 활성화된다.

---

* 진단과 성차별의 관계에는 문제가 조금 있다. 부유한 국가에서는 격차가 덜한 반면, 개발도상국에서는 격차가 더 벌어진다. 남자 아이가 아프면 의사를 만나 암 진단을 받을 가능성이 더 높기 때문일 수도 있다. 진단 편향은 이런 성차를 설명할 수 있는 개연성이 높은 요인이지만 모든 차이를 설명할 수 없으며, 생존 가능성의 차이를 설명할 수 없다는 것은 분명하다. 암 진단을 받은 남아는 같은 종류의 암으로 진단된 여아에 비해 암으로 사망할 가능성이 유의미하게 더 높다(Dorak and Karpuzoglu, 2012). 사춘기 이전에 암에 걸린 아이의 경우 일반적으로 생물학적 여성인 편이 더 낫다.

** 싸구려 농담이지만 유익한 비유다. 중요한 것은 크기가 아니라 그것을 가지고 무엇을 하느냐이다. 단순히 유전자가 더 많다고 해서 반드시 해당 염색체에 있는 유전자들이 근본적으로 더 중요해지는 것은 아니다. Y 염색체의 SRY 유전자는 몸 전체에 중요한 영향을 미친다. 그러나 특정 유전적 오류의 경우에는 상대적으로 작은 남성의 성염색체에 문제가 생길 수 있는 게 사실이다.

여아가 태어나면, 각 세포는 전 생애 동안 처음에 자궁 안에서 어떤 X 염색체가 비활성화 됐는지를 기억하고, 그 계통의 세포가 분열할 때마다 모든 후속 세포에 특정 X 염색체를 계속 비활성화하라는 명령을 전달한다. 연구자가 2017년에 관찰한 결과에 따르면, 800개의 유전자 중 약 50개를 제외하면 이런 기전이 실제로 작동한다.[39] 이 예외적 유전자 일부는 특히 세포 DNA의 자기조절과 대사에서 중요한 역할을 담당하는 것으로 보인다. 종양이 생길 때 흔히 문제가 되는, 그리고 종양의 성장, 재생산, 나아가 전이 속도를 결정하는 지점이 바로 이곳이다.

따라서 X 염색체에 부실한 유전자가 있을 때, 남성의 작은 Y 염색체로는 X 염색체가 2개 있을 때처럼 종양 발생 위험을 조절할 수가 없다. 이런 문제는 실제로 특정 암종에 걸린 남성에게 특징적으로 나타나기에, 연구자는 계속 활성화 상태를 유지하는 X 유전자를 EXIT 종양억제유전자로부터 탈출한 유전자, Escape from X inactivation Tumor Suppressor라고 부르기로 했다. 스물 한 가지 암종을 조사했을 때,[40] EXITS 유전자 중 다섯 가지는 여성보다 남성에서 돌연변이가 더 흔했다. 즉, 남성이라는 사실 자체가 사망 위험을 높이는 중요한 요인이었다. 그리고 그런 종류의 암 치료법이 서서히 윤곽을 드러내면, 우리는 이렇게 암에 시달리는 남성 신체를 근본적으로 더 여성화하기 위해 노력하게 될지도 모른다.

그러나 지금까지의 동물 연구 결과에 따르면, 신체가 이미 남성적인 경로로 발달한 후에는 의학으로 할 수 있는 일이 많지 않다. 성의 생물학에 대한 우리의 이해가 바뀌지 않는 한, 그보다도 여기에 대한 우리의 중재 능력이 크게 바뀌지 않는 한, 여성은 계속해서 남성보다 여러 해를 더 살 것이다.

여리고에서 죽은 자와 함께하는 삶

고대 여리고 사람은[41] 죽은 사람을 자기 집 아래에 묻었다. 이 사실은 수천 년 후 그 위를 덮던 땅에서 집터를 파내는 중에 이들의 뼈가 발견되면서 알려졌다. 그곳에서 발견된 두개골들은 회반죽으로 장식되기도, 눈이 있던 자리에 고둥 껍데기가 붙어 있기도 했다. 여성의 석상도 발견됐다. 이를 '조상 숭배'의 흔적이라고 생각했다. 어쩔 수 없이 이런 흔적을 종교라고 여겼다.

그들은 죽은 자와 함께 살았다. 어떻게 그랬는지는 모른다. 화로에서 요리하면서 조용히 기도를 했는지, 마른 보리를 갈며 집 아래 묻힌 죽은 이를 생각했는지는 알 수 없다. 딸의 머리를 땋는 동안, 출산하며 흙바닥에 피가 스며드는 동안 집 아래에 묻힌 죽은 자와 아주 가까이 지내면서 자신들의 삶에 대해 어떻게 생각했는지는 알 수 없다.

집터 근처에는 샘이 있었다. 그곳에 도시가 건설된 이유였다. 주기적으로 와디가 범람했으므로, 도시 주위에 벽을 둘렀다. 우리는 그 벽을 찾았다. 그들의 집터를 발견했다. 고둥 눈이 달린 두개골을 손에 넣었다.

20세기 세계대전 중에 미국인과 유럽인은 수많은 팝송을 썼다. 대부분 사랑 노래였다. 하지만 남자친구와 남편들이 마을을 떠나고, 소녀는 집에서 편지를 기다리는 부재absence에 대한 노래였다. 본토 전선home front이라는 발상은 여성과 관련이 있었다. 여성은 배급으로 연명하던 시대에 승리의 정원에 씨를 뿌렸다. 수천 킬로미터 떨어진 곳으로 운송될 폭탄을 포장했다. 사람이 떨어질 때 붙들어 주기를 바라며 공장에서 낙하산을 꿰맸다.

전쟁의 시기에 여성으로 산다는 것은 거기 없는 누군가를 사랑하는 사람이 된다는 뜻이었다.*

아주 오래된 이야기다. 오디세우스가 집으로 돌아오기를 기다리는 페넬로페의 모습이다. 화살촉 모양의 작은 설형 문자를 줄지어 새긴 고대 점토판에는 수메르, 아카드 버전의 설화가 적혔다. 수메르의 사랑과 전쟁의 여신 이난나Inanna 설화조차 사랑하는 두무지Dumuzi의 죽음을 애도하는 내용을 담고 있다.

그러나 여성에게서 남성을 빼앗아 가는 것은 전쟁뿐만이 아니다. 남성의 몸도 우리를 배신한다. 여성은 부재가 가중되는 현장에 서 있다. 땅이 입을 벌린다. 세상이 멈춘다.

나에게는 세상 누구보다도 사랑하는 오빠가 있다. 오빠는 나보다 다섯 살이나 나이가 많다. 우리 둘 다 담배를 피우지 않는다. 우리 둘 다 마약을 하지 않는다. 비록 돈이 많지 않은 환경에서 자랐지만, 지금은 꽤 잘 산다. 우리는 건강관리를 잘 받고 좋은 음식을 먹는다. 우리가 사는 도시는 오염이 심하지 않다. 나는 오빠보다 조금 더 뚱뚱하고 덜 건강하며, 오빠는 확실히 나보다 운동을 더 많이 한다.

가슴 아프게도, 나는 오빠가 나보다 먼저 죽을 것이라는 현실을 안다. 나는 10여 년을 오빠 없이 살 것이다. 통계적으로 말하자면, 그것은 내가 연구하는 숫자다. 확실한 것은 아니지만 그럴 가능성이 높다. 성별 차이 때문에 5년, 그리고 오빠가 나보다 일찍 태어났으므로 5년. 10년이다.

나는 어떻게 해야 할지 마음의 준비가 되지 않았다.

이것이 폐경기의 진짜 뜻이다. 중요한 점은 밤에 땀을 흘린다는 게 아

---

* 일본, 중국, 인도, 환태평양 지역, 그리고 많은 남성이 전쟁에 불려 나간 아프리카 일부 지역의 여성에게도 해당되는 이야기다. 여기서는 내가 아는 노래들에 등장하는 '서양' 여성만을 언급하겠다.

니다. 질이 건조해지는 게 아니다. 폐경기의 진정한 뜻은 이것이 전부가 아니다. 중요한 점은 우리가 사랑하는 남자보다 오래 산다는 것이다. 우리는 형제, 남편, 연인, 친구들보다 오래 산다. 모든 여성은 계속 살아서 그들이 떠나는 모습을 지켜봐야 한다.

Homo sapiens

9장 사랑

: 여성은 왜 전쟁 같은 사랑을 할까?

그리고 다른 인간들의 불이익을 발판 삼아 자라,

그 상태가 그대로 유지되기를 바라는 인간은

빈대, 회충, 암, 심해의 청소동물과 공통점이 훨씬 더 많은,

이름뿐인 인간이다.

–제임스 에이지,《목화 소작인Cotton Tenants》

남성에게는 이론이 있다. 여성에게는 골반뼈가 있다.

죽음이 다가온다.

–앤 카슨, 〈역창조Decreation〉

돈이 없으면 계산을 많이 한다. 집세, 기름 값, 신용카드가 탱고를 추고…
자기도 모르게 오래된 노래를 흥얼거리듯 '하루에 42킬로미터씩만 운전
하면, 화요일까지 기름이 버텨 주겠지'라는 대수학이 마음속을 떠돈다. 새
천년의 전환점에 인디애나주 고속도로를 달리는 동안 내 마음속에서는

시각 정보들 뒤에서 숫자가 윙윙거렸다. 여윈 나무들, 금이 간 콘크리트, 정사각형 건물들, '브레이크 디포(자동차 정비소_옮긴이)'와 '예수 구원'과 '미드나잇 러너스 XXX'를 알리는 거대한 간판들이 지나갔다. 앞 유리에 떨어지던 빗방울이 기억난다. 내 빨간 닛산 자동차는 문짝 밀폐구조가 망가졌다. 물이 새어 들어와 어깨에 떨어졌다. 나는 도시 경계를 넘어가 고속도로 출구를 찾았다.

신문 광고에는 전화받는 사람을 구한다고 쓰여 있었다. 나는 시급 12달러짜리 릴리 제약에서 일하고 싶었지만, 그곳에서는 대졸자를 찾았고 나는 아직 한 학기가 모자랐다. 그렇다. 난 겨우 20살이었지만 모델, 약국 점원, 배식원, 제과사, 필사자 등 이미 여러 가지 경력이 있었다. 심지어 연구 병원에서 기니피그로 일하며 돈을 조금 벌기도 했다.* 하지만 이 모든 경력을 꿰맞추는 것은 더 이상 통하지 않았다. 나는 전에도 전화받는 일을 해본 적이 있었다. 그 일은 할 수 있었다.

라디오 채널을 바꾸기 위해 잠시 도로에서 눈을 뗐다. 팔에서 피를 뽑은 자리에는 아직 붕대가 감겨 있었다. 의사 중 하나가 이번에는 당뇨병에 관한 다른 연구에 나를 쓰고 싶어 했다. 당뇨병이 없는 나는 대조군에 속했지만, 연구에는 사타구니의 주요 동맥을 바늘로 찌르는 과정이 포함돼서 심각한 출혈, 보행 곤란, 그리고 서류를 작성할 때는 드문 일이라고 들었지만 심장이나 뇌혈관을 막는 큰 혈전이 생길 위험이 수반됐다. 보수는 1,000달러였다. 나는 연구 참여를 거절했다. 뇌졸중을 감수하려면 적어도 1만 달러는 돼야 했다.

---

* 서양 고추나물을 한 달 동안 복용하면서 소변을 모두 모아야 했다. 500달러였다. 나는 병을 들고 다녔다.

고속도로에서 멀지 않은 별 특징 없는 공업단지로 들어서서 회색 문들을 훑으며 주소를 찾았다. 주변에 차가 몇 대 서 있었다. 그리 많지는 않았다. 많은 부분이 해외로 이전되기 전에, 미국의 전화 마케팅은 보통 이렇게 외진 지역, 임시 공업단지의 상점가에서 이뤄졌다. 임대료가 싸고 깨끗하며 비교적 익명성이 보장되기 때문이다.

아마도 나는 어렸거나, 그저 유난히 어리석었는지도 모르겠다. 하지만 나는 면접이 시작된 지 10분은 족히 지나서야 내가 사교모임 동반자 알선소의 전화 응대 업무에 지원했다는 사실을 깨달았다.

전화를 걸어오는 존 씨johns(북미에서 성 매수자를 통칭하는 평범한 가명_옮긴이)들에게 '친절한 목소리'로 대하기만 하면 된다는 설명을 마담에게 들을 때, 앉아 있던 팔걸이의자가 거친 트위드 직물로 됐던 게 아직도 기억난다. 하지만 마담은 그들을 존 씨라고 부르지 않았다. 나는 시급 8달러로 주 35시간 동안 일정표를 관리하며 '서비스 제공자'와 '고객들'을 연결하고 '운전기사'를 배치하는 일을 하면 됐다. 주급 280달러면 보수가 좋았다. 부엌에서 하는 일의 거의 2배였다. 저절로 미소가 피었다. 마담은 나에게 콜센터를 안내했다. 표준 규격의 부스와 헤드셋이 있었다.

악수를 하고 전화번호를 교환하는데, 마담이 멈춰서 말했다,

"물론 전화 응대도 잘 하겠지만, 나는 아가씨가 우리 회사의 아가씨들 중 하나가 돼 주면 좋겠어요."

그 일은 시간당 200달러였다.

살면서 잊을 수 없는 교훈을 얻을 때가 있다. 나는 20살 때 내가 돈을 가장 많이 벌 수 있는 방법이 내 질을 임대하는 것이라는 사실을 배웠다.*

---

* 더 정확하게 표현하면, 중년 여성이 돈 많은 고객들에게 내 질을 에어비앤비 스타일로 재임대

나는 결국 그 일을 하지 않았다. 하지만 거의 할 뻔했다. '몸을 파는 일에 정말로 비도덕적인 면이 있을까' 생각해 본 기억이 난다. 저녁 식사를 사 주는 사람과 데이트하는 일과 정말 큰 차이가 있을까? 휴가에 데려가 주는 사람과 데이트하는 일 하고는? 실험실에 내 혈장, 내 시간, 내 평소 습관을 파는 일 하고는? 나는 교수에게 잘 보여야 한다고 느꼈기에 웃지 않았던가? 내 어머니는 "시집을 잘 가야 한다"고 교육하지 않았던가?

정확히 어떤 신체 부위를 팔아도 되는 걸까? 생식기는 안 되면 입은? 우리 몸이 미소 짓게 하고, 말하게 하고, 음식을 넣고, 주먹으로 틀어막고, 목소리를 부드럽게 가다듬고, 음높이를 낮추고, 리듬에 변화를 줘도 되는 걸까? 그들에게 들을 수는 있지만 보지 못하게 하고, 볼 수는 있지만 만지지 못하게 하고, 마치 자동차 보닛을 손으로 쓸어내리듯 만질 수는 있지만 소유하지 못하게 할 수 있을까?

나는 거짓말하는 사람이 아니었고, 또는 적어도 중요한 순간에는 거짓말하지 않겠다고 스스로 다짐한 사람이었으므로, 남자친구에게 그 일을 염두에 둔다고 이야기했다. 미안해라! 남자친구는 아주 단호하게 그 일을 하면 나와 헤어지겠다고 말했다.*

그 순간 후광이 빛나는 예복 차림의 벨 훅스Bell Hooks(미국의 작가, 사회운동가, 페미니스트_옮긴이)가 모종의 여성주의적 계시를 내렸다고 말하고 싶지만 그렇지 않았다.

하게 하는 일이었다. 각각의 의뢰 사례는 운전기사, 왁싱사, 대역, 웹사이트를 운영하는 남자, 4명의 전화 응대 아가씨 등 교대로 근무하는 임시 직원들에 의해 운영됐다. 이걸 공유 경제라고 불러야 하려나?

* 남자친구는 집세를 보태주겠다는 제안도, 열두 대의 기타, 물침대, 오래된 토리 에이머스(Tori Amos)의 포스터가 있는 자기 아파트를 쓰라는 제안도 하지 않았다.

나는 그저 남자친구를 사랑했다. 이 남자가 더 이상 나를 사랑하지 않을까 봐 두려웠다.

그래서 나는 마담에게 전화도 걸지 않고 그냥 잠적해 버렸다. 그 후 나는 장학금을 받아 영국으로 갔고, 그곳에서 예술 석사 학위를 마친 뒤 컬럼비아대에서 박사 학위를 받았다. 멋졌다. 맨해튼에서 봉급을 받고 임대료도 할인받았다. 부유한 남성들이 참석하는 파티에 여러 번 갔는데, 그중에는 콜걸을 데리고 오는 사람도 있었다. 사실이다. 항상 그렇지는 않았다. 자주 그런 것도 아니었다. 그러나 때로는 그랬다.

사랑에 빠진 여성

나는 사랑의 이브가 아니다. 이것 때문에 옛날이야기를 꺼낸 것은 아니다. 사랑의 이브 따위가 정말로 있을 리 없다. 그러나 오늘날 살아 있는 한 사람 한 사람이 그렇듯 나는 이브이고, 여러분도 마찬가지다. 우리는 우리 종의 내일을 이끄는 사람이다. 우리는 우리가 깃든 신체, 우리가 낳거나 키우고 보호하는 아이, 우리가 저항하거나 협력하며 지속적으로 혁신하는 사회에 대한 결정을 매일 내리며 인류의 미래를 지어 간다. 우리는 항상 현재에, 동시에 진화의 긴 흐름 안에 산다. 그래서 우리 모두의 삶은 이브의 삶이다. 이 시간들도. 이 작은 것도. 차 문으로 비가 새어 들던 나의 기억도. 여러분이 오늘 아침 깨어난 곳도. 하루의 첫 호흡을 의식적으로 들이쉬는 방식도.

그러나 우리는 이렇게 책의 마지막 장에 이르렀고, 남은 것은 정말 하나뿐이다. 우리 종에게는 두드러진 특징이 하나 있다. 대학원 세미나와 과학에 관심 있는 토론회에서 활발히 논의되지만 생물학 교과서에서는 누락되는 특징, 바로 우리가 서로를 사랑하는 독특한 방식이다. 우리가 사랑을 통해 맺는 특별하고 복잡하고 기묘한 압도적인 유대감, 그리고 이런 유대를 관계없는 사람에게까지 확장하는 방식이다. 다른 종도 우리 같은 방식으로 성관계를 맺고, 자손을 갖고, 평생의 짝을 정하고, 데이트를 하고, 집을 짓고, 배우자를 속이고, 좋은 친구를 돕고, 죽으면 애도하는 경우가 많지만, 인간이 평생 서로를 사랑하는 독특한 방식이야말로 생물학자의 호기심을 자아내는 영역이자, 대부분의 사람이 인간을 정의한다고 굳게 믿는 특징이다.

인간의 사랑에 대한 이런 생각은 과학자와 역사가가 인간 여성을 이해하는 방식에 씨실과 날실처럼 깊숙이 엮였다. 일부는 짝짓기 전략과 관련이 있다. 일부는 여성이라는 개념을 육아와 연결 짓는 방식과 관련이 있다. 더 많은 부분은 아마도 성차별과 관련이 있을 것이다. 얼마 되지 않는 장학금 덕분에 잠시나마 개처럼 짖는 재정적 부채를 우리 안으로 들여보내고, 거의 내 일이 될 뻔했던 마담과의 기억이 희미해져 가던 때였다. 컬럼비아대에서 박사과정을 시작한 첫날부터 내가 만난 과학과 인문학 분야의 멘토들은 모두 여성주의자이고 똑똑하며 선의가 있었지만, 기본적으로 여성에 대한 두 가지 이야기를 똑같이 전했다.

첫 번째는 방금 말했듯이 우리를 가장 인간답게 만드는 것은 사랑할 수 있는 능력, 진정으로 누군가를 사랑하는 능력이라는 이야기다. 여기서 뜻하는 사랑은 언제나 이성애자의 사랑도, 반드시 로맨틱하거나 성적인 사랑도 아니었지만, 그들은 대체로 그렇게 생각했다. 그리고 여성의 역할에 대해 생각하는 게 분명했다. 학계에서 즐겨 쓰는 표현으로, 이것이 '지배적 틀'이었다.

두 번째는 여성의 역사가 '세계에서 가장 오래된 직업'인 매춘의 역사이며, 인간 결혼의 진화적 기원은 어떤 원시 유인원이 처음으로 고기와 성관계를 교환한 순간에서 찾을 수 있다는 이야기다.

나는 둘 다 온전한 사실이 아니라고 생각하고 싶다. '가장'은 '최선'을 뜻하는 경우가 많다. 한 남자를 사랑하는 일이 여성이 할 수 있는 최선의 일일까? 두 번째 이야기에 대해, 나는 여성성의 이야기가 정교한 매춘으로 요약되지 않기를 진심으로 바란다.

그러나 그동안 입에 맞지 않는 다른 생각들을 살폈듯이, 우리는 이 두 가지 주제를 탐구해야 한다. 인간은 어떻게 서로를 사랑하도록 진화했으며, 이 진화에서 여성은 어떤 역할을 했을까? 줄곧 매춘부 역할을 했을까? '사랑'의 유대라는 세계는 오늘날과 같이 항상 남성이 지배하는 곳이었을까? 사랑은 우리를 인간으로 만드는 결정적 특성일까?

모든 인간 문화는 언제나 사랑과 성관계를 다루는 자신들만의 방식이 옳고 다른 방식들은 틀렸다고 믿는다. 많은 진보적 학자는 역사 기록에 근거해 세계의 주요 문화가 얼마나 가부장적이었는지 이야기한다. 그들은 솔로몬과 여러 아내들을 가리키며 한 남성과 여러 여성으로 구성된 일부다처제가 우리 조상의 사랑 방식이었을 것이라고 말한다. 또 누군가는 성적 질투가 아주 흔하고 분명 타고나는 기질이라면서 우리가 일부일처제 안에서 살도록 진화했다고 말한다.

한편 진화생물학자는 대답을 찾기 위해 우리와 비슷한 포유류를 들여다본다. 일부 학자는 온갖 방식으로 서로를 괴롭히고 난교를 일삼는 침팬지를 연구한다. 또 다른 학자는 일부다처제를 주장하기 위해 지배적 수컷 한 마리와 시끌벅적한 암컷 무리로 하렘을 구성하는 고릴라와 다른 동물을 연구한다. 몇몇 학자는 초기 호미닌이 아프리카에서 이주해 나오던 시기를 생각하면서, 수컷과 암컷 두 마리의 부모가 이끌며 모든 자손들이 사회적 지배 서열을 따르는 늑대를 연구하기도 한다. 어쩌면 원시인류는 가부장적인 일부일처제 가족 단위로 사바나를 돌아다니며 아빠가 우두머리가 되고, 딸은 다른 가족들에게 시집가며 지낸 것처럼 보일 것이다.

즉, 사랑과 성생활에 대해 그리고 우리의 가장 '자연스러운' 모습이 무엇인지에 대해서는 그것이 무엇이든 누구도 의견을 모으지 못한다. 과학자도, 윤리학자도, 심지어 종교인도 마찬가지다. 대부분의 이론은 이런저런 형태의 가부장제가 우리의 자연스러운 모습이라고 지목하지만, 문자가 발명되기 전까지는 각 주장을 뒷받침할 증거가 거의 없다.

진짜 이야기를 파헤치려면 더 오래된 증거가 필요하다. 바로 인간의 몸 그 자체다.

몸에 쓰인 증거

솔로몬왕의 지혜에 대한 모든 이야기에도 불구하고 솔로몬은 기껏해야 3,000년 전에 살았다. 진흙으로 빚어진 그의 몸과 그 몸이 들려주는 노래는 이미 긴 진화의 결과였다.

우리 조상이 대부분 일부다처제였고 고릴라와 솔로몬왕처럼 우두머리 수컷 한 마리가 여러 암컷과 짝짓기를 했다면, 우리 몸이 그 이야기를 들려줄 것이다. 우리가 가장 가까운 영장류 사촌들처럼 난교하는 종이었고, 모두가 원하는 사람과 성관계를 맺었다면 우리 몸에는 그런 역사의 흔적이 남아 있을 것이다.

일반적으로 암컷과 성관계를 맺기 위해 경쟁하는 쪽은 수컷 포유류기에, 짝짓기 전략을 말하는 흔적을 찾기 가장 좋은 곳은 수컷의 몸인 경우가 많다. 우리와 비슷한 영장류들에게 있는 일부다처제와 관련된 신체적 특징 두 가지는[1] 이빨과 몸무게다. 수컷에게는 큰 송곳니 또는 '엄니'가 있으며, 수컷의 몸은 암컷보다 훨씬 크고 무겁다. 개코원숭이도 고릴라도 그렇다. 수컷 침팬지와 보노보도[2] 차이가 그리 크지는 않지만 암컷보다 몸집이 크다. 그리고 그들의 송곳니는 고릴라나 개코원숭이보다는 작지만, 여전히 다른 호미닌의 송곳니보다 훨씬 위협적이다. 정상적인 사람이라면 성숙한 수컷 침팬지의 어두운 모습을 만나고 싶지 않을 것이다. 수컷 침팬지는 90킬로그램의 근육과 날카로운 이빨로 분노를 표현한다.

큰 송곳니는 음식을 찢는 용도 외에 주로 위협을 표현하는 용도로 쓴다. 수컷은 암컷을 두고 경쟁할 때 다른 수컷을 위협한다. 사회적 우위를 두고 경쟁할 때도 송곳니를 드러낸다. 그래서 대부분의 과학자는 수컷이 암컷을 두고 경쟁해야 할 때가 많았기에 이런 모습의 이빨이 됐다고 생각한다. 이것은 포유류 이전의 우리 조상에게도, 현대 포유류에게도 적용되는 사실로 보인다. 3억 년 전의 화석들도[3] 이렇게 섹시한 '과시용 이빨'이 있으며, 이는 먹는 일보다는 건장한(경쟁적인) 미소를 던지는 데 더 적합하다.*

영장류 수컷이 일반적으로 크고 무섭고 뾰족한 이빨을 가진 이유는 역설적이게도 싸우지 않기 위해서다. 차라리 큰 소리를 내고, 가슴을 두드리고, 소리를 지르고, 얼굴에 있는 무기를 보여 주는 편이 낫다. 보통은 무섭게 보이는 것으로 충분하다.

---

* 이 화석들은 포유류 이전에 나타난, 도마뱀같이 생긴 수궁류(therapsids)로 나중에 모르기를 탄생시킨 생물이다.

성차의 생물학에서 통용되는 일반적 원칙은 수컷이 재생산 기회를 얻기 어려울수록 교미 기회를 얻기 위해 더 치열하게 경쟁한다는 것이다.* 더 크고 위협적인 이빨과 더 크고 위협적인 몸을 발달시키는 것은 큰 부상 없이 이상적으로 경쟁에서 승리하는 검증된 전략이다.

그렇다면, 인간은 난교를 하는 침팬지와 더 닮았을까, 아니면 하렘식의 고릴라와 더 비슷할까?

체중부터 살펴보자.[4] 평균적으로 인간 남성은 여성보다 15퍼센트 무겁다. 다른 유인원들과 비교하면, 다 자란 침팬지 수컷은 암컷보다 21퍼센트, 보노보 수컷은 23퍼센트, 실버백고릴라는 무려 54퍼센트 더 무겁다. 무리와 떨어져 살다가 암컷이 가임기일 때만 나타나는 맨드릴개코원숭이 수컷은 거의 163퍼센트나 더 무겁다.

즉, 보디빌딩 대회에서 보이는 사람과 달리 인간 여성은 남성보다 그리 작지 않다.

하지만 언제나 이랬던 것은 아니다. 영장류 화석의 계통을 거슬러 올라가 보면 수컷은 암컷보다 훨씬 큰 게 보통이다. 이런 차이는 고고학자가 골반 화석이 없을 때 뼈를 구분하는 방법 중 하나다. 하지만 호미닌이 등장할 무렵 수컷은 점점 작아지고 암컷은 점점 커지기 시작했다. 이것은 비교적 최근의 소식으로, 2003년의 논문에서 오스트랄로피테쿠스 수컷과 암컷의[5] 체격 비율이 현대인과 비슷하다는 결론을 내렸다. 즉, 루시 같은 암컷은 수컷보다 약 15퍼센트 작았다.

그리고 수컷은 이미 큰 송곳니를 잃어 갔다. 호미닌의 두개골을 시간

---

* 아귀는 예외로 둔다. 그러나 이 괴짜들은 아무리 멋지더라도 '정상'을 보여 주는 모델로는 적합하지 않다.

순서로 나란히 늘어놓으면 수컷의 송곳니는 점점 작아진다.[6] 우리가 볼 수 있는 가장 큰 송곳니는 톰 크루즈 같은 남성의 미소에서 볼 수 있는 그런 종류의 송곳니다. 조금 더 길고, 조금 더 뾰족하지만, 여성의 치아와 크게 다르지 않다. 치아 크기는 Y 염색체의 돌연변이에 의해 조절되는 것으로 보이며,[7] 인간 남성의 치아는 여전히 더 크다. 하지만 과시용 송곳니는 대부분 사라졌다.

그러므로 우리 조상이 하렘을 운영했다 해도 그것은 매우 먼 과거의 일이었을 것이다. 아마도 우리가 침팬지와 보노보에서 갈라져 나오기 전까지 거슬러 올라갈 것이다. 솔로몬과 그의 아내들, 그리고 들어 본 적 있는 다른 하렘들이 우리의 성생활에서 매우 최근에 일어난 변화였다는 뜻이다. 우리의 몸에서 어떤 추세가 나타나면, 그것은 수렴convergence이다.[8] 남성의 몸은 더 가볍고 덜 위협적이게, 여성의 몸은 더 크게 변했다.

그러면 난교는 어떨까? 원시 호미닌은 침팬지와 보노보처럼 서로 많은 성관계를 맺었을까? 그리고 만약 우리가 난교하는 종이라면, 왜 우리의 몸은 무시무시한 이빨을 간직한 침팬지와 가까운 모습이 되지 않았을까?

화석을 들여다보면 확실하게 답하기 어렵다. 우선 이빨은 먹는 데도 쓴다. 많은 초기 호미닌은 전분이 많은 구근, 견과류, 심지어 나무껍질, 가끔은 풀과 같이 단단한 먹이를 먹었다(육식을 자주 한 시기는 진화사에서 훨씬 최근이다). 단단한 것에 부딪쳐 이가 부러진 적이 있는가? 단단한 견과류를 먹으려다 크고 멋진 과시용 송곳니가 부러져 치아 감염으로 죽는다는 상상을 하자. 장기적으로, 이런 일은 큰 이빨 유전자를 보존하는 데 도움이 되지 않는다.

우리의 치아는 음식을 자르기보다는 힘줘 갈기에 적합하도록 진화했을 가능성이 있다. 마찬가지로, 음식이 워낙 부족하면 뼈와 근육이 많은 큰 몸보다는 저장 지방이 많은 작은 몸이 더 합리적이었을 것이다. 우리 몸은 호미닌 조상이 수컷 사이의 경쟁과 공격성을 줄여 왔다는 이야기를 전하지만, 다른 요인도 이런 변화를 가속화했을 수 있다.

고환처럼 말이다. 난교하는 영장류들은 거대한 고환을 가진다.[9] 이것은 꽤 보편적인 특징으로, 침팬지도, 개코원숭이도, 보노보도 그렇다. 왜냐면 난교가 이뤄지는 사회에서 암컷이 여러 수컷과 성관계를 맺으면, 수컷의 정자끼리 경쟁해야 하기 때문이다. 자기의 정자가 승리하기를 원하는 수컷은 기본적으로 막대한 수의 정자로 암컷의 자궁 경부를 폭격해야 한다. 막대한 수의 정자를 만들려면, 거대한 고환이 필요하다.

고릴라는? 고환이 아주 작다. 땅콩처럼.* 그러나 실버백고릴라는 자신의 하렘과 다른 수컷이 성관계를 맺을까 봐 그다지 걱정할 필요가 없다. 더욱이 암컷의 발정기가 그리 길지 않다. 침팬지는 발정기가 10~14일인데 비해 고릴라는 2~3일뿐이므로, 수컷 고릴라는 정자를 그리 많이 만들지 않아도 된다. 정자가 많이 필요하지 않은데 왜 고환의 크기를 키우느라 그 많은 에너지를 낭비하겠는가?

영장류의 고환 크기는 수컷 간의 경쟁과 아주 밀접하게 연관돼서 심지어 사회적 지위에 따라 크기가 변하기도 한다. 맨드릴개코원숭이는 우두머리 자리를 두고 경쟁할 때,[10] 승자는 고환이 현저하게 커지고 얼굴 표식도 더 다채로워진다. 패자는 몇 년에 걸쳐 패배를 반복하는 동안 고환이 점점 줄어들고, 얼굴도 덜 다채로워진다.

일반적으로 인간 남성의 고환 크기는 중간 정도다. 골디락스처럼 너무

---

* 고환 크기는 암컷의 산도 크기, 즉 정자가 수정란을 찾아 헤엄쳐야 하는 거리와도 관련이 있다. 유영 거리가 길수록 손실이 늘고 더 많은 정자가 필요하다. 그러나 그 요인을 고려하더라도 고릴라의 고환은 놀라울 정도로 작다.

크지도, 너무 작지도 않다. 당장은 원시 호미닌의 고환 크기를 알 방법이 없으므로, 현대 남성의 고환이 과거보다 큰지 작은지 아니면 비슷한지 가늠할 수가 없다. 그러나 확인할 수 있는 변화들을 고려하면, 어렵지 않게 조상의 고환이 지금보다 컸을 것이라고 짐작할 수 있다. 어쨌든, 지금 중간 크기의 고환을 가진다는 것은 우리 조상이 그다지 난교를 좋아하지 않았거나, 적어도 침팬지만큼 좋아하지는 않았다는 뜻이다.

난교의 역사과 관련해 우리 몸에 숨은 반증이 또 하나 있다. 경쟁적인 수컷은 큰 고환을 이용해 더 많은 정자를 생산하는 데 그치지 않는다. 수컷 포유류는 성관계를 맺은 암컷이 다른 수컷이 아닌 자기 새끼를 갖도록 확실히 하고 싶을 때, 이후의 침입자가 통과하지 못하도록 암컷의 자궁 경부를 막을 뭉글뭉글하고 끈끈한 정액을 생산하기도 한다.

적어도 영장류들 사이에서는 방탕한 종일수록 이 정액 마개가 더 쩐득하다.[11] 침팬지의 정액은 그중에서도 가장 쩐득하다. 암컷의 질 내부에서 수컷 침팬지의 정액은 길이가 10센티미터에 이르는 투명하고 고무 같은 덩어리로 변한다. 영장류학자는 암컷의 질에서 이런 점액 마개가 떨어져 나오는 모습을 관찰했으며, 보통은 다른 수컷의 음경에 밀려나 이렇게 된다. 많은 과학자가 이렇게 해서 숲 바닥에 떨어진 점액 마개들을 마치 귀중한 보석이라도 되는 양 수집한다.

인간의 정액도 쩐득해지기는 하지만 침팬지만큼은 아니다. 그리고 처음에만 쩐득할 뿐[12] 사정 후 약 15~20분이 지나면 액화된다. 그래도 여전히 정액이 자궁 경부에 달라붙어 다른 정액의 통과를 막을 것이라고 생각할 수 있다. 그러나 가임기 여성의 자궁 경부에서는 점액이 많이 분비된다. 이 점액은 여성이 원하는 경우 정자가 자궁 경부를 통과하도록 도울 뿐 아니라 이 기간에 질에서 여분의 물질을 씻어 내는 데도 매우 유용하다. 인간의 정액은 가임기 여성의 자궁 경부 점액과 접촉하면[13] 공기 중에서보다 더 빨리 액화된다.

여기에는 우리가 직립보행을 한다는 점도 영향을 미친다. 부분적으로 용해된 정액 마개는 여성이 일어서면 얼마 지나지 않는 한, 떨어져 나갈 수 있다. 다른 남성의 음경으로 밀어낼 필요도 없다. 몇 분 만에 여성의 질이 다른 남성 경쟁자에게 갈 준비가 된다는 뜻이다. 따라서 여성의 조상이 배란기에 성관계 후 몇 시간 동안 누워 있는 습관을 가지지 않으면, 현대인의 정액이 다른 남성의 정자를 막도록 진화했을 가능성은 낮다.

중간 크기의 고환, 묽은 정액, 작은 송곳니, 비교적 작은 체구. 내게는 솔로몬왕의 모습을 묘사하는 말로 들리지 않는다. 침팬지 왕의 모습에 대한 이야기로도 들리지 않는다. 원시 호미닌 수컷 사이에 치열한 경쟁이 있었다면, 우리 몸은 그 이야기를 아주 능숙하게 숨기는 셈이다. 그런데 원시 호미닌 수컷이 재생산에 성공하기 위해 시도할 수 있는 방법이 하나 더 있다. 아빠가 되기 위해 강간을 시도하는 것이다.

이것은 인간 성생활에 대한 연구에서 더 금기시되는 주제다. 남성은 다산을 추구하는 강간범으로 진화했을까? 현재 세계 어느 곳에서나 여성을 강간하는 남성은 흔하므로, 왜 이런 질문이 제기되는지 이해하기란 어렵지 않다. 전쟁이나 폭력적인 사회적 갈등이 표출되는 시기에 특히 만연하다. 콩고에는 강간이 만연하고, ISIS는 이를 주요 무기로 쓰며, 러시아가 우크라이나를 침공한 직후에는 러시아 군인이 전쟁 범죄로 강간을 저질렀다는 고발들이 있다.

모든 강간은 끔찍하다. 슬프게도 이것은 우리 종에만 국한된 일도 아니다. 그러면 인간의 몸에는 강간이 만연했던 진화의 이야기가 깃들었을까? 우리는 솔로몬 대신 제우스를 살펴봐야 했을까?

우리와 가장 가까운 친척들을 살펴보는 편이 낫겠다. 침팬지 사회에 강간이 거의 없는 것을 보면, 원시 호미닌 사이에서는 그런 일이 더 적었을 가능성이 크다. 우선 강간은 위험한 일이다. 다 자란 암컷 호미닌은 누구라도 이런 일을 시도하는 악마를 제지할 수 있었을 것이고, 암컷 침팬지도 마찬가다. 수컷 침팬지는 무리의 암컷에게 완전히 얼간이 취급을 받을 수는 있어도, 폭력적인 강제 교미를 하는 경우는 드물다. 보노보, 개코원숭이, 맨드릴개코원숭이, 심지어 고릴라도 마찬가지다. 공격성, 강압, 일반적 괴롭힘은 있을 수 있어도, 강간은 믿기 어려울 정도로 드물다.[14]

실제로 수컷 침팬지는 성행위에 대한 일이라면[15] 암컷에게 더 맞춰 주고, 자상하며, 다정한 태도를 보인다. 또는 인간 가정 폭력범과 매우 유사한 전술을 쓴다. 수컷 침팬지는 암컷을 힘과 목소리를 이용해 괴롭히면서 사회적으로 고립시키고, 스트레스를 주며, 지치게 만든다. 표적으로 삼은 암컷과 나머지 무리 사이에 공격적인 몸짓으로 끼어든다. 그 암컷이 다른 수컷과 어울리지 못하도록 최대한 막으며, 그렇게 어울리는 모습을 보면 나중에 암컷을 손등으로 때리기도 한다. 영장류학자가 '짝 단속하기mate guarding'라고 부르는[16] 이런 행동은 수컷 침팬지의 재생산에 유리하게 작용하는 것으로 보인다. 우두머리 수컷이 자기 유전자를 전달할 가장 좋은 기회를 얻는 동안, 짝 단속 행동을 하는 나머지 수컷은 암컷을 때리지 않는 수컷보다 기회를 더 많이 얻는다.

하지만 침팬지 사회에서는 수컷이 우위에 있다는 점을 기억하자. 보노보 사회는 암컷이 우위에 있다. 수컷 보노보가 암컷을 때리려 하면 이 암컷뿐 아니라 무리 내 모든 암컷의 분노를 받아야 하는 처지가 된다. 암컷 보노보는 믿기 어려울 정도로 긴밀하고 상호 의존적인 사회적 관계망을 가지며, 그 관계망을 이용해 선을 넘는 수컷으로부터 서로를 지킨다. 암컷은 지나치게 공격적인 수컷을 무리에서 완전히 쫓아낼 수도 있다.[17] 그래서 보노보는 짝 단속 행동을 별로 하지 않는다.[18]

우리의 조상이 침팬지와 더 비슷했는지 보노보와 더 비슷했는지는 알 수 없다. 유전적으로 우리는 양쪽과 똑같이 연관됐다.[19] 우리는 남성 가정 폭력범이 때로는 강간범이기도 하다는 사실을 알고 있다. 하지만 언제나 그런 것은 아니다. 가정 폭력을 행사하는 남성이 다른 남성보다 더 많은 자손을 두는지에 대해 신뢰할 만한 데이터가 있는 것은 아니지만, 유의하게 돈이 적고 사회적 지위가 낮은 남성이 그렇지 않은 남성보다 파트너에게 폭력적인 학대를 가할 가능성이 높다는 것은 사실로 보인다.*

그러니 어쩌면 인간 남성은 폭력적인 짝 단속 행동을 재생산 전략으로 쓰도록 진화했는지도 모른다. 적어도 믿기 어려울 만큼 침팬지와 유사한 영장류로서 우리의 몸과 뇌는 학대를 자행할 준비가 됐는지도 모른다. 우두머리가 되지 못한 수컷이 짝 단속 행동을 전략으로 활용할 수 있다는 사회적 시나리오를 생각하면, 우리 조상이 그렇게 행동하기 시작한 게 그다지 이상한 일도 아니었다. 어쩌면 오늘날 일부 남성이 여전히 그렇게 행동하는 이유도 일부는 이런 진화적 전략 때문인지도 모른다.

---

* Flynn and Graham, 2010. 분명히 짚고 넘어가자면, 인간의 가정 폭력과 강간은 모든 사회계층에서 발생한다. 그러나 신체적 학대, 즉 대부분의 연구에서 자료원으로 활용되는 신체적 학대와 이에 따른 체포에 대한 보고들은 빈곤선 이하에서 발생할 가능성이 더 높다(Bonomi et al., 2014). 미국, 캐나다, 영국 및 여러 유럽 국가에서 친밀한 파트너에게 자행되는 폭력과 살인은 가난하거나 유색인종에 속한 사람들에게 더 많이 발생하며, 남성은 피해자보다 가해자가 될 가능성이 훨씬 더 높다(Stockman et al., 2015). 양성 모두 이성애자가 아니거나 트랜스젠더인 경우에도 가정 폭력과 강간으로 고통받는 경우가 더 많지만, 이런 차이는 인종과 소득을 보정하면 상당 부분 사라질 수 있다(Rothman et al., 2011; Flores et al., 2021). 즉, 사회의 주변부에 속한다는 것은 여러모로 엄청난 대가를 치러야 하는 일이다. 그리고 그 대가는 가정의 안전에도 영향을 미친다.

정신이 번쩍 들게 하는 생각이다.* 하지만 여전히 강간과 관련된 의문에 대답이 되지는 못한다. 인간 학대자는 주로 남성이지만 모두가 강간범은 아니며, 대개 남성인 강간범도 모두 가정 폭력범은 아니다.** 그러나 이 두 범주의 남성에게는 공통점이 하나 있는데, 지극히 별 볼일 없는 음경을 가졌다는 것이다.

남성의 몸이 자신의 유전자를 전달하고 싶어하고, 여성의 몸도 마찬가지라고 하자. 남성의 몸은 최고의 여성을 원하고, 여성의 몸도 마찬가지로 최고의 남성을 원할 것이다. 그러나 게임은 대등하지 않다. 전혀 그렇지 않다. 여성이 기술적으로 남성을 '강간'할 수는 있지만, 자기 자식의 아빠가 되도록 강제하는 방식으로 강간할 수는 없다.*** 고환이 있지만 자궁이 없는 남성의 몸은 실제로 재생산에 그리 크게 기여하지 않기 때문이다. 여성에게는 대개 자궁이 있다. 그러니 남성은 어떻게든 여성의 산도에 자기

---

* 적어도 우리가 '강간 문화(rape culture)'라는 용어를 쓸 때 무엇을 뜻하는지는 비판적으로 검토해야 한다. '강간 문화'가 근본적으로 계급 갈등과 남성의 경쟁이 깊숙이 개입된 일이라면 어떻게 해야 할까? '강간 문화'와 싸우는 최선의 방법이 경제적인 실천이라면 어떻게 해야 할까?

** 강간은 아주 흔해서 그 수가 일반 인구 수와 거의 맞먹는다. 소득이 적을수록 누군가를 강간할 가능성이 더 높아지지만, 그 차이는 크지 않다. 말 그대로 콩고의 분쟁 지역에 있지만 않으면, 여러분을 강간할 가능성이 가장 높은 사람은 여러분과 친밀한 관계를 맺는 사람이다(BJS, 2017). 낯선 사람이 아니라 실제 남자친구나 남편, 또는 그 밖의 가족이나 친구다.

*** 극히 드물게, 인간 여성도 그럴 수 있지만, 이때 우리는 동의(consent)에 관한 까다롭고 미묘하며 매우 현대적인 발상에 대해 이야기하는 셈이다. 그렇다, 현대 여성이 남성에게 원치 않는 성관계를 맺도록 강요해 자신을 임신시킬 수 있다(우리는 유전자를 영속화하는 일에 대해 이야기하므로 관심사는 오직 강간범의 유전자를 전파하는 유형의 강간이다. 강제적인 항문 성교와 다른 무시무시한 일은 여기에 포함되지 않는다). 이것은 맞는 말이다. 드물게 그런 사례가 있으면 강간으로 간주된다. 그러나 이것은 틀린 말이다. 적어도 강간의 현대적 정의에 부합하는 방식으로는, 그런 일은 원시 호미닌들이나 지구상의 다른 동물들이 할 수 있었을 만한 일이 아니다.

정자를 강제로 넣기만 하면 자기 유전자를 전달할 기회가 생긴다. 그것은 합리적인 전략이다. 그러나 충분한 시간이 허락되면, 다시 말해 환경의 압력에 따라 일부 유전자가 선택될 수 있는 진화적 규모의 시간이 주어지면, 여성의 몸은 대응 전략을 만들 것이다. 그러므로 원시 호미닌이 유난히 강간을 일삼았다면, 그런 역사의 흔적이 몸에 남았을 것이라고 생각하는 편이 합리적이다.

이것을 기묘한 성적 냉전Sexy Cold War이라고 생각하자. 강간은 동물 왕국 전반에서 흔히 벌어지는 일이다. 하지만 강간을 번식 전략으로 이용하는 종은[20] 복잡한 음경을 가진 경우가 많다. 청둥오리의 나선형 음경이 그 예다. 이는 강간당하는 질이나 적어도 이런 질을 만든 유전자에 나름의 의제가 있어서 가장 경쟁력 있는 방식으로 다음 세대에 전달되는 것을 '목표'로 삼기 때문이다.

그러나 인간의 질은 약간 주름이 있는 정도다.[21] 인간의 질은 대부분 자궁 경부로 곧바로 이어진다. 인간의 음경도 마찬가지로 곧게 뺐었다. 길이가 길고, 굵기는 중간 정도이며, 특별히 언급할 만한 부가 요소가 없다. 나선형도 아니고, 매듭도 없으며, 구조적 무기라고 할 만한 뚜렷한 특징이 없다. 어쩐 일인지 다른 동물이 발기를 지탱하기 위해 쓰는 작은 음경뼈조차 없다. 그러니 마구 움직이는 근육질의 두 다리 사이, 아주 단단한 치골뼈에 가까이에 있는 여성의 몸에 자기의 부풀어 오른 무기를 억지로 밀어 넣으려 자주 시도하는 남성이 있다면, 이 남성은 자기 무기를 부러뜨릴 가능성이 높다.* 그리고 인간의 음경은 강간을 시도하지 않아도 부러질 수

---

* 침팬지와 고릴라는 작지만 여전히 음경뼈가 있다. 인간의 음경뼈는 호미닌 계통의 어딘가에 사라졌다.

있다. 치료하지 않고 두면 음경을 다친 남성은 여성에게 정자를 전달할 가능성이 급격히 낮아진다.

그러므로 인간의 음경과 질이 강간을 둘러싼 경쟁에서 진화했다 해도, 지금 우리의 해부학에서는 그런 역사가 드러나지 않는다. 오히려 우리 몸은 남성 사이의 폭력적인 경쟁이 아닌 합의에 따른 수많은 성관계에 대한 이야기, 심지어 시간이 지나면서 경쟁적이던 우리의 조상이 점점 덜 경쟁적으로 변한 이야기를 전하는 듯하다.

우리 생식기관에는 이런 생각을 뒷받침하는 두 가지 특징이 있다. 침팬지의 생식기에는 뚜렷한 머리가 없지만 음경 가시가 있다. 반면 인간의 생식기는 전형적인 화살촉 모양이며 자루가 완전히 매끄럽다. 이 두 가지 특징은 우리 조상이 교미 방식을 바꾼 결과일 수 있다.

음경 머리부터 살펴보자. 침팬지의 음경은 그리 길지 않으며, 아래쪽이 넓고 머리 쪽이 좁아지는 일종의 길쭉한 쐐기 모양이다. 인간의 음경은 세로 홈이 파인 화살촉 모양의 귀두가 있고, 귀두의 끝부분은 자루보다 더 넓게 퍼졌다.

침팬지의 음경이 넓은 머리와 좁은 자루로 되지 않은 데는 타당한 이유가 하나 있다. 다른 수컷의 정액 마개를 제거하는 기능이 아주 형편없을 것이기 때문이다.* 뚜껑이 씌워진 튜브 안에서 고무 덩어리를 빼내고 싶을 때 가장 확실한 방법은 가느다란 쐐기를 이용하는 것이다. 경쟁자의 정

---

* 어떤 경우에는 발기된 음경이 화살촉 모양의 귀두 때문에 자기 포피 안에 갇힐 수도 있다. 아주 아플 수 있고, 분명이 유전적 선택에도 그다지 유리하지 않다. 그러나 아주 심각한 사례는 다행히 드물다. 대부분 포경 수술로 확실히 해결할 수 있으며, 본인이 원하는 경우 현대 의학은 포경 수술 없이도 안전하게 이런 문제를 해결할 수 있다. 침팬지에게도 포피가 있지만, 귀두 끝이 좁기에 이런 문제가 거의 생기지 않는다.

액 마개를 옆으로 비집고 질 안으로 진입해서, 삽입 운동을 통해 마개를 빼낼 수 있기 때문이다. 머리가 굵은 생식기로 이런 일을 시도하면 정액 마개를 더 깊이 밀어 넣을 수 있으며, 그 과정에서 자기 음경이 멍들 수도 있다.

인간의 음경 형태에 대해, 경쟁자의 정액이 너무 찐득하지 않으면 인간 음경의 머리가 이 정액을 퍼내는 데 유용할 수 있다는 이론이 있다. 어떤 연구실에서는 인공 질과 다양한 인공 음경을 만들었다.[22] 그 다음 질에 정액과 비슷한 묽은 오트밀 퓨레를 채웠다(정말이다). 귀두가 자루 굵기보다 약간 굵은, 인간의 음경과 가장 비슷하게 생긴 음경이 질에서 가짜 정자를 가장 잘 제거하는 것으로 나타났다. 이에 따라 그 논문은 인간의 음경이 정액 경쟁에 도움되는 형태로 진화했다는 결론에 도달했다.

물론 그랬을 수도 있다. 하지만 비슷한 여러 논문과 마찬가지로, 저자는 중요한 특징 한 가지를 간과했다. 원시 여성이 등을 대고 누워서 시간당 3명이 넘는 남성의 정액을 받아들일 가능성은 매우 희박하다. 인간의 정액은 20분이 지나면 다른 액체처럼 묽어져 질에서 조금씩 흘러나온다는 사실을 기억하자. 또한, 우리는 직립 자세 때문에 영장류 사촌들보다 정액 손실이 더 많다.

그러면 귀두는 어디에 유용한 걸까? 자궁경관 점액을 퍼내는 데는 어떨까? 인간의 생식기는 질강에 완벽하게 들어맞지 않으므로 완전한 진공 상태를 만들 수 없지만, 삽입 운동에서 약간의 흡입력을 발휘한다. 그래서 음경을 빼낼 때마다 상부 질에 있는 물질을 약하게 빨아들여, 귀두 가장자리와 음경 자루를 따라 아래로 퍼낸다.

질의 산성 환경은[23] 실제로 인간 정자에게 독이다. pH가 너무 낮다. 정자는 질 안에서 금방 죽는다. 그러나 가임기의 자궁경관 점액은 정자에 맞는 pH를 갖춘다. 또한 자궁경관 점액은 정자가 자궁과 난관을 향해 헤엄치는 데 도움이 되는 구조다.[24] 따라서 남성이 사정할 때 질 상부와 자궁 경부 주변에 자궁경관 점액이 많을수록, 정자는 질의 산성 환경에서 죽기 전에 자궁 경부를 통과해 재빨리 도망갈 확률이 높아진다. 사실 최선의 전략은 자궁 경부 가까이에 사정해, 정자가 북극성을 향해 필사적으로 헤엄쳐 가는 결정적인 몇 분 동안 자궁경관 점액으로 작은 정액 방울을 보호하는 것이다.

가능한 한 자궁 경부 가까이에 정자를 배치해 잠재적인 걸림돌을 모두 제거하고 '도킹 스테이션'을 잘 연결하는 음경 형태는 유용할 것이다.

그러나 이러려면 새 화살촉 모양의 멋진 음경을 한두 번 밀어 넣는 것으로는 충분치 않다. 더 많은 노력이 필요하다. 그러므로 우리는 노력한다. 인간 남성은 성관계 중 사정에 이르는 데 침팬지보다 평균 4배 이상의 시간이 걸린다.[25] 그리고 슬프게도 인간의 음경은 이를 달성하기 위해 더 둔감해졌을 수 있다.

침팬지의 음경에는 여타 영장류들의 생식기와 마찬가지로 머리카락이나 손톱과 같이 케라틴 성분으로 된 작은 가시들이 있다. 포유류 생식기의 이런 가시들은 모양과 크기가 다양하다. 고양이의 생식기 가시는 진짜 가시다. 그러나 침팬지의 경우에는 물방울무늬처럼 맺힌 작은 혹이다. 이런 가시가 클수록[26] 그리고 많을수록 수컷은 더 빨리 사정할 수 있다. 아마도 침팬지의 음경에 분포한 신경이 이 작은 혹들로부터 전해지는 신호에 반응하기 때문일 것이다. 즉, 혹을 문지를 때 정말로 좋은 느낌이 전해질 가능성이 높다.

물론, 민감한 음경은 그 자체로 보상이다. 성관계가 기분 좋으면 더 하고 싶어지고, 유전자가 몸 밖으로 배출돼 명맥을 이을 수 있다. 또 경쟁적인 침팬지 세계에서는 천천히 한바탕 성관계를 맺을 시간이 없다. 모든 수컷이 암컷의 생식기에 접근하기 위해 서로 경쟁하는 상황에서 무엇인가를 하려면 일을 빨리 마치고 싶을 것이다. 민감한 음경은 그런 수단의 하나일 수 있다.

성관계의 쾌감이 덜 느껴지는 형질이 생존하기 위해서는 이 형질이 진화적 관점에서 그만한 보상을 제공해야 한다. 만약 우리 조상의 음경 가시가 좋은 느낌을 전했다면, 호미닌 계열이 가시를 잃은 합리적인 이유가 있을 것이다. 유전학자는 침팬지, 인간, 네안데르탈인의 유전체를 비교함으로써 우리의 진화에서 DNA가 없어진 부분들을 이제 막 파악하기 시작했다. 지금까지 약 510개의 결손이 확인됐다.[27] 그중 수컷의 몸에서 특정 유형의 발달을 촉발하는 안드로겐 수용체[28]가 음경 가시를 잃은 원인일 가능성이 높다. 수컷은 아주 최근에 음경 가시를 잃었다. 우리가 침팬지 계통에서 갈라져 나온 후, 원시 인간과 네안데르탈인으로 갈라지기 70만 년 전의 일이었다. 우리는 민감한 얼굴 수염의 유전 서열도 잃었는데, 이 역시 민감한 생식기 가시가 사라진 이유의 일부일 수 있다.

어느 쪽이든, 이 가시들은 사라졌고 돌아오지 않을 것이다. 유전적 사고로 이 가시들을 잃은 게 거의 분명하지만, 진화에 있어 성관계가 지극히 중요하다는 점을 생각하면 이런 소실에는 모종의 이득이 따랐을 가능성이 있다. 성관계가 길어지면서 남녀의 유대가 더 깊어졌을 수 있다. 또는 자궁경관 점액을 더 많이 빨아낼 수 있어 남성의 정자를 보호하는 데 도움이 됐을 수도 있다. 확실한 이유를 아는 사람은 없다.

그러나 이유가 무엇이었든 사정에 시간이 더 드는 남성에게 그리 대수로운 문제가 아니었다. 이는 다른 남성의 즉각적인 위협이 적었다는 것을 뜻한다.

강간을 중심으로 한 재생산 환경에서는 남성의 몸과 여성의 생식기 양쪽에, 남성 사이의 폭력적 경쟁과 관련된 온갖 징후가 나타났을 것이다. 인간에게는 그러한 징후들이 없다. 보이지 않는 기전이 존재한다는 증거도 없다. 성관계를 강제로 맺든 합의를 통해 맺든, 여성이 가임기에 있는 한 남성은 여전히 약 4분의 1의 확률로 자손을 가질 수 있다.

청둥오리의 경우 강간을 자행한 수컷이[29] 자손을 가질 확률은 2퍼센트에 불과해 암컷이 자발적일 때보다 훨씬 낮다. 즉, 청둥오리의 강간은 충분히 오랜 기간 있어 왔기에 암컷의 몸도 이에 대응해 진화했다. 호미닌은 그렇지 않다. 따라서 현대의 강간이 얼마나 빈발하든, 아마도 인류의 조상은 별로 강간을 하지 않고, 폭력적인 경쟁을 통해 짝을 찾는 일도 많지 않았으며, 고환의 크기가 중간 정도 되는 영장류에게 예상할 수 있는 정도의 난교를 했을 것이다.

새끼 살해자

우리의 화석과 현재의 생리학이 들려주는 이야기는 이렇다. 시간이 지남에 따라 호미닌 수컷의 짝짓기 경쟁이 완화됐다. 그런데 왜였을까? 이빨과 체격, 음경 모양과 정액 상태의 이 모든 변화를 이끈 동력은 무엇이었을까?

일부일처제다. 과학 문헌에서 가장 인기 있는 설명은[30] 일부일처제가 시작되면서 원시 인간들의 짝짓기 경쟁이 그전만큼 치열하지 않았다는 내용이다. 수컷이 암컷에 대한 **독점적** 접근 기회를 충분히 얻으면, 유전자 풀에 '작은 수컷' 유전자가 더 많이 등장하기 시작할 것이다. 큰 몸과 큰 이

빨보다 작은 체격과 작은 송곳니를 가지는 편이 비용이 적으므로 결국은 작은 모습이 우세해진다. 유전자만 행동에 영향을 주는 게 아니라, 행동도 유전자의 전달 가능성에 영향을 미친다.

즉, 화석 기록에서 드러나는 것은 하나의 남편, 하나의 아내, 상황에 맞는 수의 자녀로 구성된 핵가족의 시작일 수 있다. 남성은 다른 누구도 아닌 자신과만 성관계를 맺고, 자기 자손을 낳아 키울 가능성이 높은 여성이 있기에 다른 남성과 경쟁할 필요가 없다. 그러한 사회에서 남성이 서로의 아내를 빼앗지 않기로 암묵적으로 동의한 후에는 남성의 몸이 점점 작아진다. 한편 여성은 짝이 기여한 만큼 잘 먹기에 수백만 년에 걸쳐 조금 더 커진다. 그 동안 우리의 크고 취약한 아기는 성인이 될 때까지 생존한다. 가족을 지켜 줄 아빠가 있기 때문이다.

여성에게 유리한 거래처럼 들리는 이야기다. 여성은 성적 독점권을 보장하는 대가로, 가족들을 먹이고 포식자로부터 지켜 줄 남편을 얻을 수 있다. 호미닌 아이는 아주 무력하므로 여성에게는 가능한 한 모든 도움이 필요하다. 그리고 여성의 뇌가 커지고 태반이 더 탐욕스러워질수록 임신과 출산은 더 어려운 일이 되었으므로 여성에게는 훨씬 더 많은 도움이 필요해진다.

시간이 지날수록 머리 큰 아기에게는 점점 더 오랜 수유가 필요해져 엄마의 몸에 부담이 가중된다. 음식이 더 많이 필요해지면서 짝의 도움이 훨씬 더 절실해진다. 상황이 이런데 짝에게 성적 독점권을 제공하지 않을 이유가 무엇이겠는가? 이렇게 해서 남성은 이 여성의 아이가 자신의 아이라는 사실을 알 수 있다. 그렇지 않으면 알 수가 없다. 그리고 남성은 더 많은 의무감을 느낀다.

이것은 과학이 인간 여성의 역사를 보호와 음식을 위한 성적 거래, 즉 매춘의 역사라고 설명하는 방식이다. 이야기는 여기서 끝난다.*

이 이야기가 화석 기록에 잘 부합하는 것은 사실이다. 또 인간의 성 문화가 영장류 동료들과 그렇게 다른 이유를 설명하는 데도 도움이 된다. 하지만 문제가 하나 있다. 일부일처제는 호미닌 여성에게 그다지 좋은 거래가 아니었다. 다른 유인원들과 마찬가지로, 우리 조상의 난교는 그저 즐거운 습관이 아니었다. 그것은 필수적인 전략이었다. 영장류 수컷은 서로에게만 위험한 게 아니다. 아기에게도 믿기 어려울 정도로 위험하다.

침팬지, 보노보, 오랑우탄 등 우리의 가장 가까운 영장류 친척들 사이에서 암컷의 난교에는 명확한 목적이 있다. 단순히 절정을 느끼기 위해서가 아니다. 누가 새끼의 아빠인지 수컷이 알지 못하게 하기 위해서다. 생물학에서는 이를 '부계 불확실성'이라고 부른다.[31] 대부분의 연구자는 인간 일부일처제의 진화를 이야기할 때, 여성이 모든 아이의 아빠가 누구인지 남성에게 확신을 줘 얻는 이득을 이야기한다. 그러나 이런 행동이 여성과 어린 자녀에게 얼마나 위험한 일인지는 거의 언급하지 않는다.

수컷 침팬지는 자기 무리의 새끼를 죽이는 일이 드물지만, 다른 무리와 전쟁할 때는 으레 적군의 새끼를 죽인다. 적군 수컷의 정자로 태어난 새끼는 자신에게 아무런 이득도 없기 때문이다. 수컷은 또한 적의 암컷을 강간하거나 적어도 폭력적으로 교미를 강요하는 습성이 있다. 아마도 자신들의 지

---

* 일부일처제의 진화에 대한 논문들은 남성도 성적 독점권을 내줬는지에 대해 언급하지 않는다. 물론, 이것이 인간 하렘의 진화에 대한 이야기라면 남성의 몸은 아마도 매우 다른 모습이었을 것이다. 어쩌면 고릴라 같은 모습, 아니면 오랑우탄의 쟁반모양 얼굴처럼 더 이상한 모습이었을 수도 있다. 그러므로 인간 일부일처제의 발전에서 정절에 대한 요구는 남녀에게 균등하게 분배됐을 것이라고 추정할 수 있다.

배를 강화하고 새로운 새끼를 낳기 위해서일 것이다.* 따라서 침팬지 수컷이 자기 무리의 새끼를 죽이지 않는 주된 이유는 자기의 새끼가 아니라고 확신할 수 없기 때문이라고 주장하는 사람이 많다.

하렘 기반 사회에서는 그렇지 않다. 마운틴고릴라 사이에서는 새끼 고릴라 사망의 20퍼센트 이상이 수컷 성체에 의해 발생한다. 고릴라는 하렘을 가지므로 친부 확실성이 높다.**

이것이 일부일처제 주장의 큰 문제점이다.

원시 호미닌 무리, 어쩌면 아주 오래 전 오스트랄로피테쿠스 이전에 살았던 무리를 상상해 보자. 이들은 성관계를 맺고 새끼를 낳았다. 아마도 침팬지만큼 난교를 하며 지냈을 것이고, 아빠는 누가 자기 새끼인지 확신하지 못했을 것이다. 그 다음 어떤 암컷이 음식과 교환하는 대가로 한 수컷과 성적으로 독점적인 관계를 맺기로 결정했다고 상상하자. 그 수컷은 몸집이 거대해야 할 것이다. 이제 자기 짝을 지켜야 하기 때문이다. 자기 새끼도 경쟁자에게 살해당하지 않도록 보호해야 하는데, 왜냐면 무리의 다른

---

* 이 분야의 영장류학자들이 암컷들의 의향을 분간하기는 어렵다. 일반적으로 전쟁 중인 암컷들이 완강하게 반대하고 격렬히 저항하듯이 보이지만 '동의(consent)'는 매우 인간적인 개념이며, 좋은 과학자들은 의인화를 피하려 한다.

** Robbins et al., 2013. 침팬지 수컷도 때로는 자기 무리의 새끼를 죽인다. 많은 경우, 공격자는 새끼를 잡아먹는다. 침팬지는 고기를 버리지 않는다. 따라서 해당 지역의 식량 체계에 문제가 있을 때 수컷들이 그런 행동을 할 가능성이 있다. 아니면 침팬지가 너무나 공격적인 동물이어서 때로는 유전적 손해에도 자기 종에게 공격성을 발산하는 것일 수도 있다. 침팬지 사회는 정치적이기도 하다. 어떤 수컷 침팬지가 암컷이 자기의 적과 친하게 지내는 모습을 보고 화가 나면, 그 암컷의 새끼를 잡아먹어 암컷과 경쟁자를 징벌할 수도 있다. 아니면 그 암컷에게 예정보다 빨리 가임기가 돌아오기를 원할 수도 있다. 정신질환의 가능성도 있다. 누가 알겠는가? 우리는 침팬지에 대해 이야기하는 중이다. 인간의 행동과 마찬가지로, 침팬지의 행동도 언제나 명쾌하게 설명하기는 어렵다.

수컷 모두가 그의 새끼가 자신의 새끼가 아니라는 사실을 알기 때문이다.

다시 말해, 언어나 문화가 등장하기 이전의 초기 호미닌에 일부일처제가 있었다면, 생리학적 측면에서 이런 행동은 호미닌을 고릴라 같은 모습으로 바꿔야 한다. 우리 조상의 수컷은 모두 광포한 새끼 살해자가 될 가능성을 뚜렷이 가지기 때문이다.

이는 일부일처제에 앞서 협력 문화가 존재했어야 한다는 뜻이다. 친자 확실성을 확보하기 위한 조치가 의미 있으려면 다른 문화적 조치들이 먼저 자리 잡아야 했다. 서로 의존적이고, 자손들을 위협하는 그 어떤 행동도 분명하게 엄벌하는 원시 호미닌 무리들이 있어야 했다.

기본적으로 모계사회가 필요했다.

전쟁 대신 사랑을

무엇보다 원시인류는 영장류였으므로, 현재 모계 생활을 하는 연구가 잘된 세 가지 영장류 아누스비개코원숭이, 겔라다원숭이, 보노보를 살펴보자. 우리 조상도 이들과 조금 닮았었는지 모른다.

아누스비개코원숭이, 겔라다원숭이, 보노보의 경우 모계사회에 산다는 것이 '수컷'과 '암컷'의 역할이 바뀐다는 것을 뜻하지 않는다. 암컷은 수컷보다 크지 않다. 암컷은 수컷의 관심을 끌기 위해 폭력적으로 경쟁하지 않는다. 암컷은 여전히 번식에 더 많이 투자해야 하고, 그 결과 수컷은 암컷을 두고 경쟁한다. 그래서 가장 오래된 우리 조상의 몸이 그랬듯이 그들의 몸은 전형적인 영장류의 몸처럼 생겼다.

하지만 이 사회에서는 우두머리 암컷이 그날 무리가 갈 곳을 정한다.

자원은 암컷에게 이익이 되는 방식으로 분배된다. 사회가 변하는 시기에는 암컷이 상황의 전개 방향을 결정한다. 구성원 사이에 갈등이 생기면 우두머리 암컷이 개입해 한쪽이 다른 쪽을 이기도록 돕는다. 수컷이 아닌 암컷이 사회가 무엇을 수용하거나 거부할지, 즉, 사회의 인정credit을 안배한다. 딸은 엄마로부터 사회적 지위를 물려받고,[32] 나머지 구성원은 어떻게든 자리를 차지하려 애쓴다.

모계 영장류 사회의 삶은 인기 많은 소녀가 지배하는 고등학교에서 평생을 사는 것과 비슷하다. 영화 〈퀸카로 살아남는 법Mean Girls〉과 비슷한 상황이다. 우두머리 소녀the top girl는 복잡한 동맹을 만들어 자신들의 권력을 강화하고 '열등한' 소녀를 견제한다. 집단 전체가 뭔가를 하기로 결정할 때는 모두가 우두머리 소녀에게 조언을 구한다. 가장 인기 있는 소녀는 가장 매력적인 녀석들의 관심을 끄는 경향이 있는 반면, 지위 낮은 녀석들은 지위를 높이기 위해 무슨 짓이든 최선을 다한다. 때로는 '친구의 친구', 즉 인기 많은 소녀와 어울리는 낮은 지위의 여성과 친해지려 한다. 때로는 지위가 높은 소년과 친구가 되려 애쓰는데, 말하자면 간접적으로 멋져 보이려 노력하는 것이다. 때로는 인기 없는 녀석들이 혼자보다는 낫다고 생각하며 지위가 낮은 소녀에게 '정착'하기도 한다.

보노보 사회에서는 수컷과 수컷, 수컷과 암컷, 암컷과 암컷, 심지어 어린 개체와 성체까지 모두가 성관계를 많이 가진다. 도덕적인 인간 사회면 누구도 그런 행동을 권하지 않았겠지만, 보노보에서는 이것이 문제를 해결하는 방식이자 시간을 보내는 방식이다. 먹이를 찾거나 서로 털을 손질하지 않을 때면 그야말로 매일 하는 일 중 하나일 뿐이다.

말할 필요도 없이 보노보 아빠는 누가 자기 자손인지 전혀 모른다. 부계 불확실성은 기정사실이다. 나머지 영장류 세계와 마찬가지로 새끼를 주로 돌보는 것은 어미다. 그러나 침팬지 무리와 달리 모든 보노보 암컷이 새끼를 지켜본다.[33] 그들은 끈끈한 결속력으로 뭉친 여성 연합을 만들고, 이들의 눈 밖에 난 수컷은 신의 가호가 필요한 지경에 놓인다. 이러한 '자매 공동체'는 직접적인 혈연관계가 없는 보노보로 구성된 경우가 많다. 그 이유는 보노보 암컷도 침팬지와 마찬가지로 성적으로 성숙하면 자신이 태어난 무리를 떠나기 때문이다. 원무리를 떠난 암컷은 새로운 무리를 찾고 그곳의 암컷과(이상적으로는 가능한 한 가장 지위가 높은 암컷과) 친해지거나, 처음에는 누구와든 빠르게 친구가 돼야 한다. 가장 지위가 높은 암컷의 딸은 어미의 사회적 지위를 물려받고 새 집을 찾아 무리를 떠날 때까지 공주 대접을 받는다. 이 암컷은 항상 털 손질을 받는다. 수컷은 이들의 관심을 원한다. 먹이를 먹을 때는 가장 좋은 먹이를 꽤 많이 얻곤 한다.

침팬지 역시 모계사회를 이루지만 암컷의 특권이 그리 많지는 않으며 여전히 수컷이 책임을 맡는다. 어미의 지위가 대물림된다고 해서 모계사회의 암컷이 사회적 권력을 독점하지는 않는다.*

인간의 조상이 모계 중심 사회에 살았다면 일부일처제는 왜 시작됐을까? 수컷이 육아나 먹이 공급을 위해 암컷과 협력해야 할 이유가 무엇이었을까? 왜 하루 종일 누워서 원시시대의 봉봉을 먹지 않았을까? 정말로 일부일처제 형태의 매춘만이 남자를 소파에서 일으켜 세우는 유일한 방

---

* 인간의 예로 유대교를 살펴보자. 누군가가 '공식적으로' 유대인이 되려면 유대인의 자궁에서 태어나야 한다. 아빠가 유대인인 것으로는 충분하지 않다. 대부분의 유대인 공동체는 엄마가 유대인이면 아빠가 유대인이 아니어도 그 아이를 유대인으로 간주한다. 요즘은 그다지 중요한 요건이 아니어서, 심지어 이스라엘 〈귀환법〉은 아빠나 할아버지가 유대인이면 전 세계 유대인에게 이스라엘 시민권을 인정한다. 그러나 오래 전에는 비유대인 공동체가 자행한 공포스러운 일을 제외하면, 유대인 엄마에게서 태어난 아이에게 온갖 특혜가 부여됐다. 그리고 이런 전통은 가부장적이기로 유명한 문화에서 등장했다.

법이었을까?

　기이하면서도 매력적인 대안 이론이 있다. 모계사회에서는 새끼가 공격성을 억제하는 좋은 완충재가 된다.

　사바나개코원숭이를 살펴보자. 그들은 매우 사회적이고 고도로 지능적이며 적응력이 뛰어나다. 이들은 모계사회를 이루어 살기에 암컷이 책임을 맡지만, 보노보처럼 성관계를 이용해 갈등을 해소하지는 않는다. 오히려 폭력적으로 싸운다. 그리고 보노보와 달리 딸은 평생 어미와 함께 지낸다. 떠나는 것은 수컷이다. 그러니 암컷의 사회적 지위는 부계사회보다 안정적이고 수컷의 사회적 지위는 부침을 거듭한다. 이 모형에서는 우두머리 수컷이 얻을 수 있는 이점이 적다. 왜냐면 지위가 낮은 수컷도 지위가 높은 암컷의 선택을 받으면 짝짓기 기회를 얻기 때문이다. 그리고 선택권은 암컷에게 있다. 사바나개코원숭이 사회에는 강간이 없다. 물론 사회적 조작은 있다. 심지어 폭력적인 강요도 있다. 하지만 강제 교미는 없다. 그리고 보노보와 달리 수컷에 의한 새끼 살해가 자주 일어난다. 개코원숭이 사회의 새끼는 분명 위험에 노출됐다.[34] 그러나 암컷 또는 수컷 연합은 새끼 살해를 상당히 억제할 수 있으며, 대규모 혼성 집단에서는 모유 수유 중인 새끼를 죽이는 게 자신의 유전자를 전달하는 데 도움이 되지 않는다.

　그러면 야심찬 수컷이 해야 할 일은 무엇일까?

　수컷은 새끼와 관계를 만든다고 알려졌다. 영장류학자는 현장에서 여러 번 이런 일을 목격했다.[35] 어떤 수컷이 다른 수컷과 싸운다고 가정하자. 암컷은 이 싸움으로 자기나 자기 새끼가 괴로워지지 않는 한 대개 모르는 척한다. 그런데 싸우던 수컷 중 한 마리가 새끼를 안아 들고, 새끼는 태평하게 수컷의 가슴이나 등의 털을 잡고 매달린다. 그다음 이 수컷은 자기와 싸우던 수컷에게 다가간다. 새끼는 자기를 안아 준 수컷이 마음에 들면,

상대가 공격적으로 행동할 때 소리를 지를 것이다. 결국 상대 수컷은 뒤로 물러서거나, 새끼의 울음소리를 듣고 달려온 어미의 친구들에게 쫓겨난다. 실제로 이런 행동은 아주 효과적이어서 어떤 수컷은 싸움을 미연에 방지하기 위해 사랑스러운 경호원이라도 되는 양 새끼를 데리고 다니기도 한다. 어떤 수컷은 암컷인 친구를 싸움에 데려와 완충재로 이용하기도 한다. 이것도 효과가 있지만 새끼를 안는 것만큼 효과적이지는 않다. 개코원숭이 사회에서 암컷을 공격하는 일은 보노보 사회만큼 금기시되지 않는다.

그러므로 초기 호미닌이 보노보나 개코원숭이처럼 모계사회를 이뤄 사는 세계를 그려 보자. 수컷 두 마리가 싸우는 모습을 상상하자. 그중 한 마리는 이미 그곳의 어린 개체들과 친한 상태다. 다른 수컷은 그렇지 않다. 만약 첫 번째 수컷이 새끼를 완충재로 쓰면 어떻게 될까? 모계 집단에서 암컷이나 새끼와 연줄이 닿는 수컷은 매우 유리해진다. 관계가 가까울수록 해당 수컷과 그 자손에게 더 큰 이익이다.

겔라다원숭이도 유사한 사회적 특징을 가진다.* 또한 이들은 하렘과 가끔은 수컷으로만 구성된 하위 집단이 공존하는 복잡한 모계사회에 산다.** 그러나 흥미롭게도 겔라다 하렘에는 두 마리의 수컷이 고정 구성원으로 속한 경우가 있다. 한 마리는 우두머리고 나머지 한 마리는 그렇지 않다. 우두머리 수컷만이 성관계를 맺을 수 있다. 두 번째 수컷은 보통 더

---

* 겔라다원숭이는 이미 등장한 적이 있다. 에티오피아에 사는 낙태하는 원숭이 친구들이다. 겔라다 암컷들은 수컷들의 쿠데타를 승인하고 알선하면서 도움을 준다. 왕이 축출된 시점에 임신 초기였던 암컷들은 보통 유산을 한다.

** 겔라다원숭이는 엄밀히 말해 진화 계통수의 별도의 가지를 차지하지만, 개코원숭이와 놀라울 정도로 유사하다. 이들이 에티오피아에만 산다는 점 외에 주요 차이점은 풀을 엄청나게 많이 먹는다는 점이다. 사바나개코원숭이는 더 잡식성이고 거의 모든 곳에서 살 수 있다.

어린데, 생후 6개월 정도가 지나면 육아를 도우며 이런 일은 결국 이 수컷의 장래에 '도움'이 될 수 있다. 육아를 도우며 돌아다니다 보면 우두머리 수컷이 자리를 비운 사이 몰래 짝짓기 기회를 얻을 수도 있다. 원숭이 세계에서 성별이 뒤바뀐[36] 유모와 눈이 맞는 셈이다.

개코원숭이 사회에서도 비슷한 일이 일어날 수 있다. 암컷의 새끼와 더 친해질수록,[37] 수컷은 우두머리이건 아니건 관계없이 짝짓기를 할 가능성이 더 높아진다.

그래도 이 모든 수컷이 새끼를 돕는 모습은 상상하기 어렵다. 우리는 인간 남성이 여성과 아이에게 공격적이라는 이야기에 너무 익숙해진 나머지 이런 모습이 낯설게 느껴질 수도 있다. 여성도 가정 폭력을 저지르고 남성도 피해자가 될 수 있다. 그러나 미국과 영국에서는 남성이 학대자가 될 가능성이 더 높으며,[38] 잦은 학대자가 될 가능성은 여성에 비해 압도적으로 높다. 마찬가지로 여성이 남성 파트너나 예전 파트너에 의해 살해될 가능성이, 남성이 여성 파트너에 의해 살해될 가능성보다 훨씬 높다. 이것이 바로 인간 남성이 여성보다 더 공격적이고 폭력적이라고 생각되는 중요한 이유다. 과거에 호미닌이 그렇지 않았던 경우는 상상하기 어렵다.*

* 실제로는 아빠보다 엄마가 영아 살해를 저지를 가능성이 조금 더 높다(Friedman et al., 2005). 어떻게 해석해야 할지 정확히 알기는 어렵지만, 이런 현상은 엄마가 아기와 함께 보내는 절대적 시간의 양과 관련이 있을지도 모른다. 만약 양쪽 부모에게 그런 종류의 악의와 정신 질환이 균등하게 분포하면, 통계적으로 여성에게 기회가 더 많을 것이다. 출생 후 24시간 이내에 아기를 죽이는 신생아 살해의 경우 현재의 데이터는 출산 후 산모에게 크게 치우쳐 있지만(Ibid), 이 숫자는 최근 이런 일이 불법이고 사회적으로 용인되지 않는 서구 사회에서 한 연구들로부터 도출됐다. 이전에도 많은 학자들이 말했듯이, 인류의 역사에서 영아 살해는 믿기 어려울 정도로 흔한 일이었다(Hausfater and Hrdy, 2017). 그것이 현대인의 마음에 끔찍한 일인 만큼, 생물학적 관점에서 볼 때 원시 여성이 자기 자손을 죽이겠다고 결정하는 일과 여성의 동의 없이 자손을 죽이는 남성의 위협 아래 살아가는 것은 전혀 다른 일이다. 여기에서는

원시 남성도 아마 폭력적이고 공격적이었을 것이다. 그러나 모계사회에서는 그런 행동보다 협동적이고 친근한 행동이 더 많이 보상받았을 수 있다. 도움을 주는 남성이 성관계를 맺을 수 있었다. 많이 맺을 수 있었다. 이는 암컷이나 새끼와 우호적인 관계를 맺은 수컷이 유전자를 남길 가능성이 더 높다는 뜻이다. 그래서 그들은 다른 수컷에게 공격적으로 행동함으로써 이익을 얻었지만 실제로 그곳을 운영하는 암컷에게 달리 행동함으로써 이익을 얻기도 했다. 만약 그들이 모계사회인 동시에 모계 거주 사회에 속하면,[39] 다시 말해 여성은 가만히 있고 남성은 사바나개코원숭이처럼 성년이 돼 '결혼해 나가는' 사람이면 더욱 그랬을 것이다. 새로 들어간 사회에서 권력이 있는 여성과 관계를 맺는 일은 훨씬 더 중요했을 것이다.

그러나 물론 이것은 우리가 현대 또는 과거의 인간 사회에 대해 생각하는 내용과 전혀 다르다. 그렇지 않은가? 인간 사회에도 모계제의 역사가 일부 알려졌지만, 현재 우세한 모형은 가부장제patriarchal로 보인다.* 그리고 그냥 가부장제가 아니라 부계거주제patrilocal, 아들이 아빠의 지위와 자원을 물려받는 부계혈통제patrilineal 가부장제이며, 심지어 많은 사회에서는 그 아들이 평생 같은 가족에 속해 '그 지역'에 머문다.** 남성 사회는 깊은 뜻이 담기고 권력을 강화하는 형제애를 존중하면서, 그렇게 믿기 어려울 정도로 안정될 수 있다.

그러나 자매애는 요즈음 좀 비틀거린다. 여성은 전혀 책임을 맡는 위치

출산 후 여성이 스스로 가할 수 있는 위험이 아니라 원시 남성의 지속적인 위협을 말한다.

* 여기서는 제도적 뜻이 아니라 생물학적 뜻의 가부장제를 말한다.

** 지역이라는 말에는 수많은 뜻이 담겨 있다. 아빠의 집에 살고, 아빠의 회사에서 일하고, 아빠의 인맥을 활용해 초기 경력을 발전시킨다. 여기서 '상속(inheritance)'과 '지역(locality)'의 뜻은 현대 인간 사회에서 여러 가지 형태로 표현되지만 그리 어렵지 않게 추적할 수 있다.

에 있지 않다. 영장류의 모계사회에 비해 여성의 유대는 약하다. 대부분의 경우에는 친족 관계에 의존해 여성 연합을 유지할 수도 없다. 과거 대부분의 인류 문화에서 새신부는 남편의 가족 집단으로 이동하는 경향이 있었으며, 심지어 이름까지 바꾸었다. 그리고 전혀 알 수 없지만 만약 무엇이라도 물려받은 게 있으면 주로 아빠로부터 물려받았다.

다시 말해서, 내가 하고 싶은 말은 인류 역사의 어느 시점에 사회가 완전히 뒤집혀 지금과 같은 상태가 됐다는 이야기다. 지금 우리가 하는 행동은 다른 영장류들이 하는 행동과 전혀 다르다. 다른 영장류들도 부계거주 방식으로 생활할 수 있지만, 결코 부계 혈통제를 운영하지는 않는다. 하렘을 제외하면 남성이 자기 자식을 알 수 있는 방법이 있을까?* 그리고 다른 영장류들은 결코 일부일처제가 아니다. 수컷은 기본적으로 한 암컷에게 매이지 않고, 암컷도 하렘에 있지 않은 한 한 수컷에게 매이지 않는다.

그러면 우리는 도대체 어떻게 자유롭게 사랑하는 모계사회에서 남성 우위의 일부일처제로 이동했을까?

악마의 거래

이런 전환이 갑자기 일어나지는 않았을 것이다. 아무 때나 화요일 오후에 갑자기 일부일처제의 가부장제로 변신할 수는 없는 일이다. 하지만 원시 호미닌 수컷이 암컷의 권력을 침범하기 시작하면서 작은 변화가 시작됐

---

* 최근에 일부 수컷 침팬지가 특정 상황에서 자기 자식을 알아보고 그들에게 더 호의를 베풀 수도 있다는 흥미로운 자료가 발표됐지만, 자기가 자주 성관계를 맺은 암컷의 새끼를 조심스레 대함으로써 운 좋게 자기 새끼를 맞추는 것일 수도 있다(Murray et al., 2016).

을 수는 있다. 그런 일이 일어날 수 있는 방법이 몇 가지 있다.

한 시나리오가 있다. 오랜 과거, 아마도 동아프리카 어딘가에서 다 자란 호미닌 수컷은 암컷과 새끼와 친해지는 일이 유용하다는 사실을 깨닫는다. 오늘날의 사바나개코원숭이와 겔라다원숭이 수컷처럼, 그들은 특히 지위가 높은 암컷과 친해지고 싶어 한다. 그래서 이 수컷은 육아를 돕기 시작한다. 사회적 호의를 얻기 위해 먹이를 나눠 준다. 털을 고른다. 권력 연합에 참여한다.

이 수컷이 보노보처럼 아빠와 같은 집단에서 살았는지, 아니면 개코원숭이와 겔라다원숭이처럼 다른 사회집단에 합류했는지는 알 수 없다. 어떤 쪽이든 수컷은 여전히 위험하다. 여전히 잠재적인 새끼 살해자다. 암컷은 이 사실을 일부 안다. 하지만 다행히도 강력한 자매 공동체가violent sisterhood 그 공격성을 억제하는 데 도움이 된다. 결국, 우두머리 암컷이 가까운 수컷 친구를 두는 일이 일반화된다. 그 결과 이 수컷 친구들은 성관계를 많이 맺고 그밖에도 여러 사회적 특전을 누린다. 친구가 되지 못한 수컷은 그럴 수 없다.

하지만 이들은 평범한 영장류가 아니다. 호미닌이다. 그리고 이들의 몸에 변화가 일어난다. 장구한 시간동안 암컷의 출산은 더 어렵고 위험해진다. 이들은 생존하고 새끼를 돌보기 위해 서로 협력하기 시작한다. 암컷이 선호하는 수컷은 새끼를 돌보는 데 이전보다 더 많이 도움이 된다. 그래서 이런 수컷은 성관계를 더 많이 맺으면서 도움이 되고 협력적인 친절한 남자Nice Guy 유전자를[40] 전달한다.

하지만 친절한 남자가 영장류의 특징을 모두 버린 것은 아니다. 새끼가 자기 새끼가 아니라는 사실을 알게 되면 여전히 위험할 수 있다. 한편, 임신과 출산 그리고 초기 양육이 더 위험해지는 일은 난교를 활발히 유지하는 일도 더 위험해진다는 뜻이다. 임신 빈도를 더 엄격히 통제하는 편이 낫다. 그리고 언제나 성병STI, sexually transmitted disease이라는 잠재적 문제가 도사린다.

그런 환경에서 어떤 암컷이 가장 우호적인 수컷과 거래를 시작하면 어떨까? 친자 확실성을 대가로 어떤 수컷에게 경쟁적인 암컷이나 다른 수컷으로부터 보호를 요청하면?

믿든 믿지 못하든, 영장류학자는 오늘날의 침팬지 사이에서 이런 종류의 거래를 목격하기 시작했다. 친절한 수컷과 더 많은 시간을 보내는 암컷은 새끼 살해로 자식을 잃을 위험이 더 적다.[41] 아마도 새끼 살해의 일부는 다른 암컷의 소행[42] 때문일 수 있다. 침팬지 사회와 같이 수컷이 지배하는 사회에서는 새끼를 죽이려 드는 다른 암컷의 위협과 수컷의 위협 사이에서 균형을 찾아야 한다. 하지만 침팬지는 일부일처제가 아님을 유념하자. 수유기에 어떤 수컷과 함께 시간을 많이 보낸다고 해서 4~6년이 지난 다음 배란기에 그 수컷과 교미할 가능성이 높아지지는 않는다. 새끼가 아직 취약할 때는 주위에 힘 있는 친구를 두는 편이 도움이 되지만, 침팬지 사회에서는 부계 불확실성을 유지하는 편이 여전히 유리하다.

그러므로 원시 호미닌 사이에서 일어났을지 모를 악마의 거래에 대해 생각해 보자. 일부일처제가 아닌 모계사회에서는 호미닌 암컷이 침팬지 암컷보다 더 많은 권력을 가졌으므로, 처음에는 아이를 보호해야 할 필요성이 그리 절실하지 않았을지도 모른다. 암컷 연합은 새끼에 대한 공격을 용납하지 않는다. 혹시라도 수컷 한 마리가 못되게 행동하면 지옥 같은 후폭풍이 빗발칠 것이다. 어쩌면 줄을 잘 서는 몇몇 수컷까지 이런 범칙자를 폭력적으로 응징하는 데 참여할지 모른다.

어쩌면 이런 수컷은 조금 더 폭력배처럼 굴기 시작해, 자기와 동맹인 암컷의 적까지 때려눕힐 수도 있다. 때로는 적의 새끼가 일제 공세에 휘말리기도 한다. 그리고 만약 이렇게 못되게 행동하는 응징자 아담이 계속 독점적인 성관계 기회를 더 얻고, 자기 새끼만 친절하게 도와주면, 다른 이브도 비슷한 거래를 하고 싶을 수 있다.* 어느 시점에도, 어느 세대에서도, 이런 일이 벌어짐을 알아챌 수 있는 개체는 없다. 그러나 천천히 그리고 확실히, 암컷은 부계 불확실성을 포기했다. 이런 새로운 행동, 그리고 이런 행동을 허용하는 유전적 기반은 효과가 있어서 더 많은 새끼가 스스로 번식할 수 있을 때까지 생존토록 하기에 인기를 끌었다.

하지만 이러한 변화가 고착되려면 실질적인 이점이 있어야 했다. 부계 불확실성을 걷어 내는 일은 여전히 위험한 거래임을 기억하자. 동시에 아들이 아빠로부터 지위를 물려받을 길을 여는 일이기도 하다. 우리와 같은 종에서는 수컷이 서열을 두고 경쟁하는 게 일반적이다. 우리를 제외한 모든 종의 사회적 영장류들이 그렇다. 우리의 영장류 사촌들 사이에서, 공주로 태어날 수는 있지만 결코 왕자로 태어날 수는 없다. 그것은 싸워서 얻어야 하는 자리다.**

---

* 사바나개코원숭이들에게서 이와 유사한 변화의 전조를 확인할 수 있다. 일반적으로 수컷들은 무리 사이를 이동하며, 수컷과 암컷의 비율이 변해 한 무리에 수컷이 너무 많아질 때 특히 그렇다. 하지만 때로는 무리 안에서 성관계를 많이 맺고 많은 새끼들의 아빠가 된 어떤 수컷이 더 오래 머무르기도 한다(Alberts and Altmann, 1995). 젊고 건장한 수컷들이 많이 나타나더라도 마찬가지다. 그 수컷이 이전만큼 많이 성관계를 맺지 않을 수도 있지만, 그저 거기 있다는 사실과 관련된 무엇인가가 미성숙한 새끼들에게 이득이 되는 듯하다. 어쩌면 못되게 구는 수컷들로부터 새끼들을 지키는 데 도움이 되는 것일 수도 있다. 어쩌면 암컷 연합을 유지하는 데 도움이 될 수도 있다. 아무도 정확한 이유는 알지는 못한다. 하지만 거기 머무는 편이 유리하지 않으면, 수컷은 아마 머물지 않았을 것이다.

** 하이에나 수컷은 어미의 사회적 연결망과 일부 지위 혜택을 상속받는 것으로 보이지만, 이것은 대부분 어미의 지위가 높을 때의 이야기다. 수컷들이 한 곳에 머무르지 않는 경향이 있으

우리 조상에게 왕자가 생기자, 우두머리 수컷은 훨씬 더 많은 권력을 쥐었다. 사회적 지위를 상속받을 수 있는 능력은 더 긴밀한 수컷 연합을 낳았다. 그리고 끝내, 수컷과 암컷 간의 작은 체격 차이가 더 중요한 영향을 미치기 시작했는지 모른다. 한 무리의 암컷이 한 마리의 성가신 수컷을 함께 때려눕히는 것과, 한 무리의 수컷들이 암컷 하나를 때려눕히는 것은 차원이 다른 문제다.*

이 시나리오에서도 모든 일은 한 번에 일어나지 않으며, 오히려 더 천천히 진행된다. 수컷이 더 많은 권력을 얻는다. 형제애가 더 강해진다. 수컷이 무리를 이뤄 '못된 여성the Mean Girl'에게 맞서기 시작한다. 심지어 일부 수컷은 침팬지처럼 짝을 단속하기 시작한다. 어쩌면 무리의 모든 수컷이 짝 단속 행동을 시작할 수도 있다. 하지만 나는 원시인류 역사에서 암컷이 수컷의 권력에 희생된다는 이야기가 이렇게 단순하게 전개된다고 선뜻 믿기 어렵다. 대신, 아마도 나는 암컷이 가부장제로의 이행을 중요한 도구로 활용했을 것이라고 생각한다.

악마의 거래는 그저 여성과 남성 사이의 거래가 아니었다. 여성과 여성 사이에서 이뤄진 거래였다.

므로 이런 대물림은 딸들에게 훨씬 효과가 크다(Ilany et al., 2022). 수컷이 어미의 사회적 지위를 평생 이어받는다고 알려진 유일한 포유류는 범고래다. 아들들은 평생 엄마와 함께 지내면서 어미의 지위를 상속받는다. 범고래 역시 모계 생활을 하며 인간 외에 폐경을 겪는다고 입증된 유일한 종이다.

* 보노보 수컷들의 연합은 침팬지만큼 긴밀하지 않다. 그리고 모계사회에 사는 보노보 수컷들은 대부분 수컷 친구를 방어하려다 암컷들의 호의를 잃을 위험을 감수하지 않을 것이다.

스위치보드

어떤 여자를 가정 파괴범이라고 불러 본 적이 있는가? 또는 그렇게 생각해 본 적이 있는가? 어떤 여성이 유부남과 바람을 피웠다는 소문을 듣고 한 번도 만난 적 없는 그 여성에게 화가 난 적이 있는가? 자기 결혼을 '망치는' 사람은 그 유부남임에도 상대 여성에게 더 화가 난 적이 있는가? 그렇다, 나도 그랬다.

이런 반응은 믿기 어려울 정도로 흔한 일이다. 일반적으로 북미나 유럽 여성은 성에 관한 규칙을 위반하는 남성보다 여성에게 훨씬 더 엄격하다. 여성은 남성이 선을 넘는 모습을 보면 화를 낸다. 그런데 다른 여성이 선을 넘는 모습을 보면 격노한다. 같은 지역의 남성도 비슷한 반응을 보이지만, 여성의 잘못된 행동에 대해 여성만큼 도덕적 잣대를 들이대지는 않는다. 물론 남성도 '걸레'라는 말을 던질 것이다. 그러나 연구에 따르면 여성도[43] 남성만큼 자주 그 단어를 쓴다.

이런 종류의 연구가 대부분 서양 국가에서 나왔지만, 중동과 일본에서도 비슷한 규칙이 적용된다. 여성은 성차별주의자다. 우리는 다른 여성에게 성차별적 생각을 품는다. 세상에서 성차별적으로 행동한다. 성차별적 규칙을 만들고 단단하게 다진다. 그러면 어떤 동기 때문에 대부분 여성에게 불리한 문화를 유지하려는 걸까?

나는 여성이 본질적으로 성차별주의자가 되도록 진화했기 때문이라고 제안하려 한다. 스톡홀름 증후군처럼 여성이 단순히 성차별을 내면화하는 게 아니다. 냉소적인 권력 강탈도 아니다. 다른 여성의 시신을 밟고 성공하는 방법을 찾는 여성은 매우 드물다.

이런 게 아니다. 성차별은 우리의 조상에게 닥친 가장 어려운 문제, 앞서 자세히 살폈듯이 아기를 갖기가 절대적으로 불리하다는 문제를 해결하는 데 쓰는 방식 중 하나다.

나는 성차별과 산과술이 동전의 양면이라고 생각한다. 이 두 가지는 우리 종이 어떻게든 문제투성이 시스템을 꾸려 나가기 위해 택한 행동 전략이다. 임신이 위험한 일이고 아기는 손이 많이 가는 존재라면 이런 일을 우회할 방법이 필요해진다. 예를 들어, 무리에 속한 암컷의 출산 간격을 조절한다. 산과술 덕분에 출산 간격 조절과 낙태가 가능해졌다. 그러나 암컷의 몸에 수컷이 접근할 수 있는 때와 장소에 대한 문화적 규칙을 만들고, 규칙을 어긴 구성원에 대한 처벌을 고안할 수도 있다.

재생산을 통제하기 위한 방대한 규칙, 이것이 바로 성차별의 요체다. 각 지역마다 그 모습은 다르지만 모든 인간 문화에는 여성이 무슨 옷을 입어야 하는지, 어떤 상황에서 어디에 갈 수 있는지, 누구와 언제 대화해야 하는지, 그리고 가장 확실하게 언제, 어떻게, 누구와 성관계를 맺어야 하는지에 대한 규칙이 있다. 각 규칙은 여성의 몸에 대한 접근을 통제해 재생산의 한도를 설정한다. 직장에서 여성을 배제하는 규칙의 뿌리는 여성이 공공장소에 머물 수 있는 때, 장소, 맥락을 통제하는 것이다. 이런 규칙은 남성이 여성의 몸, 여성의 시간에 접근하는 데 영향을 미친다. 여성이 얼마나 많은 시간을 육아에 할애해야 하는지에도 영향을 미친다. 즉, 이것은 성에 관한 규칙이다.

남성에게도 성에 관한 규칙이 있지만, 여성에게 적용되는 규칙만큼 많거나 엄격하지 않다. 과학적 관점에서 그 이유는 간단하다. 우리가 포유류이기 때문이다. 아기는 자궁에서 자라고, 자궁을 가진 쪽은 여성이다. 인간의 재생산에서 남성의 역할은 상대적으로 적기에, 남성의 몸에 대한 접근을 통제하는 일은 그다지 중요하지 않다. 인간은 성에 관한 규칙에 관심이 많지만, 특히 여성에 대한 규칙에 관심이 많다. 그러면 이런 일이 어떻게 발생했을까?

개인의 성차별적 신념을 결정하는 특정 유전자는 존재하지 않는다. 여성의 치마 길이를 허용하거나 금지하는 태도는 DNA에 쓰여 있지 않다. 하지만 우리는 성에 관심을 갖도록 타고났다. 사회규범에 대해서도 마찬가지다. 성과 사회규범에 대해 신경 쓴 결과가 수십만 세대 이상 쌓여 주로 여성에게 적용되는 방대한 규정집이 됐다.

누군가 자리에 앉아 성차별적 가부장 사회의 일부일처제에 동의하는 계약을 체결한 적은 없다. 루시는 읽거나 쓸 줄 몰랐고, 루시 이후에도 오랫동안 우리에게는 언어가 존재하지 않았다. 하지만 수컷의 체격은 루시가 등장하던 무렵 이미 줄어들었다. 아마도 수컷의 폭력적 경쟁이 잦아들었다는 뜻일 것이다. 그러니 우리는 이미 루시의 시대에 난교하는 모계사회에서 일부일처제 사회로 넘어갔던 듯하다. 마침내 우리는 가부장제를 구축했다. 이런 변화에는 처음부터 성차별이 내포됐을 가능성이 크다. 모든 인류 문화가 이런 상황에 다다른 것은 아니었다. 문자로 기술된 역사에조차 더 평등하고 심지어 모계적인 문화에 대한 기록이 존재한다. 그러나 우리가 접한 대다수의 문화는 대규모 일부일처제의 부계사회였다.*

그러니 맞다, 어느 시점에서 우리의 이브는 음식, 보호, 육아 지원과 성관계를 맞바꾸었고, 원시 영장류의 모계사회 내부에서 수컷이 암컷의 권력에 개입하면서 이런 상황이 시작됐을 가능성이 있다. 그리고 시간이 지

---

* 문화가 가부장적이고 성차별적인 문화일수록 일부다처제와 하렘이 더 자주 등장한다. 하지만 하렘이 존재하는 문화권 안에서도 개별 가족의 형태는 일부일처제인 경우가 더 많았다. 이것은 이슬람 제국의 전성기뿐 아니라 솔로몬 시대에도 마찬가지였다. 결국, 아내를 여러 명의 두는 것은 비용이 많이 드는 일이었다.

나면서 성에 관한 규칙은 현대 인간 문화를 구축하는 방식의 일부가 됐다. 이러한 규칙을 고수하는 행동은 우리의 생식계를 통제하는 데 도움이 됐지만, 동시에 모계사회의 유산을 파괴했다. 현대의 여성 연합은 흩어졌고, 취약하며, 깨지기 쉽다.*

그러나 오늘날에는 그들이 정말로 무엇인가를 거래했는지, 세대가 바뀔 때마다 이 계약이 갱신되는지 아무도 실제로 알지 못한다. 인간의 행동이 문화를 만드는 방식은 간단하지 않기 때문이다. 우리가 문화라고 부르는 것은 거대하고 복잡한 체계를 통해 드러나는 속성이다. 대부분의 개인은 수천 년에 걸쳐 지역적 정체성에 집단적으로 각인된 방향에 따라 무의식적으로 결정을 내린다.

스위치보드를 떠올리자. 여기에는 온갖 종류의 손잡이와 레버가 있다. 어떤 손잡이를 돌리면 여성이 무릎을 드러내는 게 허용돼 치마 길이가 올라간다. 레버를 당기면 부모가 딸의 배우자 선택을 더 많이 통제할 수 있어 중매결혼 같은 일이 생긴다. 다른 손잡이는 모유 수유에 영향을 미친다. 다른 레버는 여성의 유급 일자리에 영향을 미친다. 이 스위치보드에는 수천수만 개의 조정 장치가 있으며, 각각은 사소한 일부터 중대한 일까지

---

* 인간 여성이 보노보처럼 연합을 이루면, ISIS의 구성원 한 사람 한 사람은 오래전에 모두 처형됐을 것이다. 태국, 마셜제도에서 어린 소녀를 착취하는 인신 매매범도 마찬가지다. 보코 하람(Boko Haram, 서아프리카 이슬람 극단주의 테러 단체. 2014년 치복 학교 여학생 200명 납치 사건이 가장 유명한 사건 중 하나다_옮긴이)은 치복(Chibok) 학교 여학생을 납치하자마자 단단히 무장한 여성 군대들에 의해 숲속 본거지에서 쫓겨났을 것이다. 진정한 여성 연합의 세계에서는 '문화적 차이'를 거론하지 않으며, 무엇이든 여성과 딸들의 안녕을 위협하는 것은 신속하게 제거된다. 영장류 모계사회는 어물쩍거리지 않는다. 못된 여성은 서로에게 심술궂게 굴지만, 남성의 헛소리는 참아 주지 않는다. 그런데 나는 영장류의 모계사회처럼 폭력적인 사회에 살고 싶지는 않다. 만약 인류가 그런 사회에 살면, 보코 하람의 나뭇잎에 묻은 피와 흩어진 이빨 외에는 흔적도 없이 사라졌을 것이다.

지역 인류 문화의 어떤 특징을 조작한다. 모든 조정 장치가 여성의 몸과 관련되지는 않지만, 상당 부분이 관련됐다. 또 다른 부분은 음식, 또 다른 부분은 재산과 관련이 있다. 그리고 모든 대규모 스위치보드들이 그렇듯, 중복되는 부분과 남아도는 부분이 많으며, 일부 조정 장치는 다른 조정 장치에 연쇄반응을 일으킨다.

그러므로 우리가 유부남과 불륜을 저지른 여성을 부끄럽게 여기는 이유는 단순히 남성 우위를 '내면화'해서가 아니다. 솔직히 이런 생각은 남성에게 너무 많은 공을, 여성에게는 너무 적은 공을 돌린다. 모든 인간은 자신의 문화를, 나아가 그 문화적 정체성의 뜻을 생성하고 유지하는 적극적인 행위자다. 일부일처제를 중심으로 엄격한 규칙을 갖춘 사회에서 여성이 유부남과 불륜을 저지르는 일은 여러 가지 문화적 규범을 위반하는 일이다.

이런 규범에는 중요한 순기능이 많다. 생물학자의 관점에서, 영장류의 문화적 규칙은 경쟁을 줄이고 갈등을 해결하며 낮은 계급의 구성원도 충분한 음식을 얻을 수 있게 한다. 그러나 성 통제의 진화적 파급력 때문에 성을 통제하는 규범은 가장 변화하기 어려운 설정이다. 오랜 과거, 특정 환경에서 어떤 문화적 집단이 이런 규범을 '제대로' 설정했는지에 따라 생존과 멸망이 갈릴 수 있다.

진화는 고통에 개의치 않는다.* 인권Human rights은 시간을 초월해 이어지는 유전자와 무관하다. 진화는 힐러리 클린턴이나 엘리자베스 워런, 또

---

* 엄밀히 말하면, 진화는 아무것도 '개의치' 않는다. 진화는 생물계에서 발생하는, 방대한 시간에 걸쳐 드러나는 연속적인 사건의 체계다. 지각 있는 사회적 영장류로서 우리가 신경 쓰는(care about) 일이 진화적 적합성과는 별 관련이 없는 경우가 많다는 이야기다. 궁극적으로, ISIS 같은 설정은 분명 실패할 것이다. 그 설정에는 수많은 살인, 유사 근친상간, 아동 강간이 포함됐으며, 이런 행동은 유전자 풀에서 다양성을 줄이고 그 영역에 있는 경쟁 집단에 엄청나게 공격적인 반응을 촉발하기 때문이다.

는 도널드 트럼프 중 누가 대통령이 되든 개의치 않는다.* 심지어 ISIS 같은 테러리스트 정권에 대해서도 개의치 않는다. 만약 명백한 성차별적 설정을 갖춘 문화에서 아기가 더 많이 태어나고, 그 아기가 생존하여, 이러한 경향이 수천 년 동안 지속돼 스위치보드가 다르게 설정된 문화보다 경쟁에서 앞서면, 성차별적 전략은 진화적 관점에서 성공한 전략이다.

시간이 흐르면서 문화의 상황이 변하면 성에 관한 규칙도 변한다. 인간은 엄청나게 적응력이 뛰어나다. 우리는 적응하도록 진화했다. 그리고 우리의 행동 혁신도 적응할 줄 안다. 만약 좋은 결과를 이끌어 내는 성에 관한 규칙 세트가 오직 하나뿐이라면, 성과 관련된 규칙은 모두 동일했을 것이다. 그러나 그렇지 않다. 그래서 우리는 계속해서 설정을 조정한다.

사실 어떤 인간 문화든 문화적 변동의 시기에 가장 먼저 살피는 것이 바로 성에 관한 설정이다. 이러한 시기에 인간들은 자신들만의 성에 관한 규칙을 엄격하게 적용하는 경향이 있으며, 때로는 완전히 새로운 구성원에게 이렇게 행동한다. ISIS가 마을을 점령할 때 가장 먼저 하는 일이 무엇일까? 지역 주민을 종교 경찰로 임명하고 순찰을 보내, 남성이 있는 곳에서 몸을 가리도록 여성을 단속한다. 탈레반도 그랬고, 무타윈mutaween(이슬람 율법 준수를 감독하는 종교 경찰_옮긴이)도 마찬가지였다. 프랑스가 자국의 무슬림 인구를 의식하며 불안해 할 때, 정부는 해변에서 여성의 히잡 착용을 규제함으로써 '프랑스다움'을 재구축했다.

그러나 이런 현상은 현대의 문제만이 아니다. 조금 뒤로 물러나 보면 사실은 이슬람과 전혀 무관한 일이라는 사실을 알 수 있다. 유럽 식민지 개척자는 아메리카 원주민 여성의 몸을 '가리는 일'로 큰 소동을 피웠다.

---

* 핵전쟁과 같은 결과를 배제할 때의 이야기다.

아즈텍도 피정복자에게 자신들의 성 관련 규범을 확산시켰다. 중국, 일본, 소련도 마찬가지였다. 인류 역사를 통틀어 상이한 성 관련 규칙을 가진 문화가 만나면 어떤 규칙은 폐기되고 다른 규칙은 폭력적으로 집행됐다.

프랑스 우익에 속한 사람이 히잡을 두고 내놓는 많은 말들은 낡아빠진 편협성을 드러낸다. 그러나 여성을 둘러싼 문화적 차이는 종종 화약고로 발전한다. 나는 그 이유가 우리 종의 진화에서 성에 관한 규칙이 매우 중요했기 때문이라고 생각한다. 그래서 우리는 이런 규칙에 신경을 쓰고, 계속해서 손본다. 우리는 그저 구체적인 규칙을 선택하는 게 아니라, 실제로는 성에 관한 규칙을 갖추려는 욕구 자체를 선택한다.

멈추기가 아주아주 힘든 일이다. 하지만 멈출 필요가 있어 보인다. 지금 이 시점에서, 성차별은 우리를 죽이고 있다.

건강하게, 부유하게, 그리고 현명하게

성차별이 적은 문화가 여성과 소녀, 그리고 그곳에 사는 다른 모든 사람의 삶을 개선하는 데 있어 왜 좋은지에 대한 도덕적 논쟁을 잠시 미뤄 두자. 그 대신 성차별이 진화적 목적을 여전히 실행하고 있는지 살펴보자. 성차별은 과거처럼 우리에게 도움이 될까?

우리 조상의 피임 방법은 그다지 좋지 않았다. 조산술은 그다지 많은 생명을 구할 수 없었다. 과거의 낙태는 정말 위험했다.* 생존 측면에서 가

---

* 이제는 그렇지 않다. 달리 말하는 사람들은 과학, 의학, 또는 여성의 몸에 대해 거의 알지 못한다. 잘 훈련된 면허가 있는 의료 전문가가 적절한 환경에서 시행하기만 하면, 낙태는 안전할 뿐 아니라 임신을 유지하는 것보다 장기적인 합병증을 일으킬 가능성이 훨씬 낮다. 즉, 상대적

야할 곳으로 나아가기 위해서는 성차별이 필요했다. 수천 년에 걸쳐 산과
술은 문화가 돼 진보했고, 재생산 결과를 개선하는 방향으로 스위치보드
를 지속적으로 조정했다. 적절한 시기에 적절한 수의 아이가 그 집단이 가
진 자원에 부합하는 방식으로 양육됐다. 피임과 조산술이 일부 역할을 했
다. 성차별은 나머지를 담당했다.

성차별이 폭주 기관차가 되면 어떤 일이 일어날까? 어떤 문화권의 성
관련 규칙이 인구의 전반적인 건강, 생식능력, 경쟁력을 해치기 시작할 때
는 어떤 일이 발생할까?

생물학자라면 한때 유익했던 일련의 행동이 어떤 집단의 '적합성'을 해
치기 시작하면, 이런 행동이 변화하는 일은 시간문제라고 말할 것이다. 만
약 그런 행동이 어떤 방식으로든 유전체에 부호화됐다면, 그 시간은 진화
단위의 시간을 뜻한다. 그러나 결국 문화적 변화를 통해서든 하위 인구의
소멸을 통해서든 그런 행동은 해당 집단 내에서 도태된다. 만약 그 행동이
종 전체에 퍼졌다면, 다시 말해 모두가 그렇게 행동한다면 더 심각한 규모
로 같은 결과가 발생할 것이다. 행동이 변하든 종 전체가 변하든 말이다.

인간도 예외가 아니다. 유일한 차이는 우리에게 그런 일이 발생할 때 인
식할 수 있는 인지 능력이 있다는 점이다. 이제 다양한 문화권에서 성차별
은 종 전체에 독이 되기 시작했다. 어떤 유명한 미국인의 말을 바꾸자면, 현
대의 성차별은 우리를 덜 건강하고, 덜 부유하며, 덜 지혜롭게 만든다.*

으로 위험한 일은 낙태가 아니라 임신과 출산이다. 전문 의료인이 적절한 환경에서 제공하는
것 이외의 불법 낙태에 대해서는 같은 이야기를 할 수 없다.

* 여담이지만 성차별주의자로 악명 높은 유명인이다. 벤저민 프랭클린은 바구니로 정부의 상
반신을 가리면 나이 든 생식기를 구별할 수 없으니 중년에서 30대 후반의 정부도 젊은 여
성 못지않게 좋다는 글을 남겼다. 또 나이 든 정부가 '아주 감사'해 할 것이라는 점도 마음에

덜 건강하게

여러분은 성차별적 규칙이 적어도 성적으로 활동적인 사람의 건강을 유지하는 데 도움이 된다고 생각할 수도 있겠다. 역설적이게도 현대에서 이런 규칙은 성병과 계획되지 않은 임신의 확산을 가속화하고 모성 건강관리에 대한 접근을 제한하면서 역효과를 낸다. 성차별주의는 우리를 병들게 한다. 남녀, 우리 모두를.

여성의 순결은 흔한 성 관련 규칙이다. 대부분의 문화권에서 '착한' 여성은 일생 동안 성관계 파트너를 여러 명 두어서는 안 된다. 서양의 부모는 딸에게 순결한 행동을 장려하는 일이 장기적으로 딸의 건강을 보호한다고 생각하는 경우가 여전히 많다. 합리적인 생각일 수 있다. 원칙적으로는 이렇게 하면 최소한 성병 감염이 줄어야 한다. 성관계 파트너 수를 줄이면 기생충, 바이러스, 박테리아의 전파 기회가 줄어든다. 순결 규칙은 임질, 매독, HIV, 클라미디아, 헤르페스, 생식기 사마귀 같은 성병이 훨씬 적은 문화를 만들어야 한다. 생물학적 관점에서 보면 아주 요긴해 보인다. 이 모든 성병들이 인간의 생식능력에 영향을 미치고, 그 결과 진화적 적합성에 문제를 일으킬 수 있기 때문이다.

그러나 지금도 역사적으로도, 대부분의 여성은 한 남성과만 성관계를 맺지 않기에[44] 이 규칙은 별로 효과를 발휘하지 못한다.* 하지만 더 중요

들어 했다. 그는 24살 때 정부와의 사이에서 출산했으며, 사실혼 아내가 그 아이를 키웠다 (Franklin, 1745/1961; Isaacson, 2004).

* 중세 및 전근대 유럽에서조차, 최대 14퍼센트의 여성 인구가 경제적 염려와 기독교 교회의 영향으로 독신을 유지했는데도 평균적인 남성은 평생 3명 이상의 성관계 파트너를 뒀을 가능성이 크다. 이는 매춘부나 (재정적으로 가능한 경우) 하녀를 통해 이뤄졌으며, 이들은 종종 자

한 문제는, 남성이 한 여성과만 성관계를 갖지 않는다는 사실이다. 오히려 오늘날 '순결한 여성' 규칙을 가진 문화권에서는 남성에게 평생 여러 명의 성관계 파트너를 갖도록 장려한다. 오늘날의 많은 문화권에서 길고 풍부한 성 경험은 성공적인 남성성의 척도다.

이로 인해 이중 규범이 생긴다. 여성은 이상적으로 평생 한 남성과 일부일처 관계에 접어들 때까지 성관계를 가져서는 안 된다. 반면 남성은 남자다워지기 위해 여러 명의 성관계 파트너를 가져야 한다. 생물학적 관점에서 이것은 암컷의 재생산 선택권과 수컷의 정자를 퍼뜨리려는 성적 동기가 충돌하는 전형적인 사례다. 문제는 일반적으로 여성이 재생산 선택권을 자유롭게 행사할 수 없다는 데 있다. 너무 많은 문화적 영향이 작용하기 때문이다.

물론 수학적으로 불가능하다는 점은 말할 필요도 없다. 결국 우리는 대략 같은 수의 파트너를 둔 큰 남녀 집단과, 극단적으로 방종하게 생활하는 소수 집단이 존재한다는 결론에 도달한다. 많은 남성의 '욕구를 채우는' 극도로 방종한 여성 집단은 결코 존재하지 않으며,* 평균적인 여성보다

신들이 일하는 가정과 관련된 사실상의 성 노예였다(Fauve-Chamoux, 2001; Dennison & Ogilvie, 2014; Karras, 2012). 많은 '독신' 성직자들 역시 생계와 사회적 지위에 대한 위협을 무릅쓰고 성 노동자들이나 하녀와 관계를 맺었다(Ingram, 1990). 사실, 기독교적 성 관련 규칙의 가장 분명한 혜택은 교회 자체에 돌아갔다. 성직자들에게 상속권을 주장할 수 있는 합법적인 자녀가 없었기에, 교회는 아무런 분쟁 없이 세대를 거듭하여 모든 재산의 소유자로 남을 수 있었다. 가톨릭 교회가 엄청나게 부유한 이유는 일요일마다 돌리는 작은 접시 때문이 아니다. 수 세기 동안 동일한 기관에 속해 유지된 대규모 부동산 보유 일람표 때문이다.

* 실제로 오늘날 활동 중인 여성 성 노동자는 적다. 가장 넉넉한 추정치 따르면, 성 노동자는 미국 인구의 0.6퍼센트에 불과하며, 성매매가 합법화돼 규제를 받는 지역에서는 성 노동자들이 안전에 더 철저하고 일관되게 신경 쓰는 경향이 있다(Platt et al., 2018). 최신 통계에 따르면 실제로 성병에 걸릴 확률은 샌안토니오의 평범한 젊은 여성과 성관계를 가질 때보다 네바다주

평균적인 남성의 성관계 파트너가 더 많다는 것도 사실이 아니다.*

예상할 수 있듯이, 역사적으로 성병의 확산을 주도한 것은 가장 방종한 사람이었다. 이런 금기에는 '더러운 창녀'와 '나쁜 창녀'라는 생각이 반영됐다. 이 금기는 전적으로 여성의 책임이기에, 이런 게임을 하는 문화는 실패를 앞둔 셈이다. 남성의 방종을 장려하고 여성의 순결을 엄격하게 집행할수록 질병의 확산을 가로막는 제약이 줄어든다. 이것이 바로 진화한 인간 산과술이 구조에 나서야 하는 지점이다. 예를 들어, 20세기 중반 이후에는 콘돔이 성병 문제를 해결했을 것이라고 생각할 수 있다. 일반적으로 콘돔은 남성이 착용하기만 하면 가장 효과적인 전략이다. 매번, 일관성 있게 착용하면.

그러나 특히 남성의 방종이 전반적인 남자다움과 연관된 문화에서는 그렇지 않다. 브라질부터 텍사스, 남한부터 남아프리카까지 남성성을 자랑하는 곳에서는 일관성 있는 콘돔 사용률이 놀라울 정도로 낮다.[45] '남자

의 규제가 잘 적용되는 성매매 업소에서 매춘부와 성관계를 가질 때 더 낮다(Rodriguez-Hart et al., 2012; CDC, 2022). 나는 인지된 매춘에 대한 연구 결과를 말하며, 여기에도 강요가 개입됐을 수 있지만, 인신매매와 같은 명시적인 강요가 개입되지는 않았다.

* 20세기 중반, 미국 남성은 성관계 파트너 수를 미국 여성보다 3배 많게 보고했다(Kinsey et al., 1948). 1990년대에는 그 차이가 2배로 줄었지만, 평균적인 여성이 성관계를 더 많이 가졌기 때문인지, 평균적인 남성이 성관계를 덜 가졌기 때문인지, 양성이 모두 더 솔직해졌기 때문인지, 아니면 세 가지 원인이 조합된 결과인지는 확실치 않다(Wiederman, 1997). 수학적으로 평균적인 여성보다 평균적인 남성이 성관계 파트너를 3배 많이 가질 수는 없다. 조사 결과에서 실제로 알 수 있는 것은 이런 사안에 대해 거짓말하는 사람들 사이에서 성적 규범에 따라 이쪽 또는 저쪽으로 데이터가 왜곡되는 경향이 있다는 사실이다. 이례적으로 여성이 남성보다 파트너 수를 더 많이 보고한 뉴질랜드의 사례만 제외하면 남성은 파트너 수를 부풀리고, 여성은 축소시킨다. 뉴질랜드에는 여성이 남성보다 7만 명 더 많으므로 뉴질랜드 사례는 불가능한 결과다(Durex, 2007). 혹시 파트너를 수입하는 걸까?

다운' 행동이 기대되는 곳마다 남성은 남자다움의 원천에 덮개를 씌우지 않는 경향이 있다. 최근 연구에 따르면, 마이애미의 라틴계 남성은[46] 상대 여성이 '깨끗하다' 또는 '지저분하다'는 느낌에 근거해 즉흥적으로 콘돔 착용 여부를 결정한다(그런데 이런 부분에서 남성의 판단은 그다지 정확하지 않다).

연구 결과에 따르면, 누구나 콘돔 사용법을 배우고 콘돔을 저렴하게 구할 수 있는 곳에서는 성병이 일관되게 감소한다.* 그러나 여성은 파트너가 많아서는 안 되고 남성은 많아야 한다는 생각처럼 다른 성차별적 인식들이 그대로 유지되면 기생충과 박테리아가 호황을 누린다. 이제 미국에서는 방종한 사람이 안전한 성관계를 위해 더 많은 주의를 기울이기 시작했다. 하지만 동시에 덜 방종한 사람은 안전하다는 가정, 다시 말해 독점적인 성관계 파트너가 있으므로 위험이 면제된다는 생각 때문에 질병의 주요 매개체가 된다. 그들은 자신들이 안전하다고 생각하므로 콘돔을 쓰지 않는다.

이 효과는 눈덩이처럼 빠르게 불어난다. 한 파트너가 이전 파트너에게 감염된 후, 평균적으로 방종한 다음 파트너에게 옮기고, 그 파트너는 다음 파트너에게 계속 병을 옮긴다. 모두 자신들이 덜 방종한 사람과 성관계를 가진다고 생각한 나머지 안전을 간과한다.

문제의 덜 방종한 사람이[47] 여성이라면, 이들은 남성보다 더 다양한 성병에 감염될 가능성이 높다. 그 이유는 남성의 음경과 여성의 질이 각각

---

* Dodge et al., 2009. 실질적인 교육이 중요하다. 교육용 바나나 옆 그릇에 콘돔을 꺼내 두는 방식은 누구에게도 도움이 되지 않는다.

주입 도구와 수용 도구로 기능하기 때문이다.* 또한 점막이 피부보다 감염에 더 취약하고, 여성의 질은 전체가 점막으로 덮인 반면 남성은 약간의 요도 상피만 이런 위험에 노출되기 때문이다.**

그러므로 문화적으로 여성의 순결과 남성의 방종을 장려하는 지역에서 매독, 헤르페스, 임질, 클라미디아와 같은 대규모 성병 유행을 주도하는 사람은 상대적으로 순결하고, 절제하며, 연속적으로 일대일 관계를 유지하는 여성이다. 미국 질병통제예방센터Centers for Disease Control는 미국 전역에서 이들을 추적했는데,[48] 미네소타에서는 2014년 성매개질환 발병률이 사상 최고치를 기록했다. 몬태나에서는 2013년부터 2014년 사이에 임질 전파율이 2배 이상 늘었다. 루이지애나, 미시시피, 조지아, 텍사스는 매독, 클라미디아, 임질 발병률이 가장 높은 주이며, 모두 사회적으로 여성의 순결을 가장 강조하는 지역이자, 예상하듯이 성교육과 성병 예방에

* 결과는 뚜렷하다. 젊은 아프리카 사람들 중 HIV에 감염된 사람의 75퍼센트가 여성과 소녀다 (UNAIDS, 2004). 여성이 상대적으로 순결하지 못했기 때문이 아니라, 남성 파트너가 콘돔을 쓰지 않기 때문이다. 신체의 다른 구멍을 통한 성관계에는 물론 나름의 위험이 따르며, 많은 성관계가 2명의 동성 파트너 사이에서 이뤄진다. 항문 성교는 질병 전파에 특히 취약하다. 이는 항문이 생식기 구멍과 같은 진화적 압력을 받지 않아 조직이 더 약하기 때문이다. 하지만 인간 성교에는 대부분 음경과 질의 결합이 포함되기에, 대부분의 성병에는 이 두 가지의 조합이 관여된다. 내가 여기서 이성애를 중심으로 기술하는 이유는 이 때문이다. 우리는 큰 숫자, 대규모 인구 집단을 포함하는 통계에 대해 이야기한다. 여기에서는 또한 남녀의 이성애적 행동을 규제하는 규범적인 성 관련 규칙들에 대해 이야기하며, 그러므로 이미 금기시되는 퀴어 인구 집단은 성과 관련된 더 넓은 사회적 규칙하에 약간 다르게 작동한다. 그래도 남성의 동성애적 행동은 여전히 그 지역에서 통용되는 남자다움과 방종에 대한 개념의 영향을 받는다. 그런 영향이 집단 내에서 성병 전파를 촉진할 수 있다.

** 남성도 생식기 바깥쪽 피부에 성병을 얻을 수 있으며, 또한 성적 지향과 무관하게 나름의 위험이 뒤따르는 항문 성교에 참여할 수도 있다. 그러나 단순히 남성 요도와 여성 질강을 비교할 때 누가 더 취약한지는 분명하다.

투입되는 공공 기금이 가장 적은 지역들이다. 인구의 60퍼센트 이상이 정기적으로 종교 행사에 참석하는 루이지애나주에서는 2012년부터 2014년 사이에 매독 발병률이 3배 늘었다.[49]*

상당히 역설적이지만 지금 성병 감염율은 100년 전보다 훨씬 낮은 수준이다. 라텍스 콘돔이 실제로 존재한다. 그러나 진화적 관점에서 문제는 감염 부하만이 아니라 성병이 여성의 생식능력에 문제를 일으킨다는 사실이다.

클라미디아와 임질이라는 작은 균은 교묘하게 행동한다. 클라미디아 감염 증상은 대부분[50] 눈에 띄지 않는다. 여성의 자궁 경부에 감염이 자리 잡는 동안 당사자는 아마도 눈치 채지 못할 것이다. 여성에게 병을 옮긴 남성 파트너도 아마 모를 것이다. 왜냐면 남성 몸에서 증상이 나타날 가능성은 여성보다도 낮기 때문이다. 그래서 클라미디아는 조용히 자궁 경부 조직을 자극하며 약한 염증을 유발한다. 이렇게 시작된 염증은 나중에 자궁과 난관으로 퍼져 골반염PID, pelvic inflammatory disease을 일으킬 수 있으며, 여성의 생식기관은 지속적인 염증이 반복되면서 손상된다. 치료받지 않은 임질 감염도 같은 문제를 일으킨다.

골반염은 소름 끼치는 고통을 유발한다. 때로는 이상하게도 뚜렷한 증

---

* 정확한 콘돔 사용법이나 일관적인 사용의 중요성을 모르는 게 지역사회에서 성병 확산을 가장 뚜렷이 촉진하는 요인이다. 그러나 순결을 강조하는 문화가 과학에 기반한 성교육 기금 삭감의 큰 원인임을 고려하면, 이 두 가지를 단순한 상관관계 이상으로 관련짓기는 어렵지 않다. 실제적이고 근거에 기반한 성교육과 순결을 강조하는 문화가 평화롭게 공존하는 세계가 있을지도 모르겠다. 더 나은 방법은 그저 실질적인 성교육 기금을 제공하고, 문화적인 변화는 어떻게 되든 그대로 두는 것이다. 10대들도 임질이 실제로 몸에 미치는 영향을 배운 후 성관계를 더 가지고 싶어지지는 않을 것이다. 그리고 성병 감소는 장기적으로 생식능력 개선을 뜻하므로, 적어도 생물학자들은 그런 정책이 진화론적으로 성공적인 정책이라고 평가할 것이다.

상이 거의 나타나지 않아 여성이 임신을 시도할 때까지 '아급성' 상태로 남는다. 그리고 임신에 실패한다. 더 나쁜 상황은 임신에 성공하지만 몇 년 동안 진단되지 않은 클라미디아 감염이 지속되면서 난관에 흉터가 생겨 자궁외임신이 되는 경우다.* 현대 산부인과학의 개입을 통해서만 가능하겠지만, 만약 모체가 자궁외임신을 견디고 생존하더라도 한쪽 난관은 복구 불가능한 수준으로 손상된다. 감염으로 양쪽 난관이 모두 망가지는 경우 후덜덜하게 비싼 시험관 시술을 감당할 수 있는 여성만 자기 유전자를 전달할 수 있다. 그럴 수 없으면 진화는 또 하나의 여성을 유전자 풀에서 제외시킨다.**

과거 성차별은 이런 일을 방지했다. 인구가 적을 때에는 여성의 난교를 금기시하는 게 충분히 효과가 있었다. 하지만 2,000년 전보다 세계 인구가 훨씬 더 많아졌고, 운송 기술이 발달했으므로 감염은 빠르게 퍼진다. 매년 약 6,200만 명이[51] 임질에 걸린다. 감염은 난관을 망가뜨리면서 미국 전역에서 들불처럼 퍼져 나간다.

어떤 이들은 임질이 구약시대부터 존재했다고[52] 생각하므로, 우리는 아직도 이 병을 극복하는 방향으로 진화하지 못한 게 분명하다. 다행히 인간의 행동은 성병을 따돌릴 수 있다. 실제로 콘돔을 쓸 수 있다. 실제로 항생제 사용을 줄여 내성의 확산을 저지할 수 있다. 최근 클라미디아 백신이[53]

---

* 미국에서는 약 50건 중 1건이 자궁외임신이다. 영국에서는 이 비율이 약 90건 중 1건으로 추정되지만(Cantwell et al., 2011), 측정 방식의 차이인지 실제 유병률의 차이인지 확실치 않다. 클라미디아와 임질이 모든 자궁외임신의 원인은 아니지만, 유력한 용의자로 의심된다.

** 임신 중에 감염되면 조산 위험이 높아져 아이가 위험해지고, 실명으로 이어질 수 있는 안과적 문제를 가지고 태어날 수 있다. 성매개감염(STIs)이 어떤 인구의 진화적 적합성을 낮추는 방법에는 여러 가지가 있다.

유망해 보이므로, 유전자가 면역력을 갖추기 훨씬 전에 집단면역 생성을 시도해 볼 수도 있다. 물론 그러기 위해서는 문화적 합의가 필요하다. 코로나 시대를 사는 미국인으로서 말하자면 백신을 이용해 집단면역을 달성하기란 결코 쉬운 일이 아니다. 그러나 분명 시도해 볼 가치가 있다.

그리고 물론, 성관계를 덜 가진다는 매력이 떨어지는 선택지도 남았다. 하지만 절제 전략이 승리를 거둘 가능성은 거의 없다. 역사적으로 결코 성공한 적이 없다. 지금과 같은 시점에서 여성의 순결을 강화하려는 규칙은 도움이 되기보다는 여성의 생식능력과 인구 전체의 건강을 해치는 경향이 있다.

성차별주의가 건강을 해치는 더 극단적인 예도 있다. 아프리카와 중동 지역의 여성 생식기 절단과 같은 사례만이 아니다. 엄마나 아기의 죽음처럼 우리가 성차별을 받아들인 원래 이유를 배반하는 결과들이 있다. 재생산 능력의 손상은 장기간의 진화적 적합성에 영향을 미치지만, 더 파괴적이고 즉각적으로 나타나는 영향은? 모성 사망이다.

인류 역사 내내 대부분의 소녀는 16세나 17세가 될 때까지 성적으로 성숙하지 않았다. 오늘날 잘 연구된 수렵 채집 집단에서도 여전히 그렇다.[54] 쿵족Kung people 소녀의 평균 초경 연령은 16.6세다. 필리핀의 아그타 네그리토족Agta Negrito 소녀의 초경 연령은 17.1세다. 이 두 집단의 평균 초산 연령은 초경 후 2~3년이 지난 19~20세다. 그러면 도대체 왜 18세 미만의 소녀를 시집보내는 문화가 존재하는 걸까? 더 이해하기 어려운 일은, 일부 문화권에서 8세 소녀를 시집보내는 이유다.

세계 어디에서나 18세에 출산하는 여성은 생존할 가능성이 꽤 높다. 단순히 생존할 뿐 아니라 건강하게 임신해 건강한 아기를 낳고, 더욱이 그 후에도 더 많은 아이를 낳을 수 있다. 인류의 허술한 생식계를 고려하더라도 마찬가지다. 하지만 모체가 15세 미만일 때는 생존 가능성이 급격히 떨어진다. 13세 미만일 때는 생존 가능성이 더 낮아진다. 모체의 나이는[55] 임신 자체로 인한 사망 가능성을 가장 잘 예측하는 요인이다. 18세 이전에 결혼하는 소녀의 수를 10퍼센트만 줄여도 한 국가의 모성 사망률을 70퍼센트까지 낮출 수 있다.

따라서 니제르, 차드, 방글라데시, 네팔*과 같이 조혼을 조장하는 성차별적 문화권에서는, 다른 이유가 없다 해도 이런 일을 견딜 수 있을 만큼 신체가 충분히 발달하지 않은 많은 소녀들을 연상의 남성과 결혼시켜 성관계를 갖도록 강요함으로써 죽음으로 내모는 셈이다. 소녀가 생존하더라도 재생산 적합성은 심각하게 손상된다. 사춘기에 접어들기 전에 결혼하는 소녀는[56] 대부분 감염과 골반 손상을 겪는다. 때로는 충분히 발달하지 않은 생식기로 '결혼 의무'를 지키느라 질 탈출증이 생기는 지경에 이르기도 한다.

명백히 이것은 진화 차원에서 지속 가능하지 않다. 젊은 여성을 고의로 다치게 행동하는 집단은 장기적으로 생존하고 번성할 수 없다. 이런 관행들이 '옛날부터' 이어진 일처럼 보이는 현상은 인류의 근시안적 증거일 뿐이다. 물론 옛날 옛적 중국과 유럽에서 조혼이 일반적이던 시절이 있었지

---

* 네팔에서는 정부가 이런 관행을 개선하기 위해 노력하며, 20세 이전에 결혼하는 일을 불법으로 규정해 벌금과 징역형을 부과한다. 하지만 네팔 소녀의 37퍼센트는 18세 이전에 결혼한다(UNICEF, 2022). 니제르는 노력의 기미가 거의 보이지 않아, 18세 이전에 결혼하는 소녀가 4명 중 3명에 달한다. 일부 지역에서는 거의 90퍼센트의 소녀가 아동기에 결혼한다(Ibid). 숫자로만 보면 인도가 가장 심각한데, 1,550만 명의 소녀가 아동기에 결혼한다(Ibid). 하지만 지난 10년간 그 비율이 50퍼센트에서 27퍼센트로 감소해 가장 많이 개선된 사례이기도 하다(Ibid). 인도의 조혼 건수가 여전히 많은 이유는 인구가 많기 때문이지만, 조혼에 대한 시각을 빠르게 변화시킨 것은 합심한 노력의 결과가 얼마나 고무적인지 보여 주는 사례다.

만 불과 몇백 년 전의 일이었으며, 그 뒤로는 이런 경향이 시들해졌다. 고대 중국과 마찬가지로 고대 그리스에서는 16세에[57] 결혼을 목표로 했고, 고대 로마의 결혼 연령은 14~20세였다. 더욱이 로마의 어린 신부는[58] 정치적 거래를 위해 결혼하는 부유한 가정의 자녀였으며, 평민은 보통 10대 후반 또는 20대 초반에 결혼했다. 중국과 그리스에서도 마찬가지였다.

대부분의 인류 역사에서 11세 소녀가 강간으로 임신하는 일은 일어나지 않았다고 말해도 좋다. 만약 그랬더라면 우리는 여기까지 오지 못했을 것이다. 포유류의 게임에서, 남아는 얼마든지 더 낳을 수 있다. 그러나 건강하고 젊은 여성을 잃을 때는 막대한 비용이 뒤따른다.

하지만 우리 종을 후퇴시키는 것은 이러한 극단적인 성차별 사례만이 아니다. 조혼은 심각한 문제이며, 아메리카, 유럽, 번영하는 아시아의 사람은 "여기에는 그런 일이 없다"고 말할지 모른다.* 돈이 더 많은 곳, 이런

---

* 미국의 50개 주 중 48개 주에서는 부모의 '승낙'을 통해 조혼을 허용하는데, 이는 법적으로 승인된 아동 학대의 한 유형이다(Ochieng, 2020). 불행히도, 미국은 주로 '종교'나 '문화적 선호'라는 미명하에 부모가 자녀에게 다양한 일을 할 수 있도록 허용한다. 예를 들어, 50개 주 중 21개 주에서는 나이에 상관없이 딸이 명백히 원치 않거나, 심지어 신체적, 실존적 여파를 이해할 수 없을 정도로 아주 어린 경우에도 합법적으로 임신을 강요할 수 있다(AGI, 2023). 만약 여러분이 11살인데 부모가 문화적 신념 때문에 아기를 낳으라고 하면 정말로 거절할 수 있을까? 그리고 거절한다 해도, 주 경계 너머로 도망쳐 간단하고 안전한 시술이 가능한 시기에 낙태 시술을 받을 수 있을까? 어떤 성인도 합법적으로 여러분을 도울 수 없다. 소녀로 살기에 끔찍한 21개 주 이외에도, 다른 16개 주에서는 그러한 시술을 시행할 경우 부모에게 통지해야 하며, 이런 규정은 (11세에 임신하는 소녀가 종종 그렇듯) 학대 가정에 사는 소녀에게 아주 큰일이 될 수 있다. 판사에게 탄원을 제출해 이런 일을 피할 수도 있지만 자원과 용기가 필요하며 판사가 동의할 것이라는 보장은 없다. 판사 탄원이라는 선택지는 미국 대법원이 사법적 우회로를 제공하라고 요구했기에 존재하는 것이다. 로 대 웨이드(Roe v. Wade) 판결이 폐지된 지금은 그마저도 사라질 수 있다. 한편, 사법 우회로의 성공 빈도와 모든 사회계층의 소녀에게 같은 접근성이 보장되는지를 추적해야 한다는 요건은 없다. 법에 저촉될 위험을 무릅쓰고 도움이 필요한 소녀를 돕기로 한 성인을 위한 보호 조치도 제공되지 않는다. 솔직히 말해,

책을 읽는 사람이 사는 곳에는 그런 일이 없다. 그러면, 미국의 모성 사망률은 도대체 왜 높아지는 걸까?

지난 10년 동안 미국의 임신한 여성과 새로 엄마가 된 여성이 예전보다 더 많이 사망하고 있다.[59] 이는 지난 두 세기 동안의 일반적 추세, 즉 부유한 지역에서 연간 모성 사망 건수가 줄어드는 추세와 정반대의 현상이다. 그러나 인종차별, 성차별, 장애인 차별, 여성 건강에 대한 공적 지원 감소, 과학에 기반한 성교육의 파행이 결합돼 미국 여성의 임신은 전보다 더 위험해졌다.* 미국인은 여성을 일종의 암흑시대로 뚜렷이 회귀시키고 있다. 유럽 일부 지역에서도 비슷한 추세가 나타난다. 유럽의 모성 사망률은 여전히 감소하지만, 특히 경제적으로 취약한 계층에서 감소 속도가 느리다. 대체 무슨 일이 일어나는 걸까?

일부는 비만 때문이다. 모든 임신에는 위험이 따르지만, 통계적으로 비만하지 않은 여성보다 비만한 여성이 더 위험하다. 의학적으로 문제가 되는 상황이 여러 가지 있으며, 그중 많은 수가 비만의 흔한 동반 질환과 관련 있다. 비만이 이러한 문제를 직접적으로 유발하는지, 그 반대인지는 아무도 확실히 모른다. 하지만 비만한 몸에는 심혈관계의 손상과 과부하, 전신 염증, 관절 문제, 수면 무호흡증과 같은 문제 등이 나타나므로,** 비만한

미국은 소녀의 권리를 부모들의 신념보다 우선시하는 데 별로 관심을 기울이지 않는다. 그렇지 않았더라면 이런 법들이 존재하지 않았을 것이다.

* 특히 아프리카계 미국 여성의 모성 사망률은 충격적인 수준이다. 소득을 보정하면 일부 격차가 사라지지만(미국의 건강관리 체계는 가난한 사람들에게 형편없으며, 체계적인 인종차별은 많은 유색인종을 하층 계급에 가둔다) 전부 사라지지는 않는다(Hoyert, 2022).

** 잠든 동안 실제로 잠깐 호흡이 멈추는 상태를 말한다. 충분한 산소 공급은 건강에 매우 중요한 요인이다.

사람은 신체적 부담을 더 많이 안고 지낸다.

임신은 몸에 부담되는 일이므로 비만과 임신을 동시에 감당하기란 분명 어려운 일이다. 건강한 여성도 임신으로 기력이 떨어질 수 있다. 모든 의사가 임신 중 비만 환자의 특별한 필요를 제대로 돌볼 수 있도록 훈련을 받은 것도 아니고, 환자는 비만과 관련된 사회적 수치심 때문에 의사와 생산적인 관계를 만들기 어려워 할 수 있다.* 비만이 증가하는 이유에 관해서라면 언제나 그랬듯 질 낮은 음식들이 전 세계 빈곤층에 영향을 미치지만, 특히 당분이 많은 저렴한 음식과 음료의 증가가 유럽과 미국 빈곤층 산모의 비만 증가와 강하게 연관됐다.

그러나 비만 증가가 모든 문제의 원인은 아니다. 역설적이게도, 현대의 성차별은 산부인과학의 발전을 직접적으로 저해한다. 성차별적 문화는 여성에게 더 잦은 임신을 기대하는 것 같지만, 임신한 여성에게 제공되는 건강관리 기회도 줄인다. 대부분의 미국 임산부가 사망하는 곳은 어디일까?[60] 물론 빈곤한 지역이겠지만, 특히 텍사스, 미국 남부, 미네소타의 빈곤한 지역에서다. 이 지역들은 최근 몇 년 동안 낙태 반대 운동, 절제 위주의 교육 방침, 동시다발적인 공공 의료 기관 축소를 통해 여성의 건강관리 기회와 교육 접근성이 크게 줄어든 곳들이다. 그 결과 이 지역에서는 여성이 더 자주 임신하지만, 성병에도 더 걸리고, 임신 합병증이 더 많이 발생하며, 산전 관리를 덜 받고, 보통은 더 힘든 출산 과정을 겪는다. 이렇게 어

---

* 이런 문제에 대해서는 필자가 각주에 요약하는 것보다 훨씬 더 많은 연구가 이뤄졌다. 그러나 나는 일반적으로 모든 여성이 의료진과 더 건강한 관계를 맺어야 한다고 말해도 좋다 생각한다. 성별, 체중, 인종과 같은 사안은 환자와 의사 모두에게 문제를 복잡하게 만들 뿐이다. 오늘날 여성 건강관리의 근본적인 문제를 해결하려면 여성은 과학을 더 신뢰해야 하고, 과학자와 의사도 여성을 더 신뢰해야 한다.

렵게 출산을 겪고도, 산모는 돈이 부족하다는 이유 때문에 더 일찍 퇴원하기까지 한다. 너무 일찍 집으로 돌아가면 산후 출혈과 여타 합병증의 위험이 높아진다. 즉, 이런 지역에서 여성의 건강은 50년 전처럼 돼 간다.

아마도 모든 종이 특정 환경의 자원 한계 내에서 가능한 한 가장 건강한 엄마와 자손을 원할 것이다. 모성 사망률이 높아지도록 놔둔다? 진화적으로 말도 안 되는 일이다. 어떤 지역의 반낙태 정책 때문에 산모가 사망하면, 이 산모는 더 이상 아이를 가질 수 없다는 뜻이다. 양질의 건강관리 서비스와 가족계획에 접근하지 못해 산모가 사망하면, 이 산모 역시 더 이상 아이를 가질 수 없다. 이런 결과는 건강한 아기를 최대한 많이 낳을 수 있도록 최적화하는 것과 반대되는 일이다.

생물학적으로 자기 발등을 찍는 일이다.

덜 부유하게

미국인으로서, 나는 건강하지 못한 것의 대가가 얼마나 큰지 쉽게 알 수 있다. 하지만 이것은 국가 보건 의료 계획이 있느냐 없느냐의 문제만이 아니다. 건강하지 못한 지역사회는 여러 세대에 걸쳐 엄청난 대가를 치른다. 단순히 빚이 남기 때문만이 아니라, 가족 구성원의 건강 문제와 씨름하는 동안 소득 잠재력이 손상되기 때문이다. 여러분이 아픈 부모를 돌봐야 하면 결국 어떤 선택을 하게 될까? 미망인이 되면 어떻게 될까? 여러분이 가족의 생계를 주로 책임지는데, 건강 문제가 생겨 잠재적 근로 시간이 줄어들면 어떻게 될까? 자기 몸이 말을 듣지 않으면 자녀를 얼마나 잘 돌볼 수 있을까? 그런 일이 자녀의 장래에 어떤 영향을 미칠까?

　여기에서 도덕적 의무는 분명하다. 성차별이 세계 보건에 끼치는 비용은 은유적으로도 직설적으로도 막대하다. 하지만 다시 한번 생물학적 관점에서 이 질문에 접근하자. 어떤 지역사회에서 부의 잠재력이 줄어든다는 게 진화적으로 무엇을 뜻할까?

　인간의 부는 아이의 최종적 성공을 가장 쉽게 예측하는 지표 중 하나다. 아이의 부모에게 얼마나 돈이 많은지는[61] 그 아이가 성인이 됐을 때 거머쥘 부의 양뿐 아니라, 성인이 될 때까지 생식능력을 유지할 확률에도 영향을 미친다.

　어쩌다 보니 지역사회의 부를 늘리는 가장 쉽고, 가장 저렴하고, 가장 신뢰할 수 있는 방법은 여성과 소녀에게 투자하는 일이 됐다. 직관에 반할 수 있지만, 여성을 재정적으로 지원하면[62] 지역사회 전체가 더 부유해진다. 심지어 같은 지역사회의 남성에게 동일한 금액을 지급할 때보다 더 부유해진다.

　이를 측정하는 방법이 몇 가지 있다. 재정적 권한과 독립성부터 살펴보자. 오늘날 뚜렷이 성차별적인 문화에서는 가족의 재정 자원에 대한 법적 통제권이 전적으로 남성에게 있다.* 여성과 소녀는 자신들의 노동이 가족의 주요 소득원인 경우에도 돈의 사용처에 대한 발언권이 없다. 그러나 여성이 자기 돈에 대해 권한을 행사할 수 있는 정책을 도입하면 극적인 효과를 얻을 수 있다.

---

* 미국 문화를 포함해 아주 최근까지도 그랬다. 19세기 후반까지 여성은 법적으로 상속을 받을 수 없었다(Knaplund, 2008). 소녀가 결혼하면서 가족의 재산을 일부 가져갈 수 있도록 여러 형태의 지참금과 선물 제도가 있었지만, 그 재산은 즉시 남편의 법적 재산이 됐다. 부유한 여성에게는 과부가 되는 게 재정적 독립을 얻는 가장 확실한 길이었다. 가난한 여성에게 이런 운명은 참혹한 결과를 초래했다.

미국 농촌에서부터 인도 도시에 이르기까지 광범위한 문화를 다룬 다양한 연구에서, 여성은 재정 자원을 가까운 가족들과 지역사회의 복지에 직접적인 영향을 미치는 방식으로 안배할 가능성이 더 높았다. 기회가 주어지면 여성은 가족의 돈을 음식, 의복, 건강관리, 자녀 교육에 지출하는 경향이 더 뚜렷했다. 한편 남성은 여흥, 무기, 그리고 전 세계적인 추세로는 도박이나 그 지역의 유사한 활동에 더 많이 지출하는 경향이 있다.* 전 세계적으로 여성과 소녀는 자신들이 벌어들인 소득의 최대 90퍼센트를 가족에게 지출한다. 남성과 소년은 겨우 30~40퍼센트를 지출한다. 인도의 여성이 지방정부에서 장관과 공직자로 일할 기회를 얻었을 때,[63] 이 정부는 쓰레기 처리부터 식수, 철도에 이르기까지 공공서비스와 기반 시설에 더 많이 투자했다. 이것이 여성 정치인에게 더 중요해 보이는 일이었다.

남성 정치인이 지역사회의 문제와 기반 시설에 관심이 없지는 않다. 그저 관심을 덜 기울이거나, 관심이 있어도 행동으로 옮기는 경우가 드물 뿐이다. 미국과 유럽 여성의 투표 습관에서도 유사한 경향이 보인다.[64] 듣기 거북할지 모르겠지만 데이터가 존재한다. 남성에게 책임을 맡기면 도로와 다리, 댐들이 사실상 방치된다. 지역 거버넌스에서 여성이 권한을 가지면,[65] 어떤 이유에서건 남성 정치인보다 지역 기반 시설(그리고 보건 의료 서비스와 직접 영향을 미치는 공공 지출)에 찬성표를 던질 가능성이 높으며, 유럽에서는 정부의 투명성도 향상된다. 물론 이런 통계는 전 세계의 마거릿 대처 같은 여성에 대한 이야기가 아니다. 무엇보다 대부분의 여성은 마거릿 대처가 아니며, 그런 사회적 권력을 가지고 살지 않는다. 그러

---

* 여기서 언급하는 것은 개별 사례가 아닌 대규모 통계다. 매우 남성적인 내 아이의 아빠는 도박에 관심이 없다.

면 무엇 덕분에 이런 숫자가 도출됐을까?

어떤 사람은 여성의 이런 성향이 양육을 거의 전담하면서 지역 문제에 관심을 가지기 때문이라고 생각하지만, 그 이유를 정확히 알지 못한다. 기전을 완전히 이해하지 못한다 해도, 우리는 여성의 '권리'를 내세우지 않고도 여성에게 재정적 권한을 부여해야 할 이유가 충분하다고 말할 수 있다. 겉으로 드러난 결과들을 살펴보면 된다. 손익계산서의 마지막 줄을 들여다보기만 해도 된다. 여러 존경받는 경제학자가[66] 이런 현상을 광범위하게 다뤘다.

여성에게 더 많은 돈을 주고, 사용처를 결정할 권한을 주면, 일반적으로 지역사회의 경제적 생산성이 높아진다.* UN, 세계은행the world bank, IMF의 모든 프로그램은 이런 전제에 토대를 둔다. 지난 10년 동안 세계은행 회장도 IMF 총재도 구체적으로 이 주제에 대해 연설했다.** 지역사회

---

* 과학에서와 마찬가지로 측정 방식이 중요하다. 예를 들어, 우리는 개발도상국의 여성에게 의도적으로 투자한 최근 프로그램의 데이터를 가지고 단기적인 지역 효과를 볼 수 있지만, 미국이나 서유럽과 같이 상대적으로 양성평등 경제를 오래 경험한 지역에서는 상관관계나 인과관계를 확인하기가 훨씬 더 어렵다. 여성 투자 전략은 성평등이 열악한 지역에서 가장 효과가 클 가능성이 있다. 그러나 이러한 개입이 시작된 지는 보통 몇십 년밖에 되지 않았기에, 이 분야의 추이를 잘 해석하려면 시간과 데이터가 더 많이 필요할 것이다.

** 세계은행과 IMF가 자유주의의 수호자라는 점 때문에 미심쩍다면 2015년 맥킨지 글로벌 연구소(McKinsey Global Institute)도 기본적으로 같은 결론에 도달했다. 노동의 성평등을 개선하면 2025년까지 연간 글로벌 GDP가 최대 12조 달러 늘어날 수 있다(Woetzel et al., 2015). 컨설트 회사 맥킨지는 평균적인 경제학자들보다 현실 경제를 더 잘 아는 자본주의 전문가다. 그리고 그 대가를 과하게 보상받는다. MGI는 맥킨지의 연구 부서다. 더 구체적으로, 2018년에 MGI는 아시아 태평양 국가의 성평등이 개선되면 그 지역의 GDP가 12퍼센트 늘어날 것이라고 예측했다(Woetzel et al., 2018). 자신들도 인정하듯이 그들의 모델은 모두 공급 측면의 이야기다. 이는 늘어나는 여성 노동력을 수용할 준비를 갖추기 위해서는 일자리 증가와 교육 확대가 필요하다는 뜻이다. 즉, 이것은 가장 바람직한 시나리오다.

에 투자하고 싶으면 바로 여성에게 투자하는 게 좋은 방법이다. 하지만 성인 여성에 대한 투자만 중요한 게 아니다. 소녀의 교육에 투자해도 최종 손익계산 결과를 개선할 수 있다.

현재 전 세계적으로, 거의 모든 산업에서 남성의 시간당 임금은 여성보다 많다. 정규교육이[67] 어떤 사람의 최종 임금을 확실히 증대시킨다는 것도 사실이다. 하지만 소녀에게 투자하면 이 소녀와 그 지역 사회의 소득 잠재력이 더 극적으로 증대되는 효과가 있다. 소녀의 교육 기간이 1년 늘어날 때마다[68] 평생 임금이 평균 18퍼센트 높아진다. 소년의 경우 그 효과는 14퍼센트에 그친다. 부분적으로 그 효과는 많은 국가에서 여성이 교육받을 확률이 훨씬 낮은 탓에 교육받은 여성의 취업 시장 경쟁력이 훨씬 높기 때문이다. 하지만 이것으로 모든 이유를 설명할 수는 없다. 중요한 요인 하나는 교육을 많이 받은 여성이 자녀를 덜 낳는다는 사실이다.

세계은행은[69] 교육 기간이 4년 늘어날 때마다 여성 1명당 한 번의 출산이 감소한다고 추산한다. 단순하게 표현하면 학교 4년 당 아기가 1명씩 줄어든다.

인도의 출산율이 케랄라주에서 커플 당 1.9명인 반면,* 비하르주에서

* 대부분의 의견에 따르면 경제적으로 안정되고 전쟁이 없는 국가의 인구 대체 출산율은 2.1명으로, 이는 출산하지 않는 사람들과 조기 사망하는 사람들을 고려한 수치다(위기에 처한 국가의 경우에는 대체 출산율이 최대 3.4명까지 높아질 수 있다)(Espenshade et al., 2003). 하지만 인도는 세계의 다른 여러 지역처럼 내부 이동이 많은 국가이므로, 케랄라는 과도한 인구 노령화 문제를 겪을 위험이 없다. 만약 인도 전역의 대체 출산율이 언젠가 케랄라와 같아지면? 이민과 국제 취업 프로그램이라는 선택지가 여전히 있다. 독일은 수년간 이런 정책을 시행해 왔다. 독일 여성이 충분히 출산하지 않는다는 과장된 우려의 대부분은 재정적 위기 때문이 아니라 문화적 불안감 때문이다. 독일은 수십 년 동안 터키, 보스니아, 러시아, 그 밖의 다양한 국가로부터 노동력을 받아들였다. 그리고 독일의 GDP? 노인 인구 부양 능력? 아주 좋다. 사실상 유럽에서 가장 탄탄한 국가 중 하나다. 출산율을 둘러싼 대부분의 비관적 전망은

는 4명이 넘는 이유는 아마도 케랄라주의 여성이 교육을 더 받고,[70] 비하르주 여성의 절반은 교육받지 않았기 때문일 것이다. 케랄라주는 전통적으로 소외되던 인도 남부에 있지만 현재는 번영 중이다. 지역 경제가 여전히 관광에 크게 의존하는 탓에 경제구조의 장기적 안정성이 부족하지만, 점차 국제적 기업을 유치하고 있다. 구글이 사무소를 열었고, 다른 기술 회사들도 뒤따른다. 지역 임금 수준이 높아진다. 경기가 침체된 인도 남부의 다른 지역들이 뒤처지는 동안, 케랄라는 평균 소득이 높아지고, 수백 개의 기술 및 과학 스타트업을 새로 육성하며 앞으로 나아간다. 그중에는 이곳 케랄라 여성이 설립한 주목할 만한 생명공학 회사도 포함됐다.*

이런 현상은 다른 국가에도 적용된다. 중학교에 진학하는 소녀의 수가 많을수록[71] 해당 국가의 1인당 소득 증가율이 높아진다. 이 중 일부는 교육과 지적 작업에 부여되는 문화적 가치 때문일 수 있다. 세계 경제가 점점 더 기술과 과학 중심으로 이동함에 따라, 잘 교육된 인구는 여기에 부합하는 노동력을 기르는 데 도움이 된다. 하지만 농업 사회에서도[72] 소녀를 교육하면 지역 경제가 살아난다. 그리고 다시 한번, 이런 효과가 나타나는 이유는 연간 출생아 수가 줄기 때문일 수 있다.

출생아 수가 적다는 것은 지역사회가 각각의 아이에게 더 많은 부를 할애할 수 있다는 뜻이다. 먹일 입이 적을수록 돌아가는 몫이 많아진다. 건

이민과 외국인 취업 프로그램을 고려하지 않는다. 이 주제에 대해 우리가 듣는 뉴스들은 대부분 정체성에 대한 두려움에서 기인한다. 즉, 노인 인구를 부양할 수 없다는 두려움이 아니라, 타 민족이 들어와 일해야 한다는 두려움이다. 또 기술 발전의 잠재적 효과를 간과하는 경향이 있다. 기술은 개별 노동자의 생산성을 높이지만 여기에 대해서는 훨씬 더 긴 논의가 필요하다.

* 또한, 식민지 시대 이전에 케랄라는 전통적으로 모계사회였다는 사실도 짚어볼 만하다. 20세기 전환기까지도 재산은 모계를 통해 상속됐고, 여성은 남편을 여러 명 둘 수 있었으며, 흔히 지역사회에서 권력을 쥔 지위에 있었다(Jeffrey, 2004).

강관리 비용이 줄어든다. 교육 비용도 마찬가지다. 그러므로 기반 시설, 경제개발 또는 지역사회의 장기적 경제 안정을 돕기 위해 돈으로 할 수 있는 수백만 가지의 일에도 더 많은 자금을 쓸 수 있다. 그리고 현지 여성이 임신하거나 질병에 시달리느라 온종일 시간을 보내지 않으면, 거버넌스 분야의 일자리도 맡고, 지역 기반 시설에 대한 지출도 촉진할 수 있다.

단지 타인의 고통에 관심을 가져야 한다는 이유만으로 이 문제에 관심을 기울일 필요는 없다. 우리 자신의 안전을 위해서라도 관심을 가져야 한다. 테러와 폭력적인 소요는 보통 경제와 사회가 크게 불안정한 곳에서 발생한다. 그런 곳들을 안전하게 만들면 우리 모두가 안전해진다. 이는 대규모 군사 계획에 들어가는 시간, 돈, 막연한 불안을 줄이고, 더 큰 목표에 더 집중할 수 있다는 뜻이다. 우리는 기후 위기를 해결하고, 지각이 있는 인공지능을 구축하며, 인간 수명을 연장하고, 암을 치료하고 싶어 한다. 무엇보다도, 우리는 이러한 일을 하기 전에 멸종하지 않기를 정말로 바란다.

우리가 바라는 빛나는 미래로 나아가는 데는 여러 가지 방법이 있다. 하지만 한 가지는 분명하다. 그런 일을 성취하려면 가능한 한 많은 사람이 정말로, 정말로 총명해져야 한다는 사실이다.

덜 현명하게

총명해지는 게 중요하다. 그저 현명한 결정을 위해서뿐 아니라, 애초에 결정을 내리는 데 도움이 된다. 문제 해결 능력, 타인과 깊은 관계를 맺는 능력, 공동체에 기여하는 능력, 자녀를 안전하게 보호하는 능력 등 인간의 뇌를 이용해 할 수 있는 모든 일이 뇌가 얼마나 총명한지에 따라 달라진다.

하지만 다시 한번 생물학적 관점에서 생각하자. 총명함은 우리의 생존 가능성에 영향을 미친다. 11세에 IQ가 평균보다 15점 높으면,[73] 70대까지 생존할 확률이 21퍼센트 더 높다. 이것은 부의 수준과 의료 접근성을 합친 것보다 더 큰 수명 연장 효과다.

"뇌" 장에서 논의했듯이 IQ는 유전자의 영향을 받지만 '총명함'은 그냥 타고나는 게 아니다. '총명함'은 뇌가 적극적으로 하는 일이다. 또한 뇌가 태아기와 어린 시절에 어떻게 발달했는지, 성인이 돼서 어떤 종류의 일을 요구받았는지에 의해서도 강한 영향을 받는다. 성차별은 양성 아이 모두의 인지 발달을 저해할 수 있다. 즉, 성차별은 모든 사람을 덜 총명하게 만든다.

이제 교육 이야기가 다시 등장하겠거니 싶을지 모르겠다. 하지만 더 기본적인 것부터 살펴보자. 음식이다. 인간의 뇌는 말 그대로 음식으로 이루어진다. 초기에 태아의 뇌를 구성하는 모든 당분, 단백질, 지방은 엄마의 몸에서 직접 나온다. 그러면 여성과 소녀를 굶기면 어떻게 될까? 미래의 태아와 젖먹이들도 굶는다.

인도의 많은 주에서는[74] 젊은 여성과 새신부가 마지막으로 식사하는 게 관례다. 예를 들어, 마하라슈트라주에서는 손님들이 먼저 식사하고, 그 다음 나이 많은 남성, 젊은 남성, 나이 많은 여성, 마지막으로 아이의 순서로 식사하는 문화적 규칙이 있다. 전통적인 가정의 젊은 여성은 타인이 모두 식사를 마친 후에야 음식을 먹는다. 임신 중이라 해도 이 규칙은 바뀌지 않는다.

인도의 여성 청소년 중 90퍼센트 이상이 빈혈을 앓는다. 모든 인도 엄마의 42퍼센트 이상이 저체중이다. 이것은 단순히 빈곤 때문만은 아니다. 사하라 이남 아프리카의 엄마 중 저체중인 사람은 16.5퍼센트에 불과하다. 더 심각한 것은, 평균적인 인도 여성의 임신 제3삼분기 체중이[75] 사하라 이남 아프리카 여성의 임신 초기 체중보다 적다는 사실이다.* 영양실조는 언제나 치명적이고 위험하지만, 임신 중일 때는 특히 그렇다. 혹시 엄마와 아이가 모두 생존하더라도, 보통은 아기가 너무 일찍, 너무 작게, 너무 약하게 태어난다. 많은 아기가 태어난 지 몇 주 안에 사망한다. 생존한 아이도 인지 발달 문제를 포함해 평생 심각한 건강 문제를 겪는다.

인도 농촌 지역의 임산부가 이러한 문제에 더 취약한 것은 사실이다. 그런데 그 지역의 주민이 국가 인구의 68퍼센트를 차지한다.** 세계에서 인구가 두 번째로 많은 국가의 대다수가 식량이 부족한 지역에 살며, 일반적으로 임산부가 마지막에 식사를 하는 실정이다.

다시 말해, 성차별이 인도를 안에서부터 바깥까지 굶주리게 한다. 동시에 인도는 세계 최대 기술 중심지로 등극하기 위해 많은 자원을 투자한다. 기술 거인이 되려면 뛰어난 두뇌가 많이 필요하다. 잘 먹은 두뇌가 필요하다. 그러려면 임신한 여성이 저녁 식사 대기 줄을 건너뛰어야 한다.

자, 나는 여성을 그저 아기 공장으로 간주하고 싶은 사람이 아니다. 그러나 하나의 종으로서, 우리 모두가 더 총명해지기를 원한다고 가정하자. 그것이 암을 치료하고, 기후 위기를 해결하는 데 필요한 일이다. 어떻게 그렇게 될 수 있을까? 우선, 인간의 두뇌는 처음에는 여성의 자궁에서, 그다음 모유를 통해, 그다음에는 엄마와 아기의 밀접한 상호작용을 통해 주로 여성의 몸으로부터 만들어짐을 인정해야 한다. 그러므로 지능이 높은

---

* 부분적으로는 인도 여성의 키가 작기 때문이지만, 사하라 이남 아프리카 여성도 대부분은 그다지 크지 않다. 진짜 원인은 인도 여성이 평균적으로 마르고 빈혈을 앓기 때문이다. 다른 요인을 모두 통제하더라도, 이러한 상황이 발생하는 이유는 주로 문화적 관행 때문이다.

** 비교하자면, 미국인은 단 19퍼센트만이 농촌 지역에 산다.

아이가 많이 태어나려면, 잘 먹은 건강한 여성, 임신하기 최소 20년 전부터 꾸준히 잘 먹은 건강한 여성이 있어야 한다. 이 여성이 다양하고 안정적으로 교육을 받으면 더욱 좋다. 그리고 아기를 임신하고 낳아 기르는 내내 영양, 건강한 습관, 신생아 돌보기에 대한 교육을 쉽게 접할 수 있어야 한다. 여성이 아프거나 아이가 아플 때 이용할 수 있는 지역사회 자원도 필요하다. 또한, 성병이 생식 건강에 미치는 영향이 입증됐으므로, 감염 예방 교육과 성교육을 쉽게 접할 수 있어야 한다.

그저 부유하면 IQ가 높은 아기를 낳고 똑똑하게 키울 가능성이 높아진다고 말하는 것으로는 충분치 않다. 부유한 가정에서 태어난 아이는 뇌가 자라고 학습하는 동안 걸림돌을 덜 만나는 경향이 있다. 하지만 부유하게 태어난 아이도 성차별이 만드는 걸림돌에 여러 번 부딪친다.

예를 들어, 서구 상류층 여성 사이에서는 체지방이 아주 적은 몸매를 가꾸는 일이 유행한다. 출산 전 몸매를 되찾은 유명 인사의 사진과 몸매 회복 방법을 다룬 대중매체 기사 때문에, 여성은 임신 중에도 마른 몸매를 유지하기 바라는 지경이 됐다. 그리고 임신 중 체지방이 늘면 출산 후 가능한 한 빨리 임신 전 체중으로 돌아가기를 바란다. 이것은 의사가 환자에게 권장하는 일이 아니다. 미디어가 하는 이야기다. 여성이 다른 여성에게 하는 이야기다. 사회적 지위가 높은 여성은 임신 중에도 몸이 말랐고, 수유 중일 때도 말랐으며, 지위가 어떻든, 부유하든 중산층이든, 모든 여성이 그런 몸매를 따라잡기 위해 안간힘을 쓴다.

체중 조절에 대한 일부의 관심은 임신 관련 비만과 임신성 당뇨를 예방하는 데 도움이 된다. 그러나 아기에게는 모체의 감량이 일반적으로 해로우며, 모체의 체지방량이 애초에 부족할 때는 특히 해롭다.

"뇌" 장에서 보았듯이, 뇌 조직은 인체에서 단위 무게당 에너지 소모량이 가장 많은 조직이다. 그리고 상당히 연약하다. 뇌를 굶기면 심각한 결과를 초래한다. '배가 고파서 화가 나' 본 경험이 있는 사람이라면, 음식이 기분과 같이 간단한 것에도 어떤 영향을 미치는지 알 것이다. 장기간 감량을 해봤다면, 아마도 감량 중인 사람이 흔히 겪는 '머릿속이 뿌연 느낌brain fog'도 경험했을 것이다. 이 상태가 되면 모든 게 조금 더 느리게 움직이는 듯 느껴진다. 대화가 모호하게 느껴지고, 문제가 생기면 해결하기 어려울 것 같아 보인다.

이미 발달을 마친 뇌가 굶주릴 때의 이야기다. 태아와 그 이후의 아이에게 영양실조는 파괴적이고, 오래 지속되며, 때로는 되돌릴 수 없는, 무시할 수 없는 영향을 미친다. 아동기 초기의 영양실조는[76] 엄마의 IQ를 보정한 후에도 지능 저하와 관련이 있다. 행동 발달에도 악영향을 미친다. 영양실조를 겪은 아기가 자라 청소년이 되면[77] 자기통제력, 장기적 계획, 폭력적 충동, 기타 사회적 공격성을 조절하기 어려워하는 경향이 있다. 영양실조인 엄마는[78] 영양실조인 아기를 낳을 가능성이 훨씬 높다. IQ 저하와 인지 발달 저해의 또 다른 요인인 저체중아 출산 가능성도 높다. 예정일보다 일찍 출산하기도 하는데, 이 역시 아기의 뇌 발달을 저해한다고 입증된 요인이다. 이런 아이는 인지적 발달 지표에 더 늦게 도달하고 수학, 공간 추론, 언어 영역에서 전반적으로 낮은 점수를 받는 경향이 있다. 어떤 방법으로 검토하든, 여성의 음식과 생식 건강을 훼방하는 일은 그 지역 문화에 속한 모든 사람의 지능을 조금씩 낮추는 경향이 있다. 유전적으로 결정되기 때문이 아니라 굶주림 때문에 그러는 것이다.

그러므로 성차별이 우리를 덜 지혜롭게 만드는 첫 번째 방식은 이것이다. 모든 문화와 시대를 막론하고 성차별은 태아기와 아동기 초기에 생기는 바로 그 뇌를 굶주리게 한다. 똑똑한 아이를 기르는 문화가 필요하면 모체와 아이의 영양을 돌봐야 한다.

하지만 성장하는 뇌의 잠재력에 영향을 미치는 요인은 영양 공급만이 아니다. 뇌가 어떤 방법으로 학습하는지도 중요하다. 우리는 뇌가 성장하면서 스스로를 구성한다는 사실을 안다. 주요 연결망을 구축하고, 사회적 규범을 배우며, 언어, 수학, 그리고 모든 종류의 문제 해결을 위한 지름길을 닦는다. 성장기에 방치된 인간의 뇌는 아마도 지적 잠재력을 충분히 달성하지 못할 것이다. 시간이 지남에 따라 뇌는 '총명'해질 필요가 없다고, 심지어 총명해져서는 '안 된다'고 학습하고, 일부 여기에 맞추어 스스로를 구성한다.

그러면 성차별적 소녀 시절의 대가를 다시 살펴보자. 여성은 전 세계 신생아의 절반을 차지한다. 그러나 소녀의 뇌는 정규교육을 받을 가능성이 훨씬 낮다. 그리고 교육을 받더라도 10세 이후까지 이어 갈 가능성이 훨씬 낮다.[79] 겨우 학교에 가더라도 조기 결혼이나 딸의 교육이 아들의 교육보다 덜 중요하다고 여기는 부모의 결정 때문에 중단된다. 이것은 분명 성차별적인 선택이지만, 세계 대부분 지역에서 정규교육은 무료가 아니며 가난한 가정들이 어떤 자녀에게 교육비를 투자할지 선택해야 하는 상황에서는 비합리적인 결정이라고 할 수 없다. 딸의 교육에 대한 보상이 확실치 않으면, 학교에서 딸을 빼내는 게 논리적인 대응이다. 이런 선택을 코앞에 둔 부모에게 여성 교육에 투자하는 게 결국 지역사회의 모든 사람을 더 총명하고 부유하게 만드는 일이라고 설득하기란 매우 어렵다. 이런 부모는 더 급한 문제에 직면해 있을 때가 많다.

이런 어려움 때문에 사실이 달라지지는 않는다. 소년과 소녀의 아동기 교육 격차는 미래의 노동력을 망가뜨린다. 일일이 나열할 수 없을 만큼 많은 연구가 이런 생각을 뒷받침한다. 니제르나 말리 같은 곳에서는 인구의 절반이 제대로 교육받지 못할 뿐만 아니라, 나중에 엄마가 될 사람이 교육받지 못하면서 자녀의 교육을 충분히 지원하는 능력도 부족해진다.

잠시 화제를 돌려보자. 이 문제는 그저 니제르, 말리, 인도의 농촌 지역과 같은 지역사회가 더 평등주의적 사회를 '따라잡아야' 한다는 이야기가 아니다. 과거에 성평등주의적 교육이 인류 문명의 황금기와 관련이 있다는 증거도 무수히 많다. 우리 사회는 소녀를 교육할 때, 최선의 상태에 있는 듯이 보인다.

이와 관련해 중동, 아프리카, 유럽의 이슬람 역사는 잘 연구된 사례다. 여러 측면에서 중세 이슬람 사회는 오늘날의 아랍 세계보다 젠더 평등이 더 잘 구현됐다. 사실 예언자 무함마드가 가장 사랑한 첫 번째 부인 카디자Khadija는 그보다 나이가 많았고, 그와 만났을 때는 두 번의 이혼 경험이 있었으며, 이미 자녀가 있었고, 널리 존경받는 사업가였다.* 12세기 이슬람 철학자 이븐 루시드Ibn Rushd(아베로에스Averroes라고도 함)는 교육과 고용 기회를 포함해 모든 면에서 여성을 남성과 같게 여겨야 한다는[80] 글을 남겼다.

이때가 중세였다는 점을 기억하자. 당시 이슬람 사회는 유럽 사회보다 더 평등주의적이기만 한 게 아니었다. 지적으로도 더 생산적이었다. 무슬림들은 쿠란을 읽는 일이 영혼을 살리는 데 필수적이라고 믿었기에, 이슬람 사회에서는 남성이든 여성이든 모든 아이가 글을 읽을 줄 알고, 쿠란

---

* 쿠란에 따르면, 예언자 무함마드는 피고용인 신분으로 고용주였던 카디자를 만났다. 청혼도 무함마드가 아니라 카디자의 생각이었다. 또한 무함마드는 현지 관습과 달리 카디자가 살아 있는 동안 두 번째 아내를 맞이하지 않았다. 무함마드는 카디자의 부와 사업 인맥 덕분에 충분히 그럴 여유가 있었는데, 이런 카디자의 자산은 초기 이슬람의 확산에 결정적으로 도움이 됐다. 현대적 용어를 빌어 말하자면, 카디자는 무함마드의 아내였을 뿐 아니라 이슬람의 엔젤 투자자였다.

뿐 아니라 시각 예술, 수학, 과학, 심지어 음악과 같이 가치 있다고 생각하는 다양한 주제에 대해 잘 교육받기를 바랐다. 공교육이 제공됐고 충분한 기금을 지원받았다. 유럽과 북미의 기독교인 사이에서는 산업혁명기까지 공립학교가 확립되지 못했다.[81] 1100년에서 1400년 사이에 태어난 아이라면, 남성이든 여성이든 이슬람 사회에서 태어나고 싶었을 것이다.

여기에는 엄청난 성공이 뒤따랐다. 이슬람의 황금기는 대수학, 화학, 자기 나침반, 더 나은 항해술, 그리고 의학과 생물학의 온갖 진보를 낳았다. 유럽인이 사악한 안개 때문에 흑사병이 발생했다는 혼잣말을 되뇌느라 분주한 동안, 이슬람 의사는 이미 구리와 은이 수술 도구에 적합하다는 사실을 알아냈다(이 금속들은 항균 효과가 있다). 철학도 꽃을 피워 인도적인 정부humane government나 사회적 상호 의존성social interdependence과 같은 새로운 발상이 등장했다. 그중 여러 가지가 유럽 계몽주의의 부상에 직접적인 영향을 끼쳤다. 즉, 이슬람의 황금시대는 당시 가장 지적이고 평등주의적이고 세계시민적이며 영향력이 큰 사회를 낳았다. 그리고 여성은 이런 성공에 앞장서서 기여했다.*

문명이 쇠퇴하는 유일한 이유가 성차별이라고 주장하려는 게 아니다.

이슬람 국가의 쇠퇴 요인은 여러 가지였으며, 특히 식민주의의 영향이 적지 않았다. 또 어떤 문명의 지적 생산성에는 돈이 큰 영향을 미친다('황금'시대라는 이름이 붙은 데는 그만한 이유가 있다). 하지만 1989년 당시 많은 아랍 국가가[82] 엄청난 부를 축적했음에도 자주 인용되는 아랍의 과학 논문은 네 편뿐이었다. 반면에 미국의 다빈도 인용 논문은 10,481편에

* 이슬람 문명은 비잔틴 제국을 흡수하고 서양 사상의 영향을 점점 더 많이 받으면서 쇠퇴하기 시작했다. 페르시아에 퍼져 있던 여성과 소녀를 고립시키는 관행, 여성 교육과 '세속적 가치'를 강조하지 않는 경향 등이 영향을 미쳤다(Ahmed, 1986).

달했다. 왜 그랬을까? 우선, 그들은 인구의 절반에게 제공되는 교육을 체계적으로 차단했다. 현재 약 6,500만 명의 아랍 성인이 문맹이며, 이 중 3분의 2가 여성이다.* 이 중 많은 수가 이란이나 사우디아라비아와 같이 부유한 국가에 산다. 한때 인간의 지적 진보가 밝게 빛을 발했던 곳들이다. 그러나 지금은 이 여성 가운데 어느 누가 현대의 카디자가 될 수 있었을지 알 도리가 없다. 우리는 이들 중 마리 퀴리나 에이다 러브레이스 같은 여성을 결코 만날 수 없을 것이다. 이 여성과 소녀가 지적 진보에 기여할 수 있었던 기회는 겸손이라는 속 빈 가치 때문에 희생됐다. 물론, 그들이 비교적 제약이 많은 지역사회에서 탈출해 다른 곳에서 필요한 지원을 받지 않는 한에서겠지만, 이들에게 그럴 여유가 없으면 어떻게 하겠는가?

여성이 충분히 교육받지 못하는 곳은 결국 전체 사회가 황폐해진다. 역사가 옳다면, 여성 교육에 소홀해지는 현상은 문명의 쇠퇴를 알리는 신호다. 지역사회에 있는 뇌의 절반을 그렇게 오랫동안 무시할 수는 없다.

소행성과 나쁜 인간들

이처럼 우리는 성차별적인 존재로 진화했다. 어쩌면 우리 모두는 문화적 스위치보드의 기본 설정을 이리저리 조정해 보고 있는지 모른다. 옛날 옛

---

* 이 나라들만 비난해선 안 된다. 2015년 UN 조사에 따르면 세계의 문맹 성인 중 3분의 2가 여성이다(UN, 2015). 세계 다른 지역에 글을 읽을 수 있는 여성이 많다는 사실을 고려하면, 사하라 사막 이남의 아프리카와 중동 일부 지역이 이런 현상을 주도하는 것은 사실이다. 아랍 지역에 대한 통계는 2002년과 2006년의 통계와 보고에서 나온 것이다(Hammoud, 2006). 요르단과 바레인의 15~24세 여성 문맹률은 거의 0에 가깝다는 점도 주목할 만하다. 여성 문맹률은 여러 가지 면에서 하나의 세대 문제다(Ibid).

적에는 성에 관한 규칙이 우리의 허술한 생식계를 극복하는 데 도움이 됐다. 만약 그것이 사실이라면, 미국인에게 어떤 유명인이 다른 여성의 남편을 '빼앗'더라도 신경 쓰지 말라고 말하는 것은 지나친 요구일지도 모른다. 우리는 공정성의 관점에서 더 평등한 기준을 적용하자고 요구할 수 있다. 미국의 성에 관한 규칙을 찬찬히 변경할 수 있다. 하지만 그런 변화에 신경 쓰지 말라고 사람들에게 요구할 수는 없다. 성에 관한 규칙은 우리의 문화적 정체성에 내장됐다. 이 규칙이 우리의 생존을 도왔다.

부분적으로, 그 이유는 성에 관한 규칙을 공유하고 집행하는 일이 단지 여성을 더 경쟁력 있는 아기 제조기로 만들기 위해서가 아니기 때문이다. 주위 사람과 같은 종류의 성차별주의자가 되는 것은 유용한 전략이다. 문화적 규칙을 공유하는 일은 이웃을 자매라고 생각하도록 뇌를 속이는 데 도움이 된다.

이것을 영장류 해킹primate hack이라고 부른다. 사회적 영장류는[83] '친족' 행동을 확장하는 일에 아주 능숙하다. 이것이 바로 개코원숭이 150마리, 보노보 100마리, 겔라다 800마리가 직계 친척이 아닌 많은 구성원과 한 무리를 이룰 수 있는 이유다. 이것이 바로 인류에게 국가가 존재할 수 있는 이유기도 하다. 인류가 심지어 '국제 연합United Nations'과 같은 조직을 구상한 것도 바로 우리가 사회적 영장류이기 때문이다. 마치 보노보처럼, 인간에게는 우리의 뇌를 해킹해 친척이 아닌 사람에게 관심을 기울이게care about 만드는 오랜 진화적 역사가 있다. 이것은 우리가 하는 가장 멋진 일이다.

인간이 하는 최고의 일이 타인을 사랑하는 일이라고 말하는 것은 그리 정확한 표현이 아니다. 아마 그것은 우리가 자매가 아닌 사람을 자매처럼 사랑하는 방식일 것이다. 이것이 우리의 가장 멋진 점이다. 아이를 보호하려는 강한 욕구를 가진 사람이 타인의 아이도 보호하고 싶어지는 일이다. 우리 공통의 인간성을 알아보고 그 가치를 인정하는 능력이다. 그것이 인간의 가장 멋진 면이고, 우리가 '영장류'에서 더 나아간 존재로 발전한 방식이다.

인간이 이런 일을 이루는 방식은, 우리 자신에 대해 '나는 한 사람의 시민이다'와 같이 이상한 생각을 자극하는 이야기를 서로 들려주는 것이다. 우리가 공유하는 문화적 규범의 스위치보드가 이러한 이야기를 지탱한다. 공통적으로 하는 문화적 행위들이 서로에게 '우리는 여기 속했다'는 신호를 보내는 데 도움이 된다.

일반적으로 스위치보드에 공통점이 많을수록 그 지역의 문화는 더 뚜렷해진다. 사회학자가 말하는 '사회적 결속social cohesion'은 바로 스위치보드의 온갖 공통적 특징과 이야기가 어우러져 우리가 문화적 정체성이라고 부르는, 말도 안 되는 인간적인 것crazy human thing을 만들 때 생겨 나는 현상이다. 우리가 서로 전쟁을 벌이는 일족으로 분열되지 않는 주된 이유는, 서로 관련이 없는 사람들이 사실은 우리의 친척이라고 생각하도록 스스로 속이기 때문이다. 즉, 성차별의 동력은 인류의 열악한 생식계뿐만이 아니다. 또 다른 동력은 우리의 깊은 사회적 욕구다.

우리의 가장 귀중하고 독특한 행동 두 가지를 서로 견주기는 어려운 일이다. 산과술은 진화적 뿌리가 깊지만 인간에게만 있는 독특한 행동이다. 친족 행동도 마찬가지다. 공통된 사회적 규칙은 문화적 정체성을 구축하고 확장하는 주요 방식이다. 그리고 성 관련 규칙을 공유하는 일, 그냥 성차별주의자가 되는 게 아니라 우리가 속한 문화 집단의 다른 구성원과 동일한 방식으로 성차별주의자가 되는 일은 소속감을 강화하는 중요한 방식이다. 우리는 '우리의 가치를 공유하는' 사람과 함께한다는 느낌을 좋아한다.

예를 들어, 미국의 보수적 기독교인Conservative American Christians은 성에 관한 규칙을 이용해 모든 구성원이 세상에 대해 같은 믿음을 가지고 한 곳에 속했다는 신호를 보낸다. 그것이 기독교도가 아닌 이웃들을 덜 환영하는 방식으로 행동한다는 뜻이든, 명백히 앵글로색슨이 아닌 세계 다른 지역의 기독교인을 구성원으로 받아들인다는 뜻이든 말이다. 또 성에 관한 규칙은 이것이 아니면 속하지 못했을 집단에 들어가는 방법이 될 수도 있다. 동성 결혼 지지는 문란한 동성애적 성생활을 용납하지 않았을 일부 기독교 공동체에서 발판을 찾았다. 그들은 이렇게 말한다.

"어쨌든 그들은 일부일처제를 따르고 아기를 기릅니다. 우리는 이 점에 대해 강한 신념을 가졌어요. 아마 우리는 동성 간의 성관계에 반대한다는 한 가지 규칙을 양보하고 그들을 받아들일 수 있을 것입니다."

성차별을 없애기는 어렵다. 어쩌면 불가능할 수도 있다. 하지만 우리는 더 이상 제 기능을 발휘하지 못하는 성차별을 없애려 노력해야 한다. 적어도 예전과 같은 방식으로 작동하도록 내버려 둬서는 안 된다.

성차별은 여전히 지역의 사회적 결속을 다지는 힘을 발휘하지만, 다른 문화 집단들 사이의 분열을 재촉하기도 한다.* 대부분의 사람은 더 이상 작은 도시에 살지 않는다. 인간의 문화는 세계적 차원으로 확장됐다. 세계 각 지역에서 일어나는 충돌은 이전보다 훨씬 더 큰 비용을 초래한다. 프랑스 어딘가에서 여성의 머리에 씌운 히잡을 걷어 내는 즉시, 이 이야기는 중동으로 건너가 엄청난 분노를 불러일으키며 극단주의자의 의제에 힘을

---

* 특히 '우리 대 그들' 구도를 암시하는 일을 말한다. 우즈베키스탄에서 히잡을 쓸 것인가 말 것인가? 미국에 살면서 이민자 부모의 뜻대로 중매결혼을 할 것인가 말 것인가?

실어 준다. ISIS가 종교라는 미명 아래 어린 소녀를 강간하면 세계의 나머지 지역에서는 분노가 들끓고, 우리도 그래야 한다. 그런데도 우리는 국가가 여성 시민에게 피임 서비스 제공을 거부할 때 **별로** 분노하지 않는다. 국가의 거부 때문에 여성이 가난해지고 사회적 불안이 높아지며 전체 인구가 취약해져도 마찬가지다.

여성주의의 역사, 즉 여성 개인의 재생산 선택과 집단의 재생산 전략이 갈등을 빚어 온 역사는 분명히 우리 종의 역사만큼 오래됐다. 여성주의는 최소한 30만 년은 됐다. 그러나 우리는 이제야 우리 종의 진정한 역사를 이해하기 시작했다. '인간'이 된다는 게 실제로 무엇을 뜻하는지, '여성'이 된다는 게 무엇을 뜻하는지, 기원 설화들이 담아내거나 상상조차 하지 못한 훨씬 긴 시간 동안 우리의 역사가 어떻게 이어졌는지에 대해 마침내 퍼즐 조각들을 맞추기 시작했다. 이러한 이해로 무장한 우리는 하나의 종으로서 앞으로 나아갈 방향을 결정할 수 있다. 우리는 개인의 재생산 선택과 집단적 재생산 전략 사이의 균형을 맞출 방법을 선택할 수 있다.

모든 일이 그렇듯, 아마도 우리는 한 번에 천 가지 다른 방향으로 나아갈 것이다. 괜찮다. 어떤 인간 문화도 다른 문화보다 덜 진화했다고 말할 수 없다. 정의상 오늘날 살아 있는 모든 인간은 동등하게 현대적이다. 그리고 본질적으로 모든 문화는 주어진 환경에서 우리의 구체적 필요에 맞는 게 무엇인지 알아내기 위한 일종의 실험이다. 이러한 실험 중 일부는 성공한다. 대부분은 성공하지 못한다.

우리는 몇 가지 지침을 활용할 수 있다. 예를 들어, 성차별을 근절하기는 거의 불가능해 보이지만, 성에 관한 규칙을 더 신중하게 선택할 수 있다. 성차별의 부정적인 영향에 맞서는 사회제도를 능동적으로 창조할 수 있다. 평등주의의 필요성을 더 강화할 수 있다. 그리고 무엇보다도, 산과술의 발전을 지지하고 옹호하기로 선택할 수 있다.

비록 인류 문화의 혁신은 환경적 압력, 지역적 돌연변이, 개별적 결정 등 무작위적 요소에 영향을 받지만, 인류 문화가 완전히 무작위적 방향으로 전개된다는 것은 사실이 아니다. 예를 들어, 여러분이 속한 문화권의 산부인과적 지식과 전통이 일정 효과를 나타내는 수준에 도달하면, 이 기술은 성차별의 유용성을 급속도로 앞지른다. 그리고 안전한 피임, 낙태, 적절한 산전 및 산후 관리와 같은 산과술이 충분히 준비됐는데도 여전히 성차별이 만연한 경우, 성차별주의자가 되는 일은 오히려 산과술의 기반을 약화시킬 수도 있다. 여성과 아이의 건강에 해로운 일을 하면 그 일은 반드시 그런 일을 하는 인구 집단에게 걸림돌이 돼 돌아온다.

역사를 통틀어 여러 차례 성차별이 수그러들고 산과술이 다시 부상한다. 오늘날의 성차별적 반발에도 나는 우리가 여전히 우리 종의 집단적 미래, 즉 점점 더 나은 산과술에 힘입은 진정한 성평등의 미래를 향해 거침없이 나아간다고 생각한다. 우리는 우리의 생식계를 통제한다. 우리는 어떻게 언제 누구와 함께 임신할 것인지를 결정하고 있다. 각 성에게 육아를 더 고르게 분배한다. 남성이 모유 수유를 할 것이라는 이야기는 아니지만, 아이를 키우는 데 필요한 시간, 노동, 돈이 인구 전체에 더 고르게 분배된다.

다시 말해, 우리는 진화적 운명에서 벗어나고 있다. 그리고 우리는 인간이 되어, 다시 말해 총명하고 협력적인 문제 해결자가 되어 서로에게 이야기를 들려주고 이것을 더 나은 이야기로 고치면서 우리의 운명을 만들어 간다.

하지만 이러한 진보(더 나은 표현이 없다)는 항상 부서지기 쉬우며, 현재 그 길에는 두 가지 근본적인 문제가 있다. 바로 소행성과 나쁜 인간들이다.

이것은 직설적이고 은유적인 표현이다. 큰 소행성 같은 게 충돌하면 우리가 성차별을 멈추기도 전에 종 전체를 멸종시킬 수 있다. 비슷한 일이 전에도 있었다. 인류 역사에는 엄청난 수의 인간을 죽이고 역사를 극적으로 변화시킨 대규모 사건이 여러 번 있었다. 약 8만 년 전, 무엇인가가 전 세계 호미닌의 상당 부분을 없애 버린 일이 있었다. 거대한 화산이나, 일반적 기후변화였을 수도 있고, 유난히 나쁜 일이 동시다발적으로 터졌을 수도 있다. 그래서 우리는 두 차례 아프리카를 떠나 전 지구에 흩어져 사는 종이 돼야 했다.

아시아 북부에 닥친 전 지구적 대규모 냉각 현상도 인간의 진보에 도움이 되지 않았다. 우리는 중동에서 농사를 지었지만 모스크바에서는 그러지 못했다. 중세로 거슬러 올라가면, 흑사병으로 유럽 인구의 3분의 1이 죽었다.[84] 어떤 이들은 이슬람 제국이 번영하는 동안 유럽이 암흑시대를 겪은 이유가 흑사병 때문이라고 말한다. 1918년 스페인 독감도[85] 연합군의 전세에는 유리했는지 모르지만 처참한 유산을 남겼다. 스페인 독감은 뜻밖에 캔자스에서 유입돼 참호 건너편에 있는 독일군을 신속하게 감염시켰고 전쟁 후 독일을 더욱 황폐화시켜 한 맺힌 포퓰리즘, 급기야 파시즘의 부상을 부채질했다.

물론, 대규모 사망이 언제나 모든 면에서 나쁜 것만은 아니다. 유럽에서 흑사병이 창궐하는 동안 가난한 사람이 너무 많이 죽는 바람에 봉건제를 강화했던 사회구조가 뒤집어지고 전근대적 중산층the premodern middle class이 발전했다고[86] 말하는 사람들도 있다. 그 결과 계몽주의, 종교 개혁, 전근대가 부상했다. 미국의 2차 여성주의 운동에 대해서도 제2차 세계대전 동안 젊은 남성이 철저히 부재하지 않았더라면 미국 여성이 집 밖에서 일하는 것이 받아들여지고 유용하다고 생각하기까지 훨씬 더 오랜 기간이 걸렸을 것이라는 비슷한 해석이 있다.

그러나 대규모 인구를 고의적으로 살해하는 일은 비도덕적일 뿐 아니라 장기적으로 반드시 자유를 늘리고 평등한 사회를 만들지 않는다. 더욱이 우리는 소행성의 크기를 제어할 수 없다. 인류 역사에는 재앙적인 사건이 무작위로 일어났고, 미래에도 불가피하게 무작위적 재앙들이 더 일어날 것이다.

그러므로 우리 앞에 놓인 소행성 문제asteroid problem는* 우리를 쓸어 버리거나 수백 년, 아니 수천 년 후퇴시킬 수 있는 통제 불가능한 대규모 외부 사건을 말한다. 각 문화는 스트레스와 위협이 닥칠 때[87] 지역의 문화적 정체성에 더 완고하게 집착하는 방식으로 반응하며, 이는 폭풍을 견디기 위한 일종의 결속 행동이다. 성차별적 규칙은 모든 문화에서 지역 정체성의 일부다. 소행성 충돌이 야기할 개연성이 큰 결과는, 여성의 자유가 아니라 더 안전하다고 또는 더 '검증됐'다고, 또는 적어도 최근의 변화보다 더 친숙하다고 느껴지는 낡은 설정으로 돌아가는 일이다.

그러나 우리가 대처해야 하는 일은 예상치 못한 대규모 재난만이 아니다. 뼛속까지 나쁜 무뢰한이 기다린다. 그리고 히틀러, 폴 포트, 아사드 또는 공공연하게 살인을 저지르지는 않는 트럼프 같은 유형의 무뢰한만 있는 게 아니다. 일상적으로 마주치는 무뢰한도 거듭되는 문제다. 이런 사람들이 적절한 시기와 적절한 조건하에 충분히 많아지면 문명의 진보에 지

---

* 이런 사건 중 많은 수가 블랙 스완 사건(black swan event)라고 불리지만, 우리에게 닥치는 모든 비유적이거나 직설적인 소행성 충돌 사건은 그다지 예측 불가능한 일도, 그다지 갑자기 일어나는 일도 아니다. 예를 들어, 만약 우리가 기후변화를 제어하지 않으면, 우리가 이 행성에 사는 '현대인의 삶'이라고 생각하는 모습의 많은 부분이 파괴되리라는 것은 뻔하게 예측할 수 있는 일이다.

대한 영향을 미칠 수 있다.

세계의 많은 곳이 그렇듯 인도에는 부패가 광범위하게 퍼졌으며, 많은 정부 기관이 조직적 범죄의 원칙에 따라 운영된다. 이런 정부는 많은 인구를 가난하게 방치한다. 사법 체계에 대한 대중의 신뢰를 저하시킨다. 그리고 대부분의 경우, 고위 공무원만의 문제가 아니다(미국에도 그런 사람이 있다). 우체부, 지역 하수도 담당자, 이웃, 출근길 고속도로의 교통경찰, 심지어 해당 지역에 기능을 유지하고 정기적으로 관리되는 고속도로가 있는지 확인하는 사람에게 뇌물을 줘야 하는가의 문제다. 대범한 무뢰한은 큰 피해를 입히지만, 소소한 무뢰한은 타인에게 의지하며 국가를 제대로 작동시킬 수 있다는 모든 시민의 확신을 좀먹는다.

일부 예시들이 달라질 수는 있겠지만, 미국 같은 곳에서도 이런 일이 여전히 발생한다.* 사람이 큰 제도에 의존할 수 없다고 느끼면, 자기 가족, 친구, 마을에 의존한다. 그리고 그 지역 집단을 강하게 결속시키는 정체성의 특징에 의존한다. 여기에는 성에 관한 규칙도 포함된다.

인간은 배타적이 될수록 더 지역적이고 경직된 정체성을 가지며, 단기계획에 의존할수록 부패가 더 확산되고, 기금 부족과 대중의 신뢰 부족으로 제도가 무너져 내리면서 대범한 무뢰한에게 더 취약해진다. 세계를 변화시키는 무뢰한, 선동가, 독재자, 괴물에게 취약해진다.

괴물은 인류 발전을 촉진하는 데는 별로 좋은 기록을 보유하지 않았다.

---

* 미국 극우 단체들의 부상이 단순히 자유주의적 사회 포용 정책의 성공에 대한 반발이 아니라, 사실은 지역 거버넌스에 대한 지속적인 실망 때문에 심화된 위기 증상이라고 믿는 분석가가 많다. 원인은 깊고 넓지만, 몇 가지 분명한 점이 있다. 만약 여러분이 도시 공무원에게 연락해도 동네 도로에 파인 구멍이 수리될 것이라고 믿지 못하고, 이 중 일부 공무원이 자신의 집 앞 도로는 수리한다는 것을 알게 되면, 민주주의에 대한 여러분의 신뢰는 필연적으로 흔들릴 것이다.

실질적인 사회적 권력을 부여받은 괴물은 보통 우리를 역행시킨다. 죽음과 파괴를 초래하고 절망을 널리 퍼뜨리기 때문만이 아니라, 인간 본성 중 최악의 본성을 끌어내기 때문만이 아니라, 이 괴물이 죽은 후에도 회복하기가 정말 어렵기 때문이다. 캄보디아는 아직도 폴 포트의 잔재로부터 회복하지 못했다. 호메이니는 여성 인권뿐 아니라 여러 방면에서 이란을 후퇴시켰다.

아사드는 언젠가 안락하고 따뜻한 침대에서 고급 시트를 덮고 죽을 것이다. 하지만 시리아의 알레포는? 시리아 전체는? 우리가 눈을 감기 전에는 회복되지 못할 것이다. 전혀 회복되지 못할 수도 있다. 왜냐면 우리가 건설하는 이 아름다운 제도들은 모두 쉽게 부서지기 때문이다. 집단적으로 노력하며 보강하지 않으면, 소행성이 충돌해 오거나 무뢰한이 나타났을 때 깨져 버릴 것이다.

그러므로 정말로, 이 장의 앞부분에 제기된 질문에 대한 대답을 생각하면, 누군가를 사랑하는 일이 한 여성이 할 수 있는 최고의 일이라고 대답하기는 어렵다. 인간이 할 수 있는 최고의 일은 우리의 고유한 인간적 형질들을 총동원해야 하는, 다시 말해 확장된 친족 행동, 내러티브 구축, 문제 해결이 모두 필요한 일이다. 우리가 하는 최고의 일은 이토록 깨지기 쉬운 확장된 유대를 지지하고 보호하는 제도를 만드는 일이다. 그리고 좋든 싫든, 이런 제도들은 영역성, 성차별, 우위 경쟁과 같은 우리의 덜 바람직한 행동을 극복하게 해 준다. 이 제도들은 우리 몸의 진화our bodies' evolution라는 한계를 넘어서는 방법이다. 우리를 진정 자유롭게 하는 수단이다.

나에게 매춘을 알선하던 마담에게 이런 이야기를 설명할 수 있을지 모르겠다. 아마 지금도 도시 외곽의 작은 산업 단지에서 같은 사업을 운영하겠지만, 이제 어떻게 찾아야 할지도 모르겠다. 마담은 아마도 꽤 지적인 사람일 것이다. 고급 취향을 가진 의뢰인을 대상으로 불법 성매매 업소를 운영하기란 쉬운 일이 아니다. 혹시라도 다시 만나 이런 이야기를 들려주면, 마담에게는 어려운 이야기가 아닐 것이다. 다만 관심이 있을지 모르겠다.

마담은 아사드 이야기에 관심을 보일 수도 있다. 나는 마담의 가족이 그 지역 출신이라고 생각한다. 마담은 지중해의 작은 섬 어딘가에 집이 있다고 말했다. 마담이 그런 이야기를 한 이유는 아가씨들을 모집하기 위해서였을 것이다. 그들의 삶이 찬란해질 수 있는 방법은… 미국 소녀에게 작은 섬에 있는 집은 선망의 대상이다. 아주 먼 곳에 있는 햇볕이 잘 드는 따뜻한 집. 전화 응대 일자리를 얻으려 산업 단지의 회색 문을 두드리는 사람의 삶과는 정반대의 삶이다.

그런데 마담에게 내 몸을 사리던 행동이 2억 년의 진화사가 깃든 행동이라는 사실을 이해시킬 수 있을까? 나와 만났던 순간이 바로 그 선율의 일부, 공룡시대까지 거슬러 올라가는 이상하고 작은 떨림이지만, 그것이 여성성의 유일한 이야기는 아니라는 사실도? 여성은 가장이었다는 사실. 원시시대의 우리 할머니가 인간 문화를 발명하는 데 크게 기여했다는 사실. 여성의 입이 인간 언어의 뿌리라는 사실. 낡고 늘어난 브래지어에 밀어 넣은 마담의 쭈글쭈글한 유방이 포유류가 지구를 지배한 방식이고, 전염병 대유행에서 생존하게 해 준 면역계가 생긴 이유이며, 그녀가 봐 온 세계 대부분이 그런 모습이 된 이유라는 이야기를 어떻게 해 줄 수 있을까?

마담에게 세계가 언제나 이렇지만은 않았다는 이야기를 하고 싶다. 여성의 세계는 그녀가 성매매 업소를 운영하며 이해한 등식보다 더 크고 오래됐으며, 더 기묘하고 아름답다는 이야기를. 내가 그녀의 사업을 저지하려 하지는 않을 것 같다. 그런 일을 해서는 안 된다고 말하지는 않겠다. 그러나 그녀가 번 돈의 일부를 여성 건강 클리닉, 소아과 병원, 연구 그 무엇이든 여성과 소녀가 세상을 더 쉽게 살 수 있게 하는 일에 기부하라고 말하겠다. 그리고 나중에 내 자녀에게도 말하겠지만, 남성이 여성에게 행사하는 모든 권력은 우리가 그들에게 준 것이라는 이야기를 하고 싶다. 우리가 이 사실을 잊었을 뿐이다.

우리는 우리가 멈출 수 있다는 사실을 잊었다.

감사글

이 책은 친구, 가족 그리고 전문가 공동체의 사랑과 지지, 놀라운 인내가 없다면 나오지 못했을 것이다. 한없이 감사한 사람을 몇 명만 언급하겠다.

박사과정을 밟고 책을 쓰는 몇 년 동안 지지해 준 남편 카유르. 각 장의 초안을 쓸 때 여러 번 나락에서 구한 오빠 존. 영웅적으로 활약했다고 밖에 말할 수 없으며, 고맙게도 내가 하는 농담이 모두 통하지 않는다는 사실을 일깨운 편집자 앤드류와 앤. 이제 거의 10년 동안 내 손을 잡아 줬으며, 엄청난 재능을 가진 에이전트 엘리제.

내가 논문 자격시험을 통과하는 동시에 책 계약을 맺었음에도 논문을 마칠 것이라고 믿어 줬으며 몇 년이 지나도 계속 믿어 줬고, 심지어 나조차 믿음을 잃어버렸을 때까지, 논문 방어의 마지막 순간까지 계속 믿어 줬으며, 심지어 내게 과분한 이야기를 들려 준 컬럼비아대의 지도 교수와 멘토. 어떻게든 생존해서 가끔 나를 좋아하기까지 하는 아이.

하지만 가장 중요한 것은, 이 책의 페이지마다 담긴 모든 과학자의 노력이다. 그들의 연구실, 노고, 수면 부족, 연구 계획서, 끝없는 재분석, 내부의 알력과 힘들게 얻은 임용, 어색한 학회, 논문 제출과 수정, 작은 승리들, 그리고 포기하고 싶다는 설득력 있는 충동에 대한 수년간의 고집스러운 저항… 그들에게 많은 빚을 졌다. 그들의 노력이 없었다면 성차에 대한 생물학적 지식은 전혀 알 수 없었을 것이다. 순전히 그들의 의지에 힘입어 흐름이 바뀌고 있다.

미주

서문

1. Rich, 1978.

2. Scott, 2012.

3. Eid, Gobinath, and Galea, 2019; Sramek, Murphy, and Cutler, 2016; LeGates, Kvarta, and Thompson, 2019.

4. Mogil, 2020: 이 차이의 기전은 소화계와 간의 약물 처리 방식에서부터 신경계의 반응까지 복잡함을 알아 두자. 신경의 일반적 통증 처리 방식에도 성차가 있을 수 있다.

5. Shehab et al., 2013): 이런 차이는 일부 나이 때문일 수 있다. 이런 문제로 진료소를 찾는 여성은 일반적으로 남성보다 나이가 많은데, 나이는 그 자체로 위험 요인이다. 그러나 사망률은 젊은 여성에서도 높게 나타난다.

6. McSweeney et al., 2016: 이 사안과 관련해 남은 문제뿐 아니라 적어도 일부 좋은 소식을 접하고 싶으면 U. S. Institute of Medicine Committee on Women's Health Research의 2010년 보고서를 참조.

7. Buchanan, Myles, and Cicuttini, 2009.

8. Ferretti et al., 2018.

9. van Hek, Buchmann, and Kraaykamp, 2019.

10. Mauvais-Jarvis et al., 2020: (드물게도) 정말로 생물학적 성차 그리고 젠더의 사회적 구성을 둘러싼 주요 사안을 '둘 다' 고려한, 성별과 젠더가 건강에 미치는 영향에 대한 최근의 검토 결과를 살펴보려면 이 문헌을 참조.

11. Mogil and Chanda, 2005; Beery and Zucker, 2011.

12. Beery and Zucker, 2011; Hayden, 2010; Wald and Wu, 2010: 존경받는 프랜시스 콜린스도 2014년에 흐름을 바꾸기 위해 이렇게 말했지만, 슬프게도 상황은 거의 변하지 않았다.

13. Prendergast, Onishi, and Zucker, 2014.

14. Oliva et al., 2020: 포유류의 신체 설계에 성차가 얼마나 깊이 새겨졌는지 다룬 논문을 인용하자면 너무 많지만, 최근의 논문 하나를 살펴보자면, 올리바는 세포 단위의 유전자 발현에 성차가 있다는 사실을 인체의 여러 상이한 조직에서 발견했다.

15. Mazure and Jones, 2015; Heinrich, 2000.

16. English, Lebovitz, and Griffin, 2010.

17. Simoni-Wastila, 2000; Serdarevic, Striley, and Cottler, 2017; Darnall, Stacey, and Choi, 2012; Herzog et al., 2019.

18. Hoffman and Tarzian, 2001; Miaskowski, 1997: 진통제와 관련된 주장에는 중요한 주의 사항이 있다. 미식품의약국은 여성이 남성보다 진통제를 더 자주, 더 고용량으로, 더 장기간 처방받을 가능성이 높다고 보고한다. 그러나 그러기까지는 시간이 더 오래 걸린다. 수술 후 남성은 진통제를 처방받을 가능성이, 여성은 진정제 또는 타이레놀을 처방받을 가능성이 더 크다.

19. Chakradhar and Ross, 2019: 옥시콘틴 연구의 맥락 역시 살펴볼 가치가 있다. 해당 제약 회사는 아주 구체적으로 이 약의 처방 범위를 암이 없는 인구 집단까지 확장해 널리 처방받기를 원했다. 그러므로 이 연구가 암을 겪지 않은, 특히 고령의 만성 통증 인구 집단을 연구했다는 사실은 단지 과학 연구의 교란 변수를 배제하기 위한 문제가 아니었다. 이 집단은 문자 그대로 회사가 이 약을 팔고 싶어 한 사람들이었다.

20. 더 구체적으로, 그들은 가임기 여성의 성별에 따른 차이를 확인하는 데 실패했고, 나이를 불문하고 성별에 따른 차이를 확인하기 위한 실험 설계에도 실패했다. 우리가 아는 건 그들이 대부분 관절염이 있는 노인 환자 130명을 대상으로 임상 시험을 한 번 시행했으며 그 중 78퍼센트가 여성이었다는 사실이다. 이 병이 있는 고령 (그러므로 여성일 가능성이 높은) 인구 집단을 고려하면 놀라운 일이 아니다. 14일에 걸친 시험 기간 동안 통증 조절 정도는 위약보다 우수했고, 용량이 10밀리그램일 때보다 20밀리그램일 때 더 나았다. 부작용은 성차에 대해 분석이 시행됐고 유의미한 차이를 관찰하지 못했지만, 효과의 정도에 대해서는 성차 분석이 시행되지 않았다. (이 자료에서 여성 신호가 얼마나 강했는지 유념하자. 대부분 노인이었던 고작 130여 명의 사람 중 76퍼센트가 여성이라면, 다양한 연령에서 남성의 평균 신호가 어떻게 나타나는지 알아내기는 어려울 것이다). 20밀리그램 용량을 투여한 연구 대상자의 거의 3분의 1(32퍼센트)이 부작용 때문에 연구에서 탈락했다. 그럼에도 이 연구는 20밀리그램 용량이 가장 효과적이라고 권고했다.

물론, 우리가 이 사실을 아는 이유는 법적 문서에서 임상 시험 정보가 공개됐기 때문이다. 옥시콘틴을 만드는 원료 약품(옥시코돈)의 개발에서 있었던 임상 연구 자료에도, 초기 설치류 연구에도 접근할 수 없지만, 이 연구가 아주 오래 전에 진행됐다는 점을 생각하면 연구 집단에 가임기 여성 환자가 상당수 포함됐을 가능성이 낮다고 가정하는 편이 안전하다. 2022년 기준으로, 대중은 위의 링크를 통해 옥시콘틴 임상 연구 정보에 접근할 수 있다. (www.documentcloud.org/documents/6562785-21-Purdue-Docs-1-20-to-29.html.)

21. Freire et al., 2017; Lamvu et al., 2019.

22. Jones et al., 2010.

23. Ko et al., 2016.

24. Hirai et al., 2021; Mossabeb and Sowti, 2021.

25. Patrick et al., 2020.

26. Gan et al., 1999; Mencke et al., 2000; Kreuer et al., 2003; Sarton et al., 2000; Buchanan, Myles, and Cicuttini, 2009.

27. Parra-Peralbo et al., 2021.

28. Kolata, 2011: 콜라타의 기사는 Hernandez et al., 2011의 연구 결과에 근거를 둔다. 〈뉴욕 타임스〉의 삽화에는 주로 팔이 굵게 묘사됐지만, 실제 연구에서는 허벅지가 가늘게 남은 반면, 팔로 약간의 지방 재배치가 발생했다(기사 본문에는 삽화보다 더 정확하게 표현됐다. 이 점은 모두 콜라타의 공이다). 연구 대상자 32명은 모두 여성이었고 대략 30대 중반이었다, 다시 말해 폐경 전 여성은 맞지만 전통적인 뜻의 출산 후 여성은 아니었다. 해당 연구에서는 이 여성이 출산한 적이 있는지, 그러면 얼마나 시간이 지났는지, 그리고 이후에도 아이를 가질 예정인지에 대한 언급이 전혀 없었다. 적어도 연구 기간에는 그들이 임신하거나 수유 중이지 않았다고 짐작할 수 있다. 그런 경우 임상 시험 자료를 해석하는 데 신진대사와 관련된 중대한 교란 변수가 유입되는 것은 물론이거니와, 수술 위험 평가 단계에서 분명히 배제됐을 것이기 때문이다.

29. chock-full of unusual lipids: Phinney et al., 1994.

30. Cunnane and Crawford, 2003, 2014: 커네인은 뇌가 커진 이브가 육상이나 수중 자원에서 이런 지질을 충분히 얻을 수 있었는지를 두고 지속적으로 벌이는 과학적 논쟁에서 주도적 역할을 담당한다(칼슨은 이 주장을 재치 있게 반박한다: Carlson and Kingston, 2007). 커네인은 우리 조상이 해안가에서 지내는 동안 뇌가 커졌다고 확신하지만, 구체적으로 어떤 해안선인지가 중요한 지점일 수 있다(Joordens et al., 2014). 뇌가 큰 이브의 화석 기록은 물가와 내륙의 지형 모두에서 발견되며, 수산물의 도살 흔적이 언제나 바위에 남지는 않으므로 메기나 거북이와 같은 동물이 식단에 들었는지 화석 기록을 통해 알기는 어렵다(Braun et al., 2010). 솔직히 나는 수중 자원설보다 지금 우리 몸 뒤에 붙은 지방에 더 관심이 간다. 원래 어디에서 진화했든,

현대인의 몸에 있는 이 저장 지방의 특징을 고려하면 이 부위를 잘 보존해야 할 이유가 충분해 보인다.

31. Rebuffé-Scrive et al., 1985; Rebuffé-Scrive, 1987; Guo, Johnson, and Jensen, 1997; Karastergiou et al., 2012; White and Tchoukalova, 2014.

32. 분명히 말하자면, 여성의 엉덩이 지방이 오직 그 목적만을 위해 존재한다고 말할 사람은 아무도 없다. 예를 들어, 생쥐의 엉덩이 지방을 지방흡입으로 제거하면 당뇨 전단계의 징후가 나타난다. 이는 포유류에서 하체 지방 저장소가 처음에는 변동하는 식단 속에서 몸 전체의 항상성을 지켜 주는 완충 장치로 진화했으며, 특정한 희귀 지질 기능은 그 이후에 덧붙여진 특성일 수 있음을 시사한다(Cox-York et al., 2015). 지방이 축적되는 위치에 따라 그 기능이 서로 다르다는 생각에는 논란의 여지가 없으며, 유전자 발현 수준에서조차 이를 뒷받침하는 증거가 제시되고 있다(Rehrer et al., 2012).

33. Fredriks et al., 2005; Walker et al., 2006; Lassek and Gaulin, 2007: 하지만 엉덩이 지방뿐 아니라 여러 요인이 초경을 촉발할 수 있다는 점을 유념해야 한다. 예를 들어, 생리를 일찍 시작한 여성은 그 자녀도 생리를 일찍 시작하는 경향이 있는 것과 같은 잠재적인 유전적 특성 외에도, 코르티솔 농도가 높아지는 것과 같이 아이의 성장을 가속화하는 요인에 대한 지속적인 노출은 그 자체로 중요한 요인이 될 수 있다. 2002년 미국 소녀의 인종별 집단을 대상으로 한 연구에서, 흑인 소녀는 백인 소녀보다 생리를 일찍 시작하는 경향이 있으며, 이런 차이는 키와 몸무게 그리고 체지방율을 통제한 후에도 통계적으로 유의미했다(Freedman et al., 2002). 잘 알려졌듯이, 나중에 이 인구 집단 사이에 심혈관 질환의 차이가 나타난다는 점, 이런 차이가 지속적인 스트레스와 관련된 '일상적 마모' 양상으로 설명되기도 한다는 점을 고려할 때, 흑인 미국 소녀에게 초경이 더 일찍 시작되는 현상은 평생 인종차별에 노출되면서 치르는 또 다른 생리학적 비용일 수 있다.

34. American Society of Plastic Surgeons, 2021.

35. Seretis et al., 2015.

36. Parra-Peralbo et al., 2021.

37. Leibovitz and Sontag, 2000.

38. 전형적인 모습으로 재구성된 모습이든, 어떤 형질의 진짜 조상으로 제시된 모습이든, 이 모든 이브의 토대가 되는 논문은 해당 장에서 인용 처리했다. 하지만 이렇게 이브의 모습을 개괄하는 작업은 각 형질과, 관련 원시 환경에 부합하는 종을 선정하는 데 크나큰 도움을 준 아드바이트 주카르 박사(Dr. Aduait Jakar)와 스미스소니언 인류 기원 연구사업(Smithsonian's Human Origins Initiative)의 뛰어난 업적에 크게

빚졌다. 그 중에서도 호미닌 이브에 대해 알려진 것과 여전히 알려지지 않은 것을 간단한 목록으로 제시한 부분은 특히 대단한 점이다. 여러분도 humanorigins.si.edu에서 직접 확인할 수 있다.

1장 젖

1. Rimbaud, 2011. "After the Flood," from 1886, was inspired by Genesis 9. I'm translating here from the original French, with a heavy debt to Clive Scott (Scott, 2006) and John Ashbery.

2. "우유 드셨어요?(Got Milk?)" 캠페인은 대단히 성공적이었으며, 이런 성공은 적지 않게 애니 리보비츠(Annie Liebovitz)가 폭넓게 (그리고 독점적으로) 촬영한 유명인사들의 우유 콧수염 사진 덕분이었다. 당시 리보비츠의 단짝이었던 수전 손택은 심지어 개구리 커밋(〈세서미 스트리트〉 등의 개구리 캐릭터_옮긴이)을 '만나기' 위해 촬영 시간에 동행하기도 했다(Hogya and Taibi, 2002; Daddona, 2018). 이 캠페인은 원래 1993년 캘리포니아 우유 가공자 위원회를 위해 광고 회사에서 구상해, 이후 우유 가공자 교육 프로그램이 이어받았으며, 1990년대에 미국 대중의 마음을 확실히 사로잡았다(Daddona, 2018).

3. Slater, 2013: 부록에 수록된 체중. 모르기 장면에서 묘사된 여러 특징을 잘 개괄한 자료는 브루사테와 루오의 2016년 저작을 참조할 것(Brusatte and Luo, 2016).

4. Kermack, Mussett, and Rigney, 1973; Kielan-Jaworowska, Cifelli, and Luo, 2005: 이 책에 등장하는 이브의 별명 중 일부는 고생물학계에서 흔히 쓰인다. 예를 들어, 스미스소니언의 베링 매머드 홀에서는 카디프의 웨일스 국립 박물관과 마찬가지로 **모르가누코돈 오엘러**(Morganucodon oehleri)를 '모르기'라고 부르는데, 일부는 그들을 의인화하기 위해서다. 1947년 웨일스에서 최초로 발견된 종은 M. 왓소니(M. watsoni)였지만, 내가 '모르기'라고 지칭하는 것은 모르가누코돈속 전체다.

5. Liu et al., 1997; Gerkema et al., 2013; Borges et al., 2018; Morin and Allen, 2006.

6. Grothe and Pecka, 2014.

7. Gill et al., 2014.

8. 굴파기와 같이 초기 포유형류의 다양한 형질에 대해 쌓여 가는 증거를 개괄하는 자료가 필요하면 루오의 글 참조(Luo, 2007). 그러나 대부분은 모르기가 굴을 팠으며, 다른 초기 포유형류와 마찬가지로 골반의 형태가 넓적하게 퍼졌을 것으로 추정한다(Carrano and Sampson, 2004).

9. Carrano and Sampson, 2004.

10. Luo, 2007; Gill et al., 2014: 사실, 포유류 같은 짐승들은 쥐라기 이전에도 존재했고 크기가 다양했다. 포유류의 털에 대한 초기의 직접적인 증거를 일부 보여 주는 생물은 수달처럼 생긴 중간 크기의 동물이었다(Ji et al., 2006). 하지만 '발밑에서' (즉, 상대적으로 몸집이 작은 생물에게 유리한 환경에서) 진화하는 전략이 모르기와 같은 초기 포유류에게 유효했다는 발상은 진화생물학 분야에서 흔히 접할 수 있는 생각이다.

11. Kielan-Jaworowska, Cifelli, and Luo, 2005.

12. Gould, 1992: 이 인용구는 찰스 다윈의 말로 잘못 알려져 있다. 다윈이 비슷한 생각을 했을 가능성이 높지만(기독교의 신에 더 큰 믿음을 가졌을 수도 있지만), 그가 실제로 이렇게 말했는지는 확인된 적이 없다. 홀데인의 경우 정확한 문구는 출처가 불분명하지만, 그의 친구 케네스 커맥(Kenneth Kermack)의 전언은 살펴볼 만하다. "[홀데인은 실제로 이렇게 말했어요.] '신은 별과 딱정벌레를 지나치게 좋아했다.' … 홀데인은 신학적인 주장을 했습니다. 신은 자기 모습을 닮은 존재를 만들기 위해 애를 썼을 가능성이 높은데, 인간을 엉성하게 만든 것과 대조적으로 가장 완벽한 딱정벌레를 만들기 위해서는 40만 번이나 시도했다는 이야기였죠. 우리가 전능한 신을 직접 만나면, 그는 딱정벌레나 별을 닮았지, 캔터베리 대주교인 캐리 박사를 닮지는 않았을 것이라고요(Gould, 1993)." 커맥과 그의 아내는 모르기에 대한 지식을 발전시키는 데 중요한 역할을 담당했다.

13. Benoit, Manger, and Rubidge, 2016.

14. Shubin, 2013: 실제로는, 어떤 소아과 의사에게 묻느냐에 따라(내 시누이가 소아과 의사이기에 이에 대해 물어볼 기회가 있었다) 73~78퍼센트 범위를 오가는 것 같지만, 75퍼센트가 적절한 타협점인 듯하다. 신생아가 물이 많은 이유는 대부분 구조적으로 팔다리가 매우 짧고 엉성하기 때문이다. 아기 물개처럼 평균적인 인간 신생아의 몸은 대부분 토실토실한 몸통과 크고 통통한 머리로 이뤄졌다. 조직별로 살펴보면, 인간의 근육과 신장은 약 79퍼센트, 뇌는 약 73퍼센트가 물이며 폐는 약 83퍼센트가 물이다(Mitchell et al., 1945). 대부분의 성인이 60퍼센트만 물인 이유는 어린 시절과 사춘기 때 뼈, 근육, 지방이 새로 많이 생기기 때문이다. 예를 들어, 평균적인 성인의 다리는 발목부터 고관절 바깥쪽까지가 그 사람의 키의 거의 절반을 차지한다. 이 부분은 미술을 공부하는 학생이 인체 그리기 수업을 듣기 전까지 종종 잘못 그리는 부분이다. 우리의 눈이 몸을 볼 때 착각하는 것에 대해서는 "지각" 장에서 더 자세히 다룬다.

15. Khesbak et al., 2011.

16. Boquien, 2018: 유인원의 젖은 특히 물기가 많은데, 이는 오랫동안 새끼를 가까이 두기 때문일 가능성이 높다. 유인원 어미들은 '달라는 대로' 자주 수유하는 경향이 있으며, 새끼는 긴 어린 시절을 거친다. 각 종의 젖은 새끼의 발달 계획과 어미의 돌봄 양

상에 맞춰 조정된다. 인간의 젖에 이토록 수분이 많지 않으면, 엄마의 몸은 목마른 아기의 필요를 채우기 위해 빠르게 고갈됐을 것이다(Hinde and Milligan, 2011).

17. Hopson, 1973.

18. Stewart, 1997.

19. Larison, 2001: 그러나 이런 생물이 모두 충분한 칼슘을 쉽게 얻을 수 있는 곳에서 살지는 않는다. 일부는 다리뼈에 여분의 칼슘을 저장할 수 있어서 산란 후 줄어든다(Ibid). 이런 이야기는 임신 경험이 있는 독자에게 익숙한 소리일 것이다. 임신과 함께 엄마의 뼈에서 칼슘이 빠지는 증거는 오랫동안 쌓여 왔다(Kovacs, 2001). 즉, 처음에 어떻게 아기를 잉태했든 아기가 자라는 과정은 단순히 생식기관만이 아니라 엄마의 몸 전체를 활용한다. 이것은 동물 왕국 전체에 적용되는 사실이다.

20. Janson et al., 2001: 얀슨의 연구는 유전적 계통에 따른 차이의 가능성을 확인한 실용적인 연구지만, 적어도 달걀 생산의 빈도와 지속성이 유의미한 상관관계를 나타낸다는 사실을 확인했다. 공장식 양계장에서는 야생에서보다 더 자주 더 많이 달걀을 생산하도록 닭들을 관리하므로, 닭들이 달걀 생산을 위해 오랫동안 진화시킨 칼슘 소모 보상 기전으로는 그 임무를 충분히 실행하기 어렵다.

21. Oftedal, 2012; Griffiths, 1978: 거의 모든 점액은 원시시대부터 이어진 미생물과의 긴 전쟁에서 기인한다. 우리의 장, 호흡기, 알, 산도 역시 점액으로 뒤덮인 데는 충분한 이유가 있다(Bakshani et al., 2018).

22. Oftedal, 2012; McClellan, Miller, and Hart\-mann, 2008.

23. Hinde and Milligan, 2011.

24. Harrison, 2004.

25. Kunz et al., 1999.

26. Colostrum was largely considered bad for children for centuries—an idea unfortunately owed to Aristotle (Yalom, 1997).

27. Priihlen, 2007: 원래 이 책은 1473년에 출판됐다. 인용구는 1925년 루라(Ruhrah)의 번역에서 발췌했다.

28. Hinde and Milligan, 2011: 출생 직후 몇 시간 내의 모유 수유는 아기의 사망 위험을 강력하게 예측하는 요인이다(Boccolini et al., 2013). 이것이 현대 산부인과 병동에서 출산 직후 모유 수유를 장려하는 이유 중 하나다.

29. Kunz et al., 1999.

30. Carr et al., 2021.

31. Underwood, 2013.

32. Coppa et al., 2006; Kunz et al., 2000; Morrow et al., 2004: 이제 젖에 든 올리고당이

공생하는 세균을 위한 것이라는 견해가 널리 받아들여졌다. 공생균은 올리고당을 소비하며 다른 세균의 침입을 막는 데 다양한 방식으로 활약하므로, 우리와 공생하도록 진화한 세균에 자연스레 덜 경쟁적인 환경이 조성된다(Marcobal et al., 2010).

33. 이 성분은 초유 단계가 지나도 유지되며, 아기의 섭취량이 18개월경의 인지 발달과 관련이 있어 보인다(Oliveros et al., 2021). 그 이유와 기전은 아무도 알지 못하지만, 다른 올리고당들이 장-뇌 축이나 미주신경을 통해 작용하는 반면, 6'-시알릴락토오스[특히 시알산(sialic acid)]의 대사산물이 유아의 뇌에 도달하는 것으로 보인다(Ibid). 다른 연구는 유아의 장내 마이크로바이옴과 인지 발달 사이에 연관성이 있으며, 이런 관련성이 성인기에도 (특히 불안증과 관련해) 다양한 정도로 유지되는 현상을 보여 줬다(Foster and McVey Neufeld, 2013). 인간에게 중요한 시알산[NeuAc(N-acetylneuraminic acid)](점액과 세포막 당지질의 구성 성분_옮긴이)은 2015년 미국과 중국에서, 2017년에는 EU에서 식품첨가물로 승인됐지만, 생산과정이 여전히 매우 비효율적이다(Zhang et al., 2019). 여기서 중요한 점은 인간의 뇌는 어떤 발달단계에 있든 지역 환경에 매우 민감하며, 환경과 상호작용이 일어나는 가장 확실한 장소는 여러 세균이 지속적으로 영향을 미치는 소화관이라는 사실이다.

34. Coppa et al., 1999.

35. 프로바이오틱 세균 역시 인간의 모유에서 발견됐으며, 프리바이오틱스처럼 유익한 역할을 한다(Lara-Villoslada, 2007). 그러므로, 아기의 장에 초기에 정착하는 세균 일부는 자기 식량과 보급품을 실은 마차를 타고 도착하는 셈이다. 일부 보급품은 모유에서, 일부는 산도의 마이크로바이옴에서(Shao et al., 2019), 그리고 일부는 태반에서 온다(Stinson et al., 2019, 비록 논란이 있지만 de Goffau, 2019 참조). 출산 관련 미생물에 대해서는 "자궁" 장에서 더 자세히 다룬다.

36. 특히 위험한 장내세균에 감염된 미숙아들에게 해당되는 이야기로, 이런 감염은 어쩔 수 없이 다양한 이유로 미숙아들이 마주치는 위험이다(Mowitz, Dukhovny, and Zupancic, 2018). 특히 프로락타 보충제의 일반적 비용을 포함해 이 주제의 경제적 측면을 잘 정리한 자료는 폴락의 저작 참조(Pollack, 2015).

37. Pollack, 2015.

38. Palsson et al., 2020; Xiao et al., 2018; Maessen et al., 2020: (인간 모유 유래 제품보다 확실히 구하기 쉬운) 과당형 올리고당 그리고 크론병과 관련된 활용에 대해서는 린제이 그룹의 연구 참조(Lindsay et al., 2006).

39. Boquien, 2018: 사실상 인간의 모유는 모든 포유류 젖 중에서 단백질 함량이 가장 낮은 편이다. 예를 들어, 쥐의 젖은 단백질 함량이 약 10배에 달하는 반면, 모유는 대부분의 포유류 젖보다 콜레스테롤과 긴 사슬 다중 불포화지방산(LC-PUFAs, long chain-polyunsaturated fatty acid) 함량이 현저히 높다(Ibid). 인간 아기의 성장 과정은 훨씬 느리므로 이것은 말이 되는 이야기다. 그리고 짧은꼬리원숭이의 젖에 비해, 모유의 단백질 조성은 주로 장, 면역, 뇌 발달에 맞추어진 것으로 보인다. 이것은 인체의 성장 양상에 아주 잘 부합한다. 인체는 모유 수유 기간에 이런 부위의 발달이 더 활발하며, 우리 종의 젖은 여기에 적합하게 맞춰졌다(Beck et al., 2015). 따라서 보디빌더들이 오랫동안 모유를 더 마시도록 훈련된 장을 가지며, 유독 지방과 뇌를 발달시키기 원하면, 물론 인간 모유를 마셔도 좋다. 하지만 발달 과정은 시간이 정해져 있으므로 모유가 도움이 될지 의심스럽다.

40. Easter and Freedman, 2020.

41. 개별 유기체의 경계가 모호해지는 이야기에 대해 더 알아보고 싶으면, 리처드 도킨스의 《확장된 표현형(The Extended Phenotype)》(나중에는 표현형의 과대 확장을 못마땅해했지만, 그의 가장 중요한 업적이다)과 에드 용의 《내 속엔 미생물이 너무도 많아(I Contain Multitudes)》(아주 잘 썼고 솔직히 재미있는 책이다) 두 권의 책을 강력 추천한다.

42. Cammarota, Ianiro, and Gasbarrini, 2014.

43. Milligan and Bazinet, 2008.

44. Newburg et al., 1999; Tao et al., 2011; Urashima et al., 2001; Urashima et al., 2012.

45. Oftedal, 2002.

46. 영장류 젖 전문가이자 애리조나 주립대학교의 비교 수유 연구소(Comparative Lactation Lab) 소장인 케이티 힌데(Katie Hinde) 박사의 표현이다. 이 장 전체가 힌데 박사의 학술적이고 대중적인 작업에 크게 빚졌다.

47. World Health Organization, 2009.

48. Dobolyi et al., 2020.

49. 불행히도, 프로락틴 증가폭은 자위 행위보다 (이성애적) 성교 후에 훨씬 더 크다. 이것은 성관계 중에 실제로 오르가즘을 경험하는 여성에게는 좋은 일이지만, 그렇지 않은 경우가 많으므로 안타까운 일이다(Shirazi et al., 2018).

50. Drewett, Bowen-Jones, and Dogterom, 1982.

51. Schneiderman, 2012: 여러분이 대학 재학 연령의 이성애자라면, 연애 초기의 옥시토신 농도는 관계의 지속 기간을 예측하는 데 도움이 된다. 다른 종의 경우 옥시토신은 짝과의 유대감과 관련 있으므로, 그다지 이상한 일이 아니다. 애착을 유도하는 다른 기전이 있어서 옥시토신이 더 많은 분비되는 것인지, 아니면 옥시토신이 더 많이 나와 그 결과 애착이 생기는 것인지 인과관계는 의문이다. 피드백 루프가 존재하겠지만, 작은 펩티드 하나 때문에 사랑에 빠지는 것은 아니다.

52. Scheele et al., 2012: 더 정확히 말하자면, 한 여성과 일부일처 관계에 있다고 확인한 남성은 코에 옥시토신 스프레이를 뿌렸을 때 배우자가 아닌 여성으로부터 더 멀리 떨어져 서는 경향이 있다. 연구팀은 남성이 옥시토신을 많이 흡입했을 때 배우자 이외의 여성에게 '가용성'과 잠재적인 성적 관심을 표현하는 신호를 줄인다는 뜻으로 해석했다. 대개 일부일처제인 초원 들쥐에서 옥시토신은 암컷에게 짝과의 유대감을 촉진하지만, 수컷의 경우 다른 분자가 이런 역할을 한다(Insel et al., 2010). 옥시토신의 행동 교정 효과에 대한 가장 흥미로운 해석은 이 호르몬이 재생산에 필요한 여러 가지 운동 및 감각 양상을 더 잘 **조율**(coordinates)한다는 이론이다. 적어도 실험실에서 연구하는, 가장 오래 전부터 옥시토신을 이용한 선충에서는 그렇다. 예쁜꼬마선충 수컷은 선충형 옥시토신을 감지하는 적절한 수용체가 없으면 잠재적인 짝을 탐색하고, 인식하고, 성관계를 맺는 데 어려움을 겪는다(Garrison et al., 2012).

53. Goodson et al., 2009; De Dreu et al., 2010.

54. De Dreu et al., 2010; Insel, 2010.

55. 엄마와 아이의 유대감을 강화하는 데 모유 수유가 권장되는 이유 (그리고 수유 문제가 이런 유대 형성 과정에 위협으로 간주되는 이유) 중 하나다. 물론, 나머지 이유는 단순한 성차별이다. 감사하게도 모유 수유가 몸에 맞지 않더라도 아이와 유대를 잘 만드는 엄마가 많이 있다. 하지만 수유에서 자연스레 발생하는 호르몬 증가가 유대 형성에 도움이 되는 것은 사실이다. 아기가 불쌍한 젖꼭지를 피가 나도록 짓이겨 유대감 형성을 방해하지 않는 한(통증 신호는 뇌에서 옥시토신보다 좀 더 크게 울린다), 수유는 포유류 어미가 새끼에게, 새끼가 어미에게 유대감을 느끼도록 도와준다.

56. Cera et al., 2021: 사람은 오르가슴 전후에 웃음을 터뜨리는 등 다양하게 행동한다는 점을 유의하자. 옥시토신과 사정에 대해 어떠한 규범적 주장을 제기하더라도, 이런 현상이 다양한 생리적 및 심리적 상황에서 생겨난다는 점을 전제해야 한다(Reinert and Simon, 2017).

57. Wilde, Prentice, and Peaker, 1995.

58. Riskin et al., 2012.

59. Gardner et al., 2017; Hinde et al., 2014.

60. Gray et al., 2002; Harrison et al., 2016: 이것은 복잡한 효과다. 대부분의 연구는 단순히 우유를 마시는 게 아니라 모유 수유 중인 영아를 대상으로 삼았으므로, 피부 대 피부 접촉, 엄마와의 유대감, 후각, 온도, 엄마의 목소리 등 많은 교란 변수가 개입된다. 그럼에도 수유가 아기의 통증을 누그러뜨린다는 것은 널리 받아들여지는 현상이다.

61. Drewnowski et al, 1992; Lewkowski et al., 2003: 이와 관련된 생리학적 경로가 역효과를 낼 수 있다는 점을 유념해야 한다. 예를 들어, 만성 스트레스가 음식 선택에 큰 영

향을 미친다는 증거가 있다. 특정 유형의 음식(특히 고지방 및 고탄수화물)은 스트레스로 인한 생리 반응을 일부 감소시키지만, 몸이 신체적 및 정신적 통증을 경감시키는 음식 효과에 의존하기 시작하면 이런 음식을 선택하도록 장려하는 피드백 루프를 생성할 수 있다(Dallmanet al., 2003).

62. Forrester et al., 2019.

63. Tomaszycki et al., 1998; Boulinguez-Ambroise, 2022: 흥미롭게도, 아기를 왼쪽에 안고 달래는 일은 나중에 아이가 자라 왼손잡이나 양손잡이가 될 가능성에도 영향을 미친다. 적어도 개코원숭이의 경우에는 사실이다(ibid.).

64. Harris, 2010.

65. 어떤 유형의 감정 처리인지에 따라 다를 수 있으며, 부분적으로는 가치에 따라 교차 반구 관여가 일어나기도 한다(Killgore and Yurgelun-Todd, 2007). 즉, 우리는 감정적인 얼굴을 처리하기 위해 오른쪽 반구를 상당히 많이 쓴다. 아기를 왼쪽으로 안고 달래면 그 효과가 어느 정도 높아질 수 있지만(시신경 교차 때문에 오른쪽 뇌는 왼쪽 시야의 정보를 처리한다), 눈에 보이는 것보다 더 많은 일이 일어났다(으흠).

66. Hinde et al., 2014.

67. Ibid.

68. Casolini et al., 1997.

69. Glynn et al., 2007.

70. Ibid.

71. Crofton, Zhang, and Green, 2015.

72. Hinde et al., 2014.

73. 아기의 고무젖꼭지를 침으로 닦는 것도 흔한 일이며, 심지어 이런 행동은 아이의 알러지를 줄이는 데 도움이 될 수도 있다(Hesselmar, 2013). 그러나 이런 행동을 해본 경험에 따르면, 아이가 어린이집에서 걸려오는 병을 자신에게 옮기는 확실한 방법이라고 말할 수 있다. 젖꼭지에서 일어나는 일을 제외하면 침의 전달을 일방향으로 유지하는 편이 엄마의 건강에 더 이롭다.

74. Vitetta, Chen, and Clark, 2019.

75. Hewlett, 1991.

76. 물론, 이러한 사례가 모두 바람직한 것은 아니다. 제2차 세계대전 동안 수용소에 갇혔던 남성 피해자는 구조 후 유즙을 분비하기도 했는데, 이는 기아가 분비샘에서 간에 이르기까지 전신에 영향을 미쳤고, 분비샘이 간보다 더 빨리 회복하기 때문이었다고 추정된다. 중증 간질환이 있는 일부 남성도 젖이 나오기 시작한다(Greenblatt, 1972; Diamond, 1995).

77. Reisman and Goldstein, 2018; Wamboldt, 2021: 이 문제는 적절한 임상 시험을 하기 어려운 사안이기에, 관련 과학 문헌은 몇 가지 사례 연구뿐이다. 하지만 트랜스 여성을 상담하는 시애틀의 모유 수유 상담사와 개별 인터뷰한 내용에 따르면, 현장의 사례는 학술지에 보고된 것보다 훨씬 더 많으며, 이런 사람을 만나는 임상 의사는 아기를 입양한 시스젠더 여성이 모유 수유를 시도할 때와 마찬가지로 뉴먼 골드파브(Newman-Goldfarb) 치료법을 선호한다. 그러나 트랜스 인구 집단에게 이 방식을 적용할 때 고유한 위험이 있는지는 분명하지 않다. 더 많은 연구가 필요하다.

78. de Blok et al., 2017: 중요한 점은 이런 현상이 주로 호르몬 치료 첫 6개월 동안 발생하며, 유방 발달은 보통 AAA 컵 크기보다 약간 작은 정도에 그친다는 것이다(Ibid). 이런 이유로 트랜스 여성은 '상체 수술'을 선택하기도 한다. 이런 선택은 가슴이 작은 시스젠더 여성이 유방 확대술을 선택하는 것과 근본적으로 다름없는 일로 봐야 한다. 그러나 두 인구 집단 모두 이런 수술 후에는 유방암 위험 증가를 포함해 위험이 없지 않다(FDA, 2022).

79. 미국 성형외과 의사 협회(American Society of Plastic Surgeons, 2021): 2020년에는 20년 만에 처음으로 시술 건수가 감소했지만, 이는 전 세계적인 유방에 대한 의견 변화보다는 코로나19 대유행 때문일 가능성이 높다.

80. 동물 왕국에서는 약간의 비대칭이 흔하다. 예를 들어, 인간의 얼굴에는 한쪽 눈이 다른 쪽 눈보다 '더 높이' 달려 있지만, 극단적인 비대칭은 흔하지 않다. 인간의 경우 유의한 유방 비대칭은 조직 발달과 관련된 더 근본적인 문제를 반영하는 현상일 수 있으며, 실제로 유방암 발생 위험과 관련이 있다(Scutt, Lancaster, and Manning, 2006). 언제나 그렇듯 염려되는 점이 있으면 의사와 상의하자.

81. Weber et al., 2022.

82. 가슴이 크면 수유와 수유 사이에 젖을 더 많이 저장할 수 있겠지만, 대부분 젖은 필요가 있을 때 바로 생성된다. 따라서 가슴이 크면 수유 간격이 늘어날 수 있으나 유방염 발생 위험이 높아질 수 있다(Daly and Hartmann, 1995). 더욱이, 수유 중인 여성의 유방은 크기가 안정적이지 않으며, 보통 출산 후 6개월이 지나면 작아진다(Kent et al., 1999). 이를 두고 논문 저자는 유방 조직의 재배치가 진행되면서 나머지 조직의 효율성이 높아지는 현상이라고 설명한다. 그러나 이 시기는 이유식 시작 시점과도 관련이 있으므로, 젖이 덜 필요해진다는 단순한 문제 때문일 수도 있다.

83. Singh et al., 2010.

84. Jasieńska et al., 2004.

85. Bentley, 2001.

86. LeBlanc and Barnes, 1974.

87. This is common knowledge. But if you want documented evidence, just take a look at any old National Geographic magazine with pictures of topless, multiparous women over the age of, say, thirty-five.

88. Lloyd et al., 2005.

89. Veale et al., 2015.

90. Mautz et al., 2013.

91. Chance, 1996.

92. Keele and Roberts, 1983; Di Stefano, Ghilardi, and Morini, 2017.

93. 분명 여기에는 갈렌의 책임이 가장 크다. 갈렌은 자신의 저서에서 생리혈이 젖으로 변하는 현상을 폭넓게 다루면서, 심지어 "이 때문에 여성은 생리와 수유를 동시에 할 수 없다. 혈액이 한 쪽으로 향하면 다른 쪽은 항상 말라붙기 때문이다"라고 말했다 (Galen, 170).

94. Kuhn, 1970: 쿤(Kuhn)의 사상과 현대적 적용의 역사를 명확히 이해하려면 Parker, 2018년 참조.

95. 이것은 과학사에서 잘 알려진 사례다. 로버트 코흐(Robert Koch)가 정리한 공리의 경우, 당대의 기술로는 바이러스 감염을 배양하고 관찰할 수 없었던 것이 하나의 장벽이었다(Brock, 1988).

96. 예를 들어, 시스템 생물학 분야에서 산타페 연구소(Santa Fe Institute)가 하는 일을 참조하면 된다.

97. 사회 혁신이 독립적으로 등장했을 가능성도 있지만, 이것은 고고학 분야의 지배적 이야기다(Emberling, 2003). 인간 역사의 모든 일이 그렇듯, 농경 사회가 생기기에 앞서 '가축화'가 서서히 이뤄졌으며 이에 따라 농업혁명은 간헐적으로 진행됐다 (Fuller, 2019). 그리고 곡식 작물에 대한 전형적인 이야기를 넘어서, 인류의 이브는 나무와 맺어 온 오랜 관계로 다시 돌아갔고, 이는 도시의 성장을 더욱 촉진했다. 과수원 관리 같은 장기 투자에는 에머 밀 농사와 같은 단기 이득보다 더 복잡한 도시형 사회구조와 더 확실한 영속성이 필요했기 때문이다(Fuller and Stevens, 2019). 농업화의 어려움에 대해서는 "폐경" 장에서 더 자세히 다룬다.

98. 여기서 가장 분명한 사례는 감염이지만, 고대사회에서도 사회계층 간에 유사한 효과 차이가 있었을 것으로 추정한다. 역사를 통틀어 가난한 사람은 부유한 사람보다 훨씬 큰 피해를 입었으며, 이런 양상은 코로나19 대유행에서도 마찬가지다(Wade, 2020).

99. 흥미롭게도, 농경이 널리 보급된 사회에서는 출산율 증가를 시사하는 증거가 사료에 나타난다(Bocquet-Appel, 2011). 아니면 적어도 묘지에서 아이의 뼈가 발견되는 일이 늘어난다. 일반적 가정은 열량과 관련이 있다. 덜 일해도 같은 양의 음식을 얻을

수 있는 사회에서는 여성의 재생산이 늘어났을 것이다. 물론 덜 익힌 구근을 먹고 중독되지 않는 한에서다.

100. Konner and Worthman, 1980.

101. Ibid. 하자(Hadza)족은 평균적으로 4~6명의 아이를 낳는다.(Blurton Jones, 2016; Marlowe, 2010).

102. Howie and McNeilly, 1982.

103. 이 사실은 의료계와 생물학계에 모두 잘 알려졌지만, 현대 수렵 채집 사회에서 작동하는 이 현상의 구체적인 기전에 대해서는 코너와 워스만의 문헌 참조(Konner and Worthman, 1980).

104. Jones, 2011.

105. Macy et al., 1930.

106. Hammurabi, 2250 bce.

107. Fildes, 1988.

108. Ibid.

109. West and Knight, 2017: 물론 이 강제 수유는 미국 국경을 넘어 확장됐으며, 고대에서부터 이어졌을 가능성이 높다. 미국과 브라질에서 이러한 관행이 자연스레 트라우마를 유발하는 현상에 대한 비교적 관점은 우드의 저작 참조(Wood, 2013).

110. Gruber, 1989.

111. Clark, 2013.

112. Fildes, 1986.

113. 수메르 홍수신화에는 여러 형태가 존재하지만(Spar, 2009), 이 책에서 주로 다루는 형태는 기원전 1640년. 즈음 함무라비의 증손자인 아미-사두카(Ammi-Saduqa) 시대에 만들어진 아트라하시스 신화다. 이 신화는 신들이 일을 덜하기 위해 인간을 창조했으며, 도시가 과밀화되고 시끄러워지자 괴로워 한 나머지 홍수가 물러난 후 인구 조절 수단으로 죽음과 어떤 여성이 어떤 상황에서 누구와 성관계를 맺을 수 있는지에 대한 규칙을 발명했다고 강조한다(Dalley, 1991).

114. American Cancer Society, 2020.

115. Siegel et al., 2022.

116. American Cancer Society, 2020.

2장 자궁

1. 그리스어를 번역한 내용으로 아마도 이 역시 아람어 또는 히브리어에서 번역됐을 것이다. 많은 성서학자는 요한계시록이 철저히 암호화된 정치적 문서이므로 역사적 맥락에서 살펴볼 때 가장 잘 이해할 수 있다고 생각한다(Pagels, 2012).

2. Bardeen et al., 2017; Vellekoop et al., 2014.

3. Robertson et al., 2004.

4. Lowery et al., 2018; Robertson et al., 2004.

5. Donovan et al., 2016, 2018.

6. 무엇이었는지에 대해서는 논쟁이 있지만, 최근에는 혜성 진영이 신빙성을 얻는다. 소수의 저명한 천체물리학자들이 더 지역적인 기원, 다시 말해 화성과 목성 사이의 소행성 벨트 기원설 대신 오르트 성운 기원으로 의견을 선회했다. 이 경우에는 '태양을 스쳐가는 혜성들'을 강력하게 잡아당기는 목성의 인력에서부터 혜성을 궤도에서 이탈시키는 암흑 에너지 같은 여러 가지 요소 때문에 그 암석이 지구로 향하게 했을 수 있다(Siraj and Loeb, 2021; Randall, 2015).

7. Gulick et al., 2019.

8. Schulte et al., 2010.

9. Kring and Durda, 2002; Robertson et al., 2004; Bardeen et al., 2017.

10. Robertson et al., 2004.

11. Farmer, 2020: 정확히 따져보면, 태생은 지구 생명의 역사에서 150번 이상 등장했으며(Blackbum, 2015), 일부 도마뱀과 뱀을 포함해 대부분 비늘이 있는 파충류였다. 대단한 이야기처럼 들릴 수 있지만, 자궁을 발명하는 데 걸린 시간은 거의 4억 년에 달한다.

12. 냉혈동물도 일부 상어 같이 살아 있는 새끼를 낳는 동물이 있지만, 태생은 대체로 항온동물의 특성이며 발달 환경의 온도 조절은 일반적으로 태생을 진화시킨 더 큰 동인일 수 있다(Farmer, 2020). 한편 상어의 경우에는 임신 중에 따뜻한 물에서 헤엄칠 수도 있다(Ibid).

13. Lloyd et al., 2005.

14. O'Leary, 2013: 이 시점은 누구에게 묻느냐에 따라 달라진다. 루오 등은 약 1억 6,000만 년 전이라는 시기에 관심이 있으며, 초기 태반 동물의 수상생활이 '아래의 공룡들로부터 거리를 두게 하는' 생태학적 이점으로 작용했을 것이라는 발상에 호의적이다(Luo et al., 2011).

15. Drews et al., 2013: 여러분도 youtu.be/Cig3ojSwoZY에 온라인으로 공개된 초음파 동영상을 직접 시청할 수 있다.

16. 이런 몸을 가지고 태어나는 사람은 인류 역사에서 드물지 않았다(Reis, 2009). 물론 이런 진술은 그 사람이 젠더에 상응하는 기대에서 벗어난다는 이유로 자녀나 아내에게 가하는 폭력이 용납되지 않는 곳에 사는 경우에만 유효하다. 명백히 젠더와 결부된, 이른바 명예 살인은 아직 인간 세계에서 사라지지 않고(Kulczycki and Windle, 2011), 인도와 중국과 같은 국가에서 보이는 성비 불균형은 젠더에 따라 선택적으로 낙태, 영아 살해, 인신매매가 이뤄질 가능성을 강하게 시사하며, 이런 일은 젠더에 부합하는 몸을 가진 사람에게도 일어난다. 한편, 미국에서는 1960년대에 비전형적 생식기를 외과적으로 '교정'하는 수술이 인기를 얻었다. 이러한 '간성(intersex)' 아기에게 젠더 결정을 강요하는 일이 부정적인 결과를 낳는다는 사실이 널리 알려졌지만 최근에 들어서야 수그러들고 있다(Dreger, 1998; Reis, 2009).

17. Luo, 2007; Luo et al., 2011.

18. Norton and Brubaker, 2006: 이는 과소평가된 추정치로, 출산 후 얼마나 지난 시점을 기준으로 삼았는지에 따라 일부 연구에서는 40퍼센트에 달하기도 한다. 모든 임신은 골반 바닥을 아래로 눌러 내려 손상시킬 수 있으므로, 제왕절개수술을 한 여성도 요실금을 겪을 수 있지만, 질식 분만은 강력한 독립적 위험 요인이다. 불행하게도 요도만 손상될 수 있는 게 아니다. 항문 괄약근의 지지 구조에 손상을 입은 산모(세 번째 및 네 번째도의 회음부 파열로 발생할 수 있으며, 첫 출산 산모의 약 6퍼센트에서 발생)는 최대 20년 후까지 대변 실금을 보고한다. 이런 출산 관련 손상은 누적되는 효과가 있어서 두 번 이상 발생하면 장기적 문제의 위험이 거의 2배까지 늘어나는 것으로 보인다(Jha와 Parker, 2016; Nilssonet al., 2022).

19. 이 시술은 질폐쇄술이라고 부르며 중증인 사례에만 시행된다.

20. Mahar et al., 2020: 구체적으로는 시스젠더 이성애 여성의 음경이 삽입되는 성관계를 뜻하며, 이 주제에 관한 거의 모든 연구가 여기에 국한되는 것은 문제가 있다는 점을 짚고 넘어가고 싶다. 성관계 중 오르가슴을 경험한다고 자가 보고하는 여성은 종종 구강성교를 제외하지만, 구강성교는 오르가슴을 유발할 가능성이 더 높다(Ibid).

21. Parada et al., 2010; Parada et al., 2011.

22. Jannini et al., 2009; Kruger et al., 2012.

23. Herrera et al., 2013.

24. Sanger et al., 2015.

25. Herrera et al., 2013.

26. 음경 뼈는 처음부터 발기된 음경을 지지하기 위해서뿐 아니라 암컷을 자극하기 위해 진화했을 수도 있다. 음경 뼈가 큰 수컷 쥐는 충분히 운동하기만 하면 암컷을 더 성공적으로 임신시킨다(Andreet al., 2022). 교미의 통제권(유혹하는 쪽)은 본질적으로

암컷 쥐에 있기에, 이러한 자극이 암컷 쥐의 마음에 든다고 추정된다(Parada et al., 2010). 인간 여성은 질 자극에 대한 선호도가 매우 다양하므로, 인간의 음경에는 뼈가 없어도 문제되지 않는 듯하다.

27. 이것은 야생 상태에서 보인 시간이다. 포획된 번식 환경에서는 교미가 반 시간 정도 걸릴 수 있지만, 자궁 낭종이나 재생산과 관련된 다른 문제도 영향을 미친다(Nicholls, 2012). 일부 종이 수컷과의 교미에 반응해 배란한다는 사실도 도움이 되지 않아 많은 보존 프로그램이 체외수정(IVF)에 의존한다(Foose와 Wiese, 2006).

28. Felshman and Schaffer, 1998; Foose and Wiese, 2006: 더욱이 포획된 코뿔소 중 번식에 성공하는 비율은 아주 적기에, 종의 유전적 다양성에 영향을 미친다(Edwards et al, 2015).

29. Partridge et al., 2017.

30. Brawand et al., 2008.

31. 기본적인 구조적 진입은 진정한 계통 분화보다 더 일찍 일어났을 수 있다. 이 모든 시기에 대해, 특히 '지질학적 시기와 분자적 시기(rocks and clocks)' 사이에 얼마나 많은 논쟁이 벌어지는지 개괄적으로 살펴보려면 폴리의 저작을 참조(Foley et al., 2016). '분자적 시계(clocks)'에 대한 연구 가운데 스탠퍼드대 연구진의 최근 논문에서는 성숙한 태반에서 숙주 특유의 발달 계획에 부합하도록 진화한 여러 가지 방식을 보여 주는 종 특이적 유전자 발현을 찾아내면서 이 시기를 약 1억 2,000만 년 전으로 주장했다(Knox and Baker, 2008).

32. Miller et al., 2022.

33. Chapman et al., 2013.

34. Tomita et al., 2018.

35. Luo et al., 2011.

36. O'Leary et al., 2013.

37. Grimbizis et al., 2001; Saravelos et al., 2008.

38. Saravelos et al., 2008.

39. Ibid.

40. Ibid: 이 현황은 주로 진료실에서 관찰한 결과에 근거한 단순한 추정치로, 자연스레 표본 편향에 취약하다는 점을 일러둔다. 생식기관에 문제가 있는 여성은 그렇지 않은 여성보다 검사를 받을 가능성이 높기에, 생식기 모양이 이상한 여성과 나머지 여성이 아기를 임신하거나 성생활을 누리는 데 실제로 어려움을 겪는 빈도가 왜곡될 수 있다(Chan et al., 2011).

41. Fontana et al., 2017.

42. Coffman et al., 2017: 원래 20세기 중반 킨제이(Kinsey)가 내놓은 추정치는 약 10퍼센트였지만, 편견 앞에서 정확한 자가 보고를 얻어내기란 매우 어려운 일이다(Ibid).

43. 이 진술은 다른 과학자의 생각과 과학 공동체 내에서 이뤄지는 논의 방식에 대한 나의 지식을 바탕으로 한 일화적 주장임을 인정한다. 이 사안에 대한 과학 공동체의 신념을 조사한 자료는 찾지 못했다. 그러나 동성애, 양성애, 일반적 퀴어성의 생물학적 기반에 대한 방대한 연구는 이런 신념을 보여 주기에 충분한 근거라고 생각한다. 최신 검토 논문이 필요하면 보가르트와 스코르스카의 논문 참조(Bogaert and Skorska, 2020). 저자는 안타깝게도 이 분야에서 여성에 대한 연구와 시스젠더가 아닌 대상에 대한 연구가 희귀하다고 지적한다.

44. Savolainen and Hodgson, 2016.

45. Aguilera-Castrejon et al, 2021: 이 연구의 목적은 포유류의 자궁에서 벗어나는 기술을 개발하는 게 아니라, 번잡하게 쥐나 다른 살아 있는 동물을 임신시키지 않고도 배아 발달을 연구할 수 있는 새로운 방법을 찾아내는 것이었다.

46. Emera et al., 2012.

47. 미국 학교에서 이런 일은 흔치 않다고 말하고 싶지만, 너무 자주 있는 일이 아닌지 염려된다. 1990년대 이후에는 일부 지역에서 조금 상황이 나아졌지만, 나는 이를 미화하기 싫다. 미국의 성교육은 강사가 얼마나 훈련을 받아야 하는지, 교육과정에 무엇이 포함돼야 하는지, 기금을 어떻게 조달할 것인지 등이 연방 법이 아닌 주 정부에 전적으로 달려 있다. 2022년 기준으로, 미국 50개 주 가운데 17개 주만이 공립학교에서 시행되는 성교육이 의학적으로 정확해야 한다는 요건을 제시한다(AGI, 2022).

48. Strassmann, 1997; Eaton et al., 1994.

49. Eaton et al., 1994.

50. 이는 35세에 비해 40세 이상에서 훨씬 유의미하게 늘어나는 염색체 이상 위험과 관련이 있다(Frederiksen et al., 2018). 그런데 40세부터는 대부분의 산과적 사안에 문제가 생길 수 있으므로 나이든 몸으로는 임신 시도 자체가 어렵다는 점도 잊지 말자(그러나 대부분의 산부인과 의사는 35세부터 추가적인 검사와 치료를 받아야 한다고 말할 것이다).

51. 20대에 임신하는 여성은 적어도 행복도가 덜 높아진다. 이는 30대 중반 이후 여성의 경우 첫 출산 전까지 여러 번 유산을 경험하기 때문일 수도 있다(Myrskyla and Margolis, 2014).

52. Profet, 1993.

53. Strassmann, 1996.

54. Knight, 1991.

55. '특이한' 경우일 수 있지만 이런 여성이 분명히 있으며, 인간 성생활의 근본적 기전이 복잡하다는 사실은 실험을 통해 반복적으로 입증됐다. 평범한 가임기 여성에게서 성욕이 점정에 달하는 유일하게 믿을 만한 시기는 배란기 근처이고 생리가 가까워지면서 감소한다. 한 연구에서 생리 시작일이 다가올수록 성욕과 함께 프로게스테론이 감소하는 현상을 관찰했지만, 배란기가 다가오면서 성욕이 증가하는 현상을 예측할 방법은 찾지 못했다(Roney and Simmons, 2013). 즉, 여성의 성욕을 잠재우는 성호르몬에 대해서는 조금 알아냈지만, 일깨우는 호르몬에 대해서는 그만큼 알지 못한다.

56. Knight, 1991.

57. O'Leary, 2013.

58. Goldman, 2014: 심장외과 의사 오마르 라투프(Omar Lattouf) 박사가 영웅적인 수술 끝에 이 여성의 생명을 구했으며, 모든 찬사를 받을 만하다. 이 사례에 대한 인터뷰에서 박사는 새로 태어난 아기를 위해 엄마를 지켜주고 싶었다고 반복해서 말했다는 점도 알아 두자. 모든 면에서 박사는 이 여성이 그 자체로 살 자격이 있으므로 생명을 지켜주고 싶어 했다. 하지만 나는 여전히 어떤 여성의 자녀 유무가 이 여성의 생명을 구하는 데 동기로 작용하는 점이 걱정스럽다. 이런 현상을 트롤리 문제, 성차별, 또는 무엇이라고 부르든, 의사가 태아보다 여성을 우선순위에 두고 치료하기를 망설일 때마다 임신한 여성은 고통을 겪는 게 사실이다. 이런 경향이 모성 사망률을 높이는 한 가지 중요한 요인이 된다. 이러한 순간은 단독으로 일어나지 않는다(MBRRACE-UK, 2016).

59. Duckitt and Harrington, 2005.

60. Le Ray et al., 2012: 기증 난자를 쓰는 고령 산모는 분명 전자간증 발생률이 높으며, 이런 현상은 면역학적 이유 때문이라고 생각된다. 장기 기증이라고 생각하면, 모체 자신의 유전물질로 만들어진 태아는 반(半) 동종 이식(semi-allogenic graft), 기증된 난자로 만들어진 태아는 완전 동종 이식(total allogenic graft)이다. 정상적으로, 엄마 자신의 난자로 만들어진 태반도 이물질이 아니라고 엄마의 면역계를 속여 '설득'해야 하는 경우가 있다. 기증된 난자로 만들어진 태반의 경우, 엄마의 면역계를 교란하고 속이는 데 더 많은 노력이 필요하다고 추정된다(Ibid).

61. Bergman et al., 2020: 특히, 단태아 임신에서 전자간증을 겪은 여성은 나중에 심혈관 질환의 위험이 높아지는 반면, 쌍둥이 임신을 한 여성은 그렇지 않다는 점을 주목할 만하다. 이런 차이는 단태아 임신에서 전자간증을 겪은 여성에게 기저에 심혈관 문제가 함께 있었을 가능성이 있으며, 쌍둥이 임신에서 나타나는 전자간증은 면역적 활성을 띤 태반과 큰 임신에 따른 추가적 부담의 직접적인 결과로 발생했을 가능성이 높다는 뜻이 된다(Ibid).

62. Mutter and Karumanchi, 2008.

63. Kliman et al., 2012.

64. Kliman, in Rabin, 2011; Kliman et al., 2012.

65. PP13은 현재 전자간증을 예방하기 위한 잠재적 치료법뿐 아니라 위험을 예측하는 수단으로도 주목받는다. 임신 제1삼분기에 PP13의 혈중 농도가 낮은 여성에게 나중에 전자간증이 생길 가능성이 더 높기 때문이다(Huppertz et al., 2013).

66. Haig, 2015.

67. 여성에게 주로 생기는(female-typical) 자가면역질환의 경우 특히 그렇다. 출산력은 실제로 이런 위험을 11퍼센트 높이며, 유산을 겪은 경우 그 영향이 특히 뚜렷하다(Jørgensen et al., 2012). 이 이론은 유산 시 더 많은 면역 유발 물질이 엄마의 혈류로 들어갈 수 있다고 주장한다. 다만, 유산의 영향과 기저 질환이 유산과 자가면역질환 둘 다에 영향을 미쳤을 가능성을 구분하기는 어렵다.(Ibid).

68. 이에 대한 데이터는 들쑥날쑥하다. 최근 연구에 따르면, 임신 직후 5년을 제외하면 임신과 모유 수유 경험이 있는 경우 유방암 위험이 낮아지는 것으로 보인다. 그러나 이런 효과는 미미하고 상당 기간이 지난 후에야 나타난다(Nichols et al., 2020). 더 중요한 것은, 모유 수유의 양과 기간이 난소암 위험 감소와 직접적인 상관관계를 나타낸다는 점이다(Babic et al., 2020). 모유 수유를 하면 난소가 겪는 총 생리 주기가 줄어들기에 이런 보호 효과가 나타날 수 있지만, 재생산 기간이 길어지면 갑상선암의 평생 발병 위험이 높아진다(Schubart et al., 2021).

69. 포유류 생물학을 연구하는 사람이라면 누구나 명백하게 알 수 있는 사실이어서 어떤 논문을 인용하는 게 가장 좋을지 결정하기 어렵다. 이렇게 생각하자. 미국에서 임신한 사람의 사망 위험은 합법적이고 안전한 낙태와 관련된 사망 위험의 14배다(Raymond and Grimes, 2012). 또는 적어도 2012년에는 이 수치가 사실이었다. 안타깝게도 이제 (이런 선택지가 현실적으로 가능한 경우에) 미국의 많은 여성이 합법적이고 안전한 낙태를 받기 위해 상당한 거리를 여행하고 더 오랜 시간을 기다려야 하는 상황에서는 이 수치가 바뀔 수 있다. 8주에 이뤄진 합법적이고 안전한 낙태와 (큰 비용과 어려움을 겪으며) 훨씬 늦게 이뤄진 낙태 사이에는 큰 차이가 있다. 임신 기간이 위험성과 직접적 관련이 있기 때문이다. 임신 후기 낙태에 따르는 합병증이라는 비교적 사소한 위험만이 아니라, 더 오래 임신을 유지하는 일 자체에 훨씬 더 큰 위험이 수반된다.

70. Frohlich and Kettle, 2015: 더욱이, 개인의 위험 요인 내용에 따라 장기적 손상의 양상은 적어도 1년, 잠재적으로는 평생 동안 지속될 수 있다(Miller et al., 2015).

71. Schantz-Dunn and Nour, 2009.

72. Kassebaum et al., 2016.

73. Kortsmit et al., 2021.

74. Ibid.

75. Schantz-Dunn and Nour, 2009: 하지만, 사하라 이남 아프리카에서 산모 사망의 나머지 30~50퍼센트가 안전하지 않은 낙태 때문임을 주목하자(AGI, 1999; Henshaw et al., 1999). 이렇게 사망한 여성과 소녀 중 일부는 HIV에, 일부는 말라리아에 걸렸으며, 일부는 둘 다 걸리지 않은 상태였다. 그러나 그들의 직접 사인은 안전하지 않은 낙태로 인한 합병증이었다. 낙태에 대한 법적 규제가 해당 지역에서 시행되는 낙태 건수를 줄인 게 아니라, 낙태가 필요한 여성이 뒷골목의 돌팔이든 자해든 가능한 수단을 무엇이든 사용하도록 내몰았기에(Henshaw et al., 1999), 이 여성과 소녀를 실제로 죽인 것은 반낙태법이었다. 이런 일이 예측 가능하면서도 믿기 어려울 정도로 기이한 이유에 대해서는 "도구"와 "사랑" 장에서 더 자세히 다룬다.

3장 지각

1. Rumi 1270/1927: 영어로 루미 작품의 음성율(prosody)을 제대로 전달하기는 아마 불가능할 것이다. 루미가 작업한 페르시아의 시적 전통은 말하거나 읽는 것만큼이나 노래로 표현됐기에, 원작의 운율(meter)은 청취자의 미적 경험과 의미 생성 둘 다에 깊이 체득됐다. 그럼에도 인간의 지각에 대해 깊이 생각한 사람으로서, 루미가 여기서 제 역할을 할 것이라고 생각했다.

2. Berry, 2020.

3. Carvalho et al., 2021; Benton et al., 2022: 큰 유실수들이 소행성 충돌 이후에야 등장했다는 뜻은 아니다. 실제로, 속씨식물은 백악기 후기 동안 침엽수나 다른 종류의 나무들과 섞였다(Jud et al., 2018). 오히려, 사람이 보통 숲 천장이라고 하면 떠올리는, 그리고 특히 영장류의 진화를 생각할 때 떠올리는 유실수로 된 숲 천장의 대규모 확산은 나중에 일어난 일이다. 일반적으로 숲뿐 아니라 모든 유실수를 포함한 속씨식물은 중기 백악기에 출현하며, 변화하는 생태계에 잘 적응하지 못한 포유류에게 스트레스를 줘, 몸집이 작은 식충 포유류에게 유리하게 작용했을 수 있다(Grossnickle and Polly, 2013).

4. Chester et al., 2015.

5. Van Valen and Sloan, 1965; Clemens, 2004.

6. Wilson Mantilla et al., 2021.

7. Chester et al., 2015.

8. 아니면 적어도, 뒷발의 균형과 안정화 기능이 앞발로 자유롭게 다른 필요한 일을 할 수 있게 했다는 점을 강조한다(Patel et al., 2015). 이 형질은 나무에 사는 다른 포유류보다 영장류와 관련된 내용이 훨씬 더 많이 알려졌지만, 다른 수목성 포유류에도 분명히 존재한다. 특히 과일을 많이 먹는 동물, 예를 들어 킨카주너구리 같은 동물은 유난히 솜씨가 좋고 잡는 능력이 뛰어난 손을 가졌다(McCleam, 1992).

9. Sussman, 1991; Rasmussen, 1990; Sussman et al., 2013; Benton et al., 2022.

10. 아마도 푸르기 자체는 기본적으로 플레시아다피포름이었겠지만, 이 주제에 대해서는 여전히 상당한 논쟁이 있다(Clemens, 2004). 이 점은 우리의 관심사와 그다지 중요한 관련성은 없으며, 푸르기를 여러 이브와 마찬가지로 우리 영장류 감각 장치 모음의 이브의 전형이라고 이해하면 된다.

11. Sussman et al., 2013.

12. Benton et al., 2022.

13. Podos and Cohn-Haft, 2019: 이상하게도, 이 소리는 암컷과 가까운 거리에서 났고, 암컷은 소리의 충격을 피하기 위해 다른 나뭇가지로 옮겨 앉았다(Ibid).

14. Dunn et al., 2015: 큰 소리를 내는 원숭이일수록 고환이 작다는 점도 알아 두자(Ibid).

15. Coleman, 2009: 그러나 사회적 특성 자체가 청력계에 압력으로 작용할 수 있으며, 특히 나중의 영장류와 같이 점점 더 사회적으로 변한 종에서는 더욱 그렇다(Ramsier et al., 2012 참조). 푸르기나 다른 원시적 영장류를 닮은 이브가 얼마나 사회적이었는지 실제로 알 수 없으므로, 정확히 언제부터 사회성이 영향 요인으로 부상했는지는 파악하기 어렵다.

16. Mitani and Stuht, 1998: 이 모델은 논란의 여지가 있지만, 가청 범위가 적절히 평가된 포유류를 모두 살펴볼 때, 영장류는 일반적 곡선 아래쪽에 속한다(Heffner, 2004). 일반적으로, 소형 영장류는 (근거리 소통에 적합한) 더 높은 음을 듣고, (지상에서 상당한 시간을 보내는) 대형 영장류는 고음에 대한 민감성을 일부 잃어버린다(Coleman, 2009). 그러나 고대 오스트랄로피테쿠스의 가청 범위는 사바나 생활이 일반적이던 시절 인간과 유사한 (저음 하한은 침팬지와 같지만, 고음 청력은 더 나은) 음역대로 뚜렷이 전환됐으며, 이런 변화는 사회적 의사소통과 생태적 변화 둘 다에 적응한 결과로 추정된다(Quam et al., 2015).

17. 가청 영역의 경험 외에, 엄마가 인식하지 못하는 초음파 영역의 아기 울음소리도 엄마의 가슴에 산소를 공급할 혈류량을 바꾼다. 초음파 영역의 소리가 제외되면 이런 일이 일어나지 않는다(Doi et al., 2019). 그러나 이런 효과가 나타나려면 엄마가 가청 영역의 소리를 들어야 하며, 단순히 들을 수 없는 초음파로 자극을 주는 것으로는 같은 효과를 유발할 수 없다(Ibid).

18. Pearson et al., 1995.

19. Messina et al., 2015: 그러나 아기 울음소리에 반응하는 것은 모든 포유류가 하는 일이다. 심지어 사슴도 인간을 포함해 다른 종의 새끼 울음소리에 반응한다고 알려졌다(Lingle et al., 2014). 그러므로 인간 종의 수컷이 아기 울음소리에 덜 반응한다 해도, 새끼를 돌보는 데 필요한 포유류의 복잡한 신경 연결 전체를 잃어버린 것은 아니다.

20. Parsons et al., 2012.

21. Gordon-Salant, 2005.

22. Ibid.

23. Dubno et al., 1984.

24. 이와 같은 추정들이 종종 그렇듯, 실험 결과로 점점 설 자리를 잃는다. 최근 연구에서는 동일하게 위험한 수준의 소음에 노출됐을 때, 남성 피험자가 청력 손실을 겪은 경우가 더 많았다(Wang et al., 2021). 그러므로 남성이 여성보다 착암기를 더 쓰면, 이로 인해 청력을 잃을 위험도 유의하게 더 크다. 나는 밴드에서 여성 드러머를 기용해야 할 이유가 하나 더 생겼다고 생각했다.

25. 이 게임의 사운드트랙은 환상적이다. 그리고 게임 회사인 베데스다는 좋기로 유명하다. 보스턴(폴아웃의 배경_옮긴이)은 탐리엘(베데스다가 내놓은 게임_옮긴이)보다는 조금 덜 흥미로운 곳이라고 하자.

26. 달팽이관 증폭기의 '약화'는 포유류 전체에 존재하는 것으로 보인다. 부분적으로는 태내 안드로겐 노출로 인한 것으로 추정한다(McFadden, 2009).

27. Ibid.

28. Gillam et al., 2008.

29. van Hemmen et al., 2017.

30. McFadden et al., 2011.

31. McFadden et al., 1996.

32. McFadden, 2009.

33. Williams et al., 2000.

34. 안타깝게도, 성적 지향을 과학적으로 이해하려는 시도에서도 남성의 퀴어성에 대해 과잉 남성성(hypermasculine) 모델보다 여성화(feminized) 모델을 선호하는 편향이 나타난다(Gorman, 1994).

35. Firestein, 2001.

36. Cain, 1982.

37. Rosen et al., 2022: 이상하게도 이 냄새는 수컷의 통증도 덜 주지만, 이것이 그저 일반적 스트레스 반응인지 아니면 고유한 효과인지는 명확하지 않다. 임신한 설치류

어미들은 주위의 수컷을 맹렬히 공격한다. 아마 부분적으로 수컷을 새끼 살해자로 인식하기 때문일 것이다.

38. Roberts et al., 2012.

39. Barton, 2004.

40. Yoder, 2014; Gilad et al., 2004.

41. Trotier et al., 2000: 그러나 태아 발달단계에서는 이 부위의 역할이 남을 것이다. 이는 초기 발달단계의 근본 구조는 그대로 둔 채 후기 발달단계에서 혁신이 일어난다는 진화의 규칙을 보여 주는 또 하나의 사례다(Smith et al., 2014).

42. Saxton et al., 2008.

43. Savic and Berglund, 2010.

44. Wyart et al., 2007: 이것은 안드로스타디에논으로 땀, 그리고 인간과 돼지의 고환에서 자연적으로 생성되는 사향과 유사한 화합물이다. 중요한 점은 모든 인간의 코가 이 냄새를 맡을 수는 없어서(Keller et al., 2007), 이 물질에 대한 후각 연구를 인간 피험자를 대상으로 진행하는 데는 자연적으로 한계가 있다.

45. Savic et al., 2005: 그러나 PET(양전자방출단층촬영)를 쓴 한 연구에 따르면, 스웨덴 레즈비언은 시상하부 전방보다는 후각 네트워크에서 AND를 처리하는 것으로 보인다(Berglund et al., 2006).

46. Sargeant et al., 2007: 중요한 것은, 피험자가 정기적인 목욕과 디오더런트 사용이 규범으로 자리 잡은 영국 문화 출신이었으며, 복잡한 겨드랑이 냄새는 몸과 문제의 겨드랑이 마이크로바이옴 둘 다에 의해 생성된다는 점을 고려하면(Bawdon et al., 2015), 개인의 지속적인 위생 습관이 시간이 지남에 따라 체취의 종류에 영향을 미칠 수 있으며, 식습관과 다른 여러 가지 요인도 영향을 미칠 것이다. 즉, 영국의 이성애 여성이 게이에게 더 매력을 느끼는 이유는 어떤 독특한 생리학적 차이 때문이 아니라, 게이의 생활 습관이 겨드랑이에서 만드는 체취를 선호하는 것일 수도 있다. 적어도 이 연구에 참여한 게이 9명의 생활 습관에서는 그럴 수 있다. 쾌락은 복잡한 영역이다.

47. Berglund et al., 2008: 이 여성은 자신을 동성애자로 분류하지 않았으며, 연구에 참여하기 전에 성결정 수술을 받은 적이 없었다. 2014년 네덜란드에서 성 정체성 장애로 진단받은 미성년자(아이와 청소년)을 대상으로 한 연구에서도 비슷한 결과가 나타났는데, 성전환 경험을 의학적 장애나 정신질환과 동일시해서는 안 된다.

48. Miller et al., 2008.

49. Lobmaier et al., 2018.

50. Ibid., 2018; Roberts et al., 2008.

51. Gelstein et al., 2011: 또한 남성은 자가 보고에서도, 성적인 자극 환경에서 촬영한 fMRI 모두에서 성적 흥분도가 눈에 띄게 떨어졌다.

52. Roberts et al., 2008; Lobmaier et al., 2018: 이런 경향을 부채질한 가장 유명한 연구는 대상자의 MHC(주조직적합복합체)를 살펴보고, 면역학적으로 적합한 짝을 선택하는 데 후각이 도움이 되는지를 조사한 1995년 스위스 연구다(Wedekind et al., 1995). 피임약을 복용하지 않은 여성은 표면적으로 더 적합해 보이는 남성이 디오더런트나 비누 없이 이틀 동안 착용한 티셔츠를 덜 적합한 남성이 착용한 셔츠보다 선호했으며, 피임약을 복용한 여성에게서는 이러한 선호가 나타나지 않았다.

53. Cain, 1982; Sorokowski et al., 2019; Cherry and Baum, 2020; Oliveira-Pinto et al., 2014.

54. Kass et al., 2017; Doty and Cameron, 2009: 다른 종은 무슨 냄새가 나는지 보고할 수 없기에, 기전 연구에서 일부 진전이 있었어도 이런 연구는 대부분 행동 연구다. 예를 들어, 쥐는 암컷이 후각망울로 더 많은 신호를 전달하는 것으로 보인다(Kass et al., 2017). 한 가지 가능한 원인은 성선택이다. 많은 포유류에서 수컷의 냄새 표시는 암컷의 것보다 더 복잡한데(Blaustein, 1981), 이런 냄새의 복잡한 특징을 잘 식별하는 암컷은 유리해질 것이다. 이것은 전에 언급했듯이, 특히 암컷 태반 동물에게 결정적으로 중요한, 독소를 피하는 능력이 가져다주는 생존 혜택을 뛰어넘는 이점이다.

55. Holton et al., 2014: 이 형질은 사춘기 즈음에만 시작되며, 아이의 코는 성별에 관계없이 대략 크기가 같다(Ibid). 남성의 큰 코는 일반적으로 큰 얼굴(및 체격)과는 별개이며, 사춘기 이후의 값비싼 근육량과 관련이 있다고 생각된다. 여러 면에서 코는 우리 감각 장치 모음의 일부이자 폐의 연장이라고 이해해야 한다. 성인 남성의 폐도 평균적으로 약간 더 크다. 호흡에 대해서는 "목소리" 장에서 더 다룬다.

56. Kass et al., 2017.

57. Doty and Cameron, 2009.

58. 아니면 냄새를 알아챘다는 사실에 의식적으로 더 집중했기 때문일 수도 있다. 임신 중 여성의 후각이 민감해진다는 일관된 증거는 많지 않지만(사실, 임신 제3삼분기에는 코가 막혀 냄새 맡기가 어려워질 가능성이 있다), 특정 냄새에 강한 혐오감을 느끼거나, 여러 가지 냄새를 불쾌하게 받아들이고, 임신 내내, 특히 임신 제1삼분기 동안 냄새에 감정으로 강하게 반응하는 현상에 대한 일화적이거나 과학적인 증거는 풍부하다(Cameron, 2014).

59. Oliveira-Pinto et al., 2014.

60. 그러나 이런 생각에 대한 과학적 근거는 여전히 논쟁적이다(Cameron, 2014). 후각 상실이 임신 중 메스꺼움 증상 감소와 관련이 있어 보이지만 (Heinrichs, 2002), 이 분

야에서는 더 많은 연구가 필요하다. 보다 분명하게는, 임산부의 몸에서는 후각 단서에 대한 감정 반응이 강화되는 것으로 보이므로(Cameron, 2014), 임신, 메스꺼움, 후각 사이의 연결고리는 비강이 아니라 뇌 자체에 존재하는 것일 수 있다(Ibid).

61. Barton, 2004.

62. Heesy, 2009.

63. Barton, 2004.

64. Heesy, 2009.

65. 그리고 이러한 일주기 체계에서는 다양한 성별 차이가 발견될 수도 있다(Yan and Silver, 2016).

66. Segers and Depoortere, 2021; Hoyle et al., 2017; Santhi et al., 2016.

67. Fernandez et al., 2020.

68. 어쩌면 고환은 난소와 달리 일주기 리듬의 영향을 덜 받기 때문일 수 있다(Kenaway et al., 2012).

69. 야행성이 포유류의 이색형 색각을 유도한다는 개념은 주로 월스에게서 시작됐다 (Walls, 1942). 이 발상은 그 후 복잡해졌다. 예를 들어, 주간 시력으로 완전히 바뀐 것인지, 아니면 황혼과 새벽, 때로는 보름달과 같이 희미한 빛이 강조되는 것인지에 대해서는 일부 논란이 있다(Melin et al., 2013). 또한 이색형 색각이 포유류의 기본 상태였는지, 아니면 야행성으로의 변화가 이러한 전환을 주도했는지도 불분명하다 (Jacobs, 1993).

70. Hunt et al., 1998.

71. Hiramatsu et al., 2009.

72. Osorio and Vorobyev, 1996; Caine et al., 2010: 희미한 빛에서 이색형 색각을 가진 동물의 이점은 곤충을 찾는 데도 적용되는 반면(Melin et al., 2007), 밝은 조건에서 과일을 찾는 데는 별 의미가 없다(Vogel et al., 2007). 이는 그 종이 놓인 환경에 따라 과일을 먹는 식성뿐 아니라 일반적 먹이 활동 시간의 변화가 서로 다른 시력을 가지는 집단 구성원에게 다양한 이점으로 작용할 수 있다는 뜻일 수 있다. 동물원에서 보이듯이, 이색형 색각을 가진 동물이 단지 같은 양의 먹이를 찾기 위해 더 오랜 시간을 소비하는 것일 수도 있다(Ibid).

73. 청각 연구에서는 이것은 종종 '저녁 만찬 파티 문제(dinner party problem)'라고 부른다. 하지만 이것은 단순히 하나의 소음을 다른 소음보다 높이는 문제가 아니다. 주의가 옮겨감에 따라 다른 감각계들 역시 서로 영향을 미친다. 예를 들어, 시각 정보에 집중하면 달팽이관의 반응이 저하된다. 포유류는 정말로 필요에 따라 "소리를 무시한다(tune out)"(Delano et al., 2007; Marcenaro et al., 2021).

74. Zokaei et al., 2019.

75. Heisz et al., 2013; Sammaknejad et al., 2017.

76. Jordan et al., 2010.

77. Ibid.

4장 다리

1. Thoreau, 1862.

2. Lemire, 2009: 질파 화이트(Zilpah White)는 연못가 숲속의 소로(Thoreau)의 콩밭 근처에 살았던 전직 노예였다. 많은 전직 노예들이 자신들을 노예로 삼았던 집에 머무르며 크게 다르지 않은 일상을 살았지만, 질파는 법적으로 자유를 얻자 자기 힘으로 독립했다. 그러나 연못가의 흙은 사질토였고, 작물이 잘 자라지 않았다. 그리고 1813년에는 누군가 질파의 작은 집을 불태워 버려 집을 새로 지어야 했다. 그녀는 팔순이 넘도록 빗자루를 만들어 팔며 연못가에 살았지만 돈을 많이 벌지는 못했다(Ibid). 소로의 엄마와 그 밖의 사람(허디의 《어머니, 그리고 다른 사람(Mothers and Others)》을 연상시킴)이 어떻게 매사추세츠의 작은 연못에서 그의 특별한 철학적 유랑을 가능하게 했는지에 대해 많은 분석이 있었다. 그중 일부는 긍정적이었고(Solnit, 2013; Shultz, 2015), 일부는 그렇지 않았다. 하지만 여기에서 여성과 전직 노예들의 보이지 않는 노동에 더 관심을 기울여야 할까? 거짓말은? 광적인 인종차별은? (직접 읽어 보라.) 아니, 나는 소로의 철학에서 가장 흥미로운 부분은 '야생(the Wild)'이 남성의 다리, 계속 걸어가 결국 영원히 서쪽으로 나아가는 미국의 행보를 만든 다리에 속한다는 발상이라고 생각한다. 이 장에서 다룰 내용이지만, 인류의 위대한 여정에 대한 실제 이야기는 아마도 북쪽으로 그리고 바깥쪽으로, 그리고 상당 부분 여성의 지구력 있는 다리로 이뤄졌다.

3. "엿 같은 곳에 오신 것을 환영합니다(welcome to the suck)"라는 표현은 샘 멘데스(Sam Mendes)의 2005년 영화 〈자헤드(Jarhead)〉의 마케팅 캠페인을 통해 가장 잘 알려졌을 것이다. 군대 전반에 걸쳐 다양한 버전의 엿 같다는 표현을 썼지만, 내가 들은 내용과 읽은 자료들은 이 표현이 대부분 21세기 초 이라크 전쟁 초기에 뿌리를 뒀다고 생각한다(비록 '자헤드'의 저자는 1990년대 걸프전 당시 사우디아라비아와 쿠웨이트에서 복무한 해군이었지만, 이 표현을 썼다). 캐스린 비글로(Kathryn Bigelow)의 〈허트 로커(Hurt Locker)〉 각본을 쓴 마크 보알(Mark Boal)은 2004년 이라크에서 종군기자로 활동하면서 "엿 같다"는 표현을 써 전투의 일상적 현실을 묘사했는데, 아마도 주위 병사로부터 이 표현을 들었을 것이다. 육군 레인저 스쿨에 대한 일반적 내부

시각과 그것이 옛 같은 상황과 어떻게 일치하는지에 대해서는 록의 글을 참조(Lock, 2004).

4. Spencer, 2016.

5. 덧붙이자면 시스젠더 여성이다. 그리스트 대위에 대한 묘사는 여러 언론 인터뷰 그리고 대위 자신의 공개적인 발언에 근거하며 대부분 온라인에서 찾아볼 수 있는 내용이다. 특히, 〈뉴욕 타임스〉, 〈CBS 뉴스〉, 〈워싱턴 포스트〉, 〈아미 타임스〉, 군인과의 사적인 인터뷰, 그리고 육군 내 성 통합 문제에 대한 국회 보고서 등에 크게 의존했다(예를 들어, Oppel and Cooper, 2015; Kamarck, 2016; CBS News, 2015; Tan, 2016). 더 최근의 뉴스에서 그리스트 대위는 2021년에 한 기명 논평을 통해 군대에 더 많은 여성을 포함하기 위한 기준 변경 제안을 거부했다. 이로 인해 온라인에서 끝없는 괴롭힘을 받았으며, '내면화된 성차별'을 행사했다는 비난을 받았다(Lamothe, 2021). 하지만 그리스트에게 그러한 기준 변화는 자신의 성취를 깎아내리는 일일뿐만 아니라 전투부대의 전투준비 상태를 위협하는 일이었다(Griest, 2021). 내면화된 성차별 개념에 대해서는 "사랑" 장을 참조하되, 나는 그리스트 대위가 현재 기준 유지를 요구한 일이 성차별에 동참하는 일이라고 생각하지는 않는다.

6. Fleagle, 2003.

7. Senut et al., 2009.

8. Sepulchre et al., 2006; Pik, 2011; Wichura et al., 2015.

9. 최신 연구 결과에 따르면 우리는 보노보와 98.7퍼센트, 침팬지와 96퍼센트의 유전체를 공유한다. 하지만, 중복, 삽입, 삭제와 같은 문제를 고려할 때, 스미소니언과 같은 대부분의 전문가는 우리가 둘 다와 99퍼센트의 유전자를 공유한다고 말한다(Prüfer et al., 2012; Waterson et al., 2005; Mao et al., 2021).

10. Hunt, 2015.

11. Lovejoy et al., 2009: 아르디의 발견에 대해 많은 논문이 거의 동시에 쏟아져 나왔으며, 그중 일부는 참고 문헌에서 찾아볼 수 있다.

12. Latimer, 2005.

13. 걸음걸이 역학과 원시 호미닌에 대한 최근 문헌, 즉 골반과 하지 화석, 그리고 살아 있는 현대 인류를 대상으로 한 해부학적 실험을 통해 우리가 아는 것과 알 수 있는 것을 훌륭하게 정리한 글이 필요하면 워레너의 논문을 참조(Warrener, 2017).

14. Maradit Kremers et al., 2015: 여성은 고관절 치환술도 더 많이 받는다. 노화가 이러한 관절 수술의 독립적 위험 요인이기는 하지만, 여성의 고관절 치환술은 무릎 수술보다 나이와 더 관계가 깊다(즉, 나이 든 사람이 고관절 치환술을 더 많이 받고, 나이 든 사람은 여성인 경우가 많지만, 젊은 나이에도 여성은 남성보다 무릎 치료나 치환

수술을 더 많이 받는다).

15. 릴랙신 수치가 정상 범위를 벗어나면 조산에 영향을 미칠 수 있다(Weiss and Goldsmith, 2005).

16. 이는 과소평가된 표현이다. 릴랙신 유사체는 물고기에게서도 발견되며, 릴랙신 유사 펩타이드는 동물계에서 매우 오래 전부터 있었다고 이해해야 한다. 여러 유용한 분자와 마찬가지로, 태반 동물의 재생산에서 릴랙신의 대략적인 역할은 기존 체계의 목적을 재설정하는 것으로 보인다. 예를 들어, 이제 마모셋 원숭이의 임신 초기에 릴랙신의 역할이 알려졌지만, 그중 중요한 부분은 새로운 혈관의 성장일 수 있다(Goldsmith et al., 2004).

17. Whitcome et al., 2007.

18. 물론 이는 단순화된 설명이며, 여기에는 몇 가지 복잡한 시스템이 작용한다. 하지만 핵심 개념은 근육을 통해 전달되는 하중이 평생 동안 뼈 성장에 직접적인 영향을 미친다는 것, 그리고 골격을 그것과 상호작용하는 근육계와 완전히 독립적인 구조로 생각하려는 시도는 근본적으로 잘못됐다는 것이다(Tagliaferri, 2015). 하지만 남녀의 뼈가 약간 다르게 구축되는 것도 사실이다. 일반적으로 남성 뼈는 안쪽을 더 두껍게, 바깥층을 더 얇게 만들지만, 여성 뼈는 바깥층을 더 두껍게, 안쪽을 더 얇게 만들어 더 가늘어진다. 이로 인해 폐경 후 바깥층이 얇아지면 골절에 특히 취약해진다. 노화하는 근골격계에 대해 알려진 내용들을 잘 개괄한 논문은 노보트니를 참조(Novotny et al., 2015).

19. Round et al., 1999: 호르몬을 이용한 성별 재지정 치료가 트랜스 남성의 근육에 미치는 효과에 대한 최근 연구는 반 카네겜의 논문을 참조(Van Caenegem et al., 2015).

20. O'Neill et al., 2017.

21. Ronto, 2021.

22. Maher et al., 2009; Maher et al., 2010.

23. Cerling et al., 2010; Cerling et al., 2011; Louchart et al., 2009; White et al., 2009; White et al., 2010; WoldeGabriel et al., 2009.

24. 이 분야에서는 이미 잘 알려진 내용이지만, 나는 데이비드 필빔(David Pilbeam)의 오래된 비유가 가장 설득력 있는 비판을 제기한다고 생각한다. 우리의 민첩한 손이 바이올린을 연주하기 위해 진화한 게 아니듯이, 우리의 이족 보행에 따르는 사냥 능력은 아마도 나중에 추가된 것으로 보인다. 이족 보행 자체는 이런 점에서 본질적으로 '전적응적(preadaptive)'이다. 즉, 처음에는 식물 중심의 먹이 행동과 관련된 방식으로 진화했을 가능성이 높으며, 나중에야 달리기나 사냥과 같은 일에 활용됐다(Pilbeam, 1978).

25. 리버맨은 이 이론의 가장 적극적인 지지자로, 장거리달리기(endurance running)의 진화에 대한 그의 주장은 특히 설득력이 있다(Bramble and Lieberman, 2004). 대중적 도서로는 크리스토퍼 맥두걸이 2009년에 출간한《본 투 런(Born to Run)》이 주목을 받았는데, 이 책은 장거리 달리기와 이족 보행에 대한 진화 이론을 강조하면서 그가 찾은 현대의 이야기를 곁들인다. 또한 땀이 특별히 필요했는지에 대해서 리버맨은 호미닌의 운동 이동 능력과 냉각 시스템이 별개로 진화해 나중에 결합됐다는 이론을 제안한다(달리기 능력 그리고 달리는 동안 땀을 흘려 식히는 능력)(Lieberman, 2015).

26. 이는 현존하는 유인원, 특히 침팬지 사이에서 흔히 알려진 행동이다. 그러나 자블론스키(Jablonski)는 이족 보행의 '과시' 이론을 흥미롭게 바꾼다. 경쟁적인 환경에서 정기적인 위협 과시(두 다리로 서서 가슴을 부풀려 위협적으로 보이기)와 정기적인 회유는 원시 호미닌에 성공적인 전략이었을 수 있다. 간단히 말해, 이는 실제 전쟁과 엄포 사이의 차이를 뜻한다. 하나는 생명을, 다른 하나는 자존심을 대가로 치러야 한다(Jablonski and Chaplin, 1993).

27. White et al., 2015: 러브조이 박사가 미주에서 명시적으로 언급한 몇 안 되는 과학자라는 게 이상하게 느껴질 수 있다. 이 장들에 깔린 과학자의 방대한 작업을 고려하여, 나는 특정 연구실의 영웅적인 이야기를 전하는 대신, 아이디어가 스스로 드러나게 하겠다고 의도적으로 결정했다(과학은 본질적으로 협력적인 과정이며, 많은 과학 저술가들은 영웅들을 지명하려는 욕구 때문에 그 과정을 지우는 죄를 범한다). 하지만 러브조이 박사의 연구가 이 분야에 매우 중요하고, 나는 그와 의견이 다르거나 적어도 원시 영장류의 일부일체가 이족 보행과 연결됐을 가능성이 낮다고 부드럽게 지적하기에(이것이 아르디피테쿠스에 대한 그의 연구의 핵심은 아니지만, 그의 연구가 이런 행동적 해석에 의지하므로), 그의 이름을 직접 언급하는 게 더 존중을 표하는 방법이라고 생각했다. 대부분 일부일체인 영장류 사회를 만드는 것의 어려움에 대한, 훨씬 덜 가부장적인 형태의 추가 증거는 "사랑" 장을 참조하기 바란다.

28. 털이 없어진 시기에 대한 가장 설득력 있는 주장은 머릿니와 몸니가 분화된 시기인 대략 19만 년 전으로 추정되며, 인간이 아닌 이브는 상당히 털이 많고 더러운 상태로 남았다고 말할 수 있다(Reed, 2007; Toups et al., 2011).

29. Gomes and Boesch, 2009.

30. Carvalho et al., 2012.

31. 피로에 대한 저항력은 우리의 원시 이브가 침팬지 같은 몸을 가지고 항상 걸어 다닐 수 있는 데 중요한 역할을 했다. 하지만 지구력이 필요한 활동은 걷기만이 아니었다. 예를 들어, 하루 종일 구근을 파내는 일 역시 피로에 대한 저항력과 충분한 지구력을

만드는 전반적 대사기능이 필요한 활동이며, 현존하는 인간의 수많은 식량 조달 행동도 우리 종의 독특한 지구력에 의존하는 일이다(Kraft et al., 2021).

32. Lemmon, 2015.

33. Perhonen et al., 2001.

34. Fitts et al., 2001.

35. Semmler et al., 1999; Sayers and Clark\-son, 2001.

36. 흥미롭게도, 최근 미국 해군의 보고서에서도 의도치 않게 이런 현상의 증거를 찾아냈다. 성별이 통합된 부대에서, 여성 병사는 근골격계 부상률이 더 높았다(40.5퍼센트 대 18.8퍼센트). 그러나 부상으로 훈련에 참여하지 못할 가능성이 더 높았는데도 부상을 입은 남성보다 훈련에 빠진 기간이 더 짧았다. 다시 말해 부상은 더 많지만 회복 속도가 빨랐다(USAMEDCOM, 2020). 그러나 결국에는 일반적으로 훈련에 참여할 가능성은 남성의 경우 98.4퍼센트, 여성의 경우 96.8퍼센트로 비슷하게 나타나, 전반적인 준비 상태에는 별 차이가 없었다. 남녀 모두 대부분의 부상은 하중을 견디는 활동과 관련이 있었다(Ibid).

37. Tan, 2015: 공수레인저훈련여단(Airborne and Rangr Training Brigade)의 지휘관 데이비드 파이브코트(David Fivecoat) 대령의 말을 인용했다.

38. DVIDS, 2015; Oppel and Cooper, 2015.

39. DVIDS, 2015: 실제로, 그리스트 대위와 다른 여성과 함께 과정을 완료한 레인저들의 이야기가 두 가지 있다. 둘 다 너무 지쳐 더 이상 하중을 견디지 못하는 남성 레인저로부터 여성이 무거운 짐을 받아갔으며, 다른 남성 훈련생들은 그렇게 하지 못했다고 보고한다. 이 이야기는 DVIDS 2015년 비디오에서 직접 들을 수 있으며, 13분 6초부터 시작된다.

40. Lemmon, 2021: 쿠르드인 여성과 전쟁 상황에 대한 개괄을 살펴보려면 산키의 저서를 참조하기 바란다(Sankey, 2018). 저자는 미국 공군 전쟁대학(U.S. Air Force Air War College)에서 연구하는 학자다. 이 두 권의 책은 쿠르드인에 대해 알아야 할 모든 것을 알려 주지는 않으며, 특히 산키의 저서는 마르크스주의가 PKK(쿠르드 노동당_편집자)의 부상에 미친 영향을 상당히 빠르게 언급하고 넘어간다. 하지만 쿠르드인의 이야기를 이해하는 데 발을 담그고 싶으면 레하나 이야기에 대한 균형 있는 시각을 살펴볼 수 있다. 젠더를 어떻게 다뤄야 하는지는 터키와 쿠르드인 사이의 매우 중요한 갈등 요소다. PKK가 부상하는 데 젠더가 어떻게 얽혀 들어갔는지에 대한 더 깊은 분석을 살펴보려면 아식의 글을 참조하기 바란다(Açik, 2013).

41. Rakusen et al., 2014; Silverman, 2015: 레하나와 관련해서는 방대한 트위터 역사가 있다. 여기에는 레하나 이야기 그리고 사진 속의 여성을 만난 스웨덴 기자 칼 드롯

(Carl Drott)이 그녀가 100명의 ISIS를 죽이지도 않았으며, 심지어 저격수도 아니라고 확신하는 내용이 담긴 Silverman의 트위터 스레드도 포함됐다. 나 역시 이 여성의 행방을 찾을 수 없었다. 그녀가 어딘가에서 편안하게 잘 살기를, 아빠와 달리 살해당하지 않았기를 간절히 바란다.

한편, 인용 작업과 관련해, 하필 이 책이 교정 단계로 넘어가는 동안에 일론 머스크 (Elon Musk)가 트위터 매입을 막 마무리 지었기에, 나는 트위터 직접 인용을 주저하고 가능한 한 2차 자료원에 의존했다. 이 작은 소셜 미디어 회사가 만든 공개 기록이 어떻게 될지는 나도 알 수 없으며, 이것은 나만의 걱정이 아니다. 미국 의회 도서관조차 이런 변화를 따라잡느라 애를 먹는다(Stokol-Walker, 2022).

42. Pellerin, 2015.

43. 미국 해군의 혼성 그룹은 특히 도전적인 인지 과제를 뚜렷이 더 잘했다(MCCDC, 2015).

44. Morralet al., 2015: 성별을 통합해 기본 훈련을 실시하는 것이 군 전체에서 이러한 문제를 줄이는 데 특히 유익할 수 있다는 이유를 잘 제시한 주장을 보려면 루세로의 글을 참조하기 바란다(Lucero, 2018).

5장 도구

1. 번역은 다양하다. 데이비드 코박스(David Kovacs)의 번역처럼 "세 번 방패를 들고 서겠다"로 이해하는 편이 적절할 것 같다. 한 번이라도 더 출산하는 것보다 [명백히 고대 그리스 최전선의 밀집 전투(tight battle)를 뜻하는] 전쟁에 나가겠다는 뜻이다. 에우리피데스에게 산후 우울증에 대한 예측이 있었거나 우리 이브의 고통에 대해 깊은 직관적 지식이 있었다고 생각하고 싶지만, 이보다는 그의 주인공인 여성이 그리스 관객들이 같은 무대의 다른 희곡에서 볼 수 있는 전형적인 영웅 못지않게 영웅적임을(또는 적어도 대등한 위험을 겪었다고) 호소하는 구절이라고 생각한다. 메데이아 역시 외국 땅에서 억압받고 멸시받는 여성이다. 카운티 컬렌(Countee Cullen)이 1935년에 그녀에 대해 쓴 것처럼, 그녀가 죽은 아들을 전차에 싣고 데려가는 행위는 이아손에게서 기쁨을 빼앗는 일일뿐 아니라 두 모자를 '구원하는' 일이다. 메데이아는 이렇게 말한다. "나는 내 아이가 내가 아닌 타인의 손에 죽도록 놔두지 않을 거예요." "적의 손이 그 작은 뼈를 파헤쳐 더럽힐 수 없는 곳에 내 손으로 묻어 줄 거예요." (Cullen, 1935, 54, 61). 그래서 메데이아는 신들에게 받은 전차를 타고 떠나고, 나중에는 신이 내린 광기에 자기 아내와 아들을 살해한 헤라클레스를 치유한다. 그리스 신화에서는 아들 살해가 많이 일어난다. 그냥 많다.

2. Finn et al., 2009.

3. Rutz et al., 2018.

4. 분명, 하빌리스의 식단은 호모에렉투스의 식단보다 다양하지 않았을 것이다. 이는 딱딱한 것에서부터 부드러운 것까지 훨씬 폭넓은 먹이 전략을 취했음을 뜻한다. 그들의 이동 능력이 향상되고 기회주의적 잡식성이 일반화됐다는 점을 시사한다(Ungar and Sponheimer, 2011).

5. Harmand et al., 2015.

6. Pruetz et al., 2015.

7. Leakey et al., 1964: 하빌리스가 호모 속에 속하는지, 오스트랄로피테쿠스인지, 그것도 아니면 자체적인 속인지는 논쟁이 진행 중임을 알아 두자(Wood, 2014). 하빌리스를 대표 종으로 택한 이유는 이 논쟁을 지우려는 의도가 아니라, 리키 그리고 인간 산부인과 기원에 필요한 모든 요소를 갖춘 이브가 되기로 결정한 하빌리스와 에렉투스의 명백한 선택에 경의를 표하기 위해서다.

8. Brochu et al., 2010; Arriaza et al., 2021.

9. 공동 양육이 인간 진화에 미친 영향을 다룬 세라 허디(Sarah Hrdy)의 연구가 과학적 이해에 미친 영향은 과대평가하기 어렵다. 허디의 2009년 저서《어머니, 그리고 다른 사람(Mothers and Others)》은 아마도 가장 유명하고 쉽게 읽히는 책일 것이다. 아직 읽지 않았다면 시간을 들여 읽길 권한다. 사실, 내가 이브의 임신과 출산 후 회복에 초점을 맞추는 이유 중 하나는 이 부분이 지금까지 소홀히 다뤄졌고 우리 종의 진화에 명백한 영향을 미치기 때문이다. 그러나 이미 허디가 출산 후 회복 기간 이후에 일어나는 일을 훌륭하게 논의했기에 나는 그저 허디를 열렬히 지지하는 데 시간을 들인 것뿐이다.

10. 트레바탄은 분만의 딜레마(그리고 포괄적으로는 이족 보행) 때문에 산파 문화가 시작됐다고 제안한다(그리고 그렇게 도움을 받아 출산하는 일이 기본적인 호미닌 행동이 됐을 뿐 아니라 출산을 둘러싼 복잡한 규칙을 지켜야 하는 의무가 됐고, 그렇게 호미닌 사회에는 여성의 몸을 둘러싼 암묵적 권력 구조의 무대가 됐다). 이것은 아주 흥미로운 주장이지만, 주로 진통과 분만 중의 조산 행위에 초점을 맞추며, 분만 전후에 일어나는 대부분의 일을 간과한다(Trevathan, 1996). 좋은 산부인과 의사라면 누구나 분만하는 순간의 일이 앞서 받은 산전 관리에 의해 주로 결정되며, 출산에서 생길 수 있는 수많은 문제에도 대비해야 하지만, 완벽하게 정상적인 출산조차 출산 후 며칠 동안은 여전히 위험하다고 말할 것이다.

11. 대부분의 추정에 따르면 좁은 출산 통로 문제는 루시의 털북숭이 시절부터 이미 존재했지만, 적어도 루시의 아기는 밖으로 나오기 위해 인간만큼 많이 회전할 필요는 없었다(Rosenberg, 1992; DeSilva et al., 2017; Laudicina et al., 2019). 한편 네안데르

탈인은 거의 우리만큼 어려운 출산을 겪었지만, 이들의 출산 기전은 우리보다 조금 더 원시적이었다(Weaver and Ruhlin, 2009). 침습적인 태반이 문제가 된 시기는 추정하기가 더 어렵지만, 대뇌화(자라는 뇌는 배가 고프므로) 또는 기후 불안정성(척박한 곳에서는 뚱뚱한 아기가 유리함)과 관련이 있을 수 있으며, 두 가지 모두 루시와 그녀의 동료 오스트랄로피테쿠스 이후 어느 시점부터 시작해 호모의 시대에 절정에 달하는 길고 폭발적인 역사를 가진다(Potts, 2012). 기후와 우리의 거대한 머리에 대한 자세한 내용은 "뇌" 장을 참조하면 된다.

12. 이것은 자명한 진술이다. 하지만 나는 모성 사망이 다양한 유형의 영장류에 나타나는 독특한 문제라는 점도 지적하고 싶다. 모성 사망이 일찍 일어나면 이 암컷의 새끼가 가임 연령에 이르기 전에 죽을 가능성이 더 높아진다. 새끼가 생존해 자기 자손을 낳는다 하더라도, 새끼가(죽음 어미의 손주) 재생산이 가능한 성인기까지 생존할 가능성이 낮다(Zipple et al., 2020). 즉, 영장류의 번식 모델은 어미에게 너무 크게 의존해서, 어미가 불구가 되거나 죽으면 다른 종의 경우보다 진화적 적합성에 더 큰 영향을 미친다. 이것은 명백히 미친 듯한 인간의 재생산 체계를 더 어렵게 만든다. 행동적 혁신으로 이러한 문제를 해결하지 않으면 우리의 재생산 체계는 망가질 것이다.

13. 이 암컷을 깎아내릴 생각은 없지만, 이들은 호주의 오래된 건천 바닥 근처의 사질토에 굴 파기를 특히 좋아하며, 심지어 특정 나무의 뻗어 가는 뿌리 뭉치에 굴을 판다(Queensland Government, 2021). 거의 찾기 힘든 단 한 가지 유형의 사람하고만 데이트하는 사람을 만난 적이 있는가? 데이트가 얼마나 성가신 일인지 불평하면서, 아마도 1980년대부터 여러 가지 풍선껌 포장지를 조심스레 다려 비닐에 수집하는 사람은? 이 사람은 정말로 누군가와 데이트하고 싶은 게 아니다. 이 사람이 사실상 북방털코웜뱃이다.

14. Hargest, 2020; Milne, 1907.

15. 고대 인류의 모성 사망률은 어땠을까? 상황을 엿볼 기회가 조금 있지만, 사정이 복잡하다. 예를 들어, 어떤 선사시대 인류는 현대적 의료 서비스가 없어도 출산 중 사망률이 낮지만(3퍼센트 미만), 범위가 너무 좁아 검증하기 어렵다. 왜냐면 임신 중 사망이나 산후 기간에 걸친 사망은 고려하지 않기 때문이다(Lahdenpera et al., 2011). 하지만 더 중요한 점은, (이 연구에 등장하는 핀란드와 캐나다 인구든, 아니면 세계 다른 곳에서 연구된 수렵-채집 공동체든) '전근대' 인구조차 이 책에서 말하는 산과술을 가졌다는 사실이다. 그들에게는 조산사가 있었고 여성의 재생산에 대한 지식이 공유됐다. 그들에게는 여성의 생식능력과 관련된 오랜 의술과 약리학이 있었다. 그리고 "사랑" 장에서 논의하겠지만, 그들에게는 또한 여성의 생식능력과 관련된 여타 행동 중재 방법이 있었다. (성차별의 진화적 혜택의 일부로) 여성의 임신이나 출산

시기와 관련된 문화적 규칙이 확립됐다. 그러므로 그 3퍼센트는 산과술이 준비됐을 때 어떤 이득을 얻을 수 있는지 보여 주는 숫자다. 호미닌 계열이 등장하던 시기에 사망률과 합병증 발생률이 어떠했는지는 알기 어렵지만, 오스트랄로피테쿠스 무리에서 산과술이 일부 시작됐다면, 하빌리스에 이르렀을 때는 분명히 잘 진행됐을 것이며, 훨씬 나중에 호모사피엔스에 이르렀을 때는 우리 종의 기본적인 사회적 행동적 특징의 일부로 간주됐을 것이다.

16. Witunan and Wall, 2007: 최근에는 예전의 산과적 딜레마가 지금보다 더 다양했다고 주장하는 사람이 생겼는데, 이는 농업과 관련된 일일 수 있다(이제 우리에게는 음식이 충분하므로 아기가 더 커졌다)(Wells et al., 2012). 하지만 직접적인 산도 폐쇄로 인한 문제가 다양할 수는 있어도, 그것이 심장마비, 뇌졸중, 출혈, 신장 손상, 간부전 및 지속적인 대사 문제 등을 포함해 우리 종의 폭넓은 재생산 문제의 일부라는 사실을 없던 일로 만들 수는 없다(Haeusler et al., 2021). 명백히 끔찍한 우리의 임신은 깊이 침투하는 태반에서 비롯됐다(Abrams and Rutherford, 2011).

17. Elder et al., 1931; Hirata et al., 2011.

18. Dunsworth et al., 2012: 서버는 인간의 최대 대사 부하를 계산하기 위해 인간의 임신과 수유를 북극 트레킹과 같은 '극단적인 대사 활동'과 함께 분류한다(Thurber et al., 2019). 이것은 설득력 있는 논문이다. 또한 인간 여성이 울트라 마라톤을 왜 그렇게 잘하는지에 대해 흥미로운 관점을 제시한다.

19. Ding et al., 2013.

20. Pan et al., 2014.

21. 새끼를 죽이는 것은 암컷뿐만이 아니다. 다른 침팬지가 볼 수 있는 장소에서 새끼를 낳으면 그곳의 수컷도 새끼를 낚아채어 잡아먹을 수 있다(Nishie and Nakamura, 2018).

22. Goodall, 1986, 1977, 2010; Pusey et al., 2008.

23. Pusey and Schroepfer-Walker, 2013.

24. Douglas, 2014.

25. Demuru et al., 2018.

26. Prum, 2017: 청둥오리가 미국 교외, 호수, 연못, 작은 강에서 흔히 볼 수 있는 종이기에 청둥오리에 대한 이야기가 가장 많지만, 사실 이렇게 행동하는 오리 종류는 많다. 미국인의 입장에서 청둥오리가 강간을 일삼는다는 사실은 이웃에 성범죄자가 얼마나 많이 사는지 확인하기 위해 미국 성범죄자 명부를 검색하는 것과 비슷한 느낌이다. 원하면 해봐도 좋지만 기분이 좋지는 않을 것이라고 경고한다 www.nsopw.gov.

27. Hosken et al., 2019.

28. 이런 행동은 일반적으로 몰이(herding)라고 불리는데, 이는 호주의 목축견을 떠올리게 하는 표현이지만, 실제로 일어나는 일은 강간에 확연히 더 가깝다(Smuts and Smuts, 1993; Connor et al., 1992; Connor et al., 2022). 직접 관찰하기가 어려우므로 돌고래의 성적 강제 행위는 이빨 자국과 같은 흔적을 통해 사후에 추론된다(Scott et al., 2005). 한편, 암컷 돌고래의 질은 강제적인 성행위에 대응하는 방법을 진화시킨 것으로 보인다. 강간의 역사가 뚜렷한 다른 종에게서도 흔히 나타나는 현상이다(Orbach, 2017).

29. Bruce, 1959: 새끼 살해와 브루스 효과를 이해하는 좋은 틀이 필요하면 지플리트의 연구를 참고하라(Zipple et al., 2019). 이 연구는 두 현상을 '수컷 매개 선천적 손실(male-mediated prenatal loss)'이라는 범주 아래 놓는다.

30. Mahady and Wolff, 2002; de Catanzaro et al., 2021; Yoles-Frenkel et al., 2022.

31. Bartos et al., 2011.

32. Bertram, 1977.

33. Roberts et al., 2012.

34. Ibid.

35. Bartos et al., 2011.

36. Bowling and Touchberry, 1990.

37. Holmes et al., 1996.

38. 에티오피아의 한 연구에서는 훨씬 높은 비율(17퍼센트)을 보고했지만, 이는 강간과 이후의 임신 즈음에 성적 사건이 몇 번 있었는지와 같은 요소를 통제하지 않은 고등학생의 무기명 자가 보고 설문 조사를 이용했기 때문일 수도 있다(Mulugeta et al., 1998).

39. 즉, 강간을 당했다고 해서 합의에 의한 성관계를 했을 때보다 임신 확률이 낮아지거나, 반대로 더 높아지지는 않는다(더 길게 다룬 논문은 Fessler, 2003).

40. Kenny and Kell, 2018: 최소 12개월 동안 파트너와 함께 살면서 준 정기적으로 성관계를 가지면 전자간증의 위험도 낮아진다(Di Mascio et al., 2020).

41. Qu et al., 2017.

42. 콩고민주공화국에서는 매 시간 28명의 여성이 강간당한다는 사실을 고려하면 이는 자연스러운 결론이며(Peterman et al., 2011), 여성 난민은 일반 인구보다 성폭력의 희생자가 될 가능성이 훨씬 높다(Hynes와 Lopes Cardozo, 2000). 이런 위험은 난민 인구에 속한 남성과 아이에게도 해당되지만, 성인 남성의 경우는 훨씬 위험이 적다(Ibid).

43. Huffman, 1997; Fruth et al., 2014.

44. Huffman, 1997; Huffman et al., 1997.

45. Huffman, 1997.

46. Wasserman et al., 2012.

47. Potts and Teague, 2010.

48. Berna et al., 2012.

49. de la Torre, 2016.

50. Shaffer, 1981: 정의상, 지리적 팽창과 이로 인한 창시자 효과(founder effect)를 견딘 모든 종은 새로운 영역 중 적어도 일부에서 어떻게든 MVP에 도달한 것이며, 그 효과의 강도는 현재 인구에서 유전적 다양성의 손실을 검토함으로써 최근성과 속도 측면에서 파악할 수 있다(Peter and Slatkin, 2015). 주로 원시인류의 아프리카 밖 이주 모델을 뒷받침하는 데 이런 모형을 쓴다(Ramachandranet al., 2005).

51. March of Dimes, 2017: 실제로 임신 당사자는 소수의 임신만을 인지하고, 주치의는 그만큼도 모르기에 이 비율은 여전히 확실치 않다. 착상이 확인된 임신을 계산하면 유산율은 30퍼센트 근처인 듯하다(Hertz-Picciotto and Samuels, 1988). 또한 '임신'은 자궁에 성공적으로 착상한 후에야 시작되는 게 사실이다. 수정된 배아는 이미 발달이 시작된 상태지만 아직 임신 상태가 아니다. 인간 골반을 잠시 거쳐 가는 수정란을 모두 계산하면 유산율은 훨씬 더 높아질 것이다.

52. Wilcox et al., 2001.

53. Smith, 2014.

54. Amos and Hoffman, 2010.

55. Lee et al., 2021.

56. Schantz-Dunn and Nour, 2009.

57. Ibid.; Fried and Duffy, 2017.

6장 뇌

1. Jackson, 1959/2006: 잭슨의 여러 작품들처럼, 이 책은 일관되게 잭슨 시대의 여성의 상황에 대해 다룬다. 당신의 생각이 다를 수 있지만, 대단히 많은 사람들과 논쟁해야 할 것이다. 미국은 제정신이 아니었지만, 그녀에게는 집이라는 공간이 있었다. 참고로 잭슨은 책의 영화 판권을 판 돈으로 커튼, 피아노, 세탁기를 샀다고 한다(Franklin, 2016). 저자에게도 가정성(domesticity)이 계속됐다.

2. 영리한 호미닌 이브의 모습을 묘사한 부분은 피식자였던 초기 호미닌의 모습과 뇌를 먹는 그 지역 육식동물의 습성에 대한 연구(Brain, 1981; Hart와 Sussman, 2005;

Arriatzaet al., 2021), 그리고 스미소니언의 릭 포츠(Rick Potts)를 포함한 여러 과학자와의 대화에 크게 의존한다. 브레인의 연구는 특히 고양잇과 동물이 오스트랄로피테쿠스의 두개골에 남긴 구멍에 초점을 맞췄지만, 후속 연구는 하이에나도 같은 행동을 보인다는 사실을 다뤘다(Arriatzaet al., 2021). 물론, 고대 호미닌 역시 이미 죽은 동물의 머리를 장거리 운반해 집에서 뇌를 깨뜨려 나눠 먹는 행동을 했다(Ferraroet al., 2013). 달리기와 사냥 능력을 고려하면 에렉투스 같은 후기 호미닌이 오스트랄로피테쿠스만큼 자주 사냥에 성공했는지는 불분명하다. 우리의 이브가 지역의 먹이망에서 지배적 위치를 차지했기에 점점 더 큰 뇌를 가졌다는 생각은 나로서는 받아들이기 어렵다. 또한, 육즙이 풍부한 호미닌 뇌가 포식자에게 얼마나 매력적인지에 주목하는 것도 유용해 보인다. 뇌는 당분이 풍부하고, 혈액과 지방이 가득하며, 만들기도 유지하기도 비용이 많이 들었다. 큰 뇌가 든(그리고 오랜 기간의 뇌 성장을 지원하고 불규칙한 식량 공급을 완충할 수 있을 만큼 지방조직이 풍부한) 호미닌의 몸은 여기에 이빨을 박아 넣는 포식자에게도 보상이 됐을 것이다.

3. Ruffet al., 1997: 특히 좌측에서 더 두드러지는 것 같다. 이는 유인원 계통의 일반적 경향으로, 후기 호미닌 이브는 전체적인 유인원 뇌의 극단적 예가 될 수 있다(Smaerset al., 2011; Smaerset al., 2017). 현대인의 행동과 신비롭게 결부된 인간형의 둥근 뇌는 약 10만 년에서 3만 5,000년 전이 돼서야 진화했지만(Neubaueret al., 2018), 두개골의 일부 특징은 뇌 자체의 내부 구조와 별개로 진화할 수 있어서 내부 형태를 해석하기가 더 어려울 수 있다(Alatorre Warren, 2019). 그러나 호미닌 계통 전체에서 대뇌화가 급격히 진행됐다는 것은 아주 분명하다.

4. 얼마나 비용이 드냐고? 현대인의 몸은 안정 시 대사율의 약 20~25퍼센트를 뇌 활동에 할애한다(Leonardet al., 2003).

5. Premachandran et al., 2020.

6. Trivers, 1972; Byrnes et al., 1999; Apicella et al., 2017; Campbell et al., 2021.

7. Goldsteinet al., 2001; Satoet al., 2004; Dartet al., 2013: 그러나 최근 30년간의 성적이형성(암수의 외형 및 크기 차이_옮긴이)에 대한 연구를 분석한 엘리엇의 메타 분석 결과에 따르면, 안드로겐 수용체 밀도는 성적이형성을 나타내는 방식으로 차이가 나지만, 인간의 성별 차이를 가장 일관되게 보여 주는 특징은 대개 신체 크기와 관련됐다(Eliot et al., 2021).

8. Yokota et al., 2017.

9. Kessler et al., 2012.

10. Eliot et al., 2021: 실제로, 양성의 일반적 인지 기능은 놀랍도록 유사해서 어떤 사람은 이를 '젠더 유사성 가설'이라고 부르기도 한다. 그 뜻은 이 장에서 살핀다(Hyde,

2005).

11. Pontzer et al., 2016.

12. 지적 탁월함이 남성의 것이라고 생각하는 것은 어른이든 아이든 비슷해 보인다 (Storageet al., 2020).

13. Lynn and Kanazawa, 2011; Ellis et al., 2013.

14. McCall, 1977; Dearyet al., 2007; Strenze, 2007; Griffithset al., 2007: 그러나 소득과 달리 성인기의 재산은 IQ와 무관하다는 점을 유의하자. 수많은 총명한 사람도 돈을 많이 저축하지 못하며, 여전히 부모의 부가 자녀의 성인기 부를 가장 잘 예측하는 요인이다(Zagorsky, 2007). 또한, 이렇게 짧은 미주 목록에서 우생학자로 알려진 사람을 배제할 때의 어려움도 알아 두자. 예를 들어, 나는 생식능력과 관련해 자주 인용되는 리처드 린(Richard Lynn)의 연구를 의도적으로 배제했다. (나 개인적으로는 이런 발상이 명백히 잘못됐다고 생각해도) 정치적인 이유 때문이 아니라, 다른 연구자의 후속 연구와 분석을 통해 이런 연구의 데이터 해석과 분석 틀에 문제가 많다는 사실이 밝혀졌기 때문이다(Rojahn and Naglieri, 2006; Savage-McGlynn, 2012). IQ와 생식능력을 다룬 린의 연구를 과학적으로 비판한 연구를 살펴보려면 니콜라스 매킨토시의 검토 논문을 참조하기 바란다(Mackintosh, 2007). 20세기에는 생식능력과 IQ 사이에 연관성이 있을 수 있지만, 일반적 사회경제적 영향이나 여성이 특정 나이에 출산할 가능성에 영향을 미치는 다른 복잡한 요소와 쉽게 분리할 수 없다.

15. Segal, 2000; Deary et al., 2009; Lee et al., 2010.

16. Deary et al., 2009; Lee et al., 2010; Panizzon et al., 2014; Lean et al., 2018.

17. Dickens and Flynn, 2006.

18. 이런 생각은 여러 번 다뤄졌다. 이 책에서 IQ 논란에 깊이 빠져들 생각은 없지만, 지난 반세기 동안 흑인 미국인 집단의 평균 IQ가 백인 미국인에 비해 유의하게 상승했으며, 이것은 집단 간 차이가 오직 유전적 요인 때문만은 아니라는 뜻이다(Dickens and Flynn, 2006). 인간 지능을 연구하는 과학자는 누구나 IQ가 순전히 유전이나 양육에 의해 결정되지 않으며 두 가지가 모두 영향을 미친다고 생각한다. 예를 들어, 이상하게도 성인기의 IQ는 초기 영아기에 비해 유전 가능성이 더 높아 보이지만 아주 늙은 나이가 되면 이런 경향이 다시 낮아진다. 이는 최근까지 대부분의 사람이 노년기까지 생존하지 못했기 때문일 수도, 인간 노화를 주도하는 복잡한 요인이 전적으로 유전적이지 않기 때문일 수도, 노화에 인지기능 저하가 동반되기 때문일 수도 있다(Lee et al., 2010).

19. Deary et al., 2003; Johnson et al., 2008.

20. Deary et al., 2003; Johnson et al., 2008.

21. Halpern et al., 2007.

22. Maguireet al., 1999: 이런 현상을 수학 분야에서 달리 표현하자면, 남녀 응시자는 특정 종류의 수학 문제를 상이한 전략으로 다루며, 특정 전략에만 보상을 주는 문제에서 점수 차이가 더 쉽게 나타날 수 있다(Spelke, 2005).

23. Tarampiet al., 2016: 더 중요한 것은, 이러한 삽입이 여성에게 더 유리한 사회적 과제라고 표현되기도 해서, 참가자의 검사 결과 고정관념 위협으로 작용할 수 있다는 사실이다(Ibid).

24. 이는 직관에 반하는 결과인데, 부분적으로 IQ 검사가 개발에서 젠더 중립적인 점수를 도출할 가능성이 더 높은 질문을 선택하고 젠더 편향이 강한 질문은 폐기함으로써 젠더 중립적 결과를 내도록 설계됐기 때문이다(Halpernet al., 2005). 그러므로 우리가 어떻게 오늘날과 같은 데이터들을 얻었는지는 다소 불분명하다. 대답은 생각보다 간단할지도 모른다. 뇌에 미묘한 성별 차이가 있어서 자연스레 특정 인지 과제에 대해 상이한 전략을 만들고 현재의 IQ 검사 문항에서는 특정 전략이 더 보상을 받으면? 예를 들어, 도형 회전 과제와 이런 성별 차이를 뒷받침하는 기전이 무엇인지에 대해 생각할 때, 많은 연구가 성별 간에 백질과 회백질 비율이 다른 두정엽을 지목한다. 한 연구에서는 심지어 동성 집단 내에서도 이러한 비율이 도형 회전 과제 실행과 뚜렷이 연관됐다(Kosciket al., 2009). 하지만 저자가 지적하듯이 이것은 전략과 효율성의 문제일 가능성이 높다. 아마도 남성은 상상의 공간에서 물체를 통째로 돌리는 반면, 여성(또는 여성일 가능성이 높은 두정엽 구조가 여성형인 사람)은 물체를 조각으로 나눠 돌리는 전략을 쓸 수 있다. 후자는 덜 효율적인 전략이지만, 시간이 충분히 주어지면 반드시 덜 정확하지는 않다(Ibid.; 시간 대 전략을 자세히 다룬 논문은 Peters, 2005; Halpernet al., 2007; Voyer, 2011). 그러면 이것은 전반적 지능의 기본적 차이일까, 아니면 성별들 간에 동일한 기능의 작은 결함일까? 그리고 커트 보니컷의 해리슨 버거론(Harrison Bergeron)을 위한 검사(비범한 사람의 재능과 외모를 깎아내려 평등한 사회를 구축하려는 디스토피아에 대한 소설《해리슨 버거론》의 내용_옮긴이)라는 비난을 피하면서도 성별들 사이의 이러한 특이점을 허용하려면 IQ 검사를 어떻게 설계해야 할까?

25. Hirnstein et al., 2023; Halpern and LaMay, 2000.

26. Adams and Simmons, 2019; Pargulski와 Reynolds, 2017: 그러나 여기에서 말하는 효과 크기는 특히 IQ 검사에서 작다는 점, 그리고 전국 글짓기 평가(national writing assessments)와 같이 성별 차이를 통제하지 않은 검사에서만 유의하게 나타난다는 점을 반드시 기억하자(Reillyet al., 2019).

27. Halpern and LaMay, 2000: 이는 이런 단답식 수학 문제가 정확히 어떻게 제시되는지

에 따라 다를 수 있다. 머릿속으로 도형을 회전시켜 해답을 도출하는 유형의 문제는 그 후 얼마나 많은 글쓰기가 필요하든 남성형에 유리할 수 있다. 그러나 이런 문제를 통틀어 구체적인 글쓰기 기술이 응시자의 성적에 반영되는 경우에는 남학생의 점수가 조금 더 낮다.

28. Spelke, 2005.

29. 애리조나대 학부생을 대상으로 한 2007년의 한 연구에서는 남녀 모두 하루 평균 1만 6,000단어를 말하는 것으로 나타났다. 그러나 남성의 경우 하루에 말한 단어 수가 500단어에 불과한 남성부터 (친구들에게는 억울한 일이겠지만) 4만 7,000단어를 말한 남성까지 편차가 컸다(Mehl et al., 2007).

30. Kendall and Tannen, 1997: 더 중요한 것은, 일반적으로 여성이 과학 학술회의에서도 발언을 덜하지만, 이는 여성이 남성보다 긴 발표 순서를 덜 신청하기 때문일 수도 있다는 사실이다. 둘 다 발표 순서를 배정받을 가능성이 같다(Jones et al., 2014).

31. 이것은 지난 40년 동안 이 분야의 연구에서 잘 알려지고 재현된 결과다. 하지만 이는 남성의 끼어들기와 같은 강좌 구조와 관련이 있을 수 있다. 남성의 목소리는 여성의 목소리에 비해 강의실 공간을 대략 1.6배 차지함에도 남성은 손을 들지 않고 말하는 경우도 더 잦은 게 사실이다(Lee and McCabe, 2021).

32. Cutler and Scott, 1990.

33. Eriksson et al., 2012: 아주 흥미롭게도, 4세 소년은 좌반구 피질의 FOXP2 단백질 수치도 또래 소녀보다 낮은 것으로 보인다. 그러나 이러한 연구가 언제나 그렇듯, 더 큰 집단을 대상으로 한 연구가 필요하다(Bowers et al., 2013).

34. Hirnstein et al., 2023.

35. Spelke, 2005.

36. Peterson, 2018.

37. Weiner, 2007: 와이너는 미국, 캐나다, 영국의 닐슨 북스캔 조사(Nielsen Bookscan survey)를 인용한다.

38. Scheiber et al., 2015: 글쓰기는 다른 유형의 언어 기술만큼 자주 시험을 치르지 않으므로 이 격차는 다른 언어능력 격차만큼 근거가 충분하지 않다. 그러나 더 주목받아야 할 차이다(Reilly et al., 2019).

39. 지난 20년 동안 전 세계의 교육에 진보가 있었지만, 자국어로 텍스트를 읽을 수 있는 능력을 뜻하는 문해력은 전 세계적으로 86퍼센트를 유지한다(UNESCO, 2014). 너무 낮아 보이면 40년 전에는 68퍼센트였다는 점을 고려하자. 이것 역시 적당해 보일 수 있지만, 1800년대 초에는 성인 인구의 약 12퍼센트만이 글을 읽고 쓸 줄 알고, 19세기 내내 그 비율이 겨우 9퍼센트 향상됐다는 점을 고려하면 달리 보일 것이다

(UNESCO, 1953; UNESCO, 1957). 문해력이 높은 사회였다고 간주되는 고대 로마조차 글을 아는 사람의 비율은 10퍼센트를 넘지 않았고, 대부분이 도시에 모여 있었다(Harris, 1991). 인류는 어디서든, 언제든, 읽기를 즐겨 해본 적이 없다. 이렇게 긴 책의 미주에서 하기에는 이상한 이야기지만 여전히 사실이다.

40. Rutter et al., 2004; Quinn and Wagner, 2015.

41. Quinn and Wagner, 2015.

42. Reilly et al., 2013.

43. Baxter et al., 2014: 그러나 전 세계 데이터에서는 사회의 성평등이 개선되면서 남녀의 우울증 유병률 격차가 줄어드는 것으로 보인다. 이런 변화는 여성의 젠더 역할과 관련된 스트레스 감소와 피임 접근성 향상이 둘 다 반영된 결과일 수 있다. 후자는 그 자체로 호르몬 주기를 조절하고, 산후 우울증 위험을 줄임으로써 우울증 감소 효과를 나타낼 수 있다(Seedat et al., 2009).

44. Eaton et al., 2012.

45. Soares and Zitek, 2008.

46. Rasgon et al., 2003.

47. Cyranowski et al., 2000.

48. Terlizzi and Norris, 2021.

49. Aleman et al., 2003.

50. NIDA, 2020: 사실 여성도 물질 남용 장애가 생길 가능성이 있지만, 남성은 약물 및 알코올 사용과 의존의 비율이 훨씬 높다(Ibid).

51. 여성은 나이가 들어서 진단받을 가능성이 높지만, 진단과 치료 결과는 남녀가 대략 같다(Mathes et al., 2019).

52. Arnold, 2003.

53. Krysinska et al., 2017.

54. 물론 이런 내용은 모두 자가 보고에 의존하기에 측정하기가 매우 까다롭다. 누군가 강력한 사회적 지지망을 가진다고 말할 때는 실제로 사람의 지지를 받는다는 뜻과 그 사람이 지지를 느낀다는 뜻이 모두 포함된다. 우울증이나 자살 위험이 있는 환자는 타인이 자신에게 가지는 긍정적인 의견을 인지하는 데 서투르다고 알려졌다. 그럼에도 가족 구성원이든, 중요한 타인이든 전화를 걸 친구가 없다는 것은 사실이다. 여성은 일반적으로 사회적 지지감을 더 높게, 이러한 집단에 참여하는 사람의 수를 더 많이 보고한다. 나이가 들수록 이것은 오래 살 가능성과도 강하게 연관됐다(Shye et al., 1995).

55. Dehara et al., 2021: 슬프게도, 아이 보호 서비스(Child Protective Services)에 아이를

맡긴 엄마는 그렇지 않다(Wall-Wieleret al., 2018). 임산부와 산후 여성의 경우, 여전히 사회적 지원이 부족한 여성은 자살을 시도할 가능성이 다른 엄마보다 더 높았다. 학대 경험은 사회적 지원의 문제보다 훨씬 더 강력한 자살 사고의 위험 요소다(Reidet al., 2022).

56. Machin and Dunbar, 2013.

57. 여성 환자가 더 잘 회복한다는 쪽으로 임상적 견해가 기울고, 실험실에서도 암컷 설치류가 대부분의 지표에서 더 나은 결과를 보인다는 근거가 압도적이어도, 외상성 뇌 손상의 성별 차이에 대해 분석한 소수의 학술 논문에서는 이상하게도 여성의 경과가 조금 더 나쁜 것처럼 보인다(Farace and Alves, 2000). 이런 역설에는 몇 가지 다른 요인이 작용할 가능성이 있다. 첫째, 성별 차이를 적절히 제시하고 분석한 출판 논문이 너무 부족할 수 있다. 2000년 한 메타분석에서는 8개의 연구만이 쓰였다(Ibid). 둘째, 현대 여성은 과거보다 생리 주기를 더 많이 경험하므로, 매달 프로게스테론 농도가 정점을 찍고 내려온다.

58. 이는 특히 중증 외상성 뇌 손상(TBI)에서 일어나는 일임을 기억하자. 경증 또는 중등증 TBI의 경우에는 여성 환자의 임상 경과가 더 불량해 보인다(Gupte et al., 2019). 그러므로 임상적 예측과 환자의 경과 사이에는 약간의 간극이 존재하며, 이것은 아마도 여성의 뇌진탕후 증후군이 남성 환자와 다르게 발현되기 (그리고 더 오래 지속될 가능성이 높기) 때문일 것이다. 경증 TBI 사례에서 이러한 차이가 생기는 핵심 원인 하나는 중증 TBI에서 나타나는 광범위한 부종과 세포 사멸이 아니라, 뇌 손상 부위와 주변에 있는 축삭의 국소적 반응일 것이다. 그리고 이런 반응은 지금은 성별 차이가 있다고 알려진 손상 전의 뇌 구조에 의해 영향을 받을 수 있다(Dolle et al., 2018).

59. 이것은 특히 중증 TBI 사례에서 일어나는 현상이며, 쥐와 인간 모두에서 보인다. 동물 모델에서 보이는 성별 차이와 인간에 대한 임상 보고 사이의 관련성은 메타분석에서 조금 더 분명하게 나타난다. 중증 TBI에서 가장 뚜렷하게 보인다(Caplanet al., 2017).

60. O'Connor et al., 2005.

61. 지난 10년간 완료된 두 가지 임상 시험에서는 엇갈리는 결과가 나왔다(Skolnicket al., 2014; Wrightet al., 2014). 프로게스테론 투여 시기와 방법에 따라 결과가 달라질 수 있다. 손상 직후에 프로게스테론을 투여하고 후속 투여가 없으면 도움이 되지 않는 듯하고, 뇌졸중 위험이 약간 높아질 수 있다(Wrightet al., 2014). 프로게스테론을 신속하게 투여하고 후속 투여가 없는 경우 프로게스테론 금단 현상이 발생할 수 있고, 이는 생리 중인 여성에서 나타나듯이 기분 불안정을 포함해 뇌에 여러 가지 나

쁜 영향을 미칠 수 있다. 실제로, 프로게스테론 농도가 자연스레 높아지다가 갑자기 낮아지는 황체기에 TBI를 겪는 여성은 피임약을 복용하는 여성(프로게스테론이 일 관되게 높음)과 다른 주기에 있는 여성보다 임상 경과가 더 나쁘다(Wunderl et al., 2014). 얄궂게도 생리 중인 여성과 소녀는 황체기에 부상을 겪을 가능성이 더 높다. 이는 관절이 더 느슨해지기 때문일 수 있으며, 여성 환자의 임상 데이터가 더 나쁜 이 유일 수 있다(Wunderl et al., 2014). 요약하면, 프로게스테론은 중증 TBI 치료에 도 움이 될 수도 있지만, 투여 시기, 용량, 기간이 중요하며, 결국 여성의 뇌보다는 남성 의 뇌에 더 도움이 될 수 있다.

62. Sohrabji, 2007: 이는 부상 후 농촌이나 전장과 같이 병원 밖에서 환자를 안정시켜야 할 때 특히 중요할 수 있다. 늘 그렇듯 여성의 생존율이 남성보다 높다(Mayer et al., 2021).

63. Roof and Hall, 2000; Sayeed and Stein, 2009: 이런 연구의 교란 요인과 엇갈리는 결 과를 전반적으로 살피는 탄탄한 검토 논문이 필요하면 캐플런의 논문을 참조하기 바 란다(Caplan et al., 2017). 미세아교세포는 특히 프로게스테론의 영향에서 중요한 역할을 할 수도 있다. 중증 TBI의 경우 사춘기 이후의 소녀와 여성의 생존율이 남성 이나 사춘기 이전의 소녀보다 높다는 사실을 생각하면 성호르몬의 영향을 묵살할 수 는 없다(Ibid). 그러나 부상이 발생하는 연령이 단지 호르몬 상태만을 나타내는 것은 아니다. 캐플런 같은 저자는 호르몬의 영향을 확인하기 위해 사춘기 전후의 소아 집 단을 관찰하는 경향이 있다. 하지만 발달 과정에 있는 뇌는 부상에 대한 반응도 조금 다르다는 사실도 호르몬의 영향 못지않게 중요하며, 독립적인 교란 요인일 가능성이 있다(Arambula, 2019).

64. Turkstra et al., 2020; Rigon et al., 2016: 여성은 의료와 재활 치료를 더 적극적으로 찾 는다고도 알려졌다(Chan et al., 2016).

65. Gillies et al., 2014.

66. 여러 가지 화석 기록이 있지만, 가장 명백한 사례는 히포포타무스 고르곱스(Hippo-potamus gorgops)로, 현대 하마의 거의 2배 크기의 거대한 짐승이다. 흥미롭게도, 이 고대 하마와 고대 호모닌의 이브는 약 190만 년 전 습도가 높아지고 더 큰 호수와 강 이 생겨 사하라 사막을 건널 수 있었던 비슷한 시기에 이주했다(Zhang et al., 2014; van der Made et al., 2017). 하지만 오늘날의 하마가 사람을 얼마나 많이 죽이는지 생 각하면, 두 종이 친구였을 가능성은 낮다(van der Made et al., 2017). 사실 에렉투스 도 가능할 때에는 하마를 도축하는 습관이 있었다(Hill, 1983; Lepre et al., 2011) 이 하 마는 지금 우리가 동물원에서 감탄하며 보호하는 사랑스러운 아기 하마와는 크게 다 르다.

67. 기후변화 때문만은 아니었지만 그들의 멸종 원인은 주로 먹이였다. 그 지역의 풀이 한정적이었기에 유제류와의 경쟁도 중요했을 것이다(Cerlinget al., 2013). 이 종의 마지막 생존 구성원이자 우리가 "도구" 장에서 만난 겔라다원숭이는 그렇게 크지 않으며, 에티오피아 고원에는 경쟁해야 할 고대의 원시 영양도 적다. 또한, 케냐의 올로르게사일리에서 도살된 어린 개체들이 대량 발견된 점을 고려하면 우리의 이브 에렉투스도 그들의 멸종에 기여했을 수 있다(Shipmanet al., 1981). 오늘날의 침팬지가 기회가 있을 때 다른 영장류를 사냥하듯, 에렉투스가 현지 풀을 먹는 개코원숭이 무리 가운데 취약한 개체를 사냥했을 수도 있다. 더 큰 뇌 덕분에 우리의 이브가 현지 먹이 그물에서 우위를 차지했을 리 없다는 뜻이 아니라, 사냥 자체가 주요 원인이었을 가능성은 낮아 보인다는 이야기다.

68. 이 부분은 포츠의 변동성 선택(variability selection) 연구에 크게 의존한다. 특히 2015년 그와 페이스의 논문을 참조하기 바란다(Potts and Faith, 2015).

69. DeSilva and Lesnik, 2006.

70. Ibid.

71. Goddings et al., 2019.

72. Fausto-Sterlinget al., 2012: 중요한 것은, 여기서는 주로 생후 4개월경의 초기 영아기를 말한다. 성별에 따른 운동 기술 차이는 이후 사라지듯 하다가 12개월 후에 다시 나타나는데, 여기에는 아이의 몸 자체뿐 아니라 성별에 따라 다르게 기대되는 놀이 양상과의 상호작용이 영향을 미쳤을 수 있다(Ibid).

73. Blencoweet al., 2012: 불행히도 조산아가 남아인 경우, 더 무겁게 태어나 더 유리할 듯한데 예후가 더 좋지 않은 경향이 있다(Peacocket al., 2012).

74. 이 분야는 광범위하며, 자폐 스펙트럼이라는 명칭은 근본적인 기전이 다양한 여러 가지 장애를 표현하는 것일 가능성이 크다. 하지만 자폐증과 시냅스 가지치기를 구체적으로 연결한 탄탄한 논문을 보려면 탕의 논문을 추천한다(Tang et al., 2014).

75. 이들이 호모사피엔스보다 약 3년 일찍 성인기에 접어들었음을 나타내는 연구가 있으며(Smithet al., 2010), 또 다른 연구는 2세 때 젖 이외의 먹이를 더 잘 먹을 수 있었을 가능성을 제시한다(Mahoneyet al., 2021). 유인원의 발달 양상으로 볼 때, 네안데르탈인의 어린 시절은 평균적인 침팬지와 평균적인 인간 사이 어디쯤에 위치한다.

76. Goddings et al., 2019.

77. Chavarria et al., 2014; Genc et al., 2023.

78. De Bellis et al., 2001; Neufang et al., 2008.

79. Piantadosi and Kidd, 2016.

80. Hoekzema et al., 2017; Hoekzema et al., 2022.

81. Barba-Müller et al., 2019.

82. Hoekzema et al., 2017; Barba-Müller et al., 2019.

83. Watson, 2001.

84. Koss and Gunner, 2018; Wadsworth et al., 2019.

85. Miller et al., 2007; Koss and Gunnar, 2018; Wadsworth et al., 2019.

86. Mrazek et al., 2011; Berger and Sarnyai, 2015.

87. Johns et al., 2005.

88. Eisenberger and Lieber\-man, 2004.

89. Sellers et al., 2003.

90. Wadsworth et al., 2019.

91. Ibid.

92. Eisenberger and Lieberman, 2003.

93. Ibid.

94. Fish et al., 2020.

95. Oliveira-Pinto et al., 2014.

96. Johannsen et al., 2006.

97. Dinkle and Snyder, 2020.

98. Ibid.

7장 목소리

1. Kapuscinski, 2001: 나는 이 사람의 많은 글을 좋아한다. 그러나 '아프리카인'에 대한 그의 생각은 별로 좋아하지 않는다.

2. Solnit, 2001.

3. 이 사고에 대한 묘사는 2001년 버몬트주와 뉴욕주 북부의 원격의료에 관한 보고서를 바탕으로 작성되었다(Rogers et al., 2001).

4. Everett, 2017: 최근의 더 논쟁적인 논문에서는 말하는 능력과 관련해 자주 언급되는 해부학적 제약들 가운데 호미닌 계통만의 고유한 특징은 없다고 결론지으면서 언어의 시작을 2,000만 년 이상으로 앞당긴다(Boe et al., 2019). 다른 이들은 촘스키의 이론에 기반한 견해를 고수하면서 인간이 특별하다는 생각을 견지하려 하며, 이는 우리 종이 등장한 이후, 그러나 상징적 행동이 강하게 나타나기 전인 약 20만 년 전이다.

5. Lieberman, 2007.

6. Barney et al., 2012.

7. Aiello and Dunbar, 1993; Dunbar, 1993, 1996.

8. 손자국을 예술로 간주하지 않는 한에서다(Sharpe and Van Gelder, 2006; Bednarik, 2008; Zhanget al., 2021; Fernandez-Navarroet al., 2022). 많은 문화에서는 붉은 황토 먼지를 담은 갈대를 써서 고대 동굴 벽에 유령 같은 손자국을 남겼다. 때때로 부드러운 진흙에서 작은 손자국이 발견되기도 했다. 최근에야 이 손이 아이의 것일 가능성이 높으며, 그중 일부는 2~3살에 불과하다는 것을 발견했다. 이것은 고대 예술이 모두 사냥이나 신에 관한 것이라는 이론에 찬물을 끼얹는다(Langley and Litster, 2018). 이것은 어쩌면 종교적 세례 의식이거나, 성인의 활동에 아이를 포함시킨 경우일 수 있지만(즉, 강압으로 분노 발작을 잠재우기), 오늘날 엄마가 아침부터 몹쓸 낮잠 시간까지 아이에게 뭔가 예술 프로젝트 거리를 주는 것과도 비슷한 일일 수 있다.

9. "뇌" 장의 앞부분에 묘사한 고양이과 동물처럼 호미닌의 주위에는 먹잇감에 붙은 고기를 많이 남기는 대형 육식동물이 많이 살았기에, 어떤 고대 에덴에서 우리의 호미닌 이브와 함께 살았던 수많은 그런 포식자 생물은 에렉투스 같은 생물에게 충분한 영양을 제공했을 수도 있다(Pobiner, 2015).

10. Outtara et al., 2009.

11. 그리고 특정 지도자의 역할에서는 여성의 남성적인(즉, 저음의) 목소리도 마찬가지지만(Anderson and Klofstad, 2012), 문화와 개인적 선호의 영향을 더 많이 받는 데이트의 경우에는 그렇지 않다.

12. 이 이벤트의 비디오는 PBS NewsHour를 통해 온라인에서 무료로 볼 수 있다. youtu. be/pnXiy4D_I8g.

13. Bellemare et al., 2003.

14. Nishimura, 2006; MacLar\-non and Hewitt, 1999; Lieberman, 2007; Ghanzafar and Rendall, 2009.

15. 여성의 횡격막이 피로에 더 강해 보이는 이유는 부분적으로 이런 섬세한 조절 덕분일 수 있으며, 이 두 가지 모두 여성이 지구력 운동을 잘하는 이유를 일부 설명한다(Gearyet al., 2019).

16. 원하면 이 순간을 포착한 비디오를 인터넷에서 쉽게 볼 수 있다.

17. Hunter et al., 2011.

18. de Boer, 2012.

19. Ibid.

20. Ibid.

21. Lowenstine and Osborn, 2012.

22. Lieberman, 2007: 학계의 여러 사안과 마찬가지로, 인간의 발성 기관이 인간 언어능

력의 진화에 필수적인 특징인지는 여전히 논쟁 중이다. W. 테쿰세 피치(W. Tecumseh Fitch, 이 분야에서 가장 멋진 이름을 가진 과학자일 것이다)는 마카크원숭이가 지금의 해부학적 구조로 말소리를 낼 수 있는지에 대해 리버만과 의견을 달리한다. 리버만은 신경계 이외의 연조직이 여전히 걸림돌이 된다는 입장이지만, 피치는 지금의 구조로도 발화가 가능하며 관건은 신경학적 진화라고 주장한다(Fitch et al., 2017). 이것은 단순한 세대 간의 이견일 수 있지만, 동시에 인간의 언어처럼 복잡한 행동의 진화 과정을 모형화할 때 화석(리버만) 또는 살아 있는 포유류의 생리학(피치)으로부터 무엇을 알아내야 하는지 같은 이런 문제에 접근하는 방식의 기저에 깔린 더 근본적인 분열을 나타낸다.

23. Fitch and Reby, 2001.

24. Ibid.

25. Zuckerman and Driver, 1989.

26. Ibid.

27. Ryan and Kenny, 2009.

28. Banai, 2017; Ryan and Kenny, 2009.

29. Schneider et al., 2004.

30. 일반적 수축력뿐 아니라 근육 무게당 잠재적인 힘 측면에서도 마찬가지다. 평균적인 성인 여성의 자궁 무게는 약 1.1킬로그램이지만, 진통 중 매 수축 시마다 최대 400뉴턴의 힘을 발휘할 수 있다. 이는 약 40킬로그램의 하방 압력에 해당한다.

31. Capasso et al., 2008; Steele et al., 2013.

32. Steele et al., 2013.

33. Black et al., 2015.

34. 이 주제에 대한 문헌은 너무 많아서 단일 문헌을 인용하는 게 이상하다. 하지만 완벽에 가까운 책을 읽고 싶으면 스티븐 핑커의 《언어본능(The Language Instinct)》을 추천한다. 엄마 말투에 대한 내 설명은 그의 입장과 다를 수 있지만, 그 외의 사안에 대해서라면 나는 명백히 그의 영향을 받은 학생이나 마찬가지다. 실제로는 추종자다.

35. Mampe et al., 2009.

36. Hartshorne et al., 2018.

37. Gobes et al., 2019; Chen et al., 2016.

38. Friedmann and Rusou, 2015.

39. Piazza et al., 2017: 하지만 동성 커플의 경우 커플 내 주 양육자와 보조 양육자 사이에는 자녀를 향한 발화 양상에 일부 차이가 있었지만, 남성 동성애 커플의 발화 양상에는 부족한 점이(심지어 특별한 차이도) 없었다(Grinberg et al., 2022). 남아도 유아

기에 이런 말투에 노출될 가능성이 높으므로, 성인 남성이 이런 말투를 능숙하게 쓸 수 없다는 생각은 합리적이지 않다. 그러면 여성이 주로 엄마 말투를 쓰는 것은 여성이 보통 인간 아기의 주 양육자이므로 엄마 말투를 연습할 기회가 더 많아진다는, 문화적 규범을 반영하는 현상일 수 있다.

40. Slonecker et al., 2018.

41. Biben et al., 1989.

42. King et al., 2016.

43. Chen et al., 2016.

44. Han et al., 2018: 엄마 말투를 쓰는 다른 언어문화에서 보이듯이 이 엄마도 아이가 자라면서 엄마 말투의 정도를 조절한다(Liu et al., 2009).

45. 대단히 흥미롭게도, 컴퓨터도 마찬가지다. 엄마 말투 표본으로 학습한 컴퓨터 모델은 모음을 더 잘 식별했다(de Boer와 Kuhl, 2003).

46. Thiessen et al., 2005.

47. 한편, 영국에서는 '아빠 말투'가 '엄마 말투'와 조금 달라서 아빠는 유아에게 말할 때 엄마보다 음성의 운율을 더 많이 조작한다(Shute and Wheldall, 1999).

48. 그런 이해는 언어와 문화에 따라 흥미로울 정도로 다를 수 있다. 중국어 사용자와 영어 사용자는 시간을 약간 다르게 이해하듯 보이는데, 이는 부분적으로 각 언어가 조금 다른 시간 구조를 택하기 때문일 수 있다(Boroditsky, 2001).

49. 많은 저명한 과학자가 조심스레 지적한 바와 같이, 해부학적 현대인은 오랫동안 별다른 상징적 문화의 증거가 없는 세계에 살았다. 거기에는 현대인의 몸이 있었다. 뇌도 있었다. 입, 목, 혀, 혀밑신경관이 모두 있었다. 하지만 상징적 문화가 언어학적, 상징적 이야기 지어내기와 관련된 일종의 내러티브 인지에 뿌리를 둔다면, 그 당시의 이브에게는 말할 게 별로 없었다.

50. King, 2019.

8장 폐경

1. Borges, 1962/2007.

2. Borges, 1978: 보르헤스는 어머니 세상을 떠난 후 이 일화를 즐겨 언급했으나, 정확히 몇 번째 생일이었는지는 때로는 95세, 때로는 98세로 인터뷰에 따라 달라졌다. 보르헤스의 어머니는 그의 동반자로 유명했지만, 불행히도 그의 기억은 그렇지 않았다 (Alifano, 1984).

3. 아프리카를 떠난 일과 관련된 최소 한 가지의 유전적 돌연변이가 골관절염 위험을 크

게 높였다. 뼈 성장을 단축시키는 이 돌연변이는 추운 기후에 도움이 됐지만 장기적인 마모와 찢김에는 불리했다(Capellini et al., 2017). 같은 변이가 네안데르탈인과 데니소바인에게서도 발견됐다(Ibid). 여리고의 이브가 등장했을 때, 이들도 고대의 관절통을 겪을 위험이 높았다. 에덴이 멀어진 후에도 우리의 몸에서 이브의 여정이 이어지는 또 다른 방식이었다.

4. 고대 여리고에서는 홍수가 정기적으로 발생하는 문제였으며, 애초에 성벽을 세운 이유였을 수 있다(Bar-Yosef, 1986).

5. 비통함과 임무 이행 사이에는 강한 연관성이 있다. 위기의 시기에 무엇인가를 대신 해야 한다는 느낌은 믿기 어려울 만큼 동기를 부여하고 위안을 줄 수 있다(Riches and Dawson, 2000).

6. 인간 태아는 37주 이전에는 머리가 아래로 내려오지 않는 경우가 많으므로, 둔위 분만은 특히 조산아에게 자주 생기는 위험이다(Bergenhenegouwen et al., 2014). 하지만 둔위 분만은 인류 역사 내내 그랬듯 오늘날 여성에게도 문제로 남았다. 1600년대 런던에서는 산파의 조언이 중요한 일이었고, 여기에는 둔위 분만에 대처하는 방법이 항상 포함됐다(Walsh, 2014). 요즘에는 가능하면 제왕절개를 권장하는 게 일반적이지만, 고대 여리고에서 산모가 이러한 수술을 견딜 가능성은 희박했을 것이다.

7. Karlamangla et al., 2018: 최종 생리 주기 전후 3년 동안 골손실이 가장 급격히 일어나, 이후 골다공증이 생기는 조건이 형성된다(Ibid).

8. Ellis et al., 2018.

9. Hawkes, 2003.

10. de Vries et al., 2001.

11. 물론 난자 기증(그리고 일반적 체외수정)이 최근에 보편화 됐기에, 난자 기증자에 관한 종단 연구는 적다. 하지만 일반적 이론은 난자 채취 기간에 수집되는 게 '여분의' 난자가 아니라, 정상적으로 소실될 난자라는 것이다.

12. 이중나선 파손은 난소 노화와 관련이 있을 수 있다(Oktay et al., 2015). 하지만 일부 수명이 긴 다른 동물(예를 들어 코끼리)이 노년까지 출산을 계속한다는 점을 생각하면, 인간의 폐경이 포유류 난자의 고유한 특성과 관련이 있다고 보기는 어렵다.

13. Thompson et al., 2007.

14. Hawkes and Smith, 2010; Herndon et al., 2012.

15. Muller et al., 2006.

16. Hawkes and Smith, 2010; Alberts et al., 2013: 알버츠는 여러 영장류 난소가 50세에 '퇴근한다'는 것보다(여러 종이 그렇게 오래 살지 않을 뿐 아니라 서로 다른 시기에 상당한 재생산 노화를 겪는다) 인간 몸이 난소 생산 능력을 뛰어넘어 훨씬 오래 산다

는 점이 더 중요한 신호라고 올바르게 지적한다. 난소가 정상적으로 기능하는 한, 여성 신체의 나머지 부분은 난소보다 생애 전반에 걸쳐 훨씬 느린 속도로 노화한다.

17. 현재의 수렵 채집 사회에도 폐경기 이후까지 생존하는 여성이 있지만 그 수는 적다. '폐경'을 신체적이자 사회적인 현상으로 간주하려면 다른 척도가 필요하다. 하지만, 이 여성들의 삶은 평생 더 활동적이기에, 농촌/도시형 생활 습관을 가진 여성을 괴롭히는 일부 폐경 증상이 실제로는 덜 힘들 수 있다는 점을 짚고 넘어갈 필요가 있다. 예를 들어, 일과성 열감은 수렵 채집 사회의 여성보다 뉴욕 여성에게 문제가 될 가능성이 크다(Freeman and Sherif, 2007). 이는 지방량이 적은 것 또는 전반적인 심혈관 건강과 관련 있을 수 있다.

18. Marsh and Kasuya, 1986.

19. Brent et al., 2015.

20. Ibid.

21. Ehsan, 2011.

22. Ibid.

23. Austad, 1994: 언급하지 않은 중요한 압력 하나가 있다. 폐경의 유용성을 더 이른 시기로 앞당기는 좋은 논거는 지구의 마지막 빙하기인 최후최대빙하기(the Last Glacial Maximum, LGM)다. 아프리카, 중동, 정말 인간이 있는 곳 어디에서나 기후가 변했다. 인구 집단은 지중해 주변의 피난처로 후퇴했다(Posth et al., 2023). 기후변화는 매우 빠르게 일어났고 많은 이들에게 치명적이었다. 당시 인간은 수렵 채집인이었지만, LGM은 극도로 어려운 환경에서 세대 간 지식이 유용해지는 기회를 제공했다. 그때 생존한 노인 여성이 얼마나 됐는지는 알 수 없다. 기후변화에 직면해 전 세계 인구가 상당히 줄어든 것으로 알려졌으므로(Ibid), 내 생각에는 노년 여성의 사회가 시작될 기회가 있었던 시기는 빙하가 물러간 후(14,000년 전)일 가능성이 크다.

24. 이 문단의 국제 통계는 2015년 유엔의 세계 인구 전망 보고서(World Population Prospects)에서 가져왔다(UN, 2015).

25. Meyer, 2012.

26. 마리아 브라냐스(Maria Branyas), 후사 타츠미(Fusa Tatsumi), 에디 세카렐리(Edie Ceccarelli)다. 이 장을 쓰는 동안에는 4명의 백세인이 생존했지만, 118세의 루실 랑동(Lucile Randon)이 안타깝게도 2023년 1월에 사망했다. 현재 살아 있는 사람을 확인할 수 있는 가장 좋은 곳은 노인병학 연구 그룹(Gerontology Research Group)이며, 이 국제 비영리단체는 검증된 110세 이상 초고령자의 데이터베이스를 grg.org/WSRL/TableE.aspx에 게시한다. 많은 정부 기관에서도 인구 조사를 하고 이러한 사항을 추적하지만, 정부 보고서는 정기적으로 업데이트되지 않는다.

27. Bronikowski et al., 2011.

28. You et al., 2015: 이것은 인간 역사에서 대부분의 기간 동안 사실이 아니었다는 점에 유의하자(Volk and Atkinson, 2013).

29. Shaw et al., 2008; Maas and Appelman, 2010.

30. Mozaffarian et al., 2016.

31. Takahashi et al., 2020.

32. Reynolds et al., 2020.

33. Gordon and Rosenthal, 1999.

34. 이 주제에 대한 최근의 검토 논문이 필요하면 클라인과 플래너건의 논문 참조(Klein and Flanagan, 2016).

35. Smith et al., 2023.

36. Martinez et al., 2012.

37. Lowry et al., 2016.

38. Dunford et al., 2017.

39. Ibid.

40. Ibid.

41. Nigro, 2017; Kenyon, 1957.

9장 사랑

1. Plavcan and van Schaik, 1992; Lindenfors et al., 2007; Plavcan, 2001, 2012b.

2. Plavcan, 2012b.

3. Benoit et al., 2016.

4. Plavcan, 2001.

5. Reno et al., 2003; Reno et al., 2010.

6. Suwa et al., 2009; Plavcan, 2012a: 아르디 시대 수컷의 송곳니도 이미 상당히 작아졌을 수 있는데(Suwa et al., 2021), 이는 후기 호미닌에서 보이는 이러한 축소 현상의 일부가 일종의 모자이크 진화였거나(Manthi et al., 2012), 또는 이전 연구의 통계 방법론의 문제일 수(Suwa et al., 2021) 있음을 시사한다.

7. Alvesalo, 2013: 자궁 내 안드로겐 노출 역시 중요할 수 있다(Ribeiro et al., 2013).

8. Plavcan, 2012a; Reno et al., 2010; Lovejoy, 2009.

9. Shultz, 1938; Anderson et al., 2007; Kappeler, 1997.

10. Setchell and Dixson, 2001.

11. Dixson and Anderson, 2002.

12. Zaneveld et al., 1974: 즉, 정액(spunk)의 '기개(spunk)'는 아주 일시적이다.

13. Suarez and Pacey, 2006.

14. de Waal, 2022.

15. Ibid.

16. Muller et al., 2007.

17. Tokuyama and Furuichi, 2016.

18. Smuts and Smuts, 1993; de Waal, 2022.

19. Mao et al., 2021.

20. Brennan et al., 2007; Orbach et al., 2017; Brennan and Orbach, 2020.

21. 루게(rugae)라고 부르는 주름은 흥분했을 때, 큰 침입자가 잠깐 방문할 때(또는 머리가 큰 아기가 억지로 나가려 할 때) 적절히 확장할 수 있도록 충분한 조직을 확보하는 일과 관련 있어 보인다. 이는 인간 남성의 음경이 다른 유인원보다 굵고 긴 이유에 대한 비교적 설득력 있는 주장이기도 하다(Bowman, 2008).

22. Gallup et al., 2003.

23. Brannigan and Lipshultz, 2008.

24. Ulcova-Gallova, 2010.

25. McLean et al., 2011; Reno et al., 2013.

26. McLean et al., 2011.

27. Suntsova and Buzdin, 2020.

28. McLean et al., 2011; Reno et al., 2013: 영장류의 음경 가시에 대해 검토한 최근의 논문은 딕슨의 글을 참조(Dixon, 2018).

29. Snow et al., 2019.

30. Lovejoy, 2009; Dixon, 2009; Leigh and Shea, 1995.

31. Hrdy, 1979: 최근의 한 모델에서는 어떤 영장류 공동체에서 새끼 살해 위험이 높을수록 암컷이 성관계를 수용하는 기간이 길어진다(침팬지나 보노보와 같이 언제나 성관계를 수용할 수 있는 수준에 이를 때까지(Rooker and Gavrilets, 2020).

32. Melnick and Pearl, 1987.

33. Furuichi, 2011; Tokuyama and Furuichi, 2016; de Waal, 2022.

34. Alberts, 2018: 이는 현지 문화와 인구 압박에 크게 의존적이다. 일부 집단에서는 새끼 사망의 2.3퍼센트만이 새끼 살해와 관련된 반면, 다른 곳에서는 38퍼센트에서 70퍼센트 사이로 나타났다(Ibid; Zipple et al., 2017). 새끼 살해는 차크마개코원숭이 집단에서 더 뚜렷한 현상으로, 수컷의 번식 전략에서 새끼를 죽이는 게 중요한 부

분을 차지하는 것으로 보인다(Palombit et al., 2000). 모든 개코원숭이 무리에서, 거주하던 수컷보다는 이주한 수컷이 새끼 살해를 저지를 가능성이 더 높으며(Albert, 2018), 거주하던 수컷의 연합은 부계 불확실성에 의해 동기가 부여됐기 때문인지 이러한 일을 일관성 있게 저지한다(Noe and Sluijter, 1990).

35. 부자연스러운 완충 행동(agonistic buffering) 그리고 수컷이 새끼를 데리고 다니는 행동(male infant-carrying)에 대한 문헌은 1970년대부터 일관되게 등장하며 현장에서도 자주 보인다. 다른 사회적 영장류에서도 이런 행동이 나타난다. 겔라다원숭이 수컷도 갈등 완화 전략으로 아기를 데리고 다니며, 마카크원숭이도 부자연스러운 완충 행동을 한다(Dunbar, 1984; Deag and Crook, 1971). 마카크원숭이의 경우, 이런 행동은 '돌보기 다음에 교미하기(care-then-mate)' 전략과 관련될 수 있다. 수유 중인 암컷의 육아를 돕는 수컷은 그 암컷에게 배란기가 찾아왔을 때 교미할 기회를 얻는다(Menard et al., 2001).

36. 이러한 결합은 일반적으로 우두머리 수컷의 분노를 피하기 위해 이런 저런 속임수를 이용해 은폐된다(le Rouxet al., 2013). 우두머리 수컷은 양육이나 하렘 방어에 도움을 얻는 대가로 이런 일을 일부 용인하는지도 모른다(Snyder-Mackler et al., 2012).

37. Smuts, 1985: 유대를 만드는 수컷과 암컷은 더 오래 사는 경향이 있다는 점을 눈여겨볼 만한데, 이는 털 손질이 늘어나면서 스트레스가 줄기 때문일 수 있다(Campos et al., 2020). 실제로 그들은 나이에 관계없이 사망할 확률이 28퍼센트 낮다(Ibid). 즉, 영장류의 이성 관계에는 많은 혜택이 따르며, 모든 혜택이 생식과 직접적으로 관련이 있지는 않다.

38. Leemis et al., 2022; ONS, 2020; Hester, 2013.

39. 여기서 우리 호미닌 이브가 모계 중심 생활을 했다면, 그것은 아주아주 오래전의 일이었을 것임을 이야기해야겠다. 최근 연구에 따르면, 수컷도 유라시아 전역에서 상당히 많이 이동했지만, 수천 년 동안 암컷이 수컷보다 훨씬 더 넓게 이동했다는 게 나타났다. 이는 인류가 전 세계로 퍼지는 동안 부계거주제의 역사가 존재했음을 강하게 시사한다(Dulias et al., 2022). 그러므로 당시의 문화에 따라 상이한 힘이 작용했을 수 있다(Goldberg et al., 2017). 하지만 이 장 전반에 걸쳐 개괄한 것처럼, 이전의 교미 전략에서 수컷의 경쟁이 덜한 전략으로 전환한 증거가 호미닌 계통을 관통해 나타나므로, 악마의 거래는 그야말로 아주 오래 전에 시작됐을 것이다.

40. 암컷과 암컷의 자손들에게 더 사려 깊고 친절하게 행동하도록 이끄는 어떤 수컷의 '유전자'가 정확히 무엇인지는 알기 어렵다. 하지만 경쟁적에서 우호적인 행동으로 급격히 전환한 개코원숭이 무리의 유명한 사례가 있다. 공격적인 우두머리 수컷이 감염으로 갑자기 사망하자, 남은 수컷이 더 친절해졌다. 전체 집단의 일반적 행동이

경쟁보다는 친절한 협력으로 바뀌는 데는 그리 오랜 시간이 필요하지 않았으며, 이런 변화는 후속 세대에서도 유지됐다(Sapolsky and Share, 2004).

41. Lowe et al., 2018: 특히 해당 수컷의 사회적 지위가 높을 때, 그리고 특히 집단 내에서 사회적 불안정이 지속될 때 더욱 그렇다(Ibid).

42. Townsend et al., 2007.

43. Bartlett et al., 2014; Armstrong et al., 2014.

44. 이런 상식에까지 근거를 제시해야 할까? 형식을 갖추자면, 킨제이(Kinsey)의 1948년 연구를 살펴보고, 지난 1,000년의 역사가 우리 종의 삼십만 년 역사에 큰 영향을 미치지 않는다고 정리하자.

45. Felisbino-Mendes et al., 2021; Fernandez-Esque et al., 2004; Kim and Cho, 2012; Harrison et al., 2008.

46. Sastre et al., 2015.

47. Newman et al., 2015.

48. CDC, 2015.

49. Bowen et al., 2015; CDC, 2015.

50. Wiesenfeld et al., 2012.

51. Kirkaldy et al., 2019.

52. 임질은 뼈에 흔적이 남지 않기에, 증거를 찾기가 조금 더 어렵다. 확실한 증거보다는 고대 글에 흔적이 남았다. 고대의 임질에 대해 철저히 연구한 자료가 필요하면 플레밍의 저서 참조(Flemming, 2019).

53. Abraham et al., 2019.

54. Howell, 1979/2017.

55. Raj and Boehmer, 2013.

56. Nour, 2006.

57. Baber, 1934; McClure, 2020.

58. Frier, 2015: 12세에 결혼하는 왕실 이야기가 흔했던 중세 유럽에서도 마찬가지여서, 귀족이 아닌 여성의 평균 결혼 연령은 20~25세였다(Shapland et al., 2015).

59. Hoyert, 2022.

60. Martin and Montagne, 2017.

61. Currie and Goodman, 2020.

62. 이런 효과는 대규모 개발 프로그램(Woetzel et al., 2015)과 소액 융자 통계(Quigley and Patel, 2022; Mahjabeen, 2008)에서도 보이지만, 미국과 유럽의 역사적 추이에 대한 일부 경제학자의 모형을 수정하는 형태로 나타나기도 한다(Diebolt and Perrin,

2013).

63. Chattopadhyay and Duflo, 2004.

64. Hessami and da Fonseca, 2020.

65. De Araujo and Tejedo-Romero, 2016; Stanic, 2023: 미국 의회에서 여성 의원이 자기 출신 지역에 할당하는 재량 기금은 남성 의원보다 약 9퍼센트 더 많다(Anzia and Berry, 2020).

66. IMF, 2018.

67. Autor, 2014: 다만 미국에서는 학자금 대출 비용이 양상을 복잡하게 만든다(Ibid).

68. Wodon et al., 2018.

69. 콜드웰(Caldwell)은 1980년의 사료에서 이런 추세를 추적했다. 세계보건기구의 자료를 좀 더 깊이 파고들고 싶다면 프라단의 글 참조(Pradhan, 2015).

70. Nair, 2010; Nussbaum, 2003.

71. Wodon, 2018.

72. Ibid.

73. Whalley and Deary, 2001.

74. Hathi et al., 2021.

75. Coffey, 2015.

76. Northstone et al., 2012.

77. Galler et al., 2012.

78. Li et al., 2016.

79. Wodon et al., 2018.

80. Belo, 2009: 그러나 아베로에스는 여성에게 남성과 같은 본성과 일반적 잠재력이 있어도 "이 도시들의 여성은 인간의 덕목이 거의 준비되지 않아 식물처럼 보일 때가 많다. 이 도시의 여성이 남성에게 짐이 된다는 점이 빈곤의 원인 중 하나다"라는 글도 썼다는 이야기를 여기 덧붙이고 싶다(Averroes, 1974). 물론 이러한 여성이 얼마나 교육받고 덕목에 준비됐는지에 관계없이, 다른 이들이 유급 노동에 종사하는 데는 여성의 무급 노동이 크게 기여한다는 점을 언급하고 싶을지도 모르겠다. 미국의 가파른 보육비 상승을 보라! 그러나 빈곤과 소득(심지어 포괄적으로 돈)에 대한 현대적 개념은 아베로에스 당시의 개념과 상당히 다르다. 그리고 다시 말하지만, 이 시기 이슬람 문화권의 여성에 대한 대우는 여러 가지 면에서 기독교보다 나았다.

81. 예를 들어, 1891년이 돼서야 겨우 초등교육을 무상화된 영국의 초등교육법(Elementary Education Act) 사례를 생각하자. 학생 1명당 비용은 약 10실링이었다(Boos, 2013). 2년 후, 영국 정부는 교육 대상을 11세 이상 아이까지 확대했고 청각장애 및

시각장애 아이도 포함하기로 결정했다. 디킨스(Dickens)가 자랑스러워할 만한 일이 었다.

82. United Nations, 2002, 67.

83. Vigilant and Groeneveld, 2012: 친족 행동 확장이 공동 양육에 중요한지에 대한 훌륭한 성찰을 담은 글을 보려면 흐르디의 책 참조(Hrdy, 2009). 이타주의와 영장류의 '동기부여'에 대한 섬세한 통찰이 궁금하면 드 발과 수착의 논문 참조(de Waal and Suchak, 2010).

84. Courie, 1972.

85. Barry, 2005.

86. Courie, 1972.

87. Morris et al., 2011.

참고 문헌/서지 정보

Abraham, S., Juel, H. B., Bang, P., Cheeseman, H. M., Dohn, R. B., Cole, T., et al. (2019). Safety and immunogenicity of the chlamydia vaccine candidate CTH522 adjuvanted with CAF01 liposomes or aluminium hydroxide: A first-in-human, randomised, double-blind, placebo-controlled, phase 1 trial. *The Lancet Infectious Diseases*, 19(10), 1091 – 1100. doi:10.1016/S1473-3099(19)30279-8.

Abrams, E. T., and Rutherford, J. N. (2011). Framing postpartum hemorrhage as a consequence of human placental biology: An evolutionary and comparative perspective. *American Anthropologist*, 113, 417 – 430. doi:10.1111/j.1548-1433.2011.01351.x.

Absalon, D., and Ślesak, B. (2010). The effects of changes in cadmium and lead air pollution on cancer incidence in children. *Science of the Total Environment*, 408(20), 4420 – 4428. doi:10.1016/j.scitotenv.2010.06.030.

Açik, N. (2013). Redefining the role of women within the Kurdish national movement in Turkey in the 1990s. *The Kurdish Question in Turkey: New Perspectives on Violence, Representation, and Reconciliation*, edited by Cengiz Gunes and Welat Zydanlioglu. London: Routledge.

Adams, A. M., and Simmons, F. R. (2019). Exploring individual and gender differences in early writing performance. *Reading and Writing*, 32(2), 235 – 263. doi:10.1007/s11145-018-9859-0.

AGI (Alan Guttmacher Institute) (1999). *Sharing Responsibility; Women, Society and Abortion Worldwide*. New York: AGI.

AGI (Alan Guttmacher Institute) (2022). Sex and HIV education. www.guttmacher.org.

AGI (Alan Guttmacher Institute) (2023). Parental involvement in minors' abortions.

www.guttmacher.org.

Aguilera-Castrejon, A., Oldak, B., Shani, T., Ghanem, N., Itzkovich, C., Slomovich, S., et al. (2021). Ex utero mouse embryogenesis from pre-gastrulation to late organogenesis. *Nature*, 593(7857), 119 – 124.

Ahmed, L. (1986). Women and the advent of Islam. *Signs*, 11(4), 665 – 691.

Aiello, L., and Dunbar, R. (1993). Neocortex size, group size, and the evolution of language. *Current Anthropology*, 34, 184 – 193.

Aiello, L. C., and Wheeler, P. (1995). The expensive-tissue hypothesis: The brain and the digestive system in human and primate evolution. *Current Anthropology*, 36(2), 199 – 221.

Aimé, C., André, J. B., and Raymond, M. (2017). Grandmothering and cognitive resources are required for the emergence of menopause and extensive post-reproductive lifespan. *PLOS Computational Biology*, 13(7), e1005631. doi:10.1371/journal.pcbi.1005631.

Akerlof, G. A., Yellen, J. L., and Katz, M. L. (1996). An analysis of out-of-wedlock childbearing in the United States. *The Quarterly Journal of Economics*, 111(2), 277 – 317. doi:10.2307/2946680.

Al Rawi, S., Louvet-Vallée, S., Djeddi, A., Sachse, M., Culetto, E., Hajjar, C., et al. (2011). Postfertilization autophagy of sperm organelles prevents paternal mitochondrial DNA transmission. *Science*, 334(6059), 1144 – 1147.

Alatorre Warren, J. L., Ponce de León, M. S., Hopkins, W. D., and Zollikofer, C. P. E. (2019). Evidence for independent brain and neurocranial reorganization during hominin evolution. *Proceedings of the National Academy of Sciences*, 116(44), 22115 – 22121. doi:10.1073/pnas.1905071116.

Alberts, S. C., Altmann, J., Brockman, D. K., Cords, M., Fedigan, L. M., Pusey, A., et al. (2013). Reproductive aging patterns in primates reveal that humans are distinct. *Proceedings of the National Academy of Sciences*, 110(33), 13440 – 13445. doi:10.1073/pnas.1311857110.

Alberts, S. C., and Altmann, J. (1995). Balancing costs and opportunities: Dispersal in male baboons. *The American Naturalist*, 145(2), 279 – 306. doi:10.1086/285740.

Alberts, S. C., and Fitzpatrick, C. L. (2012). Paternal care and the evolution of exaggerated sexual swellings in primates. *Behavioral Ecology*, 23(4), 699 – 706. doi:10.1093/beheco/ars052.

Albrecht, S., Lane, J. A., Marino, K., Al Busadah, K. A., Carrington, S. D., Hickey, R. M., and Rudd, P. M. (2014). A comparative study of free oligosaccharides in the milk of domestic animals. *British Journal of Nutrition*, 111(7), 1313 – 1328.

Aleman, A., Kahn, R. S., and Selten, J. P. (2003). Sex differences in the risk of schizophrenia: Evidence from meta-analysis. *Archives of General Psychiatry*, 60(6), 565 – 571. doi:10.1001/archpsyc.60.6.565.

Altmann, J., Gesquiere, L., Galbany, J., Onyango, P. O., and Alberts, S. C. (2010). Life history context of reproductive aging in a wild primate model. *Annals of the New York Academy of Sciences*, 1204, 127 – 38. doi:10.1111/j.1749-6632.2010.05531.x.

Alvesalo, L. (2013). The expression of human sex chromosome genes in oral and craniofacial growth. Pp. 92 – 107 in *Anthropological Perspectives on Tooth Morphology*, edited by G. R. Scott and J. D. Irish. Cambridge, U.K.: Cambridge University Press.

Ambrose, S. H. (2001). Paleolithic technology and human evolution. *Science*, 291(5509), 1748 – 1753.

American Cancer Society (2020). *Breast Cancer Facts and Figures 2019 – 2020*. Atlanta: American Cancer Society.

American Society of Plastic Surgeons (ASPS) (2021). *National Plastic Surgery Statistics Report, 2020*. ASPS National Clearinghouse of Plastic Surgery Procedural Statistics. www.plasticsurgery.org.

Amos, W., and Hoffman, J. I. (2010). Evidence that two main bottleneck events shaped modern human genetic diversity. *Proceedings of the Royal Society B: Biological Sciences*, 277(1678), 131 – 137. doi:10.1098/rspb.2009.1473.

Anderson, D. R., and Pempek, T. A. (2005). Television and very young children. *American Behavioral Scientist*, 48(5), 505 – 522. doi:10.1177/0002764204271506.

Anderson, M. J., Chapman, S. J., Videan, E. N., Evans, E., Fritz, J., Stoinski, T. S., et al. (2007). Functional evidence for differences in sperm competition in humans and chimpanzees. *American Journal of Physical Anthropology*, 134, 274 – 280.

Anderson, R. C., and Klofstad, C. A. (2012). Preference for leaders with masculine voices holds in the case of feminine leadership roles. *PLOS ONE*, 7(12), e51216. doi:10.1371/journal.pone.0051216.

André, G. I., Firman, R. C., and Simmons, L. W. (2022). The effect of genital stimulation on competitive fertilization success in house mice. *Animal Behaviour*, 190, 93 – 101. doi:10.1016/j.anbehav.2022.05.015.

Antón, S. C. (2003). Natural history of Homo erectus. *American Journal of Physical Anthropology*, 122(S37), 126 – 170.

Antón, S. C., Potts, R., and Aiello, L. C. (2014). Evolution of early *Homo*: An integrated biological perspective. *Science*, 345(6192), 1236828.

Anzia, S. F., and Berry, C. R. (2011). The Jackie (and Jill) Robinson effect: Why do congresswomen outperform congressmen? *American Journal of Political Science*, 55(3), 478 – 493. doi:10.1111/j.1540-5907.2011.00512.x.

Apicella, C. L., Crittenden, A. N., and Tobolsky, V. A. (2017). Hunter-gatherer males are more risk-seeking than females, even in late childhood. *Evolution and Human Behavior*, 38(5), 592 – 603.

Arambula, S. E., Reinl, E. L., El Demerdash, N., McCarthy, M. M., and Robertson, C. L. (2019). Sex differences in pediatric traumatic brain injury. *Experimental Neurology*, 317, 168 – 179. doi:10.1016/j.expneurol.2019.02.016.

Archibald, J. D., Zhang, Y., Harper, T., and Cifelli, R. L. (2011). Protungulatum, confirmed Cretaceous occurrence of an otherwise Paleocene eutherian (placental?) mammal. *Journal of Mammalian Evolution*, 18, 153 – 161.

Armstrong, E. A., Hamilton, L. T., Armstrong, E. M., and Seeley, J. L. (2014). "Good girls": Gender, social class, and slut discourse on campus. *Social Psychology Quarterly*, 77(2), 100 – 122. doi:10.1177/0190272514521220.

Arnold, L. M. (2003). Gender differences in bipolar disorder. *The Psychiatric Clinics of North America*, 26(3), 595 – 620. doi:10.1016/s0193-953x(03)00036-4.

Arriaza, M. C., Aramendi, J., Maté-González, M. Á., Yravedra, J., and Stratford, D. (2021). The hunted or the scavenged? Australopith accumulation by brown hyenas at Sterkfontein (South Africa). *Quaternary Science Reviews*, 273, 107252. doi:10.1016/j.quascirev.2021.107252.

Atsalis, S., Margulis, S. W., Bellem, A., and Wielebnowski, N. (2004). Sexual behavior and hormonal estrus cycles in captive aged lowland gorillas *(Gorilla gorilla)*. *American Journal of Primatology*, 62, 123 – 132.

Austad, S. N. (1994). Menopause: An evolutionary perspective. *Experimental Gerontology*, 29(3), 255-263. doi:10.1016/0531-5565(94)90005-1.

Autor, D. H. (2014). Skills, education, and the rise of earnings inequality among the "other 99 percent." *Science*, 344(6186), 843 – 851. doi:10.1126/science.1251868.

Averroes. (1974). *Averroes on Plato's Republic*. Translated by R. Lerner. Ithaca,

N.Y.: Cornell University Press. (Originally written in the twelfth century; surviving manuscripts in Hebrew translated thereafter.)

Baber, R. E. (1934). Marriage in ancient China. *The Journal of Educational Sociology*, 8(3), 131 – 140. doi:10.2307/2961796.

Babic, A., Sasamoto, N., Rosner, B. A., Tworoger, S. S., Jordan, S. J., Risch, H. A., et al. (2020). Association between breastfeeding and ovarian cancer risk. *JAMA Oncology*, 6(6), e200421. doi:10.1001/jamaoncol.2020.0421.

Bakshani, C. R., Morales-Garcia, A. L., Althaus, M., Wilcox, M. D., Pearson, J. P., Bythell, J. C., and Burgess, J. G. (2018). Evolutionary conservation of the antimicrobial function of mucus: A first defence against infection. *NPJ Biofilms Microbiomes*, 4, 14. doi:10.1038/s41522-018-0057-2.

Banai, I. P. (2017). Voice in different phases of menstrual cycle among naturally cycling women and users of hormonal contraceptives. *PLOS ONE*, 12(8), e0183462. doi:10.1371/journal.pone.0183462.

Bar-Yosef, O. (1986). The walls of Jericho: An alternative interpretation. *Current Anthropology*, 27(2), 157 – 162. doi:10.1086/203413.

Bar-Yosef, O., and Belfer-Cohen, A. (2001). From Africa to Eurasia—early dispersals. *Quaternary International*, 75(1), 19 – 28.

Barba-Müller, E., Craddock, S., Carmona, S., and Hoekzema, E. (2019). Brain plasticity in pregnancy and the postpartum period: Links to maternal caregiving and mental health. *Archives of Women's Mental Health*, 22(2), 289 – 299. doi:10.1007/s00737-018-0889-z.

Bardeen, C. G., Garcia, R. R., Toon, O. B., and Conley, A. J. (2017). On transient climate change at the Cretaceous-Paleogene boundary due to atmospheric soot injections. *Proceedings of the National Academy of Sciences*, 114(36), E7415 – E7424. doi:10.1073/pnas.1708980114.

Barney, A., Martelli, S., Serrurier, A., and Steele, J. (2012). Articulatory capacity of Neanderthals, a very recent and human-like fossil hominin. *Philosophical Transactions of the Royal Society of London. Series B, Biological Sciences*, 367(1585), 88 – 102. doi:10.1098/rstb.2011.0259.

Barros, B. A., Oliveira, L. R., Surur, C. R. C., Barros-Filho, A. A., Maciel-Guerra, A. T., and Guerra-Junior, G. (2021). Complete androgen insensitivity syndrome and risk of gonadal malignancy: Systematic review. *Annals of Pediatric Endocrinology &*

Metabolism, 26(1), 19 – 23. doi:10.6065/apem.2040170.085.

Barry, J. M. (2005). *The Great Influenza: The Story of the Deadliest Pandemic in History*. New York: Penguin Books.

Bartlett, J., Norrie, R., Patel, S., Rumpel, R., and Wibberley, S. (2014). Misogyny on Twitter. www.demos.co.uk/files/MISOGYNY_ON_TWITTER.pdf.

Barton, R. A. (2004). Binocularity and brain evolution in primates. *Proceedings of the National Academy of Sciences*, 101(27), 10113 – 10115. doi:10.1073/pnas.0401955101.

Bartos, L., Bartošová, J., Pluháček, J., and Šindelářová, J. (2011). Promiscuous behaviour disrupts pregnancy block in domestic horse mares. *Behavioral Ecology and Sociobiology*, 65, 1567 – 1572. doi:10.1007/s00265-011-1166-6.

Bawdon, D., Cox, D. S., Ashford, D., James, A. G., and Thomas, G. H. (2015). Identification of axillary *Staphylococcus sp.* involved in the production of the malodorous thioalcohol 3-methyl-3-sufanylhexan-1-ol. *FEMS Microbiology Letters*, 362(16). doi:10.1093/femsle/fnv111.

Baxter, A. J., Scott, K. M., Ferrari, A. J., Norman, R. E., Vos, T., and Whiteford, H. A. (2014). Challenging the myth of an "epidemic" of common mental disorders: Trends in the global prevalence of anxiety and depression between 1990 and 2010. *Depression and Anxiety*, 31(6), 506 – 516. doi:10.1002/da.22230.

Bayle, P., Macchiarelli, R., Trinkaus, E., Duarte, C., Mazurier, A., and Zilhão, J. (2010). Dental maturational sequence and dental tissue proportions in the early Upper Paleolithic child from Abrigo do Lagar Velho, Portugal. *Proceedings of the National Academy of Sciences*, 107(4), 1338 – 1342. doi:10.1073/pnas.0914202107.

Beck, K. L., Weber, D., Phinney, B. S., Smilowitz, J. T., Hinde, K., Lönnerdal, B., et al. (2015). Comparative proteomics of human and macaque milk reveals species-specific nutrition during postnatal development. *Journal of Proteome Research*, 14(5), 2143 – 2157. doi:10.1021/pr501243m.

Bednarik, R. G. (2008). Children as Pleistocene artists. *Rock Art Research: The Journal of the Australian Rock Art Research Association (AURA)*, 25(2), 173 – 182.

Beery, A. K., and Zucker, I. (2011). Sex bias in neuroscience and biomedical research. *Neuroscience and Biobehavioral Reviews*, 35(3), 565 – 572. doi:10.1016/j.neubiorev.2010.07.002.

Bekkering, S., Quintin, J., Joosten, L. A. B., van der Meer, J. W. M., Netea, M. G., and Riksen, N. P. (2014). Oxidized low-density lipoprotein induces long-term proinflammatory cytokine production and foam cell formation via epigenetic reprogramming of monocytes. *Arteriosclerosis, Thrombosis, and Vascular Biology*, 34(8), 1731 – 1738. doi:10.1161/ATVBAHA.114.303887.

Bellemare, F., Jeanneret, A., and Couture, J. (2003). Sex differences in thoracic dimensions and configuration. *American Journal of Respiratory and Critical Care Medicine*, 168(3), 305 – 312. doi:10.1164/rccm.200208-876OC.

Bellis, M. A., Downing, J., and Ashton, J. R. (2006). Adults at 12? Trends in puberty and their public health consequences. *Journal of Epidemiology and Community Health*, 60(11), 910 – 911. doi:10.1136/jech.2006.049379.

Belmaker, M. (2010). Early Pleistocene faunal connections between Africa and Eurasia: An ecological perspective. Pp. 183 – 205 in *Out of Africa I: The First Hominin Colonization of Eurasia*, edited by J. G. Fleagle, J. J. Shea, F. E. Grine, A. L. Baden, and R. E. Leakey. Dordrecht: Springer.

Belo, C. (2008). Some considerations on Averroes' views regarding women and their role in society. *Journal of Islamic Studies*, 20(1), 1 – 20. doi:10.1093/jis/etn061.

Ben-Dor, M., Gopher, A., Hershkovitz, I., and Barkai, R. (2011). Man the fat hunter: The demise of *Homo erectus* and the emergence of a new hominin lineage in the Middle Pleistocene (ca. 400 kyr) Levant. *PLOS ONE*, 6(12), e28689.

Benoit, J., Manger, P. R., and Rubidge, B. S. (2016a). Palaeoneurological clues to the evolution of defining mammalian soft tissue traits. *Scientific Reports*, 6(1), 25604. doi:10.1038/srep25604.

Benoit, J., Manger, P. R., Fernandez, V., and Rubidge, B. S. (2016b). Cranial bosses of *Choerosaurus dejageri* (Therapsida, Therocephalia): Earliest evidence of cranial display structures in Eutheriodonts. *PLOS ONE*, 11(8), e0161457.

Benson, R. B. J., Butler, R. J., Carrano, M. T., and O'Connor, P. M. (2012). Air-filled postcranial bones in theropod dinosaurs: Physiological implications and the "reptile"-bird transition. *Biological Reviews*, 87(1), 168 – 193.

Bentley, G. R. (2001). The Evolution of the human breast. *American Journal of Physical Anthropology*, 114(S32), 38 – 38.

Benton, M. J., Wilf, P., and Sauquet, H. (2022). The angiosperm terrestrial revolution and the origins of modern biodiversity. *New Phytologist*, 233, 2017 – 2035. doi:10.1111/nph.17822.

Berge, C., and Goularas, D. (2010). A new reconstruction of Sts 14 pelvis

(*Australopithecus africanus*) from computed tomography and three-dimensional modeling techniques. *Journal of Human Evolution*, 58(3), 262 – 272.

Bergenhenegouwen, L. A., Meertens, L. J. E., Schaaf, J., Nijhuis, J. G., Mol, B. W., Kok, M., and Scheepers, H. C. (2014). Vaginal delivery versus caesarean section in preterm breech delivery: A systematic review. *European Journal of Obstetrics & Gynecology and Reproductive Biology*, 172, 1 – 6. doi:10.1016/j.ejogrb.2013.10.017.

Berger, M., and Sarnyai, Z. (2015). "More than skin deep": Stress neurobiology and mental health consequences of racial discrimination. *Stress*, 18(1), 1 – 10. doi:10.3109/1025389 0.2014.989204.

Berglund, H., Lindström, P., and Savic, I. (2006). Brain response to putative pheromones in lesbian women. *Proceedings of the National Academy of Sciences*, 103(21), 8269 – 8274. doi:10.1073/pnas.0600331103.

Berglund, H., Lindström, P., Dhejne-Helmy, C., and Savic, I. (2008). Male-to-female transsexuals show sex-atypical hypothalamus activation when smelling odorous steroids. *Cerebral Cortex*, 18(8), 1900 – 1908.

Bergman, L., Nordlöf-Callbo, P., Wikström, A. K., Snowden, J. M., Hesselman, S., Bonamy, A. K. E., and Sandström, A. (2020). Multi-fetal pregnancy, preeclampsia, and long-term cardiovascular disease. *Hypertension*, 76(1), 167 – 175. doi:10.1161/ HYPERTENSIONAHA.120.14860.

Berna, F., Goldberg, P., Horwitz, L. K., Brink, J., Holt, S., Bamford, M., and Chazan, M. (2012). Microstratigraphic evidence of in situ fire in the Acheulean strata of Wonderwerk Cave, Northern Cape province, South Africa. *Proceedings of the National Academy of Sciences*, 109(20), E1215 – E1220.

Berry, K. (2020). The first plants to recolonize western North America following the Cretaceous/Paleogene mass extinction event. *International Journal of Plant Sciences*, 182. doi:10.1086/11847.

Bertram, B. C. R. (1975). Social factors influencing reproduction in wild lions. *Journal of Zoology*, 177, 463.

Biben, M., Symmes, D., and Bernhards, D. (1989). Contour variables in vocal communication between squirrel monkey mothers and infants. *Developmental Psychobiology*, 22, 617 – 631. doi:10.1002/dev.420220607.

Black, L. I., Vahratian, A., Hoffman, H. J. (2015). Communication disorders and use of intervention services among children aged 3 – 17 years: United States, 2012. NCHS data brief, no 205. Hyattsville, Md.: National Center for Health Statistics.

Blackburn, D. G. (2015). Evolution of vertebrate viviparity and specializations for fetal nutrition: A quantitative and qualitative analysis. *Journal of Morphology*, 276(8), 961 – 990.

Blaustein, A. R. (1981). Sexual selection and mammalian olfaction. *The American Naturalist*, 117(6), 1006 – 1010. doi:10.1086/283786.

Blaustein, J. D. (2012). Animals have a sex, and so should titles and methods sections of articles. *Endocrinology*, 153(6), 2539 – 2540. doi:10.1210/en.2012-1365.

Blencowe, H., Cousens, S., Oestergaard, M. Z., Chou, D., Moller, A. B., Narwal, R., et al. (2012). National, regional, and worldwide estimates of preterm birth rates in the year 2010 with time trends since 1990 for selected countries: A systematic analysis and implications. *Lancet*, 379(9832), 2162 – 2172. doi:10.1016/S0140-6736(12)60820-4.

Blumenschine, R. J., Bunn, H. T., Geist, V., Ikawa-Smith, F., Marean, C. W., Payne, A. G., et al. (1987). Characteristics of an early hominid scavenging niche [and comments and reply]. *Current Anthropology*, 28(4), 383 – 407.

Blurton Jones, N. G. (2016). *Demography and Evolutionary Ecology of Hadza Hunter-Gatherers*. Cambridge, U.K.: Cambridge University Press.

Bobe, R., and Behrensmeyer, A. K. (2004). The expansion of grassland ecosystems in Africa in relation to mammalian evolution and the origin of the genus *Homo*. *Palaeogeography, Palaeoclimatology, Palaeoecology*, 207(3 – 4), 399 – 420.

Boccolini, C. S., de Carvalho, M. L., de Oliveira, M. I. C., and Pérez-Escamilla, R. (2013). Breastfeeding during the first hour of life and neonatal mortality. *Jornal de Pediatria*, 89(2), 131 – 136. doi:10.1016/j.jped.2013.03.005.

Bockting, W., Benner, A., and Coleman, E. (2009). Gay and bisexual identity development among female-to-male transsexuals in North America: Emergence of a transgender sexuality. *Archives of Sexual Behavior*, 38(5), 688 – 701. doi:10.1007/s10508-009-9489-3.

Bocquet-Appel, J.-P. (2011). The agricultural demographic transition during and after the agriculture inventions. *Current Anthropology*, 52(S4), S497 – S510. doi:10.1086/659243.

Boë, L.-J., Sawallis, T. R., Fagot, J., Badin, P., Barbier, G., Captier, G., et al. (2019). Which way to the dawn of speech? Reanalyzing half a century of debates and data in light of speech science. *Science Advances*, 5(12), eaaw3916. doi:10.1126/sciadv.aaw3916.

Boffoli, D., Scacco, S. C., Vergari, R., Persio, M. T., Solarino, G., Laforgia, R., and Papa, S.

(1996). Ageing is associated in females with a decline in the content and activity of the b-c1 complex in skeletal muscle mitochondria. *Biochimica et Biophysica Acta (BBA)—Molecular Basis of Disease*, 1315(1), 66 – 72.

Bogaert, A. F. (2015). Asexuality: What it is and why it matters. *The Journal of Sex Research*, 52(4), 362 – 379. doi:10.1080/00224499.2015.1015713.

Bogaert, A. F., and Skorska, M. N. (2020). A short review of biological research on the development of sexual orientation. *Hormones and Behavior*, 119, 104659. doi:10.1016/j.yhbeh.2019.104659.

Bonomi, A. E., Trabert, B., Anderson, M. L., Kernic, M. A., and Holt, V. L. (2014). Intimate partner violence and neighborhood income: A longitudinal analysis. *Violence Against Women*, 20(1), 42 – 58. doi.org/10.1177/1077801213520580.

Boos, F. S. (2013). Education and work: Women and the education acts. Pp. 141 – 60, 224 – 28 in *Berg Cultural History of Women in the Age of Empire*, edited by T. Mangum. Oxford: Berg Publishers.

Boquien, C.-Y. (2018). Human milk: An ideal food for nutrition of preterm newborn. *Frontiers in Pediatrics*, 6. doi:10.3389/fped.2018.00295.

Borges, J. L. (1978). Interview with César Hildebrandt. *Caretas*, Dec. 19, 1978. borgestodoelanio.blogspot.com.

Borges, J. L. (2007). *Labyrinths: Selected Stories and Other Writings*. Edited by D. A. Yates and J. E. Irby. New York: New Directions.

Borges, R., Johnson, W. E., O'Brien, S. J., Gomes, C., Heesy, C. P., and Antunes, A. (2018). Adaptive genomic evolution of opsins reveals that early mammals flourished in nocturnal environments. *BMC Genomics*, 19(1), 1 – 12. doi:10.1186/s12864-017-4417-8.

Boroditsky, L. (2001). Does language shape thought? Mandarin and English speakers' conceptions of time. *Cognitive Psychology*, 43(1), 1 – 22. doi:10.1006/cogp.2001.0748.

Boudová, S., Cohee, L. M., Kalilani-Phiri, L., Thesing, P. C., Kamiza, S., Muehlenbachs, A., et al. (2014). Pregnant women are a reservoir of malaria transmission in Blantyre, Malawi. *Malaria Journal*, 13(1), 506. doi:10.1186/1475-2875-13-506.

Boulinguez-Ambroise, G., Pouydebat, E., Disarbois, É., and Meguerditchian, A. (2022). Maternal cradling bias in baboons: The first environmental factor affecting early infant handedness development? *Developmental Science*, 25(1), e13179. doi:10.1111/desc.13179.

Bouty, A., Ayers, K. L., Pask, A., Heloury, Y., and Sinclair, A. H. (2015). The genetic and environmental factors underlying hypospadias. *Sexual Development*, 9(5), 239 – 259. doi:10.1159/000441988.

Bowen, V., Su, J., Torrone, E., Kidd, S., and Weinstock, H. (2015). Increases in incidence of congenital syphilis—United States, 2012 – 2014. *MMWR Morbidity and Mortality Weekly Report*, 64(44), 1241 – 1245.

Bowers, J. M., Perez-Pouchoulen, M., Edwards, N. S., and McCarthy, M. M. (2013). Foxp2 mediates sex differences in ultrasonic vocalization by rat pups and directs order of maternal retrieval. *The Journal of Neuroscience*, 33(8), 3276 – 3283. doi:10.1523/JNEUROSCI.0425-12.2013.

Bowling, A. T., and Touchberry, R. W. (1990). Parentage of Great Basin feral horses. *The Journal of Wildlife Management*, 54(3), 424 – 429. doi:10.2307/3809652.

Bowman, E. A. (2008). Why the human penis is larger than in the great apes. *Archives of Sexual Behavior*, 37, 361. doi:10.1007/s10508-007-9297-6.

Bradshaw, C. D. (2021). Miocene climates. Pp. 486 – 496 in *Encyclopedia of Geology*, edited by D. Alderton and S. A. Elias. 2nd ed. Oxford: Academic Press.

Brain, C. K. (1981). *The Hunters or the Hunted? An Introduction to African Cave Taphonomy*. Chicago: University of Chicago Press.

Bramble, D. M., and Lieberman, D. E. (2004). Endurance running and the evolution of *Homo*. *Nature*, 432(7015), 345 – 352. doi:10.1038/nature03052.

Brannigan, R., and Lipshultz, L. (2008). *The Global Library of Women's Medicine*. doi:10.3843/GLOWM.10316.

Braun, D. R., Harris, J. W. K., Levin, N. E., McCoy, J. T., Herries, A. I. R., Bamford, M. K., et al. (2010). Early hominin diet included diverse terrestrial and aquatic animals 1.95 Ma in East Turkana, Kenya. *Proceedings of the National Academy of Sciences*, 107(22), 10002 – 10007. doi:10.1073/pnas.1002181107.

Brawand, D., Wahli, W., and Kaessmann, H. (2008). Loss of egg yolk genes in mammals and the origin of lactation and placentation. *PLOS Biology*, 6(3), e63. doi:10.1371/journal.pbio.0060063.

Brenna, J. T., Salem, N., Jr., Sinclair, A. J., and Cunnane, S. C. (2009). Alpha-Linolenic acid supplementation and conversion to n-3 long-chain polyunsaturated fatty acids in humans. *Prostaglandins, Leukotrienes, and Essential Fatty Acids*, 80(2 – 3), 85 – 91. doi:10.1016/j.plefa.2009.01.004.

Brennan, P. L. R., and Orbach, D. N. (2020). Copulatory behavior and its relationship to genital morphology. Pp. 65 – 122 in *Advances in the Study of Behavior*, Vol. 52, edited by M. Naguib, L. Barrett, S. D. Healy, J. Podos, L. W. Simmons, and M. Zuk. Cambridge, Mass.: Academic Press.

Brennan, P. L. R., Prum, R. O., McCracken, K. G., Sorenson, M. D., Wilson, R. E., and Birkhead, T. R. (2007). Coevolution of male and female genital morphology in waterfowl. *PLOS ONE*, 2(5), e418. doi:10.1371/journal.pone.0000418.

Brent, L. J. N., Franks, D. W., Foster, E. A., Balcomb, K. C., Cant, M. A., and Croft, D. P. (2015). Ecological knowledge, leadership, and the evolution of menopause in killer whales. *Current Biology*, 25(6), 746 – 750. doi:10.1016/j.cub.2015.01.037.

Broadfield, D. C., Holloway, R. L., Mowbray, K., Silvers, A., Yuan, M. S., and Márquez, S. (2001). Endocast of Sambungmacan 3 (Sm 3): A new *Homo erectus* from Indonesia. *The Anatomical Record*, 262(4), 369 – 379.

Brochu, C., Njau, J., Blumenschine, R., and Densmore, L. (2010). A new horned crocodile from the Plio-Pleistocene hominid sites at Olduvai Gorge, Tanzania. PLOS ONE 5(2), e9333. doi:10.1371/journal.pone.0009333.

Brock, T. D. (1988). *Robert Koch: A Life in Medicine and Bacteriology*. Heidelberg: Springer Berlin.

Brody, S., and Krüger, T. H. (2006). The post-orgasmic prolactin increase following intercourse is greater than following masturbation and suggests greater satiety. *Biological Psychology*, 71(3), 312 – 315. doi:10.1016/j.biopsycho.2005.06.008.

Bronikowski, A. M., Altmann, J., Brockman, D. K., Cords, M., Fedigan, L. M., Pusey, A., et al. (2011). Aging in the natural world: Comparative data reveal similar mortality patterns across primates. *Science*, 331(6022), 1325 – 1328. doi:10.1126/science.1201571.

Brooks, R., Singleton, J. L., and Meltzoff, A. N. (2020). Enhanced gaze-following behavior in Deaf infants of Deaf parents. *Developmental Science*, 23(2), e12900. doi:10.1111/desc.12900.

Bruce, H. M. (1959). Exteroceptive block to pregnancy in the mouse. *Nature*, 184(4680), 105.

Brusatte, S., and Luo, Z. X. (2016). Ascent of the mammals. *Scientific American*, 314(6), 28 – 35. doi:10.1038/scientificamerican0616-28.

Bryan, D. L., Hart, P. H., Forsyth, K. D., and Gibson, R. A. (2007). Immunomodulatory constituents of human milk change in response to infant bronchiolitis. *Pediatric*

Allergy and Immunology, 18(6), 495 – 502.

Bryant, G. A., and Haselton, M. G. (2009). Vocal cues of ovulation in human females. *Biology Letters*, 5(1), 12 – 15. doi:10.1098/rsbl.2008.0507.

Buchanan, F. F., Myles, P. S., and Cicuttini, F. (2009). Patient sex and its influence on general anaesthesia. *Anaesthesia and Intensive Care*, 37(2), 207 – 218. doi:10.1177/0310057X0903700201.

Bunn, H. T. (1981). Archaeological evidence for meat-eating by Plio-Pleistocene hominids from Koobi Fora and Olduvai Gorge. *Nature*, 291(5816), 574 – 577.

Burke, S. M., Cohen-Kettenis, P. T., Veltman, D. J., Klink, D. T., and Bakker, J. (2014). Hypothalamic response to the chemo-signal androstadienone in gender dysphoric children and adolescents. *Frontiers in Endocrinology*, 5, 60. doi:10.3389/fendo.2014.00060.

Butler, P. M., and Sigogneau-Russell, D. (2016). Diversity of triconodonts in the Middle Jurassic of Great Britain. *Palaeontologia Polonica*, 67, 35 – 65.

Byrnes, J. P., Miller, D. C., and Schafer, W. D. (1999). Gender differences in risk taking: A meta-analysis. *Psychological Bulletin*, 125(3), 367.

Cafazzo, S., Natoli, E., and Valsecchi, P. (2012). Scent-marking behaviour in a pack of free-ranging domestic dogs. *Ethology*, 118, 955 – 966. doi:10.1111/j.1439-0310.2012.02088.x.

Cain, W. S. (1982). Odor identification by males and females: Predictions vs. performance. *Chemical Senses*, 7(2):129 – 142.

Caine, N. G., Osorio, D., and Mundy, N. I. (2010). A foraging advantage for dichromatic marmosets (*Callithrix geoffroyi*) at low light intensity. *Biology Letters*, 6(1), 36 – 38. doi:10.1098/rsbl.2009.0591.

Caldwell, J. C. (1980). Mass education as a determinant of the timing of fertility decline. *Population and Development Review*, 225 – 255.

Callaway, E. (2012). Fathers bequeath more mutations as they age. *Nature*, 488(7412), 439 – 439. doi:10.1038/488439a.

Cameron, E. L. (2014). Pregnancy and olfaction: A review. *Frontiers in Psychology*, 5. doi:10.3389/fpsyg.2014.00067.

Cammarota, G., Ianiro, G., and Gasbarrini, A. (2014). Fecal microbiota transplantation for the treatment of Clostridium difficile infection: A systematic review. *Journal of Clinical Gastroenterology*, 48(8), 693 – 702.

Campbell, A., Copping, L. T., and Cross, C. P. (2021). *Sex Differences in Fear Response: An Evolutionary Perspective*. Cham: Springer.

Campos, F. A., Altmann, J., Cords, M., Fedigan, L. M., Lawler, R., Lonsdorf, E. V., et al. (2022). Female reproductive aging in seven primate species: Patterns and consequences. *Proceedings of the National Academy of Sciences*, 119(20), e2117669119. doi:10.1073/pnas.2117669119.

Campos, F. A., Villavicencio, F., Archie, E. A., Colchero, F., and Alberts, S. C. (2020). Social bonds, social status and survival in wild baboons: A tale of two sexes. *Philosophical Transactions of the Royal Society B: Biological Sciences*, 375(1811), 20190621. doi:10.1098/rstb.2019.0621.

Cantwell, R., Clutton-Brock, T., Cooper, G., Dawson, A., Drife, J., Garrod, D., et al. (2011). Saving mothers' lives: Reviewing maternal deaths to make motherhood safer: 2006 – 2008. The Eighth Report of the Confidential Enquiries into Maternal Deaths in the United Kingdom. *British Journal of Obstetrics and Gynaecology*, 118 (S1), 1 – 203. doi:10.1111/j.1471-0528.2010.02847.x.

Capasso, L., Michetti, E., and D'Anastasio, R. (2008). A *Homo erectus* hyoid bone: Possible implications for the origin of the human capability for speech. *Collegium Antropologicum*, 32(4), 1007 – 1011.

Capellini, T. D., Chen, H., Cao, J., Doxey, A. C., Kiapour, A. M., Schoor, M., and Kingsley, D. M. (2017). Ancient selection for derived alleles at a GDF5 enhancer influencing human growth and osteoarthritis risk. *Nature Genetics*, 49(8), 1202 – 1210. doi:10.1038/ng.3911.

Caplan, H. W., Cox, C. S., and Bedi, S. S. (2017). Do microglia play a role in sex differences in TBI? *Journal of Neuroscience Research*, 95(1 – 2), 509 – 517. doi:10.1002/jnr.23854.

Cardinale, D. A., Larsen, F. J., Schiffer, T. A., Morales-Alamo, D., Ekblom, B., Calbet, J. A. L., et al. (2018). Superior intrinsic mitochondrial respiration in women than in men. *Frontiers in Physiology*, 9. doi:10.3389/fphys.2018.01133.

Carlson, B. A., and Kingston, J. D. (2007). Docosahexaenoic acid, the aquatic diet, and hominin encephalization: Difficulties in establishing evolutionary links. *American Journal of Human Biology*, 19(1), 132 – 141. doi:10.1002/ajhb.20579.

Caro, T. M., Sellen, D. W., Parish, A., Frank, R., Brown, D. M., Voland, E., and Mulder, M. B. (1995). Termination of reproduction in nonhuman and human female primates. *International Journal of Primatology*, 16(2), 205 – 220. doi:10.1007/BF02735478.

Carr, L. E., Virmani, M. D., Rosa, F., Munblit, D., Matazel, K. S., Elolimy, A. A., and Yeruva, L. (2021). Role of human milk bioactives on infants' gut and immune health. *Frontiers in Immunology*, 12, 604080. doi:10.3389/fimmu.2021.604080.

Carrano, M. T., and Sampson, S. D. (2004). A review of coelophysoids (Dinosauria: Theropoda) from the Early Jurassic of Europe, with comments on the late history of the Coelophysoidea. *Neues Jahrbuch für Geologie und Paläontologie-Monatshefte* (9), 537 – 558. doi:10.1127/njgpm/2004/2004/537.

Carvalho, M. R., Jaramillo, C., de la Parra, F., Caballero-Rodríguez, D., Herrera, F., Wing, S., et al. (2021). Extinction at the end-Cretaceous and the origin of modern Neotropical rainforests. *Science*, 372(6537), 63 – 68. doi:10.1126/science.abf1969.

Carvalho, S., Biro, D., Cunha, E., Hockings, K., McGrew, W. C., Richmond, B. G., and Matsuzawa, T. (2012). Chimpanzee carrying behaviour and the origins of human bipedality. *Current Biology*, 22(6), R180 – R181. doi:10.1016/j.cub.2012.01.052.

Casolini, P., Cigliana, G., Alema, G. S., Ruggieri, V., Angelucci, L., and Catalani, A. (1997). Effect of increased maternal corticosterone during lactation on hippocampal corticosteroid receptors, stress response and learning in offspring in the early stages of life. *Neuroscience*, 79, 1005 – 1012.

CBS News. (2015). First women to pass Ranger School recount milestone. Aug. 20, 2015. www.cbsnews.com.

Centers for Disease Control and Prevention (CDC). (2015). *Sexually Transmitted Disease Surveillance 2014*. Atlanta: U.S. Department of Health and Human Services.

Centers for Disease Control and Prevention (CDC). (2022). *Sexually Transmitted Disease Surveillance 2020*. Atlanta: U.S. Department of Health and Human Services. www.cdc. gov.

Centerwall, B. (1995). Race, socioeconomic status, and domestic homicide. *Journal of the American Medical Association*, 273(22), 1755 – 1758.

Cera, N., Vargas-Cáceres, S., Oliveira, C., Monteiro, J., Branco, D., Pignatelli, D., and Rebelo, S. (2021). How relevant is the systemic oxytocin concentration for human sexual behavior? A systematic review. *Sexual Medicine*, 9(4), 100370. doi:10.1016/ j.esxm.2021.100370.

Cerling, T. E., Chritz, K. L., Jablonski, N. G., Leakey, M. G., and Manthi, F. K. (2013). Diet of Theropithecus from 4 to 1 Ma in Kenya. *Proceedings of the National Academy of Sciences*, 110(26), 10507 – 10512. doi:10.1073/pnas.1222571110.

Cerling, T. E., Levin, N. E., Quade, J., Wynn, J. G., Fox, D. L., Kingston, J. D., et al. (2010). Comment on the Paleoenvironment of *Ardipithecus ramidus*. *Science*, 328(5982), 1105 – 1105.

Cerling, T. E., Wynn, J. G., Andanje, S. A., Bird, M. I., Korir, D. K., Levin, N. E., et al. (2011). Woody cover and hominin environments in the past 6 million years. *Nature*, 476(7358), 51 – 56.

Chakradhar, S. and Ross, C. (2019). The history of OxyContin, told through unsealed Purdue documents. *Stat*, Dec. 3, 2019. www.statnews.com.

Chan, E. K., Timmermann, A., Baldi, B. F., Moore, A. E., Lyons, R. J., Lee, S. S., et al. (2019). Human origins in a southern African palaeo-wetland and first migrations. *Nature*, 575(7781), 185 – 189.

Chan, Y. Y., Jayaprakasan, K., Zamora, J., Thornton, J. G., Raine-Fenning, N., and Coomarasamy, A. (2011). The prevalence of congenital uterine anomalies in unselected and high-risk populations: A systematic review. *Human Reproduction Update*, 17(6), 761 – 771. doi:10.1093/humupd/dmr028.

Chance, M. R. A. (1996). Reason for externalization of the testis of mammals. *Journal of Zoology*, 239(4), 691 – 695. doi:10.1111/j.1469-7998.1996.tb05471.x.

Chapman, D. D., Wintner, S. P., Abercrombie, D. L., Ashe, J., Bernard, A. M., Shivji, M. S., and Feldheim, K. A. (2013). The behavioural and genetic mating system of the sand tiger shark, *Carcharias taurus*, an intrauterine cannibal. *Biology Letters*, 9(3), 20130003. doi:10.1098/rsbl.2013.0003.

Chattopadhyay, R., and Duflo, E. (2004). Women as policy makers: Evidence from a randomized policy experiment in India. *Econometrica*, 72(5), 1409 – 1443.

Chavarria, M. C., Sánchez, F. J., Chou, Y. Y., Thompson, P. M., and Luders, E. (2014). Puberty in the corpus callosum. *Neuroscience*, 265, 1 – 8. doi:10.1016/j.neuroscience.2014.01.030.

Chen, Y., Matheson, L. E., and Sakata, J. T. (2016). Mechanisms underlying the social enhancement of vocal learning in songbirds. *Proceedings of the National Academy of Sciences*, 113(24), 6641 – 6646. doi:10.1073/pnas.1522306113.

Cherry, J. A., and Baum, M. J. (2020). Sex differences in main olfactory system pathways involved in psychosexual function. *Genes, Brain and Behavior*, 19, e12618. doi:10.1111/gbb.12618.

Chester, S. G. B., Bloch, J. I., Boyer, D. M., and Clemens, W. A. (2015). Oldest known euarchontan tarsals and affinities of Paleocene *Purgatorius* to primates. *Proceedings of the National Academy of Sciences*, 112(5), 1487 – 1492. doi:10.1073/pnas.1421707112.

Choi, H., Dey, A. K., Priyamvara, A., Aksentijevich, M., Bandyopadhyay, D., Dey, D., et al. (2021). Role of periodontal infection, inflammation and immunity in atherosclerosis. *Current Problems in Cardiology*, 46(3), 100638. doi:10.1016/j.cpcardiol.2020.100638.

Clark, J. D., de Heinzelin, J., Schick, K. D., Hart, W. K., White, T. D., WoldeGabriel, G., et al. (1994). African *Homo erectus*: Old radiometric ages and young Oldowan assemblages in the Middle Awash Valley, Ethiopia. *Science*, 264(5167), 1907 – 1910.

Clark, P., ed. (2013). *The Oxford Handbook of Cities in World History*. Oxford: Oxford University Press.

Clayton, J. A., and Collins, F. S. (2014). Policy: NIH to balance sex in cell and animal studies. *Nature*, 509(7500), 282 – 283. doi:10.1038/509282a.

Clemens, W. A. (2004). *Purgatorius* (Plesiadapiformes, Primates?, Mammalia), a Paleocene immigrant into northeastern Montana: Stratigraphic occurrences and incisor proportions. *Bulletin of Carnegie Museum of Natural History*, 2004(36), 3 – 13.

Coenen, P., Huysmans, M. A., Holtermann, A., Krause, N., van Mechelen, W., Straker, L. M., and van der Beek, A. J. (2018). Do highly physically active workers die early? A systematic review with meta-analysis of data from 193 696 participants. *British Journal of Sports Medicine*, 52(20), 1320 – 1326. doi:10.1136/bjsports-2017-098540.

Coffey, D. (2015). Prepregnancy body mass and weight gain during pregnancy in India and sub-Saharan Africa. *Proceedings of the National Academy of Sciences*, 112(11), 3302 – 3307. doi:10.1073/pnas.1416964112.

Coffey, D., and Hathi, P. (2016). Underweight and pregnant: Designing universal maternity entitlements to improve health. *Indian Journal of Human Development*, 10(2),176 – 190.

Coffman, K. B., Coffman, L. C., and Ericson, K. M. M. (2017). The size of the LGBT population and the magnitude of antigay sentiment are substantially underestimated. *Management Science*, 63(10), 3168 – 3186. doi:10.1287/mnsc.2016.2503.

Cohan, A. B., and Tannenbaum, I. J. (2001). Lesbian and bisexual women's judgments of the attractiveness of diff erent body type. *The Journal of Sex Research*, 38(3), 226 – 232. doi:10.1080/00224490109552091.

Colchero, F., Aburto, J. M., Archie, E. A., Boesch, C., Breuer, T., Campos, F. A., et al. (2021).

The long lives of primates and the "invariant rate of ageing" hypothesis. *Nature Communications*, 12(1), 3666. doi:10.1038/s41467-021-23894-3.

Colchero, F., Rau, R., Jones, O. R., Barthold, J. A., Conde, D. A., Lenart, A., et al. (2016). The emergence of longevous populations. *Proceedings of the National Academy of Sciences*, 113(48), E7681 – E7690. doi:10.1073/pnas.1612191113.

Coleman, M. N. (2009). What do primates hear? A meta-analysis of all known nonhuman primate behavioral audiograms. *International Journal of Primatology*, 30(1), 55 – 91.

Colman, R. J., Kemnitz, J. W., Lane, M. A., Abbott, D. H., and Binkley, N. (1999). Skeletal effects of aging and menopausal status in female rhesus macaques. *The Journal of Clinical Endocrinology & Metabolism*, 84(11), 4144 – 4148. doi:10.1210/jcem.84.11.6151.

Conard, N. J. (2015). Cultural evolution during the Middle and Late Pleistocene in Africa and Eurasia. Pp. 2465 – 2508 in *Handbook of Paleoanthropology*, edited by W. Henke and I. Tattersall. Berlin: Springer.

Conith, A. J., Imburgia, M. J., Crosby, A. J., and Dumont, E. R. (2016). The functional significance of morphological changes in the dentitions of early mammals. *Journal of the Royal Society Interface*, 13(124), 20160713. doi:10.1098/rsif.2016.0713.

Connor, R. C., and Smolker, R. (1996). "Pop" goes the dolphin: A vocalization male bottlenose dolphins produce during consortships. *Behaviour*, 133, 643e662.

Connor, R. C., Krützen, M., Allen, S. J., Sherwin, W. B., and King, S. L. (2022). Strategic intergroup alliances increase access to a contested resource in male bottlenose dolphins. *Proceedings of the National Academy of Sciences*, 119(36), e2121723119. doi:10.1073/pnas.2121723119.

Connor, R. C., Smolker, R. A., and Richards, A. F. (1992). Two levels of alliance formation among male bottlenose dolphins (*Tursiops sp.*). *Proceedings of the National Academy of Sciences*, 89(3), 987 – 990.

Coppa, G. V., Pierani, P., Zampini, L., Carloni, I., Carlucci, A., and Gabrielli, O. (1999). Oligosaccharides in human milk during different phases of lactation. *Acta Paediatrica* suppl., 88(430), 89 – 94. doi:10.1111/j.1651-2227.1999.tb01307.x.

Coppa, G.V., Zampini, L., Galeazzi, T., Facinelli, B., Ferrante, L., Capretti, R., and Orazio, G. (2006). Human milk oligosaccharides inhibit the adhesion to Caco-2 cells of diarrheal pathogens: *Escherichia coli, Vibrio cholerae, and Salmonella fyris. Pediatric Research*, 59, 377 – 382.

Coquerelle, M., Prados-Frutos, J. C., Rojo, R., Mitteroecker, P., and Bastir, M. (2013). Short faces, big tongues: Developmental origin of the human chin. *PLOS ONE*, 8(11), e81287.

Corvinus, G. (2004). *Homo erectus* in East and Southeast Asia, and the questions of the age of the species and its association with stone artifacts, with special attention to handaxe-like tools. *Quaternary International*, 117(1), 141 – 151.

Courie, L. W. (1972). *The Black Death and Peasant's Revolt*. London: Wayland.

Cox, C., Bergmann, C., Fowler, E., Keren-Portnoy, T., Roepstorff, A., Bryant, G., and Fusaroli, R. (2022). A systematic review and Bayesian meta-analysis of the acoustic features of infant-directed speech. *Nature Human Behaviour*, Oct. 3, 2022. doi:10.1038/s41562-022-01452-1.

Cox-York, K., Wei, Y., Wang, D., Pagliassotti, M. J., and Foster, M. T. (2015). Lower body adipose tissue removal decreases glucose tolerance and insulin sensitivity in mice with exposure to high fat diet. *Adipocyte*, 4(1), 32 – 43. doi:10.4161/21623945.2014.957988.

Cristia, A., Dupoux, E., Gurven, M., and Stieglitz, J. (2019). Child-directed speech is infrequent in a forager-farmer population: A time allocation study. *Child Development*, 90(3), 759 – 773. doi.org/10.1111/cdev.12974.

Croft, D. P., Brent, L. J. N., Franks, D. W., and Cant, M. A. (2015). The evolution of prolonged life after reproduction. *Trends in Ecology & Evolution*, 30(7), 407 – 416. doi:10.1016/j.tree.2015.04.011.

Crofton, E. J., Zhang, Y., and Green, T. A. (2015). Inoculation stress hypothesis of environmental enrichment. *Neuroscience Biobehavioral Review*, 49, 19 – 31. doi:10.1016/j.neubiorev.2014.11.017.

Cuckle, H. S., Wald, N. J., and Thompson, S. G. (1987). Estimating a woman's risk of having a pregnancy associated with Down's syndrome using her age and serum alpha-fetoprotein level. *British Journal of Obstetrics and Gynaecology*, 94(5), 387 – 402. doi:10.1111/j.1471-0528.1987.tb03115.x.

Cullen, C. (1935). *The Medea, and Some Poems*. New York: Harper & Brothers.

Cunnane, S. C., and Crawford, M. A. (2003). Survival of the fattest: Fat babies were the key to evolution of the large human brain. *Comparative Biochemistry and Physiology. Part A, Molecular & Integrative Physiology*, 136(1), 17-26. doi:10.1016/s1095-6433(03)00048-5.

Cunnane, S. C., and Crawford, M. A. (2014). Energetic and nutritional constraints on infant brain development: Implications for brain expansion during human evolution. *Journal of Human Evolution*, 77, 88 – 98. doi:10.1016/j.jhevol.2014.05.001.

Currie, J., and Goodman, J. (2020). Parental socioeconomic status, child health, and human capital. Pp. 239 – 248 in *The Economics of Education*, edited by S. Bradley and C. Green. 2nd ed. Elsevier.

Cutler, A., and Scott, D. (1990). Speaker sex and perceived apportionment of talk. *Applied Psycholinguistics*, 11(3), 253 – 272. doi:10.1017/S0142716400008882.

Cyranowski, J. M., Frank, E., Young, E., and Shear, M. K. (2000). Adolescent onset of the gender diff erence in lifetime rates of major depression: A theoretical model. *Archives of General Psychiatry*, 57(1), 21 – 27. doi:10.1001/archpsyc.57.1.21.

Daddona, M. (2018). Got Milk? How the iconic campaign came to be, 25 years ago. Fast Company. www.fastcompany.com.

Dahlberg, E. L., Eberle, J. J., Sertich, J. J. W., and Miller, I. M. (2016). A new earliest Paleocene (Puercan) mammalian fauna from Colorado's Denver Basin, U.S.A. *Rocky Mountain Geology*, 51(1), 1 – 22. doi:10.2113/gsrocky.51.1.1.

Dalene, K. E., Tarp, J., Selmer, R. M., Ariansen, I. K. H., Nystad, W., Coenen, P., et al. (2021). Occupational physical activity and longevity in working men and women in Norway: a prospective cohort study. *The Lancet Public Health*, 6(6), e386 – e395. doi:10.1016/S2468-2667(21)00032-3.

Dalley, S. (1991). *Myths from Mesopotamia*. Oxford: Oxford University Press.

Dallman, M. F., Pecoraro, N., Akana, S. F., La Fleur, S. E., Gomez, F., Houshyar, H., et al. (2003). Chronic stress and obesity: A new view of "comfort food." *Proceedings of the National Academy of Sciences*, 100(20), 11696 – 11701.

Daly, S. E., and Hartmann, P. E. (1995). Infant demand and milk supply. Part 2: The short-term control of milk synthesis in lactating women. *Journal of Human Lactation*, 11, 27 – 37.

Danesh, J., Collins, R., and Peto, R. (1997). Chronic infections and coronary heart disease: Is there a link? *The Lancet*, 350(9075), 430 – 436. doi:10.1016/S0140-6736(97)03079-1.

Darnall, B. D., Stacey, B. R., and Chou, R. (2012). Medical and psychological risks and consequences of long-term opioid therapy in women. *Pain Medicine*, 13(9), 1181 – 1211.

Dart, D. A., Waxman, J., Aboagye, E. O., and Bevan, C. L. (2013). Visualising androgen receptor activity in male and female mice. *PLOS ONE*, 8(8), e71694. doi:10.1371/

journal.pone.0071694.

Dawkins, R. (1982, 1999). *The Extended Phenotype*. Rev. ed. Oxford: Oxford University Press.

De Araujo, J. F. F. E., and Tejedo-Romero, F. (2016). Women's political representation and transparency in local governance. *Local Government Studies*, 42(6), 885 – 906. doi :10.1080/03003930.2016.1194266.

De Bellis, M. D., Keshavan, M. S., Beers, S. R., Hall, J., Frustaci, K., Masalehdan, A., et al. (2001). Sex difference in brain maturation during childhood and adolescence. *Cerebral Cortex*, 11(6), 552 – 557. doi:10.1093/cercor/11.6.552.

de Blok, C. J. M., Klaver, M., Wiepjes, C. M., Nota, N. M., Heijboer, A. C., Fisher, A. D., et al. (2017). Breast development in transwomen after 1 year of cross-sex hormone therapy: Results of a prospective multicenter study. *The Journal of Clinical Endocrinology & Metabolism*, 103(2), 532 – 538. doi:10.1210/jc.2017-01927.

de Boer, B. (2012). Loss of air sacs improved hominin speech abilities. *Journal of Human Evolution*, 62(1), 1 – 6.

de Boer, B., and Kuhl, P. K. (2003). Investigating the role of infant-directed speech with a computer model. *Auditory Research Letters On-Line (ARLO)*, 4, 129 – 134.

de Catanzaro, D., MacNiven, E., and Ricciuti, F. (1991). Comparison of the adverse effects of adrenal and ovarian steroids on early pregnancy in mice. *Psychoneuroendocrinology*, 16(6), 525 – 536. doi:10.1016/0306-4530(91)90036-S.

de Dreu, C. K. W., Greer, L. L., Handgraaf, M. J. J., Shalvi, S., Van Kleef, G. A., Baas, M., et al. (2010). The neuropeptide oxytocin regulates parochial altruism in intergroup conflict among humans. *Science*, 328(5984), 1408 – 1411. doi:10.1126/science.1189047.

de Goffau, M. C., Lager, S., Sovio, U., Gaccioli, F., Cook, E., Peacock, S. J., et al. (2019). Human placenta has no microbiome but can contain potential pathogens. *Nature*, 572(7769), 329 – 334. doi:10.1038/s41586-019-1451-5.

de Heinzelin, J., Clark, J. D., White, T., Hart, W., Renne, P., WoldeGabriel, G., et al. (1999). Environment and behavior of 2.5-million-year-old Bouri hominids. *Science*, 284(5414), 625 – 629.

de la Torre, I. (2016). The origins of the Acheulean: Past and present perspectives on a major transition in human evolution. *Philosophical Transactions of the Royal Society*, 371, 20150245. doi:10.1098/rstb.2015.0245.

de Vries, E., den Tonkelaar, I., van Noord, P. A. H., van der Schouw, Y. T., te Velde, E. R., and Peeters, P. H. M. (2001). Oral contraceptive use in relation to age at menopause in the DOM cohort. *Human Reproduction*, 16(8), 1657 – 1662. doi:10.1093/humrep/16.8.1657.

de Waal, F. (2022). *Different: Gender Through the Eyes of a Primatologist*. New York: W. W. Norton.

de Waal, F. B., and Suchak, M. (2010). Prosocial primates: Selfish and unselfish motivations. *Philosophical Transactions of the Royal Society*, 365(1553), 2711 – 2722. doi:10.1098/rstb.2010.0119.

Deag, J. M., and Crook, J. H. (1971). Social behaviour and "agonistic buffering" in the wild Barbary macaque Macaca sylvana L. *Folia primatologica*, 15(3 – 4), 183 – 200.

Deary, I. J., Johnson, W., and Houlihan, L. M. (2009). Genetic foundations of human intelligence. *Human Genetics*, 126(1), 215 – 232. doi:10.1007/s00439-009-0655-4.

Deary, I. J., Strand, S., Smith, P., and Fernandes, C. (2007). Intelligence and educational achievement. *Intelligence*, 35(1), 13 – 21.

Deary, I. J., Thorpe, G., Wilson, V., Starr, J., and Whalley, L. (2003). Population sex differences in IQ at age 11: The Scottish Mental Survey 1932. *Intelligence*, 31, 533 – 542. doi:10.1016/S0160-2896(03)00053-9.

Defense Visual Information Distribution Service (DVIDS). (2015). Video of Ranger students after Griest and Haver finishes the course. www.dvidshub.net/video/420406/ranger-course-student-panel.

DeGiorgio, M., Jakobsson, M., and Rosenberg, N. A. (2009). Out of Africa: Modern human origins special feature: Explaining worldwide patterns of human genetic variation using a coalescent-based serial founder model of migration outward from Africa. *Proceedings of the National Academy of Sciences of the United States of America*, 106(38), 16057 – 16062. doi:10.1073/pnas.0903341106.

Dehara, M., Wells, M. B., Sjöqvist, H., Kosidou, K., Dalman, C., and Sörberg Wallin, A. (2021). Parenthood is associated with lower suicide risk: A register-based cohort study of 1.5 million Swedes. *Acta psychiatrica Scandinavica*, 143(3), 206 – 215. doi:10.1111/acps.13240.

Delano, P. H., Elgueda, D., Hamame, C. M., and Robles, L. (2007). Selective attention to visual stimuli reduces cochlear sensitivity in chinchillas. *The Journal of Neuroscience*, 27(15), 4146 – 4153. doi:10.1523/JNEUROSCI.3702-06.2007.

Demuru, E., Ferrari, P. F., and Palagi, E. (2018). Is birth attendance a uniquely human feature? New evidence suggests that Bonobo females protect and support the parturient. *Evolution and Human Behavior*, 39(5), 502 – 510. doi:10.1016/j.evolhumbehav.2018.05.003.

Dennison, T., and Ogilvie, S. (2014). Does the European marriage pattern explain economic growth? *The Journal of Economic History*, 74(3), 651 – 693. doi:10.1017/S0022050714000564.

DeSilva, J., and Lesnik, J. (2006). Chimpanzee neonatal brain size: Implications for brain growth in *Homo erectus*. *Journal of Human Evolution*, 51(2), 207 – 212.

DeSilva, J. M. (2011). A shift toward birthing relatively large infants early in human evolution. *Proceedings of the National Academy of Sciences*, 108(3), 1022 – 1027.

DeSilva, J. M., Laudicina, N. M., Rosenberg, K. R., and Trevathan, W. R. (2017). Neonatal shoulder width suggests a semirotational, oblique birth mechanism in *Australopithecus afarensis*. *The Anatomical Record*, 300(5), 890 – 899.

Di Mascio, D., Saccone, G., Bellussi, F., Vitagliano, A., and Berghella, V. (2020). Type of paternal sperm exposure before pregnancy and the risk of preeclampsia: A systematic review. *European Journal of Obstetrics & Gynecology and Reproductive Biology*, 251, 246 – 253. doi:10.1016/j.ejogrb.2020.05.065.

Di Stefano, N., Ghilardi, G., and Morini, S. (2017). Leonardo's mistake: Not evidence-based medicine? *The Lancet*, 390(10097), 845. doi:10.1016/S0140-6736(17)32140-2.

Diamanti-Kandarakis, E., Bourguignon, J. P., Giudice, L. C., Hauser, R., Prins, G. S., Soto, A. M., et al. (2009). Endocrine-disrupting chemicals: An Endocrine Society scientific statement. *Endocrine Reviews*, 30(4), 293 – 342.

Diamond, J. (1995). Father's milk. *Discover*, 16(2), 82 – 87.

Dickens, W. T., and Flynn, J. R. (2006). Black Americans reduce the racial IQ gap: Evidence from standardization samples. *Psychological Science*, 17(10), 913 – 920. doi:10.1111/j.1467-9280.2006.01802.x.

Diebolt, C., and Perrin, F. (2013). From stagnation to sustained growth: The role of female empowerment. *American Economic Review*, 103(3), 545 – 549. doi:10.1257/aer.103.3.545.

Diez-Martín, F., Sánchez, P., Domínguez-Rodrigo, M., Mabulla, A., and Barba, R. (2009). Were Olduvai Hominins making butchering tools or battering tools? Analysis of a recently excavated lithic assemblage from BK (Bed II, Olduvai Gorge, Tanzania). *Journal of Anthropological Archaeology*, 28(3), 274 – 289. doi:10.1016/

j.jaa.2009.03.001.

Ding, W., Yang, L., and Xiao, W. (2013). Daytime birth and parturition assistant behavior in wild black-and-white snub-nosed monkeys (Rhinopithecus bieti) Yunnan, China. *Behavioural Processes*, 94, 5 – 8. doi:10.1016/j.beproc.2013.01.006.

Dinkel, D., and Snyder, K. (2020). Exploring gender differences in infant motor development related to parent's promotion of play. *Infant Behavior & Development*, 59, 101440. doi:10.1016/j.infbeh.2020.101440.

Diogo, R., Molnar, J. L., and Wood, B. (2017). Bonobo anatomy reveals stasis and mosaicism in chimpanzee evolution, and supports bonobos as the most appropriate extant model for the common ancestor of chimpanzees and humans. *Scientific Reports*, 7(1), 608.

Dixson, A. F. (2018). Copulatory and Postcopulatory Sexual Selection in Primates. *Folia Primatologica*, 89(3 – 4), 258 – 286. doi:10.1159/000488105.

Dixson, A. L., and Anderson, M. J. (2002). Sexual selection, seminal coagulation and copulatory plug formation in primates. *Folia Primatologica*, 73(2 – 3), 63 – 69. doi:10.1159/000064784.

Dobolyi, A., Oláh, S., Keller, D., Kumari, R., Fazekas, E. A., Csikós, V., et al. (2020). Secretion and function of pituitary prolactin in evolutionary perspective. *Frontiers in Neuroscience*, 14, 621. doi:10.3389/fnins.2020.00621.

Dodge, B., Reece, M., and Herbenick, D. (2009). School-based condom education and its relations with diagnoses of and testing for sexually transmitted infections among men in the United States. *American Journal of Public Health*, 99(12), 2180 – 2182. doi:10.2105/AJPH.2008.159038.

Dollé, J. P., Jaye, A., Anderson, S. A., Ahmadzadeh, H., Shenoy, V. B., and Smith, D. H. (2018). Newfound sex differences in axonal structure underlie differential outcomes from in vitro traumatic axonal injury. Experimental *Neurology*, 300, 121 – 134. doi:10.1016/j.expneurol.2017.11.001.

Dong, X., Milholland, B., and Vijg, J. (2016). Evidence for a limit to human lifespan. *Nature*, 538, 257 – 259. doi:10.1038/nature19793.

Donovan, M. P., Iglesias, A., Wilf, P., Labandeira, C. C., and Cúneo, N. R. (2016). Rapid recovery of Patagonian plant-insect associations after the end-Cretaceous extinction. *Nature Ecology & Evolution*, 1(1), 0012. doi:10.1038/s41559-016-0012.

Donovan, M. P., Iglesias, A., Wilf, P., Labandeira, C. C., and Cúneo, N. R. (2018).

Diverse plant-insect associations from the Latest Cretaceous and Early Paleocene of Patagonia, Argentina. *Ameghiniana*, 55(3), 303 – 338, 336. doi:10.5710/ AMGH.15.02.2018.3181.

Dorak, M. T., and Karpuzoglu, E. (2012). Gender differences in cancer susceptibility: An inadequately addressed issue. *Frontiers in Genetics*, 3, 268. doi:10.3389/ fgene.2012.00268.

Doty, R. L., and Cameron, E. L. (2009). Sex differences and reproductive hormone influences on human odor perception. *Physiology & Behavior*, 97(2), 213 – 228.

Douglas, P. H. (2014). Female sociality during the daytime birth of a wild bonobo at Luikotale, Democratic Republic of the Congo. *Primates*, 55(4), 533 – 542. doi:10.1007/ s10329-014-0436-0.

Dreger., A. D. (1998). *Hermaphrodites and the Medical Invention of Sex*. Cambridge, Mass.: Harvard University Press.

Drewett, R., Bowen-Jones, A., and Dogterom, J. (1982). Oxytocin levels during breast-feeding in established lactation. *Hormones and Behavior*, 16(2), 245 – 248.

Drewnowski, A., Krahn, D. D., Demitrack, M. A., Nairn, K., Gosnell, B. A. (1992). Taste responses and preferences for sweet high-fat foods: Evidence for opioid involvement. *Physiology and Behavior*, 51, 371 – 379.

Drews, B., Roellig, K., Menzies, B. R., Shaw, G., Buentjen, I., Herbert, C. A., et al. (2013). Ultrasonography of wallaby prenatal development shows that the climb to the pouch begins in utero. *Scientific Reports*, 3(1), 1458. doi:10.1038/srep01458.

Dubno, J. R., Dirks, D. D., and Morgan, D. E. (1984). Effects of age and mild hearing loss on speech recognition in noise. *The Journal of the Acoustical Society of America*, 76(1), 87 – 96. doi:10.1121/1.391011.

Duckitt, K., and Harrington, D. (2005). Risk factors for pre-eclampsia at antenatal booking: Systematic review of controlled studies. *British Medical Journal*, 330(7491), 565.

Dulias, K., Foody, M. G. B., Justeau, P., Silva, M., Martiniano, R., Oteo-García, G., et al. (2022). Ancient DNA at the edge of the world: Continental immigration and the persistence of Neolithic male lineages in Bronze Age Orkney. *Proceedings of the National Academy of Sciences*, 119(8), e2108001119. doi:10.1073/pnas.2108001119.

Dunbar, R. (1993). Coevolution of neocortical size, group size, and language in humans. *Behavioral and Brain Sciences*, 16(4), 681 – 735.

Dunbar, R. (1996). *Grooming, Gossip, and the Evolution of Language*. London: Faber & Faber.

Dunbar, R. I. M. (1984). Infant-use by male gelada in agonistic contexts: Agonistic buffering, progeny protection or soliciting support? *Primates*, 25, 28 – 35.

Dunford, A., Weinstock, D. M., Savova, V., Schumacher, S. E., Cleary, J. P., Yoda, A., et al. (2017). Tumor-suppressor genes that escape from X-inactivation contribute to cancer sex bias. *Nature Genetics*, 49(1), 10 – 16. doi:10.1038/ng.3726.

Dunn, J. C., Halenar, L. B., Davies, T. G., Cristobal-Azkarate, J., Reby, D., Sykes, D., et al. (2015). Evolutionary trade-off between vocal tract and testes dimensions in howler monkeys. *Current Biology*, 25(21), 2839 – 2844. doi:10.1016/j.cub.2015.09.029.

Dunsworth, H., and Eccleston, L. (2015). The evolution of difficult childbirth and helpless hominin infants. *Annual Review of Anthropology*, 44, 55 – 69.

Dunsworth, H. M., Warrener, A. G., Deacon, T., Ellison, P. T., and Pontzer, H. (2012). Metabolic hypothesis for human altriciality. *Proceedings of the National Academy of Sciences*, 109(38), 15212 – 15216. doi:10.1073/pnas.1205282109.

Durex. (2007). The face of global sex 2007. www.durexnetwork.org.

Easter, M., and Freedman, A. (2020). Here's why breast milk isn't a good workout supplement for bodybuilders. *Men's Health*, Aug. 11, 2020. www.menshealth.com.

Eaton, N. R., Keyes, K. M., Krueger, R. F., Balsis, S., Skodol, A. E., Markon, K. E., et al. (2012). An invariant dimensional liability model of gender differences in mental disorder prevalence: Evidence from a national sample. *Journal of Abnormal Psychology*, 121(1), 282 – 288. doi:10.1037/a0024780.

Eaton, S. B., Pike, M. C., Short, R. V., Lee, N. C., Trussell, J., Hatcher, R. A., et al. (1994). Women's reproductive cancers in evolutionary context. *The Quarterly Review of Biology*, 69(3), 353 – 367. doi:10.1086/418650.

Egeland, C. P., Domínguez-Rodrigo, M., and Barba, R. (2007). The "home base" debate. Pp. 1 – 10 in *Deconstructing Olduvai: A Taphonomic Study of the Bed I Sites*. Dordrecht: Springer.

Ehsan, G. A. (2011). Female militia chief keeps peace in Helmand District. *Institute for War & Peace Reporting*, Sept. 7, 2011. iwpr.net.

Eid, R. S., Gobinath, A. R., and Galea, L. A. M. (2019). Sex differences in depression: Insights from clinical and preclinical studies. *Progress in Neurobiology*, 176, 86 – 102. doi:10.1016/j.pneurobio.2019.01.006.

Eisenberger, N. I., and Lieberman, M. D. (2004). Why rejection hurts: A common neural alarm system for physical and social pain. *Trends in Cognitive Science*, 8, 294 – 300.

Eisenberger, N. I., Lieberman, M. D., and Williams, K. D. (2003). Does rejection hurt? An FMRI study of social exclusion. *Science*, 302, 290 – 292.

Elder, J. H., Yerkes, R. M., and Cushing, H. W. (1936). Chimpanzee births in captivity: a typical case history and report of sixteen births. *Proceedings of the Royal Society B: Biological Sciences*, 120(819), 409 – 421. doi:10.1098/rspb.1936.0043.

Eliot, L., Ahmed, A., Khan, H., and Patel, J. (2021). Dump the "dimorphism": Comprehensive synthesis of human brain studies reveals few male-female differences beyond size. *Neuroscience & Biobehavioral Reviews*, 125, 667 – 697. doi:10.1016/j.neubiorev.2021.02.026.

Ellis, L., Hershberger, S., Field, E., Wersinger, S., Pellis, S., Geary, D., et al. (2013). *Sex Differences: Summarizing More Than a Century of Scientific Research*. New York: Psychology Press.

Ellis, S., Franks, D. W., Nattrass, S., Cant, M. A., Bradley, D. L., Giles, D., et al. (2018). Postreproductive lifespans are rare in mammals. *Ecology and Evolution*, 8(5), 2482-2494. doi:10.1002/ece3.3856.

Emberling, G. (2003). Urban social transformations and the problem of the "First City": New research from Mesopotamia. Pp. 254 – 268 in *The Social Construction of Ancient Cities*, edited by M. Smith. Washington, D.C.: Smithsonian Institution Press.

Emera, D., Romero, R., and Wagner, G. (2012). The evolution of menstruation: A new model for genetic assimilation: Explaining molecular origins of maternal responses to fetal invasiveness. *BioEssays*, 34(1), 26 – 35. doi:10.1002/bies.201100099.

English, R., Lebovitz, Y., and Giffin, R. (2010). *Transforming Clinical Research in the United States: Challenges and Opportunities: Workshop Summary*. Washington, D.C.: National Academies Press.

Eriksson, M., Marschik, P. B., Tulviste, T., Almgren, M., Pérez Pereira, M., Wehberg, S., et al. (2012). Differences between girls and boys in emerging language skills: Evidence from 10 language communities. *British Journal of Developmental Psychology*, 30(2), 326 – 343.

Espenshade, T. J., Guzman, J. C., and Westoff, C. F. (2003). The surprising global variation in replacement fertility. *Population Research and Policy Review*, 22(5), 575 – 583. doi:10.1023/B:POPU.0000020882.29684.8e.

Euripedes. (1994). *Medea*. In Cyclops; Alcestis; Medea, edited and translated by David Kovas. Cambridge, Mass.: Harvard University Press.

Everett, D. (2017). *How Language Began: The Story of Humanity's Greatest Invention*. London: Profile Books.

Exton, M. S., Bindert, A., Kruger, T., Scheller, F., Hartmann, U., and Schedlowski, M. (1999). Cardiovascular and endocrine alterations after masturbation-induced orgasm in women. *Psychosomatic Medicine*, 61(3), 280 – 289.

FDA (2022). Breast Implants: Reports of Squamous Cell Carcinoma and Various Lymphomas in Capsule Around Implants: FDA Safety Communication. Sept. 8, 2022. www.fda.gov.

Fagundes, N. J. R., Ray, N., Beaumont, M., Neuenschwander, S., Salzano, F. M., Bonatto, S. L., and Excoffier, L. (2007). Statistical evaluation of alternative models of human evolution. *Proceedings of the National Academy of Sciences*, 104(45), 17614 – 17619. doi:10.1073/pnas.0708280104.

Fairweather, D. (2015). Sex differences in inflammation during atherosclerosis. *Clinical Medicine Insights. Cardiology*, 8(suppl. 3), 49 – 59. doi:10.4137/CMC.S17068.

Falk, D. (1980). A reanalysis of the South African australopithecine natural endocasts. *American Journal of Physical Anthropology*, 53(4), 525 – 539.

Falk, D. (1983). Cerebral cortices of East African early hominids. *Science*, 221(4615), 1072 – 1074.

Falk, D. (2004). Prelinguistic evolution in early hominins: whence motherese? *The Behavioral and Brain Sciences*, 27(4), 491 – 583. doi:10.1017/s0140525x0 4000111.

Falk, D., Zollikofer, C. P. E., Morimoto, N., and Ponce de León, M. S. (2012). Metopic suture of Taung (*Australopithecus africanus*) and its implications for hominin brain evolution. *Proceedings of the National Academy of Sciences*, 109(22), 8467 – 8470.

Farace, E., and Alves, W. M. (2000). Do women fare worse: A metaanalysis of gender differences in traumatic brain injury outcome, *Journal of Neurosurgery*, 93(4), 539 – 545.

Faria, J. B., Santiago, M. B., Silva, C. B., Geraldo-Martins, V. R., and Nogueira, R. D. (2022). Development of *Streptococcus mutans* biofilm in the presence of human colostrum and 3′ -sialyllactose. *The Journal of Maternal-Fetal & Neonatal Medicine*, 35(4), 630 – 635. doi:10.1080/14767058.2020.1730321.

Farmer, C. G. (2020). Parental care, destabilizing selection, and the evolution of tetrapod endothermy. *Physiology*, 35(3), 160 – 176. doi:10.1152/physiol.00058.2018.

Fausto-Sterling, A., Coll, C. G., and Lamarre, M. (2012). Sexing the baby: Part 1—What do we really know about sex differentiation in the first three years of life? *Social Science & Medicine*, 74(11), 1684 – 1692. doi:10.1016/j.socscimed.2011.05.051.

Fauve-Chamoux, A. (2001). Marriage, widowhood, and divorce. Pp. 221 – 256 in *The History of the European Family*, Vol. 1: *Family Life in Early Modern Times*, 1500 – 1789, edited by D. I. Kertzer and M. Barbagli. New Haven: Yale University Press.

Felisbino-Mendes, M. S., Araújo, F. G., Oliveira, L. V. A., Vasconcelos, N. M., Vieira, M. L. F. P., and Malta, D. C. (2021). Sexual behaviors and condom use in the Brazilian population: Analysis of the National Health Survey, 2019. *Revista brasileira de epidemiologia (Brazilian Journal of Epidemiology)*, 24(suppl. 2), e210018. doi:10.1590/1980-549720210018.supl.2.

Felshman, J., and Schaffer, N. (1998). Sex and the single rhinoceros. *Chicago Reader*, Feb. 20, 1998, 24 – 27.

Fernandez, R. C., Moore, V. M., Marino, J. L., Whitrow, M. J., and Davies, M. J. (2020). Night shift among women: Is it associated with difficulty conceiving a first birth? *Frontiers in Public Health*, 8, 595943. doi:10.3389/fpubh.2020.595943.

Fernandez-Esquer, M. E., Atkinson, J., Diamond, P., Useche, B., and Mendiola, R. (2004). Condom use self-efficacy among U.S.-and foreign-born Latinos in Texas. *The Journal of Sex Research*, 41(4), 390 – 399.

Fernández-Navarro, V., Camarós, E., and Garate, D. (2022). Visualizing childhood in Upper Palaeolithic societies: Experimental and archaeological approach to artists' age estimation through cave art hand stencils. *Journal of Archaeological Science*, 140, 105574. doi:10.1016/j.jas.2022.105574.

Ferraro, J. V., Plummer, T. W., Pobiner, B. L., Oliver, J. S., Bishop, L. C., Braun, D. R., et al. (2013). Earliest archaeological evidence of persistent Hominin carnivory. *PLOS ONE*, 8(4), e62174. doi:10.1371/journal.pone.0062174.

Ferreira L. F. (2018). Mitochondrial basis for sex-differences in metabolism and exercise performance. *American Journal of Physiology: Regulatory, Integrative and Comparative Physiology*, 314(6), R848 – R849. doi:10.1152/ajpregu.00077.2018.

Ferretti, M. T., Iulita, M. F., Cavedo, E., Chiesa, P. A., Schumacher Dimech, A., Santuccione Chadha, A., et al. (2018). Sex differences in Alzheimer disease— the gateway to precision medicine. *Nature Reviews Neurology*, 14(8), 457 – 469.

doi:10.1038/s41582-018-0032-9.

Fessler, D. M. T. (2003). Rape is not less frequent during the ovulatory phase of the menstrual cycle. *Sexualities, Evolution & Gender*, 5(3), 127 – 147. doi:10.1080/1461666 0410001662361.

Field, T. M., Cohen, D., Garcia, R., and Greenberg, R. (1984). Mother-stranger face discrimination by the newborn. *Infant Behavior and Development*, 7(1), 19 – 25. doi:10.1016/S0163-6383(84)80019-3.

Fildes, V. (1986). *Breasts, Bottles and Babies: A History of Infant Feeding*. Edinburgh: Edinburgh University Press.

Fildes, V. (1988). *Wet Nursing: A History from Antiquity to the Present*. Oxford: Basil Blackwell.

Finn, J. K., Tregenza, T., and Norman, M. D. (2009). Defensive tool use in a coconut-carrying octopus. *Current Biology*, 19(23), R1069 – R1070. doi:10.1016/j.cub.2009.10.052.

Firestein, S. (2001). How the olfactory system makes sense of scents. *Nature*, 413(6852), 211 – 218. doi:10.1038/35093026.

Fish, A. M., Nadig, A., Seidlitz, J., Reardon, P. K., Mankiw, C., McDermott, C. L., et al. (2020). Sex-biased trajectories of amygdalo-hippocampal morphology change over human development. *NeuroImage*, 204, 116122. doi:10.1016/j.neuroimage.2019.116122.

Fitch, W. T. (2000). The evolution of speech: A comparative review. *Trends in Cognitive Sciences*, 4(7), 258 – 267. doi:10.1016/S1364-6613(00)01494-7.

Fitch, W. T. (2010). *The Evolution of Language*. Cambridge, U.K.: Cambridge University Press.

Fitch, W. T., and Giedd, J. (1999). Morphology and development of the human vocal tract: A study using magnetic resonance imaging. *The Journal of the Acoustical Society of America*, 106(3 Pt. 1), 1511 – 1522. doi:10.1121/1.427148.

Fitch, W. T., and Reby, D. (2001). The descended larynx is not uniquely human. *Proceedings of the Royal Society B: Biological Sciences*, 268(1477), 1669 – 1675.

Fitch, W. T., de Boer, B., Mathur, N., and Ghazanfar, A. A. (2017). Response to Lieberman on "Monkey vocal tracts are speech-ready." *Science Advances*, 3(7), e1701859. doi:10.1126/sciadv.1701859.

Fitts, R. H., Riley, D. R., and Widrick, J. J. (2001). Functional and structural adaptations of skeletal muscle to microgravity. *The Journal of Experimental Biology*, 204(18), 3201 – 3208. doi:10.1242/jeb.204.18.3201.

Fleagle, G. J. (2013). *Primate Adaptation and Evolution*. San Diego: Academic Press.

Fleagle, J. G., Shea, J. J., Grine, F. E., Baden, A. L., and Leakey, R. E. (2010). *Out of Africa I: The First Hominin Colonization of Eurasia*. Dordrecht: Springer.

Flemming, R. (2019). (The wrong kind of) gonorrhea in antiquity. In *The Hidden Affliction: Sexually Transmitted Infections and Infertility in History*, edited by S. Szreter. Rochester: University of Rochester Press.

Flores, A. R., Meyer, I. H., Langton, L., and Herman, J. L. (2021). Gender identity disparities in criminal victimization: National Crime Victimization Survey, 2017 – 2018. *American Journal of Public Health*, 111(4), 726 – 729. doi:doi.org/10.2105/AJPH.2020.306099.

Flynn, A., and Graham, K. (2010). "Why did it happen?" A review and conceptual framework for research on perpetrators' and victims' explanations for intimate partner violence. *Aggression and Violent Behavior*, 15, 239 – 251.

Foley, N. M., Springer, M. S., and Teeling, E. C. (2016). Mammal madness: Is the mammal tree of life not yet resolved? *Philosophical Transactions of the Royal Society B*, 371, 20150140. doi:10.1098/rstb.2015.0140.

Fontana, L., Gentilin, B., Fedele, L., Gervasini, C., and Miozzo, M. (2017). Genetics of Mayer-Rokitansky-Küster-Hauser (MRKH) syndrome. *Clinical Genetics*, 91, 233 – 246. doi:10.1111/cge.12883.

Foose, T. J., and Wiese, R. J. (2006). Population management of rhinoceros in captivity. *International Zoo Yearbook*, 40, 174 – 196.

Forrester, G. S., Davis, R., Mareschal, D., Malatesta, G., and Todd, B. K. (2019). The left cradling bias: An evolutionary facilitator of social cognition? *Cortex*, 118, 116 – 121. doi:10.1016/j.cortex.2018.05.011.

Foster, E. A., Franks, D. W., Mazzi, S., Darden, S. K., Balcomb, K. C., Ford, J. K. B., and Croft, D. P. (2012). Adaptive prolonged postreproductive life span in killer whales. *Science*, 337(6100), 1313. doi:10.1126/science.1224198.

Foster, J. A., and McVey Neufeld, K.-A. (2013). Gut-brain axis: How the microbiome influences anxiety and depression. *Trends in Neurosciences*, 36(5), 305 – 312. doi:10.1016/j.tins.2013.01.005.

Fowler, A., and Hohmann, G. (2010). Cannibalism in wild bonobos (*Pan paniscus*) at Lui

Kotale. *American Journal of Primatology*, 72(6), 509 – 514. doi:10.1002/ajp.20802.

Fowler, A., Koutsioni, Y., and Sommer, V. (2007). Leaf-swallowing in Nigerian chimpanzees: Evidence for assumed self-medication. *Primates*, 48, 73 – 76. doi:10.1007/s10329-006-0001-6.

Franklin, B. (1745/1961). Old mistress apologue, 25 June 1745. Pp. 27 – 31 in *The Papers of Benjamin Franklin*, Vol. 3, *January* 1, 1745, *Through June* 30, 1750, edited by L. W. Labaree. New Haven: Yale University Press, 27 – 31.

Franklin, R. (2016). *Shirley Jackson: A Rather Haunted Life*. New York: Liveright.

Frederiksen, L. E., Ernst, A., Brix, N., Braskhøj Lauridsen, L. L., Roos, L., Ramlau-Hansen, C. H., and Ekelund, C. K. (2018). Risk of adverse pregnancy outcomes at advanced maternal age. *Obstetrics & Gynecology*, 131(3), 457 – 463. doi:10.1097/AOG.0000000000002504.

Fredriks, A. M., van Buuren, S., Fekkes, M., Verloove-Vanhorick, S. P., and Wit, J. M. (2005). Are age references for waist circumference, hip circumference and waist-hip ratio in Dutch children useful in clinical practice? *European Journal of Pediatrics*, 164(4), 216 – 222. doi:10.1007/s00431-004-1586-7.

Freedman, D. S., Khan, L. K., Serdula, M. K., Dietz, W. H., Srinivasan, S. R., and Berenson, G. S. (2002). Relation of age at menarche to race, time period, and anthropometric dimensions: The Bogalusa Heart Study. *Pediatrics*, 110(4), e43.

Freeman, E. W., and Sherif, K. (2007). Prevalence of hot flushes and night sweats around the world: A systematic review. *Climacteric*, 10(3), 197 – 214.

Freire, G. M. G., Cavalcante, R. N., Motta-Leal-Filho, J. M., Messina, M., Galastri, F. L., Affonso, B. B., et al. (2017). Controlled-release oxycodone improves pain management after uterine artery embolisation for symptomatic fibroids. *Clinical Radiology*, 72(5), 428.e421 – 428.e425. doi:10.1016/j.crad.2016.12.010.

Fried, M., and Duffy, P. E. (2017). Malaria during pregnancy. *Cold Spring Harbor Perspectives in Medicine*, 7(6), a025551. doi:10.1101/cshperspect.a025551.

Friedman, S. H., Horwitz, S. M., and Resnick, P. J. (2005). Child murder by mothers: A critical analysis of the current state of knowledge and a research agenda. *American Journal of Psychiatry*, 162(9), 1578 – 1587.

Friedmann, N., and Rusou, D. (2015). Critical period for first language: The crucial role of language input during the first year of life. *Current Opinion in Neurobiology*, 35, 27 – 34. doi:10.1016/j.conb.2015.06.003.

Frier, B. W. (2015). Roman law and the marriage of underage girls. *Journal of Roman Archaeology*, 28, 652 – 664.

Frohlich, J., and Kettle, C. (2015). Perineal care. *BMJ Clinical Evidence*, 2015, 1401.

Fruth, B., Ikombe, N. B., Matshimba, G. K., Metzger, S., Muganza, D. M., Mundry, R., and Fowler, A. (2014). New evidence for self-medication in bonobos: *Manniophyton fulvum* leaf-and stemstrip-swallowing from LuiKotale, Salonga National Park, DR Congo. *American Journal of Primatology*, 76(2), 146 – 158.

Fuller, D. Q., and Stevens, C. J. (2019). Between domestication and civilization: The role of agriculture and arboriculture in the emergence of the first urban societies. *Vegetation History and Archaeobotany*, 28(3), 263 – 282. doi:10.1007/s00334-019-00727-4.

Furuichi, T. (2011). Female contributions to the peaceful nature of bonobo society. *Evolutionary Anthropology*, 20(4), 131 – 142. doi:10.1002/evan.20308.

Gaillard, J.-M., and Yoccoz, N. G. (2003). Temporal variation in survival of mammals: A case of environmental canalization? *Ecology*, 84, 3294 – 3306. doi:10.1890/02-0409.

Galen. (1968). *On the Usefulness of Parts of the Body*. Translated by M. T. May. Ithaca, N.Y.: Cornell University Press.

Galler, J. R., Bryce, C. P., Waber, D. P., Hock, R. S., Harrison, R., Eaglesfield, G. D., and Fitzmaurice, G. (2012). Infant malnutrition predicts conduct problems in adolescents. *Nutritional Neuroscience*, 15(4), 186 – 192. doi:10.1179/1476830512Y.0000000012.

Gallup, G. G., Jr., Burch, R. L., Zappieri, M. L., Parvez, R. A., Stockwell, M. L., and Davis, J. A. (2003). The human penis as a semen displacement device. *Evolution and Human Behavior*, 24(4), 277 – 289.

Galmiche, M., Déchelotte, P., Lambert, G., and Tavolacci, M. P. (2019). Prevalence of eating disorders over the 2000 – 2018 period: A systematic literature review. *The American Journal of Clinical Nutrition*, 109(5), 1402 – 1413. doi:10.1093/ajcn/nqy342.

Gan, T. J., Glass, P. S., Sigl, J., Sebel, P., Payne, F., Rosow, C., and Embree, P. (1999). Women emerge from general anesthesia with propofol/alfentanil/nitrous oxide faster than men. *Anesthesiology*, 90(5), 1283 – 1287. doi:10.1097/00000542-199905000-00010.

García-López de Hierro, L., Moleón, M., Ryan, P. G. (2013). Is carrying feathers a sexually selected trait in house sparrows? *Ethology*, 119(3), 199. doi:10.1111/eth.12053.

Gardner, A. S., Rahman, I. A., Lai, C. T., Hepworth, A., Trengove, N., Hartmann, P. E., and Geddes, D. T. (2017). Changes in fatty acid composition of human milk in response to cold-like symptoms in the lactating mother and infant. *Nutrients*, 9(9).

doi:10.3390/nu9091034.

Garrett, E. C., Dennis, J. C., Bhatnagar, K. P., Durham, E. L., Burrows, A. M., Bonar, C. J., et al. (2013). The vomeronasal complex of nocturnal strepsirhines and implications for the ancestral condition in primates. *The Anatomical Record*, 296(12), 1881 – 1894.

Garrison, J. L., Macosko, E. Z., Bernstein, S., Pokala, N., Albrecht, D. R., and Bargmann, C. I. (2012). Oxytocin/vasopressin-related peptides have an ancient role in reproductive behavior. *Science*, 338(6106), 540 – 543. doi:10.1126/science.1226201.

Gavrilov, L. A., and Gavrilova, N. S. (2002). Evolutionary theories of aging and longevity. *The Scientific World Journal*, 2, 339 – 356. doi:10.1100/tsw.2002.96.

Geary, C. M., Welch, J. F., McDonald, M. R., Peters, C. M., Leahy, M. G., Reinhard, P. A., and Sheel, A. W. (2019). Diaphragm fatigue and inspiratory muscle metaboreflex in men and women matched for absolute diaphragmatic work during pressure-threshold loading. *Journal of Physiology*, 597, 4797 – 4808. doi:10.1113/JP278380.

Geary, D. C. (2000). Evolution and proximate expression of human paternal investment. *Psychological Bulletin*, 126, 55 – 77. doi:10.1037/0033-2909.126.1.55.

Geiser, S. (2015). The growing correlation between race and SAT scores: New findings from California. *CSHE Research and Occasional Paper Series*, 15(10). cshe.berkeley.edu.

Geller, S. E., Koch, A. R., Roesch, P., Filut, A., Hallgren, E., and Carnes, M. (2018). The more things change, the more they stay the same: A study to evaluate compliance with inclusion and assessment of women and minorities in randomized controlled trials. *Academic Medicine*, 93(4), 630 – 635. doi:10.1097/acm.0000000000002027.

Gelstein, S., Yeshurun, Y., Rozenkrantz, L., Shushan, S., Frumin, I., Roth, Y., and Sobel, N. (2011). Human tears contain a chemosignal. *Science*, 331(6014), 226 – 230. doi:10.1126/science.1198331.

Genc, S., Raven, E. P., Drakesmith, M., Blakemore, S.-J., and Jones, D. K. (2023). Novel insights into axon diameter and myelin content in late childhood and adolescence. *Cerebral Cortex*, 33(10), 6435 – 6448. doi:10.1093/cercor/bhac515.

Gerkema, M. P., Davies, W. I., Foster, R. G., Menaker, M., and Hut, R. A. (2013). The nocturnal bottleneck and the evolution of activity patterns in mammals. *Proceedings of the Royal Society B: Biological Sciences*, 280(1765), 20130508. doi:10.1098/rspb.2013.0508.

Gershon, R., Neitzel, R., Barrera, M., and Akram, M. (2006). Pilot survey of subway and bus stop noise levels. *Journal of Urban Health*, 83, 802 – 812. doi:10.1007/s11524-006-9080-3.

Ghassabian, A., Vandenberg, L., Kannan, K., and Trasande, L. (2022). Endocrine-disrupting chemicals and child health. *Annual Review of Pharmacology and Toxicology*, 62, 573 – 594. doi:10.1146/annurev-pharmtox-021921-093352.

Ghazanfar, A. A., and Rendall, D. (2008). Evolution of human vocal production. *Current Biology*, 18(11), R457 – R460.

Gilad, Y., Wiebe, V., Przeworski, M., Lancet, D., and Pääbo, S. (2004). Loss of olfactory receptor genes coincides with the acquisition of full trichromatic vision in primates. *PLOS Biology*, 2(1), e5. doi:10.1371/journal.pbio.0020005.

Gilardi, K. V. K., Shideler, S. E., Valverde, C. R., Roberts, J. A., and Lasley, B. L. (1997). Characterization of the onset of menopause in the rhesus macaque1. *Biology of Reproduction*, 57(2), 335 – 340. doi:10.1095/biolreprod57.2.335.

Gill, P. G., Purnell, M. A., Crumpton, N., Brown, K. R., Gostling, N. J., Stampanoni, M., and Rayfield, E. J. (2014). Dietary specializations and diversity in feeding ecology of the earliest stem mammals. *Nature*, 512(7514), 303 – 305. doi:10.1038/nature13622.

Gillam, L., McDonald, R., Ebling, F. J., and Mayhew, T. M. (2008). Human 2D (index) and 4D (ring) finger lengths and ratios: Cross-sectional data on linear growth patterns, sexual dimorphism and lateral asymmetry from 4 to 60 years of age. *Journal of Anatomy*, 213(3), 325 – 335. doi:10.1111/j.1469-7580.2008.00940.x.

Gillies, G. E., Pienaar, I. S., Vohra, S., and Qamhawi, Z. (2014). Sex differences in Parkinson's disease. *Frontiers in Neuroendocrinology*, 35(3), 370 – 384. doi:10.1016/j.yfrne.2014.02.002.

Glintborg, D., T'Sjoen, G., Ravn, P., and Andersen, M. S. (2021). Management of endocrine disease: Optimal feminizing hormone treatment in transgender people, *European Journal of Endocrinology*, 185(2), R49 – R63.

Gobes, S. M. H., Jennings, R. B., and Maeda, R. K. (2019). The sensitive period for auditory-vocal learning in the zebra finch: Consequences of limited-model availability and multiple-tutor paradigms on song imitation. *Behavioural Processes*, 163, 5 – 12. doi:10.1016/j.beproc.2017.07.007.

Goddings, A. L., Beltz, A., Peper, J. S., Crone, E. A., and Braams, B. R. (2019). Understanding the role of puberty in structural and functional development of the adolescent brain. *Journal of Research on Adolescence*, 29(1), 32 – 53.

Goldberg, A., Günther, T., Rosenberg, N. A., and Jakobsson, M. (2017). Ancient X chromosomes reveal contrasting sex bias in Neolithic and Bronze Age Eurasian migrations. *Proceedings of the National Academy of Sciences*, 114(10), 2657 – 2662. doi:10.1073/pnas.1616392114.

Goldman, M. (2014). Amazing deliveries. *Emory Medicine Magazine*. Fall. emory medicinemagazine.emory.edu.

Goldsmith, L. T., Weiss, G., Palejwala, S., Plant, T. M., Wojtczuk, A., Lambert, W. C., et al. (2004). Relaxin regulation of endometrial structure and function in the rhesus monkey. *Proceedings of the National Academy of Sciences*, 101(13), 4685 – 4689. doi:10.1073/pnas.0400776101.

Goldstein, J. M., Seidman, L. J., Horton, N. J., Makris, N., Kennedy, D. N., Caviness, V. S., Jr., et al. (2001). Normal sexual dimorphism of the adult human brain assessed by in vivo magnetic resonance imaging. *Cerebral Cortex*, 11(6), 490 – 497.

Gomes, C. M., and Boesch, C. (2009). Wild chimpanzees exchange meat for sex on a long-term basis. *PLOS ONE*, 4(4), e5116. doi:10.1371/journal.pone.0005116.

Goodall, J. (1977). Infant killing and cannibalism in free-living chimpanzees. *Folia Primatologica*, 28(4), 259 – 282.

Goodall, J. (1986). *The Chimpanzees of Gombe: Patterns of Behavior*. Cambridge, Mass.: Harvard University Press.

Goodall, J. (2010). *Through a Window: My Thirty Years with the Chimpanzees of Gombe*. Boston: Houghton Mifflin Harcourt.

Goodson, J. L., Schrock, S. E., Klatt, J. D., Kabelik, D., and Kingsbury, M. A. (2009). Mesotocin and nonapeptide receptors promote estrildid flocking behavior. *Science*, 325(5942), 862 – 866. doi:10.1126/science.1174929.

Gordon, H. S., and Rosenthal, G. E. (1999). The relationship of gender and in-hospital death: Increased risk of death in men. *Medical Care*, 37(3), 318 – 324.

Gordon-Salant, S. (2005). Hearing loss and aging: New research findings and clinical implications. *Journal of Rehabilitation Research & Development*, 42.

Goren-Inbar, N., Feibel, C. S., Verosub, K. L., Melamed, Y., Kislev, M. E., Tchernov, E., and Saragusti, I. (2000). Pleistocene milestones on the Out-of-Africa Corridor at Gesher Benot Ya'aqov, Israel. *Science*, 289(5481), 944 – 947.

Gorman, M. R. (1994). Male homosexual desire: Neurological investigations and scientific bias. *Perspectives in Biology and Medicine*, 38(1), 61 – 81.

Gould, S. J. (1993). A special fondness for beetles. *Natural History*, 1(102), 4.

Gowlett, J. A. J. (2016). The discovery of fire by humans: A long and convoluted process. *Philosophical Transactions of the Royal Society B: Biological Sciences*, 371(1696), 20150164.

Grant, J. M., Mottet, L. A., Tanis, J., Harrison, J., Herman, J. L., and Keisling, M. (2011). *Injustice at Every Turn: A Report of the National Transgender Discrimination Survey*. Washington, D.C.: National Center for Transgender Equality and National Gay and Lesbian Task Force.

Gray, L., Miller, L. W., Philipp, B. L., and Blass, E. M. (2002). Breastfeeding is analgesic in healthy newborns. *Pediatrics*, 109(4), 590 – 593. doi:10.1542/peds.109.4.590.

Graybeal, A., Rosowski, J. J., Ketten, D. R., and Crompton, A. W. (1989). Inner-ear structure in Morganucodon, an early Jurassic mammal. *Zoological Journal of the Linnean Society*, 96(2), 107 – 117.

Gredler, M. L., Larkins, C. E., Leal, F., Lewis, A. K., Herrera, A. M., Perriton, C. L., et al. (2014). Evolution of External Genitalia: Insights from reptilian development. *Sexual Development*, 8(5), 311 – 326. doi:10.1159/000365771.

Green, H., McGinnity, A., Meltzer, H., Ford, T., and Goodman, R. (2005). *Mental Health of Children and Young People in Great Britain*, 2004. Basingstoke: Palgrave Macmillan.

Greenblatt, R. B. (1972). Inappropriate lactation in men and women. *Medical Aspects of Human Sexuality*, 6(6), 25 – 33.

Griest, K. (2021). With equal opportunity comes equal responsibility: Lowering fitness standards to accommodate women will hurt the Army—and women. Modern War Institute at West Point, Feb. 25, 2021. mwi.usma.edu.

Grieve, K. M., McLaughlin, M., Dunlop, C. E., Telfer, E. E., and Anderson, R. A. (2015). The controversial existence and functional potential of oogonial stem cells. *Maturitas*, 82(3), 278 – 281.

Griffiths, C., McGartland, A., and Miller, M. (2007). A comparison of the monetized impact of IQ decrements from mercury emissions. *Environmental Health Perspectives*, 115(6), 841 – 847.

Griffiths, M. (1978). *Biology of the Monotremes*. New York: Academic Press.

Grimbizis, G. F., Camus, M., Tarlatzis, B. C., Bontis, J. N., and Devroey, P. (2001). Clinical implications of uterine malformations and hysteroscopic treatment results. *Human*

Reproduction Update, 7(2), 161 – 174.

Grinberg, D., Levin-Asher, B., and Segal, O. (2022). The myth of women's advantage in using child-directed speech: Evidence of women versus men in single-sex parent families. *Journal of Speech, Language, and Hearing Research*, 65(11), 4205 – 4227. doi:10.1044/2022_JSLHR-21-00558.

Grossnickle, D. M., and Polly, P. D. (2013). Mammal disparity decreases during the Cretaceous angiosperm radiation. *Proceedings of the Royal Society B: Biological Sciences*, 280(1771), 20132110. doi:10.1098/rspb.2013.2110.

Grothe, B., and Pecka, M. (2014). The natural history of sound localization in mammals—a story of neuronal inhibition. *Front Neural Circuits*, 8, 116. doi:10.3389/fncir.2014.00116.

Gruber, M. I. (1989). Breastfeeding practices in biblical Israel and in old Babylonian Mesopotamia. *Journal of the Ancient Near Eastern Society (JANES)*, 19.

Gruss, L. T., and Schmitt, D. (2015). The evolution of the human pelvis: Changing adaptations to bipedalism, obstetrics and thermoregulation. *Philosophical Transactions of the Royal Society B: Biological Sciences*, 370(1663), 20140063.

Gulick, S. P. S., Bralower, T. J., Ormö, J., Hall, B., Grice, K., Schaefer, B., et al. (2019). The first day of the Cenozoic. *Proceedings of the National Academy of Sciences*, 116(39), 19342 – 19351. doi:10.1073/pnas.1909479116.

Guo, Z., Johnson, C. M., and Jensen, M. D. (1997). Regional lipolytic responses to isoproterenol in women. *American Journal of Physiology-Endocrinology and Metabolism* 273(1), E108 – E112. doi:10.1152/ajpendo.1997.273.1.E108.

Gupte, R. P., Brooks, W. M., Vukas, R. R., Pierce, J. D., and Harris, J. L. (2019). Sex differences in traumatic brain injury: What we know and what we should know. *Journal of Neurotrauma*, 36(22), 3063 – 3091.

Gurven, M., and Kaplan, H. (2007). Longevity among hunter-gatherers: A cross-cultural examination. *Population and Development Review*, 33, 321 – 365. doi:10.1111/j.1728-4457.2007.00171.x.

Haas, R., Watson, J., Buonasera, T., Southon, J., Chen, J. C., Noe, S., et al. (2020). Female hunters of the early Americas. *Science Advances*, 6(45), eabd0310. doi:10.1126/sciadv.abd0310.

Haeusler, M., and McHenry, H. M. (2004). Body proportions of *Homo habilis reviewed. Journal of Human Evolution*, 46(4), 433 – 465.

Haeusler, M., Grunstra, N. D. S., Martin, R. D., Krenn, V. A., Fornai, C., and Webb, N. M. (2021). The obstetrical dilemma hypothesis: There's life in the old dog yet. *Biological Reviews*, 96(5), 2031 – 2057. doi:10.1111/brv.12744.

Haggarty, P. (2004). Effect of placental function on fatty acid requirements during pregnancy. *European Journal of Clinical Nutrition*, 58, 1559 – 1570. doi:10.1038/sj.ejcn.1602016.

Haig, D. (2015). Maternal-fetal conflict, genomic imprinting and mammalian vulnerabilities to cancer. *Philosophical Transactions of the Royal Society B, Biological Sciences*, 370(1673), 20140178. doi:10.1098/rstb.2014.0178.

Haizlip, K. M., Harrison, B. C., and Leinwand, L. A. (2015). Sex-based differences in skeletal muscle kinetics and fiber-type composition. *Physiology*, 30(1), 30 – 39. doi:10.1152/physiol.00024.2014.

Halpern, D., Wai, J., and Saw, A. (2005). A psychobiosocial model: Why females are sometimes greater than and sometimes less than males in math achievement. Pp. 48 – 72 in *Gender Differences in Mathematics*, edited by A. M. Gallagher and J. C. Kaufman. Cambridge, U.K.: Cambridge University Press.

Halpern, D. F., and LaMay, M. L. (2000). *Educational Psychology Review*, 12(2), 229 – 246. doi:10.1023/a:1009027516424.

Halpern, D. F., Benbow, C. P., Geary, D. C., Gur, R. C., Hyde, J. S., and Gernsbacher, M. A. (2007). The science of sex differences in science and mathematics. *Psychological Science in the Public Interest*, 8(1), 1 – 51. doi:10.1111/j.1529-1006.2007.00032.x.

Hammer, M. L. A., and Foley, R. A. (1996). Longevity and life history in hominid evolution. *Human Evolution*, 11(1), 61 – 66. doi:10.1007/BF02456989.

Hammoud, H. (2006). Illiteracy in the Arab world. Paper commissioned for the EFA Global Monitoring Report 2006, *Literacy for Life*, UNESCO.

Hammurabi. (2250 bce). The code of Hammurabi, king of Babylon. Trans. In: Harper, R. F. (1973). Mesopotamian pediatrics. *Episteme*, 7, 283 – 288.

Handelsman, D. J., Hirschberg, A. L., and Bermon, S. (2018). Circulating testosterone as the hormonal basis of sex differences in athletic performance. *Endocrine Reviews*, 39(5), 803 – 829. doi:10.1210/er.2018-00020.

Hansen, T., Pracejus, L., and Gegenfurtner, K. R. (2009). Color perception in the intermediate periphery of the visual field. *Journal of Vision*, 9(4), 26. doi:10.1167/9.4.26.

Hargest, R. (2020). Five thousand years of minimal access surgery: 3000 bc to 1850:

Early instruments for viewing body cavities. *Journal of the Royal Society of Medicine*, 113(12), 491 – 496.

Harmand, S., Lewis, J. E., Feibel, C. S., Lepre, C. J., Prat, S., Lenoble, A., et al. (2015). 3.3-million-year-old stone tools from Lomekwi 3, West Turkana, Kenya. *Nature*, 521(7552), 310 – 315. doi:10.1038/nature14464.

Harris, L. J. (2010). Side biases for holding and carrying infants: Reports from the past and possible lessons for today. *Laterality*, 15, 56 – 135. doi:10.1080/13576500802584371.

Harris, W. V. (1991). *Ancient Literacy*. Cambridge, Mass.: Harvard University Press.

Harrison, A., Cleland, J., and Frohlich, J. (2008). Young people's sexual partnerships in KwaZulu-Natal, South Africa: Patterns, contextual influences, and HIV risk. *Studies in Family Planning*, 39(4), 295 – 308.

Harrison, D., Reszel, J., Bueno, M., Sampson, M., Shah, V. S., Taddio, A., et al. (2016). Breastfeeding for procedural pain in infants beyond the neonatal period. *Cochrane Database of Systematic Reviews* (10). doi:10.1002/14651858.CD011248.pub2.

Harrison, R. (2004). Physiological roles of xanthine oxidoreductase. *Drug Metabolism Reviews*, 36(2), 363 – 375. doi:10.1081/DMR-120037569.

Harrison, T. (2010). Apes among the tangled branches of human origins. *Science*, 327(5965), 532 – 534.

Hart, D., and Sussman, R. W. (2005). *Man the Hunted: Primates, Predators, and Human Evolution*. Boulder: Westview Press.

Hartshorne, J. K., Tenenbaum, J. B., and Pinker, S. (2018). A critical period for second language acquisition: Evidence from 2/3 million English speakers. *Cognition*, 177, 263 – 277. doi:10.1016/j.cognition.2018.04.007.

Hathi, P., Coffey, D., Thorat, A., and Khalid, N. (2021). When women eat last: Discrimination at home and women's mental health. *PLOS ONE*, 16(3), e0247065. doi:10.1371/journal.pone.0247065.

Hausfater, G., and Hrdy, S. B. (2017). *Infanticide: Comparative and Evolutionary Perspectives*. London: Routledge.

Hawkes, K. (2003). Grandmothers and the evolution of human longevity. *American Journal of Human Biology*, 15(3), 380 – 400. doi:10.1002/ajhb.10156.

Hawkes, K., and Coxworth, J. E. (2013). Grandmothers and the evolution of human longevity: A review of findings and future directions. *Evolutionary Anthropology*, 22(6), 294 – 302. doi:10.1002/evan.21382.

Hawkes, K., and Smith, K. R. (2010). Do women stop early? Similarities in fertility decline in humans and chimpanzees. *Annals of the New York Academy of Sciences*, 1204, 43 – 53. doi:10.1111/j.1749-6632.2010.05527.x.

Hawkes, K., O'Connell, J. F., and Blurton Jones, N. G. (1997). Hadza women's time allocation, offspring provisioning, and the evolution of long postmenopausal life spans. *Current Anthropology*, 38(4), 551 – 577. doi:10.1086/204646.

Hayden, E. C. (2010). Sex bias blights drug studies. *Nature* 464(7287), 332 – 333. doi:10.1038/464332b.

Heesy, C. P. (2009). Seeing in stereo: The ecology and evolution of primate binocular vision and stereopsis. *Evolutionary Anthropology*, 18, 21 – 35. doi:10.1002/evan.20195.

Heffner, R. S. (2004). Primate hearing from a mammalian perspective. *The Anatomical Record*, 281A, 1111 – 1122. doi:10.1002/ar.a.20117.

Heinrich, J. (2000). Women's health: NIH has increased its efforts to include women in research. *Report to Congressional Requesters*. Washington, D.C.: U.S. General Accounting Office.

Heinrichs, L. (2002). Linking olfaction with nausea and vomiting of pregnancy, recurrent abortion, hyperemesis gravidarum, and migraine headache. *American Journal of Obstetrics and Gynecology*, 186, S215 – S219. doi:10.1067/mob.2002.123053.

Heisz, J. J., Pottruff, M. M., and Shore, D. I. (2013). Females scan more than males: A potential mechanism for sex differences in recognition memory. *Psychological Science*, 24(7), 1157 – 1163. doi:10.1177/0956797612468281.

Henn, B. M., Cavalli-Sforza, L. L., and Feldman, M. W. (2012). The great human expansion. *Proceedings of the National Academy of Sciences*, 109(44), 17758 – 17764. doi:10.1073/pnas.1212380109.

Henshaw, S. K., Singh, S., and Haas, T. (1999). *International Family Planning Perspectives*, 25, suppl. (Jan.), S30 – S38.

Hernandez, T. L., Kittelson, J. M., Law, C. K., Ketch, L. L., Stob, N. R., Lindstrom, R. C., et al. (2011). Fat redistribution following suction lipectomy: Defense of body fat and patterns of restoration. *Obesity*, 19(7), 1388 – 1395. doi:10.1038/oby.2011.64.

Herndon, J. G., Paredes, J., Wilson, M. E., Bloomsmith, M. A., Chennareddi, L., and Walker, M. L. (2012). Menopause occurs late in life in the captive chimpanzee (*Pan troglodytes*). Age, 34(5), 1145 – 1156. doi:10.1007/s11357-011-9351-0.

Herrera, A. M., Shuster, S. G., Perriton, C. L., and Cohn, M. J. (2013). Developmental basis of phallus reduction during bird evolution. *Current Biology*, 23(12), 1065 – 1074. doi:10.1016/j.cub.2013.04.062.

Hertz-Picciotto, I., and Samuels, S. J. (1988). Incidence of early loss of pregnancy. *The New England Journal of Medicine*, 319(22), 1483 – 1484. doi:10.1056/ NEJM198812013192214.

Herzog, D., Wegener, G., Lieb, K., Müller, M., and Treccani, G. (2019). Decoding the mechanism of action of rapid-acting antidepressant treatment strategies: Does gender matter? *International Journal of Molecular Sciences*, 20(4), 949. MDPI AG. doi:10.3390/ijms20040949.

Hesketh, T., Lu, L., and Xing, Z. W. (2011). The consequences of son preference and sex-selective abortion in China and other Asian countries. *Canadian Medical Association Journal*, 183(12), 1374 – 1377. doi:10.1503/cmaj.101368.

Hessami, Z., and da Fonseca, M. L. (2020). Female political representation and substantive effects on policies: A literature review. *European Journal of Political Economy*, 63, 101896. doi:10.1016/j.ejpoleco.2020.101896.

Hesselmar, B., Sjöberg, F., Saalman, R., Aberg, N., Adlerberth, I., and Wold, A. E. (2013). Pacifier cleaning practices and risk of allergy development. *Pediatrics*, 131(6), e1829 – 1837. doi:10.1542/peds.2012-3345.

Hester, M. (2013). Who does what to whom? Gender and domestic violence perpetrators in English police records. *European Journal of Criminology*, 10, 623 – 637.

Hewlett, B. S. (1991). *Intimate Fathers: The Nature and Context of Aka Pygmy Paternal Infant Care*. Ann Arbor: University of Michigan Press.

Hill, A. (1983). Hippopotamus butchery by Homo erectus at Olduvai. *Journal of Archaeological Science*, 10(2), 135 – 137. doi:10.1016/0305-4403(83)90047-X.

Hillstrom, C. (2022). The hidden epidemic of brain injuries from domestic violence. *The New York Times*, March 1, 2022. www.nytimes.com.

Hilton, C. B., Moser, C. J., Bertolo, M., Lee-Rubin, H., Amir, D., Bainbridge, C. M., et al. (2022). Acoustic regularities in infant-directed speech and song across cultures. *Nature Human Behaviour*, 6(11), 1545 – 1556. doi:10.1038/s41562-022-01410-x.

Hinde, K., and Milligan, L. A. (2011). Primate milk: Proximate mechanisms and ultimate perspectives. *Evolutionary Anthropology: Issues, News, and Reviews*, 20(1), 9 – 23. doi:10.1002/evan.20289.

Hinde, K., Skibiel, A. L., Foster, A. B., Del Rosso, L., Mendoza, S. P., and Capitanio, J.

P. (2014). Cortisol in mother's milk across lactation reflects maternal life history and predicts infant temperament. *Behavioral Ecology*, 26(1), 269 – 281.

Hirai, A. H., Ko, J. Y., Owens, P. L., Stocks, C., and Patrick, S. W. (2021). Neonatal abstinence syndrome and maternal opioid-related diagnoses in the US, 2010 – 2017. *JAMA*, 325(2), 146 – 155. doi:10.1001/jama.2020.24991.

Hiramatsu, C., Melin, A. D., Aureli, F., Schaffner, C. M., Vorobyev, M., and Kawamura, S. (2009). Interplay of olfaction and vision in fruit foraging of spider monkeys. *Animal Behaviour*, 77(6), 1421 – 1426. doi:10.1016/j.anbehav.2009.02.012.

Hirata, S., Fuwa, K., Sugama, K., Kusunoki, K., and Takeshita, H. (2011). Mechanism of birth in chimpanzees: Humans are not unique among primates. *Biology Letters*, 7(5), 686 – 688. doi:10.1098/rsbl.2011.0214.

Hirnstein, M., and Hausmann, M. (2021). Sex/gender differences in the brain are not trivial—A commentary on Eliot et al. *Neuroscience & Biobehavioral Reviews*, 130, 408 – 409. doi:10.1016/j.neubiorev.2021.09.012.

Hirnstein, M., Stuebs, J., Moè, A., and Hausmann, M. (2023). Sex/gender differences in verbal fluency and verbal-episodic memory: A meta-analysis. *Perspectives on Psychological Science*, 18(1), 67 – 90. doi:10.1177/17456916221082116.

Hoekzema, E., Barba-Müller, E., Pozzobon, C., Picado, M., Lucco, F., García-García, D., et al. (2017). Pregnancy leads to long-lasting changes in human brain structure. *Nature Neuroscience*, 20(2), 287 – 296. doi:10.1038/nn.4458.

Hoekzema, E., van Steenbergen, H., Straathof, M., Beekmans, A., Freund, I. M., Pouwels, P. J. W., and Crone, E. A. (2022). Mapping the effects of pregnancy on resting state brain activity, white matter microstructure, neural metabolite concentrations and grey matter architecture. *Nature Communications*, 13(1), 6931. doi:10.1038/s41467-022-33884-8.

Hoffmann, D. E. and Tarzian, A. J. (2001). The girl who cried pain: A bias against women in the treatment of pain. *The Journal of Law, Medicine & Ethics* 29(1), 13 – 27. doi:10.1111/j.1748-720x.2001.tb00037.x.

Holmes, M. M., Resnick, H. S., Kilpatrick, D. G., and Best, C. L. (1996). Rape-related pregnancy: Estimates and descriptive characteristics from a national sample of women. *American Journal of Obstetrics and Gynecology*, 175(2), 320 – 325. doi:10.1016/s0002-9378(96)70141-2.

Holton, N. E., Yokley, T. R., Froehle, A. W., and Southard, T. E. (2014). Ontogenetic scaling of the human nose in a longitudinal sample: Implications for genus *Homo* facial evolution. *American Journal of Physical Anthropology*, 153, 52 – 60. doi:10.1002/ajpa.22402.

Hopson, J. A. (1973). Endothermy, small size, and the origin of mammalian reproduction. *The American Naturalist*, 107(955), 446 – 452.

Horsup, A. (2005). Recovery plan for the northern hairy-nosed wombat (*Lasiorhinus krefftii*) 2004 – 2008. Department of Climate Change, Energy, the Environment, and Water, Australian Government. www.dcceew.gov.au.

Hosken, D. J., Archer, C. R., House, C. M., and Wedell, N. (2019). Penis evolution across species: Divergence and diversity. *Nature Reviews Urology*, 16(2), 98 – 106. doi:10.1038/s41585-018-0112-z.

Howell, N. (2017). *Demography of the Dobe !Kung*. New York: Routledge. (Original work published in 1979.)

Howie, P. W., and McNeilly, A. S. (1982). Effect of breast-feeding patterns on human birth intervals. *Journal of Reproduction and Fertility*, 65(2), 545 – 557. doi:10.1530/jrf.0.0650545.

Hoyert, D. L. (2022). Maternal mortality rates in the United States, 2020. *NCHS Health E-Stats*. doi:10.15620/cdc:113967.

Hoyle, N. P., Seinkmane, E., Putker, M., Feeney, K. A., Krogager, T. P., Chesham, J. E., et al. (2017). Circadian actin dynamics drive rhythmic fibroblast mobilization during wound healing. *Science Translational Medicine*, 9(415), eaal2774. doi:10.1126/scitranslmed.aal2774.

Hrdy, S. (2009). *Mothers and Others: The Evolutionary Origins of Mutual Understanding*. Cambridge, Mass.: Harvard University Press.

Hrdy, S. B. (1979). Infanticide among animals: A review, classification, and examination of the implications for the reproductive strategies of females. *Ethology and Sociobiology*, 1(1), 13 – 40.

Huffman, M. A. (1997). Current evidence for self-medication in primates: A multidisciplinary perspective. *American Journal of Physical Anthropology*, 104(S25), 171 – 200.

Huffman, M. A., Gotoh, S., Turner, L. A., Hamai, M., and Yoshida, K. (1997). Seasonal trends in intestinal nematode infection and medicinal plant use among chimpanzees in the Mahale Mountains, Tanzania. *Primates*, 38(2), 111 – 125. doi:10.1007/BF02382002.

Humphrey, L. L., Fu, R., Buckley, D. I., Freeman, M., and Helfand, M. (2008). Periodontal disease and coronary heart disease incidence: A systematic review and meta-analysis. *Journal of General Internal Medicine*, 23(12), 2079 – 2086. doi:10.1007/s11606-008-0787-6.

Hunley, K. L., Cabana, G. S., and Long, J. C. (2016). The apportionment of human diversity revisited. *American Journal of Physical Anthropology*, 160(4), 561 – 569. doi:10.1002/ajpa.22899.

Hunt, D. M., Dulai, K. S., Cowing, J. A., Julliot, C., Mollon, J. D., Bowmaker, J. K., et al. (1998). Molecular evolution of trichromacy in primates. *Vision Research*, 38(21), 3299 – 3306. doi:10.1016/S0042-6989(97)00443-4.

Hunt, K. D. (2015). Bipedalism. Pp. 103 – 112 in *Basics in Human Evolution*, edited by M. P. Muehlenbein. Boston: Academic Press.

Hunter, E. J., Tanner, K., and Smith, M. E. (2011). Gender differences affecting vocal health of women in vocally demanding careers. *Logopedics, Phoniatrics, Vocology*, 36(3), 128 – 136. doi:10.3109/14015439.2011.587447.

Huppertz, B., Meiri, H., Gizurarson, S., Osol, G., and Sammar, M. (2013). Placental protein 13 (PP13): A new biological target shifting individualized risk assessment to personalized drug design combating pre-eclampsia. *Human Reproduction Update*, 19(4), 391 – 405. doi:10.1093/humupd/dmt003.

Hyde, J. S. (2005). The gender similarities hypothesis. *American Psychologist*, 60, 581 – 592.

Hynes, M., and Lopes Cardozo, B. (2000). Observations from the CDC: Sexual violence against refugee women. *Journal of Women's Health & Gender-Based Medicine*, 9(8), 819 – 823. doi:10.1089/152460900750020847.

Iantaffi, A., and Bockting, W. O. (2011). Views from both sides of the bridge? Gender, sexual legitimacy and transgender people's experiences of relationships. *Culture, Health & Sexuality*, 13, 355 – 370. doi:10.1080/13691058.2010.537770.

Ilany, A., Holekamp, K. E., and Akçay, E. (2021). Rank-dependent social in heritance determines social network structure in spotted hyenas. *Science*, 373(6552), 348. doi:10.1126/science.abc1966.

Ingoldsby, B. B. (2001). The Hutterite family in transition. *Journal of Comparative Family Studies*, 32(3), 377 – 392. doi:10.3138/jcfs.32.3.377.

Ingram, M. (1990). *Church Courts, Sex and Marriage in England*, 1570 – 1640.

Cambridge, U.K.: Cambridge University Press.

Insel, T. R. (2010). The challenge of translation in social neuroscience: A review of oxytocin, vasopressin, and aff iliative behavior. *Neuron*, 65(6), 768 – 779.

Institute of Medicine (U.S.) Committee on Women's Health Research (2010). *Women's Health Research: Progress, Pitfalls, and Promise*. Washington, D.C.: National Academies Press.

International Monetary Fund (IMF) (2018). Pursuing women's economic empowerment. Report prepared for the meeting of G7 ministers and central bank governors, June 1 – 2, 2018, Whistler, Canada. www.imf.org.

Isaacson, W. (2004). *Benjamin Franklin: An American life*. New York: Simon & Schuster.

Ivell, R., Agoulnik, A. I., and Anand-Ivell, R. (2016). Relaxin-like peptides in male reproduction—a human perspective. *British Journal of Pharmacology*, 174, 990 – 1001. doi:10.1111/bph.13689.

Jablonski, N. G., and Chaplin, G. (1993). Origin of habitual terrestrial bipedalism in the ancestor of the Hominidae. *Journal of Human Evolution*, 24(4), 259 – 280. doi:10.1006/jhev.1993.1021.

Jackson, S. (2006). *The Haunting of Hill House*. New York: Penguin. (Original work published in 1959.)

Jacobs, G. H. (1993). The distribution and nature of colour vision among the mammals. *Biological Reviews of the Cambridge Philosophical Society*, 68(3), 413 – 471. doi:10.1111/j.1469-185x.1993.tb00738.x.

Jacobson-Dickman, E., and Lee, M. M. (2009). The influence of endocrine disruptors on pubertal timing. *Current Opinion in Endocrinology, Diabetes and Obesity*, 16(1), 25 – 30.

James, D., and Drakich, J. (1993). Understanding gender differences in amount of talk: Critical review of research. In *Gender and Conversational Interaction*, edited by D. Tannen. Oxford: Oxford University Press.

James, F. R., Wootton, S., Jackson, A., Wiseman, M., Copson, E. R., and Cutress, R. I. (2015). Obesity in breast cancer—What is the risk factor? *European Journal of Cancer*, 51(6), 705 – 720. doi:10.1016/j.ejca.2015.01.057.

Jannini, E. A., Fisher, W. A., Bitzer, J., and McMahon, C. G. (2009). Controversies in sexual medicine: Is sex just fun? How sexual activity improves health. *The Journal of Sexual Medicine*, 6(10), 2640 – 2648.

Jansen, S., Baulain, U., Habig, C., Weigend, A., Halle, I., Scholz, A. M., et al. (2020). Relationship between bone stability and egg production in genetically divergent chicken layer lines. *Animals*, 10(5), 850. doi:10.3390/ani10050850.

Jasieńska, G., Ziomkiewicz, A., Ellison, P. T., Lipson, S. F., and Thune, I. (2004). Large breasts and narrow waists indicate high reproductive potential in women. *Proceedings of the Royal Society B: Biological Sciences*, 271(1545), 1213 – 1217. doi:10.1098/rspb.2004.2712.

Jeffery, P., Jeffery, R., and Lyon, A. (1989). *Labour Pains and Labour Power: Women and Childbearing in India*. London: Zed Books.

Jeffrey, R. (2004). Legacies of matriliny: The place of women and the "Kerala Model." *Pacific Affairs*, 77(4), 647 – 664.

Jha, S., and Parker, V. (2016). Risk factors for recurrent obstetric anal sphincter injury (rOASI): A systematic review and meta-analysis. *International Urogynecology Journal*, 27(6), 849 – 857. doi:10.1007/s00192-015-2893-4.

Ji, Q., Luo, Z.-X., Yuan, C.-X., and Tabrum, A. R. (2006). A swimming mammaliaform from the Middle Jurassic and Ecomorphological diversification of early mammals. *Science*, 311(5764), 1123 – 1127. doi:10.1126/science.1123026.

Johannsen, T. H., Ripa, C. P. L., Mortensen, E. L., and Main, K. M. (2006). Quality of life in 70 women with disorders of sex development. *European Journal of Endocrinology*, 155(6), 877 – 885.

Johns, M., Schmader, T., and Martens, A. (2005). Knowing is half the battle: Teaching stereotype threat as a means of improving women's math performance. *Psychological Science*, 16(3), 175 – 179. doi:10.1111/j.0956-7976.2005.00799.x.

Johnson, W., Carothers, A., and Deary, I. J. (2008). Sex differences in variability in general intelligence: A new look at the old question. *Perspectives on Psychological Science*, 3(6), 518 – 531. doi:10.1111/j.1745-6924.2008.00096.x.

Joint United Nations Programme on HIV/AIDS (UNAIDS) (2004). *Report on the Global HIV/AIDS Epidemic: 4th Global Report*. Geneva: UNAIDS.

Jones, H. E., Kaltenbach, K., Heil, S. H., Stine, S. M., Coyle, M. G., Arria, A. M., et al. (2010). Neonatal abstinence syndrome after methadone or buprenorphine exposure. *The New England Journal of Medicine*, 363(24), 2320 – 2331.

Jones, J. H. (2011). Primates and the evolution of long, slow life histories. *Current Biology*, 21(18), R708 – 717. doi:10.1016/j.cub.2011.08.025.

Jones, K. P., Walker, L. C., Anderson, D., Lacreuse, A., Robson, S. L., and Hawkes, K. (2007). Depletion of ovarian follicles with age in chimpanzees: Similarities to humans. *Biology of Reproduction*, 77(2), 247 – 251. doi:10.1095/biolreprod.106.059634.

Jones, T. M., Fanson, K. V., Lanfear, R., Symonds, M. R., and Higgie, M. (2014). Gender differences in conference presentations: A consequence of self-selection? *PeerJ*, 2, e627. doi:10.7717/peerj.627.

Joordens, J. C., Kuipers, R. S., Wanink, J. H., and Muskiet, F. A. (2014). A fish is not a fish: Patterns in fatty acid composition of aquatic food may have had implications for hominin evolution. *Journal of Human Evolution*, 77, 107 – 116. doi:10.1016/j.jhevol.2014.04.004.

Jordan, G., Deeb, S. S., Bosten, J. M., and Mollon, J. D. (2010). The dimensionality of color vision in carriers of anomalous trichromacy. *Journal of Vision*, 10(8), 12. doi:10.1167/10.8.12.

Jørgensen, K. T., Pedersen, B. V., Nielsen, N. M., Jacobsen, S., and Frisch, M. (2012). Childbirths and risk of female predominant and other autoimmune diseases in a population-based Danish cohort. *Journal of Autoimmunity*, 38(2 – 3), J81 – J87. doi:10.1016/j.jaut.2011.06.004.

Jud, N. A., D'Emic, M. D., Williams, S. A., Mathews, J. C., Tremaine, K. M., and Bhattacharya, J. (2018). A new fossil assemblage shows that large angiosperm trees grew in North America by the Turonian (Late Cretaceous). *Science Advances*, 4(9), eaar8568. doi:10.1126/sciadv.aar8568.

Kachel, A. F., Premo, L. S., and Hublin, J. J. (2011). Grandmothering and natural selection. *Proceedings of the Royal Society B: Biological Sciences*, 278(1704), 384 – 391. doi:10.1098/rspb.2010.1247.

Kamarck, K. N. (2016). Women in Combat: Issues for Congress. Congressional Research Service, Summary, Dec. 13, 2016. fas.org.

Kaplan, M. (2012). Primates were always tree-dwellers. *Nature*. doi:10.1038/nature.2012.11423.

Kappeler, P. M. (1997). Intrasexual selection and testis size in strepsirhine primates. *Behavioral Ecology*, 8(1), 10 – 19. doi:10.1093/beheco/8.1.10.

Karastergiou, K., Smith, S. R., Greenberg, A. S., and Fried, S. K. (2012). Sex differences in human adipose tissues—the biology of pear shape. *Biology of Sex Differences*, 3(1), 13. doi:10.1186/2042-6410-3-13.

Karlamangla, A. S., Burnett-Bowie, S. M., and Crandall, C. J. (2018). Bone health during the menopause transition and beyond. *Obstetrics and Gynecology Clinics of North America*, 45(4), 695 – 708. doi:10.1016/j.ogc.2018.07.012.

Karras, R. M. (2012). *Unmarriages: Women, Men, and Sexual Unions in the Middle Ages*. Philadelphia: University of Pennsylvania Press.

Kass, M. D., Czarnecki, L. A., Moberly, A. H., and McGann, J. P. (2017). Differences in peripheral sensory input to the olfactory bulb between male and female mice. *Scientific Reports*, 7(1), 45851. doi:10.1038/srep45851.

Kassebaum, N. J., Barber, R. M., Bhutta, Z. A., Dandona, L., Gething, P. W., Hay, S. I., et al. (2016). Global, regional, and national levels of maternal mortality, 1990 – 2015: A systematic analysis for the Global Burden of Disease Study 2015. *The Lancet*, 388(10053), 1775 – 1812. doi:10.1016/S0140-6736(16)31470-2.

Kasuya, T., and Marsh, H. (1984). Life history and reproductive biology of the short-finned pilot whale, *Globicephala macrorhynchus*, off the Pacific coast of Japan. *Reports International Whaling Commission*, 6, 259 – 310.

Katz-Wise, S. L., Reisner, S. L., Hughto, J. W., and Keo-Meier, C. L. (2016). Differences in sexual orientation diversity and sexual fluidity in attractions among gender minority adults in Massachusetts. *Journal of Sex Research*, 53(1), 74 – 84. doi:10.1080/00224499.2014.1003028.

Kawada, M., Nakatsukasa, M., Nishimura, T., Kaneko, A., and Morimoto, N. (2020). Covariation of fetal skull and maternal pelvis during the perinatal period in rhesus macaques and evolution of childbirth in primates. *Proceedings of the National Academy of Sciences*, 117(35), 21251 – 21257. doi:10.1073/pnas.2002112117.

Keele, K. D., and Roberts, J. (1983). *Leonardo da Vinci: Anatomical Drawings from the Royal Library, Windsor Castle*. New York: Metropolitan Museum of Art.

Keller, A., Zhuang, H., Chi, Q., Vosshall, L. B., and Matsunami, H. (2007). Genetic variation in a human odorant receptor alters odour perception. *Nature*, 449, 468 – 472. doi:10.1038/nature06162.

Kendall, S., and Tannen, D. (1997). Gender and language in the workplace. In *Gender and Discourse*, edited by R. Wodak. London: SAGE Publications. doi:10.4135/9781446250204.

Kennaway, D. J., Boden, M. J., and Varcoe, T. J. (2012). Circadian rhythms and fertility. *Molecular and Cellular Endocrinology*, 349(1), 56 – 61.

Kenny, L. C., and Kell, D. B. (2018). Immunological tolerance, pregnancy, and preeclampsia: The roles of semen microbes and the father. *Frontiers in Medicine*, 4, 239. doi:10.3389/fmed.2017.00239.

Kent, J., Mitoulas, L., Cox, D., Owens, R., and Hartmann, P. (1999). Breast volume and milk production during extended lactation in women. *Experimental Physiology*, 84(2), 435 – 447. doi:10.1111/j.1469-445X.1999.01808.x.

Kenyon, K. M. (1957). *Digging Up Jericho*. London: Ernest Benn.

Kermack, D. M., and Kermack, K. A. (1984). The evolution of mammalian sight and hearing. Pp. 89 – 100 in *The Evolution of Mammalian Characters*. Boston: Springer. doi:10.1007/978-1-4684-7817-4_6.

Kermack, K. A., Mussett, F., and Rigney, H. W. (1973). The lower jaw of Morganucodon. *Zoological Journal of the Linnean Society*, 53(2), 87 – 175.

Kermack, K. A., Mussett, F., and Rigney, H. W. (1981). The skull of Morganucodon. *Zoological Journal of the Linnean Society*, 71(1), 1 – 158.

Kessler, R. C., Petukhova, M., Sampson, N. A., Zaslavsky, A. M., and Wittchen, H. U. (2012). Twelve-month and lifetime prevalence and lifetime morbid risk of anxiety and mood disorders in the United States. *International Journal of Methods in Psychiatric Research*, 21(3), 169 – 184.

Khesbak, H., Savchuk, O., Tsushima, S., and Fahmy, K. (2011). The role of water H-bond imbalances in B-DNA substate transitions and peptide recognition revealed by time-resolved FTIR spectroscopy. *Journal of the American Chemical Society*, 133(15), 5834 – 5842. doi:10.1021/ja108863v.

Kielan-Jaworowska, Z., Cifelli, R., and Luo, Z.-X. (2005a). Distribution: Mesozoic mammals in time and space. Pp. 19 – 108 in *Mammals from the Age of Dinosaurs: Origins, Evolution, and Structure*. New York: Columbia University Press.

Kielan-Jaworowska, Z., Cifelli, R., and Luo, Z.-X. (2005b). The earliest-known stem mammals. Pp. 161 – 186 in *Mammals from the Age of Dinosaurs: Origins, Evolution, and Structure*. New York: Columbia University Press.

Killgore, W. D., and Yurgelun-Todd, D. A. (2007). The right-hemisphere and valence hypotheses: Could they both be right (and sometimes left)? *Social Cognitive and Affective Neuroscience*, 2(3), 240 – 250. doi:10.1093/scan/nsm020.

Kim, M. Y., and Cho, S. H. (2012). Affecting factors of contraception use among Korean male adolescents: Focused on alcohol, illicit drug, internet use, and sex education. *The*

Korean Journal of Stress Research, 20(4), 267 – 277.

King, B. J. (2019). Deception in the wild. *Scientific American*, 321(3), 50 – 54. doi:10.1038/scientificamerican0919-50.

King, S. L., Guarino, E., Keaton, L., Erb, L., and Jaakkola, K. (2016). Maternal signature whistle use aids mother-calf reunions in a bottlenose dolphin, *Tursiops truncatus*. *Behavioural Processes*, 126, 64 – 70. doi:10.1016/j.beproc.2016.03.005.

Kinsey, A. C., Pomeroy, W. R., and Martin, C. E. (1948). *Sexual Behavior in the Human Male*. Philadelphia: W. B. Saunders Co.

Kirkcaldy, R. D., Weston, E., Segurado, A. C., and Hughes, G. (2019). Epidemiology of gonorrhoea: A global perspective. *Sexual Health*, 16(5), 401 – 411. doi:10.1071/SH19061.

Klein, R. G. (2009). *The Human Career: Human Biological and Cultural Origins*. Chicago: University of Chicago Press.

Klein, S. L., and Flanagan, K. L. (2016). Sex differences in immune responses. *Nature Reviews Immunology*, 16(10), 626 – 638. doi:10.1038/nri.2016.90.

Kliman, H. J., Sammar, M., Grimpel, Y. I., Lynch, S. K., Milano, K. M., Pick, E., et al. (2012). Placental protein 13 and decidual zones of necrosis: An immunologic diversion that may be linked to preeclampsia. *Reproductive Sciences*, 19(1), 16 – 30. doi:10.1177/1933719111424445.

Knaplund, K. S. (2008). The evolution of women's rights in inheritance. *Hastings Women's Law Journal*, 19, 3.

Knight, C. (1995). *Blood Relations: Menstruation and the Origins of Culture*. New Haven: Yale University Press.

Knox, K., and Baker, J. C. (2008). Genomic evolution of the placenta using co-option and duplication and divergence. *Genome Research*, 18(5), 695 – 705. doi:10.1101/gr.071407.107.

Ko, J. Y., Patrick, S. W., Tong, V. T., Patel, R., Lind, J. N., and Barfield, W. D. (2016). Incidence of neonatal abstinence syndrome—28 states, 1999 – 2013. *Morbidity and Mortality Weekly Report (MMWR)*, 65, 799 – 802. doi:10.15585/mmwr.mm6531a2.

Kolata, G. (2011). With liposuction, the belly finds what the thighs lose. *The New York Times*, April 30, 2011. www.nytimes.com.

Konner, M., and Worthman, C. (1980). Nursing frequency, gonadal function, and birth spacing among !Kung hunter-gatherers. *Science*, 207(4432), 788 – 791. doi:10.1126/

science.73522.

Kortsmit, K., Mandel, M. G., Reeves, J. A., Clark, E., Pagano, P., Nguyen, A., et al. (2021). Abortion surveillance—United States, 2019. *MMWR Surveillance Summaries* 70(9), 1 – 29. doi:10.15585/mmwr.ss7009a1.

Koscik, T., O'Leary, D., Moser, D. J., Andreasen, N. C., and Nopoulos, P. (2009). Sex differences in parietal lobe morphology: Relationship to mental rotation performance. *Brain and Cognition*, 69(3), 451 – 459. doi:10.1016/j.bandc.2008.09.004.

Koss, K. J., and Gunnar, M. R. (2018). Annual research review: Early adversity, the hypothalamic-pituitary-adrenocortical axis, and child psychopathology. *Journal of Child Psychology and Psychiatry*, 59(4), 327 – 346. doi:10.1111/jcpp.12784.

Kovacs, C. S. (2001). Calcium and bone metabolism in pregnancy and lactation. *The Journal of Clinical Endocrinology & Metabolism*, 86(6), 2344 – 2348. doi:10.1210/jcem.86.6.7575.

Kraft, T. S., Venkataraman, V. V., Wallace, I. J., Crittenden, A. N., Holowka, N. B., Stieglitz, J., et al. (2021). The energetics of uniquely human subsistence strategies. *Science*, 374(6575), eabf0130.

Kreuer, S., Biedler, A., Larsen, R., Altmann, S., and Wilhelm, W. (2003). Narcotrend monitoring allows faster emergence and a reduction of drug consumption in propofol-remifentanil anesthesia. *Anesthesiology*, 99(1), 34 – 41. doi:10.1097/00000542-200307000-00009.

Krijgsman, W., Hilgen, F. J., Raffi, I., Sierro, F. J., and Wilson, D. S. (1999). Chronology, causes and progression of the Messinian salinity crisis. *Nature*, 400(6745), 652 – 655.

Kring, D. A., and Durda, D. D. (2002). Trajectories and distribution of material ejected from the Chicxulub Impact Crater: Implications for postimpact wildfires. *Journal of Geophysical Research: Planets*, 107(E8), 6 – 22.

Kroodsma, D., Hamilton, D., Sánchez, J. E., Byers, B. E., Fandiño-Mariño, H., Stemple, D. W., et al. (2013). Behavioral evidence for song learning in the suboscine bellbirds (*Procnias* spp.; Cotingidae). *The Wilson Journal of Ornithology*, 125(1): 1 – 14. doi:10.1676/12-033.1.

Kruepunga, N., Hikspoors, J., Mekonen, H. K., Mommen, G., Meemon, K., Weerachatyanukul, W., et al. (2018). The development of the cloaca in the human embryo. *Journal of Anatomy*, 233(6), 724 – 739. doi:10.1111/joa.12882.

Kruger, T. H. C., Leeners, B., Naegeli, E., Schmidlin, S., Schedlowski, M., Hartmann, U., et al. (2012). Prolactin secretory rhythm in women: Immediate and long-term alterations after sexual contact. *Human Reproduction*, 27(4), 1139 – 1143. doi:10.1093/humrep/des003.

Krysinska, K., Batterham, P. J., and Christensen, H. (2017). Differences in the effectiveness of psychosocial interventions for suicidal ideation and behaviour in women and men: A systematic review of randomised controlled trials. *Archives of Suicide Research*, 21(1), 12 – 32. doi:10.1080/13811118.2016.1162246.

Kuhl, P. K., Tsao, F. M., and Liu, H. M. (2003). Foreign-language experience in infancy: Effects of short-term exposure and social interaction on phonetic learning. *Proceedings of the National Academy of Sciences*, 100(15), 9096 – 9101.

Kuhn, T. (1970). *The Structure of Scientific Revolutions*. 2nd ed. Chicago: University of Chicago Press.

Kulczycki, A., and Windle, S. (2011). Honor killings in the Middle East and North Africa: A systematic review of the literature. *Violence Against Women*, 17(11), 1442 – 1464. doi:10.1177/1077801211434127.

Kumar, S., Filipski, A., Swarna, V., Walker, A., and Hedges, S. B. (2005). Placing confidence limits on the molecular age of the human-chimpanzee divergence. *Proceedings of the National Academy of Sciences*, 102(52), 18842 – 18847.

Kunz, C., Rodriguez-Palmero, M., Koletzko, B., and Jensen, R. (1999). Nutritional and biochemical properties of human milk, Part I: General aspects, proteins, and carbohydrates. *Clinical Perinatology*, 26(2), 307 – 333.

Kunz, C., Rudloff, S., Baier, W., Klein, N., and Strobel, S. (2000). Oligosaccharides in human milk: Structural, functional, and metabolic aspects. *Annual Review of Nutrition*, 20, 699 – 722.

Lahdenperä, M., Lummaa, V., Helle, S., Tremblay, M., and Russell, A. F. (2004). Fitness benefits of prolonged post-reproductive lifespan in women. *Nature*, 428, 178 – 181. doi:10.1038/nature02367.

Lahdenperä, M., Mar, K. U., and Lummaa, V. (2014). Reproductive cessation and post-reproductive lifespan in Asian elephants and pre-industrial humans. *Frontiers of Zoology*, 11, 54. doi:10.1186/s12983-014-0054-0.

Lahdenperä, M., Russell, A. F., Tremblay, M., and Lummaa, V. (2011). Selection on menopause in two premodern human populations: No evidence for the Mother Hypothesis. *Evolution*, 65(2), 476 – 489. doi:10.1111/j.1558-5646.2010.01142.x.

Lamothe, D. (2021). An army trailblazer set her sights on a new target. The reaction highlights a deep rift. *The Washington Post*, May 8, 2021. www.washingtonpost.com.

Lamvu, G., Soliman, A. M., Manthena, S. R., Gordon, K., Knight, J., and Taylor, H. S. (2019). Patterns of prescription opioid use in women with endometriosis: Evaluating prolonged use, daily dose, and concomitant use with benzodiazepines. *Obstetrics and Gynecology*, 133(6), 1120 – 1130. doi:10.1097/AOG.0000000000003267.

Langhammer, A., Johnsen, R., Gulsvik, A., Holmen, T. L., and Bjermer, L. (2003). Sex differences in lung vulnerability to tobacco smoking. *European Respiratory Journal*, 21(6), 1017 – 1023. doi:10.1183/09031936.03.00053202.

Langley, M. C., and Litster, M. (2018). Is it ritual? Or is it children? Distinguishing consequences of play from ritual actions in the prehistoric archaeological record. *Current Anthropology*, 59(5), 616 – 643.

Lara-Villoslada, F., Olivares, M., Sierra, S., Miguel Rodríguez, J., Boza, J., and Xaus, J. (2007). Beneficial effects of probiotic bacteria isolated from breast milk. *British Journal of Nutrition*, 98(S1), S96 – S100. doi:10.1017/S0007114507832910.

Larison, J. R., Crock, J. G., Snow, C. M., and Blem, C. (2001). Timing of mineral sequestration in leg bones of white-tailed ptarmigan. *The Auk*, 118(4), 1057 – 1062. doi:10.1093/auk/118.4.1057.

Larsen, C. S. (2003). Equality for the sexes in human evolution? Early hominid sexual dimorphism and implications for mating systems and social behavior. *Proceedings of the National Academy of Sciences*, 100(16), 9103 – 9104.

Lassek, W. D., and Gaulin, S. J. (2007). Menarche is related to fat distribution. *American Journal of Physical Anthropology*, 133, 1147 – 1151. doi:10.1002/ajpa.20644.

Lassek, W. D., and Gaulin, S. J. (2008). Waist-hip ratio and cognitive ability: Is gluteofemoral fat a privileged store of neurodevelopmental resources? *Evolution and Human Behavior*, 29, 26 – 34. doi:10.1016/j.evolhumbehav.2007.07.005.

Latimer, B. (2005). The perils of being bipedal. *Annals of Biomedical Engineering*, 33(1), 3 – 6.

Laudicina, N. M., Rodriguez, F., and DeSilva, J. M. (2019). Reconstructing birth in *Australopithecus sediba*. *PLOS ONE*, 14(9), e0221871. doi:10.1371/journal.pone.0221871.

Le Ray, C., Scherier, S., Anselem, O., Marszalek, A., Tsatsaris, V., Cabrol, D., and Goffinet, F. (2012). Association between oocyte donation and maternal and perinatal outcomes in women aged 43 years or older. *Human Reproduction*, 27(3), 896 – 901. doi:10.1093/humrep/der469.

le Roux, A., Snyder-Mackler, N., Roberts, E. K., Beehner, J. C., and Bergman, T. J. (2013). Evidence for tactical concealment in a wild primate. *Nature Communications*, 4(1), 1462. doi:10.1038/ncomms2468.

Leakey, L. S. B., Tobias, P. V., and Napier, J. R. (1964). A new species of the genus *Homo* from Olduvai Gorge. *Nature*, 202(4927), 7 – 9.

Leakey, M. G., Spoor, F., Dean, M. C., Feibel, C. S., Anton, S. C., Kiarie, C., and Leakey, L. N. (2012). New fossils from Koobi Fora in northern Kenya confirm taxonomic diversity in early *Homo. Nature*, 488(7410), 201 – 204.

Lean, R. E., Paul, R. A., Smyser, C. D., and Rogers, C. E. (2018). Maternal intelligence quotient (IQ) predicts IQ and language in very preterm children at age 5 years. *Journal of Child Psychology and Psychiatry and Allied Disciplines*, 59(2), 150 – 159. doi:10.1111/jcpp.12810.

LeBlanc, S., and Barnes, E. (1974). On the adaptive significance of the female breast. *The American Naturalist* 108(962), 577 – 578.

Lee, J. J., and McCabe, J. M. (2021). Who speaks and who listens: Revisiting the chilly climate in college classrooms. *Gender & Society*, 35(1), 32 – 60. doi:10.1177/0891243220977141.

Lee, L. J., Komarasamy, T. V., Adnan, N. A. A., James, W., and Balasubramaniam, V. R. M. T. (2021). Hide and seek: The interplay between Zika virus and the host immune response. *Frontiers in Immunology*, 12, 750365. doi:10.3389/fimmu.2021.750365.

Lee, T., Henry, J. D., Trollor, J. N., and Sachdev, P. S. (2010). Genetic influences on cognitive functions in the elderly: A selective review of twin studies. *Brain Research Reviews*, 64(1), 1 – 13.

Leemis, R. W., Friar, N., Khatiwada, S., Chen, M. S., Kresnow, M., Smith, S. G., et al. (2022). *The National Intimate Partner and Sexual Violence Survey: 2016/2017 Report on Intimate Partner Violence*. Atlanta: National Center for Injury Prevention and Control, Centers for Disease Control and Prevention.

Leeners, B., Kruger, T. H. C., Brody, S., Schmidlin, S., Naegeli, E., and Egli, M. (2013). The quality of sexual experience in women correlates with post-orgasmic prolactin surges: Results from an experimental prototype study. *The Journal of Sexual Medicine*, 10(5), 1313 – 1319. doi:10.1111/jsm.12097.

LeGates, T. A., Kvarta, M. D., and Thompson, S. M. (2019). Sex differences in antidepressant efficacy. *Neuropsychopharmacology*, 44(1), 140 – 154. doi:10.1038/s41386-018-0156-z.

Leigh, S. R., and Shea, B. T. (1995). Ontogeny and the evolution of adult body size dimorphism in apes. *American Journal of Primatology*, 36(1), 37 – 60.

Leland, A. (2022). Deafblind communities may be creating a new language of touch. *The New Yorker*, May 12, 2022. www.newyorker.com.

Lemay, D. G., Lynn, D. J., Martin, W. F., Neville, M. C., Casey, T. M., Rincon, G., et al. (2009). The bovine lactation genome: Insights into the evolution of mammalian milk. *Genome Biology*, 10(4), R43. doi:10.1186/gb-2009-10-4-r43.

Lemmon, G. T. (2015). Meet the first class of women to graduate from Army Ranger School. *Foreign Policy*, Aug. 17, 2015. foreignpolicy.com.

Lemmon, G. T. (2021). *The Daughters of Kobani: A Story of Rebellion, Courage, and Justice*. New York: Penguin Press.

Leonard, W. R., Robertson, M. L., Snodgrass, J. J., and Kuzawa, C. W. (2003). Metabolic correlates of hominid brain evolution. *Comparative Biochemistry and Physiology Part A: Molecular & Integrative Physiology*, 136(1), 5 – 15. doi:10.1016/S1095-6433(03)00132-6.

Lepre, C. J., Roche, H., Kent, D. V., Harmand, S., Quinn, R. L., Brugal, J.-P., et al. (2011). An earlier origin for the Acheulian. *Nature*, 477(7362), 82 – 85. doi:10.1038/nature10372.

Leslie, P. W., Campbell, K. L., and Little, M. A. (1993). Pregnancy loss in nomadic and settled women in Turkana, Kenya: A prospective study. *Human Biology*, 65(2), 237 – 254.

Leutenegger, W. (1987). Neonatal brain size and neurocranial dimensions in Pliocene hominids: Implications for obstetrics. *Journal of Human Evolution*, 16(3), 291 – 296.

Levenson, M. (2019). Yes, killer whales benefit from grandmotherly love too. *The New York Times*, Dec. 10, 2019. www.nytimes.com.

Levertov, D. (1996). *Sands of the Well*. New York: New Directions.

Levine, M. E., Lu, A. T., Chen, B. H., Hernandez, D. G., Singleton, A. B., Ferrucci, L., et al. (2016). Menopause accelerates biological aging. *Proceedings of the National Academy of Sciences*, 113(33), 9327 – 9332. doi:10.1073/pnas.1604558113.

Lewkowski, M. D., Ditto, B., Roussos, M., and Young, S. N. (2003). Sweet taste and blood pressure-related analgesia. *Pain*, 106, 181 – 186.

Li, C., Zhu, N., Zeng, L., Dang, S., Zhou, J., and Yan, H. (2016). Effect of prenatal and postnatal malnutrition on intellectual functioning in early school-aged children in rural western China. *Medicine*, 95(31), e4161. doi:10.1097/MD.0000000000004161.

Libby, P., Ridker, P. M., and Maseri, A. (2002). Inflammation and atherosclerosis. *Circulation*, 105(9), 1135 – 1143. doi:10.1161/hc0902.104353.

Lieberman, D. E. (2012). Human evolution: Those feet in ancient times. *Nature*, 483(7391), 550 – 551.

Lieberman, D. E. (2015). Human locomotion and heat loss: An evolutionary perspective. *Comprehensive Physiology*, 5, 99 – 117.

Lieberman, P. (1993). On the Kebara KMH 2 hyoid and Neanderthal speech. *Current Anthropology*, 34(2), 172 – 175.

Lieberman, P. (2007). The evolution of human speech: Its anatomical and neural bases. *Current Anthropology*, 48(1), 39 – 66.

Liebovitz, A., and Sontag, S. (2000). *Women*. New York: Random House.

Lindenfors, P., Gittleman, J. L., and Jones, K. E. (2007). Sexual size dimorphism in mammals. Pp. 16 – 26 in *Sex, Size and Gender Roles: Evolutionary Studies of Sexual Size Dimorphism*, edited by D. J. Fairbairn, W. U. Blanckenhorn, and T. Székely. Oxford: Oxford University Press.

Lindsay, J. O., Whelan, K., Stagg, A. J., Gobin, P., Al-Hassi, H. O., Rayment, N., et al. (2006). Clinical, microbiological, and immunological effects of fructo-oligosaccharide in patients with Crohn's disease. *Gut*, 55(3), 348 – 355. doi:10.1136/gut.2005.074971.

Lindsay, S., Ansell, J., Selman, C., Cox, V., Hamilton, K., and Walraven, G. (2000). Effect of pregnancy on exposure to malaria mosquitoes. *Lancet*, 355(9219), 1972. doi:10.1016/S0140-6736(00)02334-5.

Lingle, S., and Riede, T. (2014). Deer mothers are sensitive to infant distress vocalizations of diverse mammalian species. *The American Naturalist*, 184(4), 510 – 522. doi:10.1086/677677.

Lipkind, D., Marcus, G. F., Bemis, D. K., Sasahara, K., Jacoby, N., Takahasi, M., et al. (2013). Stepwise acquisition of vocal combinatorial capacity in songbirds and human infants. *Nature*, 498(7452), 104 – 108. doi:10.1038/nature12173.

Liu, C., Weaver, D. R., Strogatz, S. H., and Reppert, S. M. (1997). Cellular construction of a circadian clock: Period determination in the suprachiasmatic nuclei. *Cell*, 91(6),

855 – 860. doi:10.1016/s0092-8674(00)80473-0.

Liu, G., Zhang, C., Wang, Y., Dai, G., Liu, S. Q., Wang, W., et al. (2021). New exon and accelerated evolution of placental gene Nrk occurred in the ancestral lineage of placental mammals. *Placenta*, 114, 14 – 21. doi:10.1016/j.placenta.2021.08.048.

Liu, H.-M., Tsao, F.-M., and Kuhl, P. (2009). Age-related changes in acoustic modifications of Mandarin maternal speech to preverbal infants and five-year-old children: A longitudinal study. *Journal of Child Language*, 36, 909 – 922. doi:10.1017/S030500090800929X.

Liu, Z., Yang, Q., Cai, N., Jin, L., Zhang, T., and Chen, X. (2019). Enigmatic differences by sex in cancer incidence: Evidence from childhood cancers. *American Journal of Epidemiology*, 188(6), 1130 – 1135. doi:10.1093/aje/kwz058.

Lloyd, J., Crouch, N. S., Minto, C. L., Liao, L.-M., and Creighton, S. M. (2005). Female genital appearance: "Normality" unfolds. *BJOG: An International Journal of Obstetrics & Gynaecology*, 112(5), 643 – 646. doi:10.1111/j.1471-0528.2004.00517.x.

Lobmaier, J. S., Fischbacher, U., Wirthmüller, U., and Knoch, D. (2018). The scent of attractiveness: Levels of reproductive hormones explain individual differences in women's body odour. *Proceedings of the Royal Society B: Biological Sciences*, 285(1886), 20181520. doi:10.1098/rspb.2018.1520.

Loring-Meier, S., and Halpern, D. F. (1999). Sex differences in visuospatial working memory: Components of cognitive processing. *Psychonomic Bulletin & Review*, 6, 464 – 471. doi:10.3758/BF03210836.

Louchart, A., Wesselman, H., Blumenschine, R. J., Hlusko, L. J., Njau, J. K., Black, M. T., et al. (2009). Taphonomic, avian, and small-vertebrate indicators of *Ardipithecus ramidus habitat*. Science, 326(5949), 66 – 66e64.

Lovejoy, C. O. (2009). Reexamining human origins in light of *Ardipithecus ramidus*. *Science*, 326(5949), 74 – 74e78.

Lovejoy, C. O., Simpson, S. W., White, T. D., Asfaw, B., and Suwa, G. (2009). Careful climbing in the Miocene: The forelimbs of *Ardipithecus ramidus and humans are primitive. Science*, 326(5949), 70 – 70e78.

Lovejoy, C. O., Suwa, G., Spurlock, L., Asfaw, B., and White, T. D. (2009). The pelvis and femur of *Ardipithecus ramidus*: The emergence of upright walking. *Science*, 326(5949), 71 – 71e76.

Lowe, A. E., Hobaiter, C., and Newton-Fisher, N. E. (2019). Countering infanticide:

Chimpanzee mothers are sensitive to the relative risks posed by males on differing rank trajectories. *American Journal of Physical Anthropology*, 168(1), 3 – 9. doi:10.1002/ajpa.23723.

Lowenstine, L. J., and Osborn, K. G. (2012). Respiratory system diseases of nonhuman primates. *Nonhuman Primates in Biomedical Research*, 413 – 481. doi:org/10.1016/B978-0-12-381366-4.00009-2.

Lowery, C. M., Bralower, T. J., Owens, J. D., Rodríguez-Tovar, F. J., Jones, H., Smit, J., et al. (2018). Rapid recovery of life at ground zero of the end-Cretaceous mass extinction. *Nature*, 558(7709), 288 – 291. doi:10.1038/s41586-018-0163-6.

Lowry, S. J., Kapphahn, K., Chlebowski, R., and Li, C. I. (2016). Alcohol use and breast cancer survival among participants in the Women's Health Initiative. *Cancer Epidemiology, Biomarkers & Prevention*, 25(8), 1268 – 1273. doi:10.1158/1055-9965. Epi-16-0151.

Lu, Y.-F., Jin, T., Xu, Y., Zhang, D., Wu, Q., Zhang, Y.-K. J., and Liu, J. (2013). Sex differences in the circadian variation of cytochrome p450 genes and corresponding nuclear receptors in mouse liver. *Chronobiology International*, 30(9), 1135 – 1143. doi:10.3109/07420528.2013.805762.

Lucero, G. (2018). From sex objects to sisters-in-arms: Reducing military sexual assault through integrated basic training. *Duke Journal of Gender Law & Policy*, 26,1. scholarship.law.duke.edu.

Luders, E., and Kurth, F. (2020). Structural differences between male and female brains. Pp. 3 – 11 in *Handbook of Clinical Neurology*, vol. 175, edited by R. Lanzenberger, G. S. Kranz, and I. Savic. Elsevier.

Luo, S.-M., Schatten, H., and Sun, Q.-Y. (2013). Sperm mitochondria in reproduction: Good or bad and where do they go? *Journal of Genetics and Genomics*, 40(11), 549 – 556. doi:10.1016/j.jgg.2013.08.004.

Luo, Z., Lucas, S., Li, J., and Zhen, S. (1995). A new specimen of *Morganucodon oehleri* (Mammalia, Triconodonta) from the Liassic Lower Lufeng Formation of Yunnan, China. *Neues Jahrbuch für Geologie und Paläontologie Monatshefte*, 11, 671-680. doi:10.1127/njgpm/1995/1995/671.

Luo, Z. X. (2007). Transformation and diversification in early mammal evolution. *Nature*, 450(7172), 1011 – 1019. doi:10.1038/nature06277.

Luo, Z.-X., Yuan, C.-X., Meng, Q.-J., and Ji, Q. (2011). A Jurassic eutherian mammal and divergence of marsupials and placentals. *Nature*, 476(7361), 442-445. doi:10.1038/nature10291.

Lytle, S. R., Garcia-Sierra, A., and Kuhl, P. K. (2018). Two are better than one: Infant language learning from video improves in the presence of peers. *Proceedings of the National Academy of Sciences*, 115(40), 9859 – 9866. doi:10.1073/pnas.1611621115.

Maas, A. H., and Appelman, Y. E. (2010). Gender differences in coronary heart disease. *Netherlands Heart Journal*, 18, 598 – 603.

MacFadden, A., Elias, L., and Saucier, D. (2003). Males and females scan maps similarly, but give directions differently. *Brain and Cognition*, 53(2), 297 – 300.

Machin, A., and Dunbar, R. (2013). Sex and gender as factors in romantic partnerships and best friendships. *Journal of Relationships Research*, 4, E8. doi:10.1017/jrr.2013.8.

Mackintosh, N. J. (2007). Race differences in intelligence: An evolutionary hypothesis. *Intelligence*, 35(1), 94 – 96. doi:10.1016/j.intell.2006.08.001.

MacLarnon, A. M., and Hewitt, G. P. (1999). The evolution of human speech: The role of enhanced breathing control. *American Journal of Physical Anthropology*, 109, 341 – 363.

Macy, I. G., Hunscher, H. A., Donelson, E., and Nims, B. (1930). Human milk flow. *American Journal of Diseases in Childhood*, 39, 1186 – 1204.

Maessen, S. E., Derraik, J. G., Binia, A., and Cutfield, W. S. (2020). Perspective: Human milk oligosaccharides: Fuel for childhood obesity prevention? *Advances in Nutrition*, 11(1), 35 – 40.

Maguire, E. A., Burgess, N., and O'Keefe, J. (1999). Human spatial navigation: Cognitive maps, sexual dimorphism, and neural substrates. *Current Opinion in Neurobiology*, 9(2), 171 – 177. doi:10.1016/S0959-4388(99)80023-3.

Mahady, S., and Wolff, J. O. (2002). A field test of the Bruce effect in the monogamous prairie vole (*Microtus ochrogaster*). *Behavioral Ecology and Sociobiology*, 52, 31 – 37. doi:10.1007/s00265-002-0484-0.

Maher, A. C., Akhtar, M., Vockley, J., and Tarnopolsky, M. A. (2010). Women have higher protein content of beta-oxidation enzymes in skeletal muscle than men. *PLOS ONE*, 5(8), e12025.

Maher, A. C., Fu, M. H., Isfort, R. J., Varbanov, A. R., Qu, X. A., and Tarnopolsky, M. A. (2009). Sex differences in global mRNA content of human skeletal muscle. *PLOS ONE*, 4(7), e6335.

Mahjabeen, R. (2008). Microfinancing in Bangladesh: Impact on households, consumption and welfare. *Journal of Policy Modeling*, 30(6), 1083 – 1092. doi:10.1016/j.jpolmod.2007.12.007.

Mahoney, P., McFarlane, G., Smith, B. H., Miszkiewicz, J. J., Cerrito, P., Liversidge, H., et al. (2021). Growth of Neanderthal infants from Krapina (120 – 130 ka), Croatia. *Proceedings of the Royal Society B: Biological Sciences*, 288(1963), 20212079. doi:10.1098/rspb.2021.2079.

Maines, R. P. (1999). The technology of orgasm: "Hysteria," the vibrator, and women's sexual satisfaction. Baltimore: Johns Hopkins University Press.

Mammi, C., Calanchini, M., Antelmi, A., Cinti, F., Rosano, G. M., Lenzi, A., et al. (2012). Androgens and adipose tissue in males: a complex and reciprocal interplay. *International Journal of Endocrinology*, 2012, 789653. doi:10.1155/2012/789653.

Mampe, B., Friederici, A. D., Christophe, A., and Wermke, K. (2009). Newborns' cry melody is shaped by their native language. *Current Biology*, 19(23), 1994 – 1997. doi:10.1016/j.cub.2009.09.064.

Mano, R., Benjaminov, O., Kedar, I., Bar, Y., Sela, S., Ozalvo, R., et al. (2017). PD07-10 malignancies in male BRCA mutation carriers: Results from a prospectively screened cohort of patients enrolled to a dedicated male BRCA clinic. *Journal of Urology*, 197(4S), e131 – e132. doi:10.1016/j.juro.2017.02.385.

Manthi, F. K., Plavcan, J. M., and Ward, C. V. (2012). New hominin fossils from Kanapoi, Kenya, and the mosaic evolution of canine teeth in early hominins. *South African Journal of Science*, 108, 1 – 9.

Mao, Y., Catacchio, C. R., Hillier, L. W., Porubsky, D., Li, R., Sulovari, A., et al. (2021). A high-quality bonobo genome refines the analysis of hominid evolution. *Nature*, 594, 77 – 81. doi:10.1038/s41586-021-03519-x.

Maradit Kremers, H., Larson, D. R., Crowson, C. S., Kremers, W. K., Washington, R. E., Steiner, C. A., et al. (2015). Prevalence of total hip and knee replacement in the United States. *The Journal of Bone and Joint Surgery*, 97(17), 1386 – 1397. doi:10.2106/JBJS.N.01141.

Marcenaro, B., Leiva, A., Dragicevic, C., López, V., and Delano, P. H. (2021). The medial olivocochlear reflex strength is modulated during a visual working memory task. *Journal of Neurophysiology*, 125(6), 2309 – 2321. doi:10.1152/jn.00032.2020.

March of Dimes (2017). Miscarriage. www.marchofdimes.org.

Marcobal, A., Barboza, M., Froehlich, J. W., Block, D. E., German, J. B., Lebrilla, C. B., and Mills, D. A., 2010. Consumption of human milk oligosaccharides by gut-related microbes. *Journal of Agricultural and Food Chemistry*, 58, 5334 – 5340.

Margulis, S. W., Atsalis, S., Bellem, A., Wielebnowski, N. (2007). Assessment of reproductive behavior and hormonal cycles in geriatric western Lowland gorillas. *Zoo Biology*, 26, 117 – 139.

Marine Corps Combat Development Command (MCCDC) (2015). Analysis of the integration of female Marines into ground combat arms and units. Quantico, Va., Aug. 27, 2015.

Marlowe, F. W. (2000). The patriarch hypothesis—an alternative explanation of menopause. *Human Nature*, 11, 27 – 42.

Marlowe, F. W. (2010). *The Hadza: Hunter-Gatherers of Tanzania*. Berkeley: University of California Press.

Marsh, H., and Kasuya, T. (1986). Evidence for reproductive senescence in female cetaceans. *Reports of the International Whaling Commission*, 8, 57 – 74.

Martin, L. J., Carey, K. D., and Comuzzie, A. G. (2003). Variation in menstrual cycle length and cessation of menstruation in captive raised baboons. *Mechanisms of Ageing and Development*, 124(8 – 9), 865 – 871. doi:10.1016/s0047-6374(03)00134-9.

Martin, N., and Montagne, R. (2017). U.S. has the worst rate of maternal deaths in the developed world. NPR, May 12, 2017. www.npr.org.

Martinez, C. H., Raparla, S., Plauschinat, C. A., Giardino, N. D., Rogers, B., Beresford, J., et al. (2012). Gender differences in symptoms and care delivery for chronic obstructive pulmonary disease. *Journal of Women's Health*, 21(12), 1267 – 1274.

Martínez, I., Arsuaga, J. L., Quam, R., Carretero, J. M., Gracia, A., and Rodríguez, L. (2008). Human hyoid bones from the middle Pleistocene site of the Sima de los Huesos (Sierra de Atapuerca, Spain). *Journal of Human Evolution*, 54(1), 118 – 124.

Martínez, I., Rosa, M., Quam, R., Jarabo, P., Lorenzo, C., Bonmatí, A., et al. (2013). Communicative capacities in Middle Pleistocene humans from the Sierra de Atapuerca in Spain. *Quaternary International*, 295, 94 – 101.

Masataka, N. (1992). Motherese in a signed language. *Infant Behavior and Development*, 15(4), 453 – 460. doi:10.1016/0163-6383(92)80013-K.

Mathes, B. M., Morabito, D. M., and Schmidt, N. B. (2019). Epidemiological and clinical gender differences in OCD. *Current Psychiatry Reports*, 21(5), 36. doi:10.1007/s11920-

019-1015-2.

Mautz, B. S., Wong, B. B. M., Peters, R. A., and Jennions, M. D. (2013). Penis size interacts with body shape and height to influence male attractiveness. *Proceedings of the National Academy of Sciences*, 110(17), 6925 – 6930. doi:10.1073/pnas.1219361110.

Mauvais-Jarvis, F., Bairey Merz, N., Barnes, P. J., Brinton, R. D., Carrero, J.-J., DeMeo, D. L., et al. (2020). Sex and gender: Modifiers of health, disease, and medicine. *The Lancet*, 396(10250), 565 – 582. doi:10.1016/S0140-6736(20)31561-0.

Mayer, A. R., Dodd, A. B., Rannou-Latella, J. G., Stephenson, D. D., Dodd, R. J., Ling, J. M., et al. (2021). 17α-Ethinyl estradiol-3-sulfate increases survival and hemodynamic functioning in a large animal model of combined traumatic brain injury and hemorrhagic shock: A randomized control trial. *Critical Care*, 25(1), 428. doi:10.1186/s13054-021-03844-7.

Mazure, C. M., and Jones, D. P. (2015). Twenty years and still counting: Including women as participants and studying sex and gender in biomedical research. *BMC Women's Health*, 15, 94. doi:10.1186/s12905-015-0251-9.

MBRRACE-UK (Mothers and Babies: Reducing Risk through Audits and Confidential Enquiries across the UK) (2016). *Saving Lives, Improving Mothers' Care: Surveillance of Maternal Deaths in the UK 2012 – 14 and Lessons Learned to Inform Maternity Care from the UK and Ireland Confidential Enquires into Maternal Deaths and Morbidity 2009 – 14*. Maternal, Newborn and Infant Clinical Outcome Review Programme. www.npeu.ox.ac.uk.

McAuliffe, K., and Whitehead, H. (2005). Eusociality, menopause and information in matrilineal whales. *Trends in Ecology & Evolution*, 20, 650. doi:10.1016/j.tree.2005.09.003.

McCall, R. B. (1977). Childhood IQ's as predictors of adult educational and occupational status. *Science*, 197(4302), 482 – 483. doi:10.1126/science.197.4302.482.

McClearn, D. (1992). Locomotion, posture, and feeding behavior of kinkajous, coatis, and raccoons. *Journal of Mammalogy*, 73(2), 245 – 261. doi:10.2307/1382055.

McClellan, H. L., Miller, S. J., and Hartmann, P. E. (2008). Evolution of lactation: Nutrition v. protection with special reference to five mammalian species. *Nutrition Research Reviews*, 21, 97 – 116. doi:10.1017/s09544224 08100749.

McClure, L. (2020). *Women in Classical Antiquity: From Birth to Death*. Hoboken: John Wiley & Sons.

McComb, K., Moss, C., Durant, S. M., Baker, L., and Sayialel, S. (2001). Matriarchs as repositories of social knowledge in African elephants. *Science*, 292(5516), 491 – 494. doi:10.1126/science.1057895.

McComb, K., Shannon, G., Durant, S. M., Sayialel, K., Slotow, R., Poole, J., and Moss, C. (2011). Leadership in elephants: The adaptive value of age. *Proceedings of the Royal Society B: Biological Sciences*, 278(1722), 3270 – 3276. doi:10.1098/rspb.2011.0168.

McFadden, D. (2009). Masculinization of the mammalian cochlea. *Hearing Research*, 252(1), 37 – 48. doi:10.1016/j.heares.2009.01.002.

McFadden, D. (2011). Sexual orientation and the auditory system. *Frontiers in Neuroendocrinology*, 32, 201 – 213. doi:10.1016/j.yfrne.2011.02.001.

McFadden, D., and Pasanen, E. G. (1998). Comparison of the auditory systems of heterosexuals and homosexuals: Click-evoked otoacoustic emissions. *Proceedings of the National Academy of Sciences*, 95(5), 2709 – 2713. doi:10.1073/pnas.95.5.2709.

McLean, C. Y., Reno, P. L., Pollen, A. A., Bassan, A. I., Capellini, T. D., Guenther, C., et al. (2011). Human-specific loss of regulatory DNA and the evolution of human-specific traits. *Nature*, 471(7337), 216 – 219. doi:10.1038/nature09774.

McPherron, S. P., Alemseged, Z., Marean, C. W., Wynn, J. G., Reed, D., Geraads, D., et al. (2010). Evidence for stone-tool-assisted consumption of animal tissues before 3.39 million years ago at Dikika, Ethiopia. *Nature*, 466(7308), 857 – 860.

McSweeney, J. C., Rosenfeld, A. G., Abel, W. M., Braun, L. T., Burke, L. E., Daugherty, S. L., et al. (2016). Preventing and experiencing ischemic heart disease as a woman: State of the science. *Circulation*, 133(13), 1302 – 1331. doi:10.1161/CIR.0000000000000381.

Mehl, M. R., Vazire, S., Ramírez-Esparza, N., Slatcher, R. B., and Pennebaker, J. W. (2007). Are women really more talkative than men? *Science*, 317(5834), 82 – 82. doi:10.1126/science.1139940.

Melin, A. D., Fedigan, L. M., Hiramatsu, C., Sendall, C. L., and Kawamura, S. (2007). Effects of colour vision phenotype on insect capture by a free-ranging population of white-faced capuchins, Cebus capucinus. *Animal Behaviour*, 73(1), 205 – 214.

Melin, A. D., Matsushita, Y., Moritz, G. L., Dominy, N. J., and Kawamura, S. (2013). Inferred L/M cone opsin polymorphism of ancestral tarsiers sheds dim light on the origin of anthropoid primates. *Proceedings of the Royal Society B: Biological Sciences*, 280(1759), 20130189. doi:10.1098/rspb.2013.0189.

Melnick, D. A., and Pearl, M. C. (1987). Cercopithecines in multimale groups: Genetic diversity and population structure. Pp. 121 – 134 in *Primate Societies*, edited by B. B. Smuts, D. L. Cheney, R. M. Seyfarth, R. W. Wrangham, and T. T. Struhsaker. Chicago: University of Chicago Press.

Ménard, N., von Segesser, F., Scheffrahn, W., Pastorini, J., Vallet, D., Gaci, B., et al. (2001). Is male-infant caretaking related to paternity and/or mating activities in wild Barbary macaques (*Macaca sylvanus*)? *Comptes Rendus de l'Académie des Sciences—Series III—Sciences de la Vie*, 324(7), 601 – 610.

Mencke, T., Soltész, S., Grundmann, U., Bauer, M., Schlaich, N., Larsen, R., and Fuchs-Buder, T. (2000). Time course of neuromuscular blockade after rocuronium: A comparison between women and men. *Anaesthesist*, 49, 609 – 612. doi:10.1007/s001010070077.

Messina, I., Cattaneo, L., Venuti, P., de Pisapia, N., Serra, M., Esposito, G., et al. (2015). Sex-specific automatic responses to infant cries: TMS reveals greater excitability in females than males in motor evoked potentials. *Frontiers in Psychology*, 6, 1909. doi:10.3389/fpsyg.2015.01909.

Meyer, J. (2012). *Centenarians: 2010*. Washington, D.C.: U.S. Department of Commerce, Economics and Statistics Administration, U.S. Census Bureau.

Miaskowski, G. (1997). Women and pain. *Critical Care Nursing Clinics of North America*, 9(4), 453 – 458. doi:10.1016/S0899-5885(18)30238-7.

Mika, K., Whittington, C. M., McAllan, B. M., and Lynch, V. J. (2022). Gene expression phylogenies and ancestral transcriptome reconstruction resolves major transitions in the origins of pregnancy. *eLife*, 11, e74297. doi:10.7554/eLife.74297.

Miller, E., Wails, C. N., and Sulikowski, J. (2022). It's a shark-eat-shark world, but does that make for bigger pups? A comparison between oophagous and non-oophagous viviparous sharks. *Reviews in Fish Biology and Fisheries*, 32, 1019 – 1033. doi:10.1007/s11160-022-09707-w.

Miller, G. (2010). The prickly side of oxytocin. *Science*, 328(5984), 1343 – 1343. doi:10.1126/science.328.5984.1343-a.

Miller, G., Tybur, J. M., and Jordan, B. D. (2007). Ovulatory cycle effects on tip earnings by lap dancers: Economic evidence for human estrus? *Evolution and Human Behavior*, 28, 375 – 381. doi:10.1016/j.evolhumbehav.2007.06.002.

Miller, G. E., Chen, E., and Zhou, E. S. (2007). If it goes up, must it come down? Chronic stress and the hypothalamic-pituitary-adrenocortical axis in humans. *Psychological*

Bulletin, 133(1), 25 – 45. doi:10.1037/0033-2909.133.1.25.

Miller, J. M., Low, L. K., Zielinski, R., Smith, A. R., DeLancey, J. O., and Brandon, C. (2015). Evaluating maternal recovery from labor and delivery: Bone and levator ani injuries. *American Journal of Obstetrics and Gynecology*, 213(2), 188-e1. doi:10.1016/j.ajog.2015.05.001.

Milligan, L. A., and Bazinet, R. P. (2008). Evolutionary modifications of human milk composition: Evidence from long-chain polyunsaturated fatty acid composition of anthropoid milks. *Journal of Human Evolution*, 55(6), 1086 – 1095. doi:10.1016/j.jhevol.2008.07.010.

Milne, J. S. (1907). *Surgical Instruments in Greek and Roman Times*. Oxford: The Clarendon Press.

Mischkowski, D., Crocker, J., and Way, B. M. (2016). From painkiller to empathy killer: Acetaminophen (paracetamol) reduces empathy for pain. *Social Cognitive and Affective Neuroscience*, 11(9), 1345 – 1353. doi:10.1093/scan/nsw057.

Mitani, J. C., and Stuht, J. (1998). The evolution of nonhuman primate loud calls: Acoustic adaptation for long-distance transmission. *Primates*, 39(2), 171 – 182.

Mitchell, H. H., Hamilton, T. S., Steggerda, F. R., and Bean, H. W. (1945). The chemical composition of the adult human body and its bearing on the biochemistry of growth. *Journal of Biological Chemistry*, 158(3), 625 – 637.

Mogil, J. S. (2020). Qualitative sex differences in pain processing: Emerging evidence of a biased literature. *Nature Reviews Neuroscience*, 21, 353 – 365. doi:10.1038/s41583-020-0310-6.

Mogil, J. S., and Chanda, M. L. (2005). The case for the inclusion of female subjects in basic science studies of pain. *Pain*, 117(1 – 2), 1 – 5.

Molitoris, J., Barclay, K., and Kolk, M. (2019). When and where birth spacing matters for child survival: An international comparison using the DHS. *Demography*, 56(4), 1349 – 1370. doi:10.1007/s13524-019-00798-y.

Morgan, T. J. H., Uomini, N. T., Rendell, L., Chouinard-Thuly, L., Street, S. E., Lewis, H. M., et al. (2014). Experimental evidence for the co-evolution of Hominin tool-making teaching and language. *Nature Communications*, 6, 6029.

Morin, L. P., and Allen, C. N. (2006). The circadian visual system, 2005. *Brain Research Reviews*, 51(1), 1 – 60. doi:10.1016/j.brainresrev.2005.08.003.

Morral, A. R., Gore, K. L., and Schell, T. L., eds. (2015). *Sexual Assault and Sexual*

Harassment in the U.S. Military. Vol. 2, *Estimates for Department of Defense Service Members from the 2014 RAND Military Workplace Study*. Santa Monica, Calif.: RAND Corporation. www.rand.org.

Morris, M. W., Mok, A., and Mor, S. (2011). Cultural identity threat: The role of cultural identifications in moderating closure responses to foreign cultural inflow. *Journal of Social Issues*, 67(4), 760 – 773.

Morrow, A. L., Ruiz-Palacios, G. M., Altaye, M., Jiang, X., Lourdes Guerrero, M., Meinzen-Derr, J. K., Farkas, T., et al. (2004). Human milk oligosaccharides are associated with protection against diarrhea in breast-fed infants. *Journal of Pediatrics*, 145, 297 – 303. doi:10.1016/j.jpeds.2004.04.054.

Morton, R. A., Stone, J. R., and Singh, R. S. (2013). Mate choice and the origin of menopause. *PLOS Computational Biology*, 9(6), e1003092. doi:10.1371/journal.pcbi.1003092.

Moss, C. J. (2001). The demography of an African elephant (*Loxodonta africana*) population in Amboseli, Kenya. *Journal of Zoology*, 255, 145 – 156.

Mossabeb, R., and Sowti, K. (2021). Neonatal Abstinence Syndrome: A call for mother-infant dyad treatment approach. *American Family Physician*, 104(3), 222 – 223.

Motlagh Zadeh, L., Silbert, N. H., Sternasty, K., Swanepoel, D. W., Hunter, L. L., and Moore, D. R. (2019). Extended high-frequency hearing enhances speech perception in noise. *Proceedings of the National Academy of Sciences*, 116(47), 23753 – 23759. doi:10.1073/pnas.1903315116.

Mowitz, M. E., Dukhovny, D., and Zupancic, J. A. (2018). The cost of necrotizing enterocolitis in premature infants. *Seminar in Fetal Neonatal Medicine*, 23, 416 – 419. doi:10.1016/j.siny.2018.08.004.

Mozaffarian, D., Benjamin, E. J., Go, A. S., Arnett, D. K., Blaha, M. J., Cushman, M., et al. (2015). Heart disease and stroke statistics—2015 update. *Circulation*, 131(4), e29 – e322. doi:10.1161/CIR.0000000000000152.

Mozaffarian, D., Benjamin, E. J., Go, A. S., Arnett, D. K., Blaha, M. J., Cushman, M., et al. (2016). Heart disease and stroke statistics—2016 update: A report from the American Heart Association. *Circulation*, 133(4), e38 – e360.

Mrazek, M. D., Chin, J. M., Schmader, T., Hartson, K. A., Smallwood, J., and Schooler, J. W. (2011). Threatened to distraction: Mind-wandering as a consequence of stereotype threat. *Journal of Experimental Social Psychology*, 47(6), 1243 – 1248. doi:10.1016/

j.jesp.2011.05.011.

Muller, M. N., Kahlenberg, S. M., Emery Thompson, M., and Wrangham, R. W. (2007). Male coercion and the costs of promiscuous mating for female chimpanzees. *Proceedings of the Royal Society B: Biological Sciences*, 274(1612), 1009 – 1014. doi:10.1098/rspb.2006.0206.

Muller, M. N., Thompson, M. E., and Wrangham, R. W. (2006). Male chimpanzees prefer mating with old females. *Current Biology*, 16(22), 2234 – 2238. doi:10.1016/j.cub.2006.09.042.

Mulugeta, E., Kassaye, M., and Berhane, Y. (1998). Prevalence and outcomes of sexual violence among high school students. *Ethiopian Medical Journal*, 36(3), 167 – 174.

Munson, L., and Moresco, A. (2007). Comparative pathology of mammary gland cancers in domestic and wild animals. *Breast Disease*, 28, 7 – 21. doi:10.3233/bd-2007-28102.

Murray, C. M., Stanton, M. A., Lonsdorf, E. V., Wroblewski, E. E., and Pusey, A. E. (2016). Chimpanzee fathers bias their behaviour towards their off spring. *Royal Society Open Science*, 3(11), 160441. doi:10.1098/rsos.160441.

Mutter, W. P., and Karumanchi, S. A. (2008). Molecular mechanisms of preeclampsia. *Microvascular Research*, 75(1), 1 – 8. doi:10.1016/j.mvr.2007.04.009.

Myrskylä, M., and Margolis, R. (2014). Happiness: Before and after the kids. *Demography*, 51(5), 1843 – 1866. doi:10.1007/s13524-014-0321-x.

Nair, P. S. (2010). Understanding below-replacement fertility in Kerala, India. *Journal of Health, Population, and Nutrition*, 28(4), 405 – 412. doi:10.3329/jhpn.v28i4.6048.

Nakano, K., Nemoto, H., Nomura, R., Inaba, H., Yoshioka, H., Taniguchi, K., et al. (2009). Detection of oral bacteria in cardiovascular specimens. *Oral Microbiology and Immunology*, 24(1), 64 – 68. doi:10.1111/j.1399-302X.2008.00479.x.

National Institute on Drug Abuse (NIDA) (2022). Sex and gender differences in substance use. May 4, 2022. nida.nih.gov.

Nattrass, S., Croft, D. P., Ellis, S., Cant, M. A., Weiss, M. N., Wright, B. M., et al. (2019). Postreproductive killer whale grandmothers improve the survival of their grandoffspring. *Proceedings of the National Academy of Sciences*, 116(52), 26669 – 26673. doi:10.1073/pnas.1903844116.

Neubauer, S., Hublin, J.-J., and Gunz, P. (2018). The evolution of modern human brain shape. *Science Advances*, 4(1), eaao5961. doi:10.1126/sciadv.aao5961.

Neufang, S., Specht, K., Hausmann, M., Güntürkün, O., Herpertz-Dahlmann, B., Fink,

G. R., and Konrad. K. (2008). Sex differences and the impact of steroid hormones on the developing human brain. *Cerebral Cortex*, 19(2), 464 – 473. doi:10.1093/cercor/bhn100.

Newburg, D., Warren, C., Chaturvedi, P., Newburg, A., Oftedal, O., Ye, S., and Tilden, C. (1999). Milk oligosaccharides across species. *Pediatric Research*, 45(5), 745 – 745.

Newman, L., Rowley, J., Vander Hoorn, S., Wijesooriya, N. S., Unemo, M., Low, N., et al. (2015). Global estimates of the prevalence and incidence of four curable sexually transmitted infections in 2012 based on systematic review and global reporting. *PLOS ONE*, 10(12), e0143304. doi:10.1371/journal.pone.0143304.

Nicholls, H. (2012). Sex and the single rhinoceros. *Nature*, 485(7400), 566 – 569.

Nichols, H. B., Shoemaker, M. J., Cai, J., Xu, J., Wright, L. B., Brook, M. N., et al. (2019). Breast cancer risk after recent childbirth. *Annals of Internal Medicine*, 170(1), 22 – 30. doi:10.7326/m18-1323.

Nigro, L. (2017). *Beheaded Ancestors: Of Skulls and Statues in Pre-Pottery Neolithic Jericho*, 3 – 30. Conference paper. Scienze dell'Antichità, March 23, 2017.

Nilsson, I. E. K., Åkervall, S., Molin, M., Milsom, I., and Gyhagen, M. (2022). Severity and impact of accidental bowel leakage two decades after no, one, or two sphincter injuries. *American Journal of Obstetrics & Gynecology*. doi:10.1016/j.ajog.2022.11.1312.

Nishida, T., Corp, N., Hamai, M., Hasegawa, T., Hiraiwa-Hasegawa, M., Hosaka, K., et al. (2003). Demography, female life history, and reproductive profiles among the chimpanzees of Mahale. *American Journal of Primatology*, 59(3), 99 – 121.

Nishida, T., Takasaki, H., and Takahata, Y. (1990). Demography and reproductive profiles. In *The Chimpanzees of the Mahale Mountains*, edited by T. Nishida. Tokyo: University of Tokyo Press.

Nishie, H., and Nakamura, M. (2018). A newborn infant chimpanzee snatched and cannibalized immediately after birth: Implications for "maternity leave" in wild chimpanzee. *American Journal of Physical Anthropology*, 165(1), 194 – 199. doi:10.1002/ajpa.23327.

Nishimura, T. (2006). Descent of the larynx in chimpanzees: Mosaic and multiple-step evolution of the foundations for human speech. Pp. 75 – 95 in *Cognitive Development in Chimpanzees*, edited by T. Matsuzawa, M. Tomonaga, and M. Tanaka. Tokyo: Springer.

Nishimura, T., Mikami, A., Suzuki, J., and Matsuzawa, T. (2003). Descent of the larynx in chimpanzee infants. *Proceedings of the National Academy of Sciences*, 100(12), 6930 – 6933.

Nishimura, T., Mikami, A., Suzuki, J., and Matsuzawa, T. (2006). Descent of the hyoid in chimpanzees: Evolution of face flattening and speech. *Journal of Human Evolution*, 51(3), 244 – 254.

Nishimura, T., Tokuda, I. T., Miyachi, S., Dunn, J. C., Herbst, C. T., Ishimura, K., et al. (2022). Evolutionary loss of complexity in human vocal anatomy as an adaptation for speech. *Science*, 377(6607), 760 – 763. doi:10.1126/science.abm1574.

Noë, R., and Sluijter, A. A. (1990). Reproductive tactics of male savanna baboons. *Behaviour*, 113(1/2), 117 – 170. doi:10.1163/156853990X00455.

Norell, M. A., Wiemann, J., Fabbri, M., Yu, C., Marsicano, C. A., Moore-Nall, A., et al. (2020). The first dinosaur egg was soft. *Nature*, 583(7816), 406 – 410. doi:10.1038/s41586-020-2412-8.

Northstone, K., Joinson, C., Emmett, P., Ness, A., and Paus, T. (2012). Are dietary patterns in childhood associated with IQ at 8 years of age? A population-based cohort study. *Journal of Epidemiology and Community Health*, 66(7), 624 – 628. doi:10.1136/jech.2010.111955.

Norton, P., and Brubaker, L. (2006). Urinary incontinence in women. *The Lancet*, 367(9504), 57 – 67. doi:10.1016/S0140-6736(06)67925-7.

Nour, N. M. (2006). Health consequences of child marriage in Africa. *Emerging Infectious Diseases*, 12(11), 1644 – 1649. doi:10.3201/eid1211.060510.

Novotny, S. A., Warren, G. L., and Hamrick, M. W. (2015). Aging and the muscle-bone relationship. *Physiology*, 30(1), 8 – 16. doi:10.1152/physiol.00033.2014.

Nozaki, M., Mitsunaga, F., and Shimizu, K. (1995). Reproductive senescence in female Japanese monkeys (*Macaca Fuscata*): Age-and season-related changes in hypothalamic-pituitary-ovarian functions and fecundity rates. *Biology of Reproduction*, 52, 1250 – 1257. doi:10.1095/biolreprod52.6.1250.

Nunn, C. L. (1999). The evolution of exaggerated sexual swellings in primates and the graded-signal hypothesis. *Animal Behaviour*, 58(2), 229 – 246. doi:10.1006/anbe.1999.1159.

Nussbaum, M. C. (2003). Women's education: A global challenge. *Signs*, 29(2), 325 – 355.

O'Connell-Rodwell, C. E. (2007). Keeping an "ear" to the ground: Seismic communication in elephants. *Physiology*, 22(4), 287 – 294. doi:10.1152/physiol.00008.2007.

O'Connor, C. A., Cernak, I., and Vink, R. (2005). Both estrogen and progesterone attenuate edema formation following diffuse traumatic brain injury in rats. *Brain Research*, 1062(1), 171 – 174. doi:10.1016/j.brainres.2005.09.011.

O'Leary, M. A., Bloch, J. I., Flynn, J. J., Gaudin, T. J., Giallombardo, A., Giannini, N. P., et al. (2013). The placental mammal ancestor and the post-K-Pg radiation of placentals. *Science*, 339(6120), 662 – 667. doi:10.1126/science.1229237.

O'Neill, M. C., Umberger, B. R., Holowka, N. B., Larson, S. G., and Reiser, P. J. (2017). Chimpanzee super strength and human skeletal muscle evolution. *Proceedings of the National Academy of Sciences*, 114(28), 7343 – 7348. doi:10.1073/pnas.1619071114.

Ochieng, S. (2020). Child marriage in the US: Loopholes in state marriage laws perpetuate child marriage. *Immigration and Human Rights Law Review*, 2(1), 3.

Office for National Statistics (ONS). (2020). *Domestic Abuse Victim Characteristics, England and Wales: Year Ending March 2020*. www.ons.gov.uk.

Oftedal, O. T. (2002). The mammary gland and its origin during synapsid evolution. *Journal of Mammary Gland Biology and Neoplasia*, 7(3), 225 – 252. doi:10.1023/a:1022896515287.

Oftedal, O. T. (2012). The evolution of milk secretion and its ancient origins. *Animal*, 6(3), 355 – 368. doi:10.1017/S1751731111001935.

Oktay, K., Turan, V., Titus, S., Stobezki, R., and Liu, L. (2015). BRCA mutations, DNA repair deficiency, and ovarian aging. *Biology of Reproduction*, 93(3). doi:10.1095/biolreprod.115.132290.

Olesiuk, P. F., Bigg, M. A., and Ellis, G. M. (1990). Life history and population dynamics of resident killer whales (*Ornicus orca*) in the coastal waters of British Columbia and Washington State. *Report of the International Whaling Commission*, 12, 209 – 243.

Oliva, M., Muñoz-Aguirre, M., Kim-Hellmuth, S., Wucher, V., Gewirtz, A. D. H., Cotter, D. J., et al. (2020). The impact of sex on gene expression across human tissues. *Science*, 369(6509), eaba3066. doi:10.1126/science.aba3066.

Oliveira-Pinto, A. V., Santos, R. M., Coutinho, R. A., Oliveira, L. M., Santos, G. B., Alho, A. T., et al. (2014). Sexual dimorphism in the human olfactory bulb: Females have more neurons and glial cells than males. *PLOS ONE*, 9(11), e111733. doi:10.1371/journal.pone.0111733.

Oliveros, E., Martin, M., Torres-Espinola, F. J., Segura-Moreno, T., Ramirez, M., Santos-Fandila, A., et al. (2021). Human milk levels of 2´-fucosyllactose and 6´-sialyllactose are positively associated with infant neurodevelopment and are not impacted by maternal BMI or diabetic status. *Nutrition & Food Science*, 4, 024.

Olshansky, S. J., Carnes, B. A., and Grahn, D. (1998). Confronting the boundaries of human longevity: Many people now live beyond their natural lifespans through the intervention of medical technology and improved lifestyles—a form of "manufactured time." *American Scientist*, 86(1), 52 – 61.

Oppel, R. A., Jr., and Cooper, H. (2015). 2 graduating rangers, aware of their burden. *The New York Times*, Aug. 20, 2015. www.nytimes.com.

Orbach, D. N., Kelly, D. A., Solano, M., and Brennan, P. L. R. (2017). Genital interactions during simulated copulation among marine mammals. *Proceedings of the Royal Society B: Biological Sciences*, 284, 20171265. doi:10.1098/rspb.2017.1265.

Orbach, D. N., Marshall, C. D., Mesnick, S. L., and Würsig, B. (2017). Patterns of cetacean vaginal folds yield insights into functionality. *PLOS ONE*, 12(3), e0175037. doi:10.1371/journal.pone.0175037.

Osorio, D., and Vorobyev, M. (1996). Colour vision as an adaptation to frugivory in primates. *Proceedings of the Royal Society B: Biological Sciences*, 263, 593 – 599.

Ouattara, K., Lemasson, A., and Zuberbühler, K. (2009). Campbell's monkeys use affixation to alter call meaning. *PLOS ONE*, 4(11), e7808.

Oxenham A. J. (2018). How we hear: The perception and neural coding of sound. *Annual Review of Psychology*, 69, 27 – 50. doi:10.1146/annurev-psych-122216-011635.

Pagels, E. (2013). *Revelations: Visions, Prophecy, and Politics in the Book of Revelation.* New York: Penguin Books.

Palombit, R., Cheney, D., Fischer, J., Johnson, S., Rendall, D., Seyfarth, R., and Silk, J. (2000). Male infanticide and defense of infants in chacma baboons. Pp. 123 – 152 in *Infanticide by Males and Its Implications*, edited by C. Van Schaik and C. Janson. Cambridge, U.K.: Cambridge University Press. doi:10.1017/CBO9780511542312.008.

Palsson, O. S., Peery, A., Seitzberg, D., Amundsen, I. D., McConnell, B., and Simrén, M. (2020). Human milk oligosaccharides support normal bowel function and improve symptoms of irritable bowel syndrome: A multicenter, open-label trial. *Clinical and Translational Gastroenterology*, 11(12). doi:10.14309/ctg.0000000000000276.

Pan, W., Gu, T., Pan, Y., Feng, C., Long, Y., Zhao, Y., et al. (2014). Birth intervention and non-maternal infant-handling during parturition in a nonhuman primate. *Primates*, 55(4), 483 – 488. doi:10.1007/s10329-014-0427-1.

Panizzon, M. S., Vuoksimaa, E., Spoon, K. M., Jacobson, K. C., Lyons, M. J., Franz, C. E., et al. (2014). Genetic and environmental influences on general cognitive ability: Is g a valid latent construct? *Intelligence*, 43, 65 – 76.

Parada, M., Abdul-Ahad, F., Censi, S., Sparks, L., and Pfaus, J. G. (2011). Context alters the ability of clitoral stimulation to induce a sexually-conditioned partner preference in the rat. *Hormones and Behavior*, 59(4), 520 – 527. doi:10.1016/j.yhbeh.2011.02.001.

Parada, M., Chamas, L., Censi, S., Coria-Avila, G., and Pfaus, J. G. (2010). Clitoral stimulation induces conditioned place preference and Fos activation in the rat. *Hormones and Behavior*, 57(2), 112 – 118. doi:10.1016/j.yhbeh.2009.05.008.

Pargulski, J. R., and Reynolds, M. R. (2017). Sex differences in achievement: Distributions matter. *Personality and Individual Differences*, 104, 272 – 278. doi:10.1016/j.paid.2016.08.016.

Parish, A. R. (1994). Sex and food control in the "uncommon chimpanzee": How bonobo females overcome a phylogenetic legacy of male dominance. *Ethology and Sociobiology*, 15(3), 157 – 179. doi:10.1016/0162-3095(94)90038-8.

Parker, D. (2018). Kuhnian revolutions in neuroscience: The role of tool development. *Biology & Philosophy*, 33(3), 17. doi:10.1007/s10539-018-9628-0.

Parra-Peralbo, E., Talamillo, A., and Barrio, R. (2021). Origin and development of the adipose tissue, a key organ in physiology and disease. *Frontiers in Cell and Developmental Biology*, 9. doi:10.3389/fcell.2021.786129.

Parsons, C. E., Young, K. S., Parsons, E., Stein, A., and Kringelbach, M. L. (2012). Listening to infant distress vocalizations enhances effortful motor performance. *Acta Paediatrica*, 101(4), e189. doi:10.1111/j.1651-2227.2011.02554.x.

Partridge, E. A., Davey, M. G., Hornick, M. A., McGovern, P. E., Mejaddam, A. Y., Vrecenak, J. D., et al. (2017). An extra-uterine system to physiologically support the extreme premature lamb. *Nature Communications*, 8(1), 15112. doi:10.1038/ncomms15112.

Patel, B. A., Wallace, I. J., Boyer, D. M., Granatosky, M. C., Larson, S. G., and Stern, J. T., Jr. (2015). Distinct functional roles of primate grasping hands and feet during arboreal quadrupedal locomotion. *Journal of Human Evolution*, 88, 79 – 84. doi:/10.1016/j.jhevol.2015.09.004.

Patrick, S. W., Barfield, W. D., Poindexter, B. B., and Committee on Fetus and Newborn, Committee on Substance Use and Prevention (2020). Neonatal opioid withdrawal syndrome. *Pediatrics*, 146(5), e2020029074. doi:10.1542/peds.2020-029074.

Paulozzi, L. J., Erickson, J. D., and Jackson, R. J. (1997). Hypospadias trends in two US surveillance systems. *Pediatrics*, 100(5), 831 – 834. doi:10.1542/peds.100.5.831.

Pavard, S., Metcalf, C. J., and Heyer, E. (2008). Senescence of reproduction may explain adaptive menopause in humans: A test of the "Mother" hypothesis. *American Journal of Physical Anthropology*, 136, 194 – 203. doi:10.1002/ajpa.20794.

Pavlicev, M., Herdina, A. N., and Wagner, G. (2022). Female genital variation far exceeds that of male genitalia: A review of comparative anatomy of clitoris and the female lower reproductive tract in theria. *Integrative and Comparative Biology*, 62(3), 581 – 601. doi:10.1093/icb/icac026.

Pawłowski, B., and Żelaźniewicz, A. (2021). The evolution of perennially enlarged breasts in women: A critical review and a novel hypothesis. *Biological Reviews*, 96, 2794 – 2809. doi:10.1111/brv.12778.

Peacock, J. L., Marston, L., Marlow, N., Calvert, S. A., and Greenough, A. (2012). Neonatal and infant outcome in boys and girls born very prematurely. *Pediatric Research*, 71(3), 305 – 310. doi:10.1038/pr.2011.50.

Pearson, J. D., Morrell, C. H., Gordon-Salant, S., Brant, L. J., Metter, E. J., Klein, L. L., and Fozard, J. L. (1995). Gender differences in a longitudinal study of age-associated hearing loss. *The Journal of the Acoustical Society of America*, 97(2), 1196 – 1205. doi:10.1121/1.412231.

Peigné, S., de Bonis, L., Likius, A., Mackaye, H. T., Vignaud, P., and Brunet, M. (2005). A new machairodontine (Carnivora, Felidae) from the Late Miocene hominid locality of TM 266, Toros-Menalla, Chad. *Comptes Rendus Palevol*, 4(3), 243 – 253. doi:10.1016/j.crpv.2004.10.002.

Pellerin, C. (2015). Carter opens all military occupations to women. *DOD News, Defense Media Activity*, Dec. 3, 2015.

Pennington, P. M., and Durrant, B. S. (2019). Assisted reproductive technologies in captive rhinoceroses. *Mammal Review*, 49(1), 1 – 15. doi:10.1111/mam.12138.

Perhonen, M. A., Franco, F., Lane, L. D., Buckey, J. C., Blomqvist, C. G., Zerwekh, J. E., et al. (2001). Cardiac atrophy after bed rest and spaceflight. *Journal of Applied Physiology*, 91(2), 645 – 653. doi:10.1152/jappl.2001.91.2.645.

Peter, B. M., and Slatkin, M. (2015). The effective founder effect in a spatially expanding population. *Evolution*, 69(3), 721 – 734. doi:10.1111/evo.12609.

Peterman, A., Palermo, T., and Bredenkamp, C. (2011). Estimates and determinants of sexual violence against women in the Democratic Republic of Congo. *American Journal of Public Health*, 101(6), 1060 – 1067. doi:10.2105/AJPH.2010.300070.

Peters, M. (2005). Sex differences and the factor of time in solving Vandenberg and Kuse mental rotation problems. *Brain and Cognition*, 57, 176 – 184. doi:10.1016/j.bandc.2004.08.052.

Petersen, J. (2018). Gender difference in verbal performance: A meta-analysis of United States state performance assessments. *Educational Psychology Review*, 30(4), 1269 – 1281. doi.org/10.1007/s10648-018-9450-x.

Pfefferle, D., West, P. M., Grinnell, J., Packer, C., and Fischer, J. (2007). Do acoustic features of lion, *Panthera leo*, roars reflect sex and male condition? *The Journal of the Acoustical Society of America*, 121(6), 3947 – 3953. doi:10.1121/1.2722507.

Pfenning, A. R., Hara, E., Whitney, O., Rivas, M. V., Wang, R., Roulhac, P. L., et al. (2014). Convergent transcriptional specializations in the brains of humans and song-learning birds. *Science*, 346(6215), 1256846. doi:10.1126/science.1256846.

Phillips, D. (2018). As economy roars, army falls thousands short of recruiting goals. *The New York Times*, Sept. 21, 2018. www.nytimes.com.

Phinney, S. D., Stern, J. S., Burke, K. E., Tang, A. B., Miller, G., and Holman, R. T. (1994). Human subcutaneous adipose tissue shows site-specific differences in fatty acid composition. *The American Journal of Clinical Nutrition*, 60(5), 725 – 729. doi:10.1093/ajcn/60.5.725.

Photopoulou, T., Ferreira, I. M., Best, P. B., Kasuya, T., and Marsh, H. (2017). Evidence for a postreproductive phase in female false killer whales *Pseudorca crassidens*. *Frontiers in Zoology*, 14(1), 30. doi:10.1186/s12983-017-0208-y.

Piantadosi, S. T., and Kidd, C. (2016). Extraordinary intelligence and the care of infants. *Proceedings of the National Academy of Sciences*, 113(25), 6874 – 6879. doi:10.1073/pnas.1506752113.

Piazza, E. A., Iordan, M. C., and Lew-Williams, C. (2017). Mothers consistently alter their unique vocal fingerprints when communicating with infants. *Current Biology*, 27(20), 3162 – 3167.e3163. doi:10.1016/j.cub.2017.08.074.

Pik, R. (2011). Geodynamics: East Africa on the rise. *Nature Geoscience*, 4(10), 660 – 661.

Pilbeam, D. (1978). Major trends in human evolution. In *Current Argument on Early Man: Report from a Nobel Symposium*, edited by Lars-König Königsson. Oxford:

Published on behalf of the Royal Swedish Academy of Sciences by Pergamon Press.

Pinker, S. (1994). *The Language Instinct*. New York: William Morrow.

Platt, L., Grenfell, P., Meiksin, R., Elmes, J., Sherman, S. G., Sanders, T., et al. (2018). Associations between sex work laws and sex workers' health: A systematic review and meta-analysis of quantitative and qualitative studies. *PLOS Medicine*, 15(12), e1002680. doi:10.1371/journal.pmed.1002680.

Plavcan, J. M. (2001). Sexual dimorphism in primate evolution. *American Journal of Physical Anthropology*, 116(S33), 25 – 53.

Plavcan, J. M. (2012a). Body size, size variation, and sexual size dimorphism in early *Homo. Current Anthropology*, 53(S6), S409 – S423. doi:10.1086/667605.

Plavcan, J. M. (2012b). Sexual size dimorphism, canine dimorphism, and male-male competition in primates. *Human Nature*, 23(1), 45 – 67. doi:10.1007/s12110-012-9130-3.

Plavcan, J. M., and van Schaik, C. P. (1992). Intrasexual competition and canine dimorphism in anthropoid primates. *American Journal of Physical Anthropology*, 87(4), 461 – 477. doi:10.1002/ajpa.1330870407.

Plomin, R., and Deary, I. J. (2015). Genetics and intelligence differences: Five special findings. *Molecular Psychiatry*, 20(1), 98 – 108. doi:10.1038/mp.2014.105.

Plummer, T. W., Ditchfield, P. W., Bishop, L. C., Kingston, J. D., Ferraro, J. V., Braun, D. R., et al. (2009). Oldest evidence of toolmaking Hominins in a grassland-dominated ecosystem. *PLOS ONE*, 4(9), e7199. doi:10.1371/journal.pone.0007199.

Pobiner, B. L. (2013). Evidence for meat-eating by early humans. *Nature Education Knowledge*, 4(6), 1.

Podos, J., and Cohn-Haft, M. (2019). Extremely loud mating songs at close range in white bellbirds. *Current Biology*, 29(20), R1068 – R1069. doi:10.1016/j.cub.2019.09.028.

Pollack, A. (2015). Breast milk becomes a commodity, with mothers caught up in debate. *The New York Times*, March 20, 2015.

Pontzer, H., Brown, M. H., Raichlen, D. A., Dunsworth, H., Hare, B., Walker, K., et al. (2016). Metabolic acceleration and the evolution of human brain size and life history. *Nature*, 533(7603), 390 – 392. doi:10.1038/nature17654.

Posth, C., Yu, H., Ghalichi, A., Rougier, H., Crevecoeur, I., Huang, Y., et al. (2023). Palaeogenomics of Upper Palaeolithic to Neolithic European hunter-gatherers. *Nature*, 615(7950), 117 – 126. doi:10.1038/s41586-023-05726-0.

Potts, R. (1984). Home bases and early hominids: Reevaluation of the fossil record at Olduvai Gorge suggests that the concentrations of bones and stone tools do not represent fully formed campsites but an antecedent to them. *American Scientist*, 72(4), 338 – 347.

Potts, R. (1986). Temporal span of bone accumulations at Olduvai Gorge and implications for early hominid foraging behavior. *Paleobiology*, 12(1), 25 – 31.

Potts, R. (1994). Variables versus models of early Pleistocene hominid land use. *Journal of Human Evolution*, 27(1), 7 – 24.

Potts, R. (2012). Environmental and behavioral evidence pertaining to the evolution of early Homo. *Current Anthropology*, 53(S6), S299 – S317. doi:10.1086/667704.

Potts, R., and Faith, J. T. (2015). Alternating high and low climate variability: The context of natural selection and speciation in Plio-Pleistocene hominin evolution. *Journal of Human Evolution*, 87, 5 – 20. doi:10.1016/j.jhevol.2015.06.014.

Potts, R., and Shipman, P. (1981). Cutmarks made by stone tools on bones from Olduvai Gorge, Tanzania. *Nature*, 291(5816), 577 – 580.

Potts, R., and Teague, R. (2010). Behavioral and environmental background to "Out-of-Africa I" and the arrival of *Homo erectus* in East Asia. Pp. 67 – 85 in *Out of Africa I: The First Hominin Colonization of Eurasia*, edited by J. G. Fleagle, J. J. Shea, F. E. Grine, A. L. Baden, and R. E. Leakey. Dordrecht: Springer.

Powell, A., Shennan, S., and Thomas, M. G. (2009). Late Pleistocene demography and the appearance of modern human behavior. *Science*, 324(5932), 1298 – 1301.

Pradhan, E. (2015). Female education and childbearing: A closer look at the data. *World Bank Blogs*, Nov. 24, 2015. blogs.worldbank.org.

Prat, S. (2018). First hominin settlements out of Africa. Tempo and dispersal mode: Review and perspectives. *Comptes Rendus Palevol*, 17(1), 6 – 16. doi:10.1016/j.crpv.2016.04.009.

Premachandran, H., Zhao, M., and Arruda-Carvalho, M. (2020). Sex differences in the development of the rodent corticolimbic system. *Frontiers in Neuroscience*, 14. doi:10.3389/fnins.2020.583477.

Prendergast, B. J., Onishi, K. G., and Zucker, I. (2014). Female mice liberated for inclusion in neuroscience and biomedical research. *Neuroscience and Biobehavioral Reviews*, 40, 1 – 5. doi:10.1016/j.neubiorev.2014.01.001.

Profet, M. (1993). Menstruation as a defense against pathogens transported by sperm.

The Quarterly Review of Biology, 68(3), 335 – 386. doi:10.1086/418170.

Pruetz, J. D., Bertolani, P., Ontl, K. B., Lindshield, S., Shelley, M., and Wessling, E. G. (2015). New evidence on the tool-assisted hunting exhibited by chimpanzees (*Pan troglodytes verus*) in a savannah habitat at Fongoli, Senegal. *Royal Society Open Science*, 2(4), 140507. doi:10.1098/rsos.140507.

Prüfer, K., Munch, K., Hellmann, I., Akagi, K., Miller, J. R., Walenz, B., et al. (2012). The bonobo genome compared with the chimpanzee and human genomes. *Nature*, 486(7404), 527-531. doi:10.1038/nature11128.

Prühlen, S. (2007). What was the best for an infant from the Middle Ages to Early Modern times in Europe? The discussion concerning wet nurses. *Hygiea Internationalis*, 6. doi:10.3384/hygiea.1403-8668.

Prum, R. O. (2017). *The Evolution of Beauty: How Darwin's Forgotten Theory of Mate Choice Shapes the Animal World—and Us*. New York: Doubleday.

Pusey, A., Murray, C., Wallauer, W., Wilson, M., Wroblewski, E., and Goodall, J. (2008). Severe aggression among female *Pan troglodytes schweinfurthii* at Gombe National Park, Tanzania. *International Journal of Primatology*, 29, 949 – 973. doi:10.1007/s10764-008-9281-6.

Pusey, A. E., and Schroepfer-Walker, K. (2013). Female competition in chimpanzees. *Philosophical Transactions of the Royal Society B: Biological Sciences*, 368(1631), 20130077. doi:10.1098/rstb.2013.0077.

Qu, F., Wu, Y., Zhu, Y. H., Barry, J., Ding, T., Baio, G., et al. (2017). The association between psychological stress and miscarriage: A systematic review and meta-analysis. *Scientific Reports*, 7(1), 1731. doi:10.1038/s41598-017-01792-3.

Quam, R., Martínez, I., Rosa, M., Bonmatí, A., Lorenzo, C., de Ruiter, D. J., et al. (2015). Early hominin auditory capacities. *Science Advances*, 1(8), e1500355. doi:10.1126/sciadv.1500355.

Queensland Government (2021). About northern hairy-nosed wombats. Updated Oct. 7, 2021. www.qld.gov.au.

Quigley, N. R., and Patel, P. C. (2022). Reexamining the gender gap in microlending funding decisions: the role of borrower culture. *Small Business Economics*, 59(4), 1661 – 1685. doi:10.1007/s11187-021-00593-3.

Quinn, J. M., and Wagner, R. K. (2015). Gender differences in reading impairment and in the identification of impaired readers: Results from a large-scale study of at-risk readers. *Journal of Learning Disabilities*, 48(4), 433 – 445. doi:10.1177/0022219413508323.

Rabin, R. C. (2011). Turncoat of placenta is watched for trouble. *The New York Times*, Oct. 18, 2011.

Raj, A., and Boehmer, U. (2013). Girl child marriage and its association with national rates of HIV, maternal health, and infant mortality across 97 countries. *Violence Against Women*, 19(4), 536 – 551. doi:10.1177/10778012 13487747.

Rakusen, I., Devichand, M., Yildiz, G., and Tomchak, A. (2014). #BBCtrending: Who is the "Angel of Kobane"? BBC News, Nov. 3, 2014. www.bbc.com.

Ramachandran, S., Deshpande, O., Roseman, C. C., Rosenberg, N. A., Feldman, M. W., and Cavalli-Sforza, L. L. (2005). Support from the relationship of genetic and geographic distance in human populations for a serial founder effect originating in Africa. *Proceedings of the National Academy of Sciences*, 102(44), 15942 – 15947.

Ramsier, M. A., Cunningham, A. J., Finneran, J. J., and Dominy, N. J. (2012). Social drive and the evolution of primate hearing. *Philosophical Transactions of the Royal Society B: Biological Sciences*, 367(1597), 1860 – 1868. doi:10.1098/rstb.2011.0219.

Randall, L. (2015). *Dark Matter and the Dinosaurs*. New York: Ecco.

Rasgon, N., Bauer, M., Glenn, T., Elman, S., and Whybrow, P. C. (2003). Menstrual cycle related mood changes in women with bipolar disorder. *Bipolar Disorders*, 5(1), 48 – 52.

Rasmussen, D. T. (1990). Primate origins: Lessons from a neotropical marsupial. *American Journal of Primatology*, 22(4), 263 – 277. doi:10.1002/ajp.1350220406.

Ray, P. R., Shiers, S., Caruso, J. P., Tavares-Ferreira, D., Sankaranarayanan, I., Uhelski, M. L., et al. (2022). RNA profiling of human dorsal root ganglia reveals sex-diff erences in mechanisms promoting neuropathic pain. *Brain*, awac266. doi:10.1093/brain/awac266.

Raymond, E. G., and Grimes, D. A. (2012). The comparative safety of legal induced abortion and childbirth in the United States. *Obstetrics and Gynecology*, 119(2, Pt. 1), 215 – 219. doi:0.1097/AOG.0b013e31823fe923.

Rebuff é-Scrive, M. (1987). Regional adipose tissue metabolism in women during and after reproductive life and in men. *Recent Advances in Obesity Research*, 5, 82 – 91.

Rebuffé-Scrive, M., Enk, L., Crona, N., Lönnroth, P., Abrahamsson, L., Smith, U., and Björntorp, P. (1985). Fat cell metabolism in different regions in women. Effect of menstrual cycle, pregnancy, and lactation. *The Journal of Clinical Investigation*, 75(6),

1973 – 1976. doi:10.1172/JCI111914.

Rechlin, R. K., Splinter, T. F. L., Hodges, T. E., Albert, A. Y., and Galea, L. A. M. (2021). Harnessing the power of sex differences: What a difference ten years did not make. *bioRxiv*. doi:10.1101/2021.06.30.450396.

Reed, D. L., Light, J. E., Allen, J. M., and Kirchman, J. J. (2007). Pair of lice lost or parasites regained: The evolutionary history of anthropoid primate lice. *BMC Biology*, 5, 7. doi:10.1186/1741-7007-5-7.

Rehrer, C. W., Karimpour-Fard, A., Hernandez, T. L., Law, C. K., Stob, N. R., Hunter, L. E., and Eckel, R. H. (2012). Regional differences in subcutaneous adipose tissue gene expression. *Obesity*, 20(11), 2168 – 2173. doi:10.1038/oby.2012.117.

Reid, H. E., Pratt, D., Edge, D., and Wittkowski, A. (2022). Maternal suicide ideation and behaviour during pregnancy and the first postpartum year: A systematic review of psychological and psychosocial risk factors. *Frontiers in Psychiatry*, 13. doi:10.3389/fpsyt.2022.765118.

Reilly, D., Neumann, D. L., and Andrews, G. (2019). Gender differences in reading and writing achievement: Evidence from the National Assessment of Educational Progress (NAEP). *The American Psychologist*, 74(4), 445 – 458. doi:10.1037/amp0000356.

Reinert, A. E., and Simon, J. A. (2017). "Did you climax or are you just laughing at me?" Rare phenomena associated with orgasm. *Sexual Medicine Reviews*, 5(3), 275 – 281. doi:10.1016/j.sxmr.2017.03.004.

Reis, E. (2009). *Bodies in Doubt: An American History of Intersex*. Baltimore: Johns Hopkins University Press.

Reisman, T., and Goldstein, Z. (2018). Case report: Induced lactation in a transgender woman. *Transgender Health*, 3(1), 24 – 26. doi:10.1089/trgh.2017.0044.

Renaud, H. J., Cui, J. Y., Khan, M., and Klaassen, C. D. (2011). Tissue distribution and gender-divergent expression of 78 Cytochrome P450 mRNAs in mice. *Toxicological Sciences*, 124(2), 261 – 277. doi:10.1093/toxsci/kfr240.

Reno, P. L., McCollum, M. A., Meindl, R. S., and Lovejoy, C. O. (2010). An enlarged postcranial sample confirms *Australopithecus afarensis* dimorphism was similar to modern humans. *Philosophical Transactions of the Royal Society B: Biological Sciences*, 365(1556), 3355 – 3363.

Reno, P. L., McLean, C. Y., Hines, J. E., Capellini, T. D., Bejerano, G., and Kingsley, D. M. (2013). A penile spine/vibrissa enhancer sequence is missing in modern and extinct humans but is retained in multiple primates with penile spines and sensory vibrissae. *PLOS ONE*, 8(12), e84258. doi:10.1371/journal.pone.0084258.

Reno, P. L., Meindl, R. S., McCollum, M. A., and Lovejoy, C. O. (2003). Sexual dimorphism in *Australopithecus afarensis* was similar to that of modern humans. *Proceedings of the National Academy of Sciences*, 100(16), 9404 – 9409.

Reynolds, A. S., Lee, A. G., Renz, J., DeSantis, K., Liang, J., Powell, C. A., et al. (2020). Pulmonary vascular dilatation detected by automated transcranial Doppler in COVID-19 pneumonia. *American Journal of Respiratory and Critical Care Medicine*, 202(7), 1037 – 1039. doi:10.1164/rccm.202006-2219LE.

Rhone, A. E., Rupp, K., Hect, J. L., Harford, E. E., Tranel, D., Howard, M. A., III, and Abel, T. J. (2022). Electrocorticography reveals the dynamics of famous voice responses in human fusiform gyrus. *Journal of Neurophysiology*. doi:10.1152/jn.00459.2022.

Ribeiro, D. C., Brook, A. H., Hughes, T. E., Sampson, W. J., and Townsend, G. C. (2013). Intrauterine hormone effects on tooth dimensions. *Journal of Dental Research*, 92(5), 425 – 431. doi:10.1177/0022034513484934.

Rich, A. (1978). *The Dream of a Common Language*. New York: W. W. Norton.

Riches, G., and Dawson, P. (2000). *An Intimate Loneliness: Supporting Bereaved Parents and Siblings*. Maidenhead, U.K.: Open University Press.

Rigon, A., Turkstra, L., Mutlu, B., and Duff, M. (2016). The female advantage: Sex as a possible protective factor against emotion recognition impairment following traumatic brain injury. *Cognitive, Affective, & Behavioral Neuroscience*, 16(5), 866 – 875.

Rimbaud, A. (2011). *Illuminations*. Translated by John Ashbery. New York: W. W. Norton.

Riskin, A., Almog, M., Peri, R., Halasz, K., Srugo, I., and Kessel, A. (2012). Changes in immunomodulatory constituents of human milk in response to active infection in the nursing infant. *Pediatric Research*, 71(2), 220 – 225. doi:10.1038/pr.2011.34.

Roach, N. T., Hatala, K. G., Ostrofsky, K. R., Villmoare, B., Reeves, J. S., Du, A., et al. (2016). Pleistocene footprints show intensive use of lake margin habitats by *Homo erectus* groups. *Scientific Reports*, 6, 26374.

Robbins, A. M., Gray, M., Basabose, A., Uwingeli, P., Mburanumwe, I., Kagoda, E., and Robbins, M. M. (2013). Impact of male infanticide on the social structure of mountain gorillas. *PLOS ONE*, 8(11), e78256. doi.org/10.1371/journal.pone.0078256.

Robert, M., and Chevrier, E. (2003). Does men's advantage in mental rotation persist when real three-dimensional objects are either felt or seen? *Memory and Cognition*, 31, 1136 – 1145. doi:10.3758/BF03196134.

Roberts, E. K., Lu, A., Bergman, T. J., and Beehner, J. C. (2012). A Bruce effect in wild geladas. *Science*, 335(6073), 1222 – 1225. doi:10.1126/science.1213600.

Roberts, S. A., Davidson, A. J., McLean, L., Beynon, R. J., and Hurst, J. L. (2012). Pheromonal induction of spatial learning in mice. *Science*, 338(6113), 1462 – 1465. doi:10.1126/science.1225638.

Robertson, D. S., McKenna, M. C., Toon, O. B., Hope, S., and Lillegraven, J. A. (2004). Survival in the first hours of the Cenozoic. *GSA Bulletin*, 116(5-6), 760 – 768. doi:10.1130/b25402.1.

Rocca, C. H., and Harper, C. C. (2012). Do racial and ethnic differences in contraceptive attitudes and knowledge explain disparities in method use? *Perspectives in Sexual and Reproductive Health*, 44(3), 150 – 158.

Rodriguez-Hart, C., Chitale, R. A., Rigg, R., Goldstein, B. Y., Kerndt, P. R., and Tavrow, P. (2012). Sexually transmitted infection testing of adult film performers: Is disease being missed? *Sexually Transmitted Diseases*, 987 – 992.

Rogers, F. B., Ricci, M., Caputo, M., Shackford, S., Sartorelli, K., Callas, P., Dewell, J., and Daye, S. (2001). The use of telemedicine for real-time video consultation between trauma center and community hospital in a rural setting improves early trauma care: Preliminary results. *The Journal of Trauma*, 51(6), 1037 – 1041. doi.org/10.1097/00005373-200112000-00002.

Rojahn, J., and Naglieri, J. A. (2006). Developmental gender differences on the Naglieri Nonverbal Ability Test in a nationally normed sample of 5 – 17 year olds. *Intelligence*, 34(3), 253 – 260. doi:10.1016/j.intell.2005.09.004.

Roney, J. R., and Simmons, Z. L. (2013). Hormonal predictors of sexual motivation in natural menstrual cycles. *Hormones and Behavior*, 63(4), 636 – 645. doi:10.1016/j.yhbeh.2013.02.013.

Ronto, P. (2021). The state of ultra running 2020. RunRepeat, Sept. 21, 2021. runrepeat.com.

Roof, K. A., Hopkins, W. D., Izard, M. K., Hook, M., and Schapiro, S. J. (2005). Maternal age, parity, and reproductive outcome in captive chimpanzees (*Pan troglodytes*). *American Journal of Primatology*, 67(2), 199 – 207. doi:10.1002/ajp.20177.

Roof, R. L., and Hall, E. D. (2000). Gender differences in acute CNS trauma and stroke:

Neuroprotective effects of estrogen and progesterone. *Journal of Neurotrauma*, 17(5), 367 – 388. doi:10.1089/neu.2000.17.367.

Rooker, K., and Gavrilets, S. (2020). On the evolution of sexual receptivity in female primates. *Scientific Reports*, 10(1), 11945. doi:10.1038/s41598-020-68338-y.

Rose, L., and Marshall, F. (1996). Meat eating, Hominid sociality, and home bases revisited. *Current Anthropology*, 37(2), 307 – 338.

Rosenberg, K. R. (1992). The evolution of modern human childbirth. *American Journal of Physical Anthropology*, 35(S15), 89 – 124. doi:10.1002/ajpa.1330350605.

Rosowski, J. J., and Graybeal, A. (1991). What did Morganucodon hear? *Zoological Journal of the Linnean Society*, 101(2), 131 – 168. doi:10.1111/j.1096-3642.1991.tb00890.x.

Rothman, E. F., Exner, D., and Baughman, A. L. (2011). The prevalence of sexual assault against people who identify as gay, lesbian, or bisexual in the United States: A systematic review. *Trauma, Violence & Abuse*, 12(2), 55 – 66. doi:10.1177/1524838010390707.

Round, J. M., Jones, D. A., Honour, J. W., and Nevill, A. M. (1999). Hormonal factors in the development of differences in strength between boys and girls during adolescence: A longitudinal study. *Annals of Human Biology*, 26(1), 49 – 62.

Rowe, T. B., Macrini, T. E., and Luo, Z.-X. (2011). Fossil evidence on origin of the mammalian brain. *Science*, 332(6032), 955 – 957. doi:10.1126/science.1203117.

Rudder, C. (2014). *Dataclysm: Who We Are (When We Think No One's Looking)*. New York: Crown.

Ruff, C. B., Trinkaus, E., and Holliday, T. W. (1997). Body mass and encephalization in Pleistocene Homo. *Nature*, 387(6629), 173 – 176.

Ruhräh, J. (1925). *Pediatrics of the Past*. New York: Paul B. Hoeber.

Rūmī, J. M. (1270/1927). Spiritual couplets. In *Mathnawi of Jalalu'ddin Rumi, Edited from the Oldest Manuscripts Available with Critical Notes, Translation, and Commentary*, Volume III: *Containing the Text of the Third and Fourth Books*, translated and edited by R. A. Nicholson. Printed by Messrs. E. J. Brill, Leiden, for the Trustees of the "E. J. W. Gibb memorial" and published by Messrs. Luzac & Co., London, 1925 – 40.

Rutter, M., Caspi, A., Fergusson, D., Horwood, L. J., Goodman, R., Maughan, B., et al. (2004). Sex differences in developmental reading disability: New findings from four epidemiological studies. *Journal of the American Medical Association*, 291, 2007 – 2012.

Rutz, C., Hunt, G. R., and St. Clair, J. J. H. (2018). Corvid technologies: How do New Caledonian crows get their tool designs? *Current Biology*, 28(18), R1109 – R1111. doi:10.1016/j.cub.2018.08.031.

Ryan, M., and Kenny, D. T. (2009). Perceived effects of the menstrual cycle on young female singers in the Western classical tradition. *Journal of Voice*, 23(1), 99 – 108. doi:10.1016/j.jvoice.2007.05.004.

Sammaknejad, N., Pouretemad, H., Eslahchi, C., Salahirad, A., and Alinejad, A. (2017). Gender classification based on eye movements: A processing effect during passive face viewing. *Advances in Cognitive Psychology*, 13(3), 232 – 240. doi:10.5709/acp-0223-1.

Sanger, T. J., Gredler, M. L., and Cohn, M. J. (2015). Resurrecting embryos of the tuatara, *Sphenodon punctatus*, to resolve vertebrate phallus evolution. *Biology Letters*, 11(10), 20150694. doi:10.1098/rsbl.2015.0694.

Sankey, M. D. (2018). *Women and War in the 21st Century: A Country-by-Country Guide*. Santa Barbara, Calif.: ABC-CLIO.

Sapolsky, R. M., and Share, L. J. (2004). A pacific culture among wild baboons: Its emergence and transmission. *PLOS Biology*, 2(4), e106. doi:10.1371/journal.pbio.0020106.

Saravelos, S. H., Cocksedge, K. A., and Li, T. C. (2008). Prevalence and diagnosis of congenital uterine anomalies in women with reproductive failure: A critical appraisal. *Human Reproduction Update*, 14, 415 – 429.

Sardella, R., and Werdelin, L. (2007). *Amphimachairodus* (Felidae, Mammalia) from Sahabi (latest Miocene-earliest Pliocene, Libya), with a review of African Miocene Machairodontinae. *Rivista Italiana di Paleontologia e Stratigrafia (Research in Paleontology and Stratigraphy)*, 113(1), 67 – 77.

Sarton, E., Olofsen, E., Romberg, R., den Hartigh, J., Kest, B., Nieuwenhuijs, D., et al. (2000). Sex differences in morphine analgesia: An experimental study in healthy volunteers. *Anesthesiology*, 93(5), 1245 – 6A. doi:10.1097/00000542-200011000-00018.

Sastre, F., De La Rosa, M., Ibanez, G. E., Whitt, E., Martin, S. S., and O'Connell, D. J. (2015). Condom use preferences among Latinos in Miami-Dade: Emerging themes concerning men's and women's culturally-ascribed attitudes and behaviours. *Culture, Health & Sexuality*, 17(6), 667 – 681. doi:10.1080s/13691058.2014.989266.

Sato, T., Matsumoto, T., Kawano, H., Watanabe, T., Uematsu, Y., Sekine, K., et al. (2004). Brain masculinization requires androgen receptor function. *Proceedings of the National Academy of Sciences*, 101(6), 1673 – 1678.

Savage-McGlynn, E. (2012). Sex differences in intelligence in younger and older participants of the Raven's Standard Progressive Matrices Plus. *Personality and Individual Differences*, 53(2), 137 – 141. doi:10.1016/j.paid.2011.06.013.

Savic, I., and Berglund, H. (2010). Androstenol—a steroid derived odor activates the hypothalamus in women. *PLOS ONE*, 5(2), e8651.

Savic, I., Berglund, H., and Lindström, P. (2005). Brain response to putative pheromones in homosexual men. *Proceedings of the National Academy of Sciences*, 102(20), 7356 – 7361.

Savolainen, V., and Hodgson, J. A. (2016). Evolution of homosexuality. In *Encyclopedia of Evolutionary Psychological Science*. Weekes-Shackelford, V., and Shackelford, T. (eds). Cham: Springer. doi:10.1007/978-3-319-16999-6_3403-1.

Saxton, M. (2009). The inevitability of Child Directed Speech. Pp. 62 – 86 in *Language Acquisition*, edited by S. Foster-Cohen. London: Palgrave Macmillan UK.

Saxton, T. K., Lyndon, A., Little, A. C., and Roberts, S. C. (2008). Evidence that androstadienone, a putative human chemosignal, modulates women's attributions of men's attractiveness. *Hormones and Behavior*, 54(5), 597 – 601. doi:10.1016/j.yhbeh.2008.06.001.

Sayeed, I., and Stein, D. G. (2009). Progesterone as a neuroprotective factor in traumatic and ischemic brain injury. Pp. 219 – 237 in *Progress in Brain Research*, 175, edited by J. Verhaagen, E. M., Hol, I. Huitenga, J. Wijnholds, A. B. Bergen, G. J. Boer, and D. F. Swaab. Cambridge, Mass.: Elsevier.

Sayers, S. P., and Clarkson, P. M. (2001). Force recovery after eccentric exercise in males and females. *European Journal of Applied Physiology*, 84(1), 122 – 126. doi:10.1007/s004210000346.

Schaal, B., Doucet, S., Sagot, P., Hertling, E., and Soussignan, R. (2006). Human breast areolae as scent organs: Morphological data and possible involvement in maternal-neonatal coadaptation. *Developmental Psychobiology*, 48(2), 100 – 110.

Schantz-Dunn, J., and Nour, N. M. (2009). Malaria and pregnancy: A global health perspective. *Reviews in Obstetrics & Gynecology*, 2(3), 186 – 192.

Scheiber, C., Reynolds, M. R., Hajovsky, D. B., and Kaufman, A. S. (2015). Gender differences in achievement in a large, nationally representative sample of children and adolescents. *Psychology in the Schools*, 52, 335 – 348. doi:10.1002/pits.21827.

Schneider, B., van Trotsenburg, M., Hanke, G., Bigenzahn, W., and Huber, J. (2004). Voice impairment and menopause. *Menopause*, 11(2), 151 – 158.

Schneiderman, I., Zagoory-Sharon, O., Leckman, J. F., and Feldman, R. (2012). Oxytocin during the initial stages of romantic attachment: Relations to couples' interactive reciprocity. *Psychoneuroendocrinology*, 37(8), 1277 – 1285. doi:10.1016/j.psyneuen.2011.12.021.

Schouten, L. (2016). First woman enters infantry as army moves women into combat roles. *Christian Science Monitor*, April 28, 2016. www.csmonitor.com.

Schreiweis, C., Bornschein, U., Burguière, E., Kerimoglu, C., Schreiter, S., Dannemann, M., et al. (2014). Humanized Foxp2 accelerates learning by enhancing transitions from declarative to procedural performance. *Proceedings of the National Academy of Sciences*, 111(39), 14253 – 14258. doi:10.1073/pnas.1414542111.

Schubart, J. R., Eliassen, A. H., Schilling, A., and Goldenberg, D. (2021). Reproductive factors and risk of thyroid cancer in women: An analysis in the Nurses' Health Study II. *Women's Health Issues*, 31(5), 494 – 502. doi:10.1016/j.whi.2021.03.008.

Schulte, P., Alegret, L., Arenillas, I., Arz, J. A., Barton, P. J., Bown, P. R., et al. (2010). The Chicxulub asteroid impact and mass extinction at the Cretaceous-Paleogene boundary. *Science*, 327(5970), 1214 – 1218.

Schultz, A. H. (1938). The relative weights of the testes in primates. *Anatomical Record*, 72, 387 – 394.

Schultz, K. (2015). The moral judgments of Henry David Thoreau. *The New Yorker*, Oct. 19, 2015. www.newyorker.com.

Scott, C. (2006). *Translating Rimbaud's "Illuminations."* Exeter: University of Exeter Press.

Scott, E. M., Mann, J., Watson-Capps, J. J., Sargeant, B. L., and Connor, R. C. (2005). Aggression in bottlenose dolphins: Evidence for sexual coercion, male-male competition, and female tolerance through analysis of tooth-rake marks and behaviour. *Behaviour*, 142(1), 21 – 44. doi:10.1163/1568539053627712.

Scott, G. R., and Gibert, L. (2009). The oldest hand-axes in Europe. *Nature*, 461(7260), 82 – 85.

Scott, I., Bentley, G. R., Tovee, M. J., Ahamed, F. U., Magid, K., and Sharmeen, T. (2007).

An evolutionary perspective on male preferences for female body shape. In *Body Beautiful: Evolutionary and Socio-cultural Perspectives*, edited by Swami, V., and Furnham, A. New York: Palgrave Macmillan.

Scott, R., director (2012). *Prometheus*. 20th Century Fox Home Entertainment.

Scutt, D., Lancaster, G. A., and Manning, J. T. (2006). Breast asymmetry and predisposition to breast cancer. *Breast Cancer Research*, 8(2), R14. doi:10.1186/bcr1388.

Sear, R., Mace, R., and McGregor, I. A. (2000). Maternal grandmothers improve nutritional status and survival of children in rural Gambia. *Proceedings of the Royal Society B: Biological Sciences*, 267(1453), 1641 – 1647. doi:10.1098 /rspb.2000.1190.

Sear, R., Steele, F., McGregor, I. A., and Mace, R. (2002). The effects of kin on child mortality in rural Gambia. *Demography*, 39(1), 43 – 63. doi:10.1353 /dem.2002.0010.

Seedat, S., Scott, K. M., Angermeyer, M. C., Berglund, P., Bromet, E. J., Brugha, T. S., et al. (2009). Cross-national associations between gender and mental disorders in the World Health Organization World Mental Health Surveys. *Archives of General Psychiatry*, 66(7), 785 – 795. doi:10.1001/archgen psychiatry.2009.36.

SEER (2021). SEER*Explorer. Surveillance, Epidemiology, and End Results Program, National Cancer Institute. Accessed Sept. 27, 2021. seer.cancer.gov.

Segal, N. L. (2000). Virtual twins: New findings on within-family environmental influences on intelligence. *Journal of Educational Psychology*, 92(3), 442 – 448. doi:10.1037/0022-0663.92.3.442.

Segers, A., and Depoortere, I. (2021). Circadian clocks in the digestive system. *Nature Reviews Gastroenterology & Hepatology*, 18(4), 239 – 251. doi:10.1038 /s41575-020-00401-5.

Sellers, R. M., Caldwell, C. H., Schmeelk-Cone, K. H., and Zimmerman, M. A. (2003). Racial identity, racial discrimination, perceived stress, and psychological distress among African American young adults. *Journal of Health and Social Behavior*, 44(3), 302 – 317.

Selvaggio, M. M., and Wilder, J. (2001). Identifying the involvement of multiple carnivore taxa with archaeological bone assemblages. *Journal of Archaeological Science*, 28(5), 465 – 470.

Semaw, S., Renne, P., Harris, J. W. K., Feibel, C. S., Bernor, R. L., Fesseha, N., and Mowbray, K. (1997). 2.5-million-year-old stone tools from Gona, Ethiopia. *Nature*,

385(6614), 333 – 336.

Semmler, J. G., Kutzscher, D. V., and Enoka, R. M. (1999). Gender differences in the fatigability of human skeletal muscle. *Journal of Neurophysiology*, 82(6), 3590 – 3593.

Senut, B., Pickford, M., and Ségalen, L. (2009). Neogene desertification of Africa. *Comptes Rendus Geoscience*, 341(8), 591 – 602.

Sepulchre, P., Ramstein, G., Fluteau, F., Schuster, M., Tiercelin, J.-J., and Brunet, M. (2006). Tectonic uplift and eastern Africa aridification. *Science*, 313(5792), 1419 – 1423.

Serdarevic, M., Striley, C. W., and Cottler, L. B. (2017). Sex differences in prescription opioid use. *Current Opinion in Psychiatry*, 30(4), 238 – 246. doi:10.1097/ YCO.0000000000000337.

Sereno, P. C., Martinez, R. N., Wilson, J. A., Varricchio, D. J., Alcober, O. A., and Larsson, H. C. E. (2008). Evidence for avian intrathoracic air sacs in a new predatory dinosaur from Argentina. *PLOS ONE*, 3(9), e3303.

Seretis, K., Goulis, D. G., Koliakos, G., and Demiri, E. (2015). Short-and long-term effects of abdominal lipectomy on weight and fat mass in females: A systematic review. *Obesity Surgery*, 25(10), 1950 – 1958. doi:10.1007/s11695-015-1797-1.

Sergeant, M. J., Dickins, T. E., Davies, M. N., and Griffiths, M. D. (2007). Women's hedonic ratings of body odor of heterosexual and homosexual men. *Archives of Sexual Behavior*, 36(3), 395 – 401. doi:10.1007/s10508-006-9126-3.

Setchell, J. M., and Dixson, A. F. (2001). Changes in the secondary sexual adornments of male mandrills (*Mandrillus sphinx*) are associated with gain and loss of alpha status. *Hormones and Behavior*, 39(3), 177 – 184. doi:10.1006/hbeh.2000.1628.

Sevelius, J. (2009). There's no pamphlet for the kind of sex I have: HIV-related risk factors and protective behaviors among transgender men who have sex with nontransgender men. *Journal of the Association of Nurses in AIDS Care*, 20, 398 – 410. doi:10.1016/ j.jana.2009.06.001.

Shaffer, M. L. (1981). Minimum population sizes for species conservation. *BioScience*, 31(2), 131 – 134. doi:10.2307/1308256.

Shanley, D. P., Sear, R., Mace, R., and Kirkwood, T. B. (2007). Testing evolutionary theories of menopause. *Proceedings of the Royal Society B: Biological Sciences*, 274(1628), 2943 – 2949. doi:10.1098/rspb.2007.1028.

Shao, Y., Forster, S. C., Tsaliki, E., Vervier, K., Strang, A., Simpson, N., et al. (2019). Stunted microbiota and opportunistic pathogen colonization in caesarean-section birth. *Nature*, 574(7776), 117 – 121. doi:10.1038/s41586-019-1560-1.

Shapland, F., Lewis, M., and Watts, R. (2015). The lives and deaths of young medieval women: The osteological evidence. *Medieval Archaeology*, 59(1), 272 – 289. doi:10.1080/00766097.2015.1119392.

Sharpe, K., and Van Gelder, L. (2006). Evidence for cave marking by Palaeolithic children. *Antiquity*, 80(310), 937 – 947.

Shaw, L. J., Shaw, R. E., Merz, C. N., Brindis, R. G., Klein, L. W., Nallamothu, B., et al. (2008). Impact of ethnicity and gender differences on angiographic coronary artery disease prevalence and in-hospital mortality in the American College of Cardiology – National Cardiovascular Data Registry. *Circulation*, 117(14), 1787 – 1801. doi:10.1161/CIRCULATIONAHA.107.726562.

Shea, J. J. (2010). Stone Age visiting cards revisited: A strategic perspective on the lithic technology of early hominin dispersal. Pp. 47 – 64 in *Out of Africa I: The First Hominin Colonization of Eurasia*, edited by J. G. Fleagle, J. J. Shea, F. E. Grine, A. L. Baden, and R. E. Leakey. Dordrecht: Springer.

Shehab, A., Al-Dabbagh, B., AlHabib, K. F., Alsheikh-Ali, A. A., Almahmeed, W., Sulaiman, K., et al. (2013). Gender disparities in the presentation, management and outcomes of Acute Coronary Syndrome patients: Data from the 2nd Gulf Registry of Acute Coronary Events (Gulf RACE-2). *PLOS ONE*, 8(2), e55508. doi:10.1371/journal.pone.0055508.

Shen, G., Gao, X., Gao, B., and Granger, D. E. (2009). Age of Zhoukoudian *Homo erectus* determined with 26Al/10Be burial dating. *Nature*, 458(7235), 198 – 200.

Shipman, P., Bosler, W., and Davis, K. L. (1981). Butchering of giant geladas at an Acheulian site. *Current Anthropology*, 22(3), 257 – 268.

Shirazi, T., Renfro, K. J., Lloyd, E., and Wallen, K. (2018). Women's experience of orgasm during intercourse: Question semantics affect women's reports and men's estimates of orgasm occurrence. *Archives of Sexual Behavior*, 47(3), 605 – 613. doi:10.1007/s10508-017-1102-6.

Shubin, N. (2013). *The Universe Within: The Deep History of the Human Body*. New York: Vintage Books.

Shultz, S., Nelson, E., and Dunbar, R. I. M. (2012). Hominin cognitive evolution: Identifying patterns and processes in the fossil and archaeological record. *Philosophical Transactions of the Royal Society B: Biological Sciences*, 367(1599),

2130 – 2140.

Shute, B., and Wheldall, K. (1999). Fundamental frequency and temporal modifications in the speech of British fathers to their children. *Educational Psychology*, 19(2), 221 – 233. doi:10.1080/0144341990190208.

Shye, D., Mullooly, J. P., Freeborn, D. K., and Pope, C. R. (1995). Gender differences in the relationship between social network support and mortality: A longitudinal study of an elderly cohort. *Social Science & Medicine*, 41(7), 935 – 947. doi:10.1016/0277-9536(94)00404-H.

Siegel, R. L., Miller, K. D., Fuchs, H. E., and Jemal, A. (2022). Cancer statistics, 2022. *CA: A Cancer Journal for Clinicians*, 72(1), 7 – 33. doi:10.3322/caac.21708.

Silk, J. B., Alberts, S. C., and Altmann, J. (2004). Patterns of coalition formation by adult female baboons in Amboseli, Kenya. *Animal Behaviour*, 67(3), 573 – 582. doi:10.1016/j.anbehav.2003.07.001.

Silverman, C. (2015). Lies, damn lies, and viral content. Tow/Knight Report. Tow Center for Digital Journalism, Columbia University. doi:10.7916/D8Q81RHH.

Simoni-Wastila, L. J. (2000). The use of abusable prescription drugs: The role of gender. *Women's Health and Gender-Based Medicine*, 9(3), 289 – 297.

Singh, D., Dixson, B. J., Jessop, T. S., Morgan, B., and Dixson, A. F. (2010). Cross-cultural consensus for waist-hip ratio and women's attractiveness. *Evolution and Human Behavior*, 31(3), 176 – 181. doi:10.1016/j.evolhumbehav.2009.09.001.

Siraj, A., and Loeb, A. (2021). Breakup of a long-period comet as the origin of the dinosaur extinction. *Scientific Reports*, 11(1), 3803. doi:10.1038/s41598-021-82320-2.

Skjærvø, G. R., and Røskaft, E. (2013). Menopause: No support for an evolutionary explanation among historical Norwegians. *Experimental Gerontology*, 48(4), 408 – 413. doi:10.1016/j.exger.2013.02.001.

Skolnick, B. E., Maas, A. I., Narayan, R. K., Van Der Hoop, R. G., MacAllister, T., Ward, J. D., et al. (2014). A clinical trial of progesterone for severe traumatic brain injury. *New England Journal of Medicine*, 371(26), 2467 – 2476.

Slater, G. J. (2013). Phylogenetic evidence for a shift in the mode of mammalian body size evolution at the Cretaceous-Palaeogene boundary. *Methods in Ecology and Evolution*, 4(8), 734 – 744. doi:10.1111/2041-210X.12084.

Slon, V., Mafessoni, F., Vernot, B., de Filippo, C., Grote, S., Viola, B., et al. (2018). The genome of the offspring of a Neanderthal mother and a Denisovan father. *Nature*,

561(7721), 113 – 116. doi:10.1038/s41586-018-0455-x.

Slonecker, E. M., Simpson, E. A., Suomi, S. J., and Paukner, A. (2018). Who's my little monkey? Effects of infant-directed speech on visual retention in infant rhesus macaques. *Developmental Science*, 21, e12519. doi:10.1111/desc.12519.

Smaers, J. B., Gómez-Robles, A., Parks, A. N., and Sherwood, C. C. (2017). Exceptional evolutionary expansion of prefrontal cortex in great apes and humans. *Current Biology*, 27(5), 714 – 720. doi:10.1016/j.cub.2017.01.020.

Smaers, J. B., Steele, J., Case, C. R., Cowper, A., Amunts, K., and Zilles, K. (2011). Primate prefrontal cortex evolution: Human brains are the extreme of a lateralized ape trend. *Brain, Behavior and Evolution*, 77(2), 67 – 78. doi:10.1159/000323671.

Smith, C. (2014). Estimation of a genetically viable population for multigenerational interstellar voyaging: Review and data for project Hyperion. *Acta Astronautica*, 97, 16 – 29. doi:10.1016/j.actaastro.2013.12.013.

Smith, E. R., Oakley, E., Grandner, G. W., Ferguson, K., Farooq, F., Afshar, Y., et al. (2023). Adverse maternal, fetal, and newborn outcomes among pregnant women with SARS-CoV-2 infection: An individual participant data meta-analysis. *BMJ Global Health*, 8(1), e009495. doi:10.1136/bmjgh-2022-009495.

Smith, T., Laitman, J., and Bhatnagar, K. (2014). The shrinking anthropoid nose, the human vomeronasal organ, and the language of anatomical reduction. *The Anatomical Record*, 297. doi:10.1002/ar.23035.

Smith, T. M., Tafforeau, P., Reid, D. J., Pouech, J., Lazzari, V., Zermeno, J. P., et al. (2010). Dental evidence for ontogenetic differences between modern humans and Neanderthals. *Proceedings of the National Academy of Sciences*, 107(49), 20923 – 20928. doi:10.1073/pnas.1010906107.

Smuts, B. B. (1985). *Sex and Friendship in Baboons*. Hawthorne, N.Y.: Aldine Publishing Co.

Smuts, B. B., and Smuts, R. W. (1993). Male aggression and sexual coercion of females in nonhuman primates and other mammals: Evidence and theoretical implications. *Advances in the Study of Behavior*, 22(22), 1 – 63.

Snow, S. S., Alonzo, S. H., Servedio, M. R., and Prum, R. O. (2019). Female resistance to sexual coercion can evolve to preserve the indirect benefits of mate choice. *Journal of Evolutionary Biology*, 32(6), 545 – 558. doi:10.1111/jeb.13436.

Snyder-Mackler, N., Alberts, S. C., and Bergman, T. J. (2012). Concessions of an alpha male? Cooperative defence and shared reproduction in multi-male primate groups. *Proceedings of the Royal Society B: Biological Sciences*, 279(1743), 3788 – 3795. doi:10.1098/rspb.2012.0842.

Soares, C. N., and Zitek, B. (2008). Reproductive hormone sensitivity and risk for depression across the female life cycle: A continuum of vulnerability? *Journal of Psychiatry & Neuroscience*, 33(4), 331 – 343.

Sohrabji, F. (2007). Guarding the blood-brain barrier: A role for estrogen in the etiology of neurodegenerative disease. *Gene Expression*, 13(6), 311 – 319. doi:10.3727/000000006781510723.

Solnit, R. (2013). Mysteries of Thoreau: Unsolved. *Orion*, May/June 2013.

Sorge, R. E., Mapplebeck, J., Rosen, S., Beggs, S., Taves, S., Alexander, J. K., et al. (2015). Different immune cells mediate mechanical pain hypersensitivity in male and female mice. *Nature Neuroscience*, 18(8), 1081 – 1083.

Sorokowski, P., Karwowski, M., Misiak, M., Marczak, M. K., Dziekan, M., Hummel, T., and Sorokowska, A. (2019). Sex differences in human olfaction: A meta-analysis. *Frontiers in Psychology*, 10, 242.

Spelke, E. S. (2005). Sex differences in intrinsic aptitude for mathematics and science? A critical review. *American Psychologist*, 60, 950 – 958. doi:10.1037/0003-066X.60.9.950.

Spencer, J. (2016). The challenges of Ranger School and how to overcome them. Modern War Institute at West Point, April 12, 2016. mwi.usma.edu.

Spoor, F., Leakey, M. G., Gathogo, P. N., Brown, F. H., Anton, S. C., McDougall, I., et al. (2007). Implications of new early *Homo* fossils from Ileret, east of Lake Turkana, Kenya. *Nature*, 448(7154), 688 – 691.

Sramek, J. J., Murphy, M. F., and Cutler, N. R. (2016). Sex differences in the psychopharmacological treatment of depression. *Dialogues in Clinical Neuroscience*, 18(4), 447 – 457. doi:10.31887/DCNS.2016.18.4/ncutler.

St. John, J., Sakkas, D., Dimitriadi, K., Barnes, A., Maclin, V., Ramey, J., et al. (2000). Failure of elimination of paternal mitochondrial DNA in abnormal embryos. *The Lancet*, 355(9199), 200. doi:10.1016/S0140-6736(99)03842-8.

St.-Onge, M. P. (2010). Are normal-weight Americans over-fat? *Obesity*, 18(11), 2067 – 2068. doi:10.1038/oby.2010.103.

Stanić, B. (2023). Gender (dis)balance in local government: How does it affect budget transparency? *Economic Research-Ekonomska Istraživanja*, 36(1), 997 – 1014. doi:10.1

080/1331677X.2022.2081232.

Stansfield, E., Fischer, B., Grunstra, N., Pouca, M. V., and Mitteroecker, P. (2021). The evolution of pelvic canal shape and rotational birth in humans. *BMC Biology*, 19(1), 224. doi:10.1186/s12915-021-01150-w.

Steele, J. (1999). Palaeoanthropology: Stone legacy of skilled hands. *Nature*, 399(6731), 24 – 25.

Steele, J., Clegg, M., and Martelli, S. (2013). Comparative morphology of the hominin and African ape hyoid bone, a possible marker of the evolution of speech. *Human Biology*, 85(5), 639 – 672.

Steele, T. E. (2010). A unique hominin menu dated to 1.95 million years ago. *Proceedings of the National Academy of Sciences*, 107(24), 10771 – 10772. doi:10.1073/pnas.1005992107.

Steen, S. J., and Schwartz, P. (1995). *Communication, Gender, and Power: Homosexual Couples as a Case Study*. Pp. 310 – 343 in Explaining Family Interactions, edited by M. A. Fitzpatrick and A. L. Vangelisti. London: SAGE Publications. doi:10.4135/9781483326368.

Steiper, M. E., and Young, N. M. (2006). Primate molecular divergence dates. *Molecular Phylogenetics and Evolution*, 41(2), 384 – 394.

Stevens, E. E., Patrick, T. E., and Pickler, R. (2009). A history of infant feeding. *The Journal of Perinatal Education*, 18, 32 – 39. doi:10.1624/105812409x426314.

Stewart, J. R. (1997). Morphology and evolution of the egg of oviparous amniotes. Pp. 291 – 326 in *Amniote Origins*, edited by S. S. Sumida and K. L. M. Martin. San Diego: Academic Press. doi:10.1016/B978-012676460-4/50010-X.

Stinson, L. F., Boyce, M. C., Payne, M. S., and Keelan, J. A. (2019). The not-so-sterile womb: Evidence that the human fetus is exposed to bacteria prior to birth. *Frontiers in Microbiology*, 10, 1124. doi:10.3389/fmicb.2019.01124.

Stockman, J. K., Hayashi, H., and Campbell, J. C. (2015). Intimate partner violence and its health impact on ethnic minority women [corrected]. *Journal of Women's Health*, 24(1), 62 – 79. doi:10.1089/jwh.2014.4879.

Stokol-Walker, C. (2022). Twitter's potential collapse could wipe out vast records of recent human history. *MIT Technology Review*, Nov. 11, 2022. www.technologyreview.com.

Storlazzi, C. D., Gingerich, S. B., van Dongeren, A., Cheriton, O. M., Swarzenski, P. W.,

Quataert, E., et al. (2018). Most atolls will be uninhabitable by the mid-21st century because of sea-level rise exacerbating wave-driven flooding. *Science Advances*, 4(4), eaap9741. doi:10.1126/sciadv.aap9741.

Strassmann, B. I. (1996). The evolution of endometrial cycles and menstruation. *The Quarterly Review of Biology*, 71(2), 181 – 220. doi:10.1086/419369.

Strassmann, B. I. (1997). The biology of menstruation in *Homo Sapiens*: Total lifetime menses, fecundity, and nonsynchrony in a natural-fertility population. *Current Anthropology*, 38(1), 123 – 129. doi:10.1086/204592.

Strenze, T. (2007). Intelligence and socioeconomic success: A meta-analytic review of longitudinal research. *Intelligence*, 35(5), 401 – 426.

Suarez, S. S., and Pacey, A. A. (2006). Sperm transport in the female reproductive tract. *Human Reproduction Update*, 12(1), 23 – 37.

Subramanian, S. (2020). *A Dominant Character: The Radical Science and Restless Politics of J. B. S. Haldane*. New York: W. W. Norton.

Suntsova, M. V., and Buzdin, A. A. (2020). Differences between human and chimpanzee genomes and their implications in gene expression, protein functions and biochemical properties of the two species. *BMC Genomics*, 21(7), 535. doi:10.1186/s12864-020-06962-8.

Surovell, T., Waguespack, N., and Brantingham, P. J. (2005). Global archaeological evidence for proboscidean overkill. *Proceedings of the National Academy of Sciences*, 102(17), 6231 – 6236.

Susman, R. L. (1994). Fossil evidence for early hominid tool use. *Science*, 265(5178), 1570 – 1573.

Susman, R. L. (2008). Brief communication: Evidence bearing on the status of *Homo habilis* at Olduvai Gorge. *American Journal of Physical Anthropology*, 137(3), 356 – 361.

Sussman, R. W. (1991). Primate origins and the evolution of angiosperms. *American Journal of Primatology*, 23(4), 209 – 223. doi:10.1002/ajp.1350230402.

Sussman, R. W., Rasmussen, D. T., and Raven, P. H. (2013). Rethinking primate origins again. *American Journal of Primatology*, 75(2), 95 – 106. doi:10.1002/ajp.22096.

Suwa, G., Kono, R. T., Simpson, S. W., Asfaw, B., Lovejoy, C. O., and White, T. D. (2009). Paleobiological implications of the *Ardipithecus ramidus dentition*. *Science*, 326(5949), 94 – 99.

Suwa, G., Sasaki, T., Semaw, S., Rogers, M. J., Simpson, S. W., Kunimatsu, Y., et al. (2021). Canine sexual dimorphism in *Ardipithecus ramidus* was nearly human-like. *Proceedings of the National Academy of Sciences*, 118(49), e2116630118. doi:10.1073/pnas.2116630118.

Swanson, K. W. (2016). Rethinking body property. *Florida State University Law Review*, 44, 193 – 259.

Swers, M. L. (2005). Connecting descriptive and substantive representation: An analysis of sex diff erences in cosponsorship activity. *Legislative Studies Quarterly*, 30(3), 407 – 433.

Tagliaferri, C., Wittrant, Y., Davicco, M. J., Walrand, S., and Coxam, V. (2015). Muscle and bone, two interconnected tissues. *Ageing Research Reviews*, 21, 55 – 70.

Takahashi, M., Singh, R. S., and Stone, J. (2017). A theory for the origin of human menopause. *Journal of Frontiers in Genetics*, Jan. 6, 2017. doi:10.3389/fgene.2016.00222.

Takahashi, T., Ellingson, M. K., Wong, P., Israelow, B., Lucas, C., Klein, J., et al. (2020). Sex differences in immune responses that underlie COVID-19 disease outcomes. *Nature*, 588(7837), 315 – 320. doi:10.1038/s41586-020-2700-3.

Tall, A. R., and Yvan-Charvet, L. (2015). Cholesterol, inflammation and innate immunity. Nature Reviews. *Immunology*, 15(2), 104 – 116. doi:10.1038/nri3793.

Tan, M. (2015). Ranger School: Many do-overs rare, not unprecedented. *Army Times*, Sept. 18, 2015. www.armytimes.com.

Tan, M. (2016). Meet the army's first female infantry off icer. *Army Times*, April 27, 2016. www.armytimes.com.

Tang, G., Gudsnuk, K., Kuo, S.-H., Cotrina, M. L., Rosoklija, G., Sosunov, A., et al. (2014). Loss of mTOR-dependent macroautophagy causes autistic-like synaptic pruning deficits. *Neuron*, 83(5), 1131 – 1143. doi:10.1016/.

Tannen, D. (1990). *You Just Don't Understand: Women and Men in Conversation*. New York: William Morrow.

Tao, N., Wu, S., Kim, J., An, H., Hinde, K., Power, M., et al. (2011). Evolutionary glycomics: Characterization of milk oligosaccharides in primates. *Journal of Proteome Research*, 10, 1548 – 1557. doi:10.1021/pr1009367.

Tarampi, M. R., Heydari, N., and Hegarty, M. (2016). A tale of two types of perspective taking: Sex differences in spatial ability. *Psychological Science*, 27(11), 1507 – 1516.

doi:10.1177/0956797616667459.

Terlizzi, E. P., and Norris, T. (2021). Mental health treatment among adults: United States, 2020. NCHS Data Brief, no. 419. Hyattsville, Md.: National Center for Health Statistics. doi:10.15620/cdc:110593.

The Chimpanzee Sequencing and Analysis Consortium (2005). Initial sequence of the chimpanzee genome and comparison with the human genome. *Nature*, 437(7055), 69 – 87. doi:10.1038/nature04072.

Thiessen, E. D., Hill, E. A., and Saffran, J. R. (2005). Infant-directed speech facilitates word segmentation. *Infancy*, 1(1), 53 – 71.

Thompson, M. E., Jones, J. H., Pusey, A. E., Brewer-Marsden, S., Goodall, J., Marsden, D., et al. (2007). Aging and fertility patterns in wild chimpanzees provide insights into the evolution of menopause. *Current Biology*, 17(24), 2150 – 2156. doi:10.1016/j.cub.2007.11.033.

Thurber, C., Dugas, L. R., Ocobock, C., Carlson, B., Speakman, J. R., and Pontzer, H. (2019). Extreme events reveal an alimentary limit on sustained maximal human energy expenditure. *Science Advances*, 5(6), eaaw0341. doi:10.1126/sciadv.aaw0341.

Tian, X., Iriarte-Díaz, J., Middleton, K., Galvao, R., Israeli, E., Roemer, A., et al. (2006). Direct measurements of the kinematics and dynamics of bat flight. *Bioinspiration and Biomimetics*, 1, 10 – 18.

Tobias, P. V. (1965). *Australopithecus, Homo habilis*, tool-using and tool-making. *The South African Archaeological Bulletin*, 20(80), 167 – 192.

Tokuyama, N., and Furuichi, T. (2016). Do friends help each other? Patterns of female coalition formation in wild bonobos at Wamba. *Animal Behaviour*, 119, 27 – 35. doi:10.1016/j.anbehav.2016.06.021.

Tomaszycki, M., Cline, C., Griffin, B., Maestripieri, D., and Hopkins, W. D. (1998). Maternal cradling and infant nipple preferences in rhesus monkeys (*Macaca mulatta*). *Developmental Psychobiology*, 32, 305 – 312.

Tomita, T., Murakumo, K., Ueda, K., Ashida, H., and Furuyama, R. (2019). Locomotion is not a privilege after birth: Ultrasound images of viviparous shark embryos swimming from one uterus to the other. *Ethology*, 125, 122 – 126. doi:10.1111/eth.12828.

Tomori, C., Palmquist, A. E. L., and Sally, D. (2016). Contested moral landscapes: Negotiating breastfeeding stigma in breastmilk sharing, nighttime breastfeeding, and long-term breastfeeding in the US and the UK. *Social Science & Medicine*, 168,

178 – 185. doi:10.1016/j.socscimed.2016.09.014.Co.

Toth, N. (1985). The Oldowan reassessed: A close look at early stone artifacts. *Journal of Archaeological Science*, 12(2), 101 – 120.

Toups, M. A., Kitchen, A., Light, J. E., and Reed, D. L. (2011). Origin of clothing lice indicates early clothing use by anatomically modern humans in Africa. *Molecular Biology and Evolution*, 28(1), 29 – 32. doi:10.1093/molbev/msq234.

Townsend, S. W., Slocombe, K. E., Emery Thompson, M., and Zuberbühler, K. (2007). Female-led infanticide in wild chimpanzees. *Current Biology*, 17(10), R355 – R356. doi:10.1016/j.cub.2007.03.020.

Trevathan, W. (2015). Primate pelvic anatomy and implications for birth. *Philosophical Transactions of the Royal Society B: Biological Sciences*, 370(1663), 20140065. doi:10.1098/rstb.2014.0065.

Trevathan, W. R. (1996). The evolution of bipedalism and assisted birth. *Medical Anthropology Quarterly*, 10(2), 287 – 290. doi:10.1525/maq.1996.10.2.02a00100.

Trinkaus, E. (2011). Late Pleistocene adult mortality patterns and modern human establishment. *Proceedings of the National Academy of Sciences*, 108(4), 1267 – 1271.

Trivers, R. L. (1972). Parental investment and sexual selection. Pp. 136 – 179 in *Sexual Selection and the Descent of Man*, edited by B. Campbell. London: Routledge. doi:10.4324/9781315129266-7.

Trotier, D., Eloit, C., Wassef, M., Talmain, G., Bensimon, J. L., Døving, K. B., and Ferrand, J. (2000). The vomeronasal cavity in adult humans. *Chemical Senses*, 25(4), 369 – 380. doi:10.1093/chemse/25.4.369.

Tschopp, P., Sherratt, E., Sanger, T. J., Groner, A. C., Aspiras, A. C., Hu, J. K., et al. (2014). A relative shift in cloacal location repositions external genitalia in amniote evolution. *Nature*, 516(7531), 391 – 394. doi:10.1038/nature13819.

Turkstra, L. S., Mutlu, B., Ryan, C. W., Despins Stafslien, E. H., Richmond, E. K., Hosokawa, E., and Duff, M. C. (2020). Sex and gender differences in emotion recognition and theory of mind after TBI: A narrative review and directions for future research. *Frontiers in Neurology*, 11, 59.

Ulcova-Gallova, Z. (2010). Immunological and physicochemical properties of cervical ovulatory mucus. *Journal of Reproductive Immunology*, 86(2), 115 – 121.

Underwood, M. A. (2013). Human milk for the premature infant. *Pediatric Clinics of North America*, 60(1), 189 – 207. doi:10.1016/j.pcl.2012.09.008.

Unemori, E. N., Lewis, M., Constant, J., Arnold, G., Grove, B. H., Normand, J., et al. (2000). Relaxin induces vascular endothelial growth factor expression and angiogenesis selectively at wound sites. *Wound Repair and Regeneration*, 8(5), 361 – 370. doi:10.1111/j.1524-475x.2000.00361.x.

UNESCO (1953). *Progress in Literacy in Various Countries: A Preliminary Study of Available Census Data Since 1900*. Paris: Firmin-Didot.

UNESCO (1957). *World Illiteracy at Mid-Century: A Statistical Study*. Paris: Buchdruckerei Winterthur AG.

UNESCO (2014). Adult and Youth Literacy. National Regional and Global Trends 1985 – 2015. unesdoc.unesco.org.

Ungar, P. S. (2012). Dental evidence for the reconstruction of diet in African early *Homo*. *Current Anthropology*, 53(S6), S318 – S329.

Ungar, P. S., and Sponheimer, M. (2011). The diets of early hominins. *Science*, 334(6053), 190 – 193. doi:10.1126/science.1207701.

Ungar, P. S., Grine, F. E., Teaford, M. F., and El Zaatari, S. (2006). Dental microwear and diets of African early *Homo*. *Journal of Human Evolution*, 50(1), 78 – 95.

Ungar, P. S., Krueger, K. L., Blumenschine, R. J., Njau, J., and Scott, R. S. (2012). Dental microwear texture analysis of hominins recovered by the Olduvai Landscape Paleoanthropology Project, 1995 – 2007. *Journal of Human Evolution*, 63(2), 429 – 437. doi:10.1016/j.jhevol.2011.04.006.

UNICEF (2022). Child marriage. data.unicef.org/topic/child-protection/child-marriage/.

United Nations (2002). *Arab Human Development Report 2002*. United Nations Development Programme, Arab Fund for Economic and Social Development. www.miftah.org.

United Nations (2015). *World Population Prospects: The 2015 Revision, Key Findings and Advance Tables*. Department of Economic and Social Affairs, Population Division.

United Nations (2015). *The World's Women: Trends and Statistics*. United Nations, Department of Economic and Social Affairs, Statistics Division.

United States Department of Justice, Office of Justice Programs, Bureau of Justice Statistics (BJS) (2017). National Crime Victimization Survey, 2010 – 2016.

United States Food and Drug Administration (U.S. FDA) (1992). Letter of Approval for Ambien (zolpidem tartrate tablets), NDA 19-908. Letter addressed to Lorex

Pharmaceuticals, Attn: Keith Rotenberg, PhD, dated April 21, 1992. Letter includes notes from review and suggested labeling. Included in "Approval Letter(s) and Printed Labeling" document in U.S. FDA public files. www.accessdata.fda.gov.

United States Food and Drug Administration (U.S. FDA) (2013). Risk of next-morning impairment after use of insomnia drugs; FDA requires lower recommended doses for certain drugs containing zolpidem (Ambien, Ambien CR, Edluar, and Zolpimist). *Drug Safety Communications*, Jan. 10, 2013. www.fda.gov.

Urashima, T., Asakuma, S., Leo, F., Fukuda, K., Messer, M., and Oftedal, O. T. (2012). The predominance of type I oligosaccharides is a feature specific to human breast milk. *Advances in Nutrition*, 3(3), 473S – 482S.

Urashima, T., Saito, T., Nakamura, T., and Messer, M. (2001). Oligosaccharides of milk and colostrum in non-human mammals. *Glycoconjugate Journal*, 18(5), 357 – 371.

USAMEDCOM (2020). Soldier 2020: Injury Rates/Attrition Rates Working Group; Medical Recommendations. Briefing by LTG Patricia Horoho, Surgeon General and Commanding General, USAMEDCOM, June 24, 2015.

Van Caenegem, E., Wierckx, K., Taes, Y., Schreiner, T., Vandewalle, S., Toye, K., et al. (2015). Body composition, bone turnover, and bone mass in trans men during testosterone treatment: 1-year follow-up data from a prospective case-controlled study (ENIGI), *European Journal of Endocrinology*, 172(2), 163 – 171.

van Dam, M. J. C. M., Zegers, B. S. H. J., and Schreuder, M. F. (2021). Case report: Uterine anomalies in girls with a congenital solitary functioning kidney. *Frontiers in Pediatrics*, 9. doi:10.3389/fped.2021.791499.

van der Made, J., Sahnouni, M., and Kamel, B. (2017). Hippopotamus gorgops from El Kherba (Algeria) and the context of its biogeography. In *Proceedings of the II Meeting of African Prehistory, Burgos 15-16 April*, 2015, 135 – 169.

van Hek, M., Buchmann, C., and Kraaykamp, G. (2019). Educational systems and gender differences in reading: A comparative multilevel analysis. *European Sociological Review*, 35(2), 169 – 186. doi:10.1093/esr/jcy054.

van Hemmen, J., Cohen-Kettenis, P. T., Steensma, T. D., Veltman, D. J., and Bakker, J. (2017). Do sex differences in CEOAEs and 2D:4D ratios reflect androgen exposure? A study in women with complete androgen insensitivity syndrome. *Biology of Sex Differences*, 8(1), 11. doi:10.1186/s13293-017-0132-z.

van Schaik, C. P., Song, Z., Schuppli, C., Drobniak, S. M., Heldstab, S. A., and Griesser, M.

(2023). Extended parental provisioning and variation in vertebrate brain sizes. *PLOS Biology*, 21(2), e3002016. doi:10.1371/journal.pbio.3002016.

van Valen, L., and Sloan, R. E. (1965). The earliest primates. *Science*, 150(3697), 743 – 745. doi:10.1126/science.150.3697.743.

Veale, D., Miles, S., Bramley, S., Muir, G., and Hodsoll, J. (2015). Am I normal? A systematic review and construction of nomograms for flaccid and erect penis length and circumference in up to 15,521 men. *BJU International*, 115(6), 978 – 986. doi:10.1111/bju.13010.

Velasco, E. R., Florido, A., Milad, M. R., and Andero, R. (2019). Sex differences in fear extinction. *Neuroscience & Biobehavioral Reviews*, 103, 81 – 108. doi:10.1016/j.neubiorev.2019.05.020.

Vellekoop, J., Sluijs, A., Smit, J., Schouten, S., Weijers, J. W. H., Sinninghe Damsté, J. S., and Brinkhuis, H. (2014). Rapid short-term cooling following the Chicxulub impact at the Cretaceous-Paleogene boundary. *Proceedings of the National Academy of Sciences*, 111(21), 7537 – 7541. doi:10.1073/pnas.1319253111.

Venn, O., Turner, I., Mathieson, I., de Groot, N., Bontrop, R., and McVean, G. (2014). Strong male bias drives germline mutation in chimpanzees. *Science*, 344(6189), 1272 – 1275.

Videan, E. N., Fritz, J., Heward, C. B., and Murphy, J. (2006). The effects of aging on hormone and reproductive cycles in female chimpanzees (*Pan troglodytes*). Comparative Medicine, 56(4), 291 – 299.

Vigilant, L., and Groeneveld, L. F. (2012). Using genetics to understand primate social systems. *Nature Education Knowledge*, 3(10), 87.

Vitetta, L., Chen, J., and Clarke, S. (2019). The vermiform appendix: An immunological organ sustaining a microbiome inoculum. *Clinical Science*, 133(1), 1 – 8. doi:10.1042/cs20180956.

Vogel, E. R., Neitz, M., and Dominy, N. J. (2006). Effect of color vision phenotype on the foraging of wild white-faced capuchins, *Cebus capucinus. Behavioral Ecology*, 18(2), 292 – 297. doi:10.1093/beheco/arl082.

Voland, E., Chasiotis, A., and Schiefenhovel, W. (2005). Grandmotherhood: A short overview of three fields of research of the evolutionary significance of the postgenerative female life. Pp. 1 – 17 in *The Evolutionary Significance of the Second Half of Female Life*, edited by E. Voland, A. Chasiotis, and W. Schiefenhovel. New

Brunswick, N.J.: Rutgers University Press.

Volk, A. A., and Atkinson, J. A. (2013). Infant and child death in the human environment of evolutionary adaptation. *Evolution and Human Behavior*, 34(3), 182 – 192. doi:10.1016/j.evolhumbehav.2012.11.007.

von Stumm, S., and Plomin, R. (2015). Socioeconomic status and the growth of intelligence from infancy through adolescence. *Intelligence*, 48, 30 – 36. doi:10.1016/j.intell.2014.10.002.

Voyer, D. (2011). Time limits and gender differences on paper-and-pencil tests of mental rotation: A meta-analysis. *Psychonomic Bulletin & Review*, 18, 267 – 277. doi:10.3758/s13423-010-0042-0.

Voyer, D., and Voyer, S. D. (2014). Gender differences in scholastic achievement: A meta-analysis. *Psychological Bulletin*, 140(4), 1174 – 1204. doi:10.1037/a0036620.

Wade, L. (2020). An unequal blow. *Science*, 368(6492), 700. doi:10.1126/science.368.6492.700.

Wadsworth, M. E., Broderick, A. V., Loughlin-Presnal, J. E., Bendezu, J. J., Joos, C. M., Ahlkvist, J. A., et al. (2019). Co-activation of SAM and HPA responses to acute stress: A review of the literature and test of differential associations with preadolescents' internalizing and externalizing. *Developmental Psychobiology*, 61(7), 1079 – 1093. doi:10.1002/dev.21866.

Wald, C., and Wu, C. (2010). Biomedical research. Of mice and women: The bias in animal models. *Science*, 327(5973), 1571 – 1572. doi:10.1126/science.327.5973.1571.

Walker, A., and Leakey, R. E. (1993). *The Nariokotome* Homo erectus *Skeleton*. Cambridge, Mass.: Harvard University Press.

Walker, M. L., and Herndon, J. G. (2008). Menopause in nonhuman primates? *Biology of Reproduction*, 79(3), 398 – 406. doi:10.1095/biolreprod.108.068536.

Walker, R., Gurven, M., Hill, K., Migliano, A., Chagnon, N., De Souza, R., et al. (2006). Growth rates and life histories in twenty-two small-scale societies. *American Journal of Human Biology*, 18(3), 295 – 311. doi:10.1002/ajhb.20510.

Wall-Wieler, E., Roos, L. L., Brownell, M., Nickel, N., Chateau, D., and Singal, D. (2018). Suicide attempts and completions among mothers whose children were taken into care by child protection services: A cohort study using linkable administrative data. *Canadian Journal of Psychiatry*, 63(3), 170 – 177. doi:10.1177/0706743717741058.

Walls, G. L. (1942). *The Vertebrate Eye and Its Adaptive Radiation*. Bloomfield Hills,

Mich.: Cranbrook Institute of Science. doi:10.5962/bhl.title.7369.

Walsh, K. P. (2014). Marketing midwives in seventeenth-century London: A re-examination of Jane Sharp's *The Midwives Book*. *Gender & History*, 26(2), 223 – 241.

Wamboldt, R., Shuster, S., and Sidhu, B. S. (2021). Lactation induction in a transgender woman wanting to breastfeed: Case report. *The Journal of Clinical Endocrinology and Metabolism*, 106(5), e2047 – e2052. doi:10.1210/clinem/dgaa976.

Wang, Q., Wang, X., Yang, L., Han, K., Huang, Z., and Wu, H. (2021). Sex differences in noise-induced hearing loss: A cross-sectional study in China. *Biology of Sex Differences*, 12(1), 24. doi:10.1186/s13293-021-00369-0.

Warinner, C., Rodrigues, J. F., Vyas, R., Trachsel, C., Shved, N., Grossmann, J., et al. (2014). Pathogens and host immunity in the ancient human oral cavity. *Nature Genetics*, 46(4), 336 – 344. doi:10.1038/ng.2906.

Warren, M. (2018). Mum's a Neanderthal, Dad's a Denisovan: First discovery of an ancient-human hybrid. *Nature*, 560, 417 – 418. www.nature.com.

Warrener, A. G. (2017). Hominin hip biomechanics: Changing perspectives. *The Anatomical Record*, 300(5), 932 – 945. doi:10.1002/ar.23558.

Wasserman, M. D., Chapman, C. A., Milton, K., Gogarten, J. F., Wittwer, D. J., and Ziegler, T. E. (2012). Estrogenic plant consumption predicts red colobus monkey (*Procolobus rufomitratus*) hormonal state and behavior. *Hormones and Behavior*, 62(5), 553 – 562. doi:10.1016/j.yhbeh.2012.09.005.

Watson, J. D. (2001). *The Double Helix: A Personal Account of the Discovery of the Structure of DNA*. New York: Touchstone.

Weaver, T. D., and Hublin, J. J. (2009). Neandertal birth canal shape and the evolution of human childbirth. *Proceedings of the National Academy of Sciences*, 106(20), 8151 – 8156. doi:10.1073/pnas.0812554106.

Weber, G. W., Lukeneder, A., Harzhauser, M., Mitteroecker, P., Wurm, L., Hollaus, L.-M., et al. (2022). The microstructure and the origin of the Venus from Willendorf. *Scientific Reports*, 12(1), 2926. doi:10.1038/s41598-022-06799-z.

Wedekind, C., Seebeck, T., Bettens, F., and Paepke, A. J. (1995). MHC-dependent mate preferences in humans. *Proceedings of the Royal Society B: Biological Sciences*, 260(1359), 245 – 249. doi:10.1098/rspb.1995.0087.

Wedel, M. J. (2009). Evidence for bird-like air sacs in saurischian dinosaurs. *Journal of Experimental Zoology Part A: Ecological Genetics and Physiology*, 311A(8), 611 – 628.

Weiner, E. (2007). Why women read more than men. NPR, Sept. 5, 2007. www.npr.org.

Weiss, G., and Goldsmith, L. T. (2005). Mechanisms of relaxin-mediated premature birth. *Annals of the New York Academy of Sciences*, 1041(1), 345 – 350. doi:10.1196/annals.1282.055.

Wells, J. C., and Stock, J. T. (2007). The biology of the colonizing ape. *American Journal of Physical Anthropology*, 134 (S45), 191 – 222. doi:10.1002/ajpa.20735.

Wells, J. C., DeSilva, J. M., and Stock, J. T. (2012). The obstetric dilemma: An ancient game of Russian roulette, or a variable dilemma sensitive to ecology? *American Journal of Physical Anthropology*, 149 (S55), 40 – 71. doi:10.1002/ajpa.22160.

West, E., and Knight, R. J. (2017). Mothers' milk: Slavery, wetnursing, and Black and white women in the antebellum South. *Journal of Southern History*, 83(1): 37 – 68. doi:10.1353/soh.2017.0001.

Western, B., and Wildeman, C. (2009). The Black family and mass incarceration. *The Annals of the American Academy of Political and Social Science*, 621, 221 – 242. doi:10.1177/0002716208324850.

Whalley, L. J., and Deary, I. J. (2001). Longitudinal cohort study of childhood IQ and survival up to age 76. *BMJ (Clinical Research Ed.)*, 322(7290), 819. doi:10.1136/bmj.322.7290.819.

Whitcome, K. K., Shapiro, L. J., and Lieberman, D. E. (2007). Fetal load and the evolution of lumbar lordosis in bipedal hominins. *Nature*, 450(7172), 1075 – 1078. doi:10.1038/nature06342.

White, K. J. C. (2002). Declining fertility among North American Hutterites: The use of birth control within a Dariusleut colony. *Social Biology*, 49, 1 – 2, 58 – 73.

White, T. D., Ambrose, S. H., Suwa, G., and WoldeGabriel, G. (2010). Response to Comment on the Paleoenvironment of *Ardipithecus ramidus*. *Science*, 328(5982), 1105.

White, T. D., Ambrose, S. H., Suwa, G., Su, D. F., DeGusta, D., Bernor, R. L., et al. (2009). Macrovertebrate paleontology and the Pliocene habitat of *Ardipithecus ramidus*. *Science*, 326(5949), 67 – 93.

White, T. D., Asfaw, B., Beyene, Y., Haile-Selassie, Y., Lovejoy, C. O., Suwa, G., and WoldeGabriel, G. (2009). *Ardipithecus ramidus and the paleobiology of early Hominids. Science*, 326(5949), 64 – 86.

White, T. D., Lovejoy, C. O., Asfaw, B., Carlson, J. P., and Suwa, G. (2015). Neither chimpanzee nor human, Ardipithecus reveals the surprising ancestry of both.

Proceedings of the National Academy of Sciences, 112(16), 4877 – 4884.

White, U. A., and Tchoukalova, Y. D. (2014). Sex dimorphism and depot differences in adipose tissue function. *Biochimica et Biophysica Acta*, 1842(3), 377 – 392. doi:10.1016/j.bbadis.2013.05.006.

Wichura, H., Jacobs, L. L., Lin, A., Polcyn, M. J., Manthi, F. K., Winkler, D. A., et al. (2015). A 17-MY-old whale constrains onset of uplift and climate change in East Africa. *Proceedings of the National Academy of Sciences*, 112(13), 3910 – 3915.

Wiederman, M. W. (1997). The truth must be in here somewhere: Examining the gender discrepancy in self-reported lifetime number of sex partners. *The Journal of Sex Research*, 34(4), 375 – 386.

Wiesenfeld, H. C., Hillier, S. L., Meyn, L. A., Amortegui, A. J., and Sweet, R. L. (2012). Subclinical pelvic inflammatory disease and infertility. *Obstetrics and Gynecology*, 120(1), 37 – 43. doi:10.1097/AOG.0b013e31825a6bc9.

Wilcox, A. J., Dunson, D. B., Weinberg, C. R., Trussell, J., and Baird, D. D. (2001). Likelihood of conception with a single act of intercourse: Providing benchmark rates for assessment of post-coital contraceptives. *Contraception*, 63(4), 211 – 215. doi:10.1016/S0010-7824(01)00191-3.

Wilcox, A. J., Weinberg, C. R., O'Connor, J. F., Baird, D. D., Schlatterer, J. P., Canfield, R. E., et al. (1988). Incidence of early loss of pregnancy. *The New England Journal of Medicine*, 319(4), 189 – 194. doi:10.1056/NEJM 198807283190401.

Wilde, C. J., Prentice, A., and Peaker, M. (1995). Breast-feeding: Matching supply with demand in human lactation. *Proceedings of the Nutrition Society*, 54(2), 401 – 406. doi:10.1079/PNS19950009.

Wildt, D. E., Zhang, A., Zhang, H., Janssen, D. L., and Ellis, S. (2006). *Giant Pandas: Biology, Veterinary Medicine and Management*. Cambridge, U.K.: Cambridge University Press.

Williams, C. M., Peyre, H., Toro, R., and Ramus, F. (2021). Sex differences in the brain are not reduced to differences in body size. *Neuroscience & Biobehavioral Reviews*, 130, 509 – 511. doi:10.1016/j.neubiorev.2021.09.015.

Williams, T. J., Pepitone, M. E., Christensen, S. E., Cooke, B. M., Huberman, A. D., Breedlove, N. J., et al. (2000). Finger-length ratios and sexual orientation. *Nature*, 404(6777), 455 – 456. doi:10.1038/35006555.

Wilson Mantilla, G. P., Chester, S. G. B., Clemens, W. A., Moore, J. R., Sprain, C. J.,

Hovatter, B. T., et al. (2021). Earliest Palaeocene purgatoriids and the initial radiation of stem primates. *Royal Society Open Science*, 8(2), 210050. doi:10.1098/rsos.210050.

Winter, J. (2022). Why more and more girls are hitting puberty early. *The New Yorker*, Oct. 27, 2022. www.newyorker.com.

Winterbottom, M., Burke, T. A., and Birkhead, T. R. (2001). The phalloid organ, orgasm and sperm competition in a polygynandrous bird: The red-billed buffalo weaver (*Bubalornis niger*). *Behavioral Ecology and Sociobiology*, 50, 474 – 482.

Witt, C. (1995). Anti-essentialism in feminist theory. *Philosophical Topics*, 23(2), 321 – 344.

Wittman, A. B., and Wall, L. L. (2007). The evolutionary origins of obstructed labor: Bipedalism, encephalization, and the human obstetric dilemma. *Obstetrical & Gynecological Survey*, 62(11), 739 – 748. doi:10.1097/01.ogx.0000286584.04310.5c.

Wodon, Q., Montenegro, C., Nguyen, H., and Onagoruwa, A. (2018). *Missed Opportunities: The High Cost of Not Educating Girls*. Washington, D.C.: World Bank.

Woetzel, J., Madgavkar, A., Ellingrud, K., Labaye, E., Devillard, S., Kutcher, E., and Krishnan, M. (2015). The power of parity: How advancing women's equality can add $12 trillion to global growth. Shanghai: McKinsey Global Institute.

Woetzel, J., Madgavkar, A., Sneader, K., Tonby, O., Lin, D. Y., Lydon, J., and Gubieski, M. (2018). The power of parity: Advancing women's equality in Asia Pacific. Shanghai: McKinsey Global Institute.

Wolbers, K. A., and Holcomb, L. (2020). Why sign language is vital for all deaf babies, regardless of cochlear implant plans. The Conversation, Aug. 31, 2020. theconversation.com.

WoldeGabriel, G., Ambrose, S. H., Barboni, D., Bonnefille, R., Bremond, L., Currie, B., et al. (2009). The geological, isotopic, botanical, invertebrate, and lower vertebrate surroundings of *Ardipithecus ramidus*. *Science*, 326(5949), 65 – 65e65.

WoldeGabriel, G., Haile-Selassie, Y., Renne, P. R., Hart, W. K., Ambrose, S. H., Asfaw, B., et al. (2001). Geology and palaeontology of the Late Miocene Middle Awash valley, Afar rift, Ethiopia. *Nature*, 412(6843), 175 – 178. doi:10.1038/35084058.

Wood, B. (2012). Palaeoanthropology: Facing up to complexity. *Nature*, 488(7410), 162 – 163.

Wood, B. (2014). Human evolution: Fifty years after *Homo habilis*. *Nature*, 508, 31 – 33. doi:10.1038/508031a.

Wood, M. (2013). *Black Milk: Imagining Slavery in the Visual Cultures of Brazil and America*. Oxford: Oxford University Press.

World Health Organization (2009). SESSION 2, The physiological basis of breastfeeding. *Infant and Young Child Feeding: Model Chapter for Textbooks for Medical Students and Allied Health Professionals*. Geneva: World Health Organization. www.ncbi.nlm. nih.gov.

Wright, D. W., Yeatts, S. D., Silbergleit, R., Palesch, Y. Y., Hertzberg, V. S., Frankel, M., et al. (2014). Very early administration of progesterone for acute traumatic brain injury. *New England Journal of Medicine*, 371(26), 2457 – 2466. doi:10.1056/NEJMoa1404304.

Wu, Y., Wang, H., and Hadly, E. (2017). Invasion of ancestral mammals into dim-light environments inferred from adaptive evolution of the phototransduction genes. *Scientific Reports*, 7, 46542.

Wunderle, M. K., Hoeger, K. M., Wasserman, M. E., and Bazarian, J. J. (2014). Menstrual phase as predictor of outcome after mild traumatic brain injury in women. *The Journal of Head Trauma Rehabilitation*, 29(5), E1.

Wyart, C., Webster, W. W., Chen, J. H., Wilson, S. R., McClary, A., Khan, R. M., and Sobel, N. (2007). Smelling a single component of male sweat alters levels of cortisol in women. *The Journal of Neuroscience*, 27(6), 1261 – 1265. doi:10.1523/jneurosci.4430-06.2007.

Wyatt, T. D. (2015). The search for human pheromones: the lost decades and the necessity of returning to first principles. *Proceedings of the Royal Society B: Biological Sciences*, 282(1804), 20142994. doi:10.1098/rspb.2014.2994.

Xiao, L., van't Land, B., Engen, P. A., Naqib, A., Green, S. J., Nato, A., et al. (2018). Human milk oligosaccharides protect against the development of autoimmune diabetes in NOD-mice. *Scientific Reports*, 8(1), 1 – 15.

Yalom, M. (1997). *History of the Breast*. New York: Knopf.

Yan, L., and Silver, R. (2016). Neuroendocrine underpinnings of sex differences in circadian timing systems. *The Journal of Steroid Biochemistry and Molecular Biology*, 160, 118 – 126. doi:10.1016/j.jsbmb.2015.10.007.

Yoder, A. D., and Larsen, P. A. (2014). The molecular evolutionary dynamics of the vomeronasal receptor (class 1) genes in primates: A gene family on the verge of a functional breakdown. *Frontiers in Neuroanatomy*, 8. doi:10.3389/fnana.2014.00153.

Yokota, S., Suzuki, Y., Hamami, K., Harada, A., and Komai, S. (2017). Sex differences in avoidance behavior after perceiving potential risk in mice. *Behavioral and Brain Functions*, 13(1), 9. doi:10.1186/s12993-017-0126-3.

Yoles-Frenkel, M., Shea, S. D., Davison, I. G., and Ben-Shaul, Y. (2022). The Bruce effect: Representational stability and memory formation in the accessory olfactory bulb of the female mouse. *Cell Reports*, 40(8), 111262. doi:10.1016/j.celrep.2022.111262.

Yong, E. (2016). *I Contain Multitudes: The Microbes Within Us and a Grander View of Life*. New York: Ecco.

You, D., Hug, L., Ejdemyr, S., Idele, P., Hogan, D., Mathers, C., et al. (2015). United Nations Inter-agency Group for Child Mortality Estimation (UN IGME). Global, regional, and national levels and trends in under-5 mortality between 1990 and 2015, with scenario-based projections to 2030: A systematic analysis by the UN Inter-agency Group for Child Mortality Estimation. *Lancet*, 386(10010), 2275 – 2286.

Zagorsky, J. L. (2007). Do you have to be smart to be rich? The impact of IQ on wealth, income and financial distress. *Intelligence*, 35(5), 489 – 501. doi:10.1016/j.intell.2007.02.003.

Zaneveld, L. J. D., Tauber, P. F., Port, C., Propping, D., and Schumacher, G. F. B. (1974). Scanning electron microscopy of the human, guinea-pig and rhesus monkey seminal coagulum. *Reproduction*, 40(1), 223 – 225.

Zhang, D. D., Bennett, M. R., Cheng, H., Wang, L., Zhang, H., Reynolds, S. C., et al. (2021). Earliest parietal art: Hominin hand and foot traces from the middle Pleistocene of Tibet. *Science Bulletin*, 66(24), 2506 – 2515. doi:10.1016/j.scib.2021.09.001.

Zhang, X., and Firestein, S. (2007). Nose thyself: Individuality in the human olfactory genome. *Genome Biology*, 8(11), 230. doi:10.1186/gb-2007-8-11-230.

Zhang, X., Liu, Y., Liu, L., Li, J., Du, G., and Chen, J. (2019). Microbial production of sialic acid and sialylated human milk oligosaccharides: Advances and perspectives. *Biotechnology Advances*, 37(5), 787 – 800. doi:10.1016/j.biotechadv.2019.04.011.

Zhang, Z., Ramstein, G., Schuster, M., Li, C., Contoux, C., and Yan, Q. (2014). Aridification of the Sahara desert caused by Tethys Sea shrinkage during the Late Miocene. *Nature*, 513(7518), 401 – 404. doi:10.1038/nature13705.

Zhou, Z., and Zheng, S. (2003). The missing link in *Ginkgo* evolution. *Nature*, 423, 821 – 822. doi:10.1038/423821a.

Zipple, M. N., Altmann, J., Campos, F. A., Cords, M., Fedigan, L. M., Lawler, R. R., et al. (2021). Maternal death and offspring fitness in multiple wild primates. *Proceedings of the National Academy of Sciences*, 118(1), e2015317118. doi:10.1073/pnas.2015317118.

Zipple, M. N., Grady, J. H., Gordon, J. B., Chow, L. D., Archie, E. A., Altmann, J., and Alberts, S. C. (2017). Conditional fetal and infant killing by male baboons. *Proceedings of the Royal Society B: Biological Sciences*, 284, 20162561. doi:10.1098/rspb.2016.2561.

Zipple, M. N., Roberts, E. K., Alberts, S. C., Beehner, J. C. (2019). Male-mediated prenatal loss: Functions and mechanisms. *Evolutionary Anthropology*, 28(3):114 – 125. doi:10.1002/evan.21776.

Zittleman, K., and Sadker, D. (2002). Gender bias in teacher education texts: New (and old) lessons. *Journal of Teacher Education*, 53, 168 – 80.

Zivkovic, A. M., German, J. B., Lebrilla, C. B., and Mills, D. A. (2011). Human milk glycobiome and its impact on the infant gastrointestinal microbiota. *Proceedings of the National Academy of Sciences*, 108(suppl. 1), 4653 – 4658. doi:10.1073/pnas.1000083107.

Zokaei, N., Board, A. G., Manohar, S. G., and Nobre, A. C. (2019). Modulation of the pupillary response by the content of visual working memory. *Proceedings of the National Academy of Sciences*, 116(45), 22802 – 22810.

Zuckerman, M., and Driver, R. E. (1989). What sounds beautiful is good: The vocal attractiveness stereotype. *Journal of Nonverbal Behavior*, 13(2), 67 – 82. doi:10.1007/BF00990791.

최초의 이브들

초판 1쇄 인쇄일 2026년 3월 11일
초판 1쇄 발행일 2026년 3월 30일

지은이 캣 보해넌
옮긴이 안은미

발행인 조윤성

편집 김예린 **디자인** 최희영 **마케팅** 최기현
발행처 ㈜SIGONGSA **주소** 서울시 성동구 광나루로 172 린하우스 4층(우편번호 04791)
대표전화 02-3486-6877 **팩스(주문)** 02-598-4245
홈페이지 www.sigongsa.com / www.sigongjunior.com

이 책의 출판권은 ㈜SIGONGSA에 있습니다. 저작권법에 의해
한국 내에서 보호받는 저작물이므로 무단 전재와 무단 복제를 금합니다.

ISBN 979-11-7125-914-4 (03470)

*SIGONGSA는 시공간을 넘는 무한한 콘텐츠 세상을 만듭니다.
*SIGONGSA는 더 나은 내일을 함께 만들 여러분의 소중한 의견을 기다립니다.
*잘못 만들어진 책은 구입하신 곳에서 바꾸어드립니다.

WEPUB 원스톱 출판 투고 플랫폼 '위펍' _wepub.kr
위펍은 다양한 콘텐츠 발굴과 확장의 기회를 높여주는
SIGONGSA의 출판IP 투고·매칭 플랫폼입니다.